沼泽湿地碳氮生物地球化学

宋长春　著

科学出版社

北京

内 容 简 介

沼泽湿地是湿地的主要类型，本书以我国沼泽湿地为研究对象，系统阐释了沼泽湿地植物和土壤碳氮循环的过程及影响因素、土地利用方式对碳氮循环的影响以及沼泽湿地碳氮循环模型的发展和应用，揭示了沼泽湿地碳氮过程变化的微生物学机制，提出了沼泽湿地科学和研究的未来发展方向。本书可为完善气候变化背景下沼泽湿地碳氮循环过程的理论和指导相关研究的实践提供科学依据，也可为湿地生态系统碳管理和国家“双碳”目标的实现提供有力支持。

本书可供湿地科学、地理学、生态学、环境科学等领域的科研和教学人员，以及具有相关专业知识背景的社会各界人士参考。

图书在版编目（CIP）数据

沼泽湿地碳氮生物地球化学/宋长春著. —北京：科学出版社，2023.12
ISBN 978-7-03-074356-5

Ⅰ.①沼… Ⅱ.①宋… Ⅲ. ①沼泽化地–碳循环–氮循环–生物地球化学–研究 Ⅳ. ①X511 ②P593

中国版本图书馆 CIP 数据核字(2022)第 241483 号

责任编辑：李秀伟 / 责任校对：郑金红
责任印制：肖 兴 / 封面设计：无极书装

科 学 出 版 社 出版
北京东黄城根北街 16 号
邮政编码: 100717
http://www.sciencep.com

北京中科印刷有限公司 印刷
科学出版社发行 各地新华书店经销
*
2023 年 12 月第 一 版 开本：787 × 1092 1/16
2023 年 12 月第一次印刷 印张：26 3/4
字数：634 000

定价：368.00 元
(如有印装质量问题，我社负责调换)

前　言

湿地是一种多功能的生态系统，是陆地生态系统的重要组成部分，与地球各圈层的生物地球化学过程密切相关。湿地生态系统由于具有很高的生产力和复杂的氧化还原环境而成为生物地球化学过程极为活跃的场所。湿地是陆地生态系统重要的碳库，其碳库约占全球土壤碳库的 1/3；同时，湿地也是氮的重要储存库，有机氮是湿地土壤氮元素的主要形态，其含量占湿地土壤全氮含量的95%以上。

由于湿地的水分、物理、化学与生物过程经常处于激烈的变动之中，在全球变化及人类活动的影响下，湿地生态系统变得更加敏感和脆弱，尤其是气候变暖导致北方中高纬度地区的冻融过程发生变化，对该区脆弱的湿地生态系统碳氮生物地球化学循环过程产生了更为显著的影响。在此背景下，本书追踪凝练了沼泽湿地碳氮生物地球化学研究的进展动态，基于研究团队 20 余年的野外观测和研究积累，以我国主要的沼泽湿地，特别是位于气候变化敏感区的东北三江平原、大小兴安岭和长白山地区的沼泽湿地为研究对象，对沼泽湿地碳氮生物地球化学研究成果进行了系统梳理和总结。

全书共分为 7 章，第 1 章绪论部分综合论述沼泽湿地碳氮生物地球化学循环基本理论及其在全球变化研究中的作用；第 2 至第 5 章分别从沼泽湿地植物、土壤、微生物及土地利用变化等方面具体阐述湿地碳氮生物地球化学过程、影响要素和作用机制；第 6 章详细介绍和分析了沼泽湿地碳氮模型的发展、模拟和应用；第 7 章在前述各章的基础上，深入论述了我国沼泽湿地科学和研究工作的未来发展。全书由宋长春统稿。

本书将湿地碳氮生物地球化学与全球变化紧密结合，综合分析了沼泽湿地生态系统功能对全球变化的响应，从植物、土壤、微生物、土地利用方式和模拟预测等不同视角，囊括了从叶片、个体、群落、生态系统和区域等不同尺度的沼泽湿地碳氮生物地球化学综合循环过程的相关研究内容。因此，本书是我国沼泽湿地生态系统研究的阶段性成果，书中以北方沼泽湿地生态系统碳氮循环的有关研究为主，希望以此抛砖引玉，促进我国沼泽湿地学的研究和发展。

本书在国家自然科学基金重大项目“环渤海滨海地球关键带结构、过程与生态服务”课题“环渤海滨海湿地地球关键带过程和功能及其对全球变化的响应”(42293263)、国家自然科学基金国际（地区）合作与交流项目“气候变化背景下冻土区湿地关键生态过程互作机制及碳反馈”（42220104009)、国家重点研发计划项目“中高纬度湿地系统对气候变化的响应研究”（2016YFA0602300）以及国家自然科学基金重点项目“中高纬冻土区沼泽湿地碳、氮循环对气候变化响应的生物驱动与反馈机制研究”（41730643）的资助下完成，是对研究团队多年来科研实践的阶段性总结，是团队集体劳动的成果。感谢王丽丽、王宪伟、王娇月、左云江、朱晓艳、任久生、任娜、孙丽、孙晓新、李英臣、杨桂生、余雪洋、宋艳宇、张丽华、张金波、张新厚、张豪、陈宁、苗雨青、单利平、孟赫男、侯翠翠、宫超、徐小锋、高思齐、郭跃东、陶宝先、黄靖宇、崔倩、葛瑞娟、蒋磊、程小峰（按姓氏笔画排序）等为本书涉及的案例做出的工作和付出的努力。希望本书可以为从事湿地科学研究的学者服务，为进一步加深对湿地系统响应全球变化的理解起到促进作用。

著　者

2023 年 2 月 20 日

目　　录

1 绪 论

1.1 沼泽湿地的概念、特征和分布

湿地是地球上特殊的生态系统和人类最重要的生存环境之一，与森林、海洋并称为全球三大生态系统（吕宪国，2008）。众多学者和组织从不同的角度赋予湿地50余种定义，但尚未统一。按照《湿地公约》，从赤道到南北两极，除海洋外，只要地表存在常年积水或季节性积水的区域，都可以发育成湿地，尤其是水陆交界带，是典型湿地的发育区，这一定义为湿地保护和管理提供了重要依据。刘兴土院士根据多年的研究积累，在对各个组织及学者对湿地定义的总结梳理基础上，认为湿地是陆地上常年积水、季节性积水或土壤过湿的土地，它与生长、栖息其上的生物种群构成一个独特的生态系统；也可表述为湿地是介于陆地与水生生态系统之间的过渡地带，地表长期或季节性地处于积水或过湿状态，发育具有明显潜育化过程或泥炭化过程的土壤，其中生长、栖息着与其环境相适应的生物种群（刘兴土等，2005），这一定义更多地服务于湿地科学研究。不同的湿地定义共同揭示了地表积水或土壤过湿、动植物适应湿生环境，以及土壤发生潜育化是湿地的三个基本特征（吕宪国，2008）。

沼泽湿地是湿地生态系统中最重要的类型，因其界于陆地和水体间的过渡带，具有特殊性质，即地表积水、淹水土壤及适应湿生环境的动植物（刘兴土等，2006）。我国沼泽湿地可划分为藓类沼泽、草本沼泽、沼泽化草甸、灌丛沼泽、森林沼泽、内陆盐沼、地热湿地、淡水泉或绿洲湿地（吕宪国，2008），但由于沼泽湿地生态系统的特殊性，目前尚未形成针对沼泽湿地统一的、全球普遍认可的定义和分类系统。地表多年积水或土壤过湿是沼泽湿地的典型特征，因其下有泥炭的堆积或土壤具有明显的潜育层，沼泽湿地，特别是有泥炭累积的沼泽湿地，自开始形成发育时，就储存了大量的有机碳，是陆地生态系统中的重要碳库（牛焕光等，1985）。与其他类型湿地相比，沼泽湿地具有生态系统的高度多样性和结构复杂性，对于维持全球生态平衡与生态安全具有极其重要的作用（罗玲等，2016）。

全球湿地中沼泽湿地作为最主要的湿地类型，约占全球天然湿地面积的85%（Keddy，2010）。世界范围内沼泽湿地主要分布在45°N以北的北极和亚北极区域，少部分分布于南方的热带和亚热带区域（Yu，2006，2011）。其中泥炭沼泽主要分布在北半球的温带和寒带地区，由于地域面积大，永久冻结和季节冻结引起的强烈的沼泽化，使得该区沼泽分布广泛、类型复杂（刘兴土等，2006）。北美洲泥炭沼泽面积约173.5万km^2，居各大洲之首；欧洲平原和西西伯利亚最北部由于地势平坦，沼泽湿地的地带性尤为明显。欧洲泥炭沼泽面积为95.7万km^2，亚洲为111.9万km^2，沼泽率分别为9.46%和2.54%（Lapplainen，1996；刘兴土等，2006）；南美洲沼泽主要分布在三面环海、气候温

湿的南部三角地带、巴拉那河流域、亚马孙河流域及北部滨海；非洲较大的沼泽有尼罗河上游沼泽、刚果盆地沼泽、苏德沼泽、莫桑比克海岸沼泽等（Lapplainen，1996；刘兴士等，2006）。我国沼泽湿地主要集中分布于东北地区北部和青藏高原的河源区，其中东北地区是我国最大的淡水沼泽集中分布区，其沼泽湿地面积占全国沼泽湿地总面积的 40%以上（刘兴士等，2005），并分布着特有的贫营养森林沼泽和藓类沼泽，储存了大量的有机碳（马学慧等，2013）。

根据中国科学院东北地理与农业生态研究所基于面向对象和多层决策树的沼泽湿地遥感分类技术，将中国湿地分为 3 个大类 14 个二级类，2015 年中国湿地面积为 45.1 万 km^2，其中 70.5%的湿地是内陆湿地；14 个湿地二级类中内陆草本沼泽湿地面积最大，为 15.2 万 km^2（Mao et al.，2020）。基于全国湿地分布的总体特点、自然地理条件的差异、生物区系的相似性和生物多样性的富集程度，并结合我国湿地保护管理的实际需要，将我国沼泽湿地划分为 8 个地理区域，2015 年我国湿地总面积为 53.4 万 km^2，其中 40.9%为沼泽湿地；东北地区湿地面积仅次于青藏高原地区，且其中近 75%为沼泽湿地（国家林业局，2014）。

东北地区沼泽湿地主要分布在大兴安岭、小兴安岭、三江平原、松嫩平原和长白山。与主要受自然条件驱动湿地动态变化的青藏高原相比，我国东北沼泽湿地区，尤其是三江平原地区，其面积的时空变化受人类活动影响更为显著，主要表现为大规模的沼泽与沼泽化草甸湿地被排水开垦为农田，导致其面积锐减（刘兴士等，2005）。《地球大数据支撑可持续发展目标报告（2021）》统计发现，随着湿地保护措施的完善，与 2010～2015 年相比，2015～2020 年沼泽湿地损失速率明显减小。沼泽湿地生态系统具有高度多样性和结构复杂性，对于湿地环境功能的维持具有关键作用，在全球生态安全中扮演着极其重要的角色（Keddy，2010），同时也是地球表层系统的重要碳库，因此探究气候变化和人类活动驱动下的沼泽湿地生物地球化学循环过程具有重要的现实意义和理论价值。

1.2 沼泽湿地碳氮生物地球化学过程与全球变化

生物地球化学循环可定义为生物、非生物组分和元素的流通与转换，其中，既包括了生态系统中复杂的物理、化学和生物过程的相互作用，又包括了生物与非生物单元间的物质交换（韩兴国等，1999；Reddy and DeLaune，2008）。湿地生态系统是全球生产力最高的生态系统之一，因其处于水生生态系统和陆地生态系统的交错带，在营养元素和其他化学元素循环中起到了源、汇和转换器的作用。湿地生态系统功能受诸多物理、化学和生物过程驱动，目前难以用单一的指标或规律来描述这些复杂的过程。湿地生物地球化学循环是地球表层系统的主要构成部分，也是湿地过程的最重要驱动力，涉及元素及其复合物在水体、土壤和大气中的迁移转化，包括湿地植物生产、微生物转化、养分可获性、污染物去除、地气交换及沉积物迁移等诸多过程（图 1-1）。湿地生物地球化学循环过程既能反映湿地组成要素及其变化，也影响和控制湿地功能在群落、区域及全球等不同尺度上的表征，而碳氮循环以其可影响从局地尺度植物生长和土壤养分变化、区域尺度水文水质到全球尺度的温室气体排放和碳累积而成为关键的湿地生物地球化学过程（Reddy and DeLaune，2008）。

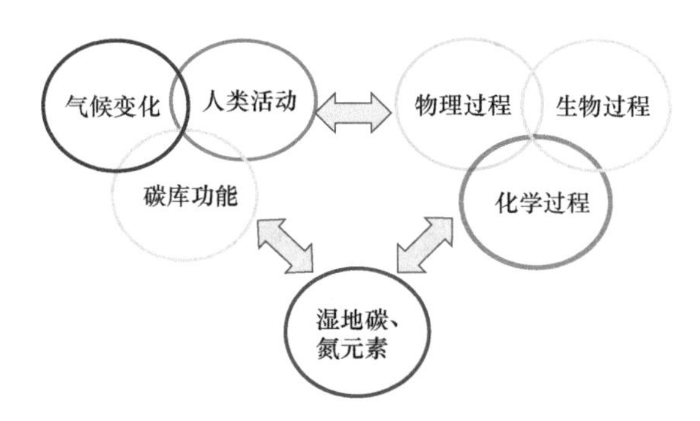

图 1-1　湿地碳氮生物地球化学过程与全球变化关系概念图

沼泽湿地是地球表层系统重要的碳库之一，在陆地及全球碳循环中起着重要的作用，由于沼泽湿地具有脆弱和不稳定的属性，其对全球气候变化表现出较高的敏感性（图 1-2）。气候变化正在也将会对沼泽湿地的碳氮生物地球化学循环过程和服务功能产生深刻的影响。近几十年来，中高纬度地区年均气温增温幅度是全球平均增温的 1.2～2.3 倍（IPCC，2013），全球变化背景下北方中高纬度地区湿地生态系统正变得更加脆弱。

图 1-2　气候变化背景下北方湿地碳生物地球化学循环（ACIA，2004）

在气候变暖驱动下，在中高纬度沼泽湿地区域中，灌丛持续扩张（Wookey et al.，2009；Zhu et al.，2012），而苔藓、地衣等隐花植物的多样性降低，引起湿地生态系统结构稳定性和生物多样性显著改变（Sistla et al.，2013）。由此，造成凋落物数量、质量和根系分泌物等化学特征的变化，影响湿地土壤微生物群落结构和土壤酶活性（Breeuwer et al.，2009），进而驱动沼泽湿地碳储存能力发生变化。此外，气候变暖背景下，沼泽湿地水热环境和植被的变化会促进真菌的生长、植物凋落物和土壤孔隙水中多酚类化合物含量的增加，引起土壤中更多的氮释放，从而减少土壤微生物对氮的固定及改变土壤中有机碳的周转速率（Breeuwer et al.，2009），进而对土壤碳氮生物地球化学过程产生重大的影响（Schmidt and Torn，2012）。

气候变化可以改变地区降水量和蒸发量，特别是气温和降水量的变化速率影响着与沼泽湿地关联的气候带和生物物种变化，也会影响补给湿地的径流和地下水，改变湿地水文过程。气候变化通过水分平衡的改变、营养元素有效性的提高，特别是温度的增加影响沼泽湿地植物的组成与分布（Myers-Smith et al.，2011；Gavazov et al.，2018），而植物群落组成的变化会通过凋落物（叶和根）与根系分泌物影响植物驱动的碳进入土壤，并且这种变化也会影响土壤微生物的组成与活性，反馈作用于沼泽湿地碳氮生物地球化学循环过程（Waldrop et al.，2012；Bardgett et al.，2014）。日趋增强的人类活动叠加，将加剧湿地碳氮循环过程的变化。人类活动除了通过湿地开垦和疏水排干改变湿地原有水文状况外，也同时改变了湿地土壤中氮、磷有效性和湿地植物养分状态，这不仅会改变碳、氮、磷等生源要素之间的耦合关系，对湿地净初级生产力、土壤分解过程、土壤生物群落结构组成及功能微生物的生长与代谢途径的变化都将产生重要影响（Doiron et al.，2014），从而改变了湿地生物地球化学循环过程（Osler and Sommerkorn，2007）。

1.3 本书章节结构和研究方法

1.3.1 章节结构

本书共分为 7 章。第 1 章为绪论，综合论述了本书的写作目的和关注范畴，介绍了沼泽湿地碳氮生物地球化学循环基本理论及其在全球变化研究中的作用，同时总结了以下各章节中涉及的实验研究方法。第 2～4 章，分别从沼泽湿地碳氮生物地球化学循环的主要过程、关键影响因素和微生物驱动机制 3 个方面系统总结了近年来关于沼泽湿地碳氮过程理论研究的重要观点和主要结论，并主要基于研究团队在我国东北地区的相关研究结果进行了举例说明。第 5 章从全球变化中的土地利用变化这一驱动因素出发，详细讨论了土地利用方式对沼泽湿地碳氮循环过程的影响，重点介绍了湿地垦殖为农田导致的土壤碳、氮库的变化规律及输出通量的变化趋势。第 6 章主要介绍了沼泽湿地碳氮循环过程模拟和预测，以及国内外相关研究结果和发展趋势，对湿地碳氮循环模型发展、关键过程模拟和模型应用进行了汇总分析和系统梳理。第 7 章系统总结了国内外沼泽湿地碳氮生物地球化学循环研究的现状，对未来全球变化情势下的湿地碳氮循环研究进行了展望。

1.3.2 研究方法

1.3.2.1 野外原位观测和控制实验

群落和生态系统通量观测：利用静态箱/气相色谱法观测沼泽湿地群落尺度呼吸和

CH_4排放；在季节性冻土区沼泽湿地里架设涡度相关系统，开展典型沼泽湿地生态系统尺度CO_2和CH_4通量的野外连续观测，系统采样频率为10Hz，同步监测沼泽湿地温湿度、土壤温度和含水量、气压、风速风向及辐射等环境气象要素。量化沼泽湿地与大气间含碳气体交换，明确湿地光合固碳、呼吸排放及CH_4排放的动态变化特征并揭示其对环境变化的响应。

野外增温模拟实验：在大兴安岭连续多年冻土区典型湿地设置开顶箱（open top chamber，OTC）增温设备，同时选取空白对照样地，分别在开顶箱内外布设温度和湿度自动监测系统监测箱内气温和土壤温度、土壤湿度及土壤冻融状况。安装植物物候自动观测相机、微根管、植物固定监测样方等，开展增温影响下湿地植物群落、根系功能性状、土壤微生物群落、酶活性和土壤碳、氮含量等研究，揭示典型湿地土壤碳氮循环过程对温度升高的响应。

积雪对CH_4的传输作用处理实验：为了研究积雪在沼泽湿地非生长季CH_4排放中的作用，在三江平原沼泽湿地进行了积雪处理实验，考察冬季积雪是否对CH_4排放产生阻碍作用。在自然积雪深度、去除自然积雪一半的深度，以及全部去除地表积雪的样地，分别观测CH_4排放速率。调节积雪深度时，开始用铁铲，至有植物立枯物出现时则改为用手去除，以免铁铲对立枯物产生破坏。每个处理CH_4排放观测设置3个重复，使用静态暗箱在积雪上直接进行观测。

植物对非生长季CH_4排放的影响处理实验：为了研究植物在沼泽湿地非生长季CH_4排放中的作用，在三江平原沼泽湿地进行了植物剪切处理实验。在沼泽湿地内设置自然观测样地作为对照，并在2 m距离内，选择两个与对照点植被类型和盖度基本一致的样点，安装不锈钢底座，在第一次观测CH_4排放之前，将底座内的植物紧贴地表全部剪除，在整个观测期间，剪切完的样点再没有新的植物重新萌发出来。实验分为4个观测时期，分别在7月、10月、12月和翌年1月（代表生长旺季、秋季、表层土壤冻结期和深层土壤冻结期）开展CH_4排放观测。

氮营养环境变化野外原位控制实验：在连续多年冻土区和季节性冻土区典型湿地，通过氮添加模拟氮营养环境变化，每年生长季5～9月将NH_4NO_3用1L水溶解后，每月均匀喷洒在施氮样地。同时，对照试验样地仅喷洒等量的水。安装隔离板以防止氮横向流失，每块样地间设置隔离带。在上述氮添加样地采集土壤样品，分析土壤碳氮循环相关微生物功能基因丰度、土壤细菌和真菌群落结构、土壤酶活性及碳、氮组分含量，揭示典型湿地土壤碳氮循环过程对氮营养环境变化的响应。

1.3.2.2　室内模拟实验

增温模拟实验：采集大兴安岭连续多年冻土区典型湿地0～150 cm深度土壤，分别在5℃和15℃条件下于500 ml广口瓶中培养55天。在培养的不同时间用注射器抽取瓶中气体，用气相色谱仪测量气体中的CO_2和CH_4浓度，分析CO_2和CH_4的释放速率及其温度敏感性、累积甲烷释放量、累积碳矿化量，在培养结束后分析测定土壤碳氮循环相关微生物丰度和土壤碳、氮组分含量等，分析温度升高对冻土区湿地不同深度土壤碳分解和CH_4释放的影响及其微生物机制。

温度和水分变化模拟实验：采集典型湿地土壤样品于不同水分条件下（原始状态、土壤水分饱和状态及淹水状态）分别在 5℃和 10℃条件培养 60 天，不同培养时间采集气体样品分析 CO_2、CH_4、N_2O 浓度，在培养结束后分析测定土壤碳氮循环关键微生物功能基因丰度、土壤酶活性及土壤碳、氮组分含量，分析湿地土壤有机碳和氮矿化及硝化对温度和水分变化的响应。

冻融模拟实验：采用大兴安岭多年冻土区泥炭地 0～15 cm 土壤，分离出轻组有机碳、颗粒有机碳、溶解性有机碳三个代表活性有机碳的组分，并采用湿筛法分离不同粒径的 3 个等级的团聚体。将分离所得的活性有机碳组分和不同粒径的团聚体调节至最大持水量的 100%，置于–10℃环境中冻结 30 天，然后与空白对照土壤一起放在 5℃培养箱中培养 15 天，分别在不同时间测量其 CO_2 浓度，在培养结束后分析易被微生物利用的溶解性有机碳（DOC）、氨态氮（NH_4^+）和硝态氮（NO_3^-）含量。

在季节性冻土区三江平原毛薹草泥炭地，去除地表植被和枯落物，采集 0～20 cm 和 20～40 cm 两层泥炭土壤。添加毛薹草泥炭地水，使土壤厌氧融化以备用于室内的冻融模拟实验。将融化后的不同层次的土壤放入 550 ml 的培养瓶中（直径 6 cm、高度 18 cm），加入毛薹草泥炭地水至积水层深 3 cm，使其维持厌氧状态。在 6℃下预培养 20 天从而除去原冻结土壤中封存的 CH_4。在连续 6 天观测到 CH_4 稳定排放后，开始进行冻融模拟实验。设置两个处理，即冻融循环（freezing-thawing cycle，FTC）处理为–6℃冻结 2 天然后 6℃融化 5 天；空白对照处理（CK）为 6℃未冻结处理。在冻融循环期间每天监测一次 CH_4 的释放速率。

氮营养环境变化模拟实验：采集沼泽湿地土壤，带回实验室自然风干，培养前根据其最大持水量调节土壤含水量，施加不同梯度营养元素含量溶液后，在不同温度下培养，培养期间采集气体分析 CO_2、CH_4、N_2O 浓度，培养结束后测定不同营养处理间土壤氨氮、硝氮及相关酶与微生物活性指标。

参考文献

国家林业局. 2014. 第二次全国湿地资源调查结果. 国土绿化, (2): 6-7.

韩兴国, 李凌浩, 黄建辉. 1999. 生物地球化学概论. 北京: 高等教育出版社, 施普林格出版社.

刘兴土. 2007. 我国湿地的主要生态问题及治理对策. 湿地科学与管理, 3(1): 18-22.

刘兴土, 等. 2005. 东北湿地. 北京: 科学出版社.

刘兴土, 邓伟, 刘景双. 2006. 沼泽学概论. 长春: 吉林科学技术出版社.

吕宪国, 2008. 中国湿地与湿地研究. 石家庄: 河北科学技术出版社.

罗玲, 王宗明, 毛德华, 等. 2016. 沼泽湿地主要类型英文词汇内涵及辨析. 生态学杂志, 35(3) : 834-842.

马学慧, 刘兴上, 刘子刚, 等. 2013. 中国泥炭地碳储量与碳排放. 北京: 中国林业出版社.

牛焕光, 马学慧, 等. 1985. 我国的沼泽. 北京: 商务印书馆.

ACIA. 2004. Impacts of a Warming Arctic: Arctic Climate Impact Assessment. Cambridge: Cambridge University Press.

Bardgett R D, Mommer L, De Vries F T. 2014. Going underground: root traits as drivers of ecosystem processes. Trends in Ecology and Evolution, 29(12): 692-699.

Breeuwer A, Heijmans M M P D, Gleichman M, et al. 2009. Response of *Sphagnum* species mixtures to

increased temperature and nitrogen availability. Plant Ecology, 204(1): 97-111.
Doiron M, Gauthier G, Lévesque E. 2014. Effects of experimental warming on nitrogen concentration and biomass of forage plants for an arctic herbivore. Journal of Ecology, 102(2): 508-517
Gavazov K, Albrecht R, Buttler A, et al. 2018. Vascular plant-mediated controls on atmospheric carbon assimilation and peat carbon decomposition under climate change. Global Change Biology, 24(9): 3911-3921.
IPCC. 2013. Summary for policymakers. Climate Change 2013: The Physical Science Basis. Contribution of Work Group I to the Fifth Assessment Report of the Intergovernmental Panel on Climate Change. Cambridge, UK: Combridge University Press.
Keddy P A. 2010. Wetland Ecology: Principles and Conservation. Oxford: Cambridge University Press.
Lapplainen E. 1996. Global Peat Resources. London, United Kingdom: International Peat Society.
Mao D H, Wang Z M, Du B J, et al. 2020. National wetland mapping in China: a new product resulting from object-based and hierarchical classification of Landsat 8 OLI images. ISPRS Journal of Photogrammetry and Remote Sensing, 164: 11-25.
Myers-Smith I H, Forbes B C, Wilmking M, et al. 2011. Shrub expansion in tundra ecosystems: dynamics, impacts and research priorities. Environmental Research Letters, 6(4): 045509.
Osler G H R, Sommerkorn M. 2007. Toward a complete soil C and N cycle: incorporating the soil fauna. Ecology, 88(7): 1611-1621.
Reddy K R, DeLaune R D. 2008. Biogeochemistry of Wetlands: Science and Applications. London, NewYork: CRC Press.
Schmidt M W, Torn M S. 2012. Persistence of soil organic matter as an ecosystem property: implications for experiments, feedbacks, and modeling. AGU Fall Meeting Abstracts: 49-56.
Sistla S A, Moore J C, Simpson R T, et al. 2013. Long-term warming restructures Arctic tundra without changing net soil carbon storage. Nature, 497(7451): 615-618.
Waldrop G L, Holden H M, St Maurice M. 2012. The enzymes of biotin dependent CO_2 metabolism: what structures reveal about their reaction mechanisms. Protein Science, 21(11): 1597-1619.
Wookey P A, Aerts R, Bardgett R D, et al. 2009. Ecosystem feedbacks and cascade processes: understanding their role in the responses of Arctic and alpine ecosystems to environmental change. Global Change Biology, 15(5): 1153-1172.
Yu Z. 2006. Holocene carbon accumulation of fen peatlands in boreal western Canada: a complex ecosystem response to climate variation and disturbance. Ecosystems, 9(8): 1278-1288.
Yu Z. 2011. Holocene carbon flux histories of the world's peatlands. The Holocene, 21(5): 761-774.
Zhu K, Woodall C W, Clark J S. 2012. Failure to migrate: lack of tree range expansion in response to climate change. Global Change Biology, 18(3): 1042-1052.

2 沼泽湿地植物碳氮累积与释放

沼泽湿地在全球碳循环过程中发挥着重要的碳汇功能。在全球变化背景下，北方中高纬度地区经历着全球范围内最强的增温效应，区域内的沼泽湿地表现出更强的敏感性与脆弱性。沼泽湿地的碳循环过程和碳源汇功能将发生怎样的改变正受到世界范围内的广泛关注。当前气候条件下，北方中高纬度地区的沼泽湿地是重要的陆地碳库。沼泽湿地植物具有独特的适应湿生环境的特性，生物量与碳氮分配是其重要的生态功能，而对沼泽湿地生物量与碳氮分配的了解是认知其生物地球化学循环过程的前提。沼泽湿地植物残体分解是土壤碳库和微生物养分的重要来源，是沼泽湿地生物地球化学循环过程的关键环节。本章介绍了沼泽湿地碳收支通量、植物生物量及凋落物分解的观测技术和评估方法；分析了沼泽湿地碳收支通量、生物量和凋落物分解的影响要素；明确了沼泽湿地植物固碳过程和物质累积、非生长季温室气体排放特征并进行了不同时间尺度的碳收支评估；进一步解析了沼泽湿地植物生物量与碳氮分配功能，以及植物残体分解与碳氮释放的关键生态过程。

2.1 沼泽湿地植物固碳与物质累积

沼泽湿地植被通过光合作用固定大气中的 CO_2，其中一部分以植物呼吸的形式返回大气中，剩下的有机物质以凋落物等形式进入土壤，又以土壤呼吸和 CH_4 排放的形式释放到大气中。植被-大气间碳交换的主要过程包括：大气边界层内的气体传输、植物-大气界面的气体扩散、植物光合作用碳固定、植物自养呼吸的碳排放、土壤微生物和动物异养呼吸的碳排放等（图 2-1），可见，通过沼泽湿地植物光合作用从大气中吸收的碳，经生态系统呼吸和 CH_4 释放后，最终留存下来的成为沼泽湿地生态系统的碳库。

湿地植物光合作用即植物通过利用光能，将 CO_2 和 H_2O 合成有机物，同时释放出氧气的一系列生理生化过程，是植物生长和物质生产最基本的过程。单位时间内沼泽湿地植物通过光合作用途径固定的光合产物量或有机碳总量，即为沼泽湿地总生态系统生产力（GEP）。湿地植被的光合产物总量表示 CO_2 和能量转化为有机碳和能量并进入碳循环过程的起始水平，是沼泽湿地生态系统碳循环的基础。GEP 主要取决于植物光合作用的碳同化潜力、植物的叶面积、群落结构，以及光合有效辐射、温度、土壤水分和养分状况等条件。

沼泽湿地植物光合作用所固定的光合产物或有机碳中，扣除植物自身的呼吸消耗及（土壤）异养生物呼吸作用所消耗的光合产物，即为净生态系统生产力（NEP）。NEP 表示大气 CO_2 进入生态系统的净光合产量，可以应用 NEP 来评价生态系统究竟是大气 CO_2

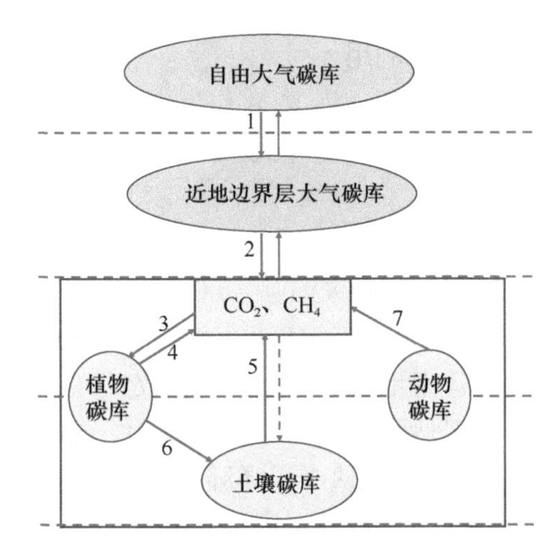

图 2-1　植被-大气间的碳交换过程及其相互关系（改自于贵瑞和孙晓敏，2006）

1. 边界层大气与自由大气的碳交换；2. 植物与边界层大气的气体交换；3. 植物光合作用碳固定；4. 植物自养呼吸的碳排放；5. 土壤微生物和动物异养呼吸的碳排放；6. 植物凋落物的腐殖化；7. 动物碳库的碳排放

的源还是汇。NEP>0 时，表明沼泽湿地为大气 CO_2 的汇；NEP=0 时，沼泽湿地生态系统的 CO_2 排放与吸收达到平衡状态；NEP<0 时，表明沼泽湿地为大气 CO_2 的源。

植物通过光合作用生成的有机碳，其主要部分将用于增加生态系统植物有机碳的存储，即形成植物生物量，另外一部分则以凋落物的形式进入地表，通过微生物分解返回大气或形成土壤有机质存储在土壤中。土壤呼吸包括凋落物和土壤有机物分解转化，其作用强度是影响 NEP 的关键要素。

由于湿地经常处于土壤水饱和或过湿的水分条件下，湿地是目前已知的全球最大的 CH_4 自然排放源，每年向大气排放的 CH_4 约占全球排放总量的 21%（IPCC，2021）。在厌氧环境下，CH_4 通过产甲烷菌的作用生成；在氧化条件下，CH_4 通过各种微生物的作用被氧化和迁移，湿地水文条件是决定 CH_4 产生、氧化和排放的关键控制要素。

沼泽湿地生态系统中的碳循环过程，按有氧和无氧条件下的转化，主要可分为有氧条件下的光合和有氧呼吸，以及厌氧条件下的发酵和产甲烷过程。在沼泽湿地好氧层（空气、富含氧气的水和土壤）中以光合作用［式（2-1）］和有氧呼吸作用［式（2-2）］为主（Mitsch and Gosselink，2015）。光合作用中水为主要电子受体，呼吸作用中氧气为末端电子受体：

$$6CO_2+12H_2O+光 \longrightarrow C_6H_{12}O_6+6H_2O+6O_2 \tag{2-1}$$

$$C_6H_{12}O_6+6O_2 \longrightarrow 6CO_2+6H_2O+12e^-+能量 \tag{2-2}$$

由于湿地经常以厌氧环境为主，在能量转化方面效率较低，两个主要的厌氧过程为发酵［式（2-3）和式（2-4）］和产甲烷过程：

$$C_6H_{12}O_6 \longrightarrow 2CH_3CH_2OCOOH \tag{2-3}$$

$$C_6H_{12}O_6 \longrightarrow 2CH_3CH_2OH \tag{2-4}$$

发酵过程是有机物质在微生物无氧呼吸中作为末端电子受体，形成各种低分子量的酸、醇及二氧化碳的过程，这一过程在为厌氧微生物提供基质方面起着核心作用，是高分子量碳水化合物分解成低分子量有机化合物的主要方式之一。低分子量有机化合物通常是溶解的有机碳，可以被微生物利用。

产甲烷过程是在产甲烷菌作用下，将 CO_2 作为电子受体［式（2-5）］，或利用低分子量有机化合物如乙酸［式（2-6）］或甲醇［式（2-7）］产生气态甲烷的过程（Mitsch and Gosselink，2015）：

$$CO_2+8H^+ \longrightarrow CH_4+2H_2O \tag{2-5}$$

$$CH_3COOH \longrightarrow CH_4+CO_2 \tag{2-6}$$

$$3CH_3OH+6H^+ \longrightarrow 3CH_4+3H_2O \tag{2-7}$$

全球气候变化背景下，沼泽湿地植被的光合碳吸收量可在一定程度上增加，但同时气温升高也会促进植物和土壤呼吸速率提高，使生态系统碳存量减少；气候变化对沼泽湿地 NEP 和净碳累积的影响将最终取决于沼泽湿地光合作用、呼吸作用和 CH_4 排放的变化，这些变化将成为全球气候变化条件下沼泽湿地碳源/汇关系转换研究的关键。

2.1.1 沼泽湿地碳收支观测技术和评估方法

准确监测沼泽湿地碳收支是实现自下而上评估生态系统和区域碳收支的重要依据，也是构建过程模型的重要基础和衡量区域碳收支估算精度的重要验证数据。观测和评估沼泽湿地碳收支的技术和方法主要包括基于生态系统碳库变化的生态学法和基于地-气间碳收支通量的评估方法。

2.1.1.1 基于生态系统碳库变化的生态学观测和评估方法

基于生态系统碳库变化的生态学观测和评估方法，即通过利用单位时间内沼泽湿地生态系统植被和土壤碳库的变化量以阐明生态系统碳收支特征的方法，是经典的生态学方法之一。该方法的基本原理是基于生态系统演替中的碳库动态变化，通过两个观测时间点的碳库差来评价生态系统碳收支的特征（于贵瑞等，2011）。该方法准确应用的关键在于相邻观测时间节点上对生态系统碳库的准确测定。湿地土壤碳库的评估依赖于对土壤碳密度和容重的准确测定；植被碳库可通过收获法获取不同时间的生物量，或通过遥感数据反演的方法获取不同时间的生物量特征值，进而根据生物量与碳的转换系数计算碳库变化。

2.1.1.2 基于地-气间碳收支通量的观测和评估方法

通量是指单位时间内通过单位面积的垂直方向输送的动量、热和物质的量，又称为通量密度（于贵瑞和孙晓敏，2006），是可直接观测的地-气间物质和能量的交换特征值（于贵瑞等，2013），通量观测也相应成为评估典型生态系统碳收支的重要技术方法。具体来说，地-气间碳通量的观测方法可分为基于静态箱-碱液吸收法的碳通量观测、基于同化箱法的碳通量观测和基于微气象法的碳通量观测。

1）基于静态箱-碱液吸收法的碳通量观测

静态箱-碱液吸收法是通过在静态箱内放置碱液，一定时间后通过标定碱液吸收的 CO_2 来计算该时间段内单位面积地-气间 CO_2 交换量的方法，该方法是测定生态系统 CO_2

交换速率的传统方法之一（王跃思和王迎红，2008），特点是简便易行，可长时间、多点测定 CO_2 通量，且不需要任何高精密度的仪器设备，在普通的化学实验室内即可完成。但该方法的观测结果在低排放通量时容易高估通量值，高排放通量时又容易低估，且只适用于观测低矮植被或土壤呼吸的碳排放过程（Jensen et al.，1996；Yim et al.，2002；闫美杰等，2010）。

2）基于同化箱法的碳通量观测

静态箱-碱液吸收法由于罩箱时间过长，往往严重干扰了被测表面的微气象条件，随着检测技术的飞速发展，气相色谱、红外气体分析仪等被应用到生态系统碳循环研究中，逐渐成为含碳温室气体浓度测定的主流技术。按照箱内气流相对于箱体是否流动，可将同化箱法分为静态箱法和动态箱法。

静态箱-气相色谱法可同时分析气体样品中的多种成分，如可同时分析 CO_2、CH_4 和 N_2O，分析精度高，结果准确可靠，但因气体采样抽气和测定过程需要消耗很多的人力，导致测定的频率较低。与气相色谱相比，红外气体分析仪反应速度快、响应时间短并可开展连续测定；对温室气体测量的灵敏度高；体积小，携带方便，适合进行野外和田间测定，实现温室气体和环境因子的自动监测、记录和数据存储；同化箱内的气体可通过气泵直接泵入红外气体分析仪进行分析，也可通过注射器采样后进行分析。

静态箱法的明显缺点是其改变了被测表面空气的自然湍流状况，一定程度上导致地-气间气体交换偏离真实情况。基于上述考虑，动态箱法通过将箱内气体以一定流速抽出，经气体分析仪测定后再返回箱内并往复循环的方式，根据气体浓度随时间的变化来计算通量。动态箱一般使用响应快速的红外气体分析仪测量箱内气体浓度，密闭时间短，可获取几十个数据点，对观测对象的干扰小且箱内气体循环流动，有利于气体混合，在生态系统碳收支观测中已逐步得到广泛应用（Pumpanen et al.，2001；Zheng et al.，2008；郑泽梅等，2008；Liang et al.，2010）。

由于成本低及易用性，在测定土壤（低矮植被）呼吸和甲烷排放时，同化箱法是最常用的方法。但因该方法无法全面考虑采样空间的变异性、“箱效应”引起的不确定性，以及仍然存在的对观测点温度、下垫面气流及压力的改变，同化箱法的观测值与实际值间仍存在明显偏差（Welles et al.，2001；王跃思和王迎红，2008）。

3）基于微气象法的碳通量观测

在近地层的湍流运动中，空气的混合作用能够很好地在垂直方向上输送物质和能量，这种能量和物质的传输方式是地圈-生物圈-大气圈相互作用的基础。湍流不仅是随机的三维风场，还包括风场变化引起的随机标量（温度、水汽、CO_2 等）场。测量近地层的湍流状况和微量气体的浓度变化可得到地表气体排放通量的信息，这种依据微气象学原理推导地表气体排放通量的方法即为微气象法（王跃思和王迎红，2008）。微气象法的基本要求是：热力中性的大气条件，被测下垫面在大尺度上宏观均匀，以及测点上方风向上大区域内气体通量排放均匀。

基于微气象学方法的碳收支评估是当前广泛应用的评估手段，在生态系统和区域碳收支评估、生态过程解析及遥感模型参数确定方面都发挥着重要作用（Baldocchi et al.，2001；Xiao et al.，2010）。利用微气象学原理测定植被与大气间气体交换通量的主要方法有：空气动力学法、能量平衡法、质量平衡法和涡度相关法等。随着观测仪器的不断改进，基于微气象学理论的评估方法不断发展，其中涡度相关技术（eddy covariance technique，EC）因其能够直接连续测定生态系统与大气间的碳交换通量而得到广泛应用，该方法也是目前国际上碳、水和热量通量测定最常用的方法。

涡度相关技术作为一种非破坏性的微气象方法，是通过测定和计算物理量（如 CO_2、CH_4、H_2O 和温度等）的脉动与垂直风速脉动的协方差求算湍流输送通量的方法。典型的涡度相关测量系统包括微气象观测塔、三维超声风速仪、开路或闭路气体分析仪及数据采集器，闭路系统还需一套空气采样系统（包括气泵、导气管和过滤阀）。一般情况下，涡度相关观测系统要求安装在气体通量不随高度发生变化的边界层，即所谓的常通量层（图 2-2）。

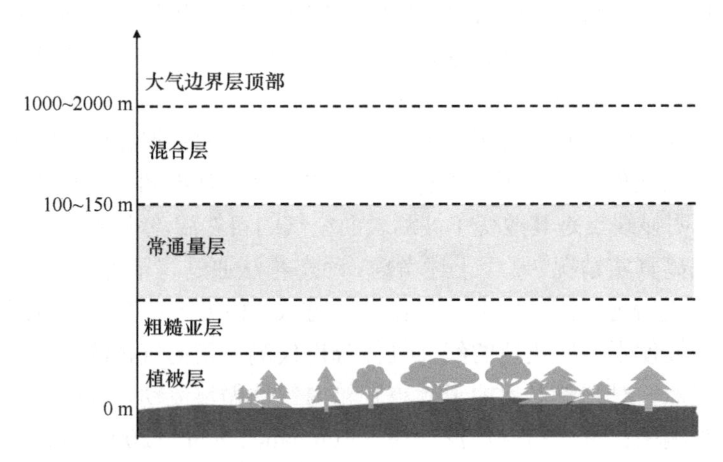

图 2-2　常通量层和大气边界层概述图（基于 Stull，1988；Burba，2013）

常通量层通常要求满足以下三个条件（Lloyd et al.，1984；Moncrieff et al.，1997）：

（1）稳定的观测环境，即某物理量的浓度不随时间而改变，表示为 $\frac{\mathrm{d}c}{\mathrm{d}t}=0$；

（2）足够长的风浪区（fetch）和平坦均质的下垫面，即通过该层面的物理量的浓度和通量不发生变化，表示为 $\frac{u\mathrm{d}c}{\mathrm{d}x}=0$，$\frac{\mathrm{d}F(x)}{\mathrm{d}x}=0$；

（3）仪器与被测下垫面间无任何来自痕量气体的源（或汇），在一定高度范围内通量不随高度变化而改变，表示为 $\frac{\mathrm{d}F(z)}{\mathrm{d}z}=0$。

上述各式中，c 为痕量气体的浓度；t 为时间；z 为高度；u 为风速；F 为某物理量的通量。

将某物理量的垂直湍流输送通量（Fc）表示为 $\mathrm{Fc}=\overline{w\rho_s}$。式中，$w$ 为垂直风速（$\mathrm{m\cdot s^{-1}}$）；ρ_s 为某物理量的绝对浓度；上横线表示取样时间间隔内的平均。在实际大气中，风速和物理量的浓度均以不规则的形式做湍流运动，可以把它们分别看作是各物理量的平均值与瞬时脉动值之和，进行雷诺分解如下：

$$\rho_s = \overline{\rho_s} + \rho_s' \quad w = w + w'$$

则 Fc 可表示为 $Fc = \overline{w\rho_c} + \overline{w'\rho_c'}$ 。

根据假设，在平坦均一的下垫面，$\overline{w'}$ 近似为 0，上式中 $\overline{w\rho_c}$ 可忽略：

$$Fc = \overline{w'\rho_c'}$$

同理可以推导出湍流输送的动量（τ）、热量（H）和水汽（E）在垂直方向的湍流通量密度表达式：

$$H = \rho Cp\overline{w'\theta'}$$

$$\tau = \rho\overline{w'u'}$$

$$E = \rho\overline{w'q'}$$

式中，ρ 为空气密度；ρ_c 为待测气体在空气中的密度；Cp 为定压比热；′表示某物理量的瞬时脉动；θ' 为位温脉动；u' 为水平方向的风速脉动；q'为比湿脉动。因此，只要能够观测到各物理属性的湍流脉动量，即可以计算出该物理属性的垂直输送通量密度。通常情况下把通量密度简称为通量，热量通量的单位是 $W \cdot m^{-2}$，物质通量的单位是 $mg \cdot m^{-2} \cdot s^{-1}$，动量通量实质是指雷诺应力，单位是 $N \cdot m^{-2}$。

涡度相关法对环境的扰动非常小，在观测和求算通量的过程中几乎没有假设，且无须引入扩散和交换系数等参数，具有坚实的理论基础，适用范围广，设备安装和数据分析流程清晰（图 2-3），能够进行长期连续的观测，获得较大尺度的下垫面通量，因而被认为是现今能直接测量生物圈与大气圈间能量和物质交换通量的标准方法，所测定的数

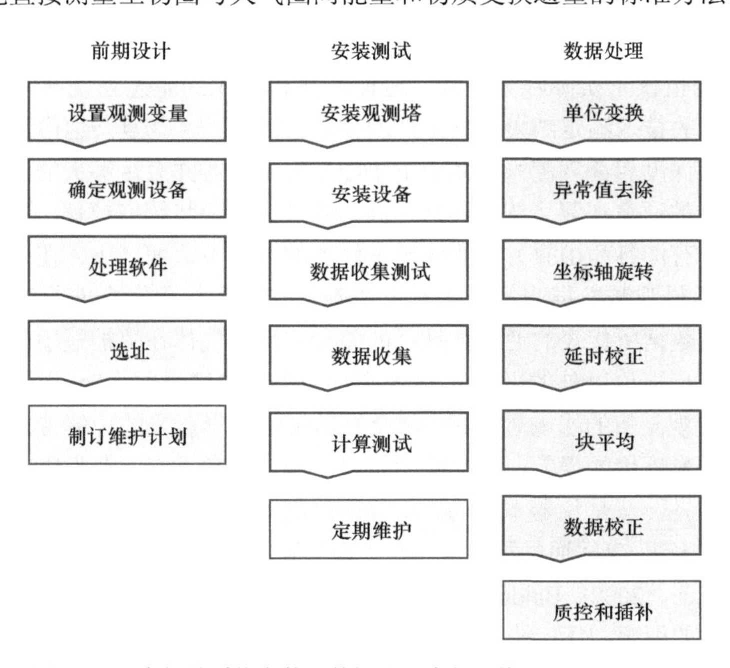

图 2-3　涡度相关系统安装和数据处理流程（基于 Burba，2013）

据已成为检验各种模型模拟或估算精度的权威标准，是近年来测定生态系统碳、水交换通量的关键技术，得到了越来越广泛的应用（Baldocchi et al.，1988，1996，2001；Aubinet et al.，2001；Baldocchi，2003）。

湍流特征的观测技术和数据质量直接影响着湍流通量计算的准确度，而涡度相关技术需要高精度、响应速度极快的湍流脉动装置。近年来，随着测量技术和计算机技术的不断进步，涡度相关技术在实际应用中也取得了长足的发展和进步。涡度相关技术是在流体力学和微气象学理论的发展，气象观测仪器和数据采集器的改进，计算机存储、数据分析及自动传输等技术不断进步的基础上，经过长期的发展而逐渐成熟起来的（Baldocchi，2003）。

尽管涡度相关技术作为直接测定植被-大气间 CO_2 和水热通量的标准方法在全球碳循环和水循环中得到了广泛应用，该方法本身还存在着一些理论和技术上的问题有待充分解决。在观测系统建立的过程中，有时不得不将观测系统设置在地形相对复杂、植被不均匀的现实条件下，由此带来的观测难度和不确定性是通量观测中必需应对的理论和技术难题。涡度相关系统通量测定中不确定性的主要来源包括：①仪器的物理限制导致的通量损失。通量观测技术要求的相关设备应具有时间响应快、观测精度高的特点，同时，还应尽可能地不漏测任何频率的湍流，尽管现在通量观测的关键设备都可以达到观测的基本要求，但是由于观测系统的仪器原理、流程设计和设备安装等方面的各种限制，测定系统也会产生不同程度的系统误差，同时来自系统运行环境方面的干扰也是不可避免的。②复杂气象条件对观测结果的影响。即使在比较理想的下垫面条件下，涡度相关通量观测也要求气象条件应满足湍流运动的常通量层假设，但边界层大气的湍流运动通常不能满足这种假设所要求的理想条件，特别是在夜间，大气边界层一般都比较稳定，摩擦风速低，垂直湍流交换弱，有时还会产生逆温层，在这种条件下，大气层会阻止气体向上扩散，导致待测气体在观测仪器下方储存，或者向植被冠层以外泄流，使冠层上方夜间通量观测值低于实际呼吸释放，进而造成日累积的生态系统净碳吸收量过高估计，成为涡度相关技术测定结果不确定性的主要来源之一。③复杂地形与地面条件对观测结果的影响。涡度相关观测系统要求下垫面平坦、均质并有足够大的源面积，但现实情况中，大部分的通量观测系统都建立在高大森林、斑块状镶嵌植被，地形复杂（起伏不平，坡度大，有沟谷和山脊）等非理想条件下的植被下垫面之上，在这种情况下，利用冠层上方的通量观测数据来解释生态系统碳收支和水热平衡会面临许多不确定的因素。例如，观测数据所代表的通量贡献区的差异；待测气体在植被冠层内的储存；来自植被冠层外部及向冠层以外的平流/泄流效应对通量观测结果的影响；山地气候和局地空气内循环对通量观测值的影响等问题，都会给通量生态学意义的理解带来极大的不确定性。④夜间碳通量评价的误差。在夜间大气层结稳定的条件下，几乎所有涡度相关技术的限制都会发生，一些是仪器本身的，另一些是气象的。大量的关于仪器、软件和模型方面的比较研究表明，夜间通量测定的问题主要与湍流通量的解释及大气和地形条件有关（Massman and Lee，2002；Baldocchi，2003），仪器高频响应的不足可以造成通量损失，但不是通量损失的根源，因为利用稳定条件下所预测的最大校正要素，校正后的通量仍然过于偏低，目前还无法利用微气象技术测定所有的物质守恒项（Massman and Lee，2002）。

2.1.2 湿地碳收支通量的影响要素

2.1.2.1 植被类型

湿地植被的生长过程和生产力直接影响了湿地温室气体产生的基质含量，微生物间的作用包括互利共生和对关键性基质的竞争作用，异养微生物依靠有机物作为电子供体维持自身新陈代谢，湿地中有机碳的降解速率很大程度上取决于土壤有机碳含量和易分解程度（Corbeels，2001），而植物是湿地活性有机碳的主要来源，湿地的生产力直接决定了 CH_4 和 CO_2 的产生和释放速率（Whiting and Chanton，2001），^{14}C 标记研究（Chanton et al.，2008）充分说明了植物分泌到根际的根系分泌物为产甲烷作用提供基质（Megonigal and Guenther，2008），除此之外，根系分泌物还能够通过激发效应分解有机碳（Craft，2007）。

对于不同类型的泥炭湿地，参与无氧呼吸的新碳和老碳的比例各不相同，总体上，在所有类型泥炭中，溶解性有机碳（DOM）比原位土壤有机碳具有更高的活性；薹草泥炭中的溶解性有机碳相对于苔藓泥炭和灌木泥炭更容易分解。矿养沼泽相对雨养沼泽来说，CO_2 和 CH_4 相对更多地来源于溶解性有机质而不是原位有机质，因而，其排放通量相对较高（Chanton et al.，2008）。

湿地植物产生的呼吸量通常占湿地生态系统呼吸总量的 35%～90%（Johnson et al.，2000），植物的生长和维持呼吸是生态系统呼吸的重要组成部分，同时，植物组织的凋落给土壤呼吸提供了反应底物，促进了土壤呼吸。凋落物的组成在不同生态系统有所区别，森林系统中植物凋落物富含木质素和纤维素等惰性组分，一定程度上制约土壤微生物矿化有机碳的速率。几乎所有植物的根系分泌物包含易分解有机质（单糖、多糖、氨基酸等），植物光合途径的不同导致植物对光能利用效率和光照强度响应的差异，同样植物的不同种类间植株的高矮粗细也会导致生物量的差异，从而引起通量差异（Sass et al.，1990）。郝庆菊等（2004）对三江平原三种不同植物类型湿地碳通量的观测表明，土壤 CH_4 通量具有小叶章草甸>漂筏薹草沼泽>恢复湿地的规律，而 CO_2 吸收量与 CH_4 通量的规律保持一致；Ding 和 Cai（2002）对三江平原三种不同植物类型沼泽 CH_4 释放研究得到不同的结果，CH_4 通量具有毛果薹草>乌拉薹草>小叶章的释放规律；Sundh 等（1995）对瑞典三种不同类型的沼泽湿地 CH_4 释放的观测研究表明，潜育沼泽 CH_4 的释放通量普遍在 4.04～11.1 mg $CH_4\cdot m^{-2}\cdot h^{-1}$，该值显著大于泥炭沼泽。维管束植物具有发达的通气组织，能够促进土壤厌氧层和大气之间的气体交换，避免土壤好氧层对 CH_4 的氧化，因此有研究表明湿地 CH_4 夏季的高排放趋势与湿地植被的高生物活性直接相关（Kelley et al.，1995）。

此外，Brix 等（1996）发现芦苇湿地中，以通气组织为传输渠道的气体交换占总温室气体交换量的比重较大。透明箱和暗箱的通量对比也发现，在植物进行光合作用时，CH_4 的通量显著高于未进行光合作用的状态，推测植物蒸腾和甲烷释放具有协同作用（Hirota et al.，2007）。

2.1.2.2 温度

土壤微生物活性直接由土壤温度和底物决定，生态系统中，土壤微生物呼吸占据绝大部分比重。Buchmann（2000）的实验测定土壤的温度能够决定呼吸速率，同时在季节变化的尺度上，系统呼吸速率也受到土壤温度的制约。系统呼吸速率的温度响应模式以基于阿仑尼乌斯公式的指数模型响应模式为主导，其他响应模式如线性、二次方、指数、乘幂、对数等形式均有发现，土壤表层 5 cm 深度处温度通常能够与系统呼吸通量呈现最显著的相关关系（Bäckstrand et al.，2010）。土壤温度与系统呼吸通量之间也存在非线性关系，但是绝大部分研究均表明系统呼吸与土壤温度呈现正相关关系。说明在基质充足和好氧环境下，温度是决定湿地系统呼吸通量的因素（Raich and Potter，1995）。

温度的变化对 CH_4 通量的影响呈现不同的规律。Torn 和 Chapin III（1993）对北极苔原的 CH_4 释放研究表明，土壤含水量和土壤温度能够在统计学上解释约75%的 CH_4 释放变化。Dunfield 等（1993）认为 CH_4 最适宜产生的温度是 25℃，并且产甲烷菌的温度敏感性相对于甲烷氧化菌更高（丁维新，2003）。Saarnio 等（1998）的研究结果表明，环境温度较低的情况下，土壤微生物分解根系分泌物的速率下降，导致产甲烷菌反应基质受限，同时甲烷氧化菌对温度变化的不敏感性及土壤温度随气温变化的时间滞后性共同导致 CH_4 氧化反应速率维持在相对较高的水平，因此低温条件下，湿地释放 CH_4 的速率偏低。Moore 和 Dalva（1993）对加拿大泥炭沼泽的原位土壤柱状样品室内培养实验结果表明，温度升高能够显著促进 CH_4 释放，当培养温度从 10℃升高到 23℃时，CH_4 释放通量显著增加 6.6 倍。Klinger 等（1994）发现从寒带到热带 CH_4 的释放与土壤温度存在广泛的正相关。

然而也有许多研究观测到在低温条件下出现显著的 CH_4 释放过程。Dise（1992）观测到美国明尼苏州沼泽湿地中冬季出现显著的 CH_4 释放，释放量保持在 3～49 mg $CH_4 \cdot m^{-2} \cdot d^{-1}$。三江平原春季低温条件下，$CH_4$ 在土壤融化过程中具有爆发式排放的现象（Song et al.，2009）。虽然温度也被认为能够影响 CH_4 在水稻植株内的传输速率，如 CH_4 与土壤表面以下 5 cm 温度有显著的相关性（Hosono and Nouchi，1997），但是有关于温带稻田湿地的相关研究表明，CH_4 的释放与土壤温度并未有良好的相符性，而 CH_4 通量与昼夜的温差变化有较为良好的符合性（Schütz et al.，1990）。在挪威林地土壤中冬季均温低于 1℃ 的条件下仍然有显著的 CH_4 释放（Sitaula et al.，1995）。

相比于 CO_2，CH_4 具有更多的影响因素，虽然环境温度在一定程度上能够控制 CH_4 的产生和释放，但是，许多研究也证明，其他环境变量对 CH_4 通量具有更显著的影响，并且对于 CH_4 来说，深层土壤温度对 CH_4 的产生和释放相比浅层土壤温度作用更强（Mikkelä et al.，1995）。

2.1.2.3 水位

在不同类型的湿地，水位变化对湿地温室气体交换的影响程度不同，在常年积水沼泽，湿地水位在一定范围内的季节波动对温室气体交换的影响并不显著，然而对于季节性积水沼泽，水位下降能够显著提高湿地土壤通气性，使土壤好氧区范围增大，从而直接提高土壤呼吸速率。湿地土壤孔隙水水位的高低能够决定湿地土壤好氧层上界，从而影响产甲烷菌和甲烷还原菌的活性，湿地氧化还原状况通常以土壤氧化还原电位（Eh）来表示，相关研究表明在湿地土壤 Eh < −150 mV 时才会产生 CH_4（Ding and Cai，2002）。水位的变化通常是由季节性降水变化、植物蒸腾和土壤蒸发多种因素共同决定，因而在同一个研究区，水位变化具有显著的季节性，许多研究结论中水位对 CH_4 通量的控制作用理论基础并不牢固（Funk et al.，1994；Blodau et al.，2004；Brown et al.，2014）。土壤孔隙水位的高低是土壤含氧状况的决定因素，充足的底物和合适的温度同样也是 CH_4 产生的重要条件，因此并不是所有的高水位都能导致高 CH_4 释放通量（Prieme，1994）。King 和 Wiebe（1978）对美国 Georgia 的互花米草盐沼的 CH_4 通量研究发现，低地沼泽下比高地沼泽下的 CH_4 释放速率更高。

当水位在土壤表面以上，即湿地常年积水，CO_2 通量表现出对水位变化的不敏感性；当土壤孔隙水水位下降至土壤表面以下，系统呈现季节性积水的状态下，CO_2 通量对水位变化比较敏感（Bernal and Mitsch，2012）。Moore 和 Knowles（1989）通过对加拿大泥炭沼泽土壤的实验室培养发现，当土壤孔隙水位从土壤表面 10 cm 以上逐渐下降到 70 cm 以下时，土壤 CO_2 的通量呈现显著的线性递增趋势，由初始的 0.3～0.5 $g \cdot m^{-2} \cdot d^{-1}$ 逐步增加到 6.6～9.4 $g \cdot m^{-2} \cdot d^{-1}$，与之相反的是，$CH_4$ 通量则由初始的 28 $mg \cdot m^{-2} \cdot d^{-1}$ 呈指数型迅速减少到 0.7 $mg \cdot m^{-2} \cdot d^{-1}$；Nyman 和 DeLaune（1991）在 Louisiana 滨海湿地的研究表明，不同盐度的湿地类型呈现出不同的变化特征，当水位从土壤表面开始逐渐下降到土壤表面以下 15 cm 时，淡水沼泽土壤、半咸水沼泽和咸水沼泽的 CO_2 释放速率分别增加了 53%、61%和 130%。同样的研究结论也由 Bubier 等（1998）在对加拿大 Manitoba 湖滨北部泥炭地的研究中得出。而 Funk 等（1994）在对美国 Alaska 松林泥沼的研究中发现，土壤孔隙水水位的降低也能够加速土壤呼吸作用，促进 CO_2 释放；Aerts 和 Ludwig（1997）的研究结果也发现土壤通气性能的增加能够使生态系统呼吸通量增加至初始状态的 1.5～3 倍。

Mantlana 等（2009）对非洲博茨瓦纳 Okavango 三角洲永久性淹没沼泽、季节性洪泛平原、雨养草甸三种不同湿地中土壤 CO_2 的通量研究表明，三者有显著的差异性，并且降水过程对土壤的 CO_2 释放有重要的影响，由于土壤中水分阻碍氧气的扩散和还原性气体的释放并降低溶解性有机碳的浓度，导致好氯微生物活性降低。但是 Updegraff 等（2001）对美国明尼苏达州北部雨养（bog）和矿养（fen）两种类型的沼泽土壤培养发现，水位变化对 CO_2 释放的影响显著小于对 CH_4 释放的影响，水位变化对生态系统呼吸的影响不显著，也有其他研究得出生态系统呼吸通量对水位变化并不敏感。

2.1.2.4 土壤酸碱性和盐度

土壤的酸碱性能够显著影响 CO_2 的产生和释放，Ye 等（2012）对美国密歇根半岛不同 pH 梯度的泥炭培养实验研究发现，CO_2 产量随 pH 升高而升高，其幅度为 175%～607%，而 pH 对 CH_4 的产生作用却有很大差异。

土壤产甲烷菌适合在中性和微碱性的土壤 pH 条件下生存（Garcia et al.，2000），产甲烷菌对土壤 pH 的变化十分敏感（Wang et al.，1993），土壤中产甲烷菌生活的最低

pH 标准为 5.6（Garcia et al.，2000），但是有研究也表明酸性环境下的产甲烷菌有较高的活性（Ye et al.，2012）。在美国得克萨斯州的研究表明，结构稳定性差的酸性土壤中 CH_4 的释放量是黏土土壤的 1/4，然而产甲烷菌能够适应酸性环境并且比甲烷氧化菌更能适应酸碱变化（Sass et al.，1990；Dunfield et al.，1993）；但是 Bridgham 和 Richardson（1992）并未发现 pH 对 CH_4 的释放有显著的影响。Reth 等（2005）研究了土壤含水量、土壤温度、土壤 pH 和根系生物量对生态系统 CO_2 排放的影响，建立了非线性模型，其中 pH 能够解释 24%的生态系统 CO_2 排放变化。pH 也是决定土壤呼吸和有机质矿化速率的重要指标，多数土壤微生物适宜在中性土壤中生存，土壤的 pH 也能够影响土壤溶液中的离子成分，从而决定植物的生长状况，同时土壤 pH 对土壤的氧化还原条件也有一定的作用。

2.1.3 沼泽湿地植物固碳和碳收支过程

涡度相关技术可直接测定沼泽湿地-大气界面的 CO_2 和 CH_4 气体通量，反映观测区内含碳温室气体和水热通量的信息，在从分钟、小时、天到季节的时间分辨率上研究碳交换的变化及其与环境因子的关系。该方法在测定下垫面相对均一的生态系统与大气间物质和能量交换通量方面具有多数其他观测技术所不具备的优势。

陆地和大气系统间的 CO_2 通量与生态系统的总初级生产力（GEP）和净生态系统生产力（NEP）的概念是相对应的，在某些假定条件下所观测的生态系统 CO_2 通量与其中的某个概念是一致的。通常条件下在植被冠层上方所观测到的 CO_2 通量相当于生态系统的 NEP。在涡度相关通量观测中，植被与大气间的生态系统 CO_2 净交换量（NEE）与净生态系统 CO_2 生产力（NEP）绝对值相等但符号相反，即 NEE＝–NEP。NEE 为正代表生态系统释放 CO_2 进入大气，也为负代表生态系统从大气中吸收 CO_2，这里与传统的光合作用和呼吸作用定义的符号相反。

本节以三江平原常年积水型沼泽湿地为对象，通过涡度相关法对沼泽湿地含碳气体通量的观测结果，分析沼泽湿地与大气间 CO_2 和 CH_4 气体交换通量的时间变化特征和环境影响因素，并对典型沼泽湿地植被固碳和碳累积进行评估。

2.1.3.1 沼泽湿地 CO_2 交换的时间变化特征

1）日变化

在沼泽湿地植物生长季前期（5 月）、中期（7 月）和后期（9 月）分别选取典型晴天，将各天 0:00～23:30 的半小时 CO_2 通量求平均，得到 NEE 的月平均日变化特征（图 2-4）。在生长季前期的 5 月，随着气温的逐渐升高，沼泽湿地土壤冻层逐渐融化，植物开始萌芽，冬季土壤微生物呼吸产生但部分“封存”在冻结土层中的 CO_2 被释放出来，同时温度升高也促进了土壤微生物活性的加强和土壤溶液中有效营养物质含量的增加（宋长春等，2005），因而生态系统呼吸作用逐渐加强，此阶段以生态系统呼吸作用为主，植物光合能力较弱，仅在白天中午前后有较为微弱的净碳吸收，生长季前期的 5 月通常表现为净排放 CO_2。

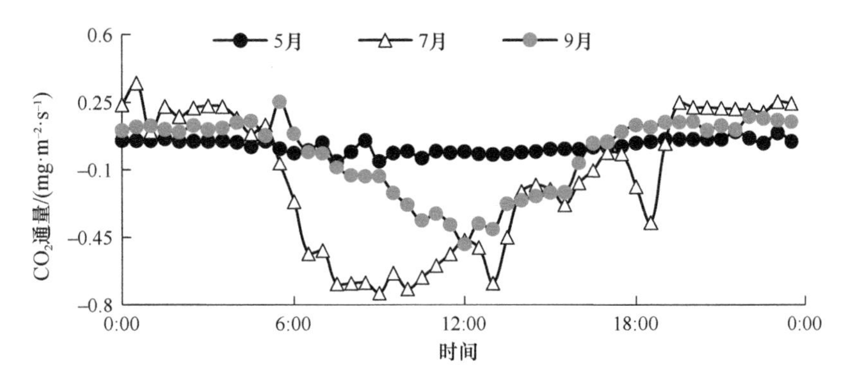

图 2-4　沼泽湿地 CO_2 通量的日变化特征

生长季内的 6～8 月为植物生长旺盛期，因植物光合作用固定的 CO_2 量远大于土壤和植物呼吸作用释放的 CO_2 量，湿地生态系统总体表现为碳汇。此阶段内 NEE 存在明显的日变化。夜间由于呼吸作用，表现为生态系统向大气净排放 CO_2；白天因植物光合作用旺盛，生态系统表现为净吸收 CO_2。日出后，生态系统并没有立即转变为碳汇，往往推迟 1～2 h，这主要是由于日出后温度较低，光合有效辐射较小及受植物生理活动规律的影响，光合作用同化固定的 CO_2 量小于土壤和植物呼吸释放的 CO_2 量；之后随着气温的升高和光合有效辐射的增强，光合能力亦逐渐增强。在生长季中期，生态系统日最大净碳交换量通常出现在 10:00 之前，由于研究区午间常常多云，一日中光合有效辐射最大值通常出现在 11:00 前后，可见，日最大净碳交换量的出现时间早于光合有效辐射最大值的。因生态系统呼吸与温度的变化密切相关，研究区上午较高的光合有效辐射有利于植物光合作用的进行，而气温和土壤温度相对较低使得生态系统呼吸作用强度不大，从而使得 NEE 在上午出现最高值。之后，生态系统净碳交换量逐渐降低，在日落之前（18:00 左右）净碳交换量接近 0，NEE 的这种日变化过程与太阳高度角的日变化所引起的太阳总辐射和光合有效辐射的日变化及植物自身光合作用过程的变化相联系。

9 月为植物衰退阶段，植物叶片开始枯萎，光合能力逐渐减弱，生态系统净碳同化量亦显著减少。此阶段 NEE 的日变化较生长季中期明显减弱。

2）季节变化

涡度相关技术对碳水通量观测的独特贡献是能够揭示生态系统水平上含碳气体的时间变化特征。陆地生态系统与大气碳交换通量在不同时间尺度上（如日、季节、年度和年代）有完全不同的变化特征。由图 2-5 可见，生态系统 NEE 在日尺度上的季节变化十分明显。总体上，5 月沼泽湿地表现为净的碳排放，5 月的净碳排放量为 27.50 g $C{\cdot}m^{-2}$，在 5 月底前后沼泽湿地逐渐转变为碳吸收，自 6 月开始，NEE 的吸收强度迅速增加，最大日累积 NEE 分别出现在 7 月上旬（–3.83 g $C{\cdot}m^{-2}{\cdot}d^{-1}$），并在达到最大碳吸收后，NEE 总体呈逐渐降低的趋势。月累积 NEE 在 7 月达到最高值，为–61.07 g $C{\cdot}m^{-2}{\cdot}mon^{-1}$。9 月是生态系统再次发生碳源/汇转变的时期，根据研究区多年该时期累积 NEE 的情况，沼泽湿地生态系统在 9 月可能总体表现为微弱的碳源、汇，或接近碳源/汇平衡。生长季内日累积 NEE 存在着明显的波动，尤其是植物生长旺盛的 6～8 月，相邻几日可连续出现 NEE 吸收或排放的峰值，这种情况通常总是与各日的天气状况相联系的：多云或降水的天气往往对应着 CO_2 的弱吸收或净排放，晴朗少云的天气往往对应着 CO_2 的净吸收，说明湿地生态系统日累积 NEE 对天气条件的变化十分敏感。沼泽湿地生态系统生长季内累积 NEE 为–182.0 g C·m^{-2}。

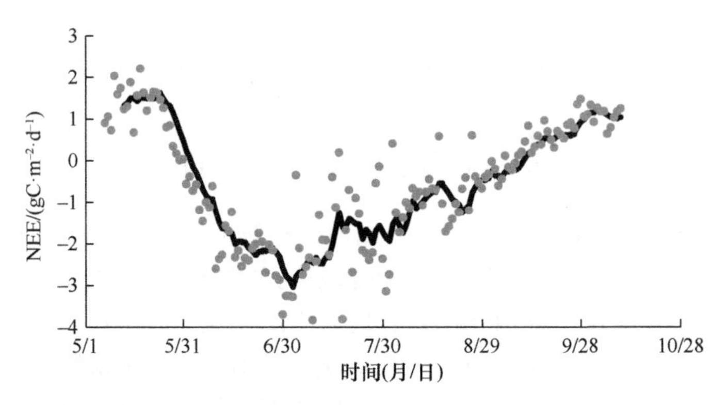

图 2-5　沼泽湿地 CO_2 通量的季节变化特征

图中散点为日累积 NEE，黑实线代表以 7 天为间隔的移动平均值

2.1.3.2　沼泽湿地 CO_2 交换的环境影响因素

图 2-6 反映了生长季 6～9 月沼泽湿地净光合速率与光合有效辐射之间的关系。6～9 月，在低光强条件下，湿地生态系统白天净光合速率总体上随着光合有效辐射的增加呈非线性增加，当光合有效辐射增加至一定值后，植物净光合速率的增加趋缓，光合作用趋向饱和。其中在 6～7 月都出现了净光合速率在增至最高值后，随着光合有效辐射的进一步增加反而减小的情况，即较为明显的光抑制现象。当植物光合组织吸收的光能超过光合作用所能利用的量时，过剩的光能会导致光抑制的发生，光抑制最明显的特征是光合效率的降低（Muraoka et al.，2000）。研究区各日中最大光合有效辐射通常出现在正午前后，而生长季湿地各日最大净光合速率通常出现在上午 10:00 之前（图 2-6），光抑制现象的存在能在一定程度上解释生态系统日最大净光合速率早于日最大光合有效辐射出现的原因。至生长季的 9 月下半月，湿地生态系统通常已完成了或正在发生碳源/汇的转变，此时期内光合有效辐射对净光合速率的影响明显减弱。

表 2-1 所示为 6～9 月利用 Michaelis-Menten 光响应模型拟合得到的关键参数。生长季内，光合有效辐射可解释净光合速率变化的 38%～74%，而在植物生长最为旺盛的 7 月、8 月两个月，光合有效辐射可解释净光合速率变化的 56%～79%，可见，光合有效辐射是影响沼泽湿地碳吸收的重要因素。9 月以后，光合有效辐射对净光合速率的影响明显降低，温度等环境因素的影响在此时期内逐渐加强。

α 和 P_{max} 是表征植物叶片光合作用的两个关键参数，α 被称为低光强下的量子效率，是反映植物光能利用、CO_2 吸收和光合物质生产效率的基本参数，是植物光合作用固定 CO_2 时对 PAR 的最大利用效率，反映了植物光合作用的生物化学特征，在植物光合作用模拟研究中，α 作为原始输入参数是不可或缺的（Farquhar et al.，1980），确定植物 α 对

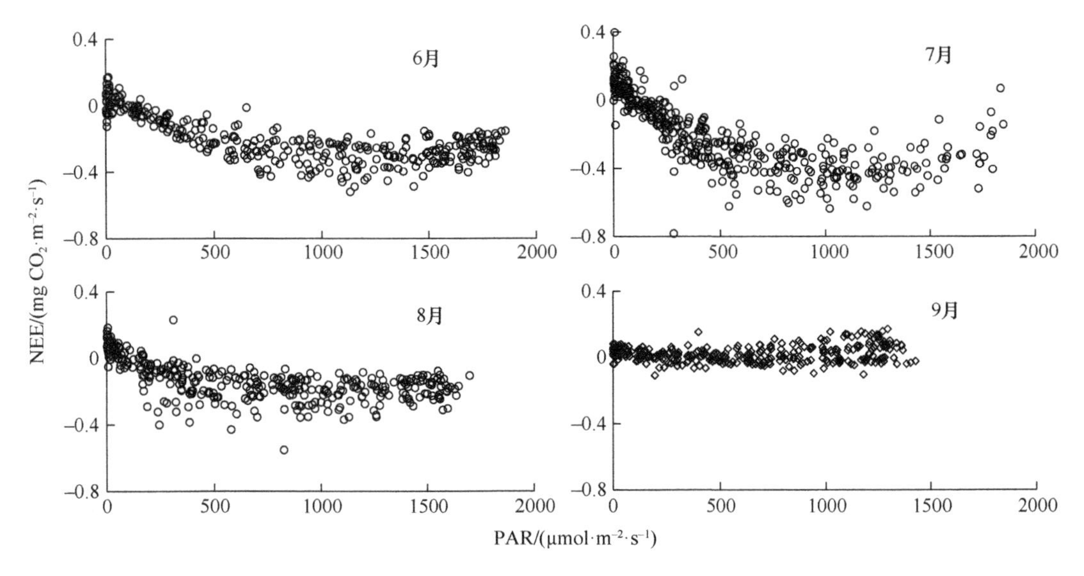

图 2-6 沼泽湿地生长季不同时期 CO_2 通量与光合有效辐射间的关系

表 2-1 沼泽湿地光合过程关键参数的季节变化

时间	α/（μmol CO_2.μmol^{-1}·PAR）	P_{max}/（mg CO_2· m^{-2}· s^{-1}）	R/（mg CO_2· m^{-2}· s^{-1}）	R^2
6 月	0.0318±0.0052	0.4465±0.0169	0.0738±0.0146	0.70
7 月	0.0589±0.0072	0.6876±0.0221	0.1667±0.0173	0.74
8 月	0.0564±0.0125	0.3412±0.0168	0.1083±0.0174	0.56
9 月	0.0325±0.1531	0.01806±0.0211	0.0378±0.0218	0.03

于进行气候变化情景下植物光合效率的评估具有重要意义。P_{max} 是光饱和条件下的最大光合速率，取决于植物特性和环境条件，尤其是反映了生物化学过程和生理条件，P_{max} 与叶片厚度和温度密切相关（Penning De vries et al.，1989）。由表 2-1 可见，生长季最大表观量子产额和平均表观最大光合速率都在 7 月出现，该时期是沼泽湿地植被生命活动最为旺盛、平均光合速率最强的时期。

沼泽湿地碳吸收和水汽通量的季节变化是环境因子和生物因子共同作用的结果，分析生态系统碳水通量之间的关系，对于研究生态系统碳水耦合、评价气候变化情景下水资源对生态系统碳源/汇功能的影响、分析和预测生态系统生产力的变化趋势都具有非常重要的意义（Xu and Hsiao，2004）。湿地有着不同于森林、农田等生态系统的特点，表现为湿地地表经常处于湿润或过湿的状态，无水分胁迫发生，而研究潜热通量（LE）对碳吸收的影响发现，碳吸收与 LE 之间具有明显的二次曲线关系（图 2-7，R^2 为 0.65，p<0.001）。大致以 LE 等于 200 W·m^{-2} 为界，小于 200 W·m^{-2} 时，NEE 随着 LE 的增加而迅速增加，LE 大于 200 W·m^{-2} 时，NEE 随着 LE 的进一步增加变化不明显。

分析生长季内沼泽湿地碳水通量之间的关系，主要有以下两方面的原因：一方面，在叶片尺度上，光合作用和蒸腾作用是同时受植物气孔行为控制的两个耦合的生理过程，气孔微妙地调节着植物碳固定和水分散失的平衡关系，并对外界因子的变化做出响

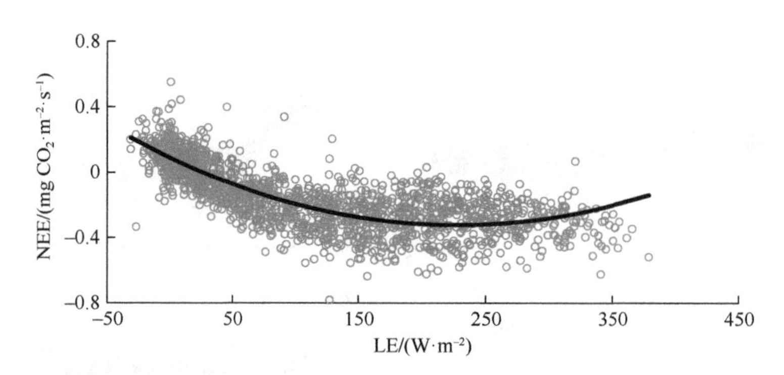

图 2-7 沼泽湿地 LE 对生态系统 CO_2 净交换的影响

应，气孔行为是联系碳、水交换的关键环节，也是形成生态系统碳交换和水汽通量间耦合关系的内在机理；另一方面，在生态系统尺度上，净碳交换和 LE 都要受到辐射、湿度和温度等环境要素的影响，并在一定范围内对这些环境要素的变化有相似的响应趋势。例如，NEE 和 LE 都随着主要控制因素即辐射的增加而增加，但在环境要素达到一定阈值时，二者的响应情况又有不同，LE 与净辐射间呈显著的线性相关关系，而生态系统光合作用在光强较高时会变化趋缓甚至出现光抑制，一日中生态系统最大碳吸收出现的时间要早于最大 LE 出现的时间，达到最大碳吸收后，在 LE 增加时 NEE 并未继续增加，从而使得 NEE 与 LE 之间并未表现出完全的线性关系。

分析气温(Ta)、表层土壤温度、5 cm 深根层土壤温度和 10 cm 深根层土壤温度(Ts_{10})对夜间呼吸的影响发现，沼泽湿地 CO_2 呼吸排放随着温度的升高呈指数形式增长（R^2 在 0.47～0.64，p<0.001）。各温度中，呼吸与 10 cm 深根层土壤温度的相关性最好（图 2-8）。温度较低时夜间呼吸通量点的分布较为集中，温度较高时，通量点的分布相对分散，说明在高温环境下，其他因素（如植物的生长、土壤中有机质含量等）的作用相对加强。

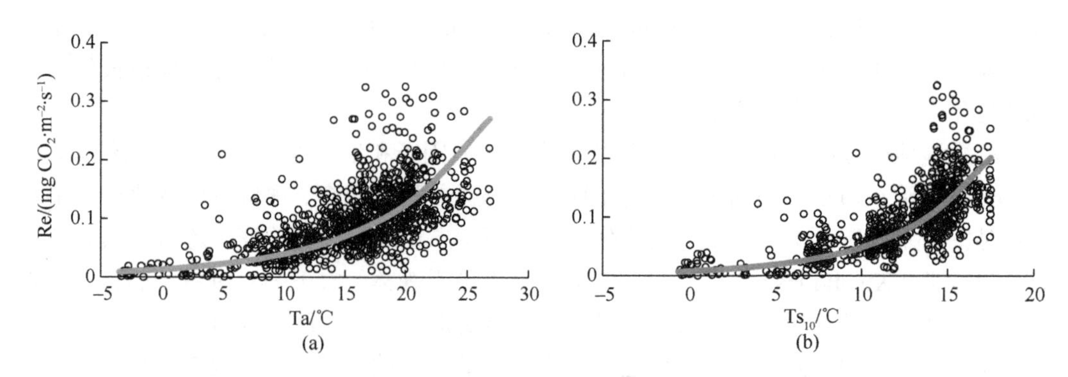

图 2-8 沼泽湿地夜间 CO_2 呼吸排放（Re）与（a）气温和（b）土壤温度的关系

Ta 和 Ts_{10} 分别为气温和 10 cm 土壤温度

2.1.3.3 沼泽湿地 CH_4 排放的时间变化特征

不同于沼泽湿地生态系统 CO_2 净交换具有明显的日变化特征，CH_4 排放的日变化仅在生长季中期稍有明显表现（图 2-9），此期白天的 CH_4 排放平均比夜间高出 12%。相比白天相对平稳的排放，夜间 CH_4 排放的波动更大。生长季前、中、后期，一日之中 CH_4 排放通量分别在 1.9～3.5 mg·m^{-2}·h^{-1}、6.7～10.5 mg·m^{-2}·h^{-1}、3.2～5.6 mg·m^{-2}·h^{-1} 波动。

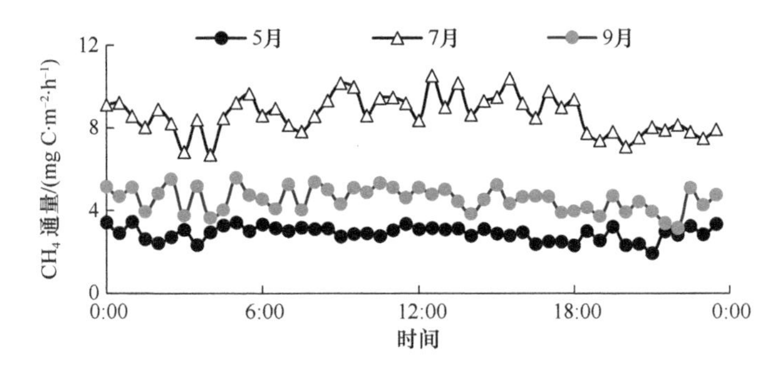

图 2-9 沼泽湿地 CH_4 排放日变化特征

沼泽湿地 CH_4 排放具有明显的季节变化特征（图 2-10），自生长季开始，CH_4 排放通量逐渐增加；6～8 月，CH_4 排放始终保持在生长季的较高水平并上下波动，排放峰值（210.5～218.3 mg C·m^{-2}·d^{-1}）出现在 6 月 24 日至 7 月 19 日；8 月底开始，随着温度的明显下降，CH_4 排放量逐渐降低。观测期内沼泽湿地累积 CH_4 排放量为 21.8 g C·m^{-2}。

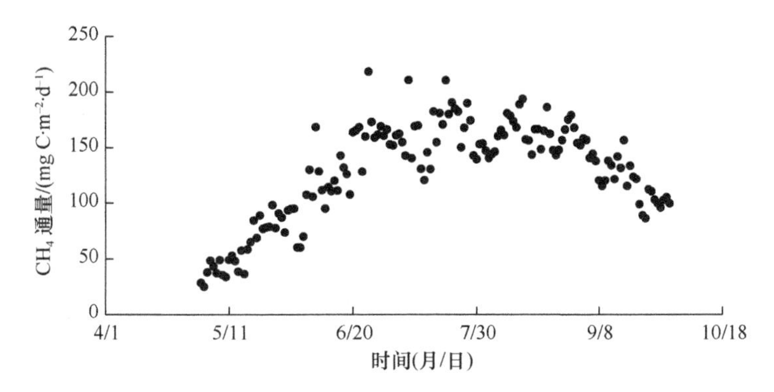

图 2-10 沼泽湿地 CH_4 排放季节变化特征

2.1.3.4 沼泽湿地 CH_4 排放的环境影响因素

由于影响生态系统 CH_4 排放的环境和生物要素众多，各要素间往往存在复杂的内在联系，通过构建结构方程模型分析了沼泽湿地 CH_4 排放的主要控制因素及要素间的相互作用关系（图 2-11）。分析的结果表明，沼泽湿地 CH_4 排放的季节波动主要受湿地土壤

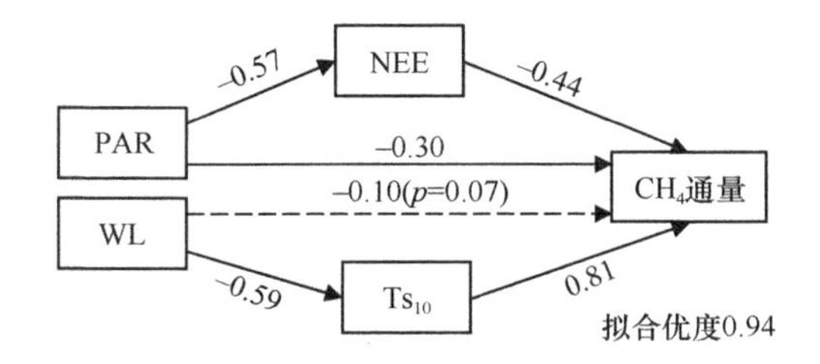

图 2-11 沼泽湿地 CH_4 排放的环境影响要素及各要素间的内在关系

温度和生态系统净碳吸收季节变化的直接影响，水位通过影响土壤温度、辐射通过影响生态系统净碳吸收速率而对沼泽湿地的 CH_4 排放的变化产生间接影响；表层土壤温度和生态系统 CO_2 净吸收可解释季节性冻土区沼泽湿地 CH_4 排放变化的 88%以上（图 2-12 和图 2-13）。

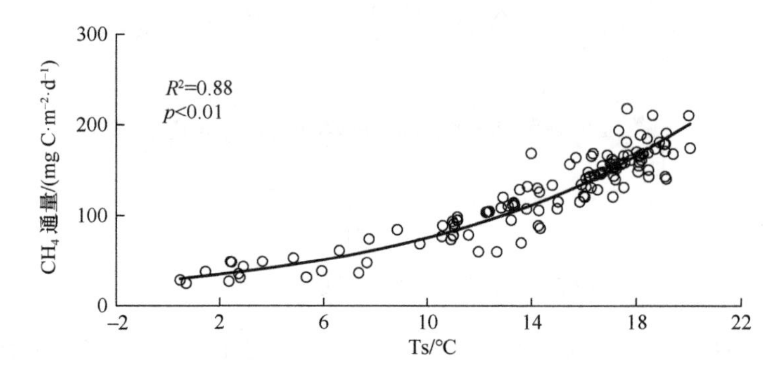

图 2-12　沼泽湿地 CH_4 排放与土壤温度（Ts）间的关系

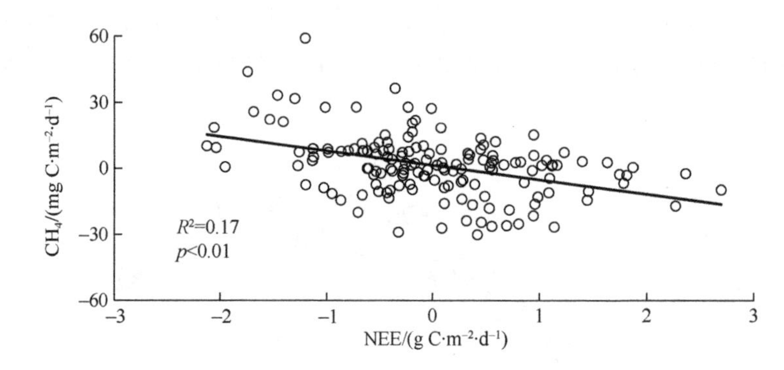

图 2-13　沼泽湿地 CH_4 排放与 NEE 的关系

2.1.3.5　*沼泽湿地生长季碳收支评估*

基于对三江平原典型常年积水型沼泽湿地与大气间碳交换的连续观测（图 2-10 和图 2-14），并进行碳交换估算的不确定性分析（Moncrieff et al.，1996），生长季内沼泽湿地单位面积上通过植被光合作用从大气中累积吸收（555.0±111）g C，植被和土壤呼吸排放（373.3±74.7）g C，CH_4 排放（21.8± 4.4）g C（Song et al.，2011；Sun et al.，2018）。植被通过光合作用固定的碳中，最终 67.3%消耗于呼吸分解，3.9%消耗于甲烷释放，生长季沼泽湿地的净碳累积量为（159.9±32.4）g C·a^{-1}，表现为明显的大气碳汇。

沼泽湿地处于水陆交界的生态脆弱带，因而易受环境条件变化的干扰，生态平衡极易受到破坏，而且一旦被破坏很难恢复，这是由湿地介于水-陆之间的特殊水文条件决定的。此外，湿地碳平衡对气候变化非常敏感，环境条件的变化（如温度升高、降水减少等）或人为干扰等因素很可能使湿地生态系统短期内即发生碳汇/源的转变，因此，还需要在更长期的时间尺度上对沼泽湿地碳交换进行长期监测和科学管理。

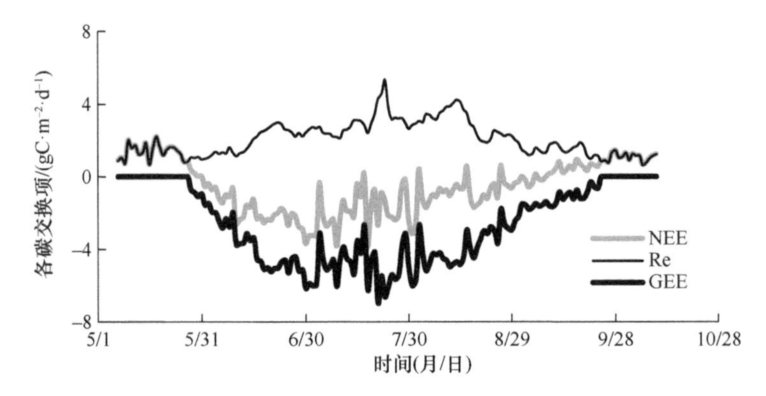

图 2-14 沼泽湿地总生态系统生产力（GEE）、呼吸（Re）和 CO_2 净交换（NEE）的季节变化

2.2 沼泽湿地非生长季温室气体排放与年碳收支评估

沼泽湿地是重要的陆地碳库，在全球碳循环过程中发挥着重要的碳汇功能，其中，中高纬地区的沼泽湿地土壤碳储量可达 370～455 Pg（Gorham，1991；Turunen et al.，2002；Yu，2012）。中高纬地区的沼泽湿地在冷湿的环境条件下，土壤微生物和凋落物的分解作用明显低于植物的生产力水平，从而有利于植物通过光合同化作用累积有机质（Gorham，1991），这其中绝大部分的碳都形成于全新世，并在过去 7000 年间以 11 $g\,C{\cdot}m^{-2}{\cdot}a^{-1}$ 的速度不断积累（Yu，2012）。另外，沼泽湿地是大气 CH_4 的最大天然源之一，对大气 CH_4 含量有很大的影响，每年向大气中排放的 CH_4 占总排放的 23%～40%，其中北方沼泽湿地贡献了 1/3～1/2（IPCC，2013）。在全球变化背景下，北方中高纬地区经历着全球范围内最强的增温效应（IPCC，2013），区域内的沼泽湿地表现出更强的敏感性与脆弱性。随着大量冻土退化，沼泽湿地植被、土壤和水文状况正相应发生着改变（Semenchuk et al.，2015；Pedersen et al.，2020），由此必将会对 CO_2 和 CH_4 的产生及排放产生深远的影响。沼泽湿地的碳循环过程和碳源汇功能将发生怎样的改变正受到世界范围内越来越广泛的关注。

北方中高纬生态系统的非生长季通常在 6 个月以上，此期的温室气体排放对估算年碳收支具有重要影响。长期以来，大多数的观测和研究工作都集中在生长季，对年碳收支的估算则通常采用设定冬季温室气体排放近似为零（Fahnestock et al.，1999）。然而，近十几年来的研究表明，非生长季温室气体排放可占年排放量的 3.5%～30%（Groffman et al.，2006；Kim et al.，2007；Filippa et al.，2009），即非生长季温室气体排放量是区域碳收支的重要组成部分（Uchida et al.，2005；Schimel et al.，2006），并显著影响生态系统的碳平衡（Hubbard et al.，2005；Monson et al.，2006）。

随着全球变暖，尤其是冬季气温升高和积雪覆盖变化，非生长季的土壤呼吸和 CH_4 排放对区域和全球碳循环的贡献显得更为重要。目前，非生长季温室气体排放的研究大多集中在森林生态系统，对湿地生态系统非生长季温室气体排放的研究相对较少（Aurela et al.，2002；Nykänen et al.，2003）。为准确评估沼泽湿地的碳收支及其在区域和全球碳循环中的相对贡献，开展包括非生长季的沼泽湿地温室气体排放的观测和研究具有重要的意义。

2.2.1 非生长季沼泽湿地温室气体排放观测技术

非生长季温室气体排放观测主要有两种方法：箱式法和浓度梯度-扩散模型法（Sommerfeld et al.，1996，1993）。箱式法的分类和技术特点已在上一节中具体介绍。对于积雪深厚的地区，箱式法往往无法达到通量观测的要求，Sommerfeld 等（1996，1993）设计了冬季覆雪期采集 CO_2 气体的装置，通过测定积雪中不同层次的气体浓度，根据 Fick 扩散定律来计算通量。气体通量的测定采用公式（2-8）表示：

$$F_g = -D_g\left(\frac{\partial C_g}{\partial z}\right) \tag{2-8}$$

式中，F_g 为测定气体的通量；D_g 为气体在雪层中的扩散率；$\partial C_g / \partial z$ 为气体在雪层中的浓度梯度。因此，气体的通量直接受雪层中的浓度梯度的影响。扩散率 D_g 用公式（2-9）来计算：

$$D_g = \varphi\tau D\frac{P_0}{P}\left(\frac{T}{T_0}\right)^{\alpha} \tag{2-9}$$

式中，φ 为雪层的孔隙度；τ 为曲率；D 为气体在标准温度（T_0）、标准大气压（P_0）下的扩散系数；P 为观测时的大气压；T 为雪层温度；α =1.81 为理论设定值（Massman，1998）。孔隙度用公式（2-10）表示：

$$\varphi = 1-(\rho_{snow} / \rho_{ice}) \tag{2-10}$$

式中，ρ_{snow} 和 ρ_{ice} 分别表示雪和冰的密度。曲率为 $\tau=\varphi^{1/3}$（Millington，1959）。

浓度梯度-扩散模型法经过几十年的发展，已应用于森林、农田和沼泽湿地覆雪期痕量气体的观测（Monson et al.，2006；Kim et al.，2007；Seok et al.，2009），逐渐成为测定冬季温室气体排放的常用方法。但该方法的准确性在一定程度上取决于模型参数的取值，尤其是雪的孔隙度和阻力参数。通过直接测定或间接估算得到的数值相差很大，因此，未来急需开展模型参数的校正，以降低估算的不确定性（王娓等，2007）。

2.2.2 非生长季温室气体排放及影响因素

沼泽湿地主要分布在北半球中高纬度地区（Lappalainen，1996），这些地区冬季漫长，非生长季的大部分时间都被冰雪覆盖。通常非生长季的温室气体通量相比生长季要显著偏低。目前关于非生长季温室气体排放的报道主要集中在高山亚高山森林生态系统和北极苔原地区（Schimel et al.，2006；Elberling，2007）。湿地生态系统非生长季温室气体排放的报道相对较少（Panikov and Degysh，2000；Lohila et al.，2007）。一些长期的观测和研究表明，北方沼泽湿地非生长季的 CO_2 排放占全年 CO_2 平衡的 25%～35%（Lafleur et al.，2003），冬季的 CO_2 排放甚至可能比全年吸收的还要多（Aurela et al.，2002）；CH_4 的冬季排放则可占全年释放总量的 5%（Rinne et al.，2007）。

综合看来，随着气温的降低，进入非生长季后植物光合作用停止，沼泽湿地主要表现为大气 CO_2 和 CH_4 排放源。不同类型的沼泽湿地，其排放通量差异较大。芬兰雨养沼泽和矿养沼泽冬季 CO_2 平均排放速率分别为 20 $mg \cdot m^{-2} \cdot h^{-1}$ 和 55 $mg \cdot m^{-2} \cdot h^{-1}$（Alm et al., 1999b）；西伯利亚沼泽湿地冬季 CO_2 平均排放速率为 69 $mg \cdot m^{-2} \cdot h^{-1}$，占年通量的 11%（Panikov and Degysh，2000）。沼泽湿地冬季 CH_4 排放速率与生长季相比相对较低，根据湿地的营养水平不同表现为开放的矿养沼泽排放较高，能达到 2 $mg \cdot m^{-2} \cdot h^{-1}$，雨养沼泽次之，排放速率为 0.5 $mg \cdot m^{-2} \cdot h^{-1}$，而森林沼泽最低，为 0.2 $mg \cdot m^{-2} \cdot h^{-1}$，但其累积排放量能占到年排放通量的 21%（Dise，1992），是年碳收支的重要组成部分。

湿地土壤在冬季覆雪期仍能排放 CO_2 和 CH_4，主要是由于以下作用过程：①生物过程。耐低温土壤微生物在极端低温下仍能存活（Zimov et al.，1993）。例如，产甲烷菌在寒冷的冬季具有持续的活性，虽然比生长季低，但仍然能够产生 CH_4，这从实验室内的培养实验中可得到证实，一些适应寒冷条件的产甲烷菌在 0℃以下仍然能够继续产生 CH_4（Wagner et al.，2007）。②物理过程。土壤水冻结过程中，孔隙度变大，亚表层的气体被挤压从而向外释放（Oechel et al.，1997）。有学者认为，非生长季排放的 CH_4 可能同时来自于新生成的 CH_4 和储存在土壤中的 CH_4，但随着冬季温度的降低和地表冻结，CH_4 生成和消耗过程将变得越来越不重要，在最寒冷的时期 CH_4 的排放可能主要来自于储存的 CH_4（Dise，1992）。

雪、水位、土壤温度和植物群落是影响沼泽湿地非生长季温室气体排放的主要因素。覆盖在沼泽湿地土壤表面的雪具有热绝缘作用，阻碍了低温传导，延缓了土壤冻结时间，为生物过程提供有效的水分（Jones et al.，1999）。因此，积雪深度和积雪时间能显著影响温室气体的排放。另外，雪还影响气体、水分和溶解物的交换，春季雪融化时，雪还能调节营养物的输出（Williams and Melack，1991）。雪是非生长季 CH_4 排放的关键控制因子，冬季积雪通过两个方面影响 CH_4 排放。一方面，积雪的存在阻隔了外部极端低温对土壤的影响，从而促进 CH_4 产生和排放。另一方面，积雪可能会阻碍 CH_4 在土壤和大气间的扩散，从而抑制 CH_4 排放（Panikov and Dedysh，2000）。由于这两个作用是相反的，因此，积雪在 CH_4 排放过程中的最终作用还有待研究。已有的部分研究结果显示积雪去除会促进大气和土壤间 CH_4 气体的交换（Borken et al.，2006）。

水位是生长季沼泽湿地 CH_4 排放的最主要控制因子（Ding et al.，2003），但在中高纬度的寒冷地区，冬季水位并不会改变，因此，对 CH_4 排放的影响可能会很小。一些研究显示冬季土壤冻结之前的水位对 CH_4 排放的影响很大，水位较高的湿地，无论在冬季还是夏季都有较高的 CH_4 排放量（Wickland et al.，1999；Song et al.，2009）。然而也有研究显示，地表以上存在积水，在冬季冻结后会阻止 CH_4 扩散，从而抑制 CH_4 排放（Chen et al.，2008；Gažovič et al.，2010）。因此，水位在冬季对沼泽湿地 CH_4 排放是有促进作用还是有抑制作用，目前还难有统一的结论。

土壤温度主导着土壤微生物的活性，从而对温室气体的产生和排放具有重要的影响。研究发现，在土壤温度达到−10℃仍能检测到土壤微生物的存在（Brooks et al.，1997），甚至在−39℃时，苔原土壤仍能排放 CO_2（Panikov and Dedysh，2000）。全球气候变暖导致的气温升高无疑会影响土壤温度的变化，虽然在北方中高纬沼泽湿地中，土壤温度的变化会受到地表泥炭藓层及地下有机质层的影响，因而可能与气温变化有一定的差异，导致两种温度的年际变化可能并不一致，但从 10 年或更长的时间尺度来看，土壤温度与气温之间具有显著相关性（Romanovsky et al.，2007）。随着气温升高，中高纬地区沼泽湿地不同深度土壤温度增加的速率略有不同，在距离地表 2 m 的范围内，地温增加速率一般为 0.03～0.05℃·a^{-1}（Romanovsky et al.，2007；Johansson et al.，2008），个别地点甚至高达 0.2℃·a^{-1}（Osterkamp and Romanovsky，1999），并且最近 10 年的变暖速率还在加速（Isaksen et al.，2008）。土壤温度升高可以通过两个方面对多年冻土区湿地 CH_4 排放产生影响，首先，温度是厌氧条件下 CH_4 生成的最主要限制因素之一，温度升高将直接导致产甲烷菌活性增强，产 CH_4 速率增加，因此，CH_4 排放量增多（Bubier and Moore，1994）；其次，土壤温度增加导致活动层深度增加（Osterkamp and Romanovsky，1999；Johansson et al.，2008），进而直接或间接导致 CH_4 排放增加。

植物是沼泽湿地生长季呼吸和 CH_4 排放的关键来源，如超过 90%的 CH_4 排放可能来自于薹草或莎草的传输（Kelker and Chanton，1997；van der Nat et al.，1998）。与乔木、灌木和苔藓相比，禾草和莎草科植物的枯落物和根系分泌物可以为产甲烷菌提供更多的有效底物（Bubier et al.，2005），促进 CH_4 生成，同时还可以提供更多的 CH_4 传输通道（Ding et al.，2004，2005），进而增加 CH_4 排放。很多野外研究证实了湿地内不同植被覆盖点间的 CH_4 通量差异，几乎所有结果一致认为：禾草为优势种的观测点的 CH_4 排放速率高于乔木、灌木或苔藓为优势种的观测点的排放速率（Liblik et al.，1997；Bubier et al.，2005）。在非生长季，植物群落对温室气体排放的影响表现在维管束植物的立枯物能为气体排放提供通道，且这种情况在积水湿地表现得最为明显（Melloh and Crill，1996；Sun et al.，2012）。

2.2.3 沼泽湿地非生长季 CO_2 和 CH_4 排放特征及控制因素

大兴安岭和三江平原位于我国中高纬度地区，一年之中非生长季（10 月至翌年 4 月）在 6 个月或以上，其中积雪期长达 5 个月左右，沼泽湿地非生长季的呼吸和 CH_4 排放可能在全年中占有重要比例。本节中选取大兴安岭和三江平原地区的代表性沼泽湿地，分别利用浓度梯度-扩散模型法和箱式法开展两处沼泽湿地非生长季的温室气体观测，研究沼泽湿地非生长季呼吸和 CH_4 排放特征及影响因素；通过原位观测和处理实验考察不同要素对非生长季 CH_4 排放的控制作用；进一步结合生长季的观测结果评估沼泽湿地全年尺度的碳收支，从而为精确预测北方地区沼泽湿地非生长季和全年尺度的碳平衡提供科学数据和参考依据。

浓度梯度-扩散模型法的采样设置和样品分析（图 2-15）：在非生长季的 10 月制作雪层气体采样装置，在降雪前布置于沼泽湿地内，设置 5 个重复，于 11 月、12 月及翌年 1 月、2 月和 3 月每月连续 2～3 天进行气体样品采集。气体采样装置由不锈钢细管（长 50 cm，内径 2 mm，外径 3 mm）和铂硅胶管（长 150 cm，内径 2 mm，外径 4 mm）两部分组成。不锈钢细管按 5 cm、10 cm、20 cm、40 cm 和 60 cm 深度固定在垂直标杆上，细管一端用 80 目纱网包住，防止杂物进入管内，另一端连接带有三通阀的铂硅胶管。样品采集用 60 ml 注射器分别抽取不同层次的气体 50 ml 注入采样袋，利用气相色谱仪分析 CO_2 和 CH_4 浓度，并计算气体排放通量［式（2-8)］。气体采样的同时，记录气温、气压、雪层温度等环境要素。为计算雪层的孔隙度，每次采样的同时用 PVC 管采集雪样，称重计算密度，并计算孔隙度。

图 2-15　大兴安岭沼泽湿地非生长季雪层 CO_2 和 CH_4 浓度梯度观测

箱式法的采样设置和样品分析（图 2-16）：通量观测采用静态暗箱-气相色谱法，取样前将规格为 50 cm×50 cm×20 cm 不锈钢底座插入土壤中 20 cm，不锈钢顶箱和延长箱规格都为 50 cm×50 cm×50 cm。底座和延长箱上部有 2 cm 深的凹槽，顶箱、延长箱与底座之间填充积雪进行密封。观测时用 60 ml 聚氯乙烯医用注射器经三通阀连接铁针头通过箱顶部橡胶塞取样，每个静态箱在 30 min 内取 4 管气体，分别在静态箱封闭后的 0 min、

图 2-16　三江平原沼泽湿地非生长季 CO_2 和 CH_4 通量箱式法观测

10 min、20 min 和 30 min 时进行。用注射器取出后转移进 100 ml 专用气体采集袋保存。气体带回实验室并使用气相色谱仪分析 CO_2 和 CH_4 浓度，根据气体浓度随时间变化的斜率来计算 CH_4 通量速率［式（2-11）］。

$$F = \frac{dc}{dt}\frac{M}{V_0}\frac{P}{P_0}\frac{T_0}{T}H \tag{2-11}$$

式中，F 为气体通量；dc/dt 为采样时气体浓度随时间变化的直线斜率；M 为被测气体的摩尔质量；P 为采样点的大气压；V_0、P_0、T_0 分别为标准状态下的气体摩尔体积、标准大气压和绝对温度；H 为采样箱的高度。

2.2.3.1 大兴安岭沼泽湿地非生长季 CO_2 和 CH_4 通量的时间变化特征及环境控制因素

1）雪层气体浓度剖面特征

大兴安岭沼泽湿地雪层属性和环境因子的季节变化见表 2-2。研究区从 10 月中旬开始降雪，积雪深度自观测初期开始逐渐增加，1 月达到 40 cm，此后趋向稳定。非生长季最低月均气温值出现在 12 月，为–28.9℃。样品采集期间气温变化范围在–5.5～–39.8℃，雪层平均温度波动规律与气温波动情况较为类似，具有明显的季节特征。由于雪层具有保温作用，温度较气温高，变化范围在–1.5～–31.8℃。雪的属性如密度和孔隙度对雪层中的气体扩散具有一定的作用，观测期内雪的孔隙度变化很小，基本上表现出随着降雪时间的推移呈逐渐降低的趋势，波动范围在 0.75～0.79。

表 2-2 大兴安岭沼泽湿地雪层特性和环境因子

时间（月/日）	大气压/atm	雪深/cm	雪孔隙度	气温/℃	雪层温度*/℃
10/22～10/25	0.955～0.963	18～27	0.78	–14.6～–3.5	–4.2～–1.5
11/26～11/27	0.950～0.953	37～40	0.79	–31.8～–29	–26.4～–19.4
1/10～1/12	0.948～0.956	41～42	0.79	–39.8～–37.2	–31.8～–24.6
2/19～2/21	0.949～0.954	42～43	0.78	–22.9～–11.6	–21.9～–17.5
3/17～3/19	0.934～0.943	42～45	0.75	–11.5～–5.5	–12.5～–5.4

*雪层温度是指地表到雪层顶部之间的平均温度

非生长季雪层中的 CO_2 浓度具有明显的时间变化特征（图 2-17），平均浓度波动范围在 464～582 ppm①。阿拉斯加苔原生态系统（年均温为–3.3℃，年降水量为 270 mm）的气候和环境条件与本研究区较为接近，其冬季覆雪期雪层中的 CO_2 浓度波动范围在 420～750 ppm（Alm et al.，1999b），与本研究的观测结果较为接近。观测期内，雪层中的 CH_4 浓度波动范围在 2.1～2.3 ppm（图 2-17），低于阿拉斯加苔原（2.5～5.65 ppm；Alm et al.，1999b）和三江平原沼泽湿地雪层中的 CH_4 浓度（3.2～11.1 ppm；Miao et al.，2012），说明覆雪期大兴安岭沼泽湿地 CH_4 的产生和排放能力较低，这可能是由于除受气候条件影响外，植被类型也会对覆雪期的 CH_4 排放产生一定的影响。

① 1ppm=10^{-6}。

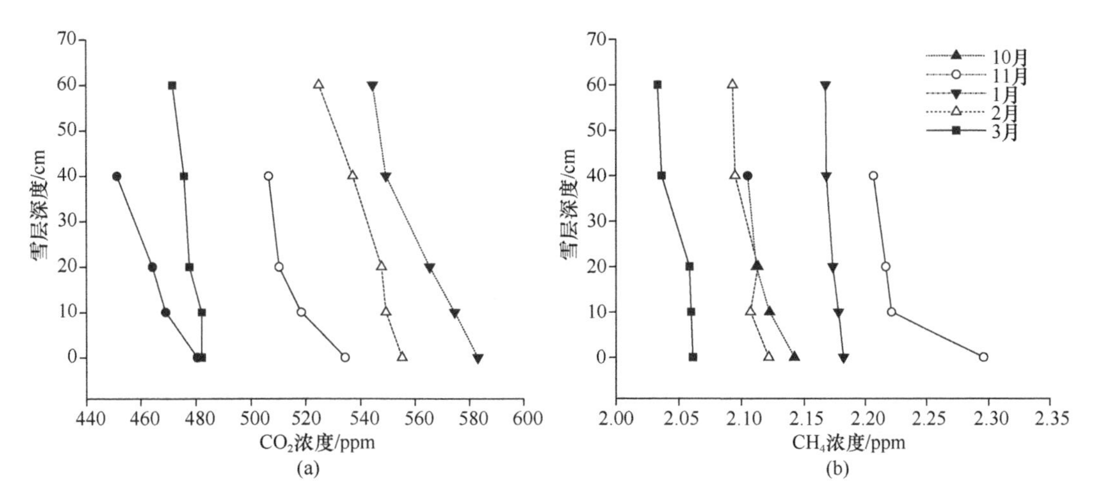

图 2-17 沼泽湿地非生长季雪层 CO_2 和 CH_4 浓度梯度变化

观测期内，雪层中每一层内 CO_2 和 CH_4 浓度的季节波动规律较为类似，CO_2 浓度在 1 月达到最大值，CH_4 浓度在 11 月达到最大值，且垂直梯度上基本表现为从土雪界面到雪气界面随深度的增加气体浓度逐渐降低，说明泥炭沼泽在冬季覆雪期仍向大气中排放 CO_2 和 CH_4。

2）CO_2 和 CH_4 通量的时间变化特征及控制因素

沼泽湿地非生长季 CO_2 和 CH_4 通量均表现出明显的时间变化特征（图 2-18），观测期内 CO_2 通量呈下降趋势，从观测初期的 33.29 mg $C \cdot m^{-2} \cdot d^{-1}$ 降至观测末期的 6.86 mg $C \cdot m^{-2} \cdot d^{-1}$，平均通量为 24.26 mg $C \cdot m^{-2} \cdot d^{-1}$。

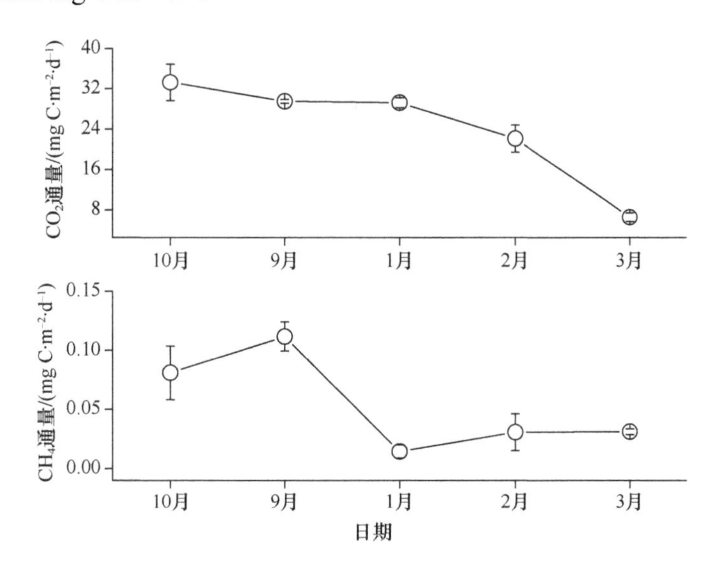

图 2-18 沼泽湿地非生长季 CO_2 和 CH_4 通量变化

CH_4 通量的季节模式不同于 CO_2，非生长季内 CH_4 排放速率经历先升高后降低再上升的趋势。沼泽湿地在冬季的 10～11 月还有相对较高的 CH_4 排放通量，这可能与该区沼泽多年冻土活动层深度的季节变化有关。在经历了冬季的完全冻结之后，春季多年冻土层开始融化，并随着生长季的持续而加深，多年冻土活动层加深使得冻结的有机质融化，有利于产甲烷菌利用，生长季结束后，虽然植物不再生长，但活动层深度并没有随着生长季结束而停止，而是继续加深，直到温度降低到 0℃以下，土壤又从表层开始冻结。因此，较高的 CH_4 排放出现在活动层深度接近或达到最大的时候，也就是生长季结束至土壤冻结初期，所以出现了秋末冬初的土壤冻结初期仍然有较高的 CH_4 排放现象。非生长季期间，沼泽湿地 CH_4 排放速率在 0.02～0.15 mg $C·m^{-2}·d^{-1}$，接近亚北极排干泥炭沼泽的排放速率（0.08 mg $C·m^{-2}·d^{-1}$，Alm et al.，1999a），明显低于温带森林沼泽（3.75 mg $C·m^{-2}·d^{-1}$，Dise，1992）和亚北极沼泽（1.28～4.2 mg $C·m^{-2}·d^{-1}$，Alm et al.，1999a），远低于温带沼泽（15～42 mg $C·m^{-2}·d^{-1}$，Melloh and Crill，1996）。

本研究中，分析各环境因子与 CO_2、CH_4 排放通量之间的关系发现，气温及雪层温度与气体通量之间没有明显的相关性，与亚北极地区观测研究中发现冬季通量与温度无相关性的结论类似（Björkman et al.，2010）。

全球变化背景下，在过去几十年，北方局部区域的积雪深度呈现出降低趋势（Bintanja and Andry，2017）。积雪对冬季 CO_2 和 CH_4 的产生和排放有着重要的作用，一方面，雪对土壤具有一定的保温作用，土层中的微生物仍有活性，可促进 CO_2 和 CH_4 的产生；另一方面，积雪能在春季融雪期为土壤微生物提供足够的水分，益于微生物的成活，促进 CH_4 的生产（Mast et al.，1998）。本研究中发现，雪的属性，如雪深和孔隙度是影响沼泽湿地 CO_2 和 CH_4 排放的重要因素。观测期 CO_2 和 CH_4 排放通量随着积雪深度的增加而降低（图 2-19），这可能是由于积雪深度的增加减缓了土壤微生物产生的 CO_2 和 CH_4 向大气中扩散，积雪对土壤温度的保温作用虽然能促进 CO_2 和 CH_4 的产生，但产生的量不足以抵消雪深对气体扩散的阻碍作用。雪的孔隙度主要能影响气体的扩散速率，本研究中，沼泽湿地 CO_2 和 CH_4 通量与雪的孔隙度呈正相关关系（图 2-19），说明积雪时间增加和雪孔隙度下降会降低气体的扩散速率，从而影响气体排放，这在一定程度上解释了观测后期出现 CO_2 和 CH_4 排放速率降低的现象。

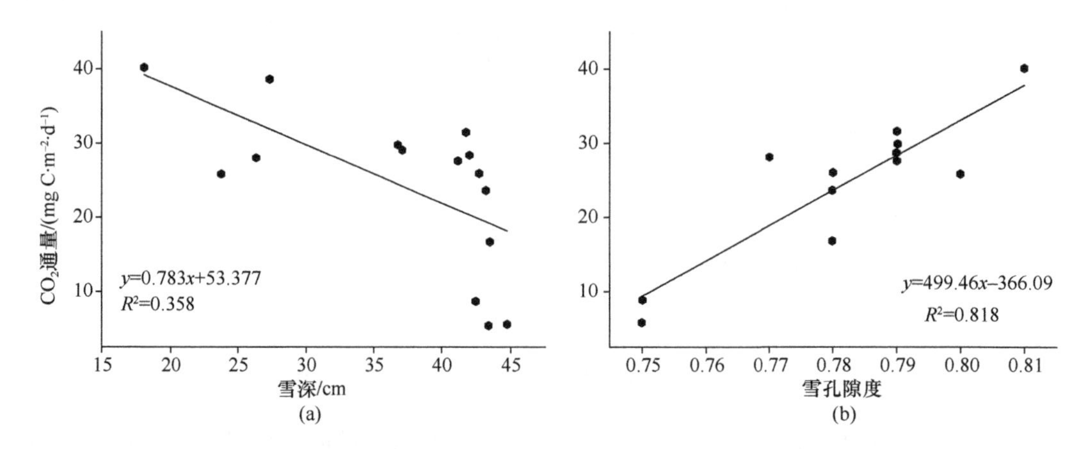

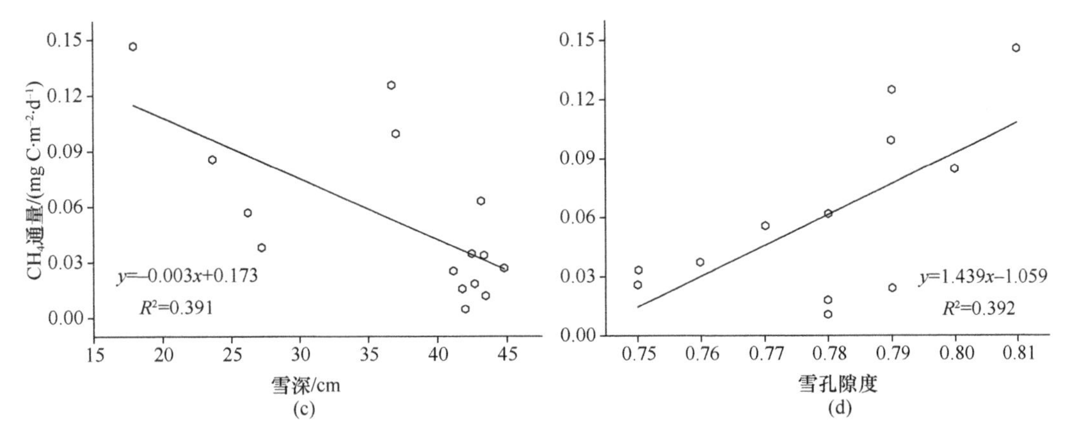

图 2-19　沼泽湿地雪属性（雪深和雪孔隙度）与 CO_2 和 CH_4 通量的关系

Massman（1998）的研究表明，风速和气压波动导致的“泵效应”在一定程度上会影响雪层中的气体扩散。本研究分析了观测期内风速和气压与 CO_2 和 CH_4 通量的关系表明，风速与气体排放速率之间无相关性，而气压变化只对 CO_2 排放速率产生影响，随着大气压的增加，CO_2 的排放速率增大（图 2-20）。

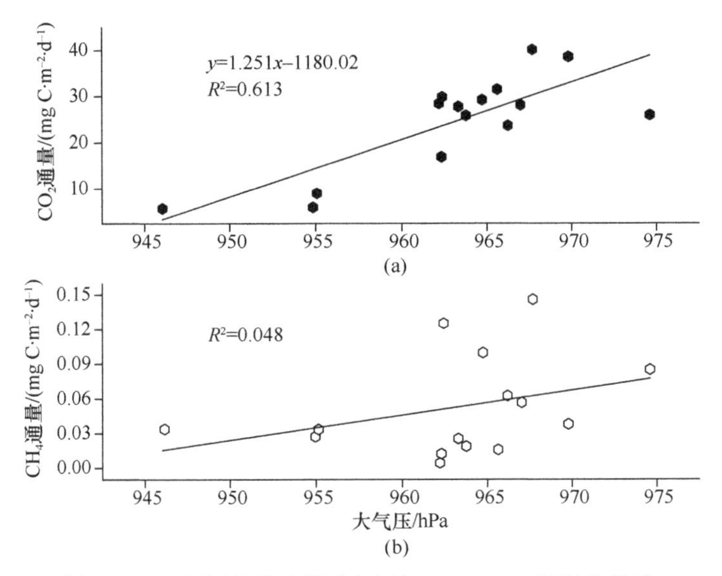

图 2-20　沼泽湿地非生长季气压与 CO_2、CH_4 通量的关系

2.2.3.2　三江平原沼泽湿地非生长季 CO_2 和 CH_4 通量的时间变化特征及环境控制因素

1）CO_2 和 CH_4 通量的时间变化特征

基于箱式法的观测结果表明，三江平原沼泽湿地在非生长季期间，CO_2 排放速率自 10 月开始逐渐降低，在最为寒冷的 12 月至翌年 2 月保持在相对平稳的排放速率（3.2 mg·m^{-2}·h^{-1}），进入积雪融化期后逐渐升高（图 2-21）。CH_4 排放速率在冬季中后期较低（小于 0.3 mg·m^{-2}·h^{-1}），进入积雪融化期则逐渐升高，并分别在 3 月中、下旬形成两个排放小峰值，分别为 0.94 mg·m^{-2}·h^{-1} 和 1.33 mg·m^{-2}·h^{-1}（图 2-22）。进入 4 月，随着

沼泽湿地内积雪的完全融化，CH_4 排放速率突然迅速增加，从 0.65 $mg \cdot m^{-2} \cdot h^{-1}$ 上升到平均排放速率为 3.0 $mg \cdot m^{-2} \cdot h^{-1}$（图 2-23），非积雪期的 CH_4 排放速率显著高于积雪期（p<0.05）。

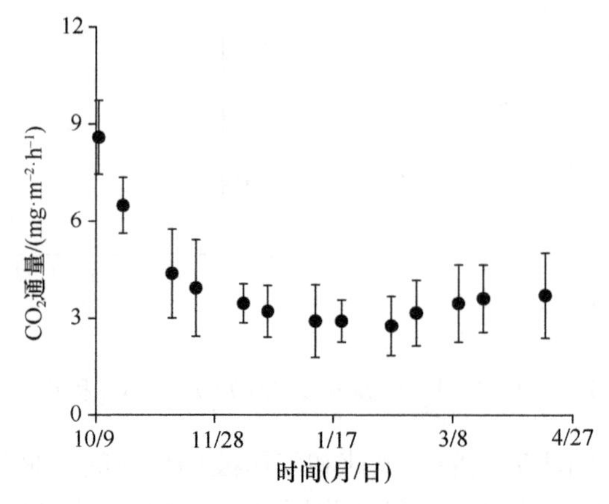

图 2-21　沼泽湿地非生长季 CO_2 排放通量变化

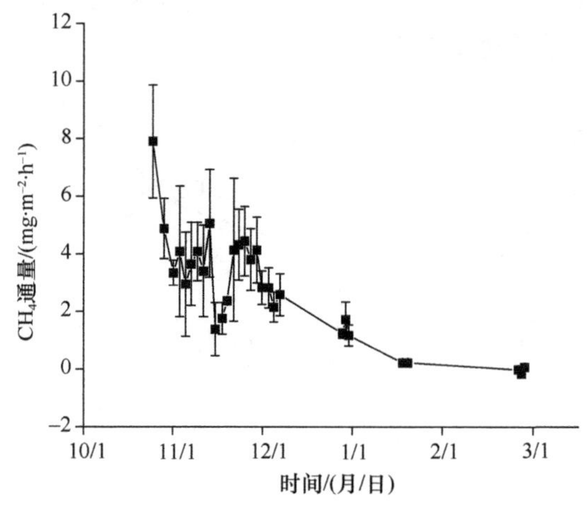

图 2-22　沼泽湿地非生长季 CH_4 排放通量变化

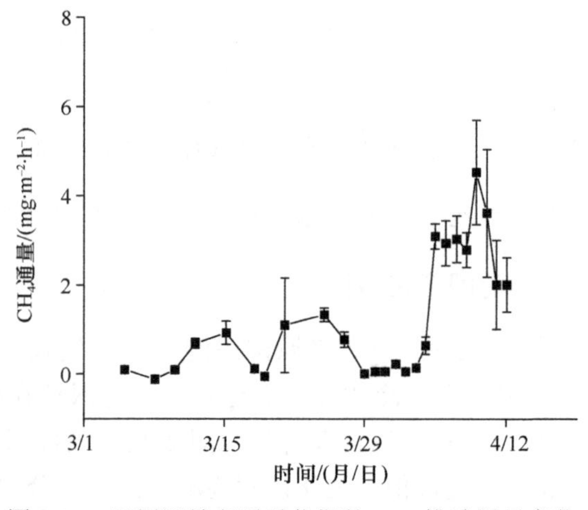

图 2-23　沼泽湿地积雪融化期的 CH_4 排放通量变化

目前关于自然湿地非生长季 CH_4 排放的研究不多。本研究中，秋季末至冬季初，沼泽湿地 CH_4 排放都随着环境的变化而呈现逐渐降低的趋势，这与以前的一些研究结果一致（Wang and Han，2005；Song et al.，2009）。Wang 和 Han（2005）研究内蒙古温带湿地 CH_4 通量发现，冬初的 CH_4 排放速率（1.56～5.02 $mg \cdot m^{-2} \cdot h^{-1}$）低于夏季，仅为夏季排放速率的 7.2%～14.4%。本研究中沼泽湿地的 CH_4 排放速率结果与上述结果较为接近。虽然非生长季的 CH_4 排放量在全年中所占比例较低，但考虑到该沼泽生长季 CH_4 排放量较高，所以，这一时期的 CH_4 累积排放量仍然很高，因此不应忽视。

Mastepanov 等（2008）研究多年冻土区泥炭湿地 CH_4 排放时发现，在冬季土壤冻结初期，CH_4 排放有高峰值出现，这些高峰值会高出生长季排放值数倍，并认为当地表开始冻结时，由于湿地下面多年冻土的存在，阻碍了 CH_4 向下层土壤的扩散，所以 CH_4 气体会通过冻土或者冰层的缝隙排放出来，导致秋末冬初的高排放。但是，在我们的研究中并未观测到这种现象。因此推测秋末冬初土壤冻结初期 CH_4 的高排放不一定是普遍现象，这一现象的存在和主控机理还有待进一步研究。此外，积雪融化过程中 CH_4 的平均和最高排放值为 0.37 $mg \cdot m^{-2} \cdot h^{-1}$ 和 1.33 $mg \cdot m^{-2} \cdot h^{-1}$，这与俄罗斯北方泥炭地（Gažovič et al.，2010）和西伯利亚北极苔原带（Wille et al.，2008）的观测结果相似。

本研究发现，积雪融化期的 CH_4 排放速率波动较大，但 CH_4 排放峰值与气温、土壤温度或者积雪深度和积雪孔隙度的变化都不相关。这与以前的研究结果不同，Alm 等（1999b）研究发现，当积雪孔隙度从 80%降低至 60%时，气体扩散速率会降低 25%。本研究中，积雪孔隙度从研究初期的 80%降低至积雪融化后期的 50%（Miao et al.，2012）。但是，并未发现在积雪融化初期比后期有更高的 CH_4 排放通量，这说明除了温度、积雪深度和积雪孔隙度以外，可能存在其他重要因素影响着这一时期的 CH_4 排放。

积雪融化后期，雪融化速度很快，但 CH_4 通量并没有迅速增加，这与我们实验之前的设想不同。这说明 CH_4 并没有一直积累在雪层以下，非生长季雪层下 CH_4 含量的数据也证明了这一点（Miao et al.，2012）。CH_4 通量和雪层下 CH_4 含量与我们观测的任何环境因素都不相关，说明还有其他重要因素影响着这一时期的 CH_4 排放。积雪融化过程中 CH_4 通量峰值发生在积雪融化的中期而不是后期，一个可能的原因是积雪融化中期雪层下部的冰开始融化，因此 CH_4 在中期释放出来，Mast 等（1998）的研究得到了相似的结论。另一个可能的原因是大气压的变化，一项温带泥炭地的研究结果显示，大气压强的下降能诱发较大量的脉冲式 CH_4 排放（Tokida et al.，2007）。我们推测本研究中积雪融化期 CH_4 通量的变化规律可能是大气压的变化导致的。

2）影响 CH_4 排放的环境控制要素

沼泽湿地非生长季 CH_4 排放与 10 cm 土壤温度呈显著正相关关系（$p<0.001$，图 2-24），与土壤冻结深度呈显著负相关关系（$p<0.001$，图 2-25）。

温度是湿地 CH_4 排放的主要控制因素之一，且无论是在生长季还是在非生长季（Werner et al.，2003）。低温环境会降低产甲烷菌的活性，减少 CH_4 生成，高温则提高产甲烷菌的活性，增加 CH_4 排放（Inglett et al.，2012）。本研究中，沼泽湿地 CH_4 排放与 10 cm 土壤温度呈显著正相关（$p<0.01$），说明温度也是控制冬季 CH_4 排放的主要因素。

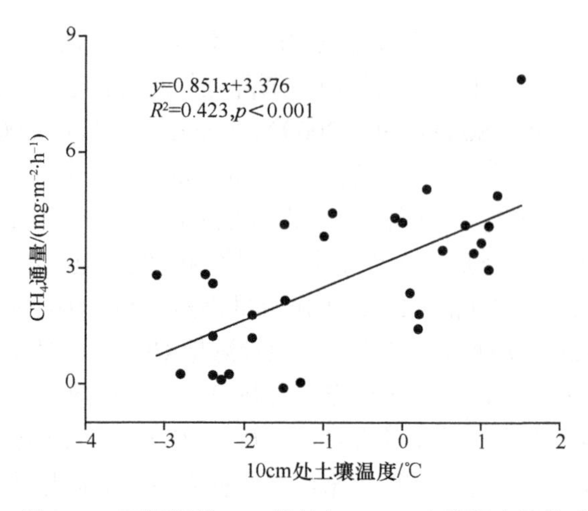

图 2-24　沼泽湿地 CH_4 排放与 10 cm 土壤温度的关系

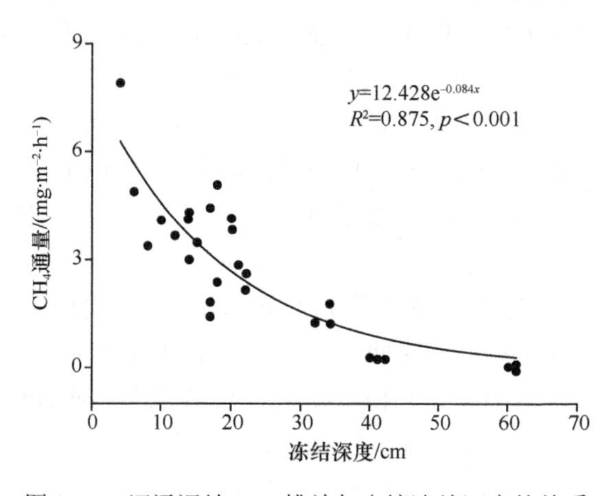

图 2-25　沼泽湿地 CH_4 排放与土壤冻结深度的关系

土壤冻结深度的变化可以直接影响产甲烷菌的活性底物从而抑制 CH_4 生成。此外，冻结的土壤表层（或冰层）可以阻碍 CH_4 在土壤厌氧层和大气之间的传输，从而减少 CH_4 排放。Dise（1992）研究了两个贫营养和一个中营养泥炭地的 CH_4 通量发现，泥炭温度和土壤冻结深度都会影响 CH_4 通量，最低 CH_4 通量出现在 3 月，此时泥炭温度降至最低，泥炭冻结深度也达到最大。本研究中，沼泽湿地 CH_4 排放与土壤冻结深度呈显著负相关关系，即随着土壤冻结深度的加深，CH_4 排放呈指数降低。冻结刚开始时，沼泽湿地 CH_4 排放比冻结前降低了约一半，而到了冬季中后期，土壤冻结深度达到最大时，CH_4 排放也达到了最低值，可见冬季土壤冻结深度和冻结时间直接影响着非生长季的 CH_4 排放量。

3）积雪处理对冬季 CH_4 排放的影响

积雪处理实验结果显示，积雪对冬季 CH_4 排放有重要影响。在 1 月，积雪全部去除地点的 CH_4 排放显著高于积雪去除一半（p=0.02）和对照地点（p=0.01）的 CH_4 排放，而后两者的 CH_4 排放没有显著性差异（p=0.893）（图 2-26）。至 2 月底，尽管所有处理

和对照的 CH_4 排放（0.02～0.37 mg·m^{-2}·h^{-1}）与 1 月的 CH_4 排放（0.27～2.92 mg·m^{-2}·h^{-1}）相比降低了很多，但是积雪对 CH_4 排放的影响是相同的，积雪全部去除地点的 CH_4 排放显著高于积雪去除一半（p=0.01）和对照地点（p=0.005）的 CH_4 排放，而后两者的 CH_4 排放没有显著性差异（p=0.6）（图 2-26）。在这两个月份中，积雪全部去除使 CH_4 排放速率比对照地点增加了 10 倍。

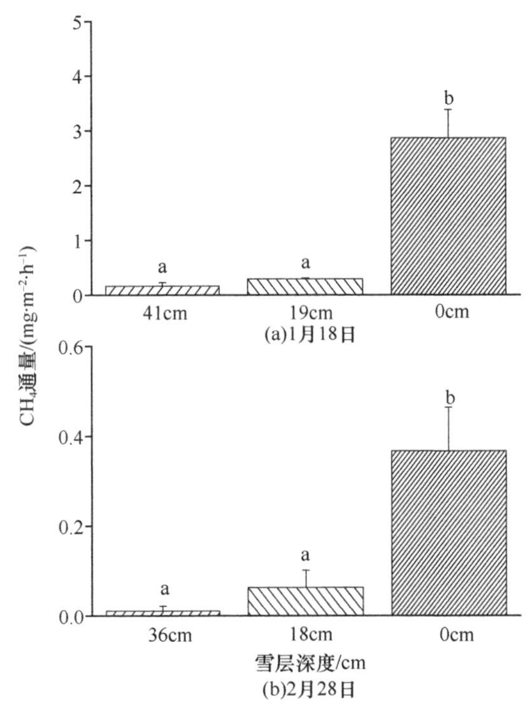

图 2-26　积雪处理对沼泽湿地冬季 CH_4 排放的影响

不同小写字母代表各雪层深度 CH_4 通量间的差异达到显著水平（$p<0.05$）

积雪是影响天然湿地非生长季 CH_4 排放的重要因素。积雪通常在地表起到“盖子”的作用从而抑制 CH_4 气体在土壤和大气间的扩散作用（Panikov and Dedysh，2000）。以前的研究结果显示，冬季将温带森林生态系统内的积雪去除后，土壤和大气间的 CH_4 通量会增加 7～10 倍（Borken et al.，2006）。本研究中的积雪处理实验结果与上述结论相似，说明积雪是控制冬季湿地向大气传输 CH_4 的重要影响因素。然而本研究中的积雪去除实验是在短时间内完成的，这一结果仅能反映出积雪对 CH_4 气体扩散过程的影响。积雪在冬季还有一个重要的保温作用，即通过阻碍土壤与大气间的热通量传输，使土壤温度不至于降至与气温相同的程度，从而可能会促进 CH_4 的生成和排放。

4）植物剪除对非生长季 CH_4 排放的影响

关于植物剪除对三江平原沼泽湿地不同时期 CH_4 排放的影响，观测结果显示，在植物生长季和表层土壤冻结期，植物剪除地点和对照地点的 CH_4 排放差异显著（$p<0.05$ 和 $p<0.01$），通过植物传输的 CH_4 占总排放的比例分别为：植物生长季占 38%，表层土壤冻结期占 84%（图 2-27）。然而，在秋季和深层土壤冻结期，植物剪除地点和对照地

点的 CH_4 排放却没有显著差异（分别为 p=0.6 和 p=0.4，图 2-27）。

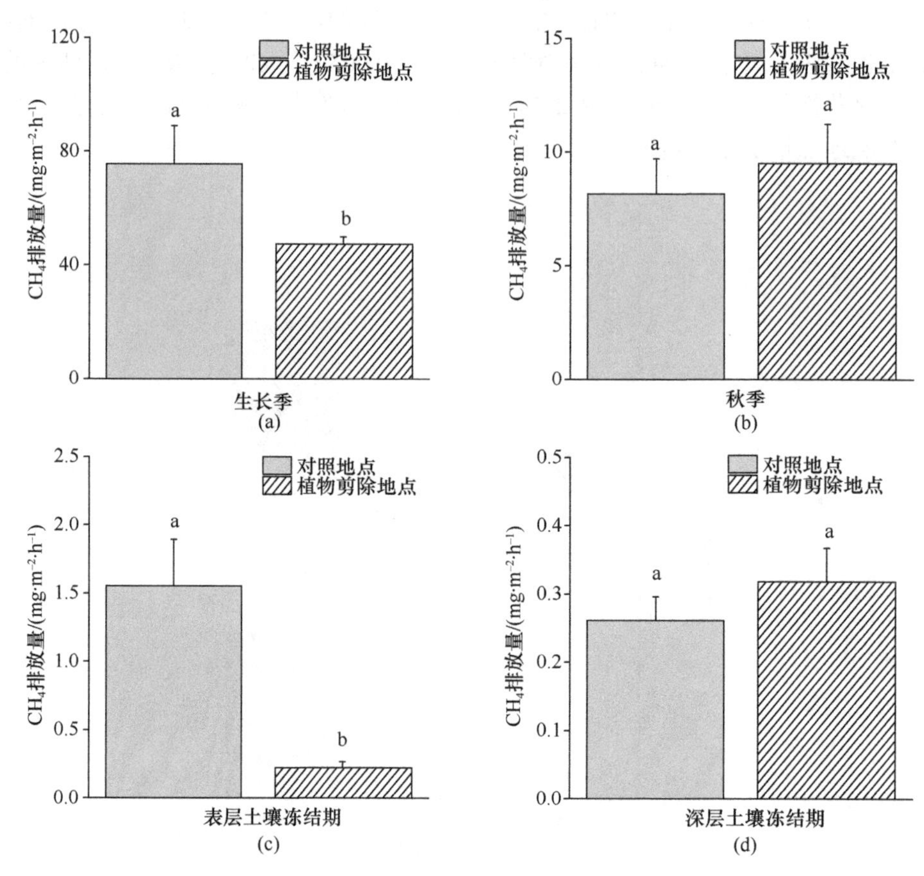

图 2-27 植物对沼泽湿地不同时期 CH_4 排放的影响

不同小写字母代表对照地点和植物剪除地点 CH_4 排放之间的差异达到显著水平（p<0.05）

不同季节土壤剖面上的土壤孔隙水 CH_4 含量有很大差异。在生长季和表层土壤冻结期，CH_4 含量随着深度的增加而降低。但在秋季，最大的 CH_4 含量却出现在 30 cm 的深度。一元方差分析（one-way ANOVA）结果显示，不同季节间土壤孔隙水 CH_4 含量差异显著（p<0.05）。植物生长季、秋季和表层土壤冻结期的剖面平均土壤孔隙水 CH_4 含量均值±标准误，mean±SE 分别为（80.2±9.2）μmol·L^{-1}、（149.5±16.3）μmol·L^{-1} 和（220.2±31.0）μmol·L^{-1}（图 2-28）。

植物对湿地 CH_4 排放有很重要的影响，维管束植物通过通气组织将 CH_4 从土壤的厌氧区传输到大气中，因此降低了 CH_4 在有氧区的氧化，促进了 CH_4 排放（Ding et al.，2004，2005）。本研究得到了与此前相似的结论，生长季的 CH_4 排放有 38%是通过植物传输的，这一值在此前研究结果的范围之内（Schimel，1995；Ding et al.，2004；Kutzbach et al.，2004），但低于 Ding 等（2005）在相同区域的研究结果，他们观测到 72%～78%的 CH_4 是通过植物传输的。上述差异可能与植物生物量有关，本研究中观测点的生物量仅为 Ding 等（2005）观测值的 1/4，而生物量与 CH_4 排放通常是正相关的（Joabsson et al.，1999）。

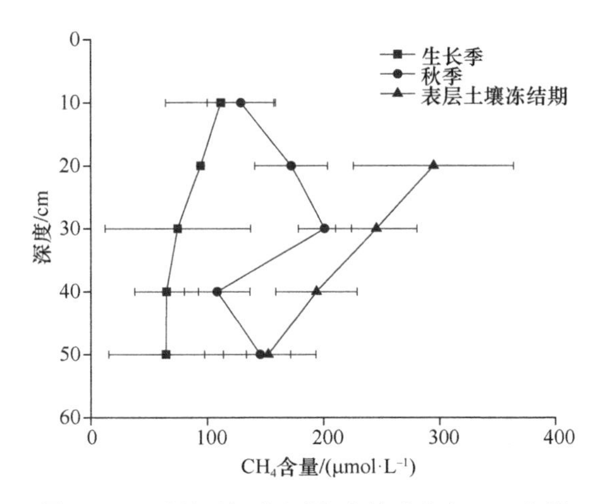

图 2-28 沼泽湿地不同时期土壤孔隙水 CH_4 含量

前期曾有学者推断，植物在枯萎后也会传输 CH_4，这一传输作用在植物生长季和枯萎后都不会变（Hargreaves et al.，2001；Wille et al.，2008）。本研究通过野外原位观测发现，植物枯萎后，仅仅是保持了传输 CH_4 的能力，但它们是否真正起到传输的作用，还取决于相关环境的变化。本研究中发现，秋季植物枯萎后、土壤冻结之前，植物并没有传输 CH_4，CH_4 排放主要通过气体扩散完成。植物在这一时期失去对 CH_4 的传输作用是植物器官对 CH_4 扩散的阻碍造成的。Kelker 和 Chanton（1997）通过植物剪切实验证实，植物器官会对 CH_4 扩散有阻碍作用，这种阻碍作用可能发生在根和孔隙水的界面，也可能发生在根和地上构件的界面。Kutzbach 等（2004）解剖了稀花薹草（*Carex aquatilis* Wahlenb.）的根、茎、叶片等器官后，观测发现在薹草的根上有较厚的外皮层，因此阻碍了气体在根和植物通气组织之间的扩散，说明稀花薹草的气体扩散阻碍发生在孔隙水与根的界面。但 Schimel（1995）在研究了植物对 CH_4 的阻碍作用后发现，植物器官确实会对 CH_4 传输产生阻碍作用，但具体位置并不能统一确定。此前与本研究处在相同地点的一个植物剪切实验显示，将沼泽湿地优势植物毛薹草在水面以上 3 cm 剪除，CH_4 排放会显著增加（Ding et al.，2005）。这一结果说明本研究中的毛薹草对 CH_4 传输的阻碍作用应该主要发生在植物地上构件部分，而不是根部。植物枯萎之后、土壤冻结之前的这一时期，CH_4 在土壤和水中扩散可能比在植物的通气组织中更容易，因此，大部分的 CH_4 是通过扩散作用传输的。

在表层土壤冻结期，土壤表层形成了冰和冻土层，因此，CH_4 通过土壤和水的扩散途径被阻断，CH_4 在冰层以下积累，土壤孔隙水内 CH_4 含量增加（图 2-28）。因此，CH_4 被动地通过根进入植物体内，并通过通气组织传输到大气中。这一时期经由植物传输的 CH_4 占总排放量的 84%。

在深层土壤冻结期，土壤冻结到一定深度，未冻结的土壤孔隙水层向深层移动，并超过了植物根所能到达的深度。尽管此时 CH_4 仍然在冰层以下积累，土壤孔隙水的 CH_4 含量持续升高，但 CH_4 无法再进入植物体内。Hargreaves 等（2001）推测当表层冻结到一定深度时，经由维管植物通气组织释放 CH_4 的现象会停止，因为植物茎会被增厚的冰完全压碎。我们观测到土壤表层冻结到 20 cm 时植物仍然传输 CH_4。虽然本研究中深层土壤冻结期土壤冻结深度达到了 40 cm，但由于 20～40 cm 这段区域分布的主要是植物的根而不是茎，因此，我们认为此时对枯萎植物的破坏作用并不一定会比土壤冻结到 20 cm 大很多。所以，我们认为，这一时期植物对 CH_4 的传输作用停止，主要是由于冰层超过了植物的最大根长，CH_4 无法到达维管植物的植物体，而不是由于增厚的冰层对植物茎的破坏作用。

2.2.4 沼泽湿地年碳收支评估

沼泽湿地中储存的碳是全球碳收支和未来气候变化中的重要组成部分。湿地与大气之间含碳温室气体的净交换速率受植物光合作用、呼吸作用，土壤微生物分解，以及 CH_4 产生—氧化—排放等诸多过程的影响，这些过程受温度、水分、土壤质地和养分供应等条件的影响，且与全球气候和环境变化密切相关。进行沼泽湿地碳收支评估对于明确该类湿地的碳累积能力及湿地在区域尺度碳循环中的作用具有重要意义。对全球多处湿地碳收支的分析表明，近年来全球湿地固碳量有明显增长，达到 1 $Pg \cdot a^{-1}$（Mitsch et al.，2013），但化石燃料燃烧的碳排放量也在持续增加（从 2005 年的 6.3 $Pg \cdot a^{-1}$ 增长到目前的 10 $Pg \cdot a^{-1}$）。目前全球泥炭地的固碳速率平均值约为 29 $g\ C \cdot m^{-2} \cdot a^{-1}$，热带/亚热带湿地、沿海红树林及盐沼的固碳速率为 150～250 $g\ C \cdot m^{-2} \cdot a^{-1}$（Mitsch et al.，2013；Mitsch and Gosselink，2015）。

综合上述针对沼泽湿地非生长季的 CO_2 和 CH_4 排放的观测，以及前一节中生长季期间沼泽湿地碳收支的观测和研究结果，对本节中沼泽湿地年尺度的 CO_2 和 CH_4 收支进行综合评估。大兴安岭和三江平原代表性沼泽湿地生长季净碳累积量分别为（30.6 ±5.5）$g\ C \cdot m^{-2}$（苗雨青，2013）和（159.9±32.4）$g\ C \cdot m^{-2}$，非生长季碳释放量分别为（12.0 ±1.5）$g\ C \cdot m^{-2}$ 和（24.1±4.3）$g\ C \cdot m^{-2}$。沼泽湿地非生长季碳排放可消耗植物生长季净固碳量的 15%～39%。综合看来，大兴安岭沼泽湿地的年固碳速率为（18.6±5.7）$g\ C \cdot m^{-2} \cdot a^{-1}$，略低于全球泥炭地的平均年固碳速率；三江平原沼泽湿地年固碳速率为（135.8±32.7）$g\ C \cdot m^{-2} \cdot a^{-1}$，接近热带/亚热带湿地、沿海红树林及盐沼的平均年固碳速率。目前的气候条件下，中高纬大兴安岭和三江平原沼泽湿地都表现为大气的碳汇。在气候变暖、多年冻土退化的影响下，随着中高纬度地区沼泽湿地土壤温度升高和多年冻土活动层加深，生长季植物碳吸收增加的同时，非生长季的生态系统呼吸和甲烷排放也会相应增大，在此背景下，还需要开展长期、持续的野外监测以明确沼泽湿地在全球碳循环中的作用和气候变化反馈。

2.3 沼泽湿地植物生物量与碳氮分配

湿地植物一般被认为是适应淹水环境的维管植物，在严格意义上，湿地植被还包括许多单细胞种类的藻类。由于湿地植物确实具有大量的代谢和结构适应能力，所以许多湿地中的植物会有广泛的多样性（Mitsch and Gosselink，2015）。湿地植物具有独特的特性，能够适应饱和土壤的抗氧条件，包括生理适应（如厌氧呼吸能力）、解剖适应（如细胞间的空间发育）和形态适应（如水生不定根）。大约有 7000 种生长在湿地环境中的维管植物已经被鉴定出来。在这些已鉴定的植物中，约 27%是湿地独有植物（Reed，1988），其余 73%为“兼性湿地植物”，而大多数生长在湿地上的植物物种也生长在毗邻湿地的过渡地区（Reddy and DeLaune，2008）。

湿地植物的生物量或初级生产力是湿地生态系统最重要的生态功能（Wieder and Vitt，2006）。沼泽湿地的独特之处在于，净初级生产和分解之间的长期不平衡导致了目前全球这些生态系统中储存着大量有机物。在北方沼泽湿地，寒冷、缺氧、酸性、缺乏营养的环境导致植物残体分解速度缓慢，促进了泥炭的累积（Clymo，1984）。因此，要了解沼泽湿地的生物地球化学过程，首先要明确沼泽湿地的净初级生产力或生物量的分布特征。

2.3.1 植被生物量理论与研究方法

生物量是指某一时间单位面积或体积栖息地内所含一个或一个以上生物种，或所含一个生物群落中所有生物种的总个数或总干重（包括生物体内所存食物的重量）。生物量（干重）的单位通常用 $g{\cdot}m^{-2}$ 或 $J{\cdot}m^{-2}$ 表示。生物量既是表征植物群落数量特征的重要参数，又是反映植物群落初级生产力的重要指标，也是生态系统获取能量能力的主要体现，对生态系统结构的形成及生态系统的功能具有十分重要的影响（宇万太和于永强，2001）。植物群落中，不同物种必然会争夺有限的资源，主要是地上部分（茎、叶）对光资源的争夺及地下部分根系对水、养分资源的争夺，因而群落中植物配比的变化也会影响到群落中植物的光合作用水平。群落中各物种种植比例对植物光合作用的影响体现在多种光合指标上。对于植物个体而言，与其他植物混生会影响其叶片光合速率和植株营养状况，因而群落的叶面积指数和光分布特征也会发生改变，进而影响群落的光合碳同化能力和干物质生产能力，最终影响群落生物量积累（徐高峰等，2011）。

生物量的测量与估算方法主要有传统的收获法、CO_2 平衡法和微气象场法，也有模型模拟法和遥感法等。收获法通过现场调查获取，是全球普遍采用的研究方法，也是对于陆地群落最切实可行的方法。CO_2 平衡法是将生态系统的叶、枝、干和土壤等组分封闭在不同的气室内，根据气室 CO_2 浓度变化计算各个组分的光合速率与呼吸速率，进而推算出整个生态系统 CO_2 的流动和平衡（Botkin et al.，1970）。微气象场法则与风向、风速和温度等因子测定相结合，通过测定从地表到植被上层 CO_2 浓度的垂直梯度变化来估算生态系统 CO_2 的输入和输出量（薛立和杨鹏，2004）。CO_2 平衡法和微气象场法由于其实验的特殊性，在特定情况下才能使用，应用性较差。生物量模型模拟法基于植物实测数据，通过一定的函数关系转换获取生物量，主要有线性模型、非线性模型和多项式模型（张建设等，2014）。随着遥感和地理信息系统技术的发展，利用遥感信息和 GIS 技术进行森林生物量估算已经成为一种全新手段，遥感法基本原理是利用遥感影像的信息与实测生物量，建立完整的数学模型，利用这些数学模型来测定林分生物量，实现更大尺度生物量研究（张鹏等，2014）。

植物生物量反映了物质流、能量流和初级生产过程，生物量在地上和地下器官之间的分配与植物的个体生长、群落结构及土壤有机质的输入密切相关，是研究生态系统碳收支和碳循环的重要环节（Ma et al.，2010；Hovenden et al.，2014）。此外，生物量分配不仅反映了地上资源（光和 CO_2）与地下资源（水和营养）之间的平衡，而且反映了不同植物对不同环境的响应策略，因此被广泛用作指示生态系统乃至陆地生态系统碳氮循环的关键指标（Yang et al.，2010；Wang et al.，2014）。在个体植株水平，生物量分配通常以根系干质量与茎叶干质量之比（根冠比）来表征；在生态系统水平，它通常以地下生物量与地上生物量之比来表示（Mokany et al.，2006；Kang et al.，2013）。目前，由于地下部分的不可见性及研究方法的局限性，多数的研究集中在地上生物量方面。

地下生物量的测定是根系研究方法中的重要环节，目前随着计算机技术的应用，根系研究的方法得到逐步改进与创新。根据是否可以直接测定生物量，地下生物量测定方法可分为直接法和间接法两类。常用的直接法主要包括挖土块法、土钻法、内生长土芯法等；间接法主要是模型估算法、微根管法、X 射线扫描成像法等（严月等，2017）。挖土块法是研究地下生物量的传统方法，先挖取一定体积的土块，再利用干筛或水洗的方法分离出根系，最后将洗净的根系烘干至恒重。土块的体积大小根据研究目的、研究对象和样地本身大小而定，如可选取 30 cm × 30 cm × 20 cm 或 50 cm × 30 cm × 10 cm 等（Bai et al.，2015；黄静等，2015）。土钻法是国内外研究地下生物量最普遍采用的方法，是指先依靠人力或机械力量利用土钻从野外采集等体积含根的土壤样品，再对生物量进行测定。此法先选取一定直径的土钻进行取样，把钻取的土样置于 0.2～0.5 mm 筛网上过筛，除去大部分土壤，然后再经水洗、挑根，获得干净、无杂质的根系，烘干后以精确度为 1/100 或 1/1000 的天平称重后计算地下生物量。内生长土芯法，也称为尼龙网袋法，是测定细根生产量最直接有效的方法，运用此法的关键是先制备无根土芯，利用土钻取所需深度的土芯样品，进行分层处理后除去土芯中的根系，再将一定规格的网袋套在塑料管上插入之前取土的钻孔中，最后将制得的无根土按层次回填到网袋中即制得无根土芯。制备无根土芯时，周围缝隙需用无根土填满，尽量保持与原来土壤状况一致（Steingrobe et al.，2001）。模型估算法主要运用于森林生态系统中。它是先利用已有数据资源建立特定的数据模型，再根据建立的模型得到地下生物量的预估值。由于建立的模型直接影响地下生物量的预估值与真实值之间的误差，所以如何建立合理的模型是决定模型估算法适用性的关键。微根管法是微根窗技术在根系研究中应用得较为成熟的一种方法。此法操作简单，其系统是由微根窗管、摄像机、标定手柄、控制器和计算机组成（Johnson et al.，2001）。它先将采集的图片利用 WinRHIZO Tron MF（Iversen et al.，2012）等图片处理软件分析处理，直接得到每幅影像中根系的平均直径、长度、根投影面积、根表面积及根体积等数据。然后，结合土钻法等传统方法，以根表面积、根长和直径或比根长为基础进行生物量换算（史健伟等，2006；李俊英等，2007）。

植物生物量的地上-地下分配反映了植物的生长策略，属于植物生活史对策理论的核心论题之一，也影响生态系统土壤碳输入和整个生态系统碳循环。地下与地上生物量比（R/S）是许多陆地生态系统碳循环模型的重要参数，但是根系采样等诸多困难使地下与地上生物量比还存在很大不确定性（Yang et al.，2010）。Mokany 等（2006）评估了以往文献中报道的 R/S 数据，指出在全球不同生态系统中获取的 786 个 R/S 数据中有 62%的数据不可靠，从而导致地下生物量被严重高估。

2.3.2　沼泽湿地生物量、碳氮分配及影响要素

沼泽湿地作为一种重要的湿地类型，在调节径流、改善气候、维护生物多样性和保持区域生态平衡等方面发挥着重要的作用。植被作为沼泽湿地生态系统重要的组成成分，是沼泽湿地生态系统固碳的基础（宋长春等，2018）。沼泽植物通过吸收 CO_2 合成有机物，并将其储存在活的植物组织中，当植物死亡后，植物残体形成腐殖质和泥炭使得部分碳储存于土壤碳库中（刘子刚，2004）（图 2-29）。在全球变化背景下，沼泽湿地植被固碳能力研究已成为全球碳循环研究的重要内容之一（Byrd et al.，2018；王伯炜等，2019；郭斌等，2020）。我国草本沼泽植被地上生物量平均密度为（227.5±23.0）g C·m^{-2}（神祥金等，2021）。作为沼泽湿地生态系统重要的质量参数之一，植被地上生物量是估算沼泽植被碳储量的重要指标，同时也是研究沼泽湿地固碳量的基础。一般湿地的生物量或初级生产力变化比较大，其地下生物量与地上生物量的比值在 0.2～3.9，这取决于湿地的植被类型、地理位置、营养状况和确定生物量的方法（Gopal and Masing，1990）。而沼泽湿地的生物量一般较低，这主要是因为多数沼泽湿地为封闭的系统，其营养物质主要来自于大气降水，土壤营养状况比较贫乏，其生物量往往要低于湖滨与海滨湿地（Sharitz and Pennings，2006）。

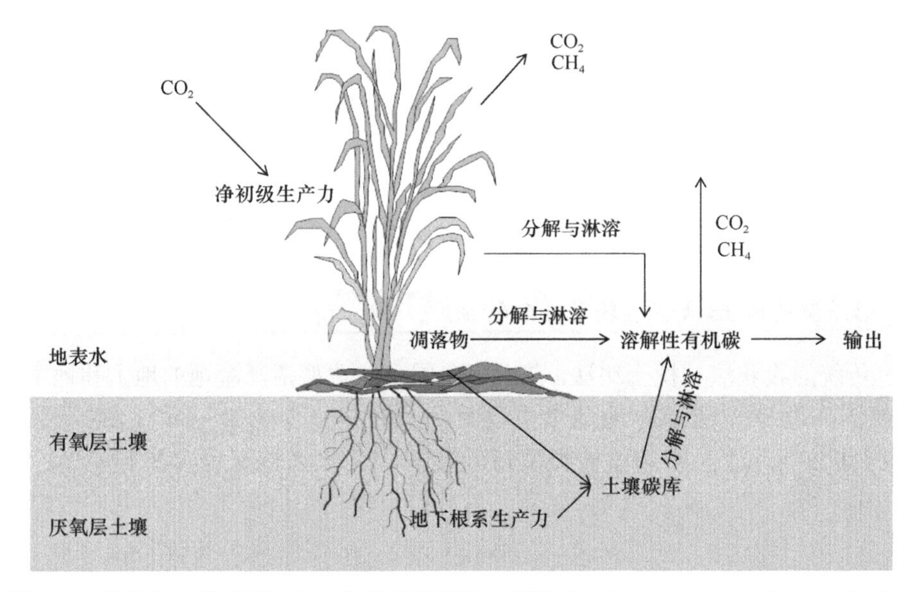

图 2-29　湿地生态系统植物与土壤碳库碳循环示意图（基于 Reddy and DeLaune，2008）

一般认为，植物的生物量与温度、降水及营养状况非常相关，湿地植物生物量与年均温具有正相关关系，与土壤水位具有负相关关系（Laine et al.，1996），另外大气 CO_2

浓度的升高，对湿地具有“施肥”效应，且 CO_2 浓度升高对植物根系的影响甚至会高于气候变暖的影响（Fenner et al.，2007），但对于湿地生态系统，相关的认识仍非常有限（Iversen et al.，2015；Jiang et al.，2018），而对于沼泽湿地生态系统，其地下生物量往往要高于地上生物量（Mokany et al.，2006），甚至占总生物量的 70%以上（Poorter et al.，2012）。湿地植物生物量也与其碳氮分配密切相关，如湿地灌木相比于薹草具有低的周转和分解速率，有利于其碳氮的存储（Cornelissen et al.，2007）。一般认为 1 g 干重大约存储了 0.5 g 的碳（Calow，1998）。湿地植被在生物量中累积营养物质，而这些营养物质的储存是按季节分别储存在地上和地下生物量中。有的研究认为全球变化将增加北方沼泽湿地植物的生物量和微生物分解，但随着地上和地下植物生物量分配的改变，以莎草为优势种的沼泽湿地在全球变化下碳储存可能减弱，但如果水文条件基本保持，这种类型的沼泽湿地碳汇将保持不变（Tian et al.，2020）。

氮是植物生长必需养分，并且经常限制湿地和水生生态系统的生产力。除了碳，氮是迄今为止植物生物量中最大的组成部分。植物氮的存储取决于地上和地下生物量。植物氮素的来源包括外源来源、土壤和水体中有机氮的矿化及土壤中氨态氮向水体流动。此外，藻类还可以通过生物固定获得氮（Reddy and DeLaune，2008）。并且，湿地往往受氮限制，氮受限可以通过影响植物的光合作用进而影响植物的生产力。而土壤中植物残体或有机质的数量和类型也会影响植物生物量中固定氮的数量。而植物生物量固定的氮也与植物不同组织的氮浓度有关，植物组织的氮含量变化很大，并取决于植物的年龄、氮素有效性、植物吸收氮的遗传能力、土壤类型和环境条件（Güsewell and Koerselman，2002），植物组织氮浓度可广泛用于评估植物生长的有效性和氮对植物生长的限制程度，而对于生物量高的植物，由于组织内的稀释和分配，氮的浓度可能较低。同样，较年轻的植株含氮量较高，随着植株接近成熟，含氮量减少，而植物组织中总氮储量增加。一般认为，湿地氮有效性增加将提高植物的生物量。沼泽湿地中维管植物的氮储量取决于维管植物的覆盖和生长，而森林沼泽往往比以灌木为主的沼泽湿地储存更多的氮（Wieder and Vitt，2006）。

2.3.3 沼泽湿地植物生物量与碳氮分配研究实证

2.3.3.1 沼泽湿地地上-地下生物量分配特征

通过传统的收获法与挖土块法，获取了我国东北典型沼泽湿地的地上和地下生物量特征。我国东北典型沼泽湿地地上生物量为 282.77～395.62 $g \cdot m^{-2}$，地下生物量为 320.12～489.29 $g \cdot m^{-2}$。不同植被类型沼泽湿地，其生物量间也存在着差异。典型的灌木-薹草-泥炭藓沼泽湿地生物量要高于落叶松-灌木-泥炭藓沼泽（不包含落叶松生物量）（图 2-30），且其地下生物量要高于地上生物量，沼泽湿地地上生物量与年均温和年降水有显著的线性关系（图 2-31），说明温度和降水是决定沼泽湿地植被地上生长的主要因子；沼泽湿地地下生物量随年均温和年降水的增加有增加的趋势，但无显著关系，说明沼泽湿地地下生物量的影响因子更复杂。

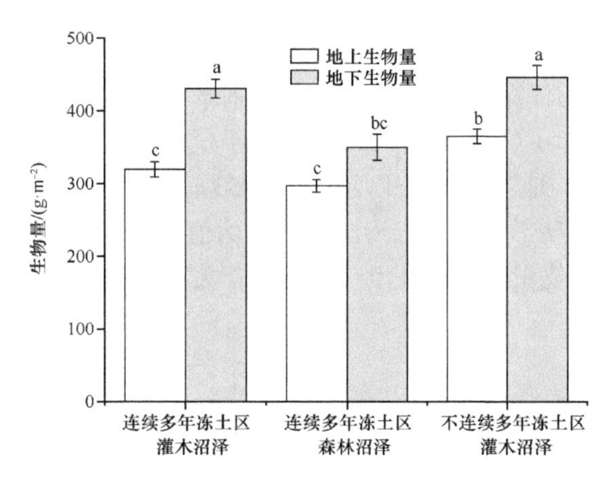

图 2-30 沼泽湿地生物量

不同小写字母代表地上生物量和地下生物量之间的差异达到显著水平（$p<0.05$）

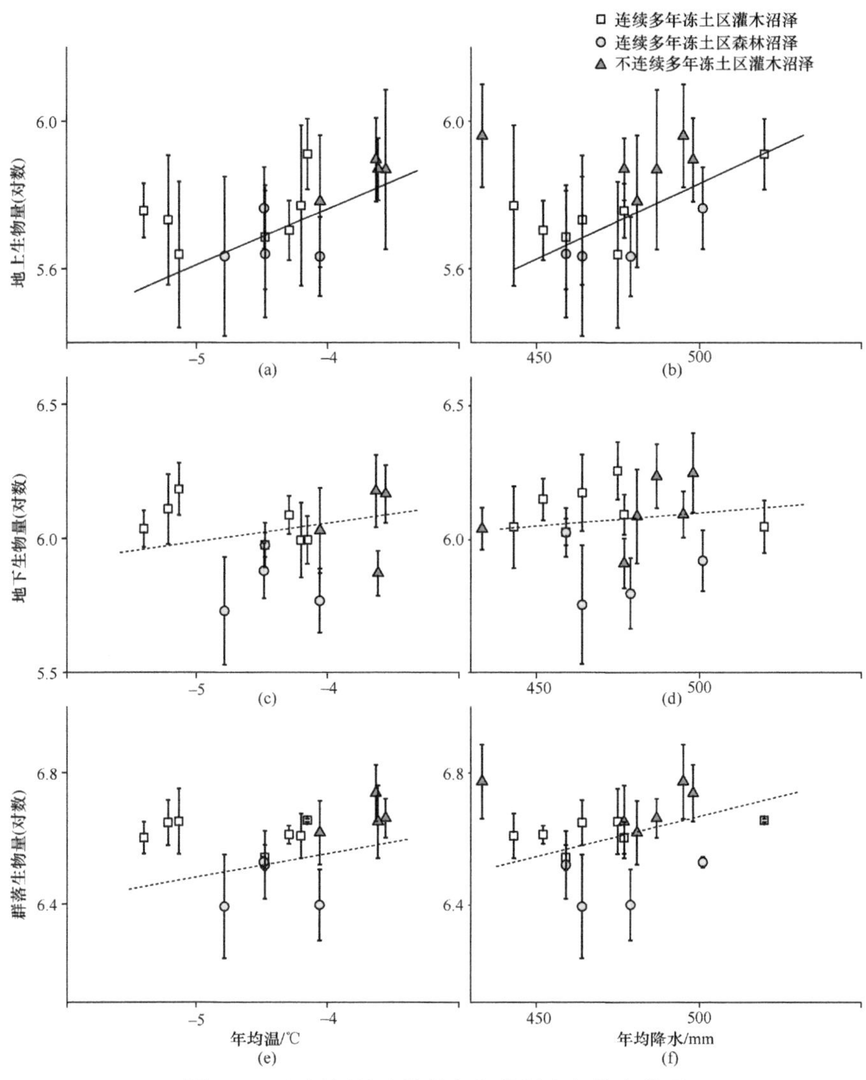

图 2-31 沼泽湿地生物量与年均温和年降水关系

我国北方沼泽湿地地上生物量低于青藏高原沼泽湿地（390.7～110.7 g·m^{-2}）（Ma et al.，2021），与热尔盖沼泽湿地（341.01 g·m^{-2}）基本相当，地下生物量却远低于热尔盖沼泽湿地（3262.93 g·m^{-2}）（Ma et al.，2017）。对于全球北方沼泽湿地，地上生物量平均值为（259 ± 51）g·m^{-2}，地下生物量平均值为（853 ± 93）g·m^{-2}（图 2-32），我国东北沼泽湿地地上生物量要略高于全球北方沼泽湿地平均值，而地下生物量则低于其平均值，这可能与我们对根系生物量的分析在 0～30 cm 有关，其包括了灌木根系，但有的沼泽

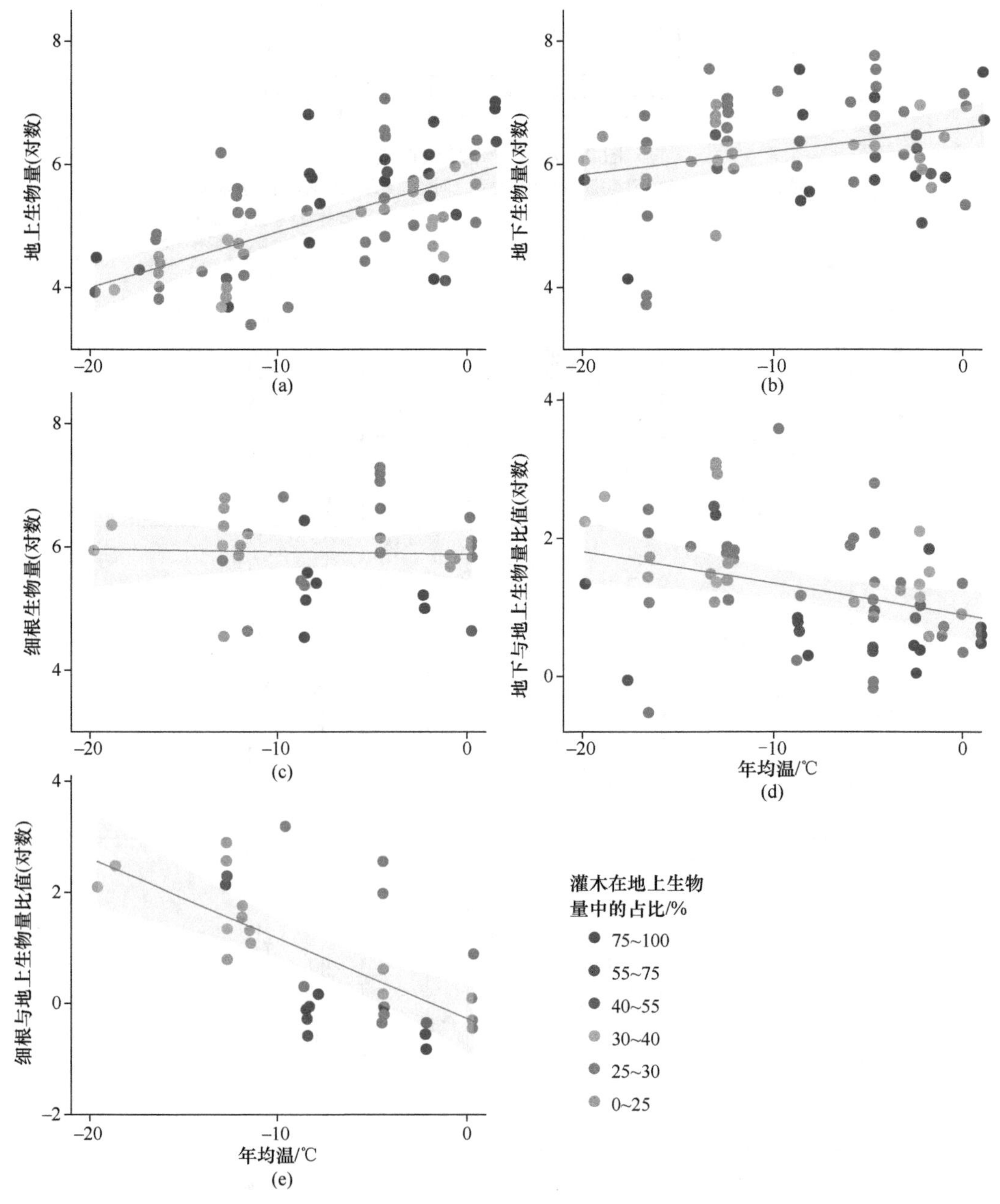

图 2-32 全球北方沼泽湿地地上-地下生物量与年均温的关系（Wang et al.，2016）

（a）地上生物量；（b）地下生物量；（c）细根生物量；（d）地下生物量与地上生物量比值；（e）细根与地上生物量比值

湿地薹草根系更深，其生物量也较高；全球北方沼泽湿地地下生物量显著高于地上生物量，而地上生物量与年均温显著相关，这与我国东北沼泽湿地相似，但地下生物量与年均温无显著相关性。

湿地植被地上和地下不同生物量与温度的关系可能与不同环境因素有关。首先，植被生产力的最初提高可能增加了地上对光的竞争，从而增加了对地上植物部分的分配（Niklas，1994；Wang et al.，2016）；其次，植物生物量的分配也取决于土壤中养分的有效性，其生产力往往受营养状况限制（Gough and Hobbie，2003；DeMarco et al.，2014a）；最后影响植物生长的因素是水的有效性，但湿地植物土壤湿度受其微地貌的影响，而其与生物量的关系研究非常有限，需要进一步深入明确。而不同的沼泽湿地功能型植物（如灌木和薹草）在生产力、生物量的分配也存在着差异（Sullivan et al.，2008；Frost and Epstein，2014），对沼泽湿地植被生物分配的认知需要深入了解植物组成与环境变化的影响。

我国北方沼泽湿地地下与地上的根冠比为 1.0～1.5，远小于热尔盖沼泽湿地的根冠比（10.32）（Ma et al.，2017），全球北方沼泽湿地则为 3.7±0.9（Wang et al.，2016）。虽然多数沼泽湿地根与地上生物量比值通常大于 1，但根系新生长的产量与地上生物量的比值往往要小于 1，由于地上产量通常用地上生物量来表示，后者的比例是植物资源分配的一个指标，比值大于 1 表明超过一半的光合产物被转移到根系。而地下生物量包括了大的根系生物量和相对小的根系产量共存，而植物根系的寿命一般较长（Mitsch and Gosselink，2015），这在一定程度上影响了对地下生物量的准确评估。另外，由于沼泽湿地根系生物量研究方法的不同，其不同研究间的变化也较大，如区分活根与死根，不同细根标准也不一致，有的研究认为直径小于 0.25 mm 为细根，有的认为小于 1 mm 或 2 mm 的为细根（Sloan et al.，2013；DeMarco et al.，2014a），也有的没有定义（Hill and Henry，2011）。

2.3.3.2 环境变化对湿地植物生物量分配的影响

植物通过光合作用固定大气中的 CO_2，其中，一部分通过植物自养呼吸重新释放到大气中，另一部分形成植物的生物量（NPP），以有机碳的形式存留在植物组织中（Cotrufo et al.，2013；Sokol and Bradford，2019）。生物量累积是化学元素，特别是营养元素生物地球化学循环的基础环节，并对气候和土壤具有决定性影响，而温度、水文及营养环境对沼泽湿地植被生物量也产生重要的影响（Weltzin et al.，2000；Dorrepaal，2007；Wieder et al.，2020）。

通过野外建立开顶箱（open top chamber，OTC）模拟增温 6 年的研究平台，开展了温度对沼泽湿地生物量的影响研究，发现了沼泽湿地不同功能型植物地上-地下生物量对增温响应的特征不同。白毛羊胡子草地上生物量约增加 66.69%，而地下生物量增加 200.21%；灌木地上生物量约增加 13.57%，而地下生物量却增加 4.85%（图 2-33）；说明沼泽湿地不同植物的地上和地下生长对增温的响应是不同的，灌木地上茎叶生物量对增温的响应较地下根系敏感，而湿地草本植物地下根系则对增温的响应更敏感。温度升高，草本植物将更多的生物量分配于地下根系，而灌木则将更多的生物量分配于地上生长。

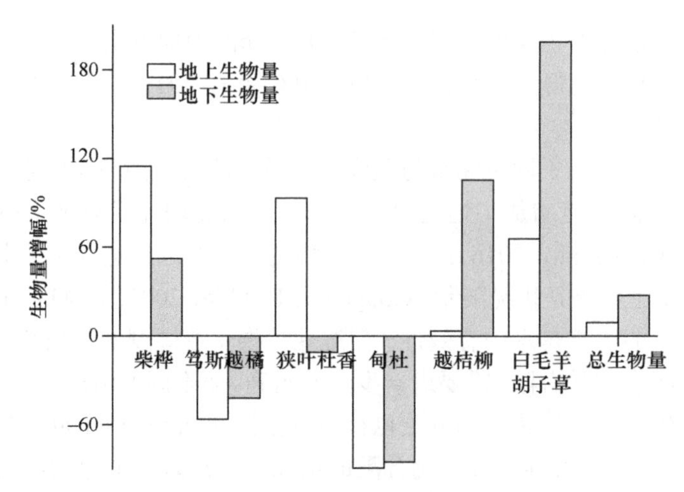

图 2-33 增温对湿地不同植被地上-地下生物量的影响特征

在美国基于 SPRUCE 项目的模型增温平台同样发现增温促进了沼泽湿地生物量的增加，而灌木生物量的增加与温度具有显著的正相关关系（McPartland et al.，2020），多数的研究认为灌木的生物量对增温的响应要快于薹草植物（Elmendorf et al.，2012；Jassdy et al.，2013），但也有研究认为灌木与薹草的生物量对增温的响应不显著（Hudson and Henry，2010）。这可能与目前采用的不同方法既有野外模拟增温也有室内模拟增温有关，也与所调查的湿地植物物种有关。但总体上，普遍认为气候变暖将促进沼泽湿地生物量的增加。

通过对三江平原不同水位梯度下沼泽湿地生物量调查，发现湿地毛薹草与漂筏薹草在不同水位梯度下的总生物量表现出不同的特征（图 2-34）。不同竞争模式下毛薹草的总生物量均随着水位的增加而显著下降，表明无论竞争存在与否其更倾向生长于浅水位生境。漂筏薹草总生物量对水位条件的响应在不同竞争模式下表现出不同特征：无竞争模式下，不同水位梯度之间无显著差异［图 2-34（a)］；地上竞争模式下，漂筏薹草总生物量在 30 cm 水位梯度下显著低于其他水位梯度［图 2-34（b)］；完全竞争模式下，漂筏薹草总生物量总体呈现随水位梯度升高而下降的趋势［图 2-34（c)］。表明漂筏薹草的水位分布特征与竞争模式有关。若以总生物量作为衡量指标，毛薹草和漂筏薹草的水位分布特征对于种间竞争存在不同的响应。

水位梯度对湿地地上部分单株生物量的影响与总生物量不同。毛薹草的单株生物量在无竞争模式和地上竞争模式下不同水位之间无显著差异，而在完全竞争模式下，其随着水位梯度增加而升高，这与总生物量的特征相反（图 2-35）。漂筏薹草的单株生物量在无竞争模式下，高水位梯度（20 cm 和 30 cm）显著高于低水位梯度（0 cm 和 10 cm）（$p < 0.05$）［图 2-35（a)］；在地上竞争模式下，20 cm 水位梯度显著高于其他水位梯度，而 30 cm 水位梯度显著低于其他水位梯度（$p < 0.05$）［图 2-35（b)］；在完全竞争模式下，中等水位梯度（10 cm 和 20 cm）显著高于其他水位梯度（0 cm 和 30 cm）［图 2-35（c)］。总体看来，以单株生物量为衡量指标，漂筏薹草更趋向在中等水位梯度处生长。

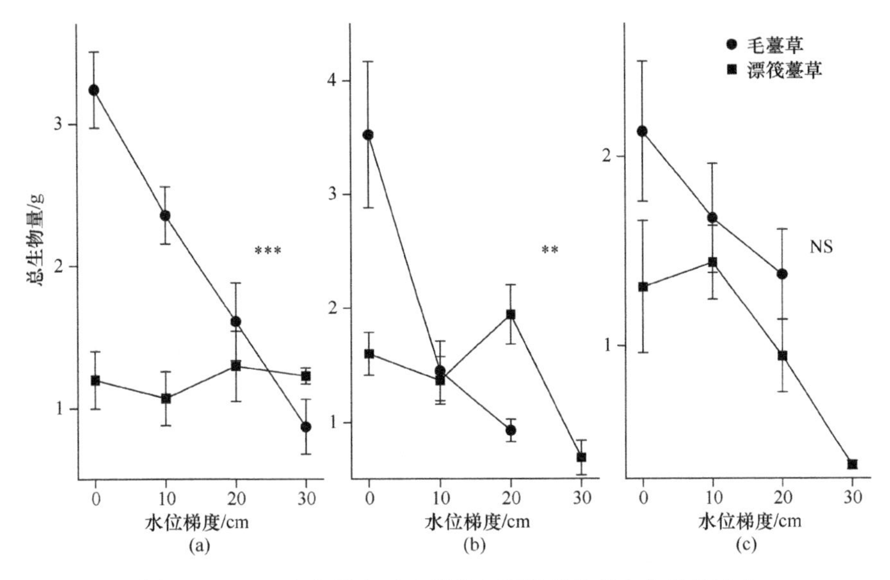

图 2-34 不同水位梯度对毛薹草和漂筏薹草总生物量的影响

(a) 无竞争模式；(b) 地上竞争模式；(c) 完全竞争模式。图中*表示“物种×水位”的显著性（***为 $p < 0.001$，**为 $p < 0.05$，NS 为无显著性差异）

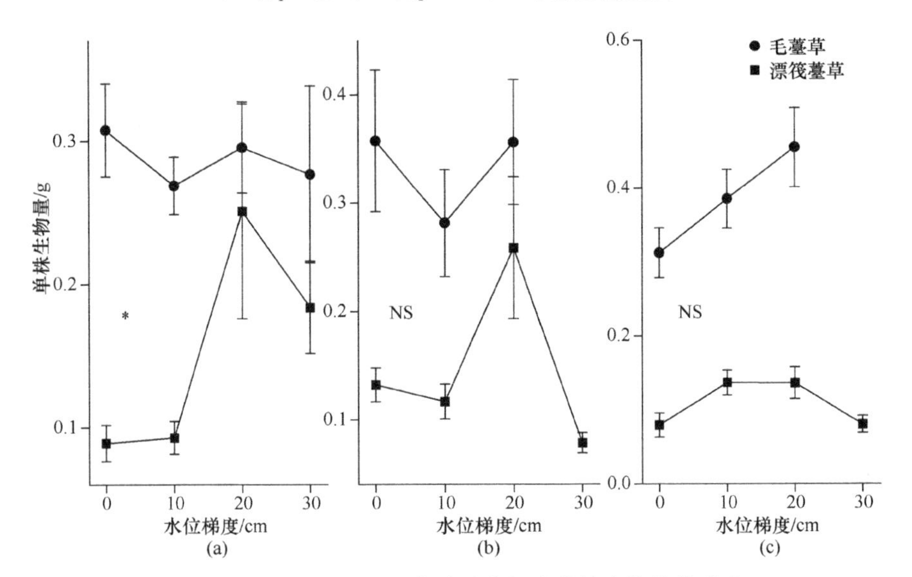

图 2-35 水位条件对两物种地上部分单株生物量的影响

(a) 无竞争模式；(b) 地上竞争模式；(c) 完全竞争模式。图中*表示“物种×水位”的显著性（*为 $p < 0.1$，NS 为无显著性差异）

湿地毛薹草和漂筏薹草的生物量分配在三种竞争模式下都表现出随着水位升高而向地上部分增加的趋势（图 2-36）。两物种的生物量分配在不同竞争模式间相比较而言，毛薹草仅在 10 cm 水位梯度处地上竞争模式显著低于其他两种竞争模式（$p < 0.05$），漂筏薹草在 0 cm 和 20 cm 处地上竞争模式显著低于完全竞争模式（$p < 0.05$）。沼泽湿地水位的变化伴随着维管植物生物量与组成的变化（Weltzin et al.，2000；Mäkiranta et al.，2018）。然而，到目前为止，水位变化对沼泽湿地植物生物量生产和分配的联合影响仍然知之甚少。

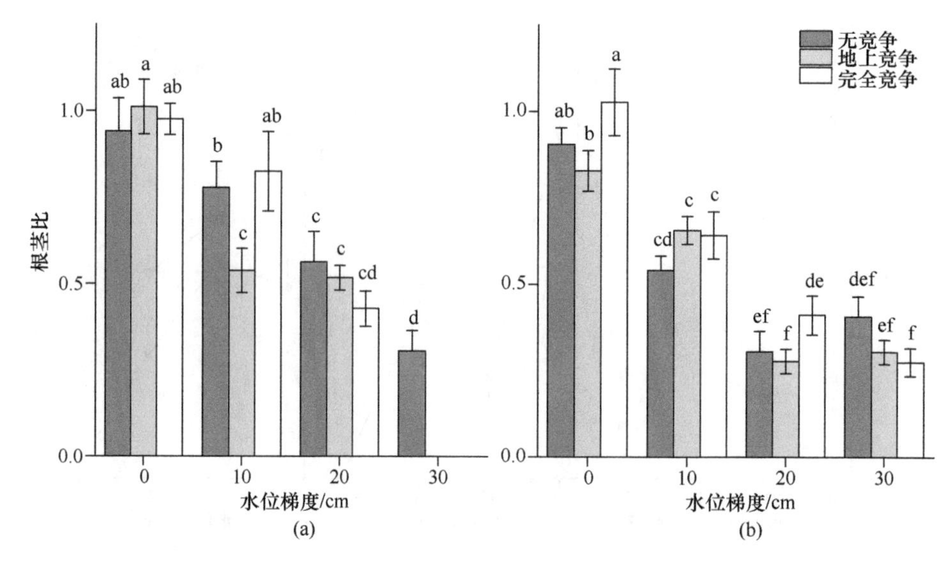

图 2-36　毛薹草（a）和漂筏薹草（b）在不同水位梯度和竞争模式下的根茎比

不同字母代表差异性显著（$p < 0.05$）

在湿地生态系统中，N 和 P 的可利用性是限制植物生长的重要因素之一。但近几十年来，人类活动引起的农业化肥施用、生活污水排放和化石燃料燃烧等已经导致全球范围水生生态系统中 N、P 等营养物质输入的显著增加（Craft et al.，2007；Simboura et al.，2016）。12 年的 N 添加显著地影响了沼泽湿地植物的地上生物量和物种优势度，且不同植物对 N 添加的响应不同（图 2-37）。长期的 N 添加使植物物种的优势度发生了显著的改变：原以小叶章、狭叶甜茅和毛薹草为优势种的样地随着 N 添加年份的不断增加，小叶章和毛薹草都逐渐消失，原样地变为由狭叶甜茅单一物种组成的植被群落（图 2-37）。随着 N 添加水平的增加，狭叶甜茅的地上生物量在显著地增加，且其增加程度随着 N 添加水平的增加而增加（图 2-37）。而 10 年的 P 添加也显著地影响了沼泽湿地植物的地上生物量和物种优势度，且不同植物对 P 添加的响应不同（图 2-37）。长期的 P 添加使植物物种的优势度发生了显著的改变：原以小叶章、狭叶甜茅和毛薹草为优势种的样地随着氮添加年份的不断增加，小叶章逐渐消失，原样地变为由毛薹草和狭叶甜茅组成的植被群落（图 2-37）。与对照相比，P 添加显著地增加了毛薹草的地上生物量，但随着 P 添加水平的增加其地上生物量在显著地下降。随着 P 添加水平的增加，狭叶甜茅的地上生物量在显著地增加，且其增加程度随着 P 添加水平的增加而增加。

外源性 N 输入对植物的地上生物量和丰富度均会产生显著影响。生物量作为植被的净初级生产力，是植被间物质转化的基础，在 N 养分为限制养分的地区增加 N 输入可能会增加植被的净初级生产力（Binkley and Högberg，1997），但可利用养分的过度增加也会导致植被多样性降低。当植被、微生物和土壤停止吸收由 N 沉降进入生态系统内的 N 养分时，多余的营养元素就会改变土壤的酸碱条件最终引起植物生长的降低和多样性的持续下降（Bowman et al.，2008）。一般而言，对于多数北方湿地，地下水与地表水补

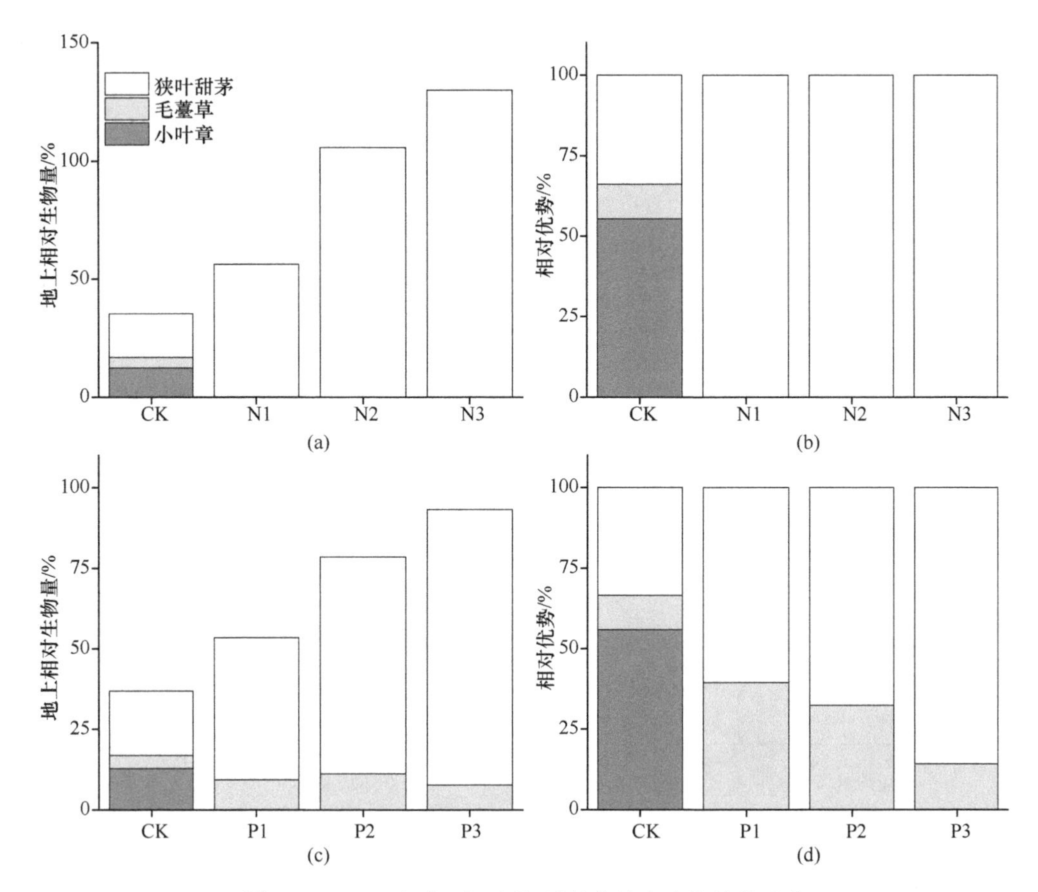

图 2-37 N、P 添加对沼泽湿地植物地上生物量的影响

（a）、（b）氮添加；（c）、（d）磷添加

P1. 1.2 g $P\cdot m^{-2}\cdot a^{-1}$；P2. 4.8 g $P\cdot m^{-2}\cdot a^{-1}$；P3. 9.6 g $P\cdot m^{-2}\cdot a^{-1}$；N1. 6 g $N\cdot m^{-2}\cdot a^{-1}$；N2. 12 g $N\cdot m^{-2}\cdot a^{-1}$；N3. 24 g $N\cdot m^{-2}\cdot a^{-1}$

给的沼泽湿地占优势，其养分梯度控制着生物多样性（Kotowski et al.，2006；Navrátilová et al.，2017），而沼泽湿地生物量随着养分水平的增加而增加，且根系生物量也具有增加的趋势（Hinzke et al.，2021）。湿地薹草植物地上和地下生物量随着 N 有效性增加具有增加的趋势，叶茎比也具有增加趋势（Aerts et al.，1992），但高氮施肥（200 kg $N\cdot hm^{-2}$）对根系具有潜在的毒性，对地下生物量具有一定抑制性（El-Kahloun et al.，2003）。然而，与沼泽泥炭形成最相关的地下生物量是如何受到养分有效性影响的，这在很大程度上仍有待阐明。

2.3.3.3 沼泽湿地植物与 C、N 分配

湿地植物通过光合作用从大气中吸收大量 CO_2，同时一部分固定的 C 又通过分解和呼吸作用以 CO_2 和 CH_4 的形式排放到大气中，另一部分则以有机质的形式进入土壤（刘德燕，2009）。通过对我国北方沼泽湿地植物样品的分析，发现沼泽湿地典型落叶灌木叶片和茎的有机碳含量与年均温显著相关（$p<0.05$）（图 2-38 和图 2-39），但与年均降水不相关，温度是影响我国东北沼泽湿地落叶灌木 C 含量的关键环境因子；随着温度和降水的增加，落叶灌木的有机碳含量具有降低的趋势，但落叶灌木 N、P 含量随温度和降

水变化，不同物种响应趋势略有不同，叶片 N 含量随温度升高具有降低的趋势，而 P 含量随温度升高具有增加的趋势，对于降水变化则没有响应。

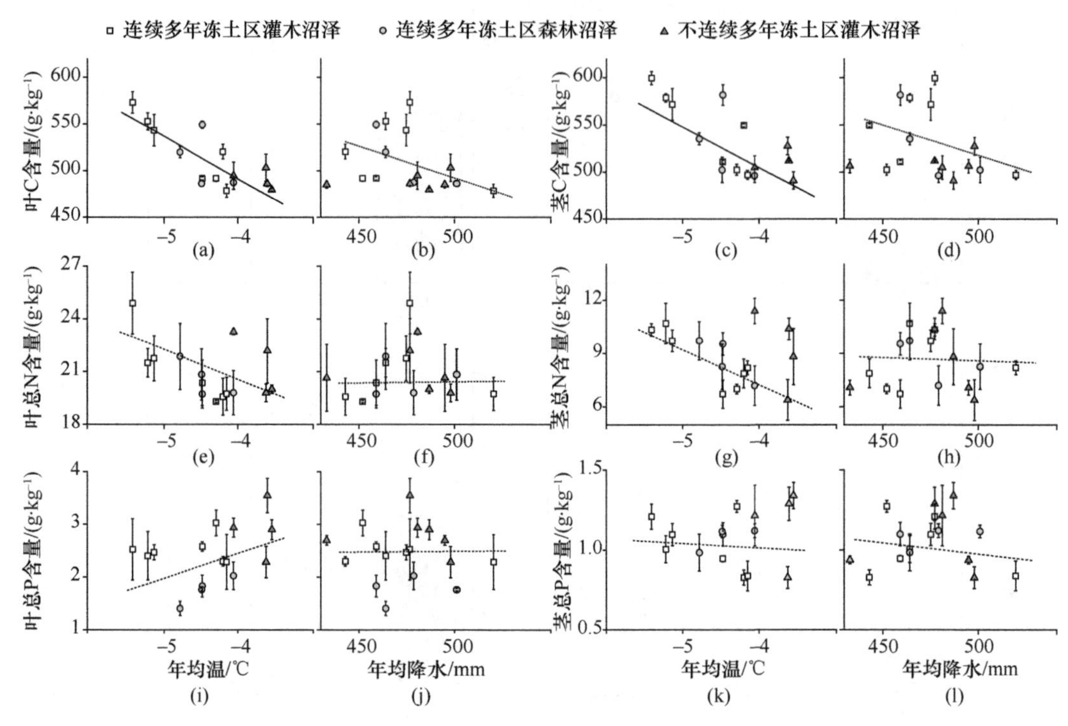

图 2-38 沼泽湿地落叶灌木柴桦 C、N、P 含量与年均温和年均降水之间的关系

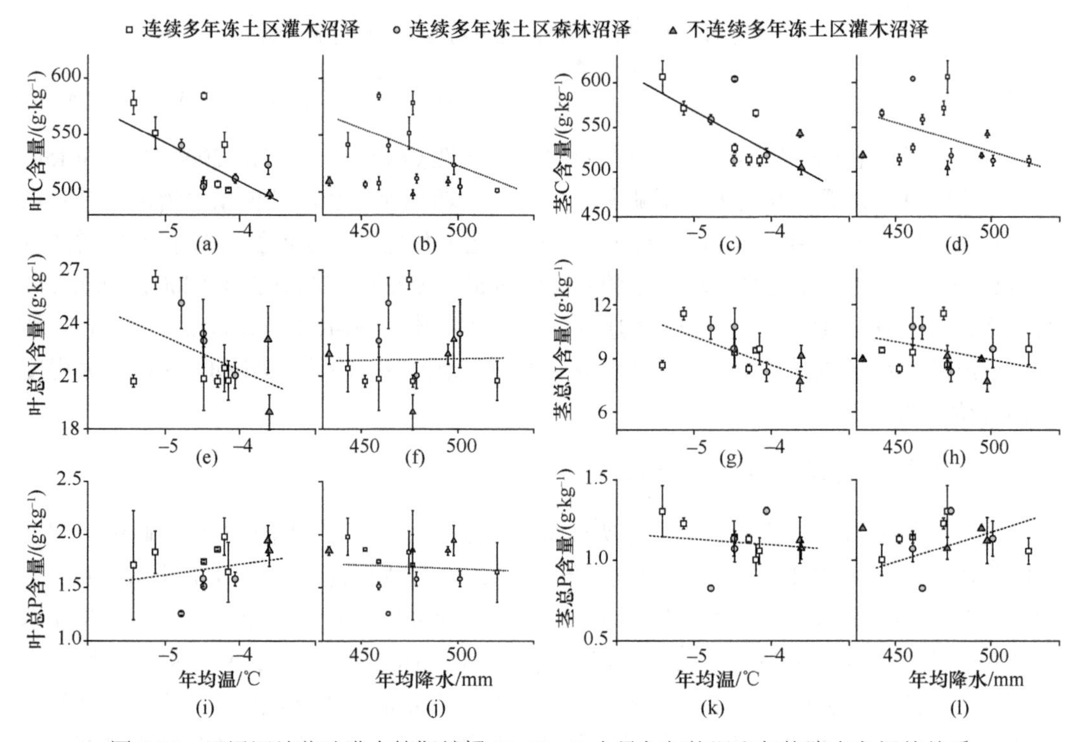

图 2-39 沼泽湿地落叶灌木笃斯越橘 C、N、P 含量与年均温和年均降水之间的关系

沼泽湿地典型常绿灌木的 C、N、P 含量与年均温和年均降水均无显著的相关关系（图 2-40 和图 2-41）；与落叶灌木相同，植物 C 含量均表现出随温度和降水增加而降

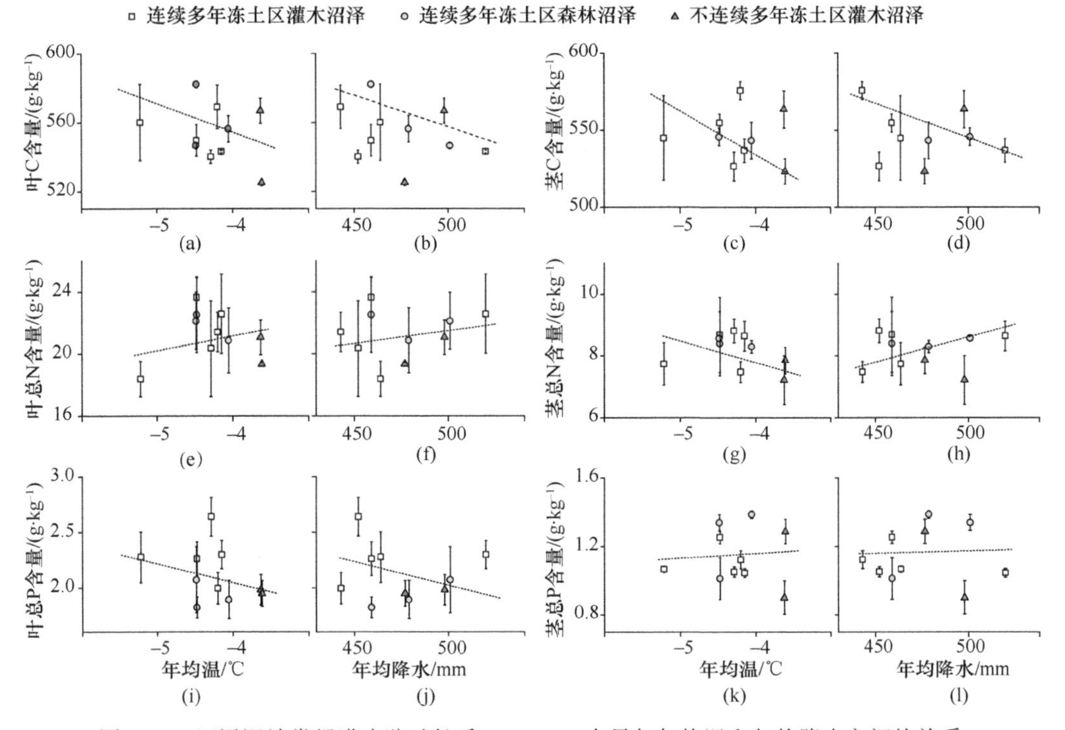

图 2-40　沼泽湿地常绿灌木狭叶杜香 C、N、P 含量与年均温和年均降水之间的关系

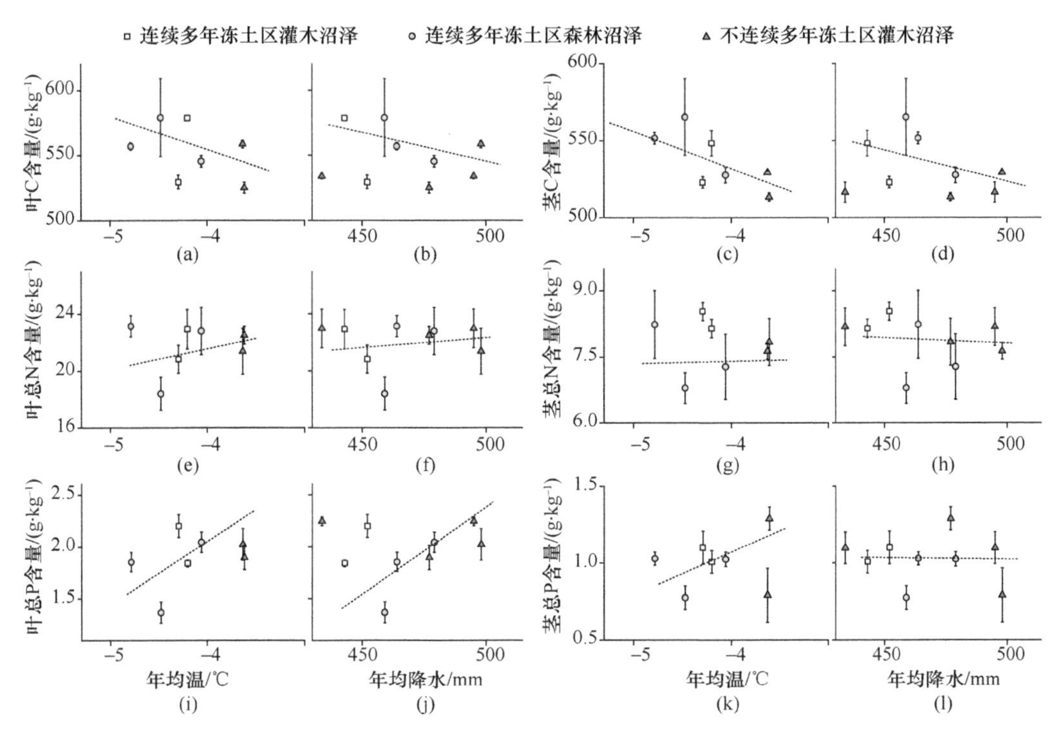

图 2-41　沼泽湿地常绿灌木甸杜 C、N、P 含量与年均温和年均降水之间的关系

低的趋势，但与落叶灌木不同，植物叶片 N 含量随温度增加具有增加的趋势，不同功能植被表现出对营养元素不同的响应趋势。

沼泽湿地薹草植被有机碳含量与年均温显著相关，其对于温度和降水的响应趋势与灌木相同，而 N、P 含量对于温度和降水具有不同的响应趋势，对于 N、P 含量随温度增加具有降低的趋势，但随降水的增加具有增加的趋势；虽然其他草本植物的 C、N、P 含量与年均温和年均降水无显著相关，但其含量对于年均温和年均降水的响应趋势一致，即随着温度和降水的增加具有降低的趋势（图 2-42 与图 2-43）。

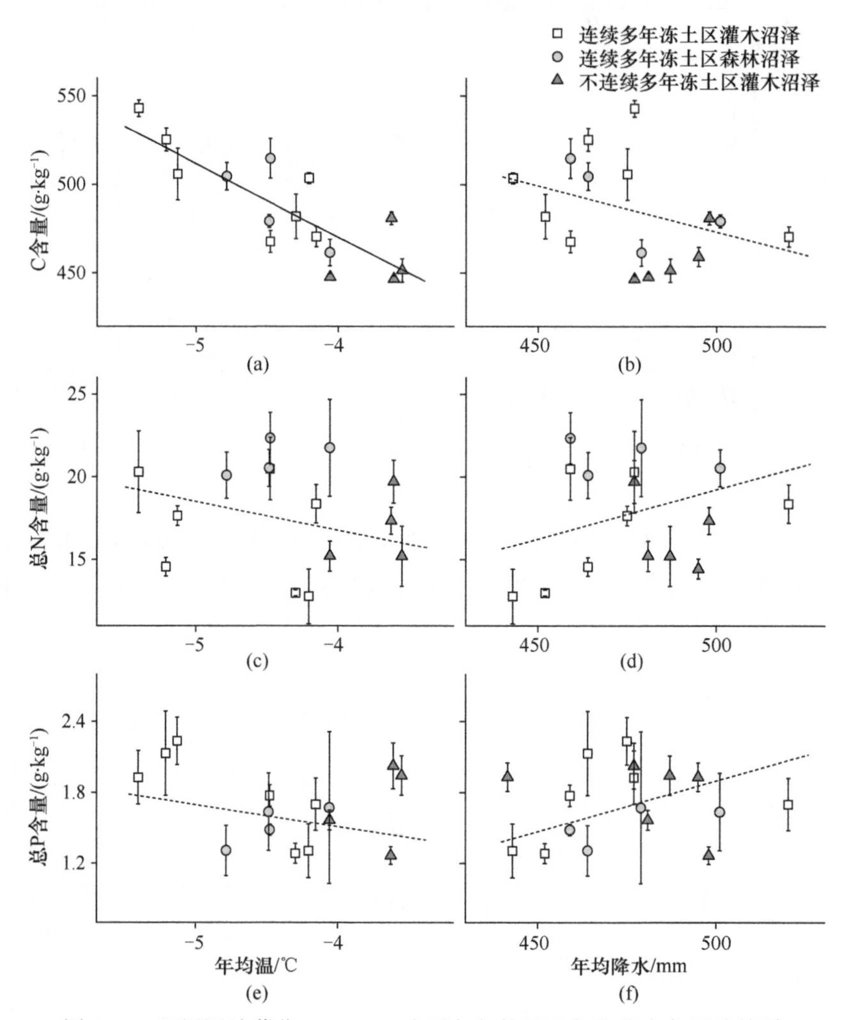

图 2-42　沼泽湿地薹草 C、N、P 含量与年均温和年均降水之间的关系

沼泽湿地不同功能型植物 C、N、P 在分配上存在着差异，薹草主要将资源分配给根系，而灌木将其分配于木质茎中（Hobbie，1996），有的灌木 N 分配效率为 17%（Kaštovská et al.，2018）。不同的生活策略与组织影响沼泽湿地化学成分特征（Moore et al.，2007；Wang and Moore，2018），薹草具有更高的光合能力和呼吸速率（Riutta et al.，2007；Leppälä et al.，2008），但对于植物 N、P 的累积却了解得有限（Wang et al.，2014a），沼泽湿地植物往往表现出 N 和 P 的共同限制，并通过维持光合活性组织中较小的养分浓

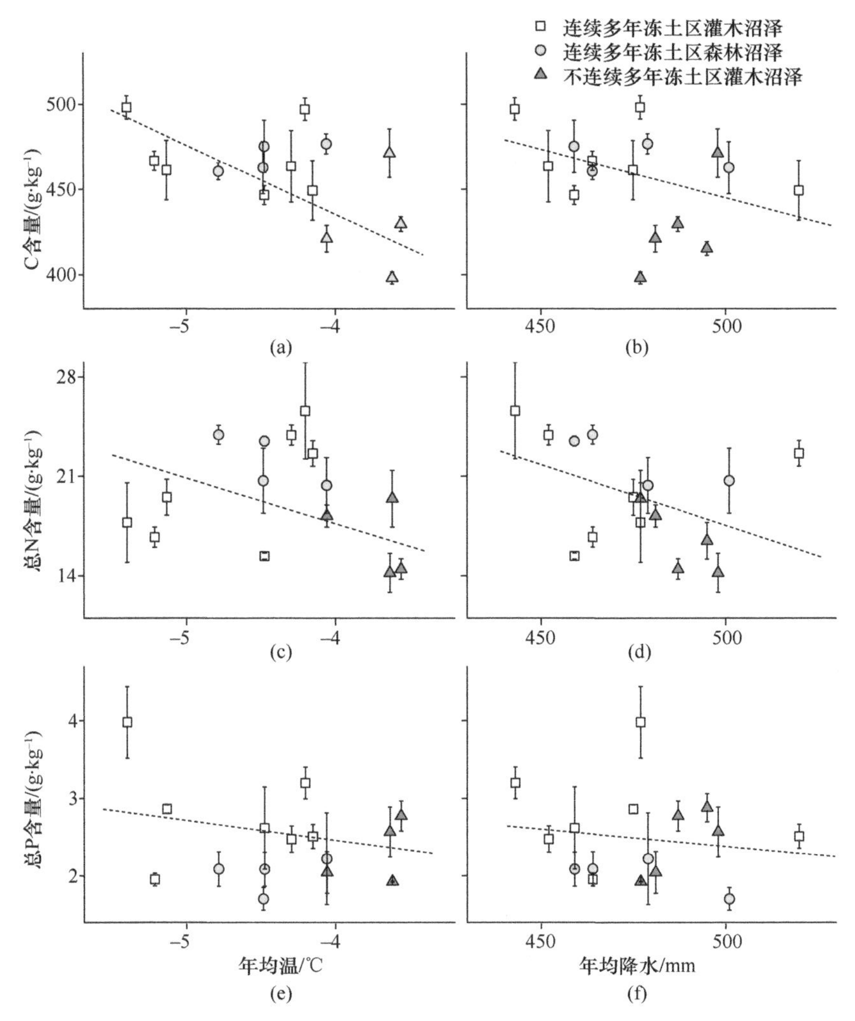

图 2-43 沼泽湿地其他草本植物 C、N、P 含量与年均温和年均降水之间的关系

度来适应极低的养分利用率，特别是对于常绿灌木和泥炭藓（Wang and Moore，2014），这是土壤 N 有效性增加往往会促进植物生长的主要原因。

沼泽湿地植物根部有机碳对年均温和年均降水的响应也存在差异，0～2 mm 灌木根部和薹草的响应趋势一致，即随温度增加有机碳含量降低，而随降水的增加而增加，2～5 mm 和>5 mm 灌木根部对于年均温和年均降水均表现出降低的趋势；对于不同特征的根部，N、P 含量的响应趋势不同，而>5 mm 灌木根部 N 含量对于年均温具有显著负相关趋势，>5 mm 灌木根部对温度的响应更敏感（图 2-44）。

由于根系是湿地植物碳库的主要组成部分，根系可以通过生物量分配、碳储存和根系周转，在很大程度上影响湿地生态系统的碳动态。此外，由于灌木比禾本科植物具有更高的初级生产力和碳储存能力（Shaver and Chapin Ⅲ，1991），随着气候变暖灌木的不断扩张可以进一步改变湿地生态系统的碳动态。例如，灌木有很大比例的生物量储存在木质茎中，其周转率和分解率非常低（Cornelissen et al.，2007）。灌木扩张可以增加植被的碳储量。此外，通过其较低的反照率（Juszak et al.，2016）、冬季升温和夏季遮阳对土壤的影响（Blok et al.，2010），增加的灌木覆盖度会影响大气、植被和土壤之间的表面能量交换，进而影响土壤的热状况，从而影响植物与土壤的C、N分配。

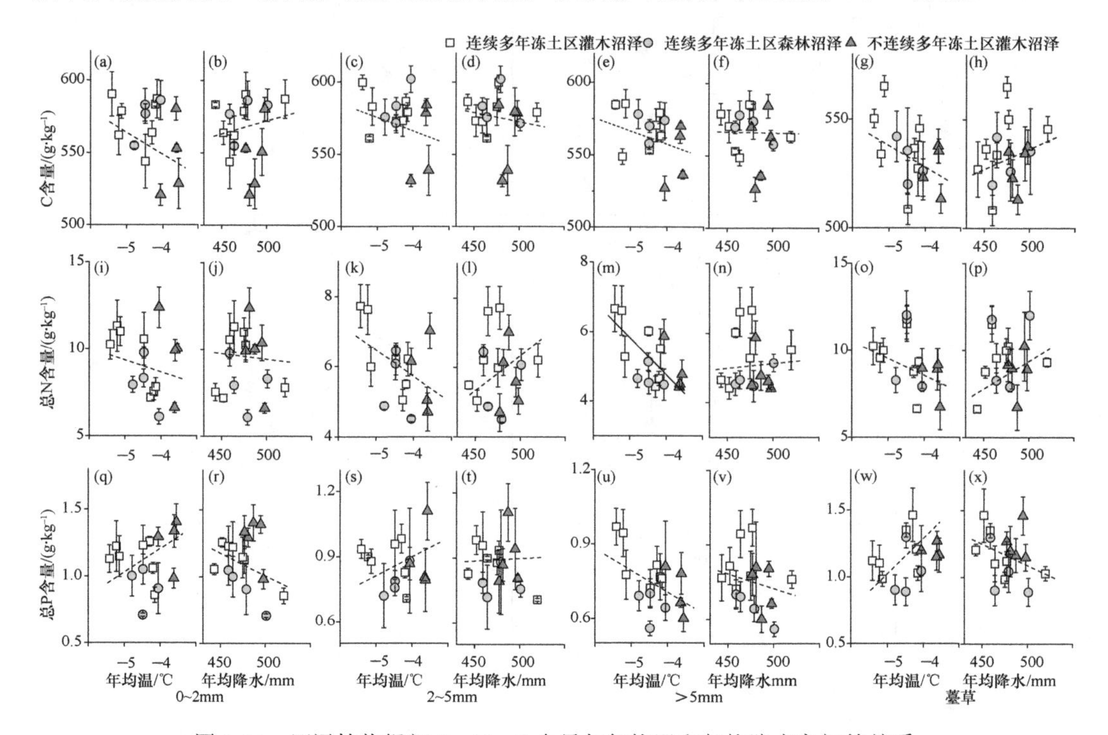

图 2-44 沼泽植物根部C、N、P含量与年均温和年均降水之间的关系

温度和水分不单单影响湿地植物有机碳含量，温度增加显著地降低了狭叶甜茅叶片中总多酚的含量，而对狭叶甜茅茎部和毛薹草中的总多酚含量无显著影响。温度升高也增加了狭叶甜茅茎部纤维素的含量，而对木质素的含量无显著影响（图 2-45）。水位增加降低了总多酚在小叶章叶片中的分配，但是这一结果在漂筏薹草叶片中并未被发现（图 2-46）。此外，随着水位升高，单宁含量在漂筏薹草根部的分配降低，而在小叶章根

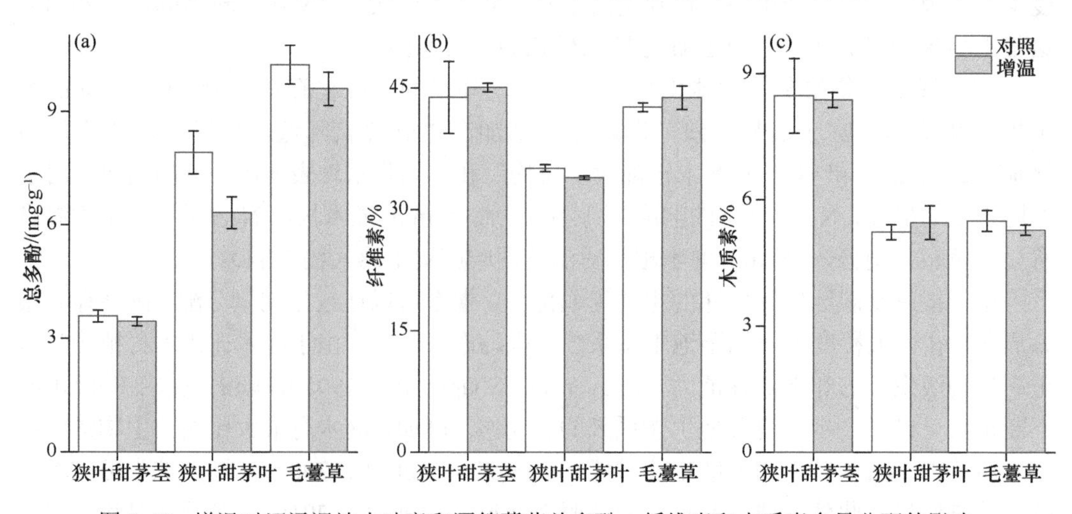

图 2-45 增温对沼泽湿地小叶章和漂筏薹草总多酚、纤维素和木质素含量分配的影响

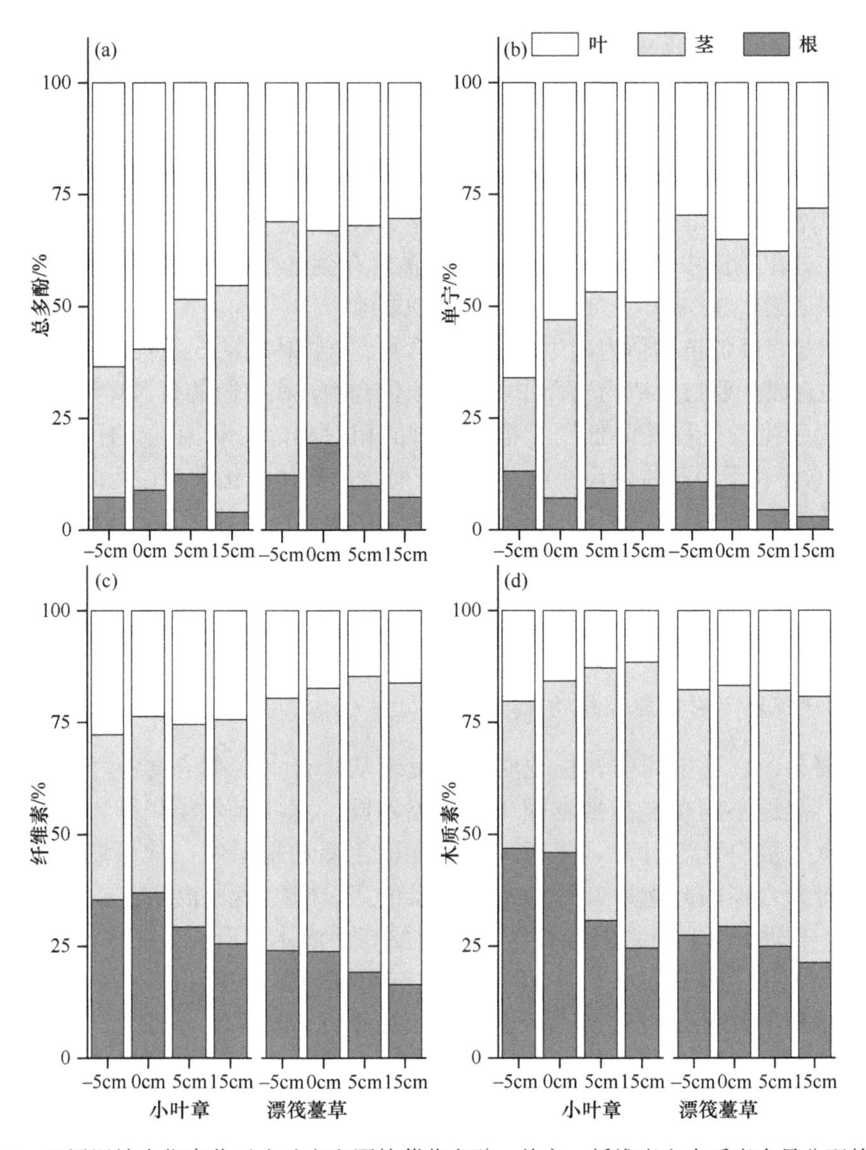

图 2-46　沼泽湿地水位变化对小叶章和漂筏薹草多酚、单宁、纤维素和木质素含量分配的影响

部呈现出单峰曲线变化，在 0 cm 水位处达到最低值。分配到小叶章根部的纤维素和木质素含量在 0～15 cm 呈降低趋势，这一结果在漂筏薹草根部也可以发现（图 2-46）。随着水位梯度的增加，分配到小叶章和漂筏薹草茎部的纤维素含量都呈现出增加趋势（图 2-46）。

酚类化合物、纤维素与木质素在植物中代表了很大一部分生物量碳，酚类化合物是植物体内最常见、最广泛的物质之一，具有帮助植物进行生长、繁殖和抵抗病原体等多种功能（Lattanzio et al.，2006）。酚类化合物遍布植物界，但在不同植物中酚类化合物的种类有所不同。酚类化合物在细菌、真菌和藻类中都不常见。苔藓类植物体内通常存在酚类化合物，而维管束植物体内几乎包含所有的酚类（Dey and Harborne，1991）。体内含有酚类化合物的植物在不同物种的进化过程中具有明显的优势，因为酚类化合物在植物-动物和植物-微生物的相互作用中扮演着重要作用，它们还可以作为植物与植物之间彼此传递信息的信号（Arimura et al.，2000；Karban et al.，2014）。纤维素不仅可以增加植物的韧性而且还可以降低植物的营养价值，而植物的营养价值也受蛋白质和水含量的影响（Clissold et al.，2009；Read，2007）。纤维素与植物韧性有关，这种基于纤维素的韧性可以增强叶片寿命并提高叶片的存活率。木质素是地球上仅次于纤维素的最丰富的聚合物，是生物圈中的主要碳汇，在每年被封存到陆生植物材料中超过 1.4×10^{12} kg 的碳中，木质素占 30%左右（Battle et al.，2000）。

温度增加将降低植物体内次生代谢物的含量。植物体内的次生代谢物是以碳为结构的，它们的合成需要来自植物光合作用的碳水化合物，在有限的资源环境中，植物会先利用资源用于生长过程并降低用于植物防御的相对碳的可利用性（Haukioja et al.，1998）。而水淹和干旱都将阻碍小叶章的生长而增加其体内化学抗性组分的含量，因为植物的生长和防御间存在着权衡。对于小叶章中物理抗性组分而言，其根部和叶片中的木质素含量随水位增加而降低。其原因可能是较高的水位降低了小叶章中碳水化合物的产量，从而降低了木质素的合成，因为木质素的合成是能量消耗过程（Amthor，2003；Rogers et al.，2005）。

2.3.3.4 沼泽湿地不同功能型植物光合碳分配

通过野外 ^{13}C 稳定同位素标记实验，发现从光合 ^{13}C 在植物各器官中固定的百分率来看，湿地不同功能型植物固碳的策略不同，落叶灌木（柴桦和笃斯越橘）光合碳第 1 天主要分配在叶片，随后碳分配在棕色茎和根系中；常绿灌木（狭叶杜香和甸杜）对光合碳的分配以叶片为主，但绿色茎、棕色茎和根系在碳分配比率上增加；薹草（羊胡子草）根系对光合碳的分配要高于灌木；而苔藓类（泥炭藓和真藓）光合碳的分配也主要在尖头（叶），且衰减不明显（图 2-47 和图 2-48）；说明不同功能型湿地植物从叶至根对光合碳的利用策略不同，薹草迅速将光合碳分配至根系中，常绿灌木则分配在茎和根系中。湿地植物柴桦、狭叶杜香和甸杜根系分泌物在第 1 天析出 ^{13}C 量最高，而 3 天后，落叶灌木和薹草根系析出碳迅速减少，常绿灌木根系却持续析出 ^{13}C（图 2-49），说明落叶植物光合 ^{13}C 周转快，而常绿灌木根系析出更多的碳。

沼泽湿地不同功能型植物具有不同的光合碳利用策略，薹草生长较为迅速，其生长快于灌木（Trinder et al.，2008），具有较快的 CO_2 吸收速率和碳周转率（Ward et al.，2009；Zeh et al.，2022），且由于它们的根配有通气组织，可以在地下水位以下形成较老的泥炭（Proctor and He，2019），而灌木生长较为缓慢，根系也较浅（Murphy et al.，2009）。此外，与薹草相比，灌木在较高的温度下具有更大的根系活性，即它们通过更高的根系渗出率和更高的根系周转率向泥炭地提供更多的根系碳输入（Zeh et al.，2019），灌木对地下碳的分配持续的时间更长（Gavrichkova et al.，2018）。

2.3.3.5 灌木扩张对沼泽湿地碳、氮分配的潜在影响

气候变暖可增加沼泽湿地生长季的长度，提高土壤营养元素的有效性，进而增加了沼

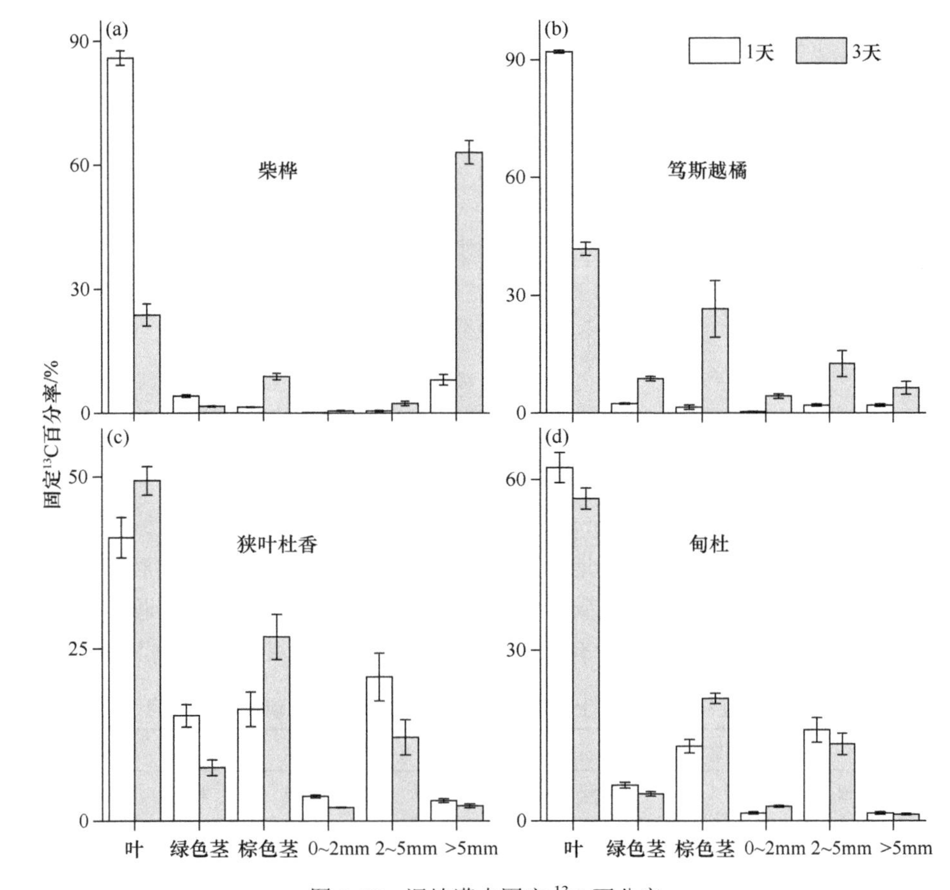

图 2-47 湿地灌木固定 ^{13}C 百分率

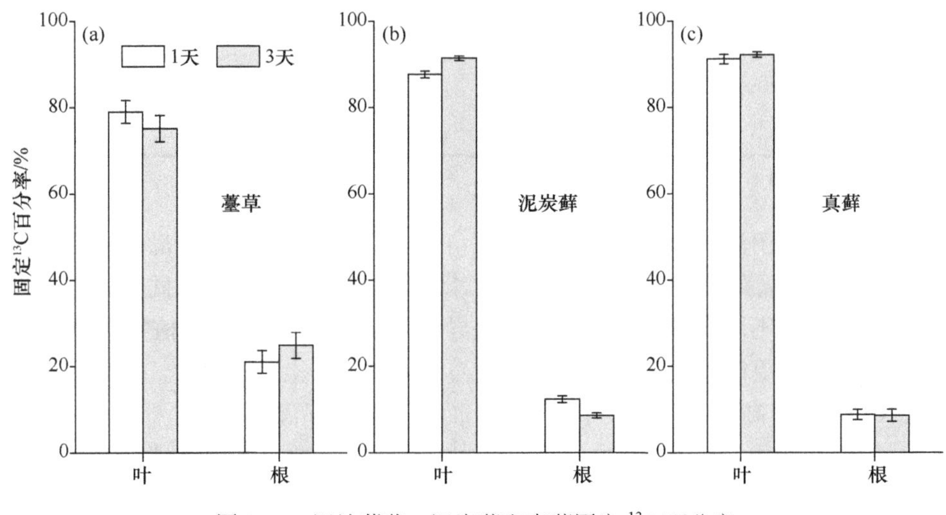

图 2-48 湿地薹草、泥炭藓和真藓固定 ^{13}C 百分率

泽湿地植被的生长和碳存储（Epstein et al.，2012；Forkel et al.，2016）；并且其植物群落的组成和分布也发生改变，虽然有的地区沼泽湿地灌木和薹草对于增温都没有显著的变化（Hudson and Henry，2010），但多数的研究发现气候变暖促进了沼泽湿地灌木扩张

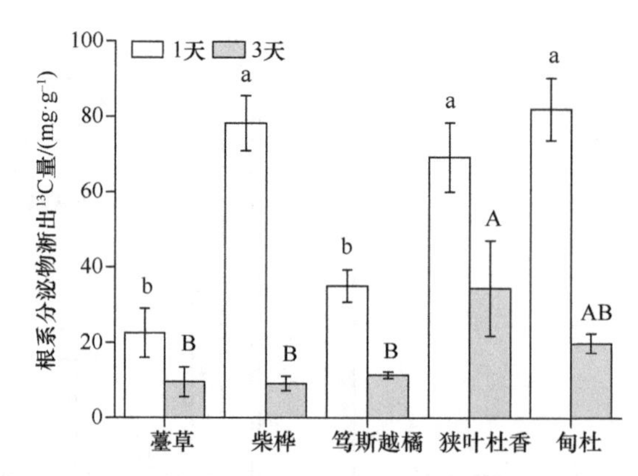

图 2-49 湿地不同功能型植物根系分泌物 ^{13}C 量

大、小写字母代表不同时间的 0.05 的显著水平

（Myers-Smith et al.，2011；Jassey et al.，2013）。我国东北沼泽湿地的研究也同样发现了增温下灌木具有扩张的趋势，且其地上生物量的增幅相比于薹草更大，对于沼泽湿地不同功能型植物，其叶、茎与根有机碳含量存在着差异（表 2-3），气候变暖对落叶灌木有机碳影响较大，虽然其地上生物量有所增加，但有机碳含量减少将影响其碳分配。

表 2-3 连续增温对冻土区泥炭地典型植物不同组织碳含量的影响

		柴桦	笃斯越橘	狭叶杜香	甸杜	越桔柳	羊胡子草
CK	根	526.8	528.6	533.6	507.1	446.9	463.0
	茎	408.8	536.3	544.5	446.6	479.8	
	叶	507.3	541.0	544.1	473.8	463.5	445.5
	凋落物	466.9	326.4	522.6	491.7	489.2	498.2
OTC	根	496.2	457.1*	508.4	447.9	487.2	463.7
	茎	444.5	515.4	512.1	443.4	524.1	
	叶	482.0	448.1*	442.7*	456.8	454.6	461.8
	凋落物	381.8	358.9	408.3*	465.1	519.1	456.5

*代表 $p<0.05$ 的显著性

从不同冻土区沼泽湿地植物叶碳同位素自然丰度来看，湿地常绿灌木狭叶杜香和薹草 ^{13}C（‰）存在显著差异，说明其光合碳对增温响应更敏感；从氮同位素自然丰度来看，柴桦和薹草在不同冻土区间存在显著差异（图 2-50），说明落叶植物在 N 的生理代谢上对增温的响应更敏感；从湿地表层土壤与植被碳同位素差值来看，连续多年冻土区湿地 ^{13}C（‰）差值高于不连续多年冻土区，而土壤与常绿灌木（狭叶杜香）和薹草（羊胡子草）差值差异显著（图 2-51），说明灌木扩张通过影响沼泽湿地碳、氮利用策略进而影响植物的碳、氮分配。

沼泽湿地灌木与薹草碳分配不同也影响根系分泌物的数量和质量，我国北方沼泽湿地薹草根系分泌物析出速率高于灌木根系，落叶灌木和常绿灌木根系分泌物析出速率呈现出随年均温增加而增加的趋势（图 2-52），随着气候变暖，灌木根系分泌物将向土壤析出更多的碳，且灌木与薹草的根系析出碳的稳定性降低。

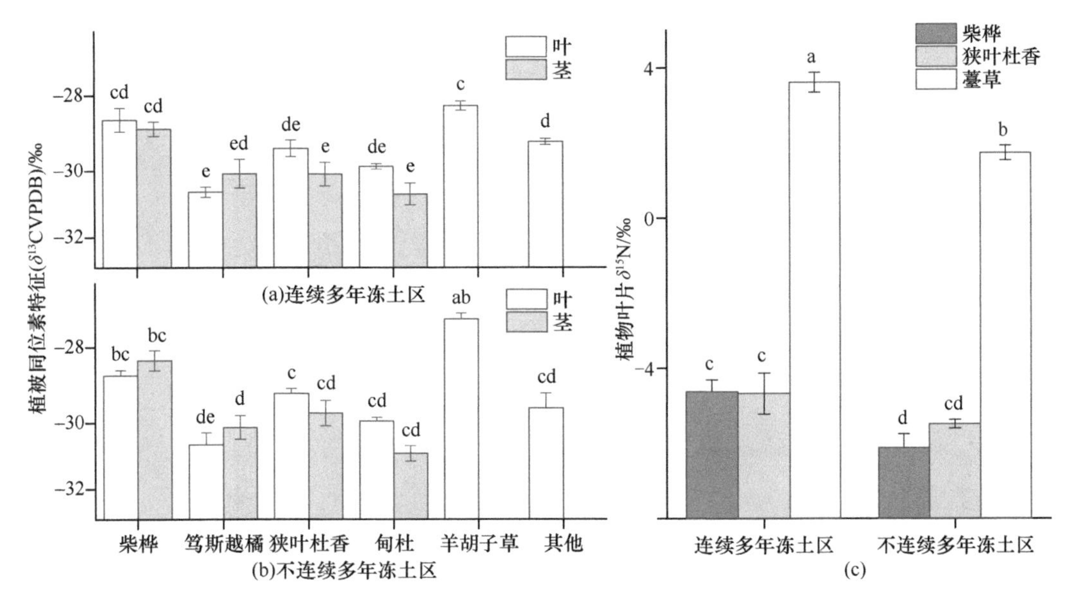

图 2-50　不同类型冻土区湿地植物叶片碳、氮同位素特征

不同字母代表相同冻土区不同植株或植株不同部位差异性显著（p<0.05）

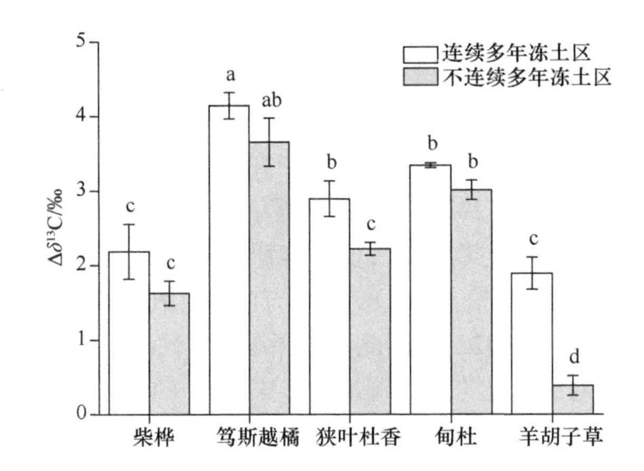

图 2-51　不同冻土区湿地土壤-植物碳同位素差值

不同字母代表不同冻土区差异性显著（p<0.05）

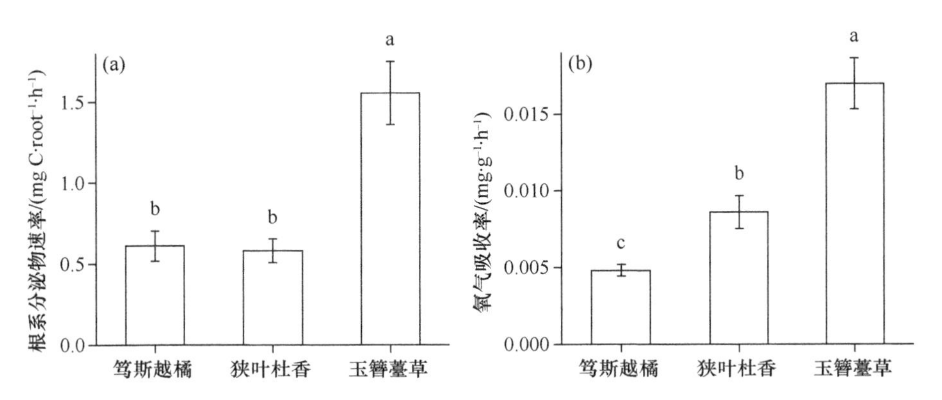

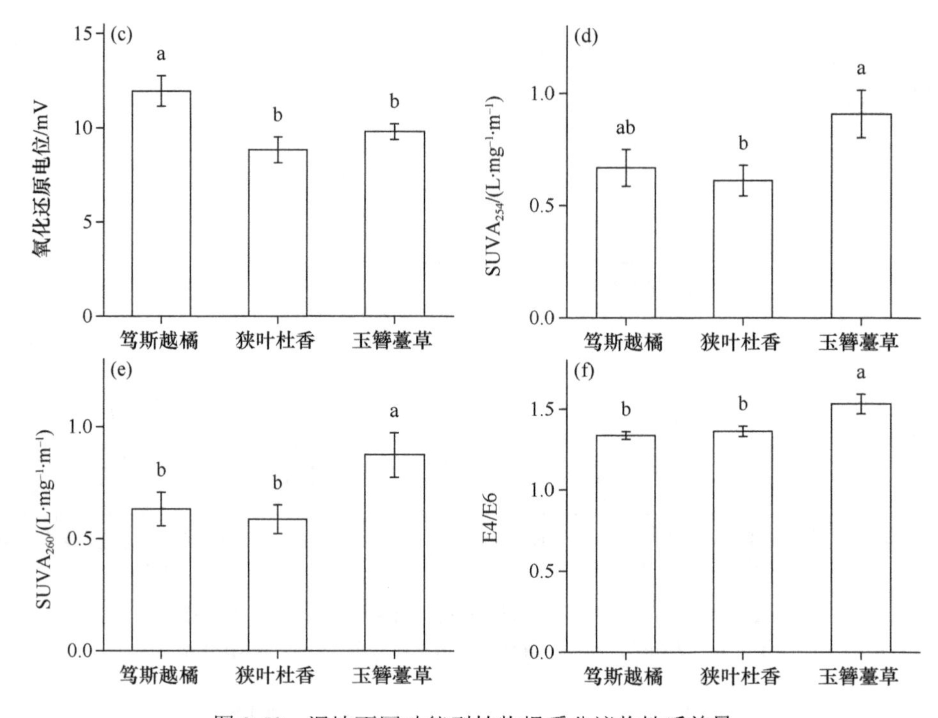

图 2-52 湿地不同功能型植物根系分泌物性质差异

$SUVA_{254}$表征水体芳香族类化合物含量，$SUVA_{260}$表征溶解性有机物疏水性有机组分含量，E4/E6 表征水体溶解性碳分子量大小

沼泽湿地灌木与薹草具有不同的生长策略，有的研究发现气候变暖促进沼泽湿地灌木丰度的增加（McPartland et al.，2020），灌木与薹草具有不同的生物量和碳、氮分配策略，一方面其通过影响植物组成与生物量，改变凋落物的分解及土壤获取碳的质量（DeMarco et al.，2014b；Christiansen et al.，2018），另一方面通过刺激根系分泌物的析出增加土壤“老碳”的释放（Zeh et al.，2022）。因此，沼泽湿地气候-灌木生长关系的变化需要纳入地球系统模型，以改进对整个北方沼泽湿地的未来预测（Myers-Smith et al.，2015）。

2.4 沼泽湿地植物残体分解与碳氮释放

植物残体或凋落物是指由地上植物组分产生并归还到地表，且作为分解者的物质与能量来源，在维持生态系统结构与功能方面发挥着重要作用的所有有机质的总称（彭少麟和刘强，2002）。植物枯枝落叶的降解是土壤碳输入和微生物养分的重要来源，也是碳循环的重要环节。植物进行光合作用吸收大气中的CO_2，通过新陈代谢吸收转化土壤中的化学物质，将获得的能量储存在有机物质中，直到植物衰老、死亡后，物质和能量便储存于植被残体中。植物残留物在微生物分解作用下释放储存的物质和能量，增加土壤营养物质的输入。由于植物种类的多样，微生物分解的有机质分子结构不同，导致土壤有机质分子结构和性质的差异显著，从而导致土壤中碳稳定性不同（Lorenz et al.，2007）。在湿地生态系统中，湿地植物随着生长节律会周期性地生长和死亡，植物吸收周围环境中的营养进行生长，而植物死亡会形成凋落物，影响植物萌发生长需要的光照、温度及水分等（Sato et al.，2004）。此外，湿地凋落物会对植被动态（包括萌芽、生长、物种丰度、植物群落构建、种间竞争等）、生产力和土壤的理化性质等造成影响（王建华和吕宪国，2007），所以湿地凋落物的分解在湿地元素生物地球化学循环和维护生态系统正常运转中发挥着不可替代的作用。

2.4.1 植物残体分解理论、过程与研究方法

植物凋落物主要由7类成分构成，6类为有机物，1类为矿物质，分别为①纤维素，占干重的15%～16%；②半纤维素，占干重的10%～30%；③木质素，占干重的5%～30%；④水溶性部分，单糖、氨基酸及其他化合物，占干重的5%～30%；⑤乙醚及醇溶物质，如油脂、脂肪、树脂、蜡和色素；⑥蛋白质；⑦矿物质，占干重的1%～13%。其中纤维素、半纤维素和木质素这三种成分构成了凋落物量的大部分（彭少麟和刘强，2002）。这些成分的相对比例随植物组织（如叶片、茎及根系等）和物种的差异而变化。一些成分（尤其是糖、低分子量的酚类及一些养分）会非常容易地通过溶解和淋溶从凋落物中流失，而许多大分子的成分（包括纤维素、半纤维素和木质素）都会分解得非常缓慢。在分解过程中，酚类和木质素分解产物的浓缩及养分的输出会导致新合成物质的净累积。不同类型的凋落物在分解过程中物质流动方式是不同的，并与凋落物化学组成密切相关。凋落物分解时，微生物活动产生的CO_2会释放到大气中，而可溶性化合物会被淋溶出来。另外，凋落物分解过程中新产生的稳定的水溶性化合物（溶解性有机碳）会被淋溶掉，而长期稳定的化合物会形成腐殖质（图2-53）。

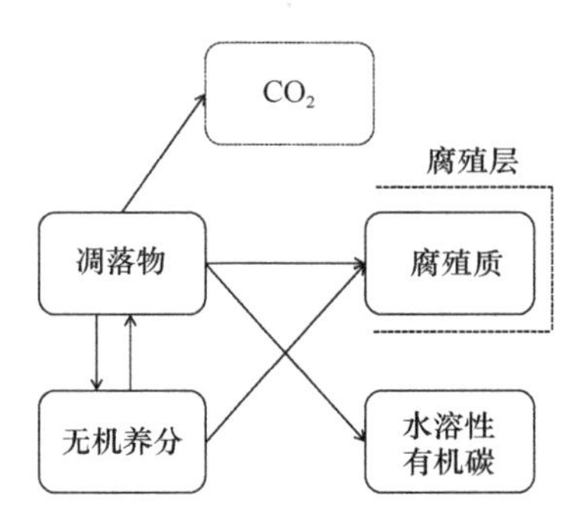

图2-53 凋落物向腐殖质和无机碳转化的一般途径（Berg and McClaugherty，2014）

凋落物分解是非常复杂的过程，既有物理过程又有生物化学过程（Kuehn and Suberkropp，1998）。研究表明，凋落物的分解从立枯阶段开始并有了微生物定植和分解，此外原位分解阶段是凋落物分解的重要阶段，其分解效果与植物的种类密切相关（Berg and McClaugherty，2013）。凋落物分解一般可分成3个过程：淋溶作用（可溶性物质通过降水、浸水等被淋溶的过程）、微生物降解难分解物质（纤维素、木质素等）、生物作用（土壤动物的啃食）与非生物作用（如风化、结冰、解冻和干湿交替等）（表2-4）。完整的分解过程表现为三者的乘积效应（王建华和吕宪国，2007）。

表 2-4 凋落物分解过程

凋落物分解过程	具体表现
初期阶段	首先分解可溶于水的物质和非木质素碳水化合物，与木质素相关的含量增加；物质损失多，分解速率受营养水平和碳可利用性的限制
中期阶段	木质素和未分解碳水化合物被微生物分解，木质素含量、木质素/（木质素+纤维素）下降，凋落物化学成分趋于稳定，物质损失趋于缓慢，分解速率受木质素制约
末期阶段	凋落物中木质素的含量变化逐渐减小，分解几乎处于停止状态，剩余的其他物质逐渐被腐殖侵蚀

凋落物分解最重要的作用就是养分元素随分解的流转，并且因物种、组织和所处分解环境、分解阶段的不同，其元素迁移模式被认为有以下 3 种：①淋溶—富集—释放；②富集—释放；③直接释放（Xu and Hirata，2005）。通常在湿地凋落物分解过程中营养物质含量的变化，不仅会受到凋落物自身质量的影响，还会受到分解者（土壤动物和微生物等）活动的影响。在分解初期，氮、磷等元素受到淋溶作用的影响，微生物的降解作用并不大（秦胜金等，2008）。淋溶作用主要将可溶性物质（有机酸、蛋白质及无机盐等）释放出来，但是，对于难溶性物质（木质素等结构性组分）影响甚微。氮、磷元素在淋溶阶段往往会快速而且大量损失，以至于在微生物参与分解的阶段不能满足微生物的需要，因此微生物常常会固定氮、磷等营养养分（王绍强和于贵瑞，2008）。同时这些营养物质使微生物有足够的养分和能量维持生命活动，进而影响凋落物的分解。此外，凋落物分解时释放的特殊化学物质会对微生物活动造成影响，并影响凋落物的分解。除了微生物的作用外，氮、磷等营养元素的积累和固定也可能与物理吸附有关（van Ryckegem et al.，2006）。有的研究认为沼泽湿地凋落物中营养物质的矿化一般分为三个连续阶段：①可溶性营养物质是从凋落物中浸出的；②微生物固定化养分；③最后当凋落物的 N/C 值超过微生物生长所需的比值时，凋落物发生净氮矿化（Aerts and Chapin Ⅲ，1999）。

在凋落物分解研究中，常见的环境因子包括温度、降水、光照及地形等（Bradford et al.，2002）。温度是对生态系统物质能量周转起调控作用的关键因子，对于凋落物分解具有非常重要的作用。短期和长期的温度变化对凋落物造成影响的原因是有差别的，短期温度的变化主要是通过影响土壤生物的群落结构组成和功能进而引起分解过程中的生物化学作用和营养流转的变化；长期气温波动会通过改变凋落物的质量和组成，从根本上改变凋落物的可分解性和分解所处的环境，从而会对分解产生重要的影响（Fioretto et al.，2001）。降水也是凋落物分解的重要驱动因素，特别是对于干旱、半干旱地区，短期降水增多可加快破碎化和淋溶作用，使凋落物干物质损失加速，起到促进分解的作用（Dirks et al.，2010）。降水的季节和年际变化会对凋落物产量及物种组成产生影响从而改变凋落物分解速率（Weatherly et al.，2010）。土壤水分增加能提高生态系统中植物的地上净初级生产力，促进分解者的活动，影响分解（González and Seastedt，2001）。

目前野外实验常用的方法有两种：一是分解材料放在网袋内或用网覆盖的容器内（后者源于陆生凋落物分解的方法），二是将分解材料扎成捆固定在某个地方。除此之外也有研究将叶片直接放在一个地方而不用任何容器。凋落物袋法是一种常用的研究凋落物分解的方法。凋落物袋通常是由尼龙网纱制成的，该法操作起来比较方便，尽管网孔孔径大小的不同可能导致凋落物分解速率产生误差，但可以用于研究不同尺度土壤生物群对分解的影响（Bouchard et al.，2003；Montané et al.，2013）。此外还有标记凋落物法，在实验开始时，对凋落物的碎片或部分加标记或标签（Kuehn and Suberkropp，1998；章志琴，2005），然后放在自然条件下分解，一段时间后再取回标记的凋落物，测定其干重损失率并估测分解速率；微宇宙法，即室内分解培养法，用于固定某些因子，来测定某一个或者几个因素对分解作用的影响，排除野外自然条件的多变性和不可控制性（Taylor et al.，1989）；近红外光谱法，由于近红外光谱能够预测凋落物的化学成分，所以建立凋落物初始光谱特征与凋落物可分解性的相关性，可以用红外光谱测定分解过程中的质量变化（Gillon et al.，1999）。总体来看，凋落物分解的研究方法都有其优缺点，但仍在一定程度上能够反映凋落物的自然分解过程。相比较而言，目前应用最广泛的研究方法为凋落物袋法、微宇宙法和标记凋落物法。

目前，凋落物分解研究主要集中于易于观测的地上凋落物部分，而地下凋落物年输入量在总凋落物量中占很大的比重，Freschet 等（2013）估计世界范围内森林和草地生态系统的这个比值分别是 48%和 33%。大多数研究表明根系凋落物分解速率明显低于叶片凋落物（Liu et al.，2017；Luo et al.，2017），而根系凋落物氮释放则快于叶片凋落物（Parton et al.，2007），根系凋落物的分解环境与地上凋落物的存在很大差异，两者调控因素各不相同（García-Palacios et al.，2016；Jiang et al.，2018），用影响地上凋落物分解的规律来分析地下凋落物分解会造成对生态系统碳循环和养分循环的错误估计（Freschet et al.，2013；Xia et al.，2018）。长期以来，由于技术和方法的限制，作为“黑箱”的地下生态系统研究成为限制生态学发展的瓶颈（贺金生等，2004）。根系的死亡和分解对碳循环和土壤中养分的有效性具有重要意义。

2.4.2 沼泽湿地凋落物分解特征

沼泽湿地植物在生长季通过光合作用固定大气中的CO_2，然后将C转化为植物结构，特别是进入植物的地下部分，作为死亡的植物物质（凋落物）沉积在土壤表层和土壤中。沼泽湿地不同植物凋落物分解也存在差异，一般薹草>灌木>苔藓，而凋落物含氮量越高其分解越快（Szumigalski and Bayley，1996）。苔藓向上生长，逐渐死亡，调节沼泽湿地的垂直生长速度。维管植物除了为土壤添加茎、根茎和根物质外，还为苔藓的向上生长提供了物理支持（Malmer et al.，1994）。在土壤表层的含氧部分（acrotelm），凋落物最初主要被好氧细菌分解，导致 CO_2 的释放，但最终凋落物被逐渐上升的地下水位覆盖（Clymo，1984b；Scanlon and Moore，2000）。在土壤的水饱和厌氧部分（catotelm），分解缓慢，其分解很大一部分以 CH_4 的形式释放到大气中。

凋落物的分解在生态系统的结构和功能中占据着非常重要的位置（Gessner et al.，2010），分解时释放的营养物质是调节生态系统养分含量及净生产力的重要过程，尤其是对于外部养分元素输入受到限制的生态系统。凋落物的营养物质大多数都是以有机物形式存在的（Vitousek et al.，2002），碳的储存和周转依赖于有机物的分解率，所以凋落物的分解也决定着一个生态系统碳的潜在保留能力（Smith et al.，2008）。而对于沼泽湿地，许多植物适应了低养分供给，使它们能够保存和积累养分。沼泽植物的适应性包括：常绿、硬质的叶片，或使植物表皮增厚，吸收氨基酸，高的根生物量等。一些沼泽植物，特别是薹草，在秋天凋落之前将营养输送回多年生器官。这些营养储备可用于下一年的生长和幼苗的建立。目前已经证明，沼泽湿地凋落物释放钾和磷，这通常是最限制性的营养物质，比其他营养物质循环更快，这种适应使这些营养物质保持在土壤的上层，便于植物生长所利用（Mitsch and Gosselink，2015）。而沼泽湿地的泥炭藓对营养物质循环具有控制作用，泥炭藓通过截住沉积的营养物质，并通过凋落物减缓分解，从而可限制维管植物的营养供应（Malmer et al.，2003），超过 50%的氮储存在凋落物及进入表层土壤的有氧层中（Nordbakken et al.，2003）（图 2-54）。

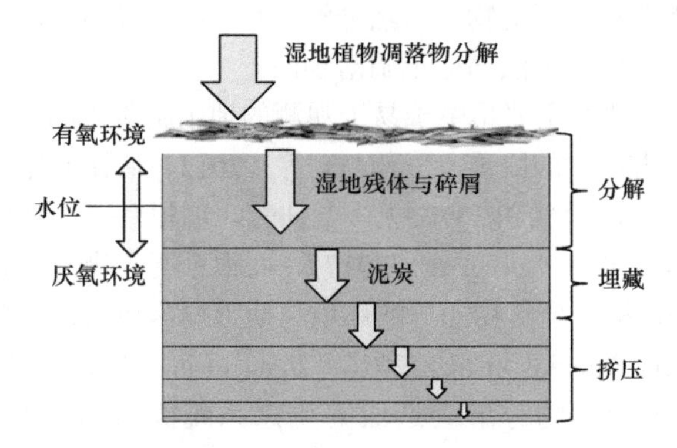

图 2-54　湿地植物凋落物分解与土壤碳库累积（基于 Reddy and DeLaune，2008）

凋落物质量是衡量凋落物可分解性的重要指标。凋落物质量的指标主要有碳、氮及磷等营养元素含量，半纤维素、纤维素和木质素含量，以及它们之间的比值（Vitousek，1994）。凋落物所含水溶性物质、蛋白质和 N、P 浓度越高，木质素、纤维素含量越低，C∶N 和木质素∶N 越小，凋落物质量越好，分解越快（Valenzuela-Solano and Crohn，2006）。除此之外，凋落物的分解还受到一些植物的次生代谢产物的影响，如生物碱、酚类（如黄酮类、单宁等）和萜类物质等。这些代谢产物主要通过淋溶、根系分泌和凋落物分解 3 条途径从植物体释放到土壤中，影响土壤生物体的活动和凋落物的分解过程。大多数次生代谢产物具有限制微生物生长的活性，或对其产生毒害作用，其中酚类物质是决定腐生真菌在凋落物中定植的首要因子。另外，凋落物的木质素与氮的含量也影响沼泽湿地凋落物的分解，有的研究发现，木质素与氮的比值与沼泽湿地凋落物分解显著相关（Moore et al.，2005）。

沼泽湿地凋落物分解的驱动因素可分为两类：内在和外在。内在驱动因素包括各种化学特性（如酚类、木质素、养分）和凋落物的形态/结构，而外部驱动因素包括外部过程，如土壤温度和湿度、光照、养分可利用性和微生物群落组成等（Moore et al.，2007；Laing et al.，2014；Shelley et al.，2022）。外部因素和分解速率可以在多个时空尺度上变化（Scheffer et al.，2001；Moore et al.，2007），如沼泽湿地的微地貌也对凋落物分解产生重要影响，一般在藓丘（hummock）上的凋落物分解慢于凹陷（hollow）的地区（Turetsky et al.，2008；Hájek，2009），而在较长时间尺度上，凋落物质量比外部驱动因素能更好地预测其衰减率（Turetsky et al.，2008；Hagemann and Moroni，2015；Bengtsson et al.，

2016)，但对于沼泽湿地凋落物分解的长时间研究仍相对有限。

2.4.3 沼泽湿地植物残体分解与碳氮释放实证

2.4.3.1 沼泽湿地不同功能型植物凋落物性质特征

通过8～9月对我国东北典型沼泽湿地不同功能型植物凋落物的采集与分析，薹草凋落物的产量最高，其次为柴桦和笃斯越橘，而狭叶杜香和甸杜凋落物产量较低（图2-55），即草本植物>落叶灌木>常绿灌木；另外，调查了沼泽湿地立枯的灌木茎的生物量，发现对于沼泽湿地灌木，柴桦的立枯生物量最高，其他灌木基本相当，从死亡比例来看，笃斯越橘的茎死亡率最高，甸杜的茎死亡率最低，而相比于当年的地上生物量，立枯茎约占生物量的21.9%（图2-56），立枯茎包含了当年的，也包含了往年死亡的灌木茎，但其在湿地枯落物中的作用应给予重视。以灌木为主的沼泽湿地凋落物产量远远低于草本沼泽湿地（Yu et al.，2001），也低于芬兰的沼泽湿地（Straková et al.，2012），而羊胡子草的凋落物产量也低于苏格兰的泥炭地［(42.3 ± 3.5) $g\cdot m^{-2}\cdot a^{-1}$］。植物凋落物生产是土壤中

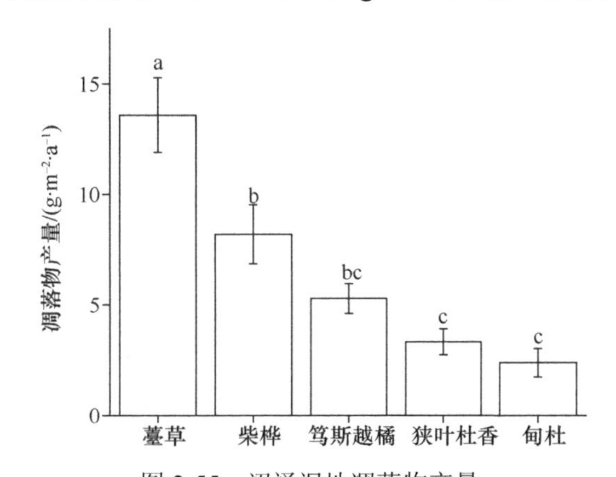

图2-55 沼泽湿地凋落物产量

字母不同表示不同植物凋落物产量差异显著（$p<0.05$）

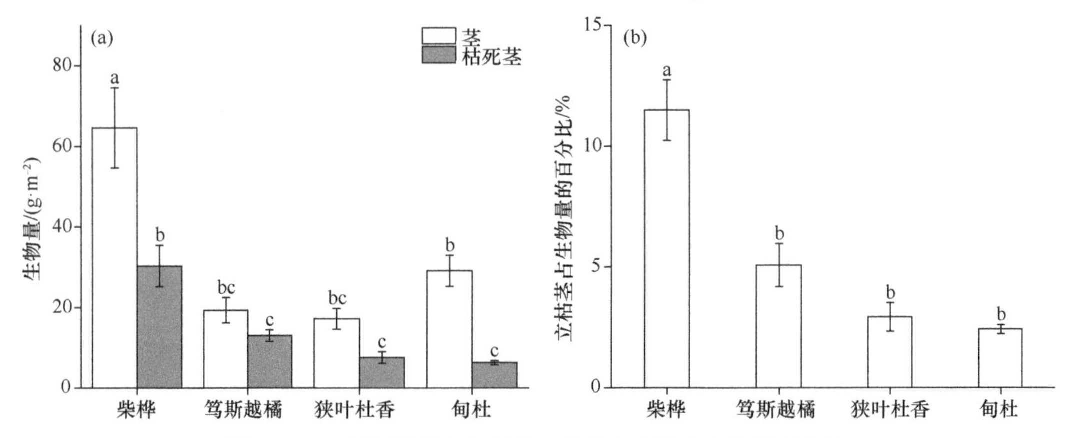

图2-56 沼泽湿地灌木立枯茎生物量与占地上生物量百分比

(a) 字母不同表示同一植物茎和枯死茎的生物量差异显著（$p<0.05$）；(b) 字母不同表示不同植物立枯茎占生物量的百分比差异显著（$p<0.05$）

碳的主要输入源，植物残体的分解也影响了返回大气的碳与植物和土壤中隔离的碳之间的平衡，沼泽湿地尽管其凋落物产量不高，但其低温和淹水的环境不利于凋落物的分解。

我国东北不同冻土区沼泽湿地不同功能型植物凋落物碳、氮性质具有差异性，从有机碳含量来看，常绿灌木（狭叶杜香、甸杜及小叶杜鹃）>落叶灌木（柴桦和笃斯越橘）>薹草（羊胡子草）>苔藓（泥炭藓和真藓）；但凋落物碳同位素 ^{13}C（‰）则有不同的变化趋势，不连续多年冻土区湿地落叶灌木凋落物 ^{13}C（‰）显著低于连续多年冻土区，但常绿灌木（狭叶杜香和小叶杜鹃）在不同冻土区间无显著差异，而薹草凋落物则为连续多年冻土区显著低于不连续多年冻土区（图 2-57）。

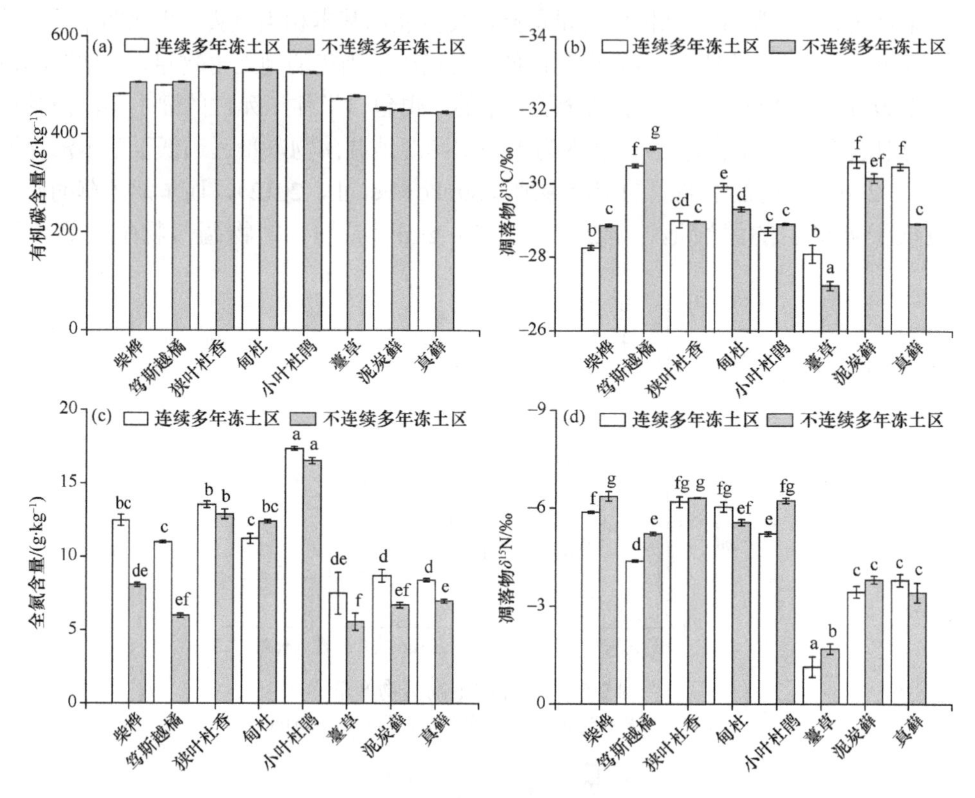

图 2-57　不同冻土区湿地植物凋落物碳、氮性质

字母不同表示相同植物不同冻土区结果差异显著（$p<0.05$）

对于湿地凋落物全氮含量，连续多年冻土区落叶灌木凋落物则显著高于不连续多年冻土区，而常绿灌木则无显著差异，薹草和藓类则具有与落叶灌木一样的变化趋势；从氮同位素 ^{15}N（‰）来看，薹草凋落物 ^{15}N（‰）显著高于其他植被，且连续多年冻土区显著高于不连续多年冻土区，连续多年冻土区落叶灌木凋落物 ^{15}N（‰）显著高于不连续多年冻土区，常绿灌木（狭叶杜香和甸杜）和苔藓（泥炭藓和真藓）凋落物 ^{15}N（‰）则在不同冻土区间无显著差异（图 2-57）。

不同冻土区湿地功能型植物元素含量存在差异性，这将影响其分解特征；落叶灌木 P、Ca 和 Mg 含量要高于其他植被，常绿灌木 K 含量则高于其他植被，薹草 P、Ca 及 Mn 含量则显著低于其他植被，苔藓 Na、Al 和 Fe 含量则显著高于其他植被（图 2-58）。

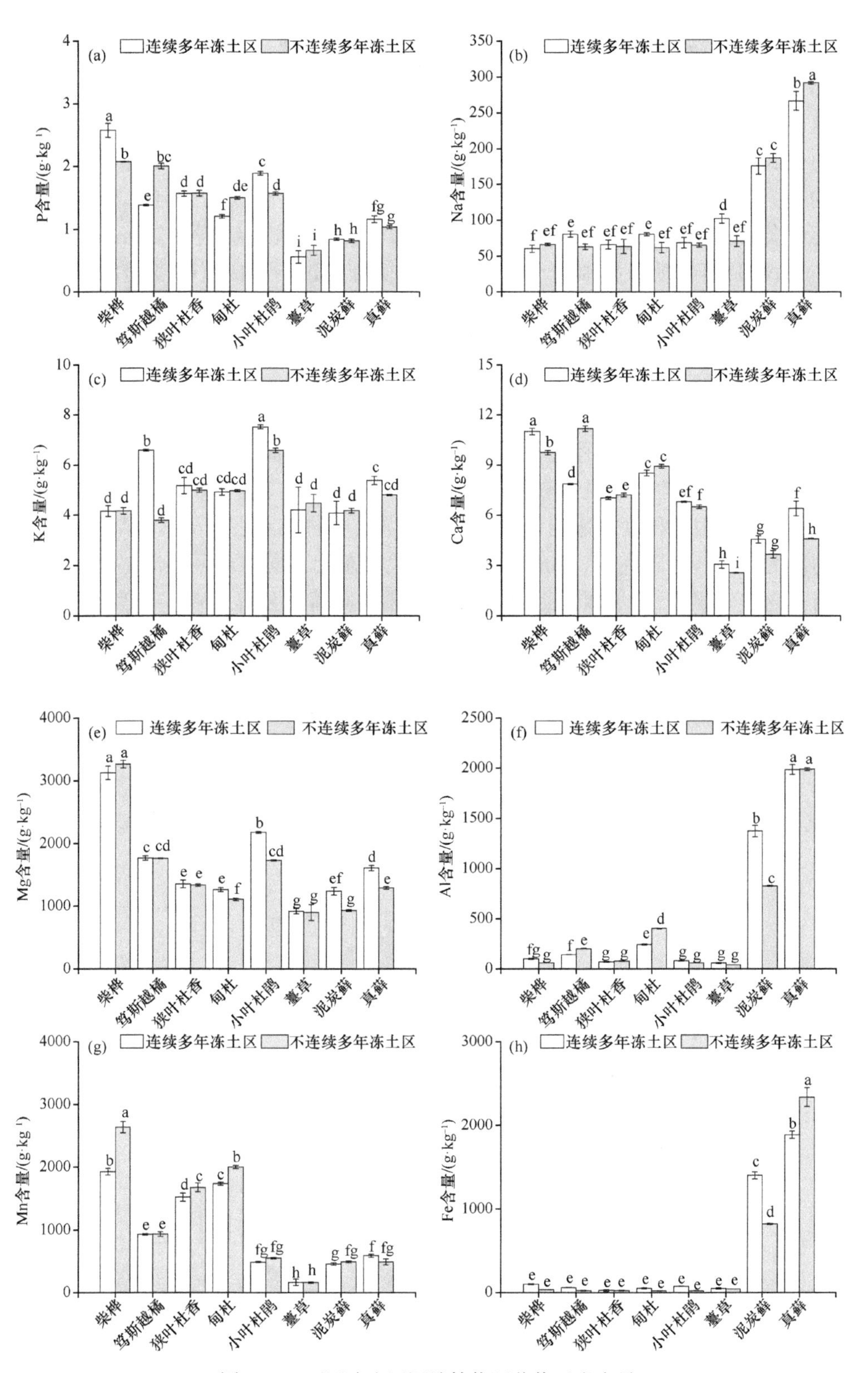

图 2-58 不同冻土区湿地植物凋落物元素含量

字母不同表示相同植物不同冻土区结果差异显著（$p<0.05$）

沼泽湿地凋落物的种类和性质影响了凋落物的分解，并通过释放营养物质和生长抑制化合物对植物生长产生重要影响。例如，凋落物 N 的损失与凋落物 N 含量和分解速率相关（Quested et al.，2002），而富含酚类化合物的凋落物的释放则可能对植物的生长有抑制作用（Kuiters，1990）。植物种类在凋落物质量和可分解性方面有较大的差异，因此其凋落物对植物生长的反馈作用也有较大的差异，如常绿灌木，其凋落物氮磷含量较低而富含酚类和木质素，其分解较为缓慢（Dorrepaal et al.，2007）。植物凋落物质量控制着分解，甚至其质量的影响要比气候变暖的影响更为重要（Makkonen et al.，2012）。

2.4.3.2　沼泽湿地地上凋落物分解

湿地凋落物分解是湿地营养物质循环和能量流动的关键环节，也是控制陆地 CO_2 流动和全球碳平衡的关键过程之一，对维持湿地生态系统碳蓄积功能具有重要影响（武海涛等，2006）。湿地植被具有较高的生产力，气候变化背景下湿地生态系统枯落物分解速率的高低在很大程度上影响着枯落物在土壤表层的积累速度及氮、磷等营养元素和其他物质的归还（孙志高等，2008）。通过对我国东北不同冻土区沼泽湿地不同功能型植物凋落物的分解研究，结果表明不同功能型植物凋落物分解速率存在差异。小叶杜鹃凋落物分解速率最高，而薹草的分解速率较低。不同冻土区间湿地植物凋落物分解速率不同，甸杜和小叶杜鹃在不连续多年冻土区分解速率较快，这可能与连续多年冻土区较强的冻融作用有关，并且说明气候变暖将促进沼泽湿地植物凋落物的分解（图 2-59）。而有的研究发现沼泽湿地不同功能型植物对凋落物分解的影响要高于增温（Ward et al.，2015），湿地植被凋落物分解与凋落物自身质量有关（Aerts et al.，2012），凋落物的内在驱动，包括木质类、酚类化合物、纤维素和营养物质共同决定了沼泽湿地凋落物的分

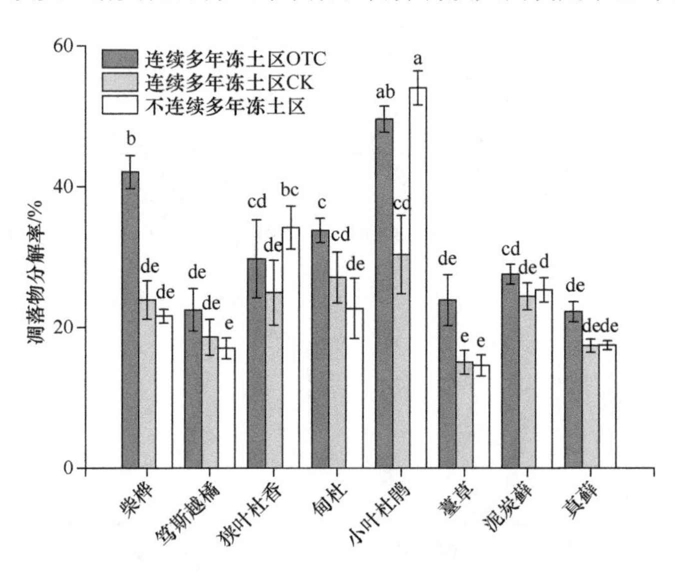

图 2-59　不同冻土区湿地植物凋落物分解率

OTC：模拟增温；CK：对照。字母不同表示相同植物不同冻土区凋落物分解率差异显著（$p<0.05$）

解（Hagemann and Moroni，2015；Bengtsson et al.，2016；Barreto and Lindo，2018；Shelley et al.，2022）。

对于沼泽湿地，水分条件也是影响其凋落物分解的重要因子。对我国东北典型沼泽湿地不同水分条件下的凋落物分解开展研究，S1：地表常年无积水，土壤含水量>94.2%，以小叶章为单一建群种，主要伴生种有千屈菜、毛水苏等；S2：季节性积水，积水深度在 0～13 cm 波动，分布为小叶章-乌拉薹草群落，主要伴生种有驴蹄草、千屈菜、球尾花等；S3：常年积水，积水深度在 10～20 cm 波动，主要建群种为毛薹草，主要伴生种有漂筏薹草、狭叶泽芹、狭叶甜茅等；S4：常年积水，积水深度在 17～30 cm 波动，分布有毛薹草、漂筏薹草、水木贼等。沼泽湿地不同植物凋落物分解对水位的响应存在着差异（图 2-60）。整体上，毛薹草的分解速率要略高于小叶章，生长季内积水条件促进凋落物的分解，且季节性积水条件对小叶章凋落物分解影响最大，但较长时间尺度内，失重率变化较小，说明积水条件抑制了有机质的分解。

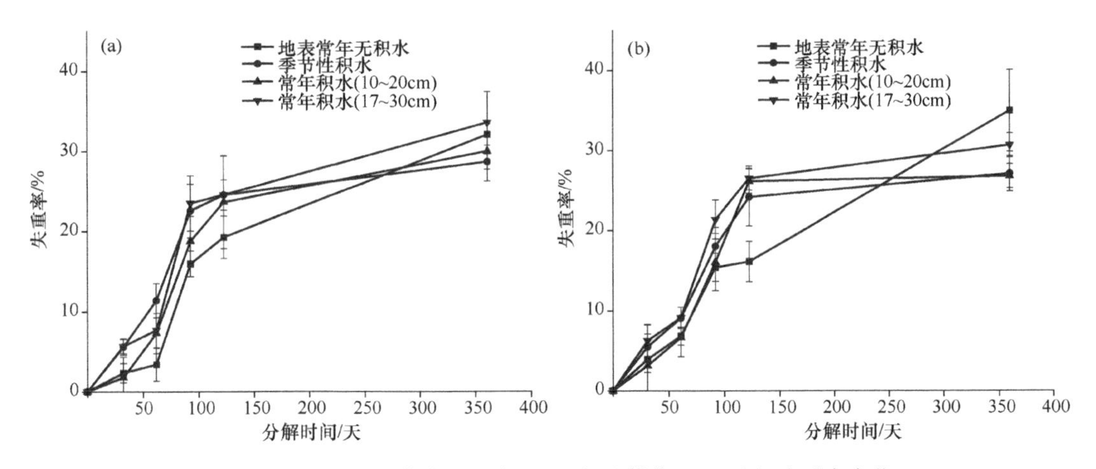

图 2-60 不同水分梯度小叶章（a）与毛薹草（b）分解失重率变化

湿地水分条件是凋落物分解的重要环境因素，水位变动影响土壤的氧化还原特性，对其凋落物的分解过程产生直接影响。一般认为，水位影响土壤的透气性与水体中溶解氧的浓度，从而影响微生物对有机质的矿化分解，季节性积水或湿润环境下凋落物分解速率强于持续淹水条件（Guo et al.，2008），虽然湿地凋落物的分解速率依赖于温度，但水分的波动也是其分解的主要影响因素（Górecki et al.，2021）。湿地水文的波动会增加营养物质和不稳定碳的有效性，刺激厌氧分解（Fenner and Freemen，2011），这可能是在湿润条件下湿地凋落物分解更快的原因。

2.4.3.3 沼泽湿地凋落物混合分解效应

物种丰富度影响湿地植被生物量的固碳能力，物种的类型及数量组成上的差别，都会影响凋落物在土壤中的分解与微生物的利用（Blair et al.，1990；Hector et al.，2000），改变有机质向土壤中的养分归还途径。此外，凋落物组成的多样性也会影响植物的生长状况与种群特征（Nilsson et al.，1999）。通过对我国东北 2 种沼泽湿地植物混合凋落物分解研究（3 种处理）：小叶章与乌拉薹草 2∶1，小叶章与乌拉薹草 1∶1，毛薹草与乌拉薹草 2∶1；以及 3 种植物混合：小叶章、毛薹草与乌拉薹草以 1∶1∶1 等量混合分解，沼泽湿地多物种不同比例混合凋落物的分解速率低于毛薹草与小叶章，但高于乌拉薹草，其中3种凋落物等比例混合的分解速率显著低于小叶章与乌拉薹草混合（图2-61）。沼泽湿地混合凋落物的分解过程表现为不同单一物种的非加性效应（non-additive effect），且物种类型与物种数量对分解具有较高的主导作用。不同科的物种小叶章与乌拉薹草凋落物混合时促进了分解；而同一科的物种乌拉薹草与毛薹草的凋落物混合后抑制了分解作用。说明物种混合对分解过程的影响受到物种类型的影响。当 3 种物种混合时，凋落物分解速率受到明显的抑制作用。

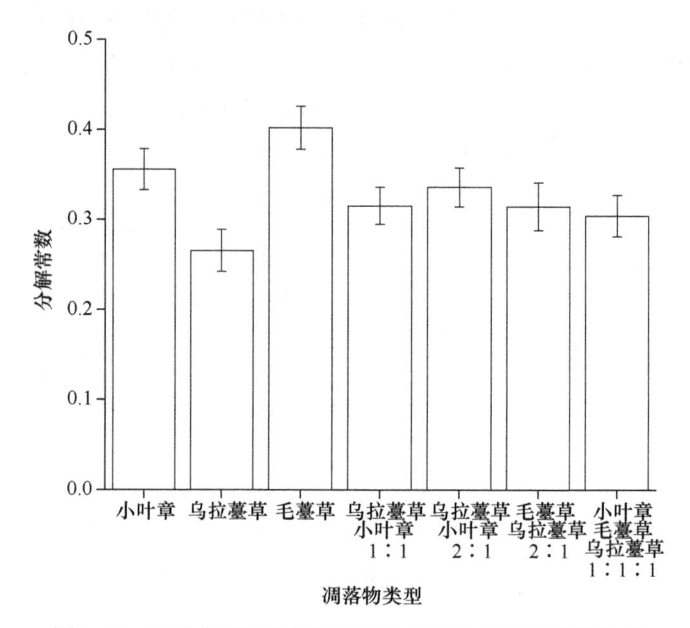

图 2-61 三种典型湿地植物凋落物及混合凋落物分解常数

Hector 等（2000）通过分解袋法对混合凋落物分解研究发现，与单一组成物种分解速率相比，凋落物混合后的失重率提高了 37%。非加性效应在混合凋落物分解中相当普遍，且不同物种混合常表现出不同程度的促进作用（Gartner and Cardon，2004），真菌在混合凋落物分解过程中发挥着重要作用（Vašutová et al.，2021），从湿地植物混合凋落物分解来看，植物群落组成也影响凋落物的分解。

从沼泽湿地灌木和草本凋落物混合分解来看，在分解过程中，湿地灌木叶片有着比禾草更高的质量损失速率，而两种禾草凋落物相比，小叶章比瘤囊薹草分解更快（表 2-5）。在分解 182 天后，所有灌木-禾草混合凋落物均表现为加性效应（图 2-62）。分解 365 天后，4 个含有崖柳的组合中有 2 个表现为协同效应，而 4 个含有柴桦的组合中有 2 个表现为拮抗效应（图 2-62）。分解 730 天后，所有含有崖柳的 4 个组合及由柴桦和小叶章构成的 2 个组合均表现为协同效应，而由柴桦与瘤囊薹草构成的 2 个组合均表现为加性效应（图 2-63）。在分解 182 天后，在崖柳叶片占优势的组合中，禾草凋落物的质量损失显著增加了，但崖柳叶片自身的质量损失降低了；与此相反，与柴桦叶片混合后，瘤囊薹草的质量损失下降了（图 2-63）。在分解 365 天后，崖柳叶片的存在促进了禾草凋落物的质量损失，但同时引起了自身质量损失的下降，然而在柴桦叶片占优势的组合中禾草凋落物的质量损失却受到了抑制（图 2-63）。在分解 2 年后，在所有含有崖柳叶片的组合中禾草凋落物的分解都受到了促进，并且其自身的质量损失并未受到显著影响。在小叶章和柴桦构成的组合中，二者均有着更高的质量损失。然而，在柴桦占优势的柴桦-瘤囊薹草组合中，柴桦和瘤囊薹草分别有着比单独分解时更高和更低的质量损失（图 2-63）。

表 2-5　凋落物单独分解状态下的质量损失动态

植物	培养时间		
	182 天	365 天	730 天
小叶章	21.5（1.4）c	30.2（1.3）c	43.1（1.2）c
瘤囊薹草	21.9（0.8）c	26.8（0.6）d	38.8（1.2）d
柴桦	41.1（0.9）a	47.4（0.6）a	51.1（0.6）a
崖柳	35.7（1.1）b	43.0（0.9）b	46.0（1.1）b

注：括号内为标准误差，不同的字母表示 0.05 的显著水平

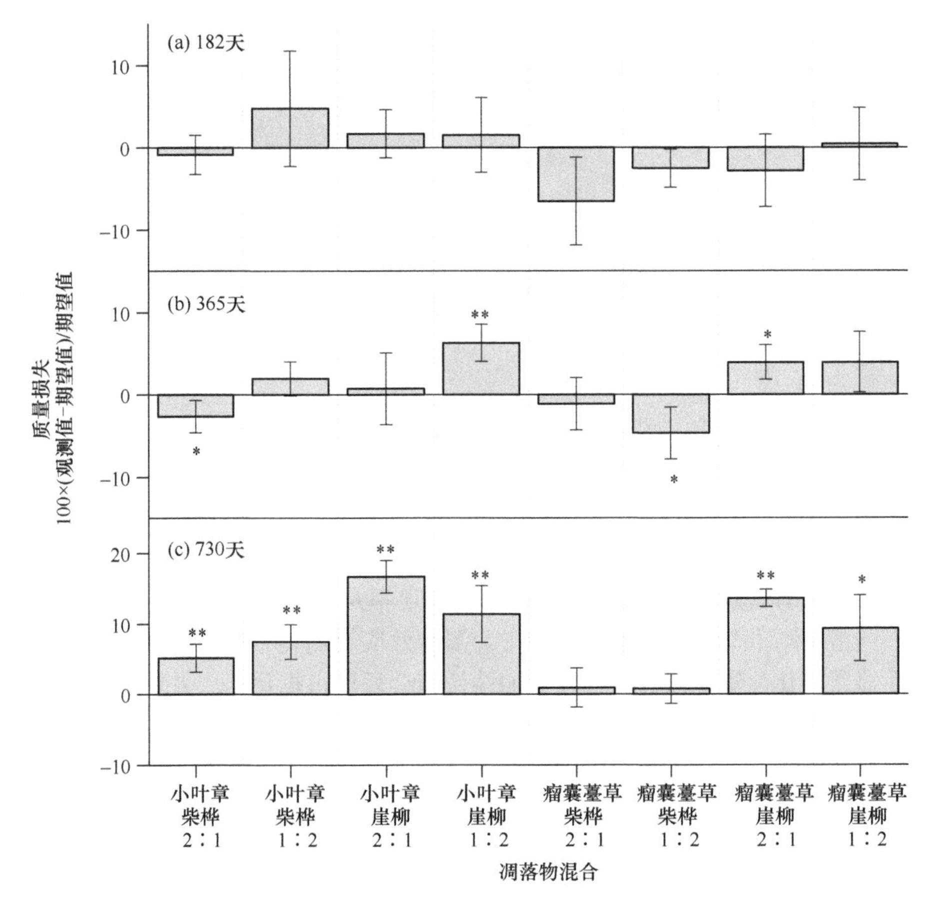

图 2-62　凋落物分解的混合效应
*表示 0.05 的显著水平，**表示 0.01 的显著水平

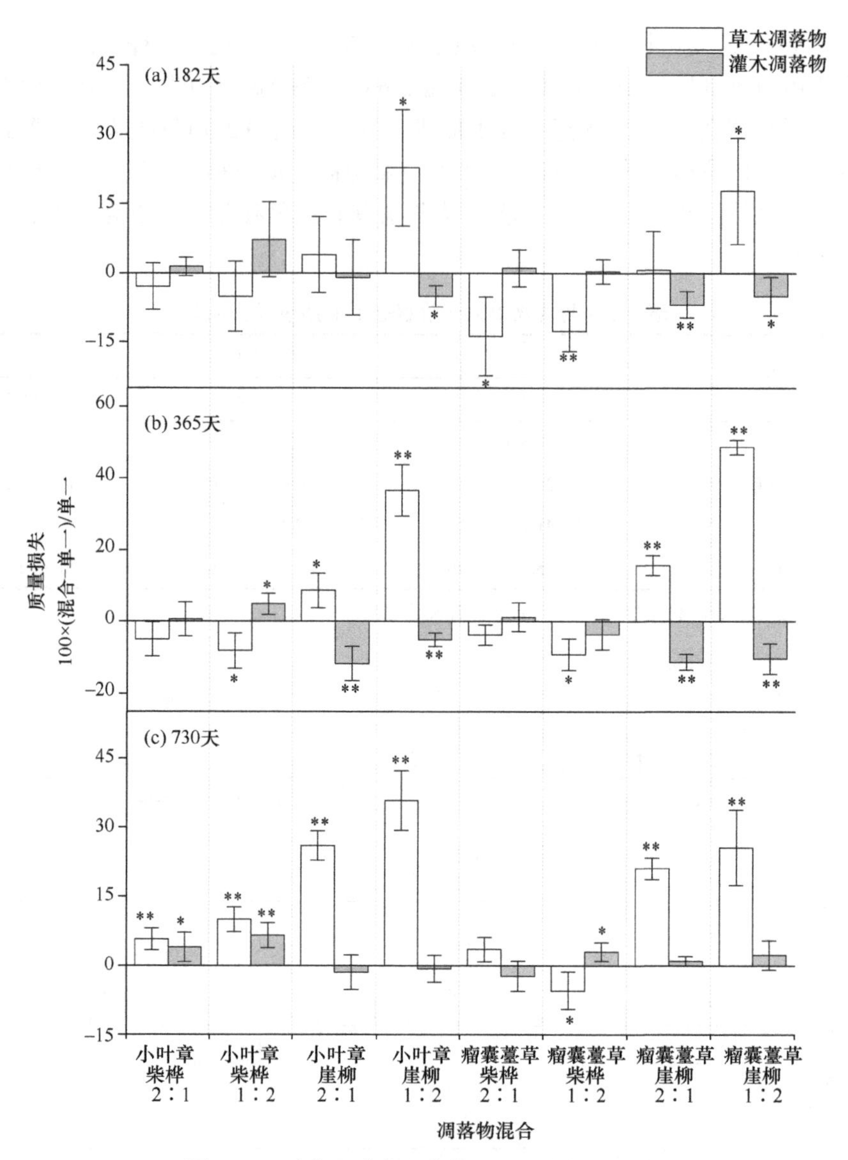

图 2-63 禾草和灌木凋落物对混合分解的响应

概括来看，沼泽湿地灌木凋落物更高的分解速率是由于较高的 N 浓度和相应较低的 C∶N 值。在灌木-禾草凋落物混合分解中，混合效应会随物种组合、相对比例和分解时间变化而显著变化，随着分解的进行非加性效应会逐渐占据优势。另外，有着更高 N 浓度的崖柳叶片常常会促进禾草凋落物的分解，而柴桦叶片由于同时有着较高的 N 浓度和次生代谢物质浓度，其对禾草凋落物分解的影响变异性较大。在气候变暖下，沼泽湿地灌木扩张对凋落物混合分解的影响依赖于灌木种类及禾草种类，并且“非加性效应”更为普遍。一般而言，混合凋落物对分解的影响受到组成种间凋落物基质质量的种间差异的强烈影响（Handa et al.，2014；Finerty et al.，2016），气候变暖与植被群落中物种组成变化的同时发生，特别是富营养物种或产生抑制剂的物种比例的变化，可能会影响凋落物混合效应，使凋落物分解更加不可预测（Zhang et al.，2019）。

2.4.3.4 沼泽湿地植物根系凋落物分解

一般北方沼泽湿地地下生物量要高于地上（Shaver et al.，2014），与叶片相比，根系尽管在化学成分上（如木质素或 C∶N 比值等）存在差异，但其形态上的差异较小（Birouste et al.，2012），其根系凋落物的周转要慢于叶片（Sloan et al.，2013）。通过对东北三江平原沼泽湿地柴桦与小叶章根系的分解研究发现，小叶章细根的有机碳和 N 浓度均低于柴桦细根（表 2-6）。与小叶章相比，柴桦细根的多酚浓度是其 4 倍，而缩合单宁的浓度是其 15 倍。此外，二者之间的 P 浓度、C∶N 和 C∶P 并无显著差异（表 2-6）。分解一年以后，柴桦细根有着比小叶章细根及混合处理相对更高的碳矿化速率和质量损失，但小叶章细根与混合处理间并无显著差异（图 2-64）。

表 2-6 小叶章和柴桦根系化学性状

	C/（$mg{\cdot}g^{-1}$）	N/（$mg{\cdot}g^{-1}$）	P/（$mg{\cdot}g^{-1}$）	C∶N	C∶P	多酚浓度/（$mg{\cdot}g^{-1}$）	缩合单宁浓度/（$mg{\cdot}g^{-1}$）
小叶章	480（9）	8.12（0.20）	1.15（0.05）	59.2（2.6）	420（23）	9.3（0.9）	1.31（0.2）
柴桦	516（11）**	9.04（0.18）*	1.31（0.06）	57.1（2.2）	395（21）	39.9（4.4）**	20.5（2.6）**

注：括号内为标准误差，*表示为 0.05 的显著水平，**表示为 0.01 的显著水平

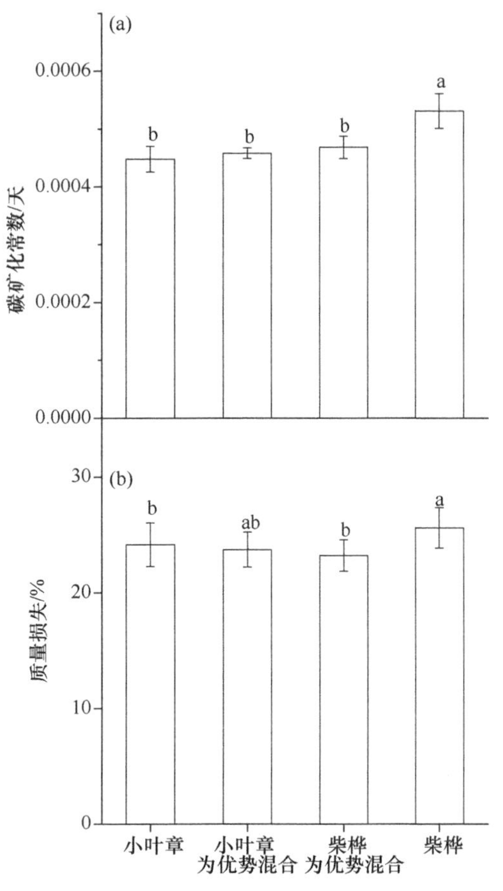

图 2-64 细根碳矿化常数（a）与质量损失（b）

不同字母代表不同沼泽湿地差异性显著（$p<0.05$）

对于根系碳矿化常数 K 和质量损失，其混合效应均随优势物种变化而变化（图 2-65）。在柴桦占优势的根系混合处理中，K 值与质量损失分别低于预测值的 6.9%和 7.4%，而在小叶章占优势的根系混合处理中预测值与观测值之间并无显著差异。柴桦细根较高的分解速率很可能是由于较高的初始 N 浓度，而混合分解过程中“非加性效应（拮抗效应）”的产生可归因于柴桦细根较高的次生代谢物质浓度，并且凋落物混合分解效应会受到优势种的控制。这些结果表明，灌木扩张进入草本植物占优势的湿地会通过转变基质质量和混合效应对细根分解过程产生重要影响。但目前，关于北方湿地根系凋落物分解的研究仍非常有限，其分解机制与机理仍不明晰。

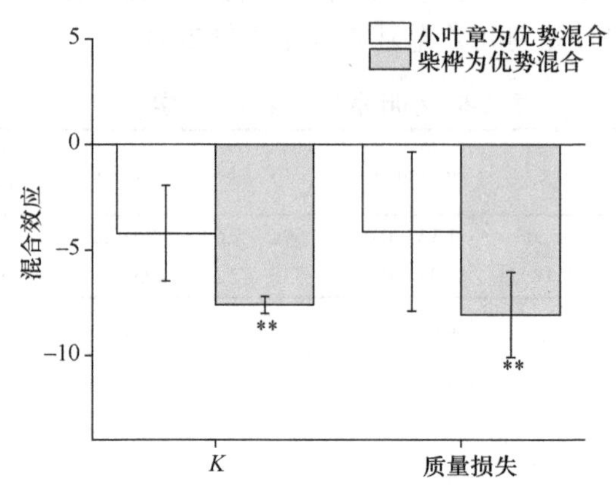

图 2-65　细根分解的混合效应

**表示 0.01 的显著水平

沼泽湿地植物叶与根凋落物分解存在许多差异，而根系混合分解物种差异或混合效应较小（McLaren et al.，2017），分解的位置影响根系凋落物分解速率，其在地表是土壤深 50 cm 分解速率的 5 倍（Hoyos-Santillan et al.，2015），而根系凋落物分解是沼泽湿地泥炭形成的重要机制（Cornwell et al.，2008），沼泽湿地根系更替速率慢于叶片（Shaver et al.，2014），其凋落物分解对生态系统碳、氮循环非常重要。

2.4.3.5　*沼泽湿地草本植物立枯分解*

在湿地生态系统中，许多草本植物的地上部分（包括叶片和茎）一般不会在枯萎之后立即倒伏在沉积物层表面，而是仍然在空中持续较长的一段时间，形成“立枯”（Kuehn et al.，2004）。并且，许多细菌和真菌种群会立即占据这些枯萎的植物组织，因此凋落物的分解过程在其立枯期已经开始（Gessner et al.，2007；Kuehn et al.，2011）。然而，以往的大部分草本植物凋落物分解研究都仅关注了凋落物在地表或者水中的分解过程，而忽略了其地上部分在倒伏之前的分解（Longhi et al.，2008；Sun et al.，2012）。利用分解袋法分析三江平原地区沼泽湿地中 4 种常见草本植物凋落物在立枯阶段的分解过程。结果表明，在空中分解一年以后，叶片和茎的质量损失分别达到 19.3%～45.1%和 14.3%～23.1%。在分解期内，立枯组织的养分浓度显著变化，并表现为 N 的净固持，以及 P 的净释放。因此，立枯期是凋落物分解的重要阶段，在湿地生态系统的养分周转过程中起着重要作用。鉴于在许多湿地中，立枯会在长时间内占到凋落物组成的较大比例（Kuehn and Suberkropp，1998；Liao et al.，2008），因此，关注凋落物在立枯期的分解动态有助于深入了解凋落物的自然分解过程及湿地生态系统的生物地化循环过程。

湿地凋落物立枯分解过程中，狭叶甜茅的茎分解最快（图 2-66），而在所有叶片凋落物中小叶章和狭叶甜茅的叶片分解最快，而立枯凋落物质量损失与其初始 C∶N 值显著负相关。在立枯分解过程中，所有湿地植物叶片和茎的 N 浓度均有所增加，茎凋落物的 N 浓度增加幅度为 30.0%（芦苇）～55.8%（小叶章），而叶片凋落物的 N 浓度增加幅度为 32.4%（毛薹草）～104.1%（狭叶甜茅）（图 2-66）。而所有植物茎的 P 浓度在空中分解过程中均下降，茎的 P 残留量分别为初始总量的 58.9%（小叶章）、53.0%（狭叶甜茅）和 62.1%（芦苇），而叶片的 P 残留量为初始总量的 58.4%（狭叶甜茅）～69.3%（芦苇）（图 2-67）。

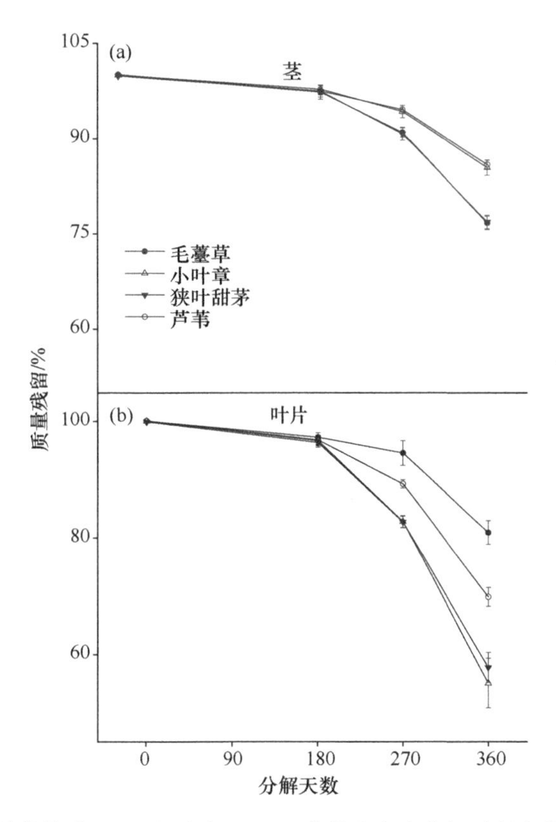

图 2-66　湿地植物茎（a）和叶片（b）凋落物在空中分解过程中的质量残留量

一般来说，N 的固定和释放与凋落物 C∶N 值和 N 浓度的“临界值”密切相关，当凋落物 C∶N 值为 25～30，并且 N 浓度大于 20 $mg \cdot g^{-1}$ 时 N 开始从凋落物中释放出来（Moore et al.，2006；Jacob et al.，2009）。东北三江平原沼泽湿地凋落物的初始 N 浓度和 C∶N 值分别为 1.97～10.09 $mg \cdot g^{-1}$ 和 46～238，因此在分解过程中表现为立枯组织中 N 的聚集和固定。立枯中 N 总量的增加除了自身养分的保留之外，或许还可以归因于立枯附着的微生物对大气干沉降和湿沉降中 N 的固定（Gessner，2001；van Ryckegem et al.，2006）。由于 N 浓度和 C∶N 值是表征凋落物质量，并控制其分解速率的主要指标（Moore

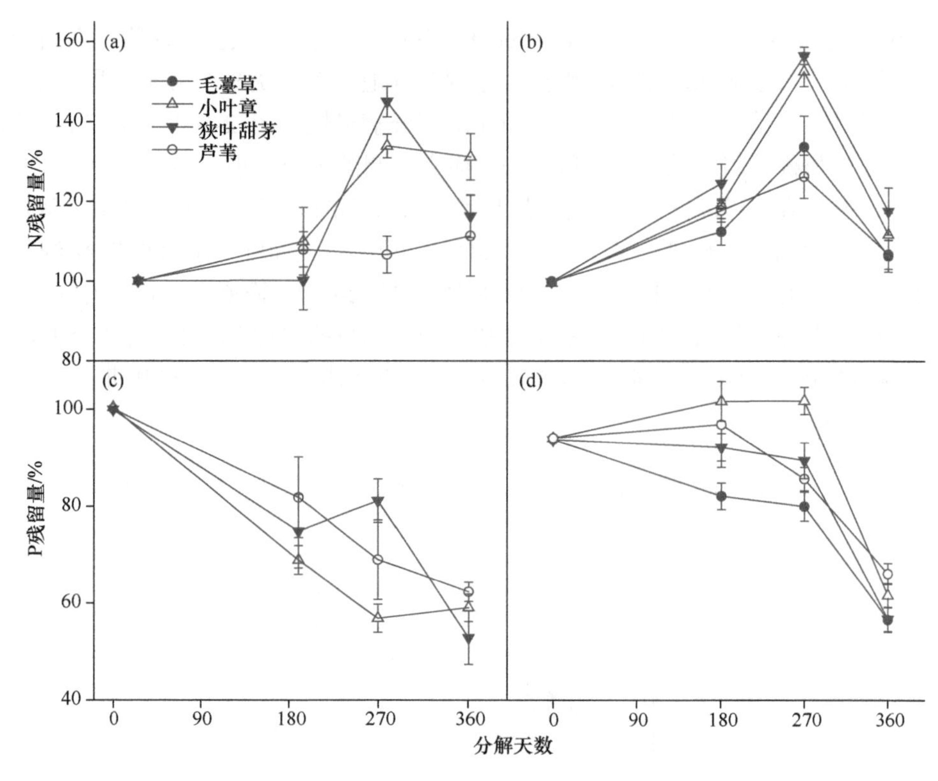

图 2-67 湿地植物茎［(a) 和 (c)］和叶片［(b) 和 (d)］凋落物在空中分解过程中的 N 和 P 残留量

et al.，2006；Jacob et al.，2009），因此在沼泽湿地生态系统中，凋落物在立枯阶段 N 浓度的增加及 C∶N 值的下降将会对随后发生于水中或者地表的分解过程产生深远影响（Pu et al.，2014）。

尽管凋落物的 P 浓度在空中分解的过程中有上升也有下降，但在研究期结束时均表现为 P 的净释放。然而，Kuehn 和 Suberkropp（1998）的研究却发现，灯芯草的 P 浓度和 P 总量在空中分解过程中升高了。研究结果的不一致或许可以通过不同凋落物之间 P 浓度和 C∶P 值的差异来解释。东北三江平原沼泽湿地所有凋落物组织的初始 C∶P 值（798～2934）均远低于灯芯草凋落物的初始 C∶P 值（Kuehn and Suberkropp，1998）。三江平原湿地植物立枯组织的分解并非受到 P 限制。因此，立枯的 P 对附着的微生物分解者来说是充足的，从而允许多余的 P 在立枯期的分解过程中释放出来（Aerts and Chapin III，1999）。凋落物 N 和 P 浓度，以及 N∶P 值可以作为凋落物分解是受 N 限制还是 P 限制的指标（Hobbie，2005；Güsewell and Verhoeven，2006）。Güsewell 和 Verhoeven（2006）研究表明，禾草凋落物分解 N 限制的临界值为 N 浓度和 N∶P 值分别为 11.3 $mg \cdot g^{-1}$ 和 25。三江平原湿地凋落物的初始 N 浓度和 N∶P 值普遍低于该临界值。因此，其沼泽湿地植物立枯分解更可能是受到 N 限制的。

2.4.3.6 养分变化对植物凋落物分解的影响

营养环境变化，特别是氮营养环境变化，可导致植物对养分的吸收和光合效率的变化，最终控制凋落物输入土壤的数量和生物化学质量（Smemo et al.，2006），一些研究认为氮营养环境增加情况下，植物凋落物的 C∶N 值降低（Mincheva et al.，2014；Tu et al.，2014）。选取我国东北三江平原沼泽湿地作为研究对象，通过 N 添加控制试验（对照：0 g N·m^{-2}·a^{-1}；N6：6 g N·m^{-2}·a^{-1}；N12：12 g N·m^{-2}·a^{-1}；N24：24 g N·m^{-2}·a^{-1}）探讨湿地生态系统中 N 营养环境变化对优势植物小叶章和狭叶甜茅叶片凋落物质量及空中分解过程的影响。结果表明随着氮有效性的增加，沼泽湿地植物提高了氮、磷的吸收，导致其凋落物的 C∶N 值与 C∶P 值有所降低（表 2-7），这与 Bragazza 等（2006）的结果基本一致，养分可用性增加会促进植物生长过程中的养分吸收（Mao et al.，2013），并且降低枯萎期的养分回收效率（Lü et al.，2011）。但是，N 添加对凋落物 P 浓度的影响较为复杂，并且会随着物种变化存在差异。而 N 含量高的湿地凋落物，其分解速率也会较高，加快湿地的碳与养分循环（Mooshammer et al.，2012），而葡萄糖苷酶、转化酶和磷酸酶活性在此过程中发挥着重要作用（Song et al.，2017）。

表 2-7　氮添加对湿地凋落物总碳（TC）、总氮（TN）与总磷（TN）及生态化学计量的影响

处理	TC/（mg·g^{-1}）	TN/（mg·g^{-1}）	TP/（mg·g^{-1}）	C∶N	N∶P	C∶P
对照	450（±17）a	5.46（±0.13）b	0.44（±0.06）c	79.5（±4.1）a	13.0（±1.8）a	1030（±141）a
N6	479（±21）a	9.01（±1.21）a	0.70（±0.07）b	48.2（±4.2）b	13.0（±0.5）a	625（±75）b
N12	497（±6）a	9.02（±21.95）a	0.71（±0.12）b	48.4（±4.8）b	12.8（±1.7）a	603（±28）b
N24	478（±10）a	12.20（±2.32）a	0.94（±0.07）a	36.2（±4.0）b	13.3（±2.2）a	465（±47）c

注：括号中的值是每种处理（n=3）的标准差。同一列不同小写字母表明在统计学上有显著差异（P<0.05）

通过开展 N 添加对沼泽湿地草本植物立枯分解影响的研究，结果表明：N 添加会显著改变叶片凋落物的初始养分浓度和化学计量特征，其影响程度随 N 添加水平改变而变化。在空中分解过程中，较高水平的 N 添加处理会显著提高叶片凋落物的分解速率和微生物的呼吸速率，而较低水平的 N 添加处理往往对其无显著影响。此外，N 添加显著减少了叶片凋落物在空中分解过程中的 N 累积量，但对 P 残留量动态的影响随 N 添加水平变化而改变（表 2-8）。相关性分析表明，叶片凋落物在空中分解过程中的养分动态与其初始养分浓度密切相关（图 2-68）。因此，对于沼泽湿地，人类活动和气候变化引起的 N 营养环境的变化会通过改变植物凋落物质量显著影响其在立枯阶段的分解过程，从而对该生态系统的碳循环和养分周转过程产生影响。

凋落物的初始质量是影响整个分解过程中分解速率的主要决定因素（Aerts et al.，2003），以往的立枯分解研究发现，湿地中初始 N 浓度更高的凋落物在立枯期的分解往往更快（Liao et al.，2008；Zhang et al.，2014），但这些研究都是关注不同的物种或者组织，而不是同一物种的相同组织，尽管后者对预测环境变化背景下植物立枯分解过程的响应更有意义。植物凋落物 N 浓度较高水平的升高会缓解微生物分解的 N 限制状态，从而提高凋落物上附着微生物的活性（陈金玲等，2010）或者是促使微生物群落组成向对 N 需求更多但更加高效的方向转变（Ågren et al.，2001），从而提高凋落物分解速率（Liu and Song，2010；Vivanco and Austin，2010）。

表 2-8 N 添加对沼泽湿地叶片凋落物初始化学性质的影响

物种	处理	N 浓度/（mg·g^{-1}）	P 浓度/（mg·g^{-1}）	N：P
小叶章	CK	4.94（0.31）c	0.66（0.04）c	7.39（0.24）c
	N6	7.88（0.40）b	0.94（0.05）a	8.41（0.44）bc
	N12	8.53（0.44）b	0.89（0.04）ab	9.58（0.71）b
	N24	9.64（0.36）a	0.81（0.04）b	11.99（0.66）a
	单因素方差分析结果（*F* 值）	83.88**	22.76**	39.61**
狭叶甜茅	CK	4.73（0.25）c	0.81（0.03）ab	5.83（0.29）c
	N6	6.74（0.57）b	0.91（0.04）a	7.46（0.77）bc
	N12	7.53（0.45）ab	0.90（0.04）a	8.37（0.61）b
	N24	8.13（0.47）a	0.71（0.08）b	11.44（0.74）a
	单因素方差分析结果（*F* 值）	32.58**	9.89**	41.70**
			双因素方差分析结果（*F* 值）	
N 添加		105.27**	23.94**	80.85**
物种		30.07**	0.15ns	19.77**
N 添加×物种		2.61ns	6.87**	0.77ns

注：单因素方差分析结果表征了 N 添加对叶片凋落物化学性质的影响。表格同一栏中数值为相同物种在不同处理下的平均值（标准差）。ns. 无显著差异，**. $P<0.01$，同列字母不同表示差异达显著水平（$p<0.05$）

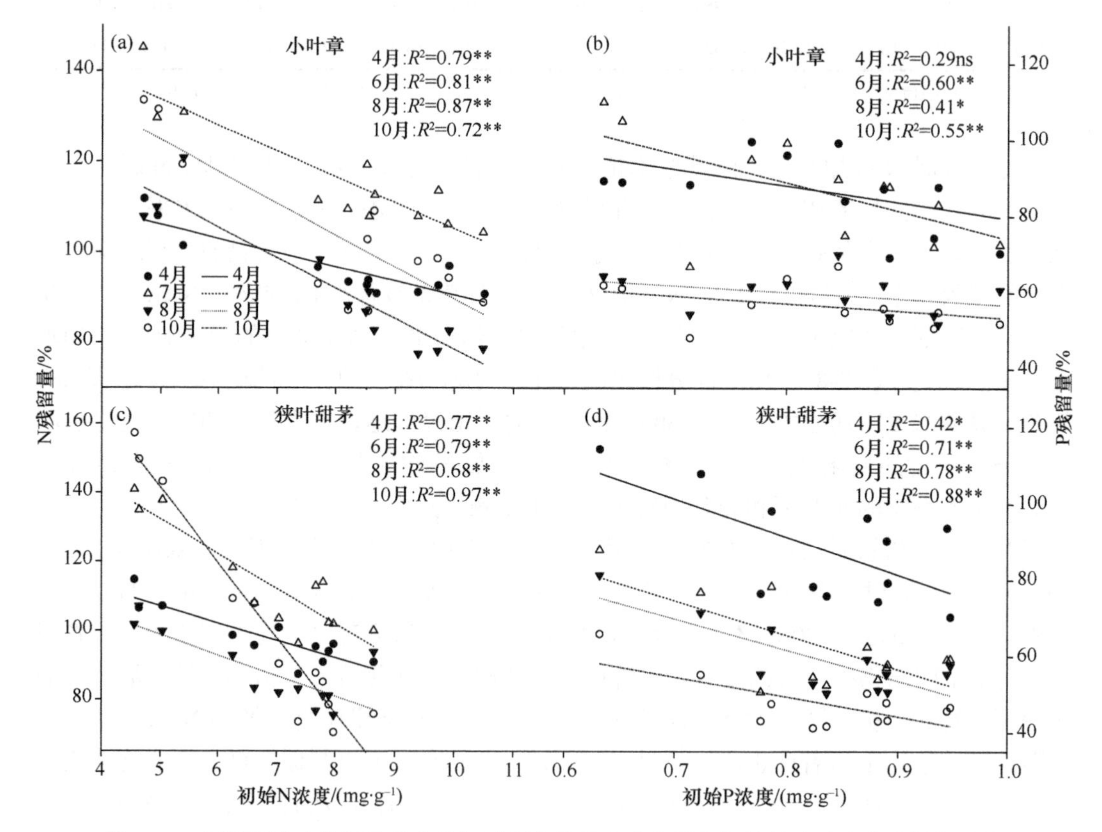

图 2-68 沼泽湿地叶片凋落物在分解过程中的养分残留量与初始养分浓度的线性相关性

ns. 无显著差异，* $P<0.05$，** $P<0.01$

2.4.3.7　灌木扩张对沼泽湿地碳、氮循环的潜在影响

沼泽湿地一般由灌木、草本植物和苔藓三种不同功能型植物组成，其中灌木和草本植物为维管植物（Ward et al.，2009），且不同功能型植物具有不同性质的凋落物（Moore et al.，2006；Dorrepaal et al.，2007）。苔藓凋落物具有低的有机质质量和木质素含量，但含有大量的酚类化合物，对分解具有化学保护作用而有利于泥炭的累积（Bragazza et al.，2012；Alshehri et al.，2020）；灌木叶片凋落物具有较高的木质素含量，并且其都含有酚类化合物抑制分解（DeMarco et al.，2014b；Kasimir et al.，2021）；相对而言，薹草叶片凋落物具有较高的 N 含量，较少的难分解碳化合物，更易于分解（Dorrepaal et al.，2007），而不同地区和物种间也存在差异。植物凋落物除了叶片外，另外一重要部分来自于细茎和细根，但被以往的研究忽略，进而低估了地下碳输入对土壤碳库的贡献（McLaren et al.，2017；Street et al.，2020）。沼泽湿地不同植被根系凋落物分解与叶片不同，尽管其化学组成存在差异（如木质素和 C∶N 值），但物种间根系分解速率差异较小（McLaren et al.，2017），且相比于叶和茎，根系凋落物的分解速率最低（Hoyos-Santillan et al.，2015）。虽然植物凋落物的分解决定了输入土壤碳的数量和质量（Lyons and Lindo，2020），但关于沼泽湿地根系分解的研究仍非常有限。

基于上述对我国北方沼泽湿地的研究，沼泽湿地不同功能型植物地上-地下凋落物分解速率是不同的（图 2-63 和图 2-64），灌木凋落物更高的分解速率是由于较高的氮含量和相应较低的 C∶N 值，灌木扩张对凋落物混合分解的影响依赖于灌木种类及禾草种类，并且非加性效应更为普遍，而灌木扩张会通过转变基质质量和混合效应对细根分解过程产生重要影响。气候变暖提高了沼泽湿地植被生长力，改变了群落结构，尤其是灌木表现出扩张趋势（Myers-Smith et al.，2015），其通过影响凋落物的分解与根系分泌物的碳输出影响土壤的生物地球化学循环过程（图 2-69），将增加新的植物凋落物和根系

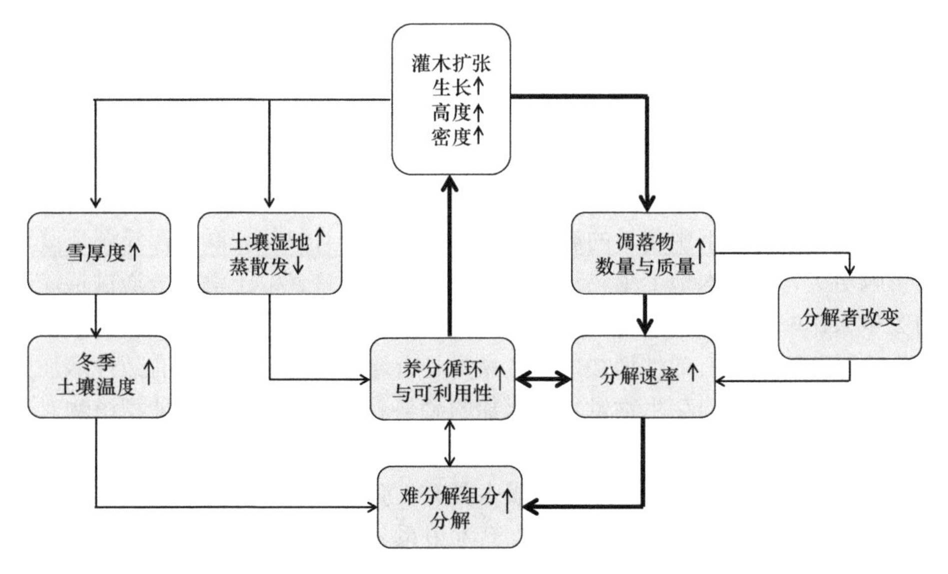

图 2-69　灌木扩张对泥炭地潜在影响示意图（物理效应与生物效应）（Christiansen et al.，2018）
箭头宽度表示相关因素的影响大小

分泌物输入至土壤中，通过“激发效应”促进了土壤有机碳的分解，甚至促进了土壤“老碳”（被认为是稳定的碳）的释放（Zeh et al.，2019；Street et al.，2020），因此沼泽湿地植被凋落物变化成为土壤碳库稳定性及固碳的关键影响因子（Lynch et al.，2018；Wilson et al.，2022）。

2.5 结论与展望

2.5.1 主要结论

目前观测和评估沼泽湿地碳收支的技术和方法主要包括基于生态系统碳库变化的生态学法和基于地-气间碳收支通量的评估方法；影响沼泽湿地碳收支通量的要素主要包括植被类型、温度、水位、土壤酸碱性和盐度及营养环境；我国东北典型沼泽湿地CO_2交换具有明显的日变化和季节变化特征，影响CO_2交换的环境因素主要包括光合有效辐射、水汽通量和土壤温度；沼泽湿地CH_4排放的时间变化特征表现为相对平缓的日变化和明显的季节变化特征，CH_4排放的季节波动受土壤温度和净碳吸收的直接影响及水位和辐射的间接影响；生长季内沼泽湿地植被通过光合作用固定的碳中，有67.3%消耗于呼吸分解、3.9%消耗于甲烷释放。

沼泽湿地非生长季温室气体排放是年碳收支的重要组成部分；土壤温度、雪属性、土壤冻结深度和积雪深度都是影响沼泽湿地非生长季温室气体排放的主要因素；枯萎的维管束植物是沼泽湿地非生长季CH_4传输的重要途径，在土壤表层冻结，但并未超过植物根长之时，经由植物立枯物传输的CH_4可达排放总量的84%；沼泽湿地非生长季碳排放可消耗植物生长季净固碳量的15%～39%；目前的气候条件下，北方中高纬地区的沼泽湿地年固碳速率范围在18.6～135.8 $g\ C{\cdot}m^{-2}{\cdot}a^{-1}$，是重要的大气碳汇。在全球变化背景下，还需要开展长期、持续的野外监测以明确沼泽湿地在全球碳循环中的作用和气候变化的反馈。

沼泽湿地生物量反映了物质流、能量流和初级生产过程，其与碳氮分配密切相关，是沼泽湿地生物地球化学循环过程的重要组成部分。沼泽湿地地下与地上根冠比通常大于1，其地下生物量高于地上生物量。北方沼泽湿地地上生物量与年均温和年均降水具有显著的相关性，而地下生物量的影响因子更为复杂，且气候变暖对沼泽湿地薹草地下生物量影响更大，而灌木地上生物量对气候变暖响应更敏感。土壤水分通过沼泽湿地植物间的竞争来影响其生物量分配。在氮、磷营养环境增加下，沼泽湿地植物多样性发生变化，狭叶甜茅随着氮有效性增加，其生物量具有增加的趋势，而磷有效性增加则抑制了小叶章的生长，狭叶甜茅生物量具有增加的趋势。沼泽湿地不同功能型植物对光合碳的利用与分配存在差异，薹草将更多的碳分配于地下组织，而灌木将更多的碳分配于地上组织。随着气候变暖，北方沼泽湿地灌木具有扩张的趋势，其将通过影响沼泽湿地植物碳氮利用策略进而影响碳氮的分配，且灌木根系分泌物析出速率呈现出随年均温增加而增加的趋势，其扩张对土壤也就产生重要影响。但目前对沼泽湿地植物生物量及其碳氮分配的认知仍不明晰，一些研究的结论也存在差异，今后需要在不同时空尺度及多影响因子交互等方面开展深入的研究。

沼泽湿地植物随着生长节律会周期性生长和死亡，植物吸收周围环境中的营养进行生长，而植物死亡会形成凋落物，凋落物分解是植物与土壤生物地球化学循环过程的重要关联。对于北方沼泽湿地，不同功能型植物凋落物的性质存在差异，这也影响了其分解速率，灌木凋落物由于具有相对较高的氮含量，其凋落物分解速率要快于薹草凋落物，而凋落物自身性质对其分解的影响甚至要高于温度。氮是影响沼泽湿地凋落物与立枯分解的重要影响因子，而对于沼泽湿地，水位相对较高形成的厌氧环境抑制其凋落物分解。沼泽湿地不同物种凋落物混合分解过程也受物种类型的影响，且 3 个物种混合下的凋落物分解速率受到抑制，产生“非加性效应”。而通过沼泽湿地灌木与草本凋落物的混合分解研究发现其分解表现出“加性效应”，说明在灌木扩张下，其凋落物的分解可促进草本植物凋落物的分解，进而对土壤生物地球化学循环过程产生深远的影响。沼泽湿地灌木与薹草根系凋落物分解也存在差异，灌木扩张通过转变基质质量和混合效应影响其生物地球化学循环过程。虽然目前对沼泽湿地地上凋落物分解有了一定的了解，但对地下凋落物分解的认知仍非常有限。

2.5.2 未来研究展望

目前，利用不同方法对湿地植被固碳和生态系统碳收支的定量评价已经开展了较多的研究工作并取得了一些重要进展，但不同方法或不同研究工作的评估结果仍存在较大的不确定性，仍然缺乏湿地生态系统碳收支的长期生态调查和定位观测数据，以及区域和国家尺度湿地碳收支数据的整合和综合评估。准确观测和评估湿地生态系统的碳储量及其固碳速率和潜力，还需要解决以下几个方面关键的科学和技术问题：一是需要加强湿地碳循环的地面观测和数据采集，构建空天地一体化的技术体系，为湿地碳循环的监测和评估提供良好的数据基础；二是需要增进对控制湿地生态系统碳循环的生物、地化和物理过程的了解，关注气候变化对湿地碳源汇过程的影响，明确温度升高、降水变化、CO_2 浓度增加如何综合影响湿地生态系统碳平衡；三是需要明确湿地生态系统对气候变化的反馈机制及碳循环关键过程对气候变化的短期和长期响应机制，从而加强湿地应对气候变化的科学管理和保障湿地生态安全。目前已基于通量观测技术为湿地生态系统碳收支的动态计量提供了大量可靠的数据，开展了较多的湿地生态系统碳收支速率及其环境响应机理研究。卫星遥感技术能够瞬时获得大面积连续分布的大气与地表数据，可获取地表覆盖类型和生物量等多种植被冠层参数、辐射和反照率等物理参数，以及多项立地条件参数。结合遥感观测，利用地面通量观测和地面调查开展区域和全球尺度的观测和分析是目前和未来湿地碳储量和碳收支评估的主要发展方向。

当前对沼泽湿地非生长季温室气体排放的研究，包括野外原位观测和室内实验两种，前者相对较少。室内实验多通过调控温度模拟土壤的温室气体排放，与自然环境下的实际情况往往差别较大。为准确评估沼泽湿地在全球碳循环中的地位，加强对中高纬度和高海拔地区沼泽湿地的持续定位观测研究是十分必要的。非生长季低温环境下，沼泽湿地温室气体排放是受多个因素影响的综合过程。植被、积雪和冻结条件都会对沼泽湿地土壤理化性质产生影响，从而影响温室气体的排放。不同的研究中，单一生态因子的改变对湿地非生长季温室气体排放影响的相对贡献往往存在差异。未来研究中应运用更多现代观测、实验技术和分析手段，开展非生长季沼泽湿地土壤理化性质及低温环境下微生物功能群等方面的综合研究，揭示沼泽湿地非生长季碳循环的变化机制和相对贡献。

生物量是指一定面积的活体植物的质量。对于植物来说，这是一个有时难以精确的定义，因为活部分和死部分之间的边界往往是模糊的。显然，当暴露在适当的条件下时，死亡的根状茎可以从休眠的芽中重新发芽，对于湿地的苔藓类植物，几乎不可能划定死活之间界限。而当区别不清楚时，许多研究中的生物量包括仍然附着在植物上的死亡部分，并且有些损失往往难以测量。由于湿地类型的多样，许多湿地植物包括了树木与灌木，虽然植物总生物量与树木的存在和丰度密切相关，但高生物量并不一定表明高生产力。在木本植物中，很大一部分生物量是结构性的（茎、分枝），与功能上的（绿色光合生物量）相反。许多研究只报道了地上生物量和生产力，但湿地维管植物生产力的很大一部分位于根系和根状茎，需要特殊的技术来测量生物量和损失。收获技术是极其费力的，因为细根很难从土壤基质中分离出来，而且细根会不断生长和死亡，所以在生长季节会有大量的周转。因此，应该在生长季节中重复收获几次，以获得可靠的结果，但即使如此，空间变异性也使得估计具有不确定性。另外，湿地生物量的研究应关注不同功能型植物对水位变化的响应，量化不同功能型植物在不同微地貌环境下的变化。湿地生态系统对于气候变化和人类活动往往表现出快速的植物变化，而植被的变化将导致生态系统功能的变化，功能植物类群的变化伴随着植物物候和光合作用潜力，导致碳动态的时间变化，引起湿地碳循环的变化。然而，关于变暖对湿地根系产量和死亡率的影响的研究仍然很少，特别是对于灌木和以灌木为主的植被。为了充分了解湿地地下生物量与气候变化之间的关系，显然需要进一步对根系生产、死亡率和不同植物功能类型的同化碳氮分配进行研究。

凋落物分解是一个非常复杂的生物、物理、化学过程，深受非生物因子（环境因子、土壤理化性质）、凋落物基质质量和生物因子（土壤微生物和酶活性）的影响，且各因子间存在复杂的交互作用，共同影响凋落物的形成和分解。而现今的研究主要集中在了单一因素对凋落物分解的影响，而多因子之间交互作用下对凋落物分解影响的研究还相对较少，尤其是 CO_2 浓度升高等全球变化的发生势必会造成凋落物分解产生重要的变化，那么就需要进一步的研究来摸清这种变化规律，以及产生这种变化的内在机理。应当关注全球变化下的凋落物化学计量如何解释其分解响应，凋落物生态化学计量如何影响微生物的结构和功能。另外，对湿地凋落物分解已开展了一定的研究工作，但目前的研究重点关注了凋落物的质量变化和元素的含量动态变化，忽略了其结构特征，并且关于植物的次生代谢产物是如何与土壤有机体相互作用影响凋落物分解过程的机理尚不明确，关于凋落物分解是如何与土壤联系也是未来开展相关实验需要关注的问题。另外，我们对沼泽湿地植物与微生物的群落组成及动态仍认知有限，而气候变化带来的多年冻土退化及火干扰增强也增加了凋落物袋分解研究的不确定性。随着气候变化，沼泽湿地植物凋落物的数量和组织类型也将发生变化。目前的研究也多集中于植物叶片凋落物的分解，湿地植物在立枯期的分解过程中，凋落物N总量往往会增加，但立枯聚集的养分中不同 N 源的比例如何仍不清晰，可利用同位素技术对不同来源（内源和外源）的 N 进行标记和估算；并且微生物对立枯分解的作用组合也不清楚，应分析立枯附着的微生物量及其群落结构，并确定微生物体内的养分含量，量化微生物对立枯分解和养分固定的贡献量。未来也应加强地下根系凋落物分解研究（如地上与地下整体、不同茎级根系等），特别是全球变化背景下的影响调控机制。

参 考 文 献

陈金玲, 金光泽, 赵凤霞. 2010. 小兴安岭典型阔叶红松林不同演替阶段凋落物分解及养分变化. 应用生态学报, 21(9): 2209-2216.

丁维新. 2003. 沼泽湿地及其不同利用方式下甲烷排放机理研究. 南京: 中国科学院研究生院博士学位论文.

郭斌, 王珊, 王明田. 2020. 1999—2015 年若尔盖草原湿地净初级生产力时空变化.应用生态学报, 31(2): 424-432.

郝庆菊, 王跃思, 宋长春,等. 2004. 三江平原湿地土壤 CO_2 和 CH_4 排放的初步研究. 农业环境科学学报, 23(5): 846-851.

贺金生, 王政权, 方精云. 2004. 全球变化下的地下生态学: 问题与展望. 科学通报, 49(13): 1226-1233.

黄静, 曾辉, 熊燕梅, 等. 2015. 内蒙古温带草地低级根生物量格局及其与环境因子的关系. 北京大学学报(自然科学版), 51(5): 931-938.

李俊英, 王孟本, 史建伟. 2007. 应用微根管法测定细根指标方法评述. 生态学杂志, 26(11): 1842-1848.

刘德燕. 2009. 小叶章湿地碳的主要生物地球化学过程对外源氮输入的响应. 中国科学院东北地理与农业生态研究所博士学位论文.

刘子刚. 2004. 湿地生态系统碳储存和温室气体排放研究. 地理科学, 24(5): 634-639.

苗雨青. 2013. 大兴安岭多年冻土区泥炭沼泽地—气间净碳通量交换. 中国科学院东北地理与农业生态研究所博士学位论文.

彭少麟, 刘强. 2002. 森林凋落物动态及其对全球变暖的响应. 生态学报, 22(9): 1534-1544.

秦胜金, 刘景双, 周旺明, 等. 2008. 三江平原小叶章湿地枯落物初期分解动态. 应用生态学报, 19(6): 1217-1222.

神祥金, 姜明, 吕宪国, 等. 2021. 中国草本沼泽植被地上生物量及其空间分布格局. 中国科学: 地球科学, 51(8): 1306-1316.

史建伟, 于水强, 于立忠, 等. 2006. 微根管在细根研究中的应用. 应用生态学报, 17(4): 4715-4719.

宋长春, 宋艳宇, 王宪伟, 等. 2018. 气候变化下湿地生态系统碳、氮循环研究进展. 湿地科学, 16(3): 424-431.

宋长春, 王毅勇, 王跃思, 等. 2005. 季节性冻融期沼泽湿地 CO_2、CH_4 和 N_2O 排放动态. 环境科学, 26(4): 7-12.

孙志高, 刘景双, 于君宝, 等. 2008. 模拟湿地水分变化对小叶章枯落物分解及氮动态的影响. 环境科学, 29(8): 2081-2093.

王伯炜, 牟长城, 王彪. 2019. 长白山原始针叶林沼泽湿地生态系统碳储量. 生态学报, 39(9): 3344-3354.

王建华, 吕宪国. 2007. 湿地服务价值评估的复杂性及研究进展. 生态环境, 16(3): 1058-1062.

王绍强, 于贵瑞. 2008. 生态系统碳氮磷元素的生态化学计量学特征. 生态学报, 28(8): 3937-3947.

王娓, 汪涛, 彭书时, 等. 2007. 冬季土壤呼吸: 不可忽视的地气 CO_2 交换过程. 植物生态学报, 31(3):

394-402.
王跃思, 王迎红. 2008. 中国陆地和淡水湖泊与大气间碳交换观测. 北京: 科学出版社.
武海涛, 吕宪国, 杨青. 2006. 湿地草本植物枯落物分解的影响因素. 生态学杂志, 25(11): 1405-1411.
徐高峰, 张付斗, 李天林, 等. 2011. 不同密度五种植物对薇甘菊幼苗的竞争效应. 生态环境学报, 20(5): 798-804.
薛立, 杨鹏. 2004. 森林生物量研究综述. 福建林学院学报, 24(3): 283-288.
闫美杰, 时伟宇, 杜盛. 2010. 土壤呼吸测定方法述评与展望. 水土保持研究, 17(6): 148-152.
严月, 朱建军, 张彬, 等. 2017. 草原生态系统植物地下生物量分配及对全球变化的响应. 植物生态学报, 41(5): 585-596.
于贵瑞, 何念鹏, 王秋凤, 等. 2013. 中国生态系统碳收支及碳汇功能: 理论基础与综合评估. 北京: 科学出版社.
于贵瑞, 孙晓敏. 2006. 陆地生态系统通量观测的原理与方法. 北京: 高等教育出版社.
于贵瑞, 王秋凤, 刘迎春, 等. 2011. 区域尺度陆地生态系统固碳速率和增汇潜力概念框架及其定量认证科学基础. 地理科学进展, 30(7): 771-787.
宇万太, 于永强. 2001. 植物地下生物量研究进展. 应用生态学报, 12(6): 927-932.
张建设, 王刚, 王刚. 2014. 植物生物量研究综述. 四川林业科技, 35(1): 44-48.
张鹏, 冯兆东, 王俊人. 2014. 森林生物量研究方法综述. 能源与节能, (6): 102-104.
章志琴. 2005. 杉木与阔叶树凋落物分解特征的比较及其混合分解研究. 福建农林大学硕士学位论文.
郑泽梅, 于贵瑞, 孙晓敏, 等. 2008. 涡度相关法和静态箱/气相色谱法在生态系统呼吸观测中的比较. 应用生态学报, 19(2): 290-298.
Aerts R, Chapin Ⅲ F S. 1999. The mineral nutrition of wild plants revisited: a re-evaluation of processes and patterns. Advances in Ecological Research, 30: 1-67.
Aerts R, De Caluwe H, Beltman B. 2003. Plant community mediated vs. nutritional controls on litter decomposition rates in grasslands. Ecology, 84(12): 3198-3208.
Aerts R, de Caluwe H, Konings H. 1992. Seasonal allocation of biomass and nitrogen in four *Carex* species from mesotrophic and eutrophic fens as affected by nitrogen supply. Journal of Ecology, 80: 653-664.
Aerts R, Ludwig F. 1997. Water-table changes and nutritional status affect trace gas emissions from laboratory columns of peatland soils. Soil Biology and Biochemistry, 29(11-12): 1691-1698.
Aerts R, van Bodegom P M, Cornelissen J H C. 2012. Litter stoichiometric traits of plant species of high-latitude ecosystems show high responsiveness to global change without causing strong variation in litter decomposition. New Phytologist, 196(1): 181-188.
Ågren G I, Bosatta E, Magill A H. 2001. Combining theory and experiment to understand effects of inorganic nitrogen on litter decomposition. Oecologia, 128(1): 94-98.
Alm J, Saarnio S, Nykänen H, et al. 1999b. Winter CO_2, CH_4 and N_2O fluxes on some natural and drained boreal peatlands. Biogeochemistry, 44(2): 163-186.
Alm J, Schulman L, Walden J, et al. 1999a. Carbon balance of a boreal bog during a year with an exceptionally dry summer. Ecology, 80(1): 161-174.
Alshehri A, Dunn C, Freeman C, et al. 2020. A potential approach for enhancing carbon sequestration during peatland restoration using low-cost, phenolic-rich biomass supplements. Frontiers in Environmental Science, 8: 48.
Amthor J S. 2003. Efficiency of lignin biosynthesis: a quantitative analysis. Annals of Botany, 91(6): 673-695.
Arimura G, Ozawa R, Shimoda T, et al. 2000. Herbivory-induced volatiles elicit defence genes in lima bean leaves. Nature, 406(6795): 512-515.
Aubinet M, Chermanne B, Vandenhaute M, et al. 2001. Long term carbon dioxide exchange above a mixed forest in the Belgian Ardennes. Agricultural and Forest Meteorology, 108(4): 293-315.

Aubinet M, Vesala T, Papale D. 2012. Eddy Covariance–A Practical Guide to Measurement and Data Analysis. Dordrecht Heidelberg London New York: Springer.

Aurela M, Laurila T, Tuovinen J P. 2002. Annual CO_2 balance of a subarctic fen in northern Europe: importance of the wintertime efflux. Journal of Geophysical Research-Atmospheres, 107(D21): 4607. doi: 10.1029/2002JD002055.

Bäckstrand K, Crill P M, Jackowicz-Korczyñski M, et al. 2010. Annual carbon gas budget for a subarctic peatland, Northern Sweden. Biogeosciences, 7(1): 95-108.

Bai W, Guo D, Tian Q, et al. 2015. Differential responses of grasses and forbs led to marked reduction in below-ground productivity in temperate steppe following chronic N deposition. Journal of Ecology, 103(6): 1570-1579.

Baldocchi D D, Hicks B B, Meyers T T. 1988. Measuring biosphere- atmosphere exchange of biologically related gases with micrometeorological methods. Ecology, 69(5): 1331-1340.

Baldocchi D D, Valentini R, Running S, et al. 1996. Strategies for measuring and modelling carbon dioxide and water vapour fluxes over terrestrial ecosystems. Global Change Biol, 2: 159-168.

Baldocchi D D, Wilson K B. 2001. Modeling CO_2 and water vapor exchange of a temperate broadleaved forest across hourly to decadal time scales. Ecological Modelling, 142(1/2): 155-184.

Baldocchi D D. 2003. Assessing the eddy covariance technique for evaluating carbon dioxide exchange rates of ecosystems: past, present and future. Global Change Biology, 9(4): 479-492.

Baldocchi D, Falge E, Gu L, et al. 2001. FLUXNET: a new tool to study the temporal and spatial variability of ecosystem-scale carbon dioxide, water vapor, and energy flux densities. Bulletin of the American Meteorological Society, 82(11): 2415-2434.

Barreto C, Lindo Z. 2018. Drivers of decomposition and the detrital invertebrate community differ across a hummock-hollow microtopology in Boreal peatlands. Écoscience, 25(1): 39-48.

Battle M, Bender M L, Tans P P, et al. 2000. Global carbon sinks and their variability inferred from atmospheric O_2 and $\delta^{13}C$. Science, 287(5462): 2467-2470.

Bengtsson F, Granath G, Rydin H. 2016. Photosynthesis, growth, and decay traits in Sphagnum —a multispecies comparison. Ecology and Evolution, 6(10): 3325-3341.

Berg B, McClaugherty C. 2014. Plant Litter. 3rd. Berlin: Springer-Verlag.

Bernal B, Mitsch W J. 2012. Comparing carbon sequestration in temperate freshwater wetland communities. Global Change Biology, 18(5): 1636-1647.

Binkley D, Högberg P. 1997. Does atmospheric deposition of nitrogen threaten Swedish forests? Forest Ecology & Management, 92(1-3): 119-152.

Bintanja R, Andry O. 2017. Towards a rain-dominated Arctic. Nature Climate Change, 7(4): 263-267.

Birouste M, Kazakou E, Blanchard A, et al. 2012. Plant traits and decomposition: are the relationships for roots comparable to those for leaves? Annals of Botany, 109(2): 463-472.

Björkman M P, Morgner E, Björk R G, et al. 2010. A comparison of annual and seasonal carbon dioxide effluxes between sub-Arctic Sweden and High-Arctic Svalbard. Polar Research, 29(1): 75-84.

Blair J M, Parmelee R W, Beare M H. 1990. Decay rates, nitrogen fluxes, and decomposer communities of single- and mixed-species foliar litter. Ecology, 71(5): 1976-1985.

Blodau C, Basiliko N, Moore T. 2004. Carbon turnover in peatland mesocosms exposed to different water table levels. Biogeochemistry, 67(3): 331-351.

Blok D, Heijmans M M P D, Schaepman-Strub G, et al. 2010. Shrub expansion may reduce summer permafrost thaw in Siberian tundra. Global Change Biology, 16(4): 1296-1305.

Borken W, Davidson E A, Savage K, et al. 2006. Effect of summer throughfall exclusion, summer drought, and winter snow cover on methane fluxes in a temperate forest soil. Soil Biology & Biochemistry, 38(6): 1388-1395.

Botkin D B, Woodwell G M, Tempel N. 1970. Forest productivity estimated from carbon dioxide uptake. Ecology, 51(6): 1057-1060.

Bouchard V, Gillon D, Joffre R, et al. 2003. Actual litter decomposition rates in salt marshes measured using near-infrared reflectance spectroscopy. Journal of Experimental Marine Biology and Ecology, 290(2): 149-163.

Bowman W D, Cleveland C C, Halada Ĺ, et al. 2008. Negative impact of nitrogen deposition on soil buffering capacity. Nature Geoscience, 1(11): 767-770.

Bradford M A, Tordoff G M, Eggers T, et al. 2002. Microbiota, fauna, and mesh size interactions in litter decomposition. Oikos, 99(2): 317-323.

Bragazza L, Buttler A, Habermacher J, et al. 2012. High nitrogen deposition alters the decomposition of bog plant litter and reduces carbon accumulation. Global Change Biology, 18(3): 1163-1172.

Bragazza L, Freeman C, Jones T, et al. 2006. Atmospheric nitrogen deposition promotes carbon loss from peat bogs. PNAS, 103(51): 19386-19389.

Bridgham S D, Richardson C J. 1992. Mechanisms controlling soil respiration (CO_2 and CH_4) in southern peatlands. Soil Biology and Biochemistry, 24: 1089-1099.

Brix H, Sorrell B K, Schierup H-H, 1996. Gas fluxes achieved by in situ convective flow in *Phragmites australis*. Aquatic Botany, 54(2/3): 151-163.

Brix H, Sorrell B K, Orr P T. 1992. Internal pressurization and convective gas flow in some emergent freshwater macrophytes. Limnology and Oceanography, 37(7): 1420-1433.

Brooks P D, Schmidt S K,Williams M W. 1997. Winter production of CO_2 and N_2O from alpine tundra: envir onmental controls and relationship to inter-system C and N fluxes. Oecologia,110(3):403-413.

Brown M G, Humphreys E R, Moore T R, et al. 2014. Evidence for a nonmonotonic relationship between ecosystem-scale peatland methane emissions and water table depth. Journal of Geophysical Research Biogeosciences, 119(5): 826-835.

Bubier J L, Crill P M, Moore T R, et al. 1998. Seasonal patterns and controls on net ecosystem CO_2 exchange in a boreal peatland complex. Global Biogeochemical Cycles, 12(4): 703-714.

Bubier J L, Moore T R, Savage K, et al. 2005. A comparison of methane flux in a boreal landscape between a dry and a wet year. Global Biogeochemical Cycles, 19: 1-11.

Bubier J L, Moore T R. 1994. An ecological perspective on methane emissions from northern wetlands. Trends in Ecology and Evolution, 9: 460-464.

Buchmann N. 2000. Biotic and abiotic factors controlling soil respiration rates in Picea abies stands. Soil Biology and Biochemistry, 32(11/12): 1625-1635.

Burba G. 2013. Eddy Covariance Method for Scientific, Industrial, Agricultural and Regulatory Applications: A Field Book on Measuring Ecosystem Gas Exchange and Areal Emission Rates. Lincoln, Nebraska, USA: LI-Cor Biosciences.

Byrd K B, Ballanti, Thomas N, et al., 2018. A remote sensing-based model of tidal marsh aboveground carbon stocks for the conterminous united states. ISPRS Journal of Photogrammetry and Remote Sensing, 139: 255-271.

Calow P. 1998. The Encyclopedia of Ecology and Environmental Management. Oxford: Blackwell Science.

Chanton J P, Glaser P H, Chasar L S, et al. 2008. Radiocarbon evidence for the importance of surface vegetation on fermentation and methanogenesis in contrasting types of boreal peatlands. Global Biogeochemical Cycles, 22, GB4022.

Chen H, Yao S P, Wu N, et al. 2008. Determinants influencing seasonal variations of methane emissions from alpine wetlands in Zoige Plateau and their implications. Journal of Geophysical Research, 113: D12303. doi: 10.1029/2006JD008072.

Christiansen C T, Mack M C, Demarco J, et al. 2018. Decomposition of senesced leaf litter is faster in tall compared to low birch shrub tundra. Ecosystems, 21(8): 1564-1579.

Clissold F J, Sanson G D, Read J, et al. 2009. Gross vs. net income: how plant toughness affects performance of an insect herbivore. Ecology, 90(12): 3393-3405.

Clymo R S. 1984a. Sphagnum-dominated peat bog: a naturally acid ecosystem. Philos Trans R Soc Lond Ser B, 305(1127): 487-499.

Clymo R S. 1984b. The limits to peat bog growth. Philos Trans R Soc Lond Ser B, 303(1117): 605-654.

Corbeels M. 2001. Plant litter and decomposition: general concepts and model approaches. Environmental NEE Workshop Proceeding, 124-129.
Cornelissen J H C, van Bodegom P M, Aerts R, et al. 2007. Global negative vegetation feedback to climate warming responses of leaf litter decomposition rates in cold biomes. Ecology Letters, 10(7): 619-627.
Cornwell W K, Cornelissen J H, Amatangelo K, et al. 2008. Plant species traits are the predominant control on litter decomposition rates within biomes worldwide. Ecology Letters, 11(10): 1065-1071.
Cotrufo M F, Wallenstein M D, Boot C M, et al. 2013. The microbial efficiency-matrix stabilization (MEMS) framework integrates plant litter decomposition with soil organic matter stabilization: do labile plant inputs form stable soil organic matter? Global Change Biology, 19(4): 988-995.
Craft C, Krull K, Graham S. 2007. Ecological indicators of nutrient enrichment, freshwater wetlands, Midwestern United States (U.S.). Ecological Indicators, 7(4): 733-750.
Craft C. 2007. Freshwater input structures soil properties, vertical accretion, and nutrient accumulation of Georgia and US tidal marshes. Limnology and Oceanography, 52(3): 1220-1230.
DeMarco J, Mack M C, Bret-Harte M S, et al. 2014a. Long-term experimental warming and nutrient additions increase productivity in tall deciduous shrub tundra. Ecosphere, 5(6): 1-22.
DeMarco J, Mack M C, Bret-Harte M S. 2014b. Effects of arctic shrub expansion on biophysical vs. biogeochemical drivers of litter decomposition. Ecology, 95(7): 1861-1875.
Dey P M, Harborne J B. 1991. Methods in Plant Biochemistry. Amsterdam: Elsevier.
Ding W X, Cai Z C, Tsuruta H, et al. 2003. Key factors affecting spatial variation of methane emissions from freshwater marshes. Chemosphere, 51: 167-173.
Ding W X, Cai Z C, Tsuruta H. 2004. Methane concentration and emission as affected by methane transport capacity of plants in freshwater marsh. Water, Air, and Soil Pollution, 158: 99-111.
Ding W X, Cai Z C, Tsuruta H. 2005. Plant species effects on methane emissions from freshwater marshes. Atmospheric Environment, 39: 3199-3207.
Ding W, Cai Z. 2002. Methane emission from mires and its influencing factors. Scientia Geographica Sinica, 22: 619-625.
Dirks I, Navon Y, Kanas D, et al. 2010. Atmospheric water vapor as driver of litter decomposition in Mediterranean shrubland and grassland during rainless seasons. Global Change Biology, 16(10): 2799-2812.
Dise N B. 1992. Winter fluxes of methane from Minnesota peatlands. Biogeochemistry, 17(2): 71-83.
Dorrepaal E, Cornelissen J H, Aerts R. 2007. Changing leaf litter feedbacks on plant production across contrasting sub-arctic peatland species and growth forms. Oecologia, 151(2): 251-261.
Dorrepaal E. 2007. Are plant growth-form-based classifications useful in predicting northern ecosystem carbon cycling feedbacks to climate change? Journal of Ecology, 95(6): 1167-1180.
Dunfield P, Knowles R, Dumont R, et al. 1993. Methane production and consumption in temperate and subarctic peat soils: response to temperature and pH. Soil Biology and Biochemistry, 25: 321-326.
Elberling B. 2007 Annual soil CO_2 effluxes in the High Arctic: the role of snow thickness and vegetation type. Soil Biology & Biochemistry, 39(2): 646-654.
El-Kahloun M, Boeye D, Van Haesebroeck, et al. 2003. Differential recovery of above- and below-ground rich fen vegetation following fertilization. Journal of Vegetation Science, 14: 451-458.
Elmendorf S C, Henry G H R, Hollister R D, et al. 2012. Plot-scale evidence of tundra vegetation change and links to recent summer warming. Nature Climate Change, 2(6): 453-457.
Epstein H E, Raynolds M K, Walker D A, et al. 2012. Dynamics of aboveground phytomass of the circumpolar Arctic tundra during the past three decades. Environmental Research Letters, 7(1): 015506.
Fahnestock J T, Jones M H, Welker J M. 1999. Wintertime CO_2 efflux from Arctic soils: Implications for annual carbon budgets. Global Biogeochemical Cycles, 13(3): 775-779.
Fang J, Chen A, Peng C, et al. 2001. Changes in forest biomass carbon storage in China between 1949 and 1998. Science, 292: 23202322.
Farquhar G D, von Caemmerer S, Berry J A. 1980. A biochemical model of photosynthetic CO_2 assimilation

in leaves of C_3 species. Planta, 149: 78-90.

Fenner N, Freeman C. 2011. Drought-induced carbon loss in peatlands. Nature Geoscience, 4(12): 895-900.

Fenner N, Ostle N J, McNamara N, et al. 2007. Elevated CO_2 effects on peatland plant community carbon dynamics and DOC production. Ecosystems, 10(4): 635-647.

Filippa G, Freppaz M, Williams M W, et al. 2009. Winter and summer nitrous oxide and nitrogen oxides fluxes from a seasonally snow-covered subalpine meadow at Niwot Ridge, Colorado. Biogeochemistry, 95(1): 131-149.

Finerty G E, de Bello F, Bílá K, et al. 2016. Exotic or not, leaf trait dissimilarity modulates the effect of dominant species on mixed litter decomposition. Journal of Ecology, 104(5): 1400-1409.

Fioretto A, Papa S, Sorrentino G, et al. 2001. Decomposition of *Cistus incanus* leaf litter in a Mediterranean maquis ecosystem: mass loss, microbial enzyme activities and nutrient changes. Soil Biology and Biochemistry, 33(3): 311-321.

Forkel M, Carvalhais N, Rödenbeck C, et al. 2016. Enhanced seasonal CO_2 exchange caused by amplified plant productivity in northern ecosystems. Science, 351 (6274): 696-699.

Freschet G T, Cornwell W K, Wardle D A, et al. 2013. Linking litter decomposition of above- and below-ground organs to plant-soil feedbacks worldwide. Journal of Ecology, 101(4): 943-952.

Frost G V, Epstein H E. 2014. Tall shrub and tree expansion in Siberian tundra ecotones since the 1960s. Global Change Biology, 20: 1264-1277.

Funk D W, Pullman E R, Peterson K M, et al. 1994. Influence of water table on carbon dioxide, carbon monoxide, and methane fluxes from Taiga Bog microcosms. Global Biogeochemical Cycles, 8: 271-278.

Garcia J L, Patel B K, Ollivier B. 2000. Taxonomic, phylogenetic, and ecological diversity of methanogenic *Archaea*. Anaerobe, 6: 205-226.

García-Palacios P, Prieto I, Ourcival J M, et al. 2016. Disentangling the litter quality and soil microbial contribution to leaf and fine root litter decomposition responses to reduced rainfall. Ecosystems, 19(3): 490-503.

Gartner T B, Cardon Z G. 2004. Decomposition dynamics in mixed-species leaf litter. Oikos, 104(2): 230-246.

Gavazov K, Albrecht R, Buttler A, et al. 2018. Vascular plant-mediated controls on atmospheric carbon assimilation and peat carbon decomposition under climate change. Global Change Biology, 24(9): 3911-3921.

Gavrichkova O, Liberati D, de Dato G, et al. 2018. Effects of rain shortage on carbon allocation, pools and fluxes in a Mediterranean shrub ecosystem–a ^{13}C labelling field study. Science of the Total Environment, 627: 1242-1252.

Gažovič M, Kutzbach L, Schreiber P, et al. 2010. Diurnal dynamics of CH_4 from a boreal peatland during snowmelt. Tellus B, 62: 133-139.

Gessner M O, Gulis V, Kuehn K A, et al. 2007.17 fungal decomposers of plant litter in aquatic ecosystems. CP Kubicek, 512: 301-324.

Gessner M O, Swan C M, Dang C K, et al. 2010. Diversity meets decomposition. Trends in Ecology and Evolution, 25(6): 372-380.

Gessner M O. 2001. Mass loss, fungal colonisation and nutrient dynamics of *Phragmites australis* leaves during senescence and early aerial decay. Aquatic Botany, 69(2-4): 325-339.

Gillon D, Joffre R, Ibrahima A. 1999. Can litter decomposability be predicted by near infrared reflectance spectroscopy? Ecology, 80(1): 175-186.

González G, Seastedt T R. 2001. Soil fauna and plant litter decomposition in tropical and subalpine forests. Ecology, 82(4): 955-964.

Gopal B, Masing V. 1990. Biology and ecology//Pattan B C, Wetlands and Shallow Continental Water Bodies. The Netherlands: PB Academic Publishing: 91-239.

Górecki K, Rastogi A, Stróżecki M, et al. 2021. Water table depth, experimental warming, and reduced precipitation impact on litter decomposition in a temperate Sphagnum-peatland. The Science of the Total

Environment, 771(104): 145452.

Gorham E. 1991. Northern peatlands: role in the carbon cycle and probable responses to climatic warming. Ecological Applications, 1(2): 182-195.

Gough L, Hobbie S E. 2003. Responses of moist non-acidic Arctic tundra to altered environment: productivity, biomass, and species richness. Oikos, 103(1): 204-216.

Groffman P M, Hardy J P, Driscoll C T, et al. 2006. Snow depth, soil freezing, and fluxes of carbon dioxide, nitrous oxide and methane in a northern hardwood forest. Global Change Biology, 12(9): 1748-1760.

Guo X L, Lu X G, Tong S Z, et al., 2008. Influence of environment and substrate quality on the decomposition of wetland plant root in the Sanjiang Plain, Northeast China. Journal of Environmental Sciences, 20(12): 1445-1452.

Güsewell S, Koerselman W. 2002. Variation in nitrogen and phosphorus concentrations of wetland plants. Perspectives in Plant Ecology, Evolution and Systematics, 5(1): 37-61.

Güsewell S, Verhoeven J T. 2006. Litter N : P ratios indicate whether N or P limits the decomposability of graminoid leaf litter. Plant and Soil, 287(1-2): 131-143.

Hagemann U, Moroni M T. 2015. Moss and lichen decomposition in old-growth and harvested high-boreal forests estimated using the litterbag and minicontainer methods. Soil Biology and Biochemistry, 87: 10-24.

Hájek T. 2009. Habitat and species controls on Sphagnum production and decomposition in a mountain raised bog. Boreal Environment Research, 14: 947-958.

Handa I T, Aerts R, Berendse F, et al. 2014. Consequences of biodiversity loss for litter decomposition across biomes. Nature, 509(7499): 218-221.

Hargreaves K J, Fowler D, Pitcairn C E R, et al. 2001. Annual methane emission from Finnish mires estimated from eddy covariance campaign measurements. Theoretical and Applied Climatology, 70: 203-213.

Haukioja E, Ossipov V, Koricheva J, et al. 1998. Biosynthetic origin of carbon-based secondary compounds: cause of variable responses of woody plants to fertilization? Chemoecology, 8(3): 133-139.

Hector A, Beale A J, Minns A, et al. 2000. Consequences of the reduction of plant diversity for litter decomposition: effects through litter quality and microenvironment. Oikos, 90(2): 357-371.

Hill G B, Henry G H R. 2011. Responses of High Arctic wet sedge tundra to climate warming since 1980. Global Change Biology, 17: 276-287.

Hinzke T, Li G, Tanneberger F, et al. 2021. Potentially peat-forming biomass of fen sedges increases with increasing nutrient levels. Functional Ecology, 35(7): 1579-1595.

Hirota M, Senga Y, Seike Y, et al. 2007. Fluxes of carbon dioxide, methane and nitrous oxide in two contrastive fringing zones of coastal lagoon, Lake Nakaumi, Japan. Chemosphere, 68: 597-603.

Hobbie S E. 1996. Temperature and plant species control over litter decomposition in Alaskan tundra. Ecological Monographs, 66(4): 503-522.

Hobbie S E. 2005. Contrasting effects of substrate and fertilizer nitrogen on the early stages of litter decomposition. Ecosystems, 8(6): 644-656.

Hosono T, Nouchi I. 1997. The dependence of methane transport in rice plants on the root zone temperature. Plant and Soil, 191: 233-240.

Hovenden M J, Newton P C D, Wills K E. 2014. Seasonal not annual rainfall determines grassland biomass response to carbon dioxide. Nature, 511(7511): 583-586.

Hoyos-Santillan J, Lomax B H, Large D, et al. 2015. Getting to the root of the problem: litter decomposition and peat formation in lowland Neotropical peatlands. Biogeochemistry, 126(1): 115-129.

Hubbard R M, Ryan M G, Elder K, et al. 2005. Seasonal patterns in soil surface CO_2 flux under snow cover in 50 and 300 year old subalpine forests.Biogeochemistry,73(1): 93-107.

Hudson J M G, Henry G H R. 2010. High Arctic plant community resists 15 years of experimental warming. Journal of Ecology, 98(5): 1035-1041.

Inglett K S, Inglett P W, Reddy K R, et al. 2012. Temperature sensitivity of greenhouse gas production in wetland soils of different vegetation. Biogeochemistry, 108: 77-90.

IPCC. 2013. Summary for policymakers. Climate Change 2013: The Physical Science Basis. Contribution of Working Group I to the Fifth Assessment Report of the Intergovernmental Panel on Climate Change. Cambridge, United Kingdom and New York, NY, USA: Cambridge University Press.

IPCC. 2021. Climate change 2021: The Physical Science Basis. Contribution of Working Group I to the Sixth Assessment Report of the Intergovernmental Panel on Climate Change. Cambridge: Cambridge University Press.

Isaksen K, Sollid J L, Holmlund P, et al. 2008. Recent warming of mountain permafrost in Svalbard and Scandinavia. Journal of Geophysical Research, 112: F02S04. doi: 10.1029/2006JF000522.

Iversen C M, Murphy M T, Allen M F, et al. 2012. Advancing the use of minirhizotrons in wetlands. Plant and Soil, 352: 23-39.

Iversen C M, Sloan V L, Sullivan P F, et al. 2015. The unseen iceberg: plant roots in arctic tundra. New Phytologist, 205(1): 34-58.

Jacob M, Weland N, Platner C, et al. 2009. Nutrient release from decomposing leaf litter of temperate deciduous forest trees along a gradient of increasing tree species diversity. Soil Biology and Biochemistry, 41(10): 2122-2130.

Jassey V E, Chiapusio G, Binet P, et al. 2013. Above- and belowground linkages in Sphagnum peatland: climate warming affects plant-microbial interactions. Global Change Biology, 19(3): 811-823.

Jensen L S, Mueller T, Tate K R, et al. 1996. Soil surface CO_2 flux as an index of soil respiration in situ: a comparison of two chamber methods. Soil Biol Biochem, 28(10/11): 1297-1306.

Jiang J, Huang Y, Ma S, et al. 2018. Forecasting responses of a northern peatland carbon cycle to elevated CO_2 and a gradient of experimental warming. J Geophys Res Biogeosci, 123(3): 1057-1071

Jiang L, Kou L, Li S G. 2018. Alterations of early-stage decomposition of leaves and absorptive roots by deposition of nitrogen and phosphorus have contrasting mechanisms. Soil Biology and Biochemistry, 127: 213-222.

Joabsson A, Christensen T R, Wallén B. 1999. Vascular plant controls on methane emissions from northern peatforming wetlands. Trends in Ecology & Evolution, 14(10): 385-388.

Johansson M, Åkerman H J, Jonasson C, et al. 2008. Increasing permafrost temperatures in Subarctic Sweden//Kane D L, Hinkel K M. Ninth International Conference on Permafrost Proceedings, Vol. 1. AL, Fairbanks, USA: Institute of Northern Engineering, University of Alaska: 851-856.

Johnson L C, Shaver G R, Cades D H, et al. 2000. Plant carbon-nutrient interactions control CO_2 exchange in Alaskan wet sedge tundra ecosystems. Ecology, 81: 453-469.

Johnson M G, Tingey D T, Phillips D L, et al. 2001. Advancing fine root research with minirhizotrons. Environmental and Experimental Botany, 45(3): 263-289.

Jones H G, Pomeroy J W, Davies T D, et al. 1999. CO_2 in Arctic snow cover: landscape form, in-pack gas concentration gradients, and the implications for the estimation of gaseous fluxes. Hydrological Processes, 13(18): 2977-2989.

Juszak I, Eugster W, Heijmans M, et al. 2016. Contrasting radiation and soil heat fluxes in arctic shrub and wet sedge tundra. Biogeosciences, 13(13): 4049-4064.

Kang M Y, Dai C, Ji W Y, et al. 2013. Biomass and its allocation in relation to temperature, precipitation, and soil nutrients in Inner Mongolia grasslands, China. PLoS One, 8(7): e69561.

Karban R, Yang L H, Edwards K F. 2014. Volatile communication between plants that affects herbivory: a meta-analysis. Ecology Letters, 17(1): 44-52.

Kasimir Å, He H, Jansson P E, et al. 2021. Mosses are important for soil carbon sequestration in forested peatlands. Frontiers in Environmental Science, 9: 680430.

Kaštovská E, Straková P, Edwards K, et al. 2018. Cotton-grass and blueberry have opposite effect on peat characteristics and nutrient transformation in peatland. Ecosystems, 21(3): 443-458.

Kelker D, Chanton J. 1997. The effect of clipping on methane emissions from Carex. Biogeochemistry, 39: 37-44.

Kelley C A, Martens C S, Ussler W. 1995. Methane dynamics across a tidally flooded riverbank margin. Limnology and Oceanography, 40: 1112-1129.

Kim Y, Ueyama M, Nakagawa F, et al. 2007. Assessment of winter fluxes of CO_2 and CH_4 in boreal forest soils of central Alaska estimated by the profile method and the chamber method: a diagnosis of methane emission and implications for the regional carbon budget. Tellus Series B-Chemical and Physical Meteorology, 59(2): 223-233.

King G M, Wiebe W. 1978. Methane release from soils of a Georgia salt marsh.Geochimica et Cosmochimica Acta, 42: 343-348.

Klinger L F, Zimmerman P R, Greenberg J P, et al. 1994. Carbon trace gas fluxes along a successional gradient in the Hudson Bay lowland. Journal of Geophysical Research: Atmospheres, 99: 1469-1494.

Kotowski W, Thörig W, van Diggelen R, et al. 2006. Competition as a factor structuring species zonation in riparian fens-a transplantation experiment. Applied Vegetation Science, 9(2): 231-240.

Kuehn K A, Ohsowski B M, Francoeur S N, et al. 2011. Contributions of fungi to carbon flow and nutrient cycling from standing dead *Typha angustifolia* leaf litter in a temperate freshwater marsh. Limnology and Oceanography, 56(2): 529-539.

Kuehn K A, Steiner D, Gessner M O. 2004. Diel mineralization patterns of standing-dead plant litter: implications for CO_2 flux from wetlands. Ecology, 85(9): 2504-2518.

Kuehn K A, Suberkropp K. 1998. Decomposition of standing litter of the freshwater emergent macrophyte *Juncus effusus*. Freshwater Biology, 40(4): 717-727.

Kuiters A T. 1990. Role of phenolic substances from decomposing forest litter in plant-soil interactions. Acta Botanica Neerlandica, 39(4): 329-348.

Kutzbach L, Wagner D, Pfeiffer E M. 2004. Effect of microrelief and vegetation on methane emission from wet polygonal tundra, Lena Delta, Northern Siberia. Biogeochemistry, 69(3): 341-362.

Lafleur P M, Roulet N T, Bubier J L, et al. 2003. Interannual variability in the peatland-atmosphere carbon dioxide exchange at an ombrotrophic bog. Global Biogeochemical Cycles, 17: 1036.

Laine J, Silvola J, Tolonen K, et al. 1996. Effect of water level drawdown in northern peatlands on the global climatic warming. Ambio, 25: 179-184

Laing C G, Granath G, Belyea L R, et al. 2014. Tradeoffs and scaling of functional traits in Sphagnum as drivers of carbon cycling in peatlands. Oikos, 123(7): 817-828.

Lappalainen E. 1996. Global Peat Resources. Jyväsklä, Finland: International Peat Society: 368 pp.

Lattanzio V, Lattanzio V M T, Cardinali A, et al. 2006. Role of phenolics in the resistance mechanisms of plants against fungal pathogens and insects. Phytochemistry, 37(1): 23-67.

Leppälä M, Kukko-Oja K, Laine J, et al. 2008. Seasonal dynamics of CO_2 exchange during primary succession of boreal mires as controlled by phenology of plants. Écoscience, 15: 460-471.

Liang N, Hirano T, Zheng Z M, et al. 2010. Continuous measurement of soil CO_2 efflux in a Larch forest by automated chamber and concentration gradient techniques. Biogeosciences, 7: 3447-3457.

Liao C Z, Luo Y Q, Fang C M, et al. 2008. Litter pool sizes, decomposition, and nitrogen dynamics in *Spartina alterniflora-invaded* and native coastal marshlands of the Yangtze Estuary. Oecologia, 156(3): 589-600.

Liblik L, Moore T R, Bubier J L, et al. 1997. Methane emissions from wetlands in the zone of discontinuous permafrost: fort Simpson, Northwest Territories, Canada. Global Biogeochemical Cycles, 11: 485-494.

Liu D, Song C. 2010. Effects of inorganic nitrogen and phosphorus enrichment on the emission of N_2O from a freshwater marsh soil in Northeast China. Environmental Earth Sciences, 60(4): 799-807.

Liu X, Xiong Y M, Liao B W. 2017. Relative contributions of leaf litter and fine roots to soil organic matter accumulation in mangrove forests. Plant and Soil, 421(1-2): 493-503.

Lloyd C R, Shuttleworth W J, Gash J H C, et al. 1984. A microprocessor system for eddy-correlation. Agricultural and Forest Meteorology, 33: 67-80.

Lohila A, Aurela M, Regina K, et al. 2007. Wintertime CO_2 exchange in a boreal agricultural peat soil. Tellus Series B-Chemical and Physical Meteorology, 59(5): 860-873.

Longhi D, Bartoli M, Viaroli P. 2008. Decomposition of four macrophytes in wetland sediments: organic matter and nutrient decay and associated benthic processes. Aquatic Botany, 89(3): 303-310.

Lorenz K, Lal R, Preston C M, et al. 2007. Strengthening the soil organic carbon pool by increasing contributions from recalcitrant aliphatic bio(macro)molecules. Geoderma, 142(1-2): 1-10.

Lü X, Cui Q, Wang Q, et al. 2011. Nutrient resorption response to fire and nitrogen addition in a semi-arid grassland. Ecological Engineering, 37(3): 534-538.

Luo D, Cheng R M, Shi Z M, et al. 2017. Decomposition of leaves and fine roots in three subtropical plantations in China affected by litter substrate quality and soil microbial community. Forests, 8(11): 412.

Lynch L M, Machmuller M B, Cotrufo M F, et al. 2018. Tracking the fate of fresh carbon in the Arctic tundra: Will shrub expansion alter responses of soil organic matter to warming? Soil Biology and Biochemistry, 120: 134-144.

Lyons C L, Lindo Z. 2020. Above- and belowground community linkages in boreal peatlands. Plant Ecology, 221(7): 615-632.

Ma M, Zhu Y, Wei Y, et al. 2021. Soil nutrient and vegetation diversity patterns of alpine wetlands on the Qinghai-Tibetan Plateau. Sustainability, 13(11): 6221.

Ma Q, Cui L, Song H, et al. 2017. Aboveground and belowground biomass relationships in the Zoige Peatland, Eastern Qinghai–Tibetan Plateau. Wetlands, 37(3): 461-469.

Ma W H, He J S, Yang Y H, et al. 2010. Environmental factors covary with plant diversity–productivity relationships among Chinese grassland sites. Global Ecology and Biogeography, 19(2): 233-243.

Mäkiranta P, Laiho R, Mehtätalo L, et al. 2018. Responses of phenology and biomass production of boreal fens to climate warming under different water-table level regimes. Global Change Biology, 24(3): 944-956.

Makkonen M, Berg M P, Handa I T, et al. 2012. Highly consistent effects of plant litter identity and functional traits on decomposition across a latitudinal gradient. Ecology Letters, 15(9): 1033-1041.

Malmer N, Albinsson C, Svensson B M, et al. 2003. Interferences between *Sphagnum* and vascular plants: effects on plant community structure and peat formation. Oikos, 100(3): 469-482.

Malmer N, Svensson B M, Wallén B. 1994. Interactions between *Sphagnum* mosses and field layer vascular plants in the development of peat-forming systems. Folia Geobotanica et Phytotaxonomica, 29(4): 483-496.

Mantlana B, Arneth A, Veenendaal E, et al. 2009. Factors determining soil respiration in tropical savanna-wetland mosaic in the Oklavango delta, Botswana. Earth and Environmental Science, 6: 302025.

Mao R, Song C C, Zhang X H, et al. 2013. Response of leaf, sheath and stem nutrient resorption to 7 years of N addition in freshwater wetland of Northeast China. Plant and Soil, 364(1-2): 385-394.

Massman W J. 1998. A review of the molecular diffusivities of H_2O, CO_2, CH_4, CO, O_3, SO_2, NH_3, N_2O, NO, and NO_2 in air, O_2 and N_2 near STP. Atmospheric Environment, 32(6): 1111-1127.

Massman WJ, Lee X. 2002. Eddy covariance flux corrections and uncertainties in long term studies of carbon and energy exchanges. Agricultural and Forest Meteorology, 113: 121-144.

Mast M A, Wickland K P, Striegl R T, et al. 1998. Winter fluxes of CO_2 and CH_4 from subalpine soils in Rocky Mountain National Park, Colorado. Global Biogeochemical Cycles, 12(4): 607-620.

Mastepanov M, Sigsgaard C, Dlugokencky E J, et al. 2008. Large tundra methane burst during onset of freezing. Nature, 456: 628-631.

McLaren J R, Buckeridge K M, van de Weg M J, et al. 2017. Shrub encroachment in Arctic tundra: Betula nana effects on above-and belowground litter decomposition. Ecology, 98(5): 1361-1376.

McPartland M Y, Montgomery R A, Hanson P J, et al. 2020. Vascular plant species response to warming and elevated carbon dioxide in a boreal peatland. Environmental Research Letters, 15(12): 124066.

Megonigal J P, Guenther A B. 2008. Methane emissions from upland forest soils and vegetation. Tree Physiology, 28(4): 491-498.

Melloh R A, Crill P M. 1996. Winter methane dynamics in a temperate peatland. Global Biogeochemical Cycles, 10(2): 247-254.

Miao Y Q, Song C C, Wang X W, et al. 2012. Greenhouse gas emissions from different wetlands during the snow-covered season in Northeast China. Atmospheric Environment, 62: 328-335.

Mikkelä C, Sundh I, Svensson B H, et al. 1995. Diurnal variation in methane emission in relation to the water table, soil temperature, climate and vegetation cover in a Swedish acid mire. Biogeochemistry, 28: 93-114.

Millington R. 1959. Gas diffusion in porous media. Science, 130(3367): 100.

Mincheva T, Barni E, Varese G C, et al. 2014. Litter quality, decomposition rates and saprotrophic mycoflora in *Fallopia japonica* (Houtt.) Ronse Decraene and in adjacent native grassland vegetation. Acta Oecol, 54: 29-35.

Mitsch W J, Bernal B, Nahlik A M, et al. 2013. Wetlands, carbon, and climate change. Landscape Ecology, 28(4): 583-597.

Mitsch W J, Gosselink J G. 2015. Wetlands. Fifth edition. New York: John Wiley and Sons

Mokany K, Raison R J, Prokushkin A S. 2006. Critical analysis of root: shoot ratios in terrestrial biomes. Global Change Biology, 12(1): 84-96.

Moncrieff J B, Malhi Y, Leuning R. 1996. The propagation of errors in long term measurements of land atmosphere fluxes of carbon and water. Global Change Biology, 2: 231-240.

Moncrieff J B, Massheder, J M, De Bruin H, et al. 1997. A system to measure surface fluxes of momentum, sensible heat, water vapour and carbon dioxide. Journal of Hydrology, 188-189: 589-611.

Monson R K, Burns S P, Williams M W, et al. 2006. The contribution of beneath-snow soil respiration to total ecosystem respiration in a high-elevation, subalpine forest. Global Biogeochemical Cycles, 20: GB3030. doi: 10.1029/2005GB002684.

Montané F, Romanyà J, Rovira P, et al. 2013. Mixtures with grass litter may hasten shrub litter decomposition after shrub encroachment into mountain grasslands. Plant and Soil, 368(1-2): 459-469.

Moore T R, Bubier J L, Bledzki L. 2007. Litter decomposition in temperate peatland ecosystems: the effect of substrate and site. Ecosystems, 10(6): 949-963.

Moore T R, Trofymow J A, Prescott C E, et al. 2006. Patterns of carbon, nitrogen and phosphorus dynamics in decomposing foliar litter in Canadian forests. Ecosystems, 9(1): 46-62.

Moore T R, Trofymow J A, Prescott C E, et al. 2017. Can short-term litter-bag measurements predict long-term decomposition in northern forests?. Plant and Soil, 416(1): 419-426.

Moore T R, Trofymow J A, Siltanen M, et al. 2005. Patterns of decomposition and carbon, nitrogen, and phosphorus dynamics of litter in upland forest and peatland sites in central Canada. Canadian Journal of Forest Research, 35(1): 133-142.

Moore T, Dalva M. 1993. The influence of temperature and water table position on carbon dioxide and methane emissions from laboratory columns of peatland soils.Journal of Soil Science, 44: 651-664.

Moore T, Knowles R. 1989. The influence of water table levels on methane and carbon dioxide emissions from peatland soils. Canadian Journal of Soil Science, 69: 33-38.

Mooshammer M, Wanek W, Schnecker J, et al. 2012. Stoichiometric controls of nitrogen and phosphorus cycling in decomposing beech leaf litter. Ecology, 93(4): 770-782.

Muraoka H, Tang Y, Terashima I, et al. 2000. Contributions of diffusional limitation, photoinhibition and photorespiration to midday depression of photosynthesis in *Arisaema heterophyllum* in natural high light. Plant, Cell and Environment, 23: 235-250.

Murphy M T, McKinley A, Moore T R. 2009. Variations in above-and below-ground vascular plant biomass and water table on a temperate ombrotrophic peatland. Botany, 87(9): 845-853.

Myers-Smith I H, Elmendorf S C, Beck P S A, et al. 2015. Climate sensitivity of shrub growth across the tundra biome. Nature Climate Change, 5(9): 887-891.

Myers-Smith I H, Forbes B C, Wilmking M, et al. 2011. Shrub expansion in tundra ecosystems: dynamics, impacts and research priorities. Environmental Research Letters, 6(4): 045509.

Navrátilová D, Větrovský T, Baldrian P. 2017. Spatial heterogeneity of cellulolytic activity and fungal communities within individual decomposing *Quercus petraea* leaves. Fungal Ecology, 27: 125-133.

Niklas K J. 1994. Plant Allometry: the Scaling of Form and Process. Chicago: University of Chicago Press.

Nilsson M C, Wardle D A, Dahlberg A. 1999. Effects of plant litter species composition and diversity on the boreal forest plant-soil system. Oikos, 86(1): 16-26.

Nordbakken J F, Ohlson M, Högberg P. 2003. Boreal bog plants: nitrogen sources and uptake of recently deposited nitrogen. Environmental Pollution, 126(2): 191-200.

Nykänen H, Heikkinen J E P, Pirinen L, et al. 2003. Annual CO_2 exchange and CH_4 fluxes on a subarctic palsa mire during climatically different years. Global Biogeochemical Cycles, 17: doi: 10.1029/2002GB001861, 1.

Nyman J, DeLaune R. 1991. CO_2 emission and soil Eh responses to different hydrological conditions in fresh, brackish, and saline marsh soils. Limnology and Oceanography, 36: 1406-1414.

Oechel W C, Vourlitis G, Hastings S J. 1997. Cold season CO_2 emission from arctic soils. Global Biogeochemical Cycles,11(2):163-172.

Osterkamp T E, Romanovsky V E. 1999. Evidence for warming and thawing of discontinuous permafrost in Alaska. Permafrost and Periglacial Processes, 10: 17-37.

Panikov N S, Dedysh S N. 2000. Cold season CH_4 and CO_2 emission from boreal peat bogs (West Siberia): winter fluxes and thaw activation dynamics. Global Biogeochemical Cycles, 14(4): 1071-1080.

Parton W, Silver W L, Burke I C, et al. 2007. Global-scale similarities in nitrogen release patterns during long-term decomposition. Science, 315(5814): 361-364.

Pedersen E P, Elberling B, Michelsen A. 2020. Foraging deeply: depth-specific plant nitrogen uptake in response to climate-induced N-release and permafrost thaw in the High Arctic. Global Change Biology, 26(11): 6523-6536.

Penning De vries F W T, Jansen D M, ten Berge H F M, et al. 1989. Simulation of ecophysiological processes of growth in several annual crops. Wageningen: Pudoc.

Poorter H, Niklas K J, Reich P B, et al. 2012. Biomass allocation to leaves, stems and roots: meta-analyses of interspecific variation and environmental control. New Phytologist, 193(1): 30-50.

Prieme A. 1994. Production and emission of methane in a brackish and a freshwater wetland. Soil Biology and Biochemistry, 26: 7-18.

Proctor C, He Y. 2019. Quantifying wetland plant vertical root distribution for estimating the Interface with the anoxic zone. Plant and Soil, 440(1): 381-398.

Pu G, Du J, Ma X, et al. 2014. Contribution of ambient atmospheric exposure to *Typha angustifolia* litter decomposition in aquatic environment. Ecological Engineering, 67(6): 144-149.

Pumpanen J, Ilvesniemi H, Keronen P, et al. 2001. An open chamber system for measuring soil surface CO_2 efflux: analysis of error sources related to the chamber system. Journal of Geophysical Research, 106(D8): 7985-7992.

Quested H M, Press M C, Callaghan T V, et al. 2002. The hemiparasitic angiosperm Bartsia alpina has the potential to accelerate decomposition in sub-arctic communities. Oecologia, 130(1): 88-95.

Raich J W, Potter C S. 1995. Global patterns of carbon dioxide emissions from soils. Global Biogeochemical Cycles, 9: 23-36.

Read N D. 2007. Environmental sensing and the filamentous fungal lifestyle//Fungi in the Environment. Cambridge Cambridge University Press: 38-57.

Reddy K R, DeLaune R D. 2008. Biogeochemistry of Wetlands: Science and Applications. Boca Raton: CRC Press.

Reed R B Jr. 1988. National list of plant species that occur in wetlands: national summary. US Department of the Interior, Fish and Wildlife Service, Research and Development. Washington DC, 88(24): 244.

Reth S, Reichstein M, Falge E. 2005. The effect of soil water content, soil temperature, soil pH-value and the root mass on soil CO_2 efflux–a modified model. Plant and Soil, 268: 21-33.

Rinne J, Riutta T, Pihlatie M, et al. 2007. Annual cycle of methane emission from a boreal fen measured by

the eddy covariance technique. Tellus B, 59: 449-457.
Riutta T, Laine J, Tuittila E S. 2007. Sensitivity of CO_2 exchange of fen ecosystem components to water level variation. Ecosystems, 10: 718-733.
Rogers L A, Dubos C, Cullis I F, et al. 2005. Light, the circadian clock, and sugar perception in the control of lignin biosynthesis. Journal of Experimental Botany, 56(416): 1651-1663.
Romanovsky V E, Sazonova T S, Balobaev V T, et al. 2007. Past and recent changes in air and permafrost temperatures in eastern Siberia. Global and Planetary Change, 56: 399-413.
Saarnio S, Alm J, Martikainen P J, et al. 1998. Effects of raised CO_2 on potential CH_4 production and oxidation in, and CH_4 emission from, a boreal mire. Journal of Ecology, 86: 261-268.
Sass R, Fisher F, Harcombe P, et al. 1990. Methane production and emission in a Texas rice field. Global Biogeochemical Cycles, 4: 47-68.
Sato Y, Kumagai T, Kume A, et al. 2004. Experimental analysis of moisture dynamics of litter layers—the effects of rainfall conditions and leaf shapes. Hydrological Processes, 18(16): 3007-3018.
Scanlon D, Moore T. 2000. Carbon production production from peatland soil profiles: the influence of temperature, oxic/anoxic conditions and substrate. Soil Sci, 165(2): 153-160.
Scheffer R A, Van Logtestijn R P, Verhoeven J T A. 2001. Decomposition of Carex and Sphagnum litter in two mesotrophic fens differing in dominant plant species. Oikos, 92(1): 44-54.
Schimel J P, Fahnestock J, Michaelson G, et al. 2006. Cold-season Production of CO_2 in Arctic Soils: Can Laboratory and Field Estimates Be Reconciled through a Simple Modeling Approach? Arctic, Antarctic, and Alpine Research, 38(2): 249-256.
Schimel J P. 1995. Plant transport and methane production as controls on methane flux from arctic wet meadow tundra. Biogeochemistry, 28: 183-200.
Schütz H, Seiler W, Conrad R. 1990. Influence of soil temperature on methane emission from rice paddy fields. Biogeochemistry, 11: 77-95.
Semenchuk P R, Elberling B, Amtorp C, et al. 2015. Deeper snow alters soil nutrient availability and leaf nutrient status in high Arctic tundra. Biogeochemistry, 124(1-3): 81-94.
Seok B, Helmig D, Williams M W, et al. 2009. An automated system for continuous measurements of trace gas fluxes through snow: an evaluation of the gas diffusion method at a subalpine forest site, Niwot Ridge, Colorado. Biogeochemistry, 95(1): 95-113.
Sharitz R R, Pennings S C. 2006. Development of wetland plant communities//Batzer D P, Sharitz R R. Ecology of Freshwater and Estuarine Wetlands. Berkeley: University of California Press: 177-241.
Shaver G R, Chapin III F S. 1991. Production: biomass relationships and element cycling in contrasting arctic vegetation types. Ecological Monographs, 61(1): 1-31.
Shaver G R, Laundre J A, Bret-Harte MS, et al. 2014. Terrestrial ecosystems at Toolik Lake, Alaska//Hobbie J E, kling G W. Alaska's Changing Arctic: Ecological Consequences for Tundra, Streams, and Lakes. New York, USA: Oxford University Press: 90-142.
Shelley S J, Brice D J, Iversen C M, et al. 2022. Deciphering the shifting role of intrinsic and extrinsic drivers on moss decomposition in peatlands over a 5-year period. Oikos, (1): 1-17.
Simboura N, Pavlidou A, Bald J, et al. 2016. Response of ecological indices to nutrient and chemical contaminant stress factors in Eastern Mediterranean coastal waters. Ecological Indicators, 70(NOV.): 89-105.
Sistla S A, Moore J C, Simpson R T, et al. 2013. Long-term warming restructures Arctic tundra without changing net soil carbon storage. Nature, 497(7451): 615-618.
Sitaula B K, Bakken L R, Abrahamsen G. 1995. CH_4 uptake by temperate forest soil: Effect of N input and soil acidification. Soil Biology and Biochemistry, 27: 871-880.
Sloan V L, Fletcher B J, Press M C, et al. 2013. Leaf and fine root carbon stocks and turnover are coupled across Arctic ecosystems. Global Change Biology, 19(12): 3668-3676.
Smemo K A, Zak D R, Pregitzer K S. 2006. Chronic experimental NO_3^- deposition reduces the retention of leaf litter DOC in a northern hardwood forest soil. Soil Biol Biochem, 38(6): 1340-1347.

Smith P, Fang C, Dawson J J C, et al. 2008. Impact of global warming on soil organic carbon. Advances in Agronomy, 97: 1-43.

Sokol N W, Bradford M A. 2019. Microbial formation of stable soil carbon is more efficient from belowground than aboveground input. Nature Geoscience, 12(1): 46-53.

Sommerfeld R A, Massman W J, Musselman R C, et al. 1996. Diffusional flux of CO_2 through snow: spatial and temporal variability among alpine-subalpine sites. Global Biogeochemical Cycles, 10(3): 473-482.

Sommerfeld R A, Mosier A R, Musselman R C. 1993. CO_2, CH_4 and N_2O flux through a wyoming snowpack and implications for global budgets. Nature, 361(6408): 140-142.

Sommerfeld R A,Massman W J,Musselman R C. 1996. Diffusional flux of CO_2 through snow: spatial and te mporal variability among alpine-subalpine sites. Global Biogeochemical Cycles,10(3): 473-482.

Song C C, Sun L, Huang Y, et al. 2011. Carbon exchange in a freshwater marsh in the Sanjiang Plain, northeastern China. Agricultural and Forest Meteorology, 151: 1131-1138.

Song C C, Xu X F, Tian H Q, et al. 2009. Ecosystem–atmosphere exchange of CH_4 and N_2O and ecosystem respiration in wetlands in the Sanjiang Plain, Northeastern China. Global Change Biology, 15: 692-705.

Song Y, Song C, Meng H, et al. 2017. Nitrogen additions affect litter quality and soil biochemical properties in a peatland of Northeast China. Ecological Engineering, 100: 175-185.

Steingrobe B, Schmid H, Claassen N. 2001. The use of the ingrowth core method for measuring root production of arable crops-influence of soil and root disturbance during installation of the bags on root ingrowth into the cores. European Journal of Agronomy, 15(2): 143-151.

Straková P, Penttilä T, Laine J, et al. 2012. Disentangling direct and indirect effects of water table drawdown on above- and belowground plant litter decomposition: consequences for accumulation of organic matter in boreal peatlands. Global Change Biology, 18(1): 322-335.

Street L E, Garnett M H, Subke J A, et al. 2020. Plant carbon allocation drives turnover of old soil organic matter in permafrost tundra soils. Global Change Biology, 26(8): 4559-4571.

Stull R. 1988. An Introduction to Boundary Layer Meteorology. Dordrecht, Boston, London: Kluwer Academic Publishers: 666.

Sullivan P, Arens S T, Chimner R, et al. 2008. Temperature and microtopography interact to control carbon cycling in a high arctic fen. Ecosystems, 11: 61-76.

Sun L, Song C C, Miao Y Q, et al. 2013. Temporal and spatial variability of methane emissions in a northern temperate marsh. Atmospheric Environment, 81: 356-363.

Sun L, Song C, Lafleur P M, et al. 2018. Wetland-atmosphere methane exchange in Northeast China: A comparison of permafrost peatland and freshwater wetlands. Agricultural and Forest Meteorology, 249: 239-249.

Sun X X, Song C C, Guo Y D, et al. 2012. Effect of plants on methane emissions from a temperate marsh in different seasons. Atmospheric Environment, 60: 277-282.

Sun Z, Mou X, Liu J S. 2012. Effects of flooding regimes on the decomposition and nutrient dynamics of *Calamagrostis angustifolia* litter in the Sanjiang Plain of China. Environmental Earth Sciences, 66(1): 2235-2246.

Sundh I, Mikkelä C, Nilsson M, et al. 1995. Potential aerobic methane oxidation in a Sphagnum-dominated peatland—controlling factors and relation to methane emission. Soil Biology and Biochemistry, 27: 829-837.

Szumigalski A R, Bayley S E. 1996. Decomposition along a bog to rich fen gradient in central Alberta, Canada. Canadian Journal of Botany, 74(4): 573-581.

Taylor B R, Parkinson D, Parsons W F J. 1989. Nitrogen and lignin content as predictors of litter decay rates: a microcosm test. Ecology, 70(1): 97-104.

Tian J, Branfireun B A, Lindo Z. 2020. Global change alters peatland carbon cycling through plant biomass allocation. Plant and Soil, 455(1-2): 53-64.

Tokida T, Miyazaki T, Mizoguchi M, et al. 2007. Falling atmospheric pressure as a trigger for methane ebullition from peatland. Global Biogeochemical Cycles, 21: GB2003. doi: 1029/2006GB002790.1-8.

Torn M S, Chapin III F S. 1993. Environmental and biotic controls over methane flux from arctic tundra. Chemosphere, 26: 357-368.

Trinder C J, Artz R R E, Johnson D. 2008. Temporal patterns of litter production by vascular plants and its decomposition rate in cut-over peatlands. Wetlands, 28(1): 245-250.

Trinder C J, Artz R R, Johnson D. 2008. Contribution of plant photosynthate to soil respiration and dissolved organic carbon in a naturally recolonising cutover peatland. Soil Biology and Biochemistry, 40(7): 1622-1628.

Tu L, Hu H, Chen G, et al. 2014. Nitrogen addition significantly affects forest litter decomposition under high levels of ambient nitrogen deposition. PLoS One, 9(2): e88752.

Turetsky M R, Crow S E, Evans R J, et al. 2008. Trade-offs in resource allocation among moss species control decomposition in boreal peatlands. Journal of Ecology, 96: 1297-1305.

Turunen J, Tomppo E, Tolonen K, et al. 2002. Estimating carbon accumulation rates of undrained mires in Finland - application to boreal and subarctic regions. The Holocene, 12(1): 69-80.

Uchida M, Mo W, Nakatsubo T, et al. 2005. Microbial activity and litter decomposition under snow cover in a cool-temperate broad-leaved deciduous forest. Agricultural and Forest Meteorology, 134(1-4): 102-109.

Updegraff K, Bridgham S D, Pastor J, et al. 2001. Response of CO_2 and CH_4 emissions from peatlands to warming and water table manipulation. Ecological Applications, 11: 311-326.

Valenzuela-Solano C, Crohn D M. 2006. Are decomposition and N release from organic mulches determined mainly by their chemical composition? Soil Biology and Biochemistry, 38(2): 377-384.

van der Nat F, Middelburg J J, van Meteren D, et al. 1998. Diel methane emission patterns from Scirpus lacustris and Phragmites australis. Biogeochemistry, 41: 1-22.

van Ryckegem G, van Driessche G, van Beeumen J, et al. 2006. The estimated impact of fungi on nutrient dynamics during decomposition of *Phragmites australis* leaf sheaths and stems. Microbial Ecology, 52(3): 564-574.

Vašutová M, Jiroušek M, Hájek M. 2021. High fungal substrate specificity limits the utility of environmental DNA to detect fungal diversity in bogs. Ecological Indicators, 121: 107009.

Vitousek P M, Cassman K, Cleveland C, et al. 2002. Towards an ecological understanding of biological nitrogen fixation. Biogeochemistry, 57/58(1): 1-45.

Vitousek P M. 1994. Beyond global warming: ecology and global change. Ecology, 75(7): 1861-1876.

Vivanco L, Austin A T. 2010. Nitrogen addition stimulates forest litter decomposition and disrupts species interactions in Patagonia, Argentina. Global Change Biology, 17(5): 1963-1974.

Wagner D, Gattinger A, Embacher A, et al. 2007. Methanogenic activity and biomass in Holocene permafrost deposits of the Lena Delta, Siberian Arctic and its implication for the global methane budget. Global Change Biology, 13: 1089-1099.

Wang L M, Li L H, Chen X, et al. 2014b. Biomass allocation patterns across China's terrestrial biomes. PLoS One, 9(4): e93566.

Wang M, Moore T R, Talbot J, et al. 2014a. The cascade of C: N: P stoichiometry in an ombrotrophic peatland: from plants to peat. Environmental Research Letters, 9(2): 024003.

Wang M, Moore T R. 2014. Carbon, nitrogen, phosphorus, and potassium stoichiometry in an ombrotrophic peatland reflects plant functional type. Ecosystems, 17: 673-684.

Wang P, Heijmans M M P D, Mommer L, et al. 2016. Belowground plant biomass allocation in tundra ecosystems and its relationship with temperature. Environmental Research Letters, 11(5): 055003.

Wang Z P, Han X G. 2005. Diurnal variation in methane emissions in relation to plants and environmental variables in the Inner Mongolia marshes. Atmospheric Environment, 39: 6295-6305.

Wang Z, Delaune R, Patrick W, et al. 1993. Soil redox and pH effects on methane production in a flooded rice soil. Soil Science Society of America Journal, 57: 382-385.

Ward S E, Bardgett R D, McNamara N P, et al. 2009. Plant functional group identity influences short-term peatland ecosystem carbon flux: evidence from a plant removal experiment. Functional Ecology, 23(2):

454-462.

Ward S E, Orwin K H, Ostle N J, et al. 2015. Vegetation exerts a greater control on litter decomposition than climate warming in peatlands. Ecology, 96(1): 113-123.

Weatherly H E, Zitzer S F, Coleman J S, et al. 2003. *In situ* litter decomposition and litter quality in a Mojave desert ecosystem: effects of elevated atmospheric CO_2 and interannual climate variability. Global Change Biology, 9(8): 1223-1233.

Welles J M, Demetriades-Shah T H, McDermitt D K. 2001. Considerations for measuring ground CO_2 effluxes with chambers. Chemical Geology, 177: 3-13.

Weltzin J F, Pastor J, Harth C, et al. 2000. Response of bog and fen plant communities to warming and water - table manipulations. Ecology, 81(12): 3464-3478.

Werner C, Davis K, Bakwin P, et al. 2003. Regional-scale measurements of CH_4 exchange from a tall tower over a mixed temperate boreal lowland and wetland forest. Global Change Biology, 9: 1251-1261.

Whiting G J, Chanton J P. 2001. Greenhouse carbon balance of wetlands: methane emission versus carbon sequestration. Tellus B, 53(5): 521-528.

Wickland K P, Striegl R G, Schmidt S K, et al. 1999. Methane flux in subalpine wetland and unsaturated soils in the southern Rocky Mountains. Global Biogeochemical Cycles, 13: 101-113.

Wieder R K, Vitt D H, Vile M A, et al. 2020. Experimental nitrogen addition alters structure and function of a boreal poor fen: implications for critical loads. The Science of the Total Environment, 733: 138619.

Wieder R K, Vitt D H. 2006. Boreal peatland ecosystems. Berlin: Springer Science and Business Media.

Wille C, Kutzbach L, Sachs T, et al. 2008. Methane emission from Siberian arctic polygonal tundra: eddy covariance measurements and modeling. Global Change Biology, 14: 1395-1408.

Williams M W, Melack J M. 1991. Solute chemistry of snowmelt and runoff in an alpine basin, sierra-nevada. Water Resources Research, 27(7): 1575-1588.

Wilson R M, Hough M A, Verbeke B A, et al. 2022. Plant organic matter inputs exert a strong control on soil organic matter decomposition in a thawing permafrost peatland. Science of the Total Environment, 820: 152757.

Xia M X, Talhelm A F, Pregitzer K S. 2018. Long-term simulated atmospheric nitrogen deposition alters leaf and fine root decomposition. Ecosystems, 21(1): 1-14.

Xiao J F, Zhuang Q L, Law B E, et al. 2010. A continuous measure of gross primary production for the conterminous United States derived from MODIS and AmeriFlux data. Remote Sensing of Environment, 114: 576-591.

Xu L K, Hsiao T C. 2004. Predicted versus measured photosynthetic water-use efficiency of crop stands under dynamically changing field environments. Journal of Experimental Botany, 55: 2395-2411.

Xu X N, Hirata E J. 2005. Decomposition patterns of leaf litter of seven common canopy species in a subtropical forest: N and P dynamics. Plant and Soil, 273(1-2): 279-289.

Yang Y H, Fang J Y, Ma W D, et al. 2010. Large-scale pattern of biomass partitioning across China's grasslands. Global Ecology and Biogeography, 19(2): 268-277.

Ye R, Jin Q, Bohannan B, et al. 2012. pH controls over anaerobic carbon mineralization, the efficiency of methane production, and methanogenic pathways in peatlands across an ombrotrophic–minerotrophic gradient. Soil Biology & Biochemistry, 54: 36-47.

Yim M H, Joo S J, Nakane K. 2002. Comparison of field methods for measuring soil respiration: a static alkali absorption method and two dynamic closed chamber methods. Forest Ecology and Management, 170: 189-197.

Yu X Y, Song C C, Sun L, et al. 2017. Growing season methane emissions from a permafrost peatland of northeast China: observations using open-path eddy covariance method. Atmospheric Environment, 153: 135-149.

Yu Z C. 2012. Northern peatland carbon stocks and dynamics: a review. Biogeosciences, 9(10): 4071-4085.

Yu Z, Turetsky M, Campbell I D, et al. 2001. Modelling long-term peatland dynamics. II. Processes and rates as inferred from litter and peat-core data. Ecological Modelling, 145(2-3): 159-173.

Zeh L, Limpens J, Erhagen B, et al. 2019. Plant functional types and temperature control carbon input via roots in peatland soils. Plant and Soil, 438(1): 19-38.

Zeh L, Schmidt-Cotta C, Limpens J, et al. 2022. Abov - to belowground carbon allocation in peatlands shifts with plant functional type and temperature. Journal of Plant Nutrition and Soil Science, 185(1): 98-109.

Zhang X, Song C, Mao R, et al. 2014. Litter mass loss and nutrient dynamics of four emergent macrophytes during aerial decomposition in freshwater marshes of the Sanjiang Plain, Northeast China. Plant and Soil, 385(1-2): 139-147.

Zhang X, Wang X, Finnegan P M, et al. 2019. Effects of litter mixtures on aerobic decomposition rate and its temperature sensitivity in a boreal peatland. Geoderma, 354: 113890.

Zheng X H, Xie B H, Liu C Y, et al. 2008. Quantifying net ecosystem carbon dioxide exchange of a short plant cropland with intermittent chamber measurements. Global Biogeochemical Cycles, 22: GB3031.

Zimov S A, Semiletov I P, Daviodov S P, et al. 1993. Wintertime CO_2 emission from soils of northeastern Siberia. Arctic, 46(3): 197-204.

3 沼泽湿地土壤碳氮循环过程及影响因素

分布在中高纬度冻土区的沼泽湿地（占全球天然湿地总面积的83.5%）尽管只占地球陆地面积的4%左右，但其储存有300～400 Pg C，占全球陆地表层土壤总有机碳的近1/3，是温室气体增汇减排的重要天然碳库。该区也是全球气候变化的敏感区，近几十年来，区域内年均气温增幅为全球平均水平的1.2～2.3倍（IPCC，2013）。区内沼泽湿地的形成、演化与冻土和冻融作用密切相关，具有极为脆弱和不稳定的属性，而气候变暖导致的中高纬度多年冻土快速退化和冻融过程变化，将对脆弱的沼泽湿地土壤碳氮生物地球化学循环过程和服务功能产生深远的影响。根据气候变化情景预估，如果全球升温不能控制在1.5℃以内，在21世纪，将有（1.5～2.5）$\times 10^6$ km^2的多年冻土融化，会导致25%～30%的冻土区土壤有机碳被分解，并伴随大量CO_2和CH_4的释放，加速气候变暖，其影响约为预测的2.5倍（Koven et al.，2011；Varner et al.，2022；秦大河等，2020）。因此，厘清气候变化背景下沼泽湿地土壤碳氮循环过程的变化规律及其影响机制，这将有助于完善冻土区湿地碳循环对气候变化响应的相关理论，也将有助于精确评估及预测未来冻土区碳循环对气候变化的响应及反馈，服务于国家“双碳”目标。

温度变化是沼泽湿地土壤碳氮循环的关键因子之一。气候变暖背景下，中高纬冻土区湿地中灌丛类植物物种丰度和数量会不断增加，特别是促进杜鹃科矮小灌木的扩张和维管类植物的增加，造成凋落物数量、质量的变化，而土壤有机碳的稳定性与有机碳的组成、凋落物的质量、新鲜有机碳的输入直接相关，土壤环境及其生物学特征的变化，对土壤碳储存能力起着决定作用（Breeuwer et al.，2009）。湿地碳库稳定性取决于其固定和释放的平衡。土壤有机碳分解速率与环境温度的关系非常密切，普遍认为二者存在正相关关系，即温度越高，土壤有机碳分解速率越快，在冷湿的中高纬湿地尤其明显（Wang et al.，2014）。这将导致储存于土壤中的有机碳库减少，进而向大气中释放更多的温室气体，正反馈于全球气候变化，从而加剧气候变暖（Davidson and Janssens，2006）。同时，气候变暖情境下，土壤有机碳为土壤有机氮通过微生物矿化作用释放出矿质氮提供能源物质，进而通过硝化和反硝化作用提供反应基质从而影响N_2O的排放过程（Larsen et al.，2011）。但这种可用指数方程或幂函数方程等刻画的持续增强碳矿化可能并不会随着温度增加而持续存在，主要是碳矿化后期可能受到底物供应的限制（Hopkins et al.，2014）；若超过土壤微生物活性最适温度，或土壤中微生物群落可能会出现对温度升高的适应现象，这都将影响其分解速率；土壤不同碳组分对温度敏感性的异质性也将进一步加剧这种不确定性（Fang et al.，2005）。同时，水分条件是影响有机碳分解温度敏感性的重要驱动要素之一，尤其是在沼泽湿地生态系统中，土壤碳矿化的温度敏感性在有氧和厌氧环境下如何变化（Xu et al.，1999），将对气候变化情境下的沼泽湿地土壤-大气反馈有着深远影响。例如，研究发现只有当水位的波动变异最小时，CH_4才呈现出对温度的依赖性。一旦水位降低到 CH_4 排放的阈值之下，温度与 CH_4 之间的简单关系就会被掩盖（Christensen，1993）。

水分状况控制着湿地土壤通气条件和氧化还原状态，调节着湿地中电子受体和供体的运转，影响微生物活性，在湿地碳氮生物地球化学循环方面有着重要作用（Mitsch and Gosselink，2007）。水分条件（包括水位的高低、淹水时间长短及波动周期、河流洪泛强度等）是影响湿地土壤矿化过程和温室气体排放的最重要因素之一（Ström and Christensen，2007；Hou et al.，2013）。水分条件对湿地土壤有机碳矿化和温室气体排放的影响非常复杂，其主要通过改变土壤氧气状况、温度、pH 值及微生物活性来间接地影响土壤碳矿化过程和温室气体排放，水分条件同时具有调节 CH_4 温室气体排放途径和控制排放通量的氧化损失等作用，因此，水分条件与土壤碳氮矿化率、温室气体排放速率等参数往往不存在显著的线性相关关系（Dimitrov et al.，2010；Evans and Wallenstein，2012；朱晓艳，2015）。"酶栓"理论和"铁门"机制分别从水解酶活性和铁氧化-还原过程的控制方面阐述了水分条件变化对土壤矿化过程的影响机制。例如，水位波动驱动下的泥炭地碳库矿化速率变化主要存在以下机制：①氧化引起的化学降解过程增加了基质物质的释放（Aller，1994）；②促进了生物量碳的再循环过程（Clein and Schimel，1994）；③水位变化触发"酶栓"机制（Freeman，2001）。

营养元素，特别是氮元素，是陆地生态系统植物光合作用和初级生产过程中最受限制的元素之一（Mooney et al.，1987）。它作为系统营养水平的指示剂之一，常常是湿地土壤中最主要的限制性养分，其含量高低直接影响着湿地生态系统碳、氮循环过程（Mistch and Gosselink，2007）。多年冻土退化导致的氮有效性变化通过增加地上植被生产力和凋落物等有机输入物的质量和数量而直接影响土壤碳、氮循环。研究表明，土壤中氮有效性的增加通过增加冻土区湿地生态系统生产力（Bret-Harte et al.，2004）而增加碳的截留量和表层土壤有机质含量（koven et al.，2015）；通过驱动中高纬度冻土区湿地中灌木扩张而降低凋落物的分解速率（Gunnarsson et al.，2008）。然而，氮输入在提高植被固碳能力的同时，也促进了土壤，尤其是深层土壤有机碳的分解，甚至有机碳的分解量将高于植被固定量，导致净碳损失（Mack et al.，2004）；或使表层有机质在进入深层泥炭层之前几乎被完全分解，使碳累积量近似为零（Gunnarsson et al.，2008）。此外，表层凋落物含有大量易被降解的碳源，如纤维素、半纤维素等，刺激土壤动物和微生物活性，引起土壤碳矿化速率的增加（Lekkerkerk et al.，1990；Cotrufo et al.，1995）。氮有效性增加会影响沼泽湿地土壤有机碳释放与固定之间的平衡，从而影响土壤碳库的稳定性，但仍不确定。除此之外，氮有效性还将改变土壤性质，进而影响温室气体的排放，潜在调控土壤碳氮循环过程。

受气候变化（温度、积雪等）的影响，冻土区土壤冻融格局都将发生深刻的改变，势必会引起土壤圈、水圈和生物圈等自然界各圈层的连锁反应（李娜等，2019；Li et al.，2021a）。多年冻土及冻融环境变化直接影响湿地产汇流与地表-地下水交换过程，驱动湿地流域水循环过程的改变。冻土的退化过程导致的活动层融深的不断增加和"冻-融"时间规律的变化，从而改变冻土径流过程（Quinton and Baltzer，2013）；而冻土退化导致径流模式、产流系数、直接径流率、退水系数在单独降雨事件中发生变化的同时，在季节模式中也将发生显著变化（Niu et al.，2011）。径流过程变化是控制溶解性有机碳（DOC）输出的直接动力，决定着湿地流域溶解性碳输出潜力（Worrall and Burt，2005）。二者关系目前仍存在较大分歧，径流流量与DOC输出浓度间呈现正相关关系（Guo et al.，2015）及无明显关系（Dawson et al.，2008）的观测结果均见报道。随着冻土退化和径流过程的改变，活动层融深的不断增加，产流层位逐渐由上层有机土壤向下层矿质土壤转变，由土壤有机质含量决定的DOC溶解平衡过程、化学性质和输出潜力等特征改变：多年冻土的退化可能提高地表河道径流中地下水或下层土壤水的比例，进而导致径流DOC中亲水性组分比例的增加（O'Donnell et al.，2010）；融深增加导致下层矿质土壤的水文接触增加，随径流输出的可溶性无机碳（DIC）和形成年代较早的“老碳”含量增加（Colombo et al.，2018；Song et al.，2019）。因此，冻土退化过程中活动层的加深，显著改变了整个产流—退水周期长度，从而引起土壤水更新周期的变化（不考虑降雨周期的变化），这也是径流DOC输出浓度和化学性质变化的重要因素。总之，冻土区DOM输出特征受到水文动力过程和土壤物理化学过程的双重影响，活动层融深变化是控制和调节两种机制协同作用的关键因素。

此外，气候变化驱动下的冻融循环发生了剧烈的变化，对温室气体排放产生重要的影响。冻融循环在中高纬度、高海拔及一些温带地区是非常普遍的现象，在北半球大约55%的总陆地面积经历着季节性的冻融循环（Brooks et al.，2011）。近40年来北半球土壤冻结的持续时间和年平均面积降低而冻结结束的时间及开始融化的时间显著提前，冻融深度增加（Li et al.，2021b；Wang and Liu，2021）。冻融循环通过影响土壤水热条件、土壤物理结构和理化性质、微生物及酶活性等过程，从而驱动土壤微生物、植物根系、植物凋落物的输入，进而影响土壤碳氮循环及温室气体的排放（Kotani and Ohta，2019；Assel et al.，2020）。尤其是，融化期温室气体的高排放现象得到了广泛关注，在湿地等多个生态系统均有报道（Bubier et al.，2002；Bao et al.，2021）。最为典型的是在我国三江平原的淡水沼泽湿地野外监测中发现的春季冻融期间CH_4爆发式排放现象，可观测到明显的“冒泡”现象（Song et al.，2012a）。主要是因为：①秋季及冬季微生物作用产生的温室气体由于土壤的冻结作用部分可能封存于冻层中，融化期爆发式排放出来（Song et al.，2006；Tokida et al.，2007）；②土壤融化刺激了土壤中的微生物，使其活性显著提高，增加了温室气体的产生（Gao et al.，2018）；③冻融循环打破团聚体的结构，使原来没有接触机会的底物暴露，进而导致矿化速率增加（Matzner and Borken，2008）。与之相比，研究发现秋季冻融期的温室气体排放量是春季的3～4倍，具有更高的排放量和更长的排放时间等特征（Bao et al.，2021）。尽管冻融期间温室气体出现了高排放现象，但是冻融条件促使温室气体的增加是短暂的（Feng et al.，2007；Priemé and Christensen，2001）。

中高纬度地区是全球沼泽湿地的主要分布区，也是气候变化的敏感区。在过去的40年间，气候变暖导致该区多年冻土大面积退化，日趋增强的人类活动叠加更是加剧了这种变化，沼泽湿地土壤生物地球化学循环已发生了深刻变化。在此背景下，本章聚焦于沼泽湿地关键生态过程、碳库稳定性与效应，系统总结了经典的土壤生态学理论，梳理了与土壤过程相关的主流试验操作技术与方法，结合近20余年的野外监测实证案例，系统阐明了温度、水分、氮素有效性及冻融格局变化下的冻融循环和冻土退化及其引发的径流过程变化对沼泽湿地土壤有机碳及其组分分解、温室气体排放等重要生物和碳氮过程的影响，这将有助于未来读者了解、掌握沼泽湿地土壤生物地球化学循环过程，也将为冻土区碳氮通量定量估算提供关键数据支持，也为认知北半球中高纬湿地碳氮过程对环境变化的响应提供了重要的理论基础，更好地服务于国家“双碳”目标，同时相关研究也是国际热点之一。

3.1　温度变化对沼泽湿地土壤碳氮循环过程的影响

湿地在生物地球化学循环中特别是 CO_2、CH_4 及 N_2O 温室气体的固定和释放中起着重要的“开关”作用，被称为“转换器”。沼泽湿地土壤代表全球巨大的陆地碳库（Gorham，1991；Turunen et al.，2002），在生物地球化学循环过程中发挥着关键作用，而温度是影响沼泽湿地土壤碳氮循环过程的最主要因子，其通过影响土壤中根系和微生物的代谢活动，影响着各种酶的活性，影响着各种生化反应的速率，从而控制着土壤碳氮循环过程（Davidson and Janssens，2006；Ågren and Wetterstedt，2007）。

3.1.1　温度变化对土壤碳氮循环的影响机制与研究方法

在土壤碳动力学中，温度是决定土壤有机质矿化的关键因子（Kirschbaum，2006），温度的升高可以促进土壤有机碳的分解，但温度对土壤碳激发效应的影响尚无定论（陈立新等，2017）。土壤碳分解激发效应可能随温度的升高而增加，高温下激发效应的强度大于低温（Zhu and Cheng，2011；Thiessen et al.，2013）。但是土壤碳激发效应并不一定随温度的增加形成正反馈效应，如 Ghee 等（2013）发现，培养实验中增温加快激发效应的速率，但是激发效应增加的幅度在温度之间没有差异，即发生的激发效应受底物可用性而不是土壤温度的限制。这可能是由于激发效应中底物是决定性因素，而温度只是在底物可利用性充足的情况下对激发效应强度的提升才明显（Hopkins et al.，2014）。另外，长期的温度增加可能使温度对呼吸作用的刺激作用减弱，因此不稳定有机物的输入可能比温度对有机质的分解有更强的影响，不稳定有机物的输入和温度对土壤有机质分解的相互作用仍然需要大量的实验研究（Eliasson et al.，2005；Li et al.，2017）。易于利用的不稳定有机物的输入量决定激发效应产生，但是激发效应的强度并不一定与输入量呈线性关系（Blagodatskaya and Kuzyakov，2013；魏圆云等，2019）（图 3-1）。

随着温度升高，土壤呼吸向大气释放 CO_2 的速率加快，因此，许多学者认为，土壤呼吸与全球气候变化将形成正反馈关系，即土壤有机碳含量随全球温度升高而减少，土壤向大气中释放更多的 CO_2，从而进一步加剧了温室效应，致使全球温度继续升高（Kirschbaum，2000；Davidson and Janssens，2006）。然而，另外一些学者（Giardina and Ryan，2000；Luo et al.，2001）则认为，土壤呼吸速率并不会随着温度的升高而持续增大，土壤中微生物群落可能会出现对温度升高的适应现象从而使土壤呼吸速率回归到原来的水平，或土壤呼吸受到土壤水分及土壤有机碳含量的限制而降低对温度的敏感性，

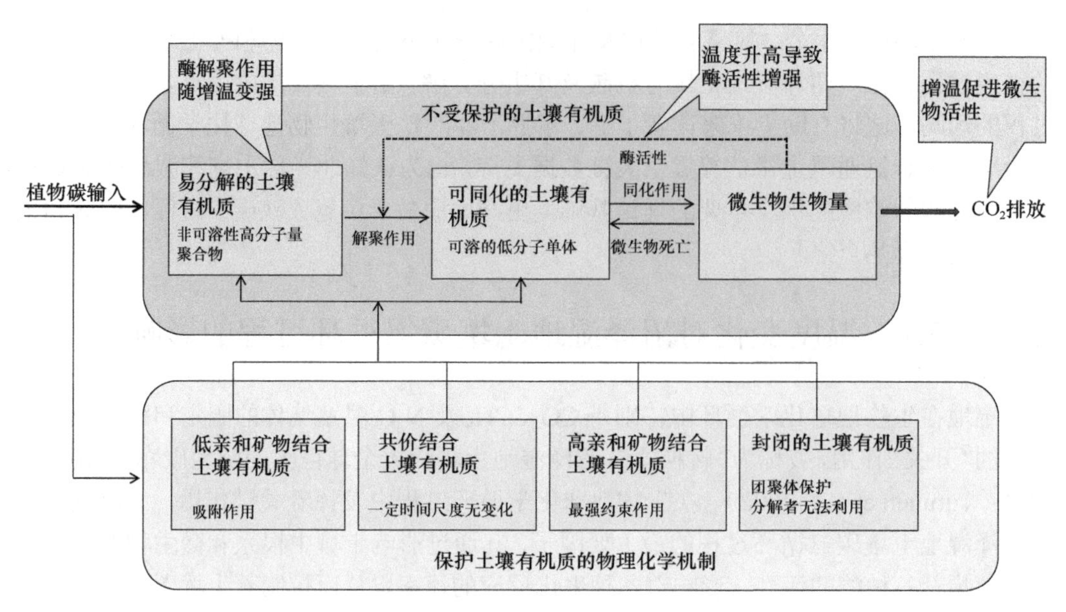

图 3-1　土壤有机碳库分解概念图（Conant et al.，2011）

Giardina 和 Ryan（2000）、Luo 等（2001）及 Eliasson 等（2005）的研究结果均支持了这种观点。因此，土壤呼吸对温度变化的响应趋势，特别是长期的温度升高给土壤呼吸可能带来的影响及其他环境因子在这一响应过程中所起的作用将成为以后土壤呼吸研究的焦点。

土壤呼吸随温度的变化习惯上用 Q_{10} 表示，在生理生态学中，它是指在 5～20℃，温度每增加 10℃呼吸增加的倍数（Kirschbaum，1995）。土壤呼吸的 Q_{10} 为 2.0～2.4，不同生态系统和不同尺度土壤呼吸的 Q_{10} 值不尽相同。总体上 Q_{10} 与温度呈负相关，在温度上升相同幅度下，低温地区比高温地区有着更大的 Q_{10} 值。Q_{10} 的季节变化与月平均温度呈负相关，虽然夏季的土壤呼吸绝对量相对于冬季大，但是冬季的 Q_{10} 比夏季的 Q_{10} 高（Xu and Qi，2001）。这是因为土壤呼吸量尽管由于温度的缘故在冬季会比夏季低很多，但土壤呼吸变化量则在冬季温度低时相对很大。在 Q_{10} 的全球变化格局方面中，一般在高纬度地区 Q_{10} 比较大，在低纬度地区 Q_{10} 比较小（Chen et al.，2001）。除温度外，Q_{10} 还与测定温度的土层深度有关，土壤呼吸的 Q_{10} 随着测定温度的土层深度增加而增加，而且土壤表层的 Q_{10} 比下层土壤的 Q_{10} 小（Fierer et al.，2003）。这主要是因为地温在一定的土壤层深度内随着土壤深度增加而减小造成的。

许多研究表明，土壤呼吸与温度之间具有显著的相关关系，主要有线性关系、二次方程关系、指数关系和 Arrhenius 方程关系等，温度变化一般可以解释土壤呼吸日变化和季节性变化的大部分变异。Van't Hoff 指数方程通常被用来描述土壤呼吸与温度之间的关系，此方程能在一定的温度范围内很好地描述土壤呼吸变化。用指数方程估算土壤呼吸时，常在低温区和高温区分别出现土壤呼吸量低估和高估的现象。实际上土壤呼吸不可能随着温度的升高或降低而无限地增长或降低。为了减少这种误差，Arrhenius 方程被用来描述土壤呼吸，并引入了土壤呼吸激活能（active energy）的概念。激活能是指微生物进行呼吸活动时所需的最低能量。Fang 和 Moncrieff（2001）采用残差分析法研究发现引入 Arrhenius 模拟土壤呼吸减少了误差。

目前，土壤温度敏感性指数方程得到了广泛的接受和应用，对于高温状况，土壤温度敏感性指数有降低的趋势，不过还没有得到土壤最优矿化影响的方程（Fang and Moncrieff，2001）。但也有其他的研究得出了多种土壤温度与土壤有机碳矿化的关系方程（表 3-1），温度的影响模型包括了线性的、二次的和曲线回归。更多地研究温度对土壤有机碳矿化的影响，将有助于提高土壤矿化的预测。

表 3-1　土壤有机碳矿化与温度的公式

方程
线性方程：$Y=a+bT$
二次方程：$Y=aT^2$
一阶指数方程：$Y=ae^{bT}$
阿伦尼乌斯方程：$Y=a\exp(\{E/[R(T+273.2)]\}\times[(T-10)/283.2])$
Kucera and Kirkham（1971）：$Y=a\,(T+10)^b$
Schlentner and Van Cleve（1985）：$Y=d/\{a+b-[(T-10)/10]\}$
Jenkinson（1990）：$Y=d/\{a+b-[(\mathrm{T}-10)/10]\}$
O'Connell（1990）：$Y=A\exp（bT+cT^2）$
Lloyd and Tayer（1994）：$Y=a\exp\{[E_0/(T+273.2-T_0)]\times[(T-10)/(283.2-T_0)]\}$

土壤有机碳作为土壤供氮的重要物质基础，土壤有机氮通过微生物矿化作用释放出矿质氮供作物吸收利用的过程中，必须以有机碳作为能源物质，即土壤有机碳对土壤供氮能力的调控有重要意义（刘金山等，2015）。增温会引起生态系统的串联效应，包括土壤氮矿化的改变（Rustad et al.，2001；Bai et al.，2013）、植被的生长和物候学的改变（Wookey et al.，1993；Arft et al.，1999）、植被地上生物量和群落组成的改变及温室气体的改变（Welker et al.，2004；Dijkstra et al.，2012）。增温是促进、抑制还是不改变生态系统中 N_2O 的排放通量，这取决于正效应和负效应的综合作用。土壤中 N_2O 是由硝化和反硝化作用产生的，增温会直接刺激硝化细菌和反硝化细菌产生 N_2O，但是增温导致的土壤含水量少会产生相反的结果（McHale et al.，1998；Bijoor et al.，2008）。土壤会促进植被的生长和氮的吸收，因此会减少土壤中 N_2O 的排放。但是增温促进微生物的代谢活动和酶的活性（Cookson et al.，2007），造成有机质的分解和氮的矿化，为 N_2O 的产生提供更多的反应基质，促进 N_2O 的排放。增温会促进氮的转化、NH_4^+的吸收、总矿化氮速率及硝化和反硝化作用，因此促进 N_2O 的排放（Larsen et al.，2011）。

目前温度对湿地碳氮循环影响的研究主要分为室内模拟与野外模拟。室内主要是通过控制不同温度下土壤碳氮分解的培养实验来完成。野外模拟全球气候变暖的常用方法有被动增温（如开顶箱）和主动增温（如人工气候生长箱）两类。前者成本较低，但存在外界因素干扰成分，如箱体对红外线的过滤等，众多因素混淆在一起造成难以分辨产生影响的主要效应，同时增温效果与光照强度有关，因此可控性不强；后者有增温范围和强度可控的优点，但箱体制作的成本较高，受野外条件制约（侯彦会等，2013）。因此，应将实际的野外环境和可操作条件作为选择的前提，以确定最合适的增温方法。

3.1.2 温度变化与沼泽湿地土壤碳氮循环过程

沼泽湿地土壤中的碳以多种形式存在，随着不稳定的碳化合物的初始分解，随后是更缓慢的复杂成分，如木质纤维素、木质素和其他更顽固的组分（Rydin and Jeglum，2006；Reiche et al.，2010），而其分解已被证明对温度非常敏感（Biasi et al.，2005；Dorrepaal et al.，2009）。基于酶动力学与激化能理论，在低温下，具有足够的反应能量的分子（酶和底物）比例比在较温暖的温度下要低，而在较高的温度下，变暖导致反应的分子比例相对增加（Davidson and Janssens，2006）。而沼泽湿地土壤分解与温度的关系往往是非线性的（Edwards，1997），温度不仅影响有机碳的分解速度而且还控制着湿地有机质分解产物的组成（Whiting and Chanton，1993），并且温度直接影响到甲烷的产生，在一个含水量足以限制氧气供应的体系中温度与甲烷的排放量呈正相关关系（Schimel et al.，1994）。然而，沼泽湿地土壤碳库分解不仅是动力学和酶驱动的反应，微生物活性也具有重要的控制作用（Song et al.，2021），生物过程也受到温度的调节，需要结合酶动力学、土壤有机质特性和微生物之间的联系才能准确地预测土壤微生物对温度的响应（Billings and Ballantyne，2013）。沼泽湿地土壤有机碳分解具有比森林和草地更高的温度敏感性（Hamdi et al.，2013），且分布在较冷地区的沼泽湿地土壤有机碳分解温度敏感性更高（Bekku et al.，2003），土壤分解的温度敏感性也受环境因素的限制，如水分（Ise et al.，2008）或营养有效性（Wallenstein et al.，2009）等。

与土壤碳库分解相比，沼泽湿地土壤中氮和磷的矿化速率较低，这也说明在分解过程中微生物对这些营养物质的高需求（Jonasson et al.，1999）。对于沼泽湿地，温度和养分控制之间的相互作用对碳氮循环过程具有重要影响（Wallenstein et al.，2009），温度也是土壤养分矿化的关键因子（Hobbie et al.，2002；Aerts et al.，2006），但养分有效性在抑制或促进土壤分解对温度响应方面的研究仍非常有限。有的研究认为温度升高可以缓解养分对分解的限制（Mack et al.，2004），温暖的条件下缓解了营养限制，刺激微生物的生长和活动，从而反馈到增加的分解和增强的二氧化碳排放（Fierer et al.，2003）。有的研究表明，沼泽湿地土壤 C∶P 较高时，磷有效性在限制土壤分解方面具有重要作用（Qualls and Richardson，2000）。沼泽湿地往往受到氮限制，氮有效性增加下土壤有机碳分解存在“激发效应”（Zhang et al.，2013）。因此，对于沼泽湿地，由于土壤养分的限制与高的碳含量，温度和养分之间的潜在相互作用可能尤为重要。

3.1.3 温度变化对沼泽湿地土壤碳氮循环过程的影响实证

3.1.3.1 温度对沼泽湿地土壤有机碳矿化的影响

通过对我国东北不同冻土区沼泽湿地土壤有机碳矿化在不同温度梯度下的研究，结果表明：沼泽湿地土壤有机碳矿化率随着温度的升高而增加，连续多年冻土区沼泽湿地土壤有机碳的矿化量和矿化率要高于岛状多年冻土区和季节性冻土区沼泽湿地（图3-2），说明连续多年冻土区沼泽湿地土壤有机碳的分解能力更强，这与连续多年冻土区沼泽湿地土壤的有机碳和全氮的含量较高有关，也与其高的轻组有机碳含量有关。多年冻土区沼泽湿地土壤有机碳矿化的温度敏感性要高于季节性冻土区沼泽湿地，并且深层土壤有机碳矿化的温度敏感性也较高（图 3-3），说明多年冻土区的沼泽湿地深层土壤对温度的响应也较敏感，在气候变暖和多年冻土退化下，深层土壤分解可释放大量的碳。

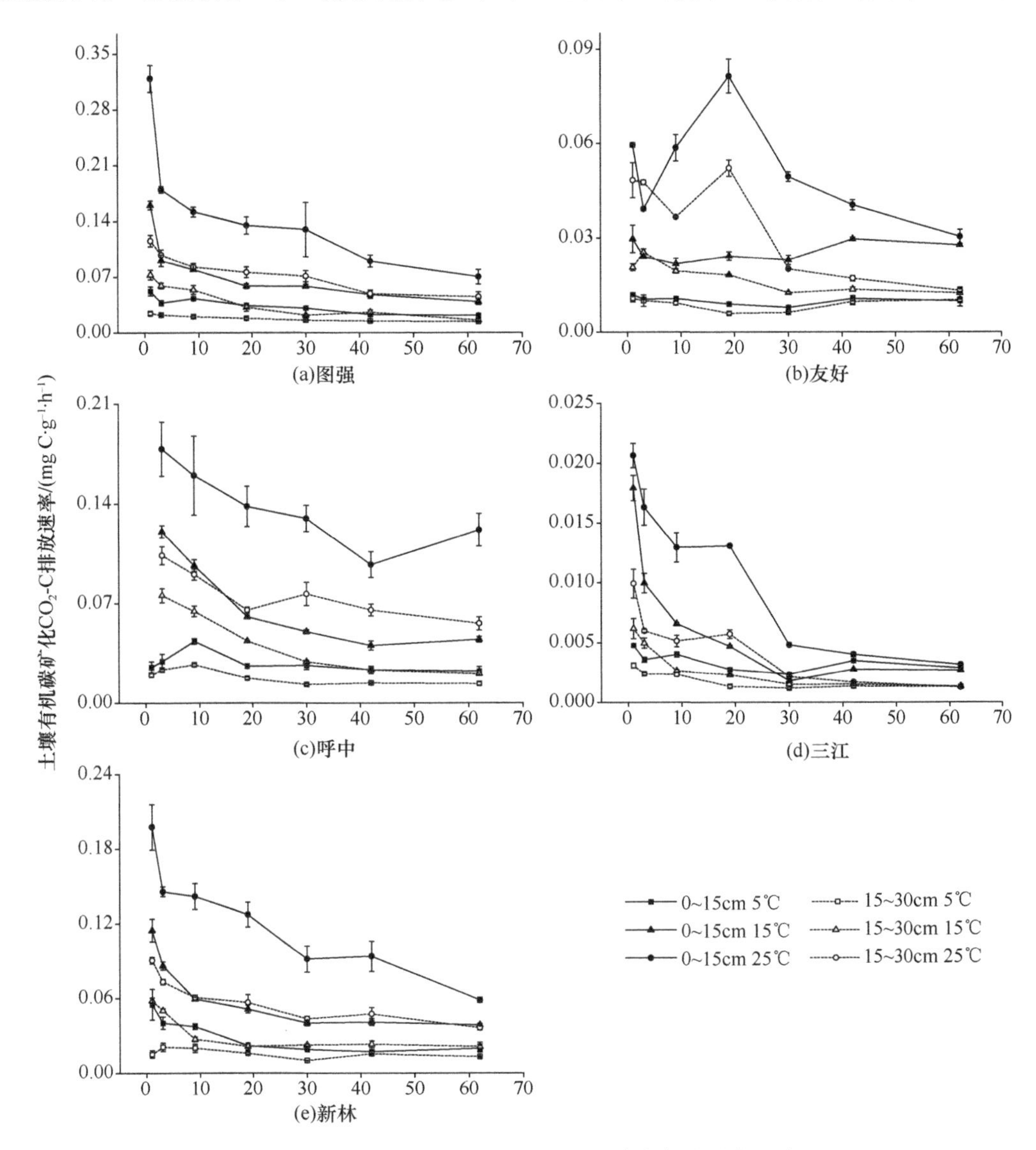

图 3-2 不同类型冻土区沼泽湿地土壤有机碳矿化速率

数值为平均值±标准误

图强和呼中位于连续多年冻土区，新林和友好位于不连续多年冻土区，三江位于季节性冻土区，下同

随着未来全球气候变暖、温度升高，土壤有机碳分解对温度变化的响应成为人们关注的焦点。有的研究表明随着温度的升高，土壤有机碳分解向大气释放 CO_2 的速率加快，土壤有机碳分解与全球气候变化之间形成正反馈机制（Kirschbaum，1995；Fang and Moncrieff，2001；王娓和郭继勋，2002）；也有的研究认为土壤有机碳分解速率并不会

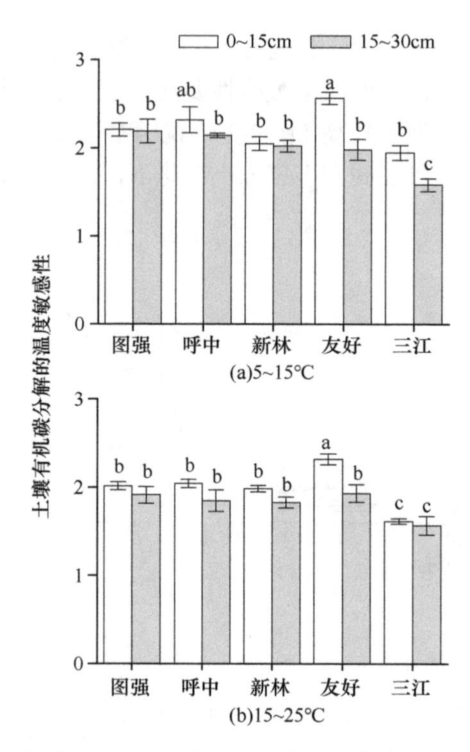

图 3-3 不同类型冻土区沼泽湿地土壤有机碳矿化的温度敏感性

数值为平均值±标准误，不同字母表示平均值的差异显著性（$p<0.05$）

随着温度的升高而持续增大，土壤中微生物群落可能会出现对温度升高的适应现象从而使土壤有机碳分解速率回归到原来的水平，或土壤有机碳分解受到土壤水分及土壤有机碳含量等限制而降低对温度的敏感性（Luo et al.，2001；张文菊等，2005）。

我国东北大兴安岭多年冻土区东南坡沼泽湿地土壤有机碳矿化的温度敏感性变化范围为 1.83～2.32，其值略低于王宪伟（2010）对大兴安岭西坡冻土沼泽湿地的研究，但表层土壤有机碳矿化的温度敏感性与东北不同冻土区的研究基本一致（表 3-2），虽然研究方法和技术方法存在差异，但许多湿地土壤有机碳矿化的 Q_{10} 值具有相似性。21 世纪，高纬度地区是受全球变暖影响最大的地区，也是增温幅度最大的地区（Kirschbaum，1995）。温度的升高必将给高纬度地区的沼泽湿地带来巨大影响（Turetsky，2004）。

表 3-2 不同地区湿地培养和野外土壤分解 Q_{10} 值

研究者	土壤类型	测量方法	温度敏感性系数 Q_{10}	地区
本研究	泥炭土	培养实验	1.83～2.32	中国，大兴安岭北坡
	泥炭土	培养实验	1.93～2.56	中国，小兴安岭
	沼泽土	培养实验	1.56～1.95	中国，三江平原
王宪伟，2010	泥炭土	培养实验	2.03～2.41	中国，大兴安岭西坡
Silvola et al.，1996	泥炭	野外观测	2.0～2.9	芬兰，沼泽湿地
Chapman and Thurlow，1998	泥炭	培养实验	2.4～4.8	苏格兰，沼泽湿地
Lomander et al.，1998	湿地沉积物	培养实验	2.2～12.7	瑞典，Ultuna

续表

研究者	土壤类型	测量方法	温度敏感性系数 Q_{10}	地区
Dioumaeva et al.，2002	泥炭	培养实验	3.1～4.4	加拿大，Manitoba
Wang et al.，2003	森林土壤	野外观测	2.19～3.91	中国，长白山
Lafleur et al.，2005	泥炭	野外观测	2.24～4.14	加拿大，Ontario
Rey et al.，2005	森林土壤	培养实验	2.2～3.3	意大利，Lazio
Rodionow et al.，2005	冻土	培养实验	1.9～2.4	俄罗斯，Igarka
杨钙仁等，2005	湿地沉积物	培养实验	2.0～3.6	中国，三江平原
Peng et al.，2015	泥炭土	野外观测	3.9	中国，青藏高原
Bader et al.，2018	泥炭土	培养实验	2.57±0.5	瑞士，沼泽湿地
Duval and Radu，2018	泥炭土	培养实验	1.09～2.38	加拿大，沼泽湿地
Li et al.，2021b	泥炭土	培养实验	1.93～2.20	法国，沼泽湿地

注：部分资料引用王宪伟（2010）

沼泽湿地土壤有机碳分解的温度敏感性 Q_{10} 值表征了土壤有机质内在的分解状况（Karhu et al.，2010；Hilasvuori et al.，2013），且随着土壤分解的抗性增加而增加（Scanlon and Moore，2000）。另外，碳质量温度假说假设，质量和温度敏感性之间的关系可以通过环境约束来调节，如冻结温度、缺氧条件或碳分子的物理保护（Davidson and Janssens，2006；Tang and Riley，2014），很大程度上，湿地土壤有机碳的分解受非生物因素的控制，如温度、水分和氧气有效性等（Wang et al.，2010a；Szafranek-Nakonieczna and Stepniewska，2014），土壤有机质质量的不稳定或复杂碳化合物的比例也影响其分解（Dieleman et al.，2016）。由于土壤不稳定基质的微生物分解依赖于温度（Fierer et al.，2006），对于北方温度相对较低的湿地土壤有机碳对增温的响应较敏感（Fissore et al.，2009）。并且不同沼泽湿地植物群落对其土壤分解的温度敏感性也有影响，薹草群落的土壤分解温度敏感性（Q_{10}=2.3）要高于灌木群落（Q_{10}=1.8）（Bradley-Cook et al.，2016），不同土壤性质，如纤维素和木质素，也影响沼泽湿地土壤分解的温度敏感性（Duval and Radu，2018），对于不同的研究，在不同的时间尺度上，沼泽湿地土壤分解的温度敏感性也有所不同（Peng et al.，2015）。

升温可促进沼泽湿地土壤有机碳的分解（Joseph and Henry，2008；Dimoyiannis，2009；Chivenge et al.，2011），基于热力学规律，土壤有机碳对生物化学的抗性会随着温度的升高变得敏感（Davidson and Janssens，2006；Ågren and Wetterstedt，2007）。土壤团聚体的物理保护作用可以减少团聚包裹的有机碳与微生物接触，减少其分解（Kværnø and Øygarden，2006）。有研究表明，增温会降低土壤团聚体的稳定性（Paz-Ferreiro et al.，2012）。团聚体破碎后，5℃、15℃时沼泽湿地土壤有机碳的分解显著增加（p<0.05）（图 3-4），其原因可能是：团聚体破碎后增加了团聚体内有机碳与微生物的接触，促进了微生物、土壤酶及氧气向团聚体内部的扩散（Lützow et al.，2006）。25℃时仅有轻微增加，这可能是因为：温度较高时，非团聚体包裹的土壤有机碳累积矿化量相对较大，团聚体破碎对有机碳分解的促进作用相对减弱。

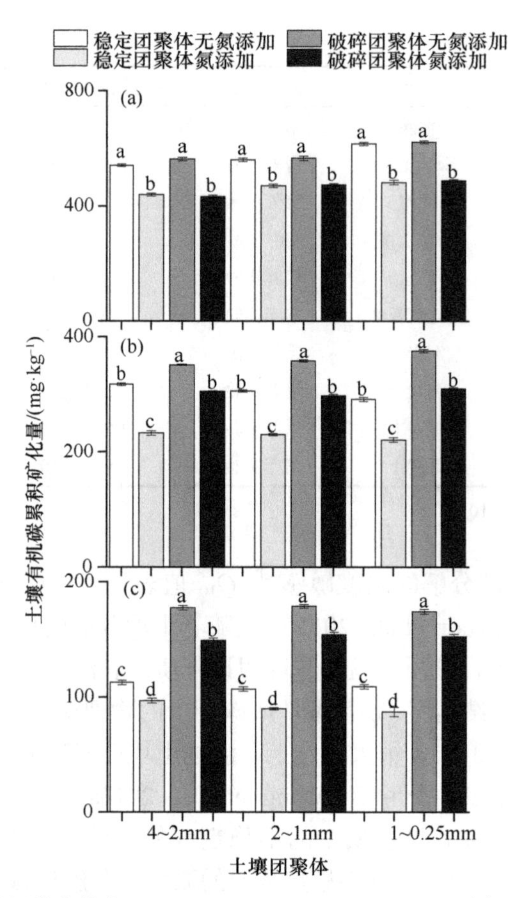

图 3-4　沼泽湿地土壤在 25℃（a）、15℃（b）、5℃（c）有机碳累积矿化量

不同字母代表均值间有显著差异（$p < 0.05$）

3.1.3.2　沼泽湿地土壤不同碳库对温度的响应特征

通过对沼泽湿地土壤轻组与重组的分离，然后开展不同温度下的培养实验，结果表明：沼泽湿地土壤轻组有机碳的分解能力要高于重组有机碳，但表层土壤轻组和重组有机碳的分解能力都很强，其分解都可释放大量的碳。沼泽湿地在温度相对较低情况下，表层土壤轻组和重组有机碳的温度敏感性都相对较高（图 3-5），说明沼泽湿地表层土壤对气候变暖的响应更敏感，但在温度升高的情况下会激活深层土壤重组有机碳的分解，其分解将加剧土壤碳的释放。

土壤碳库由无数个不同的碳组分构成，根据不同碳组分的物理性质和生物化学抗性可分为不同的碳库，如颗粒有机碳、轻组有机碳和微生物生物量碳（microbial biomass carbon，MBC）代表了易分解的活性碳库，而木质素等芳香类结构则代表了难分解的稳定碳库（Krull et al.，2003；Six et al.，2004）。每一种碳组分对分解都具有其独特的抗性或稳定性（Six et al.，2004；von Lützow et al.，2007），这些特性又影响土壤碳组分分解对温度的敏感性。基于热力学规律，土壤碳组分对分解的抗性会随着温度的升高变得敏感（Davidson and Janssens，2006；Ågren and Wetterstedt，2007）。虽然关于土壤不同碳库的温度敏感性存在着争议（Davidson and Jassens，2006），但一般认为，土壤不同碳组分的温度敏感性对于预测土壤碳循环的动态变化和稳定性非常重要（Hartley and Ineson，2008）。

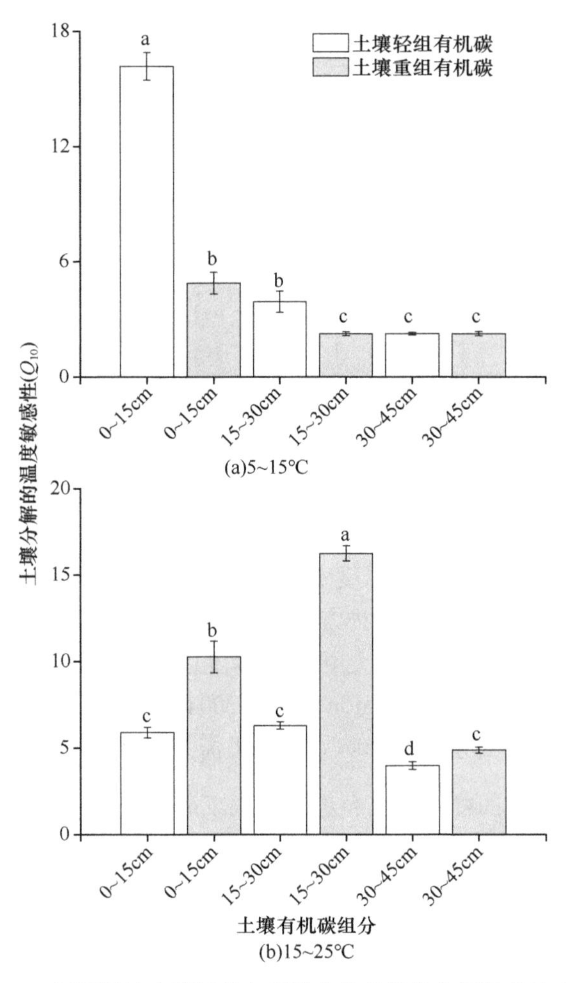

图 3-5　沼泽湿地土壤轻组与重组有机碳组分分解温度敏感性

数值为平均值±标准误，不同字母表示平均值的差异显著性（$p < 0.05$）

基于长时间的培养实验研究，沼泽湿地表层土壤易分解组分与难分解组分的温度敏感性没有显著的差异（图 3-6），但深层土壤难分解组分的温度敏感性较高，说明气候变暖对沼泽湿地深层土壤的影响较大，温度升高加快深层土壤难分解组分的周转。由于北方沼泽湿地土壤易分解碳组分的含量高，其分解对温度升高的敏感性也非常高（Waldrop et al.，2010）。土壤有机碳分解释放 CO_2，这个过程像所有的化学和生物过程一样，存在着对温度的依赖性，即对温度具有敏感性（Davidson and Jassens，2006）。土壤分解的温度敏感性对于评估大气碳循环反馈机制非常关键（Mahecha et al.，2010），但目前土壤不同碳组分对温度的敏感性仍然具有争议（Kirschbaum，2010）。不但易分解碳组分对温度升高响应敏感，难分解碳组分对温度的敏感性也非常高，甚至与易分解碳具有相同的温度敏感性（Fang et al.，2005；Conant et al.，2008）。并且土壤分解的温度敏感性会随着难分解碳组分敏感性的增加而增加（Wetterstedt et al.，2010），这也符合热力学原理，难分解组分降解需要更高的活化能和更多的酶活性（Gershenson et al.，2009）。目前土壤分解的温度敏感性控制机制及其影响因素仍没有完全清楚（Wagai et al.，2009；Wang et al.，2010b），还需要长期的研究。

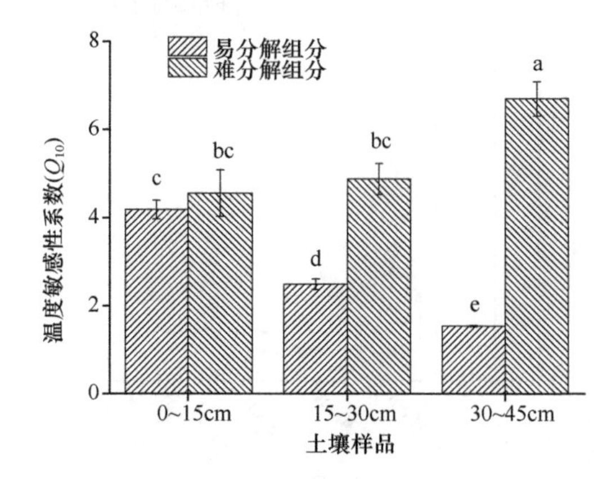

图 3-6　沼泽湿地土壤易分解与难分解组分的温度敏感性系数

数值为平均值±标准误，不同字母表示平均值的差异显著性（$p < 0.05$）

关于沼泽湿地土壤碳库分解对温度变化响应的研究备受瞩目（Conant et al.，2011；陈全胜等，2004），其关系可以用多种方程表示。但是，沼泽湿地土壤有机碳分解的温度敏感性存在着相当大的时空变化，这可能与温度以外的土壤理化性质等因素的空间分异有关（Bader et al.，2018；Waddington et al.，2001）。然而，迄今为止，除了温度以外还有哪些因素影响及其如何系统地影响 Q_{10} 值仍需开展深入的研究。

3.1.3.3　沼泽湿地土壤有机碳在有氧和厌氧环境下的温度敏感性

在湿地生态系统中，水分条件不仅是维持其生态环境的必要条件，而且也是影响其植被生产力、凋落物分解及土壤有机碳分解与累积的关键环境因子之一（宋长春，2003）。一般认为淹水（厌氧环境）条件下，土壤中有机质的矿化速率低，从而形成大量有机碳的累积。我国东北连续多年冻土区沼泽湿地在有氧环境下土壤有机碳矿化能力更强，但在温度升高下，淹水厌氧环境可增加土壤有机碳分解的温度敏感性（图 3-7），这与多年

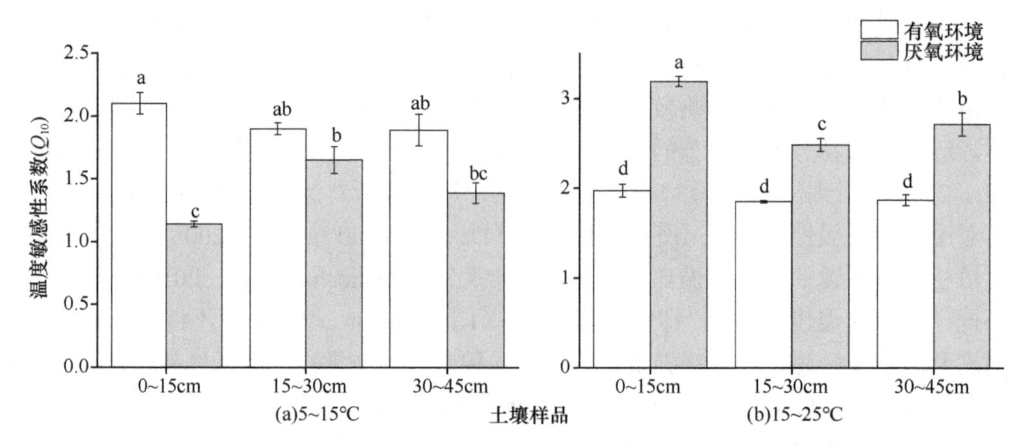

图 3-7　连续多年冻土区沼泽湿地土壤在有氧和厌氧环境下矿化的温度敏感性（Q_{10}）

数值为平均值±标准误，不同字母表示平均值的差异显著性（$p < 0.05$）

冻土区沼泽湿地土壤轻组有机碳的含量较高有关，在淹水的环境中，仍有大量轻组有机碳漂浮机碳在水中，使部分暴露在空气中的有机碳更易分解。连续多年冻土区沼泽湿地土壤有分解 CO_2 排放量与土壤有机碳和氮含量有关。并且无论是有氧还是厌氧培养，CO_2 排放量与溶解性有机碳（DOC）和微生物生物量碳（MBC）含量都具有很好的线性相关关系（表 3-3）。

表 3-3　连续多年冻土区沼泽湿地土壤 CO_2 排放量与理化性质之间的关系

	有氧环境 CO_2 累积排放量/mg		厌氧环境 CO_2 累积排放量/mg	
	R^2	P	R^2	P
有机碳含量（$g·kg^{-1}$）	0.79	0.001	0.61	0.008
全氮含量（$g·kg^{-1}$）	0.84	0.001	0.71	0.008
C：N 值	0.13	0.378	0.02	0.765
土壤水分含量（%）	0.95	<0.001	0.99	<0.001
DOC（$mg·kg^{-1}$）	0.85	<0.001	0.97	<0.001
MBC（$mg·kg^{-1}$）	0.74	0.001	0.90	<0.001

湿地生态系统的水文过程和土壤环境条件具有特殊性，使得湿地碳循环具有区别于其他生态系统的特征。湿地生态系统中碳的储存与水文过程及水位波动、地貌、气候等因素有关，水循环控制了湿地氧化还原条件，地形决定水文循环状况及颗粒沉积物与有机质的迁移和沉积。湿地土壤的环境条件对碳的生物地球化学过程有重要的影响（宋长春，2003）。我国大兴安岭湿地淹水条件下土壤有机碳的分解速率降低，但其对温度升高条件下的温度敏感性很高，白光润等（1999）的研究结果表明，积水条件并非泥炭形成和积累的充分条件，相同积水条件下，当空气湿度低、温度高时，有机碳的分解仍然很快；而当空气湿度过高、温度较低时，沼泽水中溶氧量减少、好氧微生物活动受限制，才会抑制有机碳的分解。

目前，多数关于沼泽湿地土壤分解对温度的响应研究是在有氧状况下开展的（Li et al.，2021a），而厌氧状况由于低的氧利用率限制了微生物活性（Yavitt et al.，1997），在增温下降低了 CO_2 的产生速率，分解的温度敏感性 Q_{10} 没有增加（Li et al.，2021b），厌氧环境下土壤有机质降解速率会降至有氧环境的 1/5～1/10（Kristensen and Holmer，2001）。

3.1.3.4　沼泽湿地土壤产 CH_4 潜能的温度敏感性

湿地土壤有机碳分解是大气 CH_4 重要的源之一，CH_4 是由产甲烷菌利用有机物在厌氧环境下降解产生的（丁维新和蔡祖聪，2002）。土壤活性有机物质越丰富时，产 CH_4 量越大，不同底物的培养试验表明，产 CH_4 潜能可相差一个数量级或者更多（Bridgham et al.，1998；McKenzie et al.，1998；Segers，1998）。土壤厌氧层产生的 CH_4，在排放到大气之前，有一个传输的过程，其中有大部分（50%～90%）CH_4 在传输到大气之前被氧化了（Brix et al.，2001；Freeman et al.，2002；Teh et al.，2005）。CH_4 氧化主要由土壤中的甲烷氧化菌来完成，影响 CH_4 氧化的因素主要为温度和 CH_4 含量。

通过称取 50 g 鲜土放入 250 ml 培养瓶中，加入约 50 ml 去离子水，用高纯 N_2 厌氧培养研究，不同冻土区沼泽土壤产 CH_4 潜能有很大差异，基本表现为季节性冻土区的毛薹草沼泽>岛状多年冻土区的瘤囊薹草沼泽>大片连续多年冻土区的柴桦-笃斯越橘-泥炭藓沼泽>岛状多年冻土区的落叶松-油桦-笃斯越橘-藓类沼泽。不同冻土区沼泽 0～40 cm 土壤平均产 CH_4 潜能范围为 0.03～53.60 μg $CH_4 \cdot g^{-1}$ $DW \cdot d^{-1}$，各个冻土区的沼泽类型之间的差异都达到一个数量级。在同一沼泽内，上层土壤的产 CH_4 潜能大于下层，差距最高可达 18 倍。不同温度条件下培养的不同冻土区沼泽土壤产 CH_4 潜能的结果显示，上层土壤（0～20 cm）产 CH_4 潜能的温度敏感性以大片连续多年冻土区沼泽最高，季节性冻土区次之，而岛状多年冻土区沼泽最低；下层土壤则为季节性冻土区沼泽最高，大片连续多年冻土区沼泽次之，而岛状多年冻土区沼泽最低（表 3-4）。

表 3-4　不同冻土区沼泽土壤产 CH_4 潜能的温度敏感性

土壤层次	大片连续多年冻土区	岛状多年冻土区		季节性冻土区
	泥炭地	泥炭地	沼泽湿地	沼泽湿地
0～20 cm	4.76	1.32	2.20	4.22
20～40 cm	1.57	1.57	1.42	2.77

与土壤产 CH_4 潜能不同，不同冻土区沼泽土壤 CH_4 氧化潜能差异不是很大，高 CH_4 浓度（1600 ppm）条件下，上层土壤 CH_4 氧化潜能差距最大不到 2 倍，土壤 CH_4 氧化潜能范围为 5.31～10.31 μg $CH_4 \cdot g^{-1}$ $DW \cdot d^{-1}$；下层土壤 CH_4 氧化潜能差距最大不到 4 倍，土壤 CH_4 氧化潜能范围为 2.49～9.74 μg $CH_4 \cdot g^{-1}$ $DW \cdot d^{-1}$。中等 CH_4 浓度（400 ppm）和低 CH_4 浓度（100 ppm）条件下，不同冻土区沼泽和不同土壤层次之间差距均不到 2 倍。在同一沼泽内，CH_4 浓度越高，土壤 CH_4 氧化潜能越大。高、中和低浓度条件下土壤 CH_4 氧化潜能之间的差距在 1.5～4 倍（图 3-8）。

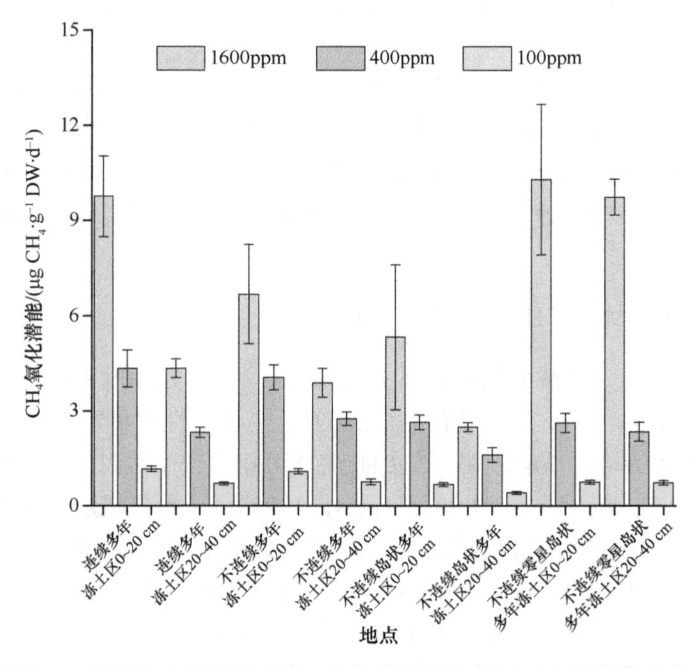

图 3-8　不同冻土区沼泽土壤 CH_4 氧化潜能及其对 CH_4 浓度的响应

对于沼泽湿地，CH_4被认为是通过两种主要途径产生的：乙酰分解（乙酸分裂）和氢化营养（使用H_2作为电子供体还原二氧化碳）产甲烷途径（Whalen，2005；Bridgham et al.，2013），CH_4产生（产甲烷菌）和氧化（甲烷营养体）微生物的活动和群落组成很大程度上受到气候变化相关环境条件的影响，如水位和温度（Larmola et al.，2010；Turetsky et al.，2008；Yrjälä et al.，2011），这使得预测沼泽湿地CH_4排放通量具有不确定性（Zhang et al.，2020），而不同类型湿地间CH_4排放的差异可以由湿地间土壤的产CH_4潜能来解释（Van der Pol-van Dasselaar et al.，1999；Wagner et al.，2005）。例如，Bridgham 等（1998）对北方湿地的研究结果发现，土壤产CH_4潜能以湿草甸为最高，森林沼泽次之，贫营养的泥炭地最低，与CH_4通量高低次序的结果一致。Liu 等（2011）研究中国东北和青藏高原之间CH_4排放的差异也发现，在大空间尺度上，产CH_4潜能较高地点的CH_4排放通量也较高。说明沼泽土壤产CH_4潜能是CH_4排放的主要控制因素之一。瑞典沼泽湿地土壤产CH_4温度敏感性Q_{10}值为1.9～5.8，不同冻土区也不同（Lupascu et al.，2012）。虽然以往的研究认为产甲烷菌对于沼泽湿地CH_4的产生非常重要，而土壤甲基化底物对总CH_4产生的贡献同样重要，微生物处理甲基化底物最多占总CH_4产量的11%（Hanna et al.，2020），今后的研究需进一步评估甲基营养化甲烷生成的重要性，明确沼泽湿地土壤产CH_4温度敏感性对于预测其CH_4排放非常重要，但目前沼泽湿地CH_4排放相关的微生物过程（由产甲烷菌产生甲烷和被产甲烷营养菌氧化）的速率和温度响应目前尚不清楚，在调节这两种机制的变量上存在差异，与温度之间的相互作用缺乏定量的理解（Zhang et al.，2020），仍需深入研究。

3.1.3.5　温度对沼泽湿地土壤氮氧化物排放的影响

土壤中N_2O的主要产生过程是由微生物主导的，主要受到温度、土壤特性、氮的可利用性、植被等因素的影响（Brown et al.，2012；Luo et al.，2013）。通过我国东北大兴安岭 OTC 模拟增温研究发现，增温影响了沼泽湿地N_2O排放通量，季节变化模式具有明显的差异，都有明显的高峰值出现时间。柴桦-泥炭藓沼泽湿地和狭叶杜香-泥炭藓沼泽湿地的N_2O排放通量的平均增幅分别为156%和137%。从月份平均增加幅度来看，柴桦-泥炭藓沼泽湿地的N_2O排放通量增加幅度在8月最大为223%，而狭叶杜香-泥炭藓沼泽湿地增加幅度在7月最大为217%。总体来看，增温对柴桦-泥炭藓沼泽湿地的影响更大一些（图 3-9）；多年冻土沼泽湿地N_2O的季节变化主要受到土壤温度、土壤融化深度和土壤含水量的控制。N_2O排放通量与10 cm土壤温度和15 cm土壤温度呈正相关线性关系，其中与15 cm土壤温度相关性最好（图 3-10）；N_2O排放通量随着土壤融化深度增大呈线性增加的趋势。

增温显著增加了沼泽湿地生长季N_2O的排放通量并且改变了N_2O出现高峰值的时间，这与其他的研究结果类似（Smith et al.，1997；Larsen et al.，2011）。Smith 等（1997）的研究表明，N_2O排放通量随着温度的升高而增强，这主要是因为O_2含量减少，土壤中的厌氧程度增加。在室内培养实验水分能很好地得到控制（Dobbie and Smith，2001）及野外观测实验土壤水分和无机氮不受限制时（Phillips et al.，2007），增温能促进N_2O的排放。增温显著增加了生长季N_2O的排放通量并且改变了N_2O出现高峰值的时间。

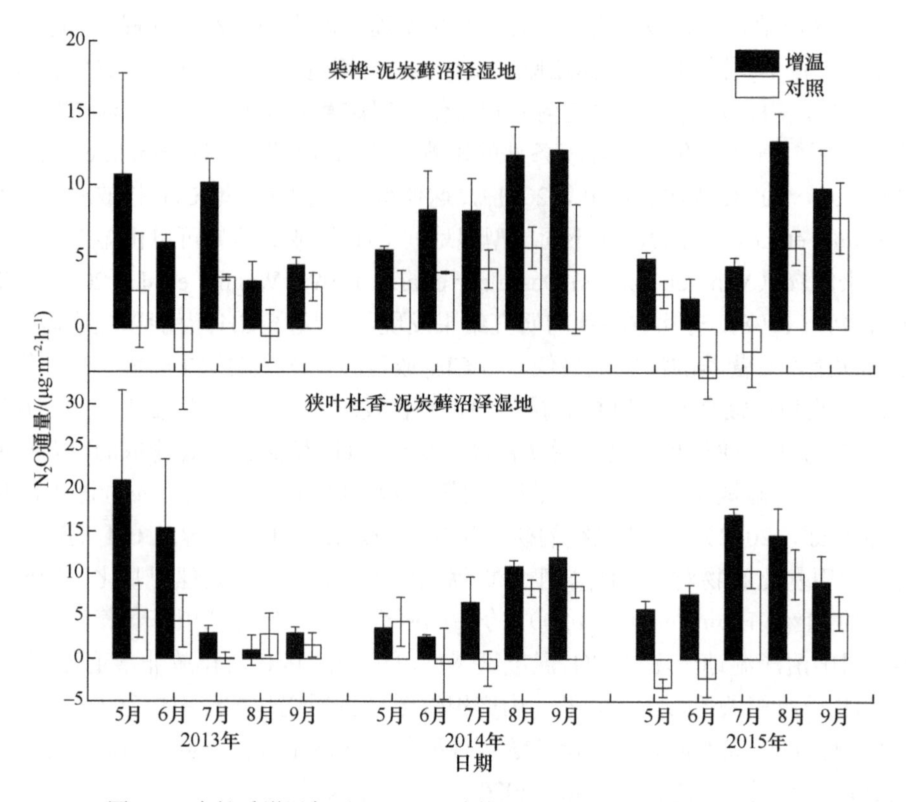

图 3-9　生长季增温与对照沼泽湿地的 N_2O 通量月均值的季节变化

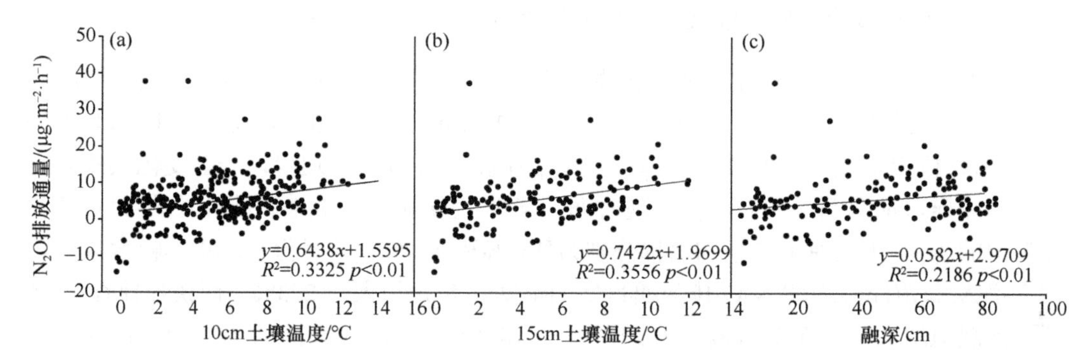

图 3-10　生长季 N_2O 通量与 10 cm 土壤温度（a）、15 cm 土壤温度（b）和融深（c）的关系

土壤温度是调节土壤中氮素的重要因素之一，土壤温度升高会促进土壤中微生物和酶的活性（Bijoor et al.，2008；Dijkstra et al.，2010），导致氮的矿化速率和有机质分解速率加快（Rustad et al.，2001；Bai et al.，2013），因此为硝化和反硝化作用提供反应基质来促进 N_2O 的排放。土壤温度的增加还会通过增强土壤呼吸作用来促进土壤反硝化作用，进而促进 N_2O 的排放（Smith et al.，2003；Larsen et al.，2011）。然而，土壤温度升高也会刺激植物生长，促进氮的吸收，降低 N_2O 的排放（Schmidt et al.，2004；Dijkstra et al.，2012）。我国大兴安岭沼泽湿地增温促进了 N_2O 的排放，这说明土壤温度增加的正反馈作用大于负反馈作用。

增温改变了大兴安岭沼泽湿地 NO 排放通量的季节变化模式，柴桦-泥炭藓沼泽湿地和狭叶杜香-泥炭藓沼泽湿地的季节变化模式不一样（图 3-11）；从每年增加的幅度来看，随着年份的增加，沼泽湿地 NO 的排放增加幅度具有弱的增加趋势，说明气候变暖将持续促进大兴安岭沼泽湿地 NO 的排放。Goldberg 等（2010）对富营养沼泽湿地研究发现，在水淹情况下 NO 的排放值较低，而水位的降低会增强硝化作用来促进 NO 的排放。Skiba 等（1993）指出，NO 排放值低主要是因为高的土壤含水量阻碍了土壤通气和低的土壤温度降低了微生物的活性。研究表明，N_2O 主要产生于反硝化作用，而 NO 主要产生于硝化作用和反硝化作用（Ambus et al.，2006）。NO 与 N_2O 排放量的比值小于 1 则表明 N_2O 和 NO 主要由反硝化作用产生，反之则由硝化作用产生，本研究中 NO 与 N_2O 排放量比值始终小于 1，说明沼泽湿地主要以反硝化作用为主。多年冻土沼泽湿地常年淹水，含氧量较低，并且在厌氧和酸性条件下，沼泽湿地的硝化作用受到抑制（Regina et al.，1996），NO 的排放量低。而且，多年冻土区沼泽湿地属于贫营养沼泽湿地，氮沉降量和氮的可利用性比较低，也会造成 NO 排放量比较低（Martikainen et al.，1993）。一方面增温可以刺激土壤中氮的转化，促进土壤中微生物和酶的活性（Bijoor et al.，2008；Dijkstra et al.，2010），导致氮的矿化速率和有机质分解速率加快（Rustad et al.，2001；Bai et al.，2013）；另一方面是因为夏季温度升高，土壤含水量减少，土壤通气性好，会促进硝化作用并产生 NO。Ormeci 等（1999）认为，温度升高不仅能增强土壤中的微生物活性和营养物质矿化速率，还会加速 NO_2^- 向 NO 转化的化学分解反应，促进 NO 的排放。增温会影响土壤中的生物和非生物因素，都会影响 NO 的排放。

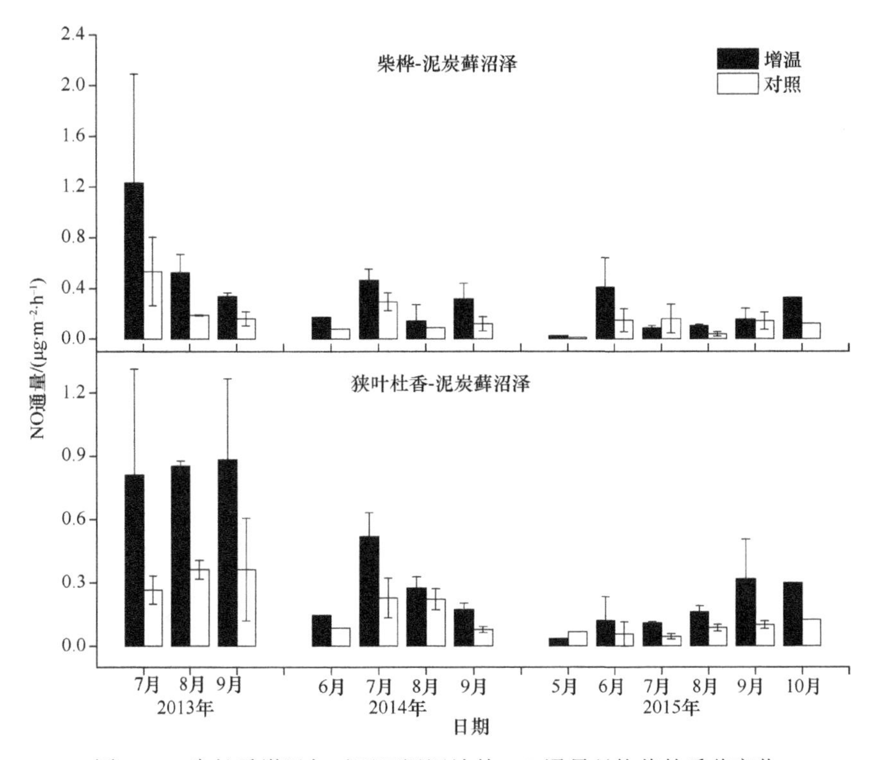

图 3-11 生长季增温与对照沼泽湿地的 NO 通量月均值的季节变化

3.2 水分变化对沼泽湿地土壤碳氮循环过程的影响

在湿地生态系统中，水分条件不仅是维持其生态环境的必要条件，而且也是影响其植被生产力、土壤矿化分解及温室气体排放的关键环境因子之一。水分状况控制着湿地土壤通气条件和氧化还原状态，调节着湿地中电子受体和供体的运转，影响微生物活性，在湿地碳氮生物地球化学循环方面有着重要作用（Mitsch and Gosselink，2007）。一般认为湿地的淹水（厌氧环境）条件导致土壤有机质的矿化速率低，从而形成大量有机碳的累积。但长期积水并非泥炭形成和积累的充分条件，相同积水条件下，当空气湿度低、温度高时，有机碳的分解亦很快；而当空气湿度过高、温度较低，湿地水中溶氧量减少，好氧微生物活动受限制时，有机碳的分解才会受到抑制（白光润，1995）。由此可见，含水量对有机碳分解的影响是非常复杂的问题，其不仅涉及环境因素的相互影响过程，更涉及微生物的适应性与活性等生物问题。但是，众多相关研究表明，水分条件（包括水位的高低、淹水时间长短及波动周期、河流洪泛强度及径流过程等）确实是影响湿地土壤矿化过程和温室气体排放的重要因素之一（Ström and Christensen，2007；Hou et al.，2013）。水分条件的变化主要通过改变湿地土壤物理环境，进而改变土壤生物过程和矿化产物释放过程，相对于土壤碳氮矿化过程的直接影响因素（氧气含量、温度等）而言是间接影响因素。因此，水分条件与土壤碳氮矿化率、温室气体排放速率等参数往往不存在显著的线性相关关系，不同湿地类型、地貌、气候、生长季阶段下往往出现不同结果，依据水分条件对湿地土壤矿化速率和温室气体排放进行预测存在很大不确定性（Dimitrov et al.，2010；Evans and Wallenstein，2012；朱晓艳，2015）。

3.2.1 进展动态

3.2.1.1 土壤湿度与有机碳矿化之间的关系

土壤含水量（湿度）对土壤分解速率的影响规律与温度截然不同：土壤分解速率与温度间的关系通常可以表示为指数关系，而与湿度间的关系，在不同的生态系统、不同的季节或年份及不同的实验条件下具有较大的差异。陈全胜等（2003b）对锡林河流域典型草原退化群落土壤呼吸的研究结果表明，土壤呼吸速率与土壤含水量呈显著的线性关系；在全年温度变异较小的亚马孙盆地，Davidson 和 Janssens（2006）对放牧地和林地土壤呼吸速率的研究表明，土壤呼吸随着土壤含水量的降低而降低，且呼吸速率与基质势和土壤体积含水量呈对数关系；在科罗拉多高原的寒冷荒漠中，Fernandez 等（2006）发现，夏季土壤呼吸速率的主要控制因子不是温度，而是土壤含水量，然而在冬季，土壤含水量对土壤呼吸的影响却很小；Reth 等（2005）的研究结果表明，只有草甸的土壤呼吸受土壤含水量的影响，而裸地和林地的土壤呼吸与土壤含水量则没有显著的相关性。同样也有研究结果表明土壤含水量的变化对土壤呼吸没有影响或影响很小（Monson et al.，2006；Cleveland et al.，2006）。

不同研究结果中土壤含水量与土壤呼吸关系存在的差异说明土壤含水量对土壤

呼吸的影响比较复杂，而这种复杂性可能与土壤根系及微生物本身对水分变化的敏感性有关，可能还与温度、植被及土壤有机质碳、氮含量等因子的相互作用密切相关，特别是温度对土壤呼吸的限制作用可能会降低土壤呼吸对水分变化的响应程度。有不少研究者曾尝试着将水分与土壤呼吸之间的关系数量化（表 3-5），虽然温度和水分都是与土壤 CO_2 排放量时间动态联系最为密切的因子，但温度与土壤呼吸之间的关系似乎总是可以用一个指数函数来描述，而描述水分含量的变化与土壤呼吸之间关系的模型有很多，且它们各不相同。这些模型有线性的、对数的、二次方的，等等，尽管这些模型有的能够很好地拟合特定条件下的数据，但是这些模型都缺乏普适性（陈全胜等，2003a）。

表 3-5 土壤湿度与土壤有机碳矿化之间的关系方程

来源	方法	关系方程
Wildung et al.，1975	野外观测	$CO_2=0.88\pm0.013wt$ w=水分含量，t=温度
Orchard and Cook，1983	实验室培养实验	$CO_2=-0.167\ln(-w)+0.95$ w=潜在水分含量
Schlentner and Cleve，1985	野外观测	$CO_2=[M/(a_1+M)]\times[a_2/(a_2+M)]\times a_3\times a_4^{[(T-10)/10]}$ M=重力水含量，T=温度，a_1、a_2、a_3和a_4为方程参数
Oberbauer et al.，1992	野外观测	$CO_2=C\times e^{(-E/RTk)}\times e^{Swt}$ T=温度，R=气体含量，E= 活性能量，$Swt=A\times[Wt/(Wt+B)]$，Wt=水位，A和B为方程参数
Howard and Howard，1993	实验室培养实验	$\ln(CO_2)=a+b_1(T-T^*)+b_2(T-T^*)+c_1(M-M^*)+c_2(M-M^*)$ M=土壤最大持水量，M^*=平均的最大持水量，T=温度，T^*=均温
Hanson et al.，1993	野外观测	$CO_2=[R_bQ^{(Ts/10)}](1-Cf/100)$ $R_b=(KWsR_{max})/(KWs+R_{max})$ Ws=体积水分含量，Cf=粗糙粒度，T=温度，R_{max}=当Ws为100时最大值，K和Q为方程参数
Raich and Potter，1995	野外观测	$CO_2=F\times e^{Q\times T}\times(P/K+P)$ P=平均每月降水量，T=月均温，$Q=Q_{10}$，K=土壤水渗透系数，F=温度为0和水分不受限制状况
Rey et al.，2005	室内培养	$C=C_0+aw+bw^2$ w=土壤湿度，C_0、a和b为方程参数
王宪伟和李秀珍，2009	室内培养	$C=C_0+aw+bw^2$ w=土壤湿度，C_0、a和b为方程参数

3.2.1.2 水分条件变化对湿地碳氮矿化的影响

水分条件是影响湿地土壤有机碳矿化的重要因素，但以往研究在关于水分条件变化对矿化速率的促进或抑制作用上存在分歧和众多不确定性。其不确定性首先源自“水分条件”本身概念的宽泛和不确定性，“水分条件”没有严格的定义，湿地生态系统相关研究中包含了土壤湿度条件、淹水条件（水位高低及频率）、淹水-干旱条件转换、河流湿地水文过程变化（洪泛过程等），再加上湿地生态系统的水文地貌条件和土壤发育特征的多样性，研究得出的结论往往没有普适性规律。

水位波动变化，包括波动幅度和周期，对湿地土壤碳氮矿化分解过程产生重要影响。Blodau 和 Moore（2003）通过对比实验发现，在稳定的高水位条件下，泥炭地中 CO_2、CH_4 和 DOC 的净生成速率分别为 6.1 mmol·m^{-2}·d^{-1}、2.1 mmol·m^{-2}·d^{-1} 和 15.4 mmol·m^{-2}·d^{-1}，水位降低和升高过程中，泥炭矿化速率呈现出复杂的变化模式，土壤矿化响应至平衡的时间最长可以延伸到几个月，水位波动变化期间的平均 CH_4 生成速率降低至

0.36 mmol·m^{-2}·d^{-1}，而 CO_2 生成速率增加至 140 mmol·m^{-2}·d^{-1}。水位的降低能显著增加底层泥炭土壤的好氧矿化速率；相反，当水位增加并超过地表以后，湿地底层土壤的厌氧矿化速率会显著增加。水位波动变化导致泥炭地碳库矿化速率发生变化的原因大致有以下几个方面：①氧化引起的化学降解过程增加了基质物质的释放（Aller，1994）；②促进了微生物生物量碳的再循环过程（Clein and Schimel，1994）；③水位变化触发“酶栓”机制（Freeman et al.，2001）。

Chen 等（2012）通过土柱模拟实验研究了水位波动对酸性矿质土壤湿地（acidic minerotrophic fen）土壤碳氮矿化过程的影响，持续了 117 天的模拟实验结果表明，持续水淹的湿地土壤 CO_2 释放量一直保持在较低水平，但氨化过程产生的 NH_4^+在经过了 30～70 天以后显著增加；在水位连续波动处理的土壤中，氨化过程产生的 NH_4^+在培养 30 天后也出现了显著增加，水位一旦下降，土壤矿化产生的 CO_2 通量立刻会达到峰值，水位重新升高将促使土壤矿化释放的 CO_2 通量又重新降低。整体来看，在持续水淹的湿地土壤中氨化过程产生的 NH_4^+要比波动水位处理下多，但硝化过程产生的 NO_3^-一直处于较低水平，且对各处理没有明显响应差异，表明持续水淹促进土壤氨化过程，但对湿地土壤硝化过程没有显著影响。

3.2.1.3 水分条件变化对土壤碳矿化的影响机制

1）“酶栓”（enzymic latch）理论

传统观点认为，沼泽中泥炭等有机物质的累积主要因为长期的厌氧环境、低养分水平、低温和低 pH。但 Freeman 等（2001）及 Fenner 和 Freeman（2011）的研究发现，厌氧环境中氧气（O_2）的缺乏限制了酚氧化酶活性是导致沼泽中有机物不断累积的主要原因。首先，沼泽淹水环境中会逐渐累积酚类物质，酚类物质（phenol compound）是芳香环上的氢被羟基取代的一类芳香族化合物，自然界中存在的酚类化合物大部分是植物生命活动的结果，植物体内所含的酚被称为内源性酚，其余被称为外源性酚，酚类化合物都具有特殊的芳香气味，均呈弱酸性。沼泽湿地中的酚类物质，能够限制微生物的活性，进而阻止了微生物对有机物的分解，导致沼泽湿地有机物的逐渐累积。酚氧化酶是能够完全降解酚类物质的活性酶中的主要种类之一，但是酚氧化酶的形成和降解作用的发挥需要 O_2 的参与，沼泽湿地长期积水导致的厌氧环境，使酚氧化酶长期处于低活性状态，无法对酚类物质进行有效降解，使得酚类物质在沼泽湿地中逐渐累积。酚氧化酶作为控制酚类物质浓度和累积程度的重要生物酶，是影响沼泽湿地中酚类物质浓度与有机质分解速度的最主要因素，这就是所谓的“酶栓效应”。

沼泽湿地水位下降、季节性干旱或土壤含水量显著降低会导致土壤由厌氧环境向好氧环境转变，氧气进入湿地土壤刺激了土壤微生物生长和酚氧化酶活性的增加，导致湿地土壤中酚类物质浓度显著下降，这进一步加速了微生物的生长，导致有机物的快速分解。整体上，水位下降或干旱发生，会显著促进湿地有机质的矿化分解和土壤呼吸。当湿地土壤重新润湿或水位重新升高以后，由于干旱引起的矿化过程中可利用性养分增加和活性碳组分含量升高，湿地土壤向大气或水体中释放的二氧化碳或溶解性碳通量会显著增加。干旱和重新湿润过程导致的湿地碳矿化过程见图 3-12。因此，严重的大规模干旱，加之随后水位重新恢复或土壤润湿，将显著促进北方湿地中碳库的分解释放，在目前气候变化背景下，北方地区干旱和暴雨频次的增加对沼泽湿地碳库的稳定性构成了重大挑战。

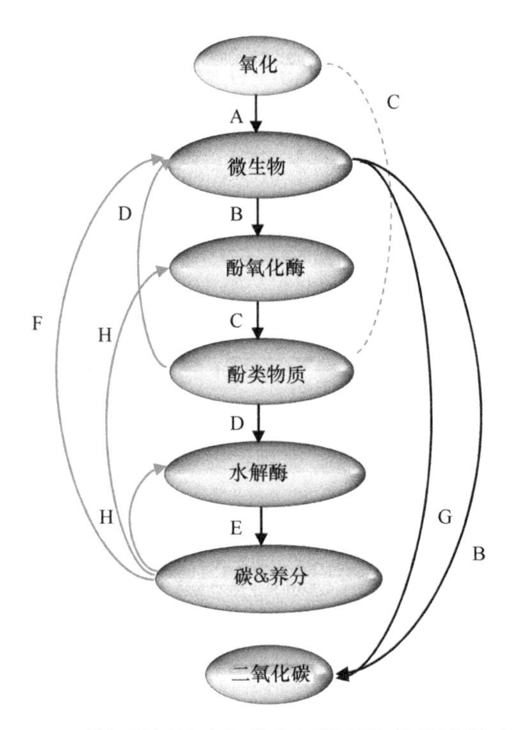

图 3-12 干旱解除湿地有机物分解限制的具体过程示意图

氧气增加刺激微生物生长（A），CO_2 释放及酚氧化酶的重新生成（B），酚类物质含量降低（C），酚类物质减少进一步刺激微生物代谢和水解酶活性（D），水解酶活性增加促进碳矿化和养分释放（E），提供微生物营养源和更适宜的 pH 环境［重新润湿（F）］，水解酶、酚氧化酶和 CO_2 释放进一步增加（G），营养源增加亦可直接刺激酶活性（H）。正反馈过程加速碳释放标识为红色，酚类去除标识为虚线

“酶栓”机制的研究主要基于北方陆地泥炭湿地生态系统，北方泥炭湿地一般具有贫营养、偏酸性的特征。在这样的典型北方泥炭地中，甚至在养分和 pH 严重限制了干旱过程中有机物降解的情况下，干旱后的重新润湿阶段分解的碳向大气和河流中的加速释放过程非常明显。在中营养和富营养湿地中，“酶栓”机制的基本理论同样适用。众多实例研究发现，具有一定强度和一定持续时间的干旱过程是促发“酶栓”机制的必要条件，严重的夏季干旱往往比中等的干旱表现出更加明显的碳分解和释放特征，只有干旱过程达到一定强度，才能有效增加酚氧化酶的活性并降低酚类物质的浓度。但是在一些特别贫营养或者水位长期保持较低水平的湿地，有机物的降解过程受到养分供给和酸度的强烈限制，“酶栓”效应不会很明显，土壤碳分解在干旱过程中仍较缓慢。

2）铁氧化还原过程与“铁门”机制

湿地水分条件的变化往往导致土壤氧化还原特征的变化，低水位或低土壤湿度有利于氧气运动和补充，促进湿地土壤向氧化环境转变，淹水条件则促进湿地还原条件的形成。在矿质湿地土壤中，有机碳往往与铁氧化物形成稳定的土壤团聚体，土壤水分下降导致的氧化环境能够促进铁氧化物的形成，增加铁结合有机碳含量，提升铁结合有机碳的温度和生物稳定性；相反淹水环境促进铁还原过程，削弱铁对有机碳的保护，降低了湿地矿质土壤有机碳库的稳定性（Wang et al.，2019）。

铁的形态对铁碳结合方式及铁碳团聚体的稳定性具有重要影响，水分条件变化改变了土壤氧化还原环境和铁的价态，进而影响铁碳结合途径和稳定性（秦雷，2020）。铁结合有机碳包括吸附和共沉淀两种方式。吸附方式中铁氧化物通过表面官能团交换来吸附溶解性有机碳，共沉淀方式是指有机碳直接与铁晶体结构连接，有机碳被晶体包裹形成新的螯合物，即不可溶的铁氧化物-有机碳复合物（Chen et al.，2014；Kleber et al.，2015）。铁氧化物结合能够降低有机碳与微生物、胞外酶及氧气接触，增加有机碳稳定性。Shields 等（2016）发现河口三角洲湿地土壤中活性铁结合的有机碳组分含量达 15%，铁结合有机碳的分解速率约为土壤总有机碳分解速率的 1/5。湿地土壤 pH 变化会影响铁氧化物对有机碳的吸附，从 pH=7 降低到 pH=4 时，显著促进了铁氧化物对有机碳的吸附（Chen et al.，2014）；真菌能够促进铁结合有机碳，真菌可以分泌酚类氧化酶，酚类氧化酶通过酶聚合作用形成浓缩芳香化合物，更易被铁氧化物吸附（Zhao et al.，2019）；铁氧化细菌的存在也会促进铁碳结合，在湿地中常见铁锈颜色团状物，就是由铁氧化细菌分泌水铁矿聚合而成，可有效吸附溶解性有机碳（Fleming et al.，2014）。

湿地土壤铁氧化影响有机碳分解是通过芬顿反应实现的。在湿地土壤有氧条件下，芬顿反应过程中的亚铁与氧气反应可以产生超氧离子（O_2^-）或过氧羟基自由基（HO_2^-），进一步产生羟基自由基（–OH）。羟基自由基是强氧化剂，可以无选择性地分解有机碳。但是，尽管羟基自由基的增加提高了整体有机碳库的分解潜力，但铁氧化物的浓度增加却增加了铁碳结合的有机碳的含量，提高了铁碳结合有机碳比例。相反，铁还原过程能够导致铁氧化物变成可溶性铁，从而降低对有机碳的保护，释放溶解性有机碳，增加微生物代谢（Huang and Hall，2017；秦雷，2020）。但是，铁氧化物与有机碳结合形式不同，铁还原过程对有机碳释放潜力具有一定差异：对于吸附形式结合的铁-有机碳复合物，铁还原主要是降低了铁氧化物表面面积，降低对有机碳的保护（Pan et al.，2016）；而共沉淀形式结合的铁-有机碳复合物，铁还原和还原释放的有机碳依赖于 C 和 Fe 物质的量比率。Adhikari 等（2017）研究发现 C 和 Fe 物质的量比处于 0.7～1.8 时，水分条件变化过程中微生物对铁-有机碳复合物中有机碳释放的影响较小，而 C 和 Fe 物质的量比率为 3.7 时，微生物过程引起的铁还原会导致 54.7%的铁结合的有机碳损失，因为铁还原之后，羧基官能团多集中在矿物沉淀表面，而芳香化合物则被沉淀物包裹，表面的有机碳更容易被微生物利用。

湿地淹水条件下，铁还原反应能够促进亚铁累积，而亚铁含量增加能够提高酚类氧化酶活性，这可以通过“酶栓机制”促进有机碳分解，降低湿地土壤有机碳库稳定性（Liu et al.，2014）。同时，酚类氧化酶增加能够促进土壤溶解性有机碳生成（Kang et al.，2018）。这两种机制对湿地土壤铁还原过程中有机碳矿化都起到了促进作用。需要说明的是，湿地水位下降过程中的芬顿反应生成羟基自由基是激发酚类氧化酶活性的关键，尽管产生的羟基自由基也能够直接分解有机碳，但是其对酚类氧化酶的影响更加持久和显著，对铁氧化物结合有机碳之外的相对活性有机碳组分表现出显著的活化作用，整体上表现出更加显著的有机碳分解促进作用（秦雷，2020）。Mu 等（2016）在青藏高原发现土壤水分下降导致总有机碳含量降低了 8.3%，但是铁结合有机碳增加了 8.4%。Van Bodegom 等（2005）发现在微氧环境条件下，亚铁浓度增加显著促进了酚类氧化酶活性，进而促进了有机碳矿化。Liu 等（2014）发现淹水条件导致铁还原，亚铁累积显著促进了酚类氧化酶活性。Wang 等（2017）发现湿地水位下降促进了铁氧化结合有机碳，亚铁与 pH 下降降低了酚类氧化酶活性，削减了氧气对酚类氧化酶的促进作用，增加有机碳的稳定性。综上所述，湿地土壤水位下降或土壤含水量下降，将通过影响铁氧化还原过程增加有机碳的稳定性。

因此，在湿地土壤“淹水—干旱”条件反复变化过程中出现的铁氧化和还原过程，都能够促进有机碳矿化，Kusel 等（2008）发现泥炭表层土壤中铁还原过程对有机碳矿化的贡献达到 71.6%。Wang 等（2019）应用泥炭沼泽土壤验证“铁门”效应，通过添加亚铁探究浸水与干旱条件对有机碳矿化的影响，结果表明亚铁添加显著促进有机碳矿化，虽然干旱实验能够增加铁结合有机碳，但实验结果表明这种条件下有机碳矿化速率仍然高于对照处理。主要因为亚铁含量增加能够显著提高酚类氧化酶活性，从而增加有机碳矿化速率，随后干旱实验中铁氧化能够结合丰富的酚类物质从而降低土壤中可溶性酚类物质的含量，削减酚类物质对微生物的抑制作用。Wen 等（2019）通过铁添加与不同水位控制实验，发现了氧气与铁还原对有机碳矿化的调节过程。随淹水时间增加，氧气含量降低，通过“酶锁”过程降低有机碳矿化，但随着更多的铁被还原，铁对有机碳保护削减，同时也增加了土壤 pH，激发酚类氧化酶活性，促进有机碳矿化（图 3-13）。

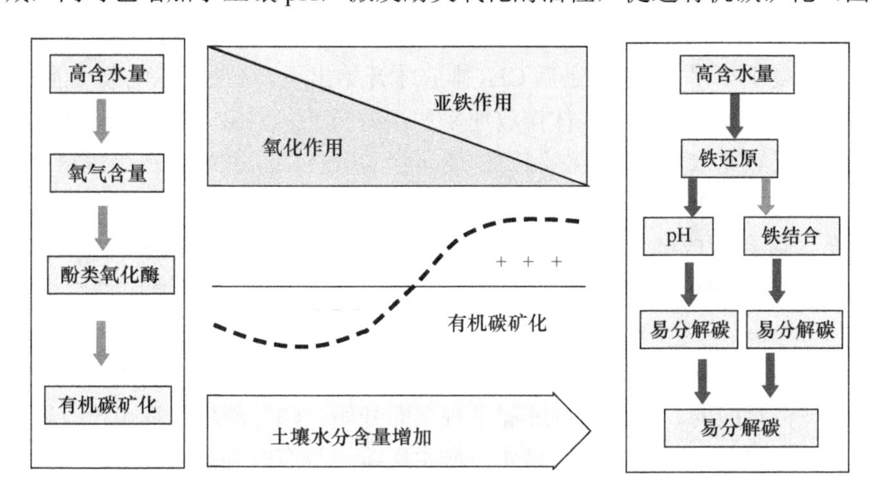

图 3-13　土壤水分调节下氧气与亚铁变化对酚类氧化酶活性及有机碳矿化的影响模式

红色代表正效应，绿色代表负效应

3.2.1.4　水分条件变化对湿地 CH_4 和 N_2O 排放的影响

1）水分条件变化对湿地 CH_4 排放的影响

水分条件的变化也是湿地 CH_4 排放通量的重要影响因素。产甲烷菌往往属于温度依赖型（temperature-dependent）生物（Schütz et al.，1990）。然而，朱晓艳（2015）研究表明生长季 CH_4 排放通量与土壤温度却呈现负相关关系，这是由于干旱高温的夏季适逢 CH_4 排放的低峰值，而较高的 CH_4 排放通量出现在淹水且低温的生长季初期；季节性降水变化导致的湿地积水特征的季节性波动可导致 CH_4 排放的季节性规律受水位变化的显著影响，水位变化的影响可能显著削弱季节性温度变化对 CH_4 排放季节模式的影响。Leppälä 等（2011）研究表明只有当水位的波动变异最小时，CH_4 才呈现出对温度的依赖性。淹水的厌氧环境是 CH_4 产生的必要条件，但当水位低于土壤表面，产生的 CH_4 将快速氧化，进而降低地-气间通量。一旦水位降低到甲烷排放的阈值之下，温度与 CH_4 之间的简单关系就会被掩盖（Christensen，1993）。

在野外条件下，由于季节性降雨格局和短时间降雨频率变化，湿地水位往往出现不规律的较大幅度波动，导致地表干湿交替现象发生，将显著影响湿地 CH_4 排放通量。朱晓艳（2015）观测到当水位由干到湿发生转变时，湿地 CH_4 排放在两个干湿周期均出现了显著的排放峰值，出现脉冲式排放特征。干湿交替影响下的湿地脉冲排放是由于水位运移的物理干扰会引起深层土壤中的 CH_4 突然迸发和释放（Dinsmore et al.，2009），也可能是由于干湿的转换刺激了随后湿润过程中基质有效性的增加（Blodau and Moore，2003）。Couwenberg 和 Fritz（2012）研究表明再湿过程中 CH_4 脉冲式排放是由于易降解有机物质的大量输入。同时，在干燥的湿地土壤中产甲烷菌能够幸存并且快速地恢复活性，甲烷排放的恢复程度与产甲烷菌受到氧气入侵的隔离程度相关（Deppe et al.，2010）。此外，野外观测发现湿地干旱再湿两三天后往往产生 CH_4 排放峰值，出现了相对水位波动的时间延迟现象（Deppe et al.，2010；Li et al.，2011b；朱晓艳，2015）。Dinsmore 等（2009）发现当水位发生转变的 1～2 天内 CH_4 排放出现了明显的排放高峰。Boon 等（1997）也发现夏季干旱 3～6 天之后 CH_4 排放才开始出现。这种延迟现象可能的原因是：①土壤湿度和充气孔隙调节着气体排放速率和溶解质的传输效率（Deppe et al.，2010），当曝气的土壤突然充水后，快速湿润初期被捕获的气体残留并填充在土壤空隙内，阻碍新产生的 CH_4 排放（Baird and Waldron，2003）。土壤湿度和曝气情况也会导致非甲烷电子受体补充，这会造成随后饱和状态下甲烷产生的延迟（Knorr and Blodau，2009）。②土壤氧化还原状况的改变也需要一定的时间，土壤厌氧层的增加迟于水位的增加（Silins and Rothwell，1999）。③甲烷产生菌在非饱和状态下依然能存活一定时间（Peters and Conrad，1996；Deppe et al.，2009）。Deppe 等（2010）研究表明厌氧条件与水位饱和条件不是严格对应的。CH_4 产生过程没有立即开始，CH_4 消耗过程也没有立刻受到影响，直到土壤孔隙中的氧气消耗殆尽才会产生影响，故有时间延迟现象。因此，短期暴雨事件不会对 CH_4 排放立刻产生影响，这取决于土壤湿度的实际情况（Kern et al.，2012），同时也表明精确评估温室气体排放需要在容易引发土壤湿度状况发生改变的天气事件前后进行加密观测。④一般说来，湿地土壤再湿过程能够促进 CH_4 排放（Waddington and Day，2007）。湿地土壤有机质的团粒结构在干旱条件下能够被压缩，从而使得前期受到保护的有机质和新的土壤表面暴露在空气中（Denef et al.，2001）。当土壤再湿润的时候，土壤结构会膨胀，暴露给微生物可利用的有机质表面积会进一步增加，进而增加了土壤养分的生物可利用性（Vangestel et al.，1993），从而为 CH_4 的产生提供了更多的有机质。

沼泽湿地土壤孔隙度高达 81.88%～91.32%，潜育沼泽土壤仅为 43.99%（刘兴土，2005），更大的孔隙度导致了更高的生物可利用性，从而产生更多的底物供淹水条件下产甲烷菌利用。

2）水分条件变化对湿地 N_2O 排放的影响

湿地 N_2O 排放主要来源于土壤的反硝化过程，湿地土壤中硝化-反硝化作用的强弱直接影响着 N_2O 通量变化（张丽华，2007）。湿地土壤水分直接关系到土壤通气状况和 O_2 含量，在通透性良好的条件下，硝化过程占主导优势；在长期积水或通透性较差的湿地土壤中，反硝化过程通常是 N_2O 的主要来源（于君宝等，2009）。土壤水分条件通过影响土壤中 O_2 含量直接影响着硝化-反硝化作用，从而间接对 N_2O 产生造成影响，土壤含水量过低或者土壤持续淹水都不利于硝化及反硝化细菌的生长。Rudaz 等（1999）研究发现，当土壤含水量处于饱和含水量以下时，N_2O 与土壤水分呈现正相关；处于饱和含水量以上时，二者呈现负相关，可见土壤含水量不同，二者呈现的关系不同。本研究中的泥炭地土壤含水量远在饱和含水量之上，因此当夏季水位下降时，N_2O 排放量增加，呈现负相关关系。Regina 等（1999）也发现，不管何种原因引起的水位下降都会促进 N_2O 的排放。但是如果土壤严重缺氧，反硝化过程就会促进 N_2O 进一步还原生成 N_2，因此只有当 O_2 适量（约为 0.5%）时，才能产生较高的 N_2O/N_2。研究表明，当土壤水分含量为最大土壤水分含量（WMHC）的 45%～70%时，硝化细菌和反硝化细菌均可能成为 N_2O 的主要制造者（封克和殷士学，1995）。

当土壤中有机碳和无机氮含量充足时，土壤充水孔隙率控制着 N_2O 的排放（Kachenchart et al.，2012），并且水位降低能够促进 N_2O 排放（Regina et al.，1999）；然而，Lohila 等（2010）通过对芬兰北部矿养沼泽研究发现，当水位低于 2.3 cm 时出现了 N_2O 的吸收现象，原因可能是当土壤中的 NO_3^-缺乏时，大气中的 N_2O 被吸收到土壤中充当电子载体。朱晓艳等（2013）指出，我国三江平原地区夏季 7 月中旬高温少雨情况的出现，导致水位和微域环境最有利于硝化和反硝化作用的进行，因而在此时出现季节最高排放值，但是整个生长季尺度上，湿地 N_2O 排放通量与各环境因素的相关性很微弱，说明不同季节复杂的环境因子变化引发的土壤硝化和反硝化作用过程非常复杂。

在一定土壤水分含量范围内，硝化速率与水分含量呈正相关关系；当土壤水分的增加使得氧气的供应受到限制时，硝化速率开始下降（Borken and Matzner，2009；Huygens et al.，2011）。因此，当持续淹水时，N_2O 表现出下降的趋势，呈现与水位负相关关系。土壤的干湿交替使得硝化作用和反硝化作用交替进行，相比恒湿状态抑制了 N_2O 的产生。

3.2.2 案例分析

3.2.2.1 土壤湿度对湿地碳氮矿化的影响

三江平原地区是我国淡水沼泽湿地的主要集中分布区之一，也是我国率先开展沼泽湿地生态系统碳氮循环过程研究的区域。张文菊等（2005）对三江平原湿地沉积物的研究认为，沼泽化草甸有机碳矿化适宜的含水量为 66%土壤含水量（WHC）左右，且达到适宜含水量后有机碳的矿化不受含水量增加的影响，矿化速率基本稳定；但是土壤含水量大于最大持水量或土壤淹水时，土壤碳氮的矿化速率将会下降（图 3-14）。相关实验研究证实，淹水土壤中厌氧分解占主导地位，土壤有机质的分解速率下降（Sahrawat, 2003）；Bridgham 等（1998）的研究则表明，淹水可使北方湿地氮、磷的矿化速率下降，但碳的矿化速率在淹水与非淹水条件下几乎相等。杨继松等（2008）进行的不同土壤含水量的对比培养实验指出，在土壤湿地达到饱和含水量以上时，土壤含水量对土壤矿化速率没有影响，Bridgham 等（1998）的研究也得出相同结果，并指出这主要与土壤有机碳矿化的最适宜水分条件有关。整体来看，沼泽湿地土壤碳氮矿化过程对土壤湿度的响应存在最适宜含水量值，当湿地土壤含水量小于此最适宜含水量，土壤湿度增加将促进土壤碳氮矿化；当湿地土壤含水量大于此最适宜含水量，土壤湿度增加会抑制土壤碳氮矿化或无显著影响。

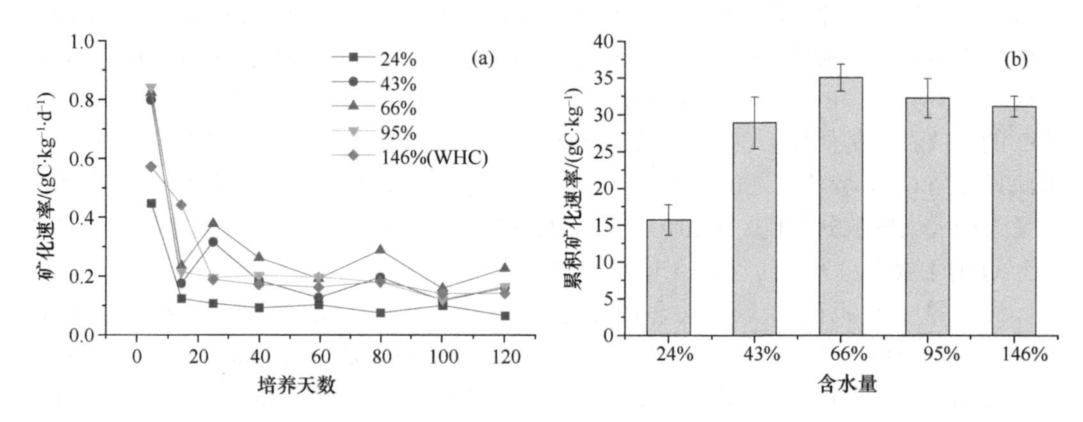

图 3-14　三江平原沼泽湿地有机碳矿化速率对土壤水分含量的响应（张文菊等，2005）

在我国黄河三角洲滨海沼泽湿地，Qu 等（2021）通过控制滨海湿地土壤水分梯度[20%～180%土壤含水量（WHC）]进行了湿地土壤水分含量对碳矿化速率的影响实验，发现相对湿润条件下（60%～100%WHC）湿地土壤矿化速率最高，土壤微生物活性的显著增加及土壤物理化学参数（pH 和电导率）的变化是导致碳矿化速率显著增加的主要原因，干旱条件（20%～40% WHC）和淹水条件（140%～180%WHC）均导致土壤微生物量降低，进而导致矿化速率相对下降（图 3-15）。结构方程模型分析表明，湿地土壤碳库矿化速率与土壤微生物量和环境指标具有直接相关关系，而土壤湿地条件通过影响土壤微生物与物理环境间接影响土壤矿化速率。

土壤湿度对大兴安岭多年冻土湿地泥炭有机碳矿化具有显著影响。无论是大兴安岭的连续多年冻土区，还是不连续多年冻土区，冻土湿地泥炭有机碳矿化对湿度表现出了相同的变化趋势，即先促进后抑制的趋势。大兴安岭多年冻土湿地泥炭有机碳矿化的最适宜湿度为 60%WHC，二次回归模型很好地反映了土壤湿度对大兴安岭多年冻土湿地泥炭有机碳矿化的影响。预测大兴安岭连续多年冻土湿地泥炭有机碳矿化的最优湿度为 10～20 cm 层 63%WHC，20～30 cm 层 65%WHC；不连续多年冻土区湿地泥炭有机碳矿

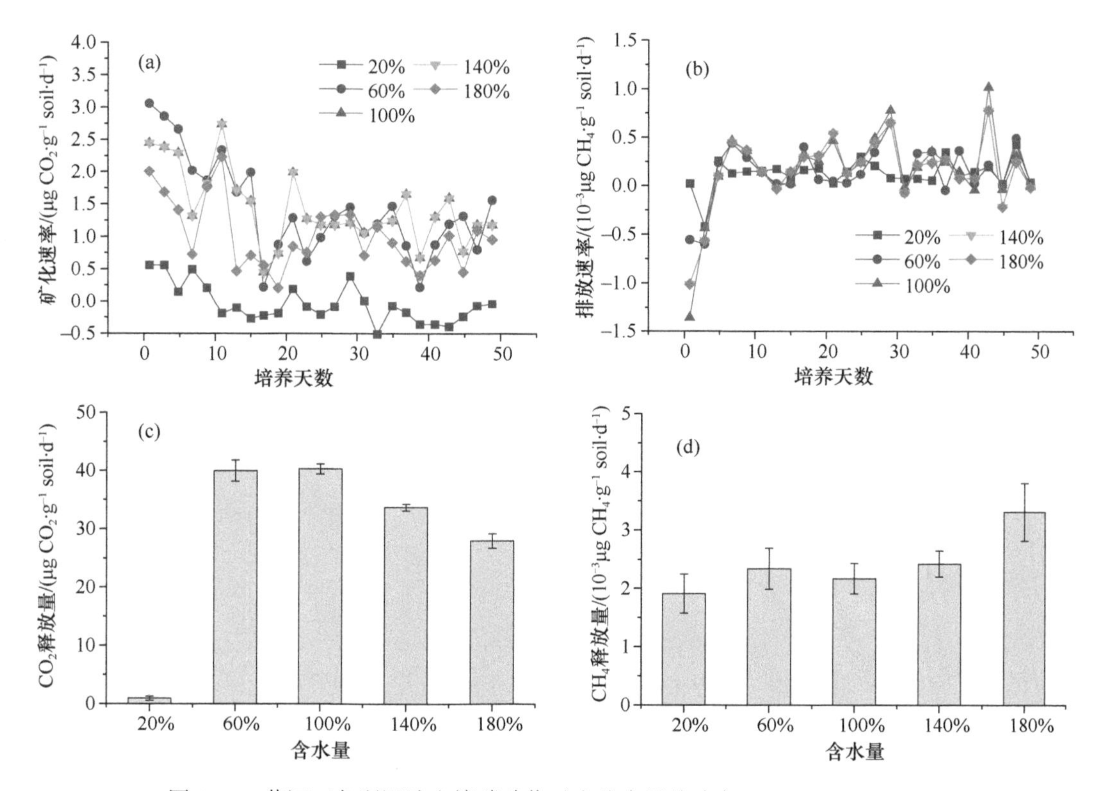

图 3-15　黄河三角洲湿地土壤碳矿化对水分含量的响应（Qu et al.，2021）

化的最优湿度为 10～20 cm 层 65%WHC，20～30 cm 层 59%WHC。一元动力学方程很好地反映了大兴安岭多年冻土湿地泥炭有机碳累积矿化量随时间的变化。方程速率参数 k 和初始潜在矿化量参数 C_0 都表现出了随土壤湿度增加先增加后降低的趋势。这同样反映了湿度对大兴安岭多年冻土湿地泥炭矿化的影响，即先促进后抑制的趋势。大兴安岭冻土湿地两层泥炭有机碳矿化表现出了对土壤湿度相同的变化趋势，但表层泥炭的有机碳矿化率和矿化量都要大于深层泥炭。这与表层泥炭含碳量和含氮量高、含有易分解物质多有关。从一元动力学方程速率参数 k 来看，大兴安岭连续多年冻土区和不连续多年冻土区湿地两层泥炭矿化速率参数相差不大，这说明湿度对大兴安岭多年冻土湿地两层泥炭产生了相同的影响（图 3-16）。

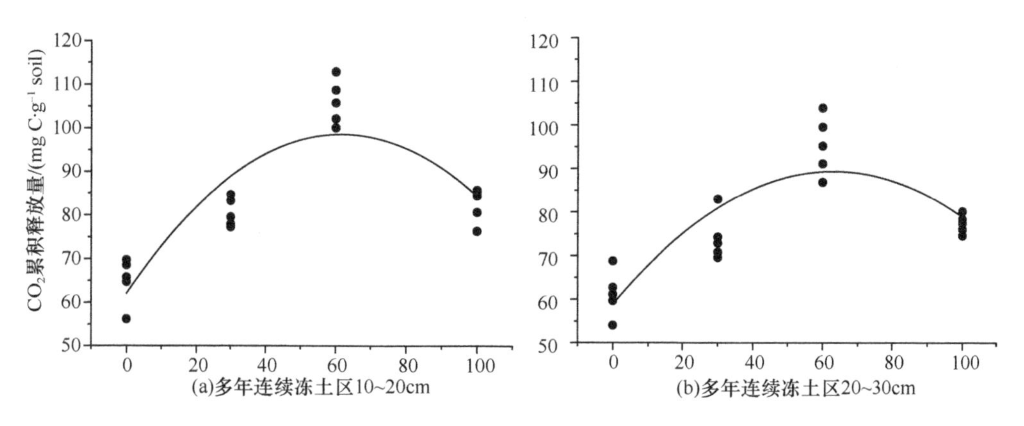

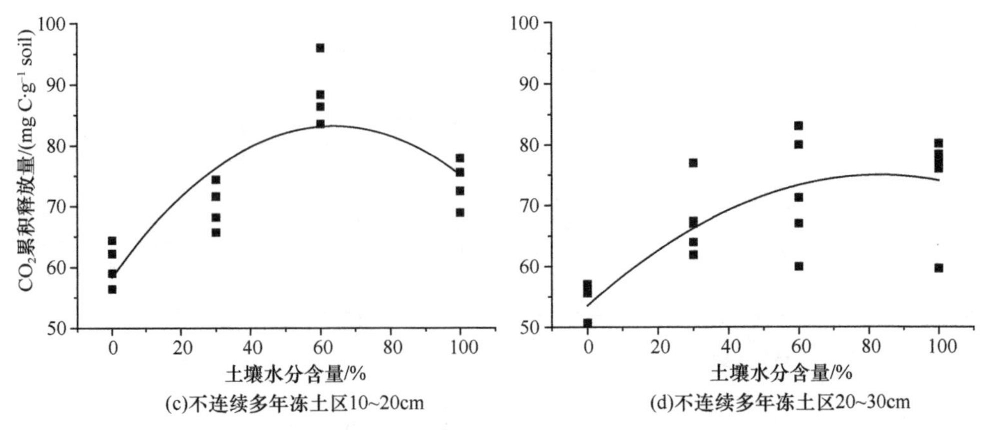

图 3-16　水分含量对多年冻土区泥炭沼泽有机碳矿化的影响

3.2.2.2　水分条件对湿地温室气体排放的影响

1）不同恒定水位条件下湿地温室气体排放

整个生长季内，恒定淹水条件下三江平原小叶章湿地 CO_2 排放速率之间无显著差异（p>0.05）。实验开始初期，各处理湿地土壤呼吸速率均呈上升阶段，这可能与土壤温度上升促进了土壤有机质的分解有关（Lafleur et al.，2005），7 月、8 月降水增加，土壤温度无显著提高，CO_2 排放速率总体呈下降趋势。生长季内淹水条件下小叶章湿地 CO_2 排放速率为 222.55 mg·m^{-2}·h^{-1}（15 cm）、200.79 mg·m^{-2}·h^{-1}（10 cm）与 193.30 mg·m^{-2}·h^{-1}（5 cm），说明积水条件抑制了沼泽湿地土壤呼吸作用，但抑制作用并不随着积水水位的提高而增强，而表现为随水位升高土壤 CO_2 排放速率增高。对比无积水条件小叶章沼泽湿地土壤呼吸速率可得出，0 cm 水位积水条件下土壤呼吸速率与其他处理差异显著（p<0.05）。季节性积水小叶章湿地的水位由 0 cm 降低为–5 cm 时，生长季内 CO_2 排放平均速率由 281.51 mg·m^{-2}·h^{-1} 增加至 444.66 mg·m^{-2}·h^{-1}，二者差异显著（p<0.01），当积水水位继续下降至–10 cm 时，小叶章沼泽湿地土壤 CO_2 排放平均速率为 440.19 mg·m^{-2}·h^{-1}，排放速率有所下降，但与–5 cm 积水水位之间排放速率差异不显著（图 3-17）。整体上看，水位由完全饱和状态下逐渐降低将明显促进土壤有机质的分解矿化，但水位低于–5 cm 时，水位继续下降对小叶章湿地有机碳矿化作用无显著影响。

湿地有机质分解受到土壤通气状况、氧化还原电位、酸碱性的影响，不同种类微生物对环境的响应机制不同。一般而言，pH 接近中性的环境有利于有机质分解，如通气状况较好时有利于微生物的好氧分解，而厌氧条件下则有利于产甲烷菌对有机质的厌氧分解（Kotelnikova，2002）。地表积水促进小叶章湿地 CH_4 排放，其中 5～15 cm 积水环境下小叶章湿地 CH_4 生长季平均排放速率分别为 21.41 mg·m^{-2}·h^{-1}（5 cm）、34.60 mg·m^{-2}·h^{-1}（10 cm）与 45.64 mg·m^{-2}·h^{-1}（15 cm），不同积水水位下 CH_4 排放速率差异显著（p<0.01）；不同积水条件下小叶章湿地 CH_4 排放速率在 7 月均开始上升，8～9 月达到最大值，至生长季末期，CH_4 排放量迅速下降，与相关研究结果相似（Yang et al.，2006；Ström and Christensen，2007；于君宝等，2009）。0 cm、–5 cm、–10 cm 水位小叶章湿地草甸生长季平均 CH_4 排放速率分别为 2.80 mg·m^{-2}·h^{-1}、2.86 mg·m^{-2}·h^{-1}、

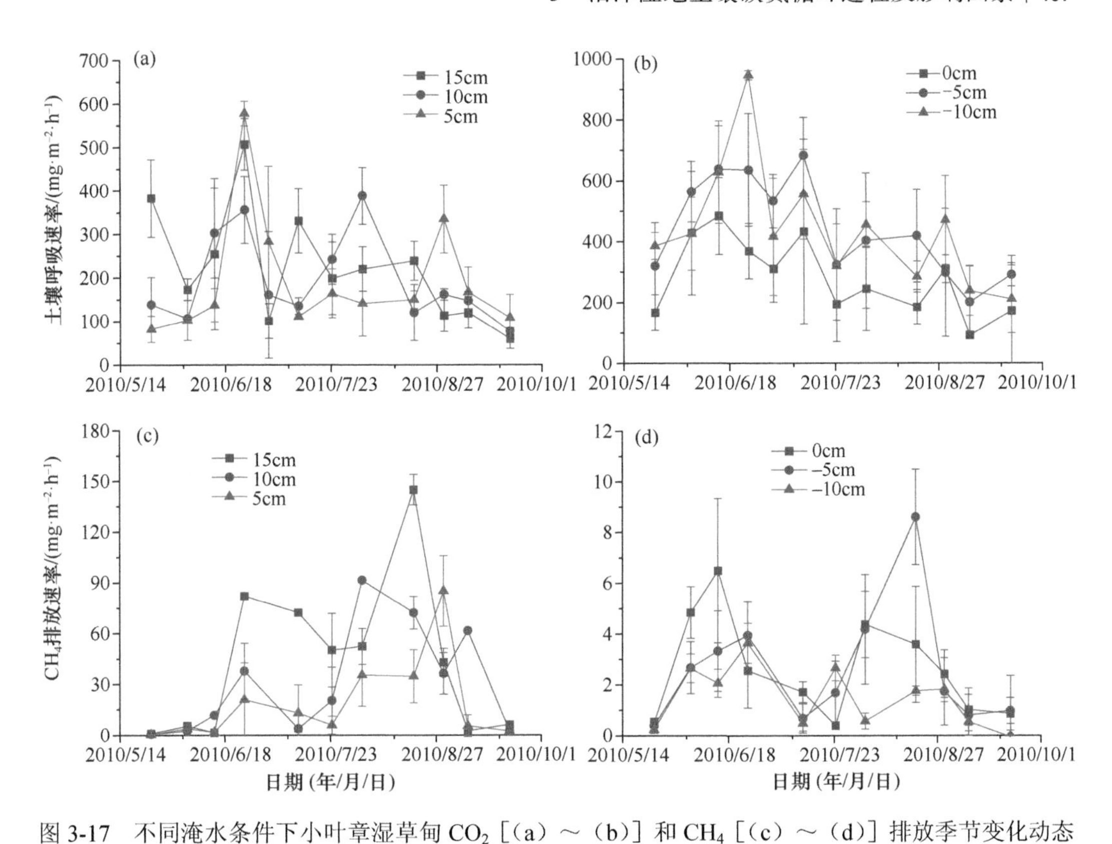

图 3-17 不同淹水条件下小叶章湿草甸 CO_2［(a)～(b)］和 CH_4［(c)～(d)］排放季节变化动态

1.54 $mg·m^{-2}·h^{-1}$，均显著低于淹水条件；其中 0 cm 与–5 cm 积水水位条件下 CH_4 排放速率无显著差异，而水位继续下降至–10 cm 时，CH_4 排放受到显著抑制。淹水条件、0 cm、–5 cm、–10 cm 4 种不同水位处理之间无显著差异性，但非淹水条件下与淹水条件下各水位处理的土壤甲烷排放量差异性显著，说明淹水环境是湿地生态系统 CH_4 产生的必要条件，当积水环境消失时，水位变化对 CH_4 产生与排放的贡献逐渐减小。

对于整个生长季内小叶章湿地 CO_2 排放总量，淹水条件（0～15 cm）显著降低了 CO_2 排放量（$p<0.01$），而在淹水条件下，15 cm 与 10 cm 积水处理 CO_2 排放量高于 5 cm 积水水位，但差异不显著（$p>0.05$），当水位低于 5 cm 时，随水位下降 CO_2 排放量增高，降低至–5 cm 以下时排放量有所减少（图 3-18）。水位降低能够提高土壤的通气性，促进有机质矿化分解，但水位与 CO_2 排放关系并不是线性的，说明一定的含水量是土壤有机质矿化的重要条件（Vincent et al.，2006）。对比小叶章湿地 CO_2 排放量与湿地水位的关系，可以看出–10～15 cm，二者呈显著的负相关关系。整个生长季内，CH_4 排放量随水位降低而明显减少，在–10～5 cm 各水位之间 CH_4 产生量无显著差异（$p<0.1$），但与 10～15 cm 淹水条件下差异显著（$p<0.01$），其中 5 cm 与 15 cm 淹水水位之间 CH_4 排放量差异较为显著（$p<0.05$），淹水条件促进了生长季小叶章湿地土壤中 CH_4 的产生与排放，且随水位增加其贡献增强。在–10～15 cm 积水环境变动范围内，湿地 CH_4 排放总量与水位之间具有显著的正指数相关关系（图 3-19），湿地水位升高会明显促进土壤 CH_4 的产生与释放，使湿地表现为重要的 CH_4 排放源。

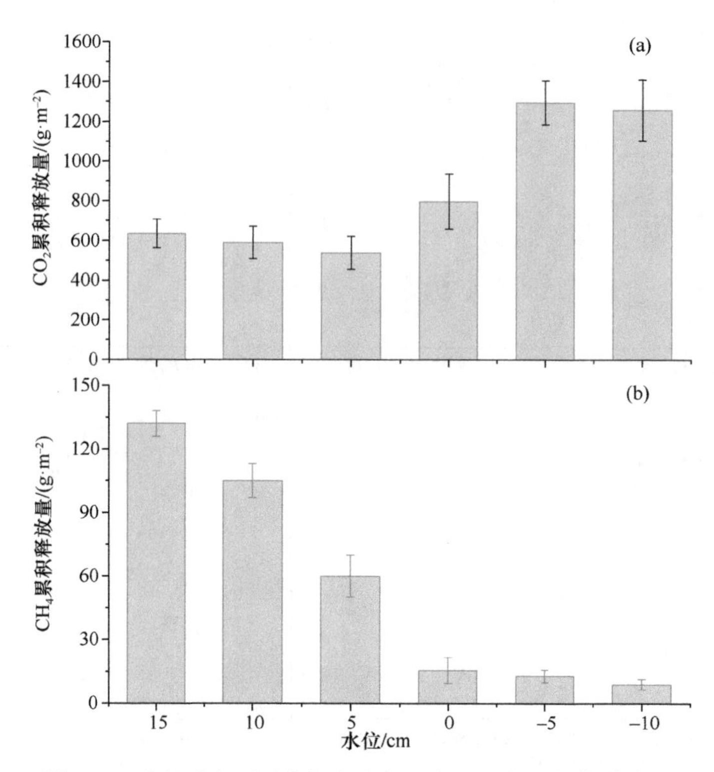

图 3-18　生长季内不同水位小叶章湿地 CO_2 和 CH_4 排放总量

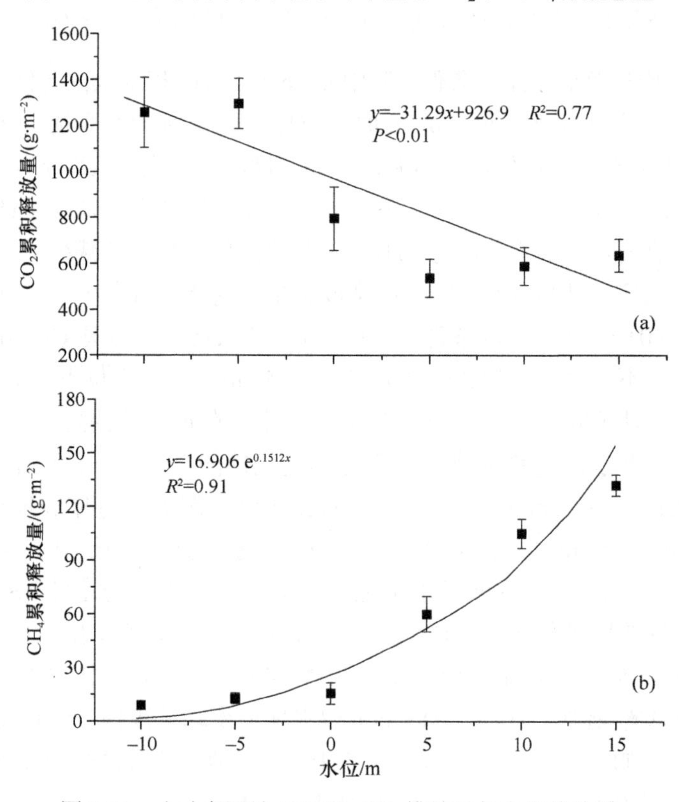

图 3-19　小叶章湿地 CO_2 和 CH_4 排放量与水位的关系

2）干湿交替变化对温室气体排放的影响

对三江平原泥炭沼泽湿地和泥炭湿地进行干湿交替处理，验证土壤干湿交替变化对 CH_4 和 N_2O 排放通量的影响。在最高水位 10 cm 情况下，当土壤干旱 7 天并进入淹水再湿状态，短期内泥炭沼泽和潜育沼泽 CH_4 排放通量均呈现下降趋势，分别下降 41%和 33%。随着淹水再湿时间的增加，CH_4 排放通量也逐渐增加。在淹水再湿第 3 天，泥炭沼泽 CH_4 出现脉冲式排放，CH_4 释放量达到 47.11 $mg \cdot m^{-2} \cdot h^{-1}$，相比干旱状态（28.74 $mg \cdot m^{-2} \cdot h^{-1}$）增加了 64%，相对于同期恒定 10 cm 水位 CH_4 排放（32.36 $mg \cdot m^{-2} \cdot h^{-1}$）增加了 46%；潜育沼泽 CH_4 脉冲式排放发生在淹水 1 天后，CH_4 释放量（14.49 $mg \cdot m^{-2} \cdot h^{-1}$）相比干旱状态增加了 20%，相对于同期恒定 10 cm 水位 CH_4 排放（12.44 $mg \cdot m^{-2} \cdot h^{-1}$）增加了 17%。潜育沼泽 CH_4 脉冲式排放最高值出现在第 3 天，为 22.49 $mg \cdot m^{-2} \cdot h^{-1}$（图 3-20a）。

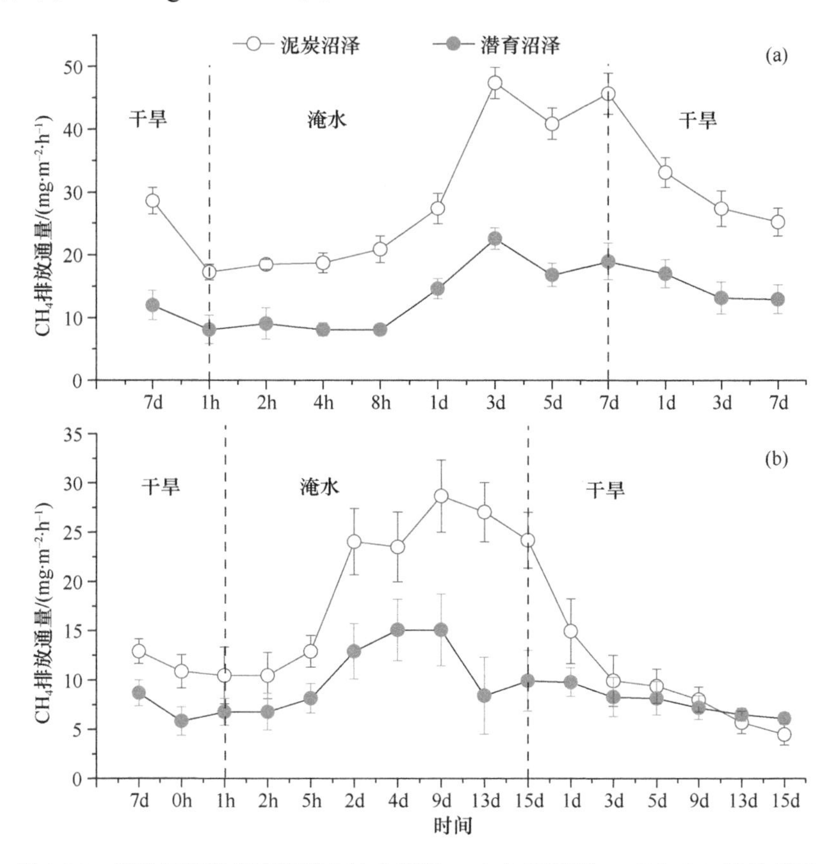

图 3-20　泥炭沼泽和潜育沼泽在波动周期一（a）和周期二（b）CH_4 排放规律

周期一和周期二分别以 10 cm 和–10 cm 为初始条件上下波动

在最高水位–10 cm 情况下，干旱 7 天再湿后，泥炭沼泽和潜育沼泽 CH_4 排放通量也均表现出下降趋势。泥炭沼泽和潜育沼泽 CH_4 脉冲式释放均发生在淹水后的第 2 天，排放通量分别为 23.81 $mg \cdot m^{-2} \cdot h^{-1}$ 和 12.78 $mg \cdot m^{-2} \cdot h^{-1}$，各增加 87%和 51%。相对于同期恒定 10 cm 水位，泥炭沼泽和潜育沼泽 CH_4 排放通量分别增加了 83%和 64%。

由淹水状态进入干旱状态，CH_4排放通量立刻呈现下降的趋势，干旱 1 天后，泥炭沼泽 CH_4排放相比水位下降前，周期一和周期二处理分别降低了 28%和 38%。而对于潜育沼泽来说，分别只降低了 10%和 1%。随着干旱时间的延长，CH_4排放逐渐降低（图 3-20b）。

干湿交替对 N_2O 排放通量的影响与 CH_4相似。对于波动周期一，干旱 1 周再湿后 N_2O 排放表现出先降低后增加的趋势。再湿 1 h 后，泥炭沼泽和潜育沼泽 N_2O 排放通量分别下降 13%和 9%。泥炭沼泽 N_2O 脉冲式释放（14.6μg·m^{-2}·h^{-1}）大约发生在再湿淹水后第 3 天，脉冲效应为 23%；潜育沼泽（8.58 μg·m^{-2}·h^{-1}）发生在再湿后的第 4 小时，脉冲效应表现为 16%（图 3-21）。当波动周期为 15 天时，不论是泥炭沼泽还是潜育沼泽，再湿后 N_2O 的排放均立刻表现出脉冲效应，脉冲效应大小分别为 56.60μg·m^{-2}·h^{-1} 和 17.67μg·m^{-2}·h^{-1}，各增加了 207%和 138%。对于整个干湿交替周期来说，泥炭沼泽 N_2O 排放通量（16.54μg·m^{-2}·h^{-1}）低于 10 cm 恒湿状态（18.81μg·m^{-2}·h^{-1}），潜育沼泽也表现为干湿交替周期（7.88μg·m^{-2}·h^{-1}）低于恒湿状态（14.46μg·m^{-2}·h^{-1}）。

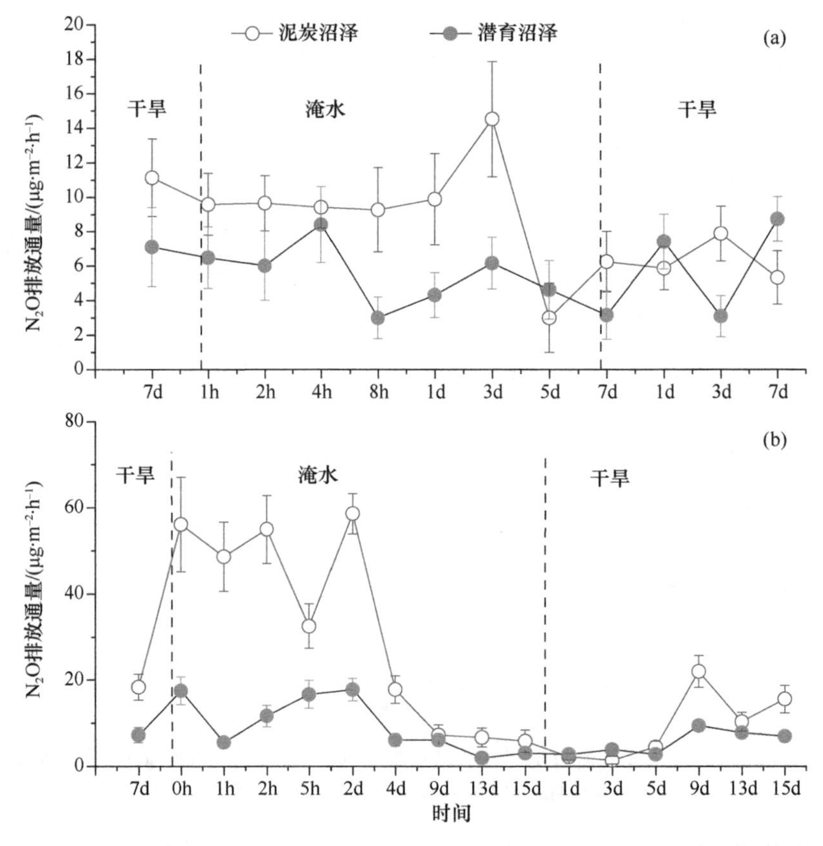

图 3-21 泥炭沼泽和潜育沼泽在波动周期一（a）和周期二（b）N_2O 排放规律

周期一和周期二分别以 10 cm 和–10 cm 为初始条件上下波动

3.3 冻融环境变化对沼泽湿地土壤碳氮循环的影响

3.3.1 理论、研究方法和研究动态

3.3.1.1 冻融循环概念、变化特征及监测方法

1）冻融循环概念

冻土作为陆地生态系统重要的组成部分，其面积约占全球陆地总面积的 50%，其不仅分布面积广，而且是气候变化的灵敏“指示器”，同时也蕴藏着丰富的微生物和有机质资源，在全球生物安全和气候变化等领域发挥着重要作用（Zhang et al.，2003）。通常而言，冻土随着季节变化而发生周期性的冻融循环（如冬季冻结、夏季融化），称为季节冻土；如果多年处于冻结状态的土层，则被称为多年冻土，而多年冻土又可分为上下两层，上层是“冬冻夏融”或者“夜冻昼融”的活动层，下层是多年冻结的永冻层（Li et al.，2021a）（图 3-22）。冻融是指土层由于温度降到 0℃以下和升至 0℃以上而产生冻结和融化的一种物理地质作用和现象（周幼吾等，2018）。土壤的冻结和融化实质是土壤水的冻结和融化，即水分的相态变化过程（薛明霞，2008）。在我国多年冻土区，冻结从地面自上而下和最大融化层深处自下而上双向开始，在 10 月下旬至 11 月下旬间(或 12 月至翌年 2 月中旬）季节融化层可全部冻透；融化从地表开始自上而下单向进行，至 9 月下旬达到最大融深；而季节性冻土区冻结和融化的方向与此相反(周幼吾等，2018)。土壤温度日最大值小于 0℃表明土壤完全冻结（除盐分等对土壤冻结点的影响）；而土壤温度日最大值大于 0℃和日最小值小于 0℃时，认为有日冻融循环（土壤夜间冻结、白天消融）。因此，冻融循环是指由于季节或昼夜温度变化在土壤表层及一定深度土层形成的反复冻结—解冻的过程（孙辉等，2008）（图 3-22）。

2）北半球及中国冻融循环变化特征

冻融循环在高纬度、高海拔及一些温带地区是非常普遍的现象，在北半球大约 55% 的总陆地面积经历着季节性的冻融循环（Brooks et al.，2011；Yu et al.，2011）。近 40 年来北半球土壤冻结的持续时间和年平均面积分别以每年（0.13±0.04）天和 4.9×10^4 km^2 的速率显著减少，这主要是由于土壤开始冻结的时间以每年（0.1±0.02）天的速率显著推迟，而冻结结束的时间和开始融化的时间分别以每年（0.21±0.02）天和（0.15±0.03）天的速率显著提前，且欧亚大陆土壤冻融状态的面积变化比北美洲更为剧烈，尤其是在中纬度和北极等地区（Li et al.，2021a）。近期研究同样发现，冻土融化开始的时间显著提前，以及活动层厚度呈显著上升趋势，每 10 年增加 1.1 cm，进一步证明了过去 30 余年北半球的冻融格局已发生了剧烈变化（Wang and Liu，2021）。

我国冻土区面积仅次于俄罗斯和加拿大，位居世界第三位，大兴安岭是我国地带性大片连续多年冻土的主要分布区，位于欧亚大陆地带性多年冻土区的南缘，对气候变化的响应极其敏感而脆弱（褚永磊等，2017；周幼吾等，2018）。在气候变暖和积雪变化等多重因子的驱动下，过去 70 余年，中国东北地区多年冻土南界的北移幅度达 50～120 km，

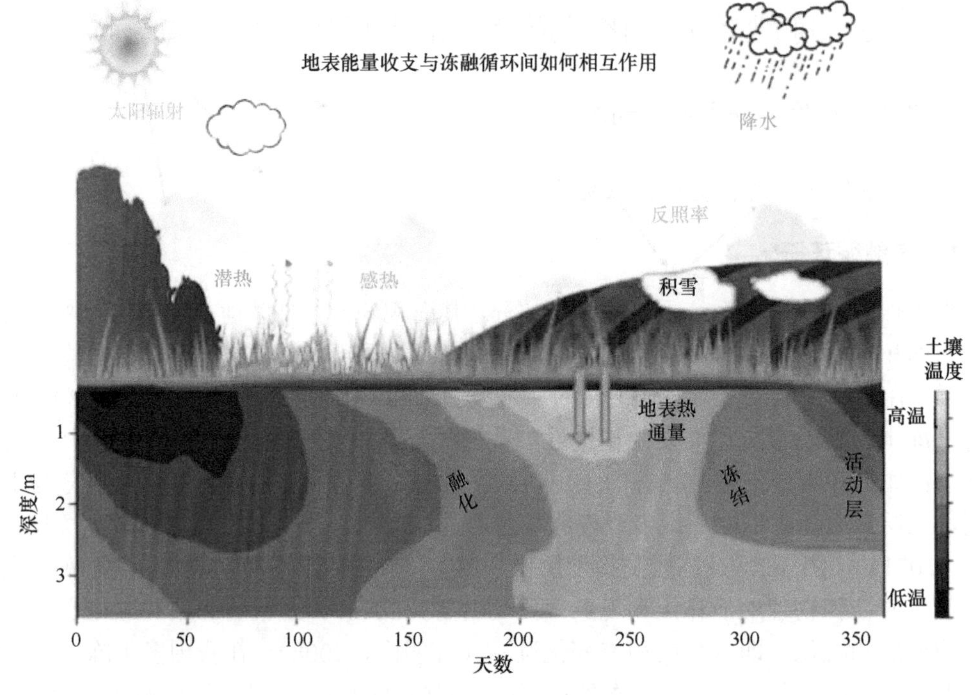

图 3-22　冻融循环示意图

面积从 20 世纪 50 年代的 4.8×10^5 km^2 退化至 21 世纪前 10 年的 3.1×10^5 km^2，退化速率为 3.6×10^4 km^2·10 a^{-1}，其中呼伦贝尔高原、松嫩平原及小兴安岭北部多年冻土退化显著，大片连续多年冻土和岛状多年冻土的退化比稀疏岛状多年冻土更显著（Zhang et al.，2021）。我国受冻融过程影响的陆地面积约为 7.76×10^7 km^2，约占全国陆地总面积的 80.88%（王澄海等，2014）。其中季节性冻土面积约为 4.43×10^7 km^2，占冻土总面积的 57.09%（李垒和孟庆义，2013）；分布于青藏高原、西部高山和东北大、小兴安岭的多年冻土面积为 2.19×10^7 km^2，占冻土面积的 28.22%（孔莹和王澄海，2017）。

冻融循环监测的方法主要有室内培养、野外试验、微波遥感和模型模拟，本节主要从室内培养（王娇月，2014）和野外监测（Gao et al.，2021b）两个角度梳理总结冻融循环的监测方法。

室内培养：称取过筛后不同土壤层次的均质土壤约 30 g（相当于干重）放入 500 ml 的培养瓶中。加入蒸馏水调节土壤含水量为最大持水量的 60%和 80%，预培养 5 天，使微生物适应，培养瓶口用保鲜膜密封并留有通气小孔，使其好氧培养。考虑到全球变暖背景下冻融幅度的变化，共设定两个冻融幅度（–5～5℃，–10～10℃），将调好含水量的培养瓶分别放入–5℃和–10℃低温培养箱中冷冻 24 h，再分别调节温度为 5℃和 10℃使其融化 24 h，冻结和融化以稳定的速率接近或远离零点，此为 1 次冻融循环，即需要 2 天，共设定 15 次冻融循环，共 30 天。

野外监测：使用 Thermochron iButton（iButton DS1923-F5，Maxim Com. USA）在每个地块上每隔 1 h 连续记录 2 m 处的空气温度和 5 cm 深度处的土壤温度。此外，将便携式温度计插入 1～2 cm 的表层土壤中，以监测土壤温度，确定土壤是否已开始冻融循环，其强度由冻结期间的最低温度表示。冻融次数是通过 5 cm 土壤深度的土壤温度计算所得。一次冻融循环的定义如下：土壤温度保持在 0℃以上至少 3 h，然后降至 0℃以下并保持至少 3 h；反之亦然。第一次冻结的开始和结束时间分别是在 5 cm 深度的土壤温度开始升高和刚刚达到 0℃时确定的。第一次解冻和第二次冻结的持续时间分别是 5 cm 深度的土壤温度继续高于和低于 0℃的时间。第二次解冻的开始和结束时间分别在 5 cm 深度的土壤温度高于 0℃并开始上升时确定。

3.3.1.2　冻融循环与碳氮循环

受气候变化（温度、积雪等）的影响，土壤的冻融频次和冻融时间等冻融特征、冻融格局都将发生深刻的改变，势必会引起土壤圈、水圈和生物圈等自然界各圈层的连锁反应（Li et al.，2019）。冻融过程对气候变化的响应敏感而脆弱，微小的变化都将改变冻土区的冻融格局（Matzner and Borken，2008）。冻融循环通过影响土壤水热条件、土壤物理结构和理化性质、微生物及酶活性等过程，从而驱动土壤微生物、植物根系、植物凋落物的输入，进而影响土壤碳、氮、磷循环及温室气体的排放（Assel et al.，2020；Bao et al.，2021；Gao et al.，2021a；Nan et al.，2019；王娇月，2014），主要受以下两种机制驱动（图 3-23）。受冻融循环影响的土壤团聚体的破坏促进了土壤无机和有机养分的释放，可为解冻期间存活的土壤微生物提供养分，促进气体排放（Edwards，2013）。冻融循环引起的死亡土壤微生物还可将养分释放到土壤中，刺激土壤酶活性并进一步增强解冻期间的温室气体排放（Groffman et al.，2011）；当土壤被冻结时，土壤微生物仍可以保持活性（Peng et al.，2019），并且由于冻结层的物理屏障，在冻结期间产生的温室气体被保存在土壤中（Yang et al.，2014），而在冻结期间捕获的温室气体的物理释放也可能导致解冻后气体排放的急剧上升（Song et al.，2008）。因此，掌握冻融过程的变化规律及其对生态系统碳氮循环的影响机制，这将有助于完善冻土区碳循环对气

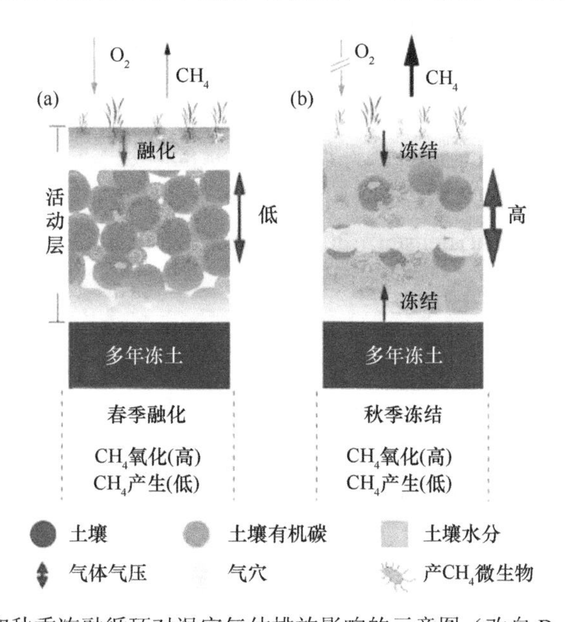

图 3-23　春季和秋季冻融循环对温室气体排放影响的示意图（改自 Bao et al.，2021）

候变化响应的相关理论，也将有助于精确评估及预测未来冻土区碳循环对气候变化的响应及反馈。

3.3.1.3 冻融作用驱动下的温室气体排放研究动态

温室气体排放所造成的温室效应是导致气候变暖的一个不容忽视的原因，其中CO_2、CH_4和N_2O的排放特征及其驱动机制是人们关注的焦点之一。自工业革命以来，温室气体浓度的增加速率显著增强，当前大气中CO_2、CH_4和N_2O的浓度分别是工业革命前的1.35倍、2.48倍和1.18倍（Stocker，2014）。气候变化驱动下的冻融作用能够影响土壤营养物质的迁移和转化，从而对碳平衡产生较大的影响。融化期温室气体的高排放现象已引起国内外学者的广泛关注，且湿地、森林、农田和高寒草甸等生态系统均有相关研究报道融化期间温室气体的高排放现象（Bao et al.，2021；Bubier et al.，2002；Gao et al.，2021a；Mikan et al.，2002；Song et al.，2012a）。其中，亚伯达艾勒斯利试验场的黑钙土和日本北部的泥炭地经冻融循环实验后发现，CO_2和CH_4在融冻期间出现峰值（Feng et al.，2007；Tokida et al.，2007）；芬兰地区的泥沼土监测发现春季融化期CH_4排放量（只有20～30天）占全年排放的11%（Hargreaves et al.，2001）；类似于CO_2和CH_4，野外观测和室内模拟实验也发现了N_2O在融化期的高排放现象（Feng et al.，2010；Phillips et al.，2012；Wick et al.，2012）。为了突破室内培养和单一站点监测的局限性，野外监测（Gao et al.，2021b；Song et al.，2012）及全球整合分析（Gao et al.，2021a，2018）逐渐被应用到冻融循环的研究中，并同样发现了冻融作用显著增强温室气体排放的现象，最为典型的是在我国三江平原的淡水沼泽湿地野外监测中发现的冻融期间温室气体的高排放现象，其中Song等（2006）发现季节性冻融期沼泽湿地CO_2、CH_4和N_2O排放显著增加。随后，在此区域又发现CH_4在春季解冻期出现爆发式高排放，最高排放量达48.6 g $C{\cdot}m^{-2}{\cdot}h^{-1}$，可观测到明显的“冒泡”现象（Song et al.，2012b）（图3-24）。相对于之前主要关注春季冻融循环的研究，近期的北极苔原生态系统的研究对比了秋季和春季冻融期温室气体的排放量，研究表明秋季冻融期的温室气体排放量是春季的3～4倍，具有更高的排放量和更长的排放时间等特征（Bao et al.，2021）。尽管冻融期间温室气体出现了高排放现象，但是冻融条件促使碳通量的增加是短暂的。草地、森林和农田的研究发现，随着冻融次数增加，其释放量逐渐降低，直至与对照相比无显著差异（Feng et al.，2007；Priemé and Christensen，2001；郝瑞军等，2007）。

图3-24　三江平原春季冻融期监测到的CH_4爆发式排放（“冒泡”现象）

融化阶段温室气体的高排放主要包括以下几个因素：①秋季产生的温室气体由于土壤的冻结作用部分可能封存于冻层中（Song et al.，2006）。②微生物在冬季仍存在活性，其产生的气体由于排放通道受阻被封存在土壤空隙或水中（Tokida et al.，2007）。③土壤融化刺激了土壤中的微生物，使其活性显著提高，增加了温室气体的产生（Gao et al.，2018；Sharma et al.，2006）。随着春季温度回升，解冻期封存的和新产生的温室气体在土壤溶液中的可溶性降低，从而导致气体瞬间释放，形成高排放现象（Yang et al.，2014）。冻融期间微生物活性所需的底物可能主要来源于死亡的微生物和根系的分解所释放的营养物质（Groffman et al.，2011）。利用 ^{14}C 标记微生物量发现，65%的 CO_2 来源于死亡微生物的分解，微生物细胞的破裂导致溶解样品中糖和氨基酸含量增加 10～40 倍，最终会提高存活微生物活性，促进融化后微生物呼吸的增加（Pesaro et al.，2003）。④冻融循环会打破团聚体的结构，使原来没有接触机会的底物暴露，进而导致矿化速率增加。此外，扩散率和水平对流比较慢会导致融化后气体的大量产生，但是尚缺乏直接的证据证明物理结构变化对温室气体通量的影响（Matzner and Borken，2008）（图 3-25）。

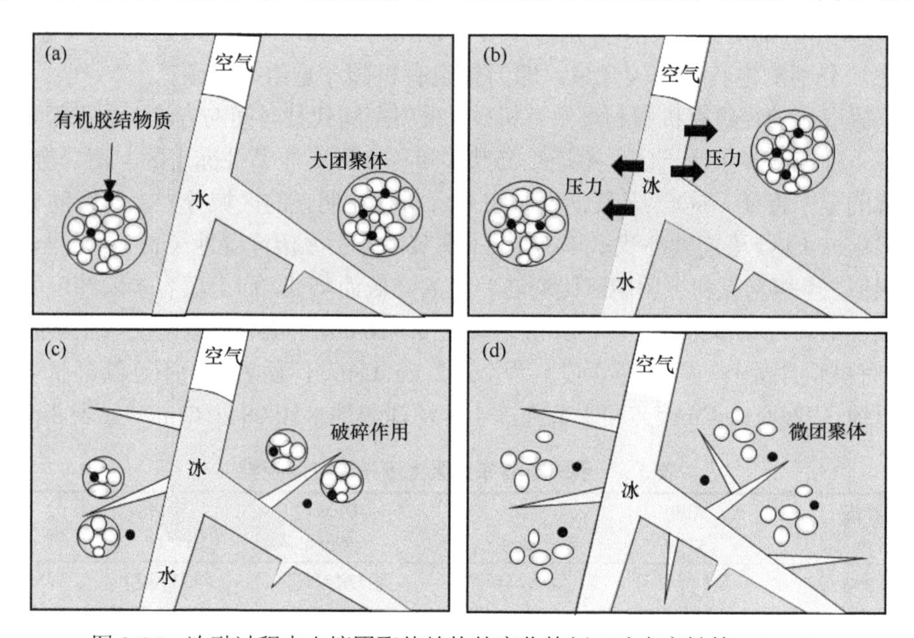

图 3-25 冻融过程中土壤团聚体结构的变化特征（改自高敏等，2016）

国内外学者虽已取得一些研究进展，但存在以下不足：①大部分研究只是关注单一站点的冻融循环效应，但目前冻土（大片连续多年冻土区、岛状多年冻土区、季节性冻土区）退化已成为事实，显然目前的研究尚不足以解答不同冻土类型区域的冻融过程特征及其对碳氮循环影响的异质性；②目前对于碳排放的机制尚不明确，尤其是冻融情境下不同有机碳组分对温室气体排放贡献尚不明确；③目前关于冻融循环的大部分研究结论是基于室内培养实现的，尚缺乏将室内培养和野外监测相结合阐明冻融循环对温室气体排放的影响特征及其驱动因素。

本节主要包含以下 4 个方面的内容：①不同冻融环境情境下湿地土壤有机碳（soil organic carbon，SOC）及其活性碳组分含量的空间特征；②量化不同土壤碳组分对温室气体排放的贡献；③结合三江平原沼泽湿地 CH_4 爆发式排放的野外监测，量化评估春季融化期对北方冻土区自然湿地 CH_4 排放的贡献，并基于室内培养角度阐明爆发式排放的驱动机制；④基于冻土位移实验系统模拟未来冻土退化对碳排放的影响及机制。

3.3.2 实证结果

3.3.2.1 不同冻融环境下土壤有机碳及其组分的分布特征

轻组与重组的分离方法：取风干过 2 mm 筛土壤 5～10 g 放入离心管中，加入 1.7 g·cm^{-3} 的 NaI 溶液，手动振荡 3 min，超声波振荡 10 min，后用玻璃棒搅匀，在 4200 r·min^{-1} 下离心 10 min。以虹吸法将悬浮物导入烧杯，再重复加重液，超声波振荡，离心，重复 3 次，所得样品用 150 ml 0.01 mol·L^{-1} $CaCl_2$ 溶液洗涤，再用 200 ml 蒸馏水反复冲洗（用 $AgNO_3$ 检验无氯离子），得到轻组（包括游离态和包裹态），剩下的为重组。采用同样的 $CaCl_2$ 洗涤液和蒸馏水反复冲洗重组。然后在 60℃下烘干 24 h 称重（Roscoe and Buurman，2003）。取烘干好的轻组与重组分别过 100 目，并用 Multi N/C 2100 TOC 仪（德国耶拿）高温燃烧法分别测定其有机碳含量，即为轻组有机碳和重组有机碳。

基于提取后的轻组有机碳和重组有机碳，采用空间代替时间的方法，系统探究了不同冻融环境下（连续多年冻土区、不连续岛状多年冻土区、季节性冻土区）沼泽湿地 SOC 及其组分的分布特征。SOC 及其活性碳组分含量存在明显的区域分异，其空间分布特征为连续多年冻土区>不连续岛状多年冻土区>季节性冻土区沼泽湿地（表 3-6）。与 SOC 变化趋势相似，土壤总氮和土壤碳氮比均随纬度的降低而降低，而土壤容重随纬度的降低而增加（表 3-6）。连续多年冻土区沼泽湿地表层 0～20 cm 土壤有机碳密度（土壤有机碳密度=土壤有机碳含量×容重×土壤深度）为 26.02 kg C·m^{-2}，显著高于不连续岛状多年冻土区沼泽湿地（22.98 kg C·m^{-2}）和季节性冻土区沼泽湿地（10.08 kg C·m^{-2}）（表 3-6）。

表 3-6 不同类型冻土区土壤指标空间变异

采样点	CPF	DPF	DPM	SRM	SRX
纬度	52°26′	48°10′	48°08′	47°35′	47°35′
SOC/（g·kg^{-1}）	371.68±5.78	245.33±5.56	203.65±5.92	53.71±3.75	35.84±4.05
TN/（g·kg^{-1}）	19.84±0.11	12.85±1.71	15.22±1.55	4.39±0.72	6.70±0.73
C∶N	18.73±0.20	19.27±1.95	13.45±1.04	12.40±1.52	5.35±0.29
容重/（g·cm^{-3}）	0.35±0.08	0.48±0.05	0.55±0.09	1.07±0.07	1.21±0.05
LFOC/（g·kg^{-1}）	308.61±4.80a	77.50±1.76b	63.50±1.85c	2.92±0.20d	6.75±0.76e
POC/（g·kg^{-1}）	117.67±1.83a	63.61±1.44b	50.99±1.48c	11.39±0.80d	9.11±1.03e
MBC/（g·kg^{-1}）	4.27±0.07a	2.50±0.06b	0.94±0.03c	0.96±0.07c	2.56±0.29d
DOC/（g·kg^{-1}）	0.37±0.01a	0.15±0.003b	0.14±0.004b	0.09±0.01c	0.06±0.01d
（LFOC/SOC）/%	83.03±0.39	31.59±0.22	31.18±0.13	5.43±0.20	18.83±1.77
（POC/SOC）/%	31.66±0.21	25.93±0.78	25.04±0.54	21.20 ±0.37	25.41±2.28
（MBC/SOC）/%	1.15±0.04	1.02±0.08	0.46±0.05	1.79±0.20	7.14±0.07
（DOC/SOC）/%	0.10±0.01	0.06±0.00	0.07±0.01	0.17±0.02	0.16±0.01

注：CPF. 连续多年冻土区大兴安岭泥炭地；DPF. 不连续岛状多年冻土区小兴安岭泥炭地；DPM. 不连续岛状多年冻土区小兴安岭瘤囊薹草草甸沼泽；LFOC. 轻组有机碳；POC. 颗粒有机碳；SRM. 季节性冻土区毛薹草泥炭地；SRX. 季节性冻土区小叶章草甸沼泽；数据后面不同字母表示指标存在显著差异（$p<0.05$）

整体上，轻组有机碳（light fraction organic carbon，LFOC）、颗粒有机碳（particulate organic carbon，POC）、土壤微生物生物量碳（microbial biomass carbon，MBC）和溶解性有机碳（dissolved organic carbon，DOC）也表现出类似于 SOC 的纬度分异。连续多年冻土区泥炭地的 LFOC 和 POC 含量显著高于不连续岛状多年冻土区沼泽湿地和季节性冻土区沼泽湿地（表 3-6）。此外，即使同种冻土类型区，不同类型湿地的 LFOC 和 POC 也存在显著差异（表 3-6）。土壤活性有机碳占总有机碳的百分比同样存在异质性，连续多年冻土区沼泽湿地 LFOC 和 POC 含量最高，分别占 0～20 cm SOC 的 83%和 32%；季节性冻土区活性碳组分中 DOC 和 MBC 所占比例分别是多年冻土区的 4～6 倍和 2～3 倍（表 3-6）。

3.3.2.2 冻融作用下 CO_2 释放特征及活性有机碳组分的贡献率

室内冻融模拟实验：称取过筛后不同土壤层次的均质土壤约 30 g（相当于干重）放入 500 ml 的培养瓶中。加入蒸馏水调节土壤含水量为最大持水量的 60%和 80%，预培养 5 天，使微生物适应，培养瓶口用保鲜膜密封并留有通气小孔，使其好氧培养。考虑到全球变暖背景下冻融幅度的变化，共设定两个冻融幅度（–5～5℃，–10～10℃），将调好含水量的培养瓶分别放入–5℃和–10℃低温培养箱中冷冻 24 h，再分别调节温度为 5℃和 10℃使其融化 24 h，冻结和融化以稳定的速率接近或远离零点，此为 1 次冻融循环，即需要 2 天，共设定 15 次冻融循环，共 30 天。同时设定 5℃和 10℃的未冻融处理作为空白对照（CK）。分别在冻融循环的 0 次、3 次、5 次、10 次和 15 次后取出重复的部分培养瓶，测定土壤活性碳组分（DOC 和 MBC）等指标。同时，用经过改造的气相色谱（GC，Agilent 7820A）观测冻融期间的气体排放，即分别于冻结和融化后的 0.5 h、2 h、4.5 h、8 h、13.5 h 和 22.5 h 监测气体排放。然后分别在冻融 3 次、5 次、10 次和 15 次的开始冻结和开始融化 5 h 后各测量一次气体，此为冻融期间气体排放。

本节选取大兴安岭多年冻土区泥炭地活动层土壤为研究对象，设计室内培养实验，以此明确冻融作用下 CO_2 释放特征及其驱动机制，以及量化土壤不同活性碳组分对温室气体排放的贡献率及其对冻融作用的响应过程，旨在揭示气候变化背景下我国北方泥炭地土壤温室气体的释放机制。研究发现，所有土壤深度、土壤含水量和冻融幅度条件下的 CO_2 释放速率的最低值均出现在 22.5 h，但仍有气体释放（图 3-26）。随着土壤的融化， CO_2 释放速率开始呈波动式逐渐增加，并且在融化阶段出现释放高峰（图 3-26）。从 CO_2 释放速率与活性有机碳及酶活性的相关分析可以看出，无论在何种冻融环境和含水量下，CO_2 释放速率均与活性有机碳和酶活性呈极显著相关性，这表明存活的微生物利用了充足的活性底物（如 DOC），从而导致融化期的 CO_2 高释放速率（表 3-7）。低温下 CO_2 的排放和融化期的高排放与所报道的野外观测和室内模拟实验相一致（Feng et al.，2007；Song et al.，2006）。冻结前和冻结过程中累积的 CO_2 物理排放及融化期激活微生物所新产生的 CO_2 是目前公认的融化期气体排放通量突然增高的主要原因（Henry，2007；Wickland and Neff，2008）。在 15 次冻融循环过程中，冻结和融化过程中 CO_2 的释放速率均随土壤深度的增加而减小，并随着冻融频次的增加呈现先增加后降低的趋势（图 3-26，表 3-8）。表层土壤高的有机碳含量、丰富的活性有机碳和高的微生物及酶活性是导致表层土壤 CO_2 释放量明显高于底层土壤的主要原因。在不同冻融情境下，大幅度冻融循环 CO_2 峰值出现的时间早于小幅度冻融峰值出现的时间，且 CO_2 释放速率高于小幅度（图 3-26，表 3-8），主要是因为大幅度冻融对土壤团聚体的破坏作用更大，能够释放更多的活性有机质从而会导致更多的气体排放。此外，大幅度冻融的融化温度高于小幅度融化温度，从而可能导致高的微生物活性，释放更多的 CO_2。80%最大持水量的 CO_2 释放速率要高于 60%最大持水量（图 3-26，表 3-8），这与伍星和沈珍瑶（2010）所发现的冻结温度越低、冻结时间越长、冻融前土壤含水量越高，在冻融交替中排放的温室气体越多的现象相吻合。整体上，冻融循环期间 CO_2 累积释放量显著小于不经过冻融过程的土壤，这主要是因为冻结期 CO_2 低的排放量抵消了融化期高的排放量。本实验的研究结果意味着在气候变暖背景下，短期冻融循环释放的 CO_2 量要小于气候变暖所释放的 CO_2 量，并且冻融期间冻融幅度和含水量的变小也会减少 CO_2 的排放量。

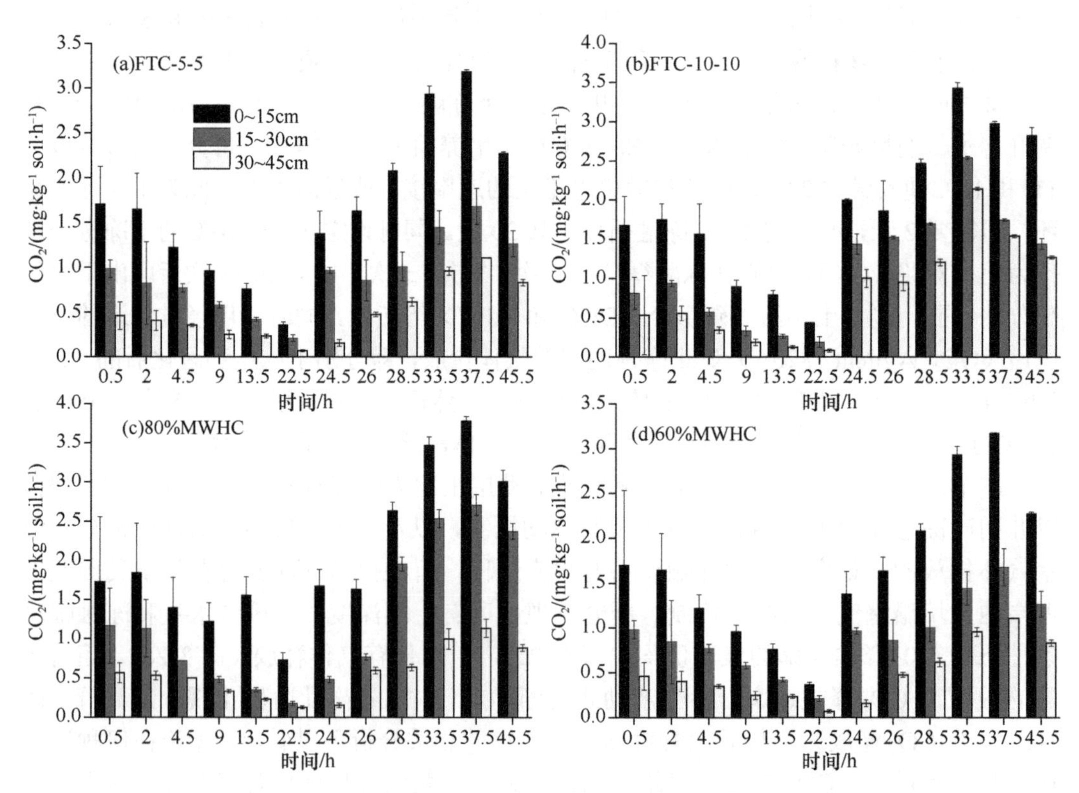

图 3-26　不同冻融环境下土壤 CO_2 在冻结和融化过程中的释放速率

FTC-5-5：冻融循环处理-5～5℃；FTC-10-10：冻融循环处理-10～10℃；MWHC. 最大持水量

表 3-7　土壤 CO_2 释放速率与活性有机碳及酶活性的相关性

	DOC	MBC	纤维素酶	淀粉酶	蔗糖酶
不同含水量（FTC-5-5）	0.798**	0.544**	0.381**	0.670**	0.789**
不同冻融幅度（60%MWHC）	0.674**	0.425**	0.644**	0.480**	0.732**

**. $p<0.01$

表 3-8 冻融期间土壤 CO_2 释放速率

冻融循环		土壤层次/cm	含水量/%	冻融循环频次				
				1	3	5	10	15
小幅度冻融循环	冻结	0～15	60	0.92	1.26	1.41	1.37	1.10
			80	1.78	1.42	1.66	1.57	1.05
		15～30	60	0.53	0.79	0.89	0.54	0.41
			80	0.52	0.67	0.78	0.54	0.38
		30～45	60	0.24	0.38	0.67	0.41	0.29
			80	0.29	0.44	0.85	0.60	0.35
	融化	0～15	60	2.25	3.64	4.53	3.59	2.50
			80	2.69	3.72	4.76	3.85	2.71
		15～30	60	1.18	2.01	2.77	1.87	1.38
			80	1.90	2.27	2.96	2.55	1.79
		30～45	60	0.73	1.17	2.14	1.25	0.95
			80	0.73	1.22	2.27	1.31	1.05
大幅度冻融循环	冻结	0～15	60	1.09	1.54	1.65	1.59	1.28
		15～30	60	0.41	0.73	0.98	0.65	0.48
		30～45	60	0.26	0.40	0.80	0.52	0.32
	融化	0～15	60	2.50	3.91	4.80	3.75	2.57
		15～30	60	1.61	2.30	3.31	2.62	1.86
		30～45	60	1.31	1.73	2.50	1.98	1.56

针对本实验的 CO_2 排放对冻融循环较为敏感，并且活性有机碳与土壤有机碳矿化存在密切联系的现象，采用大兴安岭多年冻土区泥炭地 0～15 cm 土壤，分离出 LFOC、POC 和 DOC 3 个代表活性有机碳的组分，并采用湿筛法分离不同粒径的 3 个等级的团聚体，即>1 mm、1 mm～250 μm 和 250～53 μm，分离方法同前。将分离所得的活性有机碳组分和不同粒径的团聚体调节至最大持水量的 100%，置于–10℃环境中冻结 30 天，然后与对照土壤一起放在 5℃培养箱中培养 15 天，分别在第 1、第 2、第 3、第 4、第 5、第 10 和第 15 天测量其 CO_2 的浓度，在培养结束后分析易被微生物利用的 DOC、氨态氮（NH_4^+）和硝态氮（NO_3^-）含量，以此明确土壤不同活性碳组分在碳排放中的贡献率及其对冻融作用的响应。

冻结作用显著改变不同有机碳组分及不同粒径土壤中的 DOC。冻结处理显著增加了 0～15 cm 土壤和 POM、LFOM 中的 DOC 含量（$p<0.05$；表 3-9）；冻结处理显著改变>1 mm 粒径中的 DOC 含量，其他粒径则不显著（表 3-9），这表明冻结作用对大粒径土壤 DOC 释放的促进作用要明显强于小粒径土壤。

冻结作用显著改变不同有机碳组分及不同粒径土壤中无机氮变化特征。冻结处理显著增加了 0～15 cm 土壤和 POM、LFOM 中的 NO_3^-含量、NH_4^+含量和 DOC 含量（$p<0.05$；表 3-9）；冻结作用同样显著改变了不同粒径土壤中的 NH_4^+和 NO_3^-的含量（$p<0.05$；

表 3-9　不同碳组分和不同粒径土壤 DOC、NH_4^+和 NO_3^-含量及其对 CO_2 释放贡献

样品	处理	DOC/（mg·kg⁻¹）	NH_4^+/（mg·kg⁻¹）	NO_3^-/（mg·kg⁻¹）	CO_2 累积排放量	所占百分比/%
0～15 cm/（mg·kg⁻¹）	冻结	1149.46 a	169.30 a	42.69 a	265.65 a	
	CK	934.38 b	121.47 b	34.65 b	233.52 a	
POM/（mg·kg⁻¹）	冻结	1254.57 a	230.41 a	58.22 a	228.96 a	26.74 a
	CK	1026.74 b	196.83 b	41.07 b	274.60 a	36.49 b
LFOM/（mg·kg⁻¹）	冻结	2219.32 a	123.24 a	268.45 a	60.00 a	18.17 a
	CK	1965.13 b	86.92 b	182.78 b	44.92 b	13.37 b
DOM/（μmol·L⁻¹）	冻结	22.26 b	0.61 a	4.20 b	51888.45 a	9.14 a
	CK	28.36 a	0.65 a	8.30 a	30089.80 b	4.64 b
>1 mm/（mg·kg⁻¹）	冻结	1306.18 a	246.54 a	43.75 b	379.03 a	27.30 a
	CK	1101.81 b	184.92 b	57.37 a	343.24 a	28.10 a
1 mm～250 μm/（mg·kg⁻¹）	冻结	1168.30 a	219.33 a	45.80 a	325.80 a	68.62 a
	CK	1145.60 a	107.91 b	32.24 b	308.18 a	70.83 a
250～53 μm/（mg·kg⁻¹）	冻结	1060.54 a	228.22 a	49.80 a	335.02 a	31.80 a
	CK	1090.03 a	127.89 b	25.14 b	340.46 a	36.76 a

注：LFOM. 轻组有机质；POM. 颗粒有机质；DOM. 溶解性有机质

表 3-9）。总体上，冻结作用促进了土壤不同有机碳组分及不同粒径土壤中 NH_4^+和 NO_3^-的释放，这表明冬季冻结作用所导致的养分释放能够为第二年春季植物萌发及后期的生长提供养分。值得注意的是，在 0～15 cm 土壤、POM 和不同粒径土壤中无机氮主要以 NH_4^+的形式存在，而在 LFOM 中却以 NO_3^-为主，这表明 LFOM 中微生物对氮的代谢途径可能与其他组分不同。

冻结处理增加了融化期的 CO_2 释放速率，但只有 LFOM 和 DOM 显著，且这种增加量随着培养时间的延长而减弱（表 3-9；$p<0.05$）。经过 30 天的培养后，0～15 cm 土壤、不同活性碳组分及不同粒径土壤在融化的前几天其 CO_2 释放率明显高于对照（约 2 倍），但随着培养时间的增加，其 CO_2 释放速率的差异逐渐缩小，直至没有差异（图 3-27）。但是，在后 10 天的矿化培养中，DOC 在冻结处理下的 CO_2 释放速率要明显高于对照，是其 2～13 倍；冻结作用未显著改变不同粒径土壤中 CO_2 释放率（表 3-9；图 3-27；$p>0.05$）。这是因为大兴安岭多年冻土区泥炭地表层 0～15 cm 土壤中团聚体并不明显，土壤大部分是由枯枝落叶组成，不含或含有少量被团聚体包裹且微生物不能接触的矿质土壤，从而冻融循环对土壤团聚体的破坏作用在此并不适用，这也是导致不同粒径土壤有机碳矿化速率没有显著差别的一个原因。

不同粒径土壤对 0～15 cm 土壤 CO_2 释放量的贡献率在冻结处理和空白对照下并无显著差异（表 3-9；$p>0.05$）。由于 1 mm～250 μm 粒径在土壤中所占的质量百分比例要明显大于>1 mm 和 250～53 μm 粒径所占比例，因此其 CO_2 释放量的贡献率在数值上也明显高于其他粒径。POC 在短期矿化培养中 CO_2 的累积释放量虽然在冻结和空白处理下并无显著差异，但是冻融作用显著降低其 CO_2 释放贡献率（表 3-9；$p<0.05$）。值得注意的是，虽然 LFOC 对 CO_2 释放贡献率要明显低于 POC，但是在冻结处理下，其短期 CO_2 贡献率要显著高于对照（表 3-9；$p<0.05$）。与 LFOC 和 POC 相比，DOC 是更易被

微生物所利用的活性有机质，其在冻结处理下短期 CO_2 贡献率也显著高于对照（表 3-9；$p<0.05$），大约是其 2 倍。这意味着不同碳组分在 CO_2 释放量的贡献率所起的作用不同，POC 的贡献率较高但在冻结作用下有降低趋势，相对来说 DOC 和 LFOC 的贡献率较小但是在冻结作用下有增加的趋势，二者在融化期高的 CO_2 排放中所起的促进作用更大。

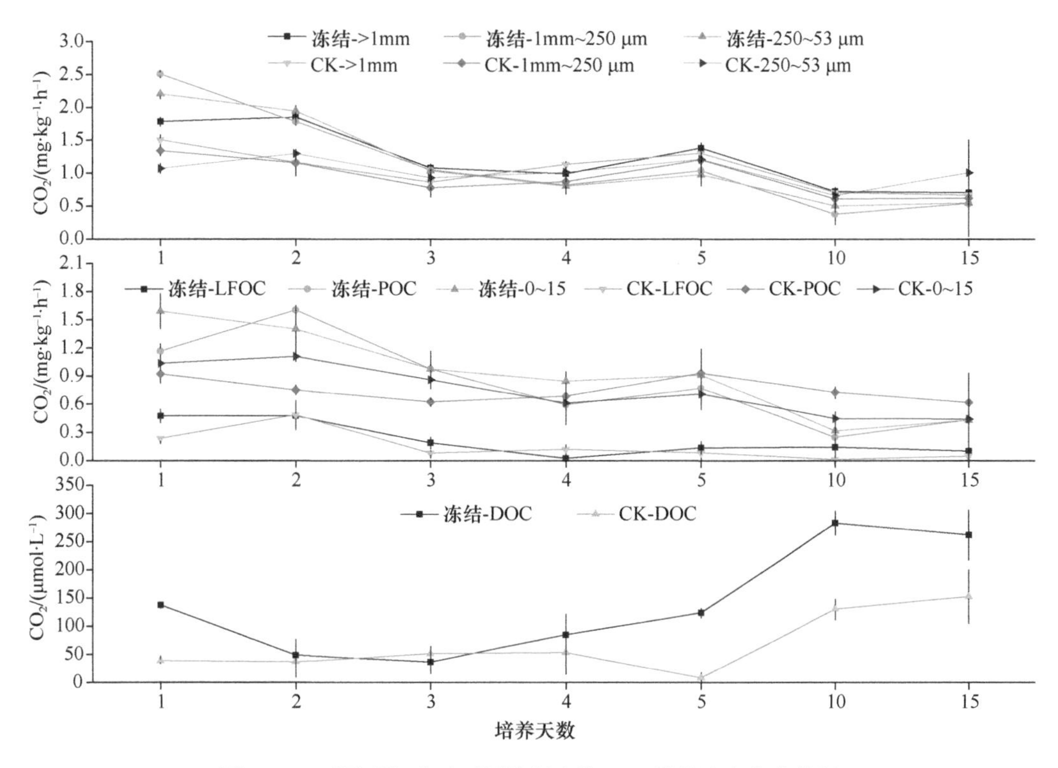

图 3-27 不同碳组分及不同粒径土壤 CO_2 排放速率变化特征

3.3.2.3 融化期季节性冻土区 CH_4 高排放特征及其驱动机制

基于野外监测发现，春季 4 月 6～11 日在观测点中发现最高 CH_4 排放量达 48.6 $g·m^{-2}·h^{-1}$，可观测到明显的“冒泡”现象；大部分监测点发现，这种爆发式排放持续时间较短，每次持续几个小时，持续时间约为 3 天，之后排放量迅速降低，直至与其他观测点的排放无明显差异；4 月 6～8 日鼓泡产生的总 CH_4 排放量为（31.3 ± 10.1）$g·m^{-2}$（图 3-28，表 3-10）。为了验证春季解冻对观测到的 CH_4 爆发式排放的影响，我们分析了研究区域内空气和土壤温度的时间变化。沿土壤剖面（约 1 m 深度）的温度变化表明，从 2010 年 11 月中旬至 2011 年 4 月初，地表 20 cm 的土壤剖面完全冻结。土壤在 4 月 6～8 日完全解冻，与观测到的 CH_4 爆发式排放的时间周期完全吻合。由此可见，观测到的 CH_4 爆发式排放与春季土壤融化密切相关。

结合上述野外监测结果和其他来源数据，利用两种方法量化评估了春季融化期对北方冻土区自然湿地 CH_4 排放的影响。首先，基于野外监测的 CH_4 脉冲代表性区域，发现约有 0.39%的自然湿地可作为该湿地中储存的 CH_4 出口。以此测量结果和面积百分比为依据，估算 2011 年北方冻土区自然湿地 CH_4 排放量为 0.5～97 Tg。同时，我们将

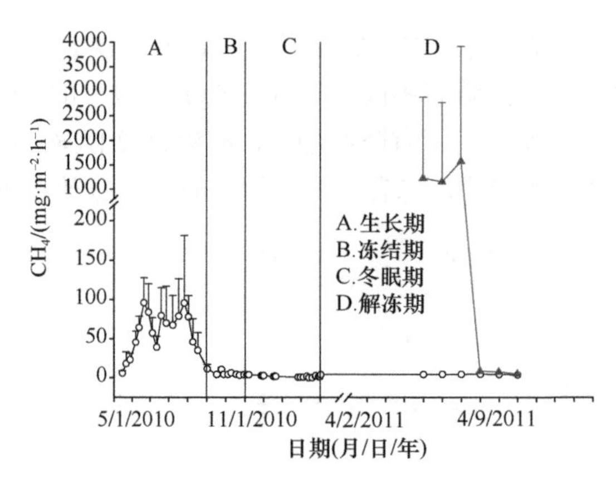

图 3-28　三江平原 CH_4 爆发式排放观测

实线表示观测点正常排放过程；虚线表示观测点捕捉到爆发式排放过程

表 3-10　2011 年春季三江平原季节性冻土区 CH_4（$mg \cdot m^{-2} \cdot h^{-1}$）爆发式排放观测

日期（月/日/年）	地点	H1-1	H1-2	H2	H3	H4	H5
4/6/2011	通量观测	193.7	2.7	1179.9	4834.6	18092.9	37859
	持续时间/h	2	2	2.5	3	2	2
日期（月/日/年）	地点	H9	H10-1	H10-2	H10-3	H12	H13
4/7/2012	通量观测	345	9503.4	48560	11801.7	187.6	62.3
	持续时间/h	1.5	1.5	1.5	1.5	1.5	1.5
日期（月/日/年）	地点	H9-2	H16-1	H16-2	H16-3	H17	H18
4/8/2013	通量观测	42.2	1797.2	4425.9	46.4	1283.6	8560.1
	持续时间/h	24	24	24	3	2	2
日期（月/日/年）	地点	H19-1	H19-2				
4/9/2014	通量观测	96.8	96.9				
	持续时间/h	1	1				
日期（月/日/年）	地点	H19-3	H19-4				
4/10/2015	通量观测	133.7	98.9				
	持续时间/h	1	1				
日期（月/日/年）	地点	H19-5					
4/11/2016	通量观测	32.2					
	持续时间/h	1					

SCIAMACHY CH_4 柱浓度时间序列数据与野外观测相结合，估计了北方冻土区春季解冻诱导下的 CH_4 排放时间变化(图 3-29)。结果表明，春季解冻期 CH_4 排放自 2003～2008 年呈明显的增加趋势，但在 2009 年略有下降，除 2003 年外，该时间趋势与 GLOBALVIEW-CH_4 数据一致（图 3-29）。2003 年 CH_4 浓度的增加可能归因于亚洲和北美北方地区的生物量燃烧（van der Werf et al.，2006）。即使春季融化期 CH_4 高排放已经在十年前就被发现（Christensen et al.，2004），但我们的研究进一步发现了其贡献在近些年得到了持续增强，这将潜在促进冻土区碳-气候间的正反馈（Tokida et al.，2007）。

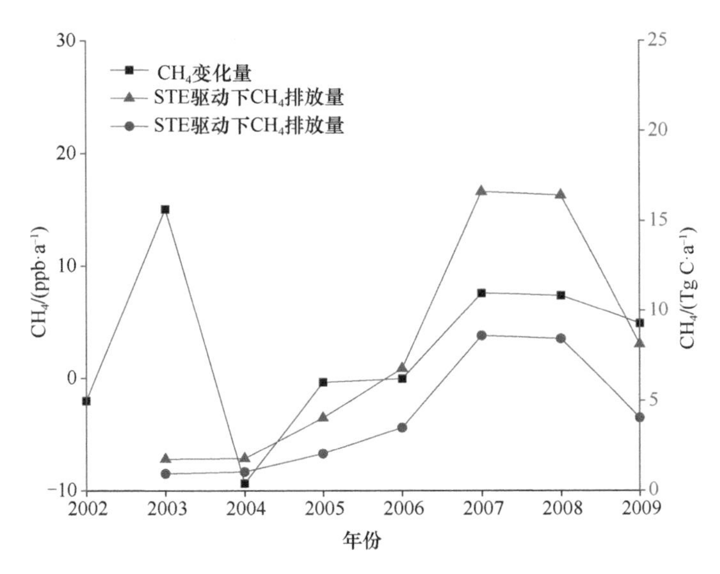

图 3-29 观测到的 CH_4 浓度的年际变化

STE：春季冻融期排放贡献，是由每年的 4 月 CH_4 排放量减去 5 月 CH_4 排放量；

CH_4 变化：GLOBALVIEW-CH_4 前一年的浓度减去后一年的浓度

针对野外监测到的三江平原季节性冻土区湿地在积雪融化后出现的 CH_4 爆发式排放现象（Song et al.，2012a），设计了室内冻融模拟实验，从土壤有效底物角度来探讨冻融作用下 CH_4 高排放的驱动机制。

室内培养试验：在季节性冻土区三江平原毛薹草泥炭地，去除地表植被和枯落物，采集 0～20 cm 和 20～40 cm 两层土壤，密封于自封袋中迅速带回三江平原沼泽试验站。添加毛薹草湿地水，使土壤厌氧融化以备于室内的冻融模拟实验。部分样品风干，过 100 目筛子测量其 SOC 和总氮含量。将融化后的不同层次的土壤（0～20 cm 和 20～40 cm）放入 550 ml 的培养瓶中（直径 6 cm、高度 18 cm），加入毛薹草湿地水至积水层深 3 cm，使其维持厌氧状态。在 6℃下预培养 20 天从而除去原冻结土壤中封存的 CH_4。在连续 6 天观测到 CH_4 稳定排放后，开始进行冻融模拟实验。设置两个处理，即冻融循环处理（FTC）为–6℃冻结 2 天后 6℃融化 5 天；空白对照处理（CK）为 6℃未冻结处理。在冻融循环期间每天监测一次 CH_4 的释放速率。经过 5 次冻融循环后分别收集不同土壤层次的土壤和水，并分析其 DOC 的含量及其代表芳香性的指标 UVA280 和 HIX 值（腐殖化系数）。

基于室内冻融模拟实验，季节性冻土区湿地 0～20 cm 土壤 CH_4 在融化期出现了明显的高峰排放，为 13.40～55.02 mg $C·m^{-2}·h^{-1}$，为对照的 4～19 倍（图 3-30；图 3-31）。由于融化期 CH_4 高排放的时间比较短暂，基于 24 h 的 CH_4 排放特征监测，发现表层 0～20 cm 土壤 CH_4 出现的排放高峰要早于下层 20～40 cm 土壤（图 3-30；图 3-31）。从室内培养的视角，本研究进一步证实了野外季节性冻土区毛薹草湿地观测到的 CH_4 爆发式排放现象（Song et al.，2012b），并与其他学者在其他类型冻土区监测到的结果相近，如在室内冻融模拟实验中所发现的泥炭土壤（Panikov and Dedysh，2000；Wang et al.，2013）、多年冻土土壤（Bao et al.，2021；Gao et al.，2021a；Wagner et al.，2005）等，因此，本实验的结果再次证实了冻融循环确实能诱发融化期 CH_4 的高排放。

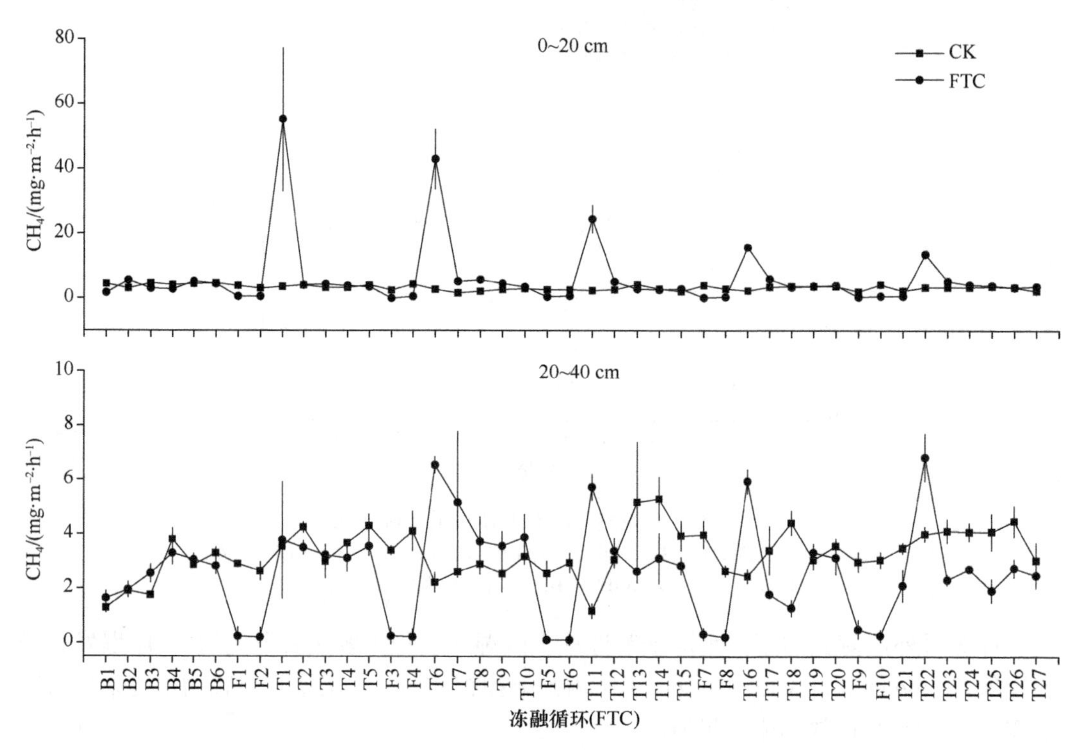

图 3-30 季节性冻土区泥炭地土壤 CH_4 在冻融循环期间的排放特征

B. 冻融循环前预培养；F. 冻结期每个循环 2 天；T. 融化期每个循环 5 天

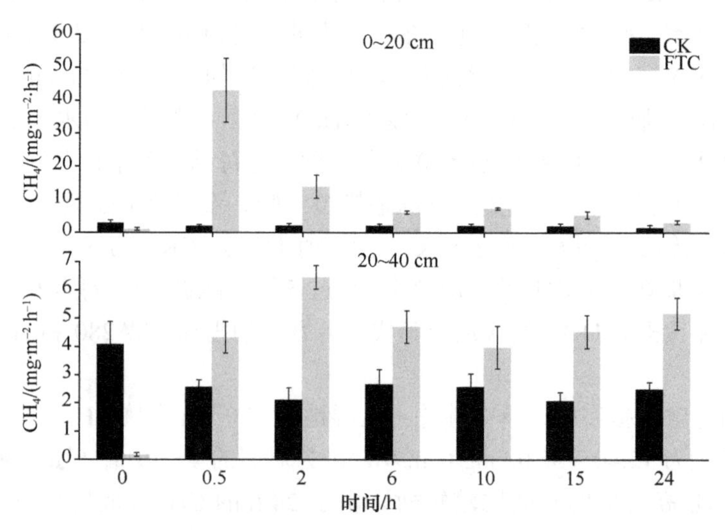

图 3-31 季节性冻土区泥炭地土壤 CH_4 在 24 h 融化期间的变化特征

融化期间 CH_4 的高排放总体表现为持续时间短，仅出现在融化后的第一天，且随着冻融次数的增加，其排放强度不断降低（图 3-30）。在厌氧冻融培养过程中，不同土壤深度的 CH_4 排放出现异质性趋势，其中冻融循环显著增加了表层土壤 CH_4 的累积排放量（6127.42 mg·m^{-2}，为对照的 2 倍），降低了深层土壤 CH_4 排放量的 20%。这种差异主要是由于表层的土壤含有更多易被利用的有机碳，为CH_4排放提供了更多的有效底物，而冻融作用进一步加剧了这些活性底物的释放，导致冻融作用下表层土壤产生了更多的CH_4。

冻融循环显著增加了土壤和水中 DOC 和可溶性无机氮（soluble inorganic nitrogen，DIC）的含量，而显著降低了代表芳香类化合物指标的 UVA280 和 HIX 值（表 3-11；$p<0.05$）。DOC 中小分子化合物含量的提高原因是冻融循环导致微生物细胞的破裂从而导致活性有机质的释放。冻融循环期间CH_4的释放量与 SOC、DOC 和活性指标（HIX、UVA280）存在显著相关性（图 3-32）。CH_4释放量与 UVA280 和 HIX 的负相关表明 DOC 中易被微生物利用的小分子化合物是影响CH_4产生的原因之一。因此，冻融循环导致的生物有效性基质的释放是促使融化期CH_4高排放通量的一个重要原因。随着冻融次数的增加，养分获取限制了微生物活性（Paul and Clark，1989），因此，随着冻融次数的不断增加，融化期CH_4释放量逐渐降低。

表 3-11 冻融循环对季节性冻土区泥炭地 CH_4 释放、DOC 含量及其活性的影响

	0～20 cm		20～40 cm	
	CK	FTC	CK	FTC
CH_4-C	3428.96±196.3bc	6127.42±518.4a	3315.18±189.8b	2639.65±156.8c
DOC（水）	223.17±39.62b	321.58±14.74a	150.31±30.19c	195.59±12.49c
DIC（水）	38.23±7.02a	41.06±5.77a	25.17±2.52b	39.26±2.25a
DOC（土壤）	446.35±18.59b	526.15±5.93a	223.16±14.75d	264.94±10.18c
UVA280（水）	0. 75±0.14a	0. 51±0.02b	0. 86±0.16a	0. 81±0.03a
UVA280（土壤）	0. 50±0.07c	0. 47±0.01c	1.04±0.05a	0. 91±0.01b
HIX（水）	0.76±0.02b	0.64±0.01c	0.90±0.01a	0.80±0.01b
HIX（土壤）	0.67±0.03c	0.60±0.01d	0.79±0.01 a	0.72 ±0.02b

注：同行不同字母代表具有显著差异（$p<0.05$）；FTC. 冻融循环；CK. 空白对照；DIC. 可溶性无机碳

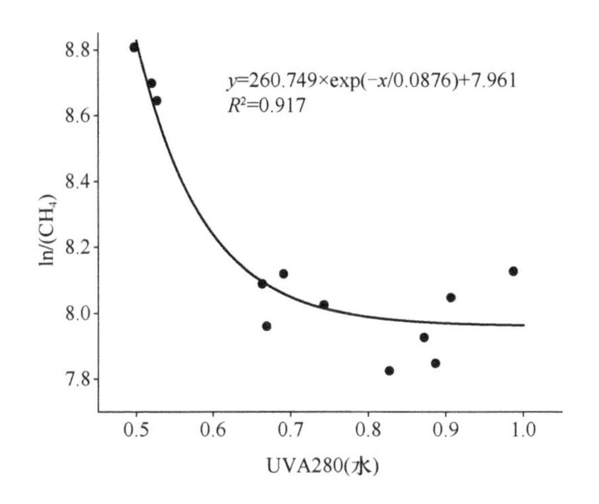

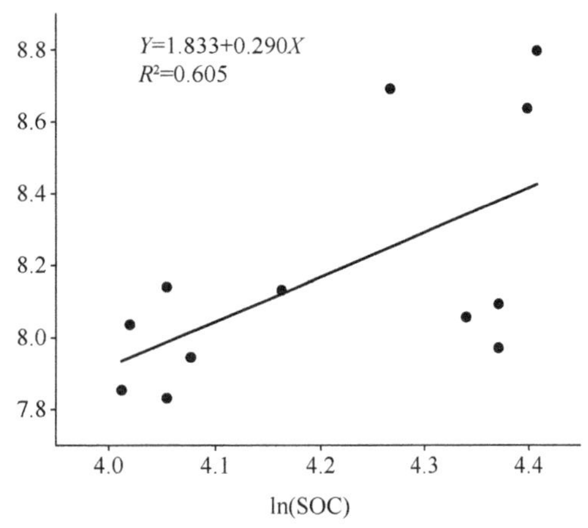

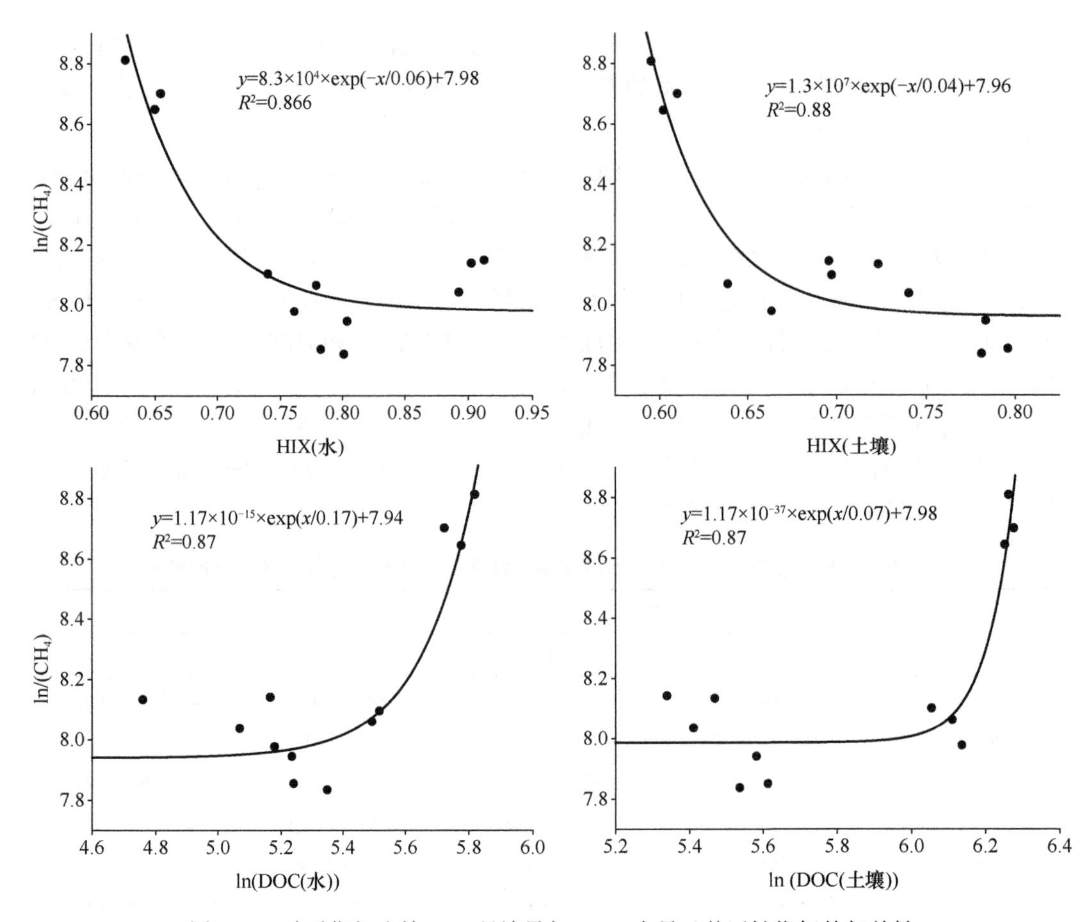

图 3-32　冻融期间土壤 CH_4 释放量与 DOC 含量及其活性指标的相关性

除了底物供给，微生物也是驱动冻融循环情境下 CH_4 高排放的因素之一。已有研究发现某些古细菌、细菌和真核微生物能够很好地适应活动层季节性冻结和融化的波动（Wagner et al.，2005）。也有研究发现冻融对微生物量没有显著的影响（Grogan et al.，2004；Schimel and Clein，1996），甚至有发现在冻融作用后微生物活性出现高峰现象（Edwards et al.，2010）。土壤中只要存在未冻结水，微生物就会保持生理上的活性，并且冻土区的微生物已经适应这种冻融环境（Mikan et al.，2002）。相关研究发现，当温度降到–10℃时甚至–40℃时，土壤颗粒仍然存在可检测的液体水膜（Price and Sowers，2004），验证了本研究中微生物在冻结环境下仍存在活性的结论。由于冻结层的存在，冻结过程产生的大部分 CH_4 很可能存储在土壤孔隙或是水中，只有很少一部分被氧化，与融化期活性增加的微生物所新产生的 CH_4 一起释放，从而导致了融化期 CH_4 的高排放。

3.3.2.4　气候变暖情境下冻融循环对湿地碳排放的影响

东北地区是我国湿地的主要分布区域之一，淡水沼泽主要集中在三江平原季节性冻土区，而泥炭沼泽主要集中在大小兴安岭多年冻土区。在气候变暖背景下，东北冻土区多年冻土退化明显，多年冻土南界不断北移（金会军等，2006）。目前的冻融循环研究更多关注单一站点或者单一冻土类型，而不同类型土壤、不同冻融过程多因素交叉试验研究鲜有报道。为此，本节采集了野外不同冻融环境下的沼泽湿地土柱（大兴安岭多年冻土区泥炭地土柱和三江平原季节性冻土区草甸沼泽土柱），并将其向南移至季节性冻土区，基于室内模拟实验，探索冻融期间沼泽湿地土壤温室气体释放的特征和对气候变暖的响应，旨在揭示全球变化背景下我国北方沼泽湿地温室气体的释放机制。

秋季将 12 根直径为 10 cm、高度为 60 cm 的土柱（土壤层共 30 cm）移植至季节性冻土区的中国科学院东北地理与农业生态研究所内。该地区属于大陆性季风气候区，平均气温 5.6℃，年平均降水量 522～615 mm。移植自两个温度梯度的湿地土柱构成了两个处理：连续多年冻土区泥炭地（CP）和季节性冻土区草甸沼泽（SF）。每个处理设置 3 个重复。土柱底部完全密闭，将其埋入土壤中，土柱中的土壤与外面地表齐平。土柱中的土壤距离管口 30 cm，上端有可开启的盖子，盖子装有通气管，用于气体样品的采集。同时，在试验地点的 0 cm、10 cm、20 cm、30 cm、40 cm 和 60 cm 土壤深度分别布置土壤温度传感器，由于 PVC 管中土柱高度只有 30 cm，因此温度探头只埋深到 60 cm。另设 6 根土柱作为分析其理化指标及其活性碳组分冻融前的空白对照。

多年冻土区泥炭地 0～10 cm 土壤总碳、总氮及活性碳组分含量显著高于季节性冻土区草甸沼泽土壤（表 3-12；$p<0.05$）。在季节性冻融期过后，多年冻土区泥炭地和季节性冻土区草甸沼泽土壤总碳、总氮及活性碳组分含量呈下降趋势，其中活性碳组分中 POC 和 MBC 的降低趋势显著（表 3-12；$p<0.05$）。

表 3-12　冻融前后沼泽湿地土壤表层 0～10 cm 活性碳组分特征

		TC/ ($g \cdot kg^{-1}$)	TN/ ($g \cdot kg^{-1}$)	C∶N	LFOC/ ($g \cdot kg^{-1}$)	POC/ ($g \cdot kg^{-1}$)	DOC/ ($mg \cdot kg^{-1}$)	MBC/ ($mg \cdot kg^{-1}$)
冻融前	SF	57.23b	2.68b	21.40bc	7.38b	17.59c	38.01c	1971.05c
	CP	445.77a	19.51a	22.92ab	355.14a	186.86a	462.46a	4192.26a
冻融后	SF	53.26b	2.53b	21.06c	6.02b	13.99d	47.67c	719.60d
	CP	426.03a	18.39a	23.61a	347.64a	162.87b	339.66b	3193.70b

注：CP. 连续多年冻土区泥炭地；SF. 季节性冻土区草甸沼泽；TC. 总碳；TC. 总氮；C∶N. 碳氮比；MBC. 微生物生物量碳。同列不同字母代表不同湿地类型的活性碳组分在冻融前后达到显著水平，$p<0.05$

在土柱冻结阶段，多年冻土区泥炭土柱和季节性冻土区沼泽湿地土柱的 CO_2 和 CH_4 释放速率逐渐降低。但当土柱完全冻结前却出现微弱排放峰值，即使土柱完全冻结时仍然存在排放。当土柱开始融化时，CO_2 和 CH_4 均出现明显的排放高峰，其中 CH_4 的排放出现两个高峰值（图 3-33）。在 30 cm 土柱融通后，CO_2 释放速率随着土柱温度的升高而迅速提高（图 3-33），这是因为温度作为调控微生物活性的间接因子控制着 CO_2 的释放；CH_4 释放速率却随着土柱温度的升高而不断降低，甚至在最后几天出现吸收现象（图 3-33），由于在整个冻融过程中土柱没有外来水分的补给，含水量的降低很可能是抑制 CH_4 释放的主要原因。此外，底层产生的 CH_4 在扩散过程中很可能被表层 CH_4 氧化菌氧化，从而导致了 CO_2 释放速率急剧增大且伴有 CH_4 吸收的现象。从图 3-34 中 CO_2 释放速率与 CH_4 释放速率的负相关关系也可以证明以上推测。

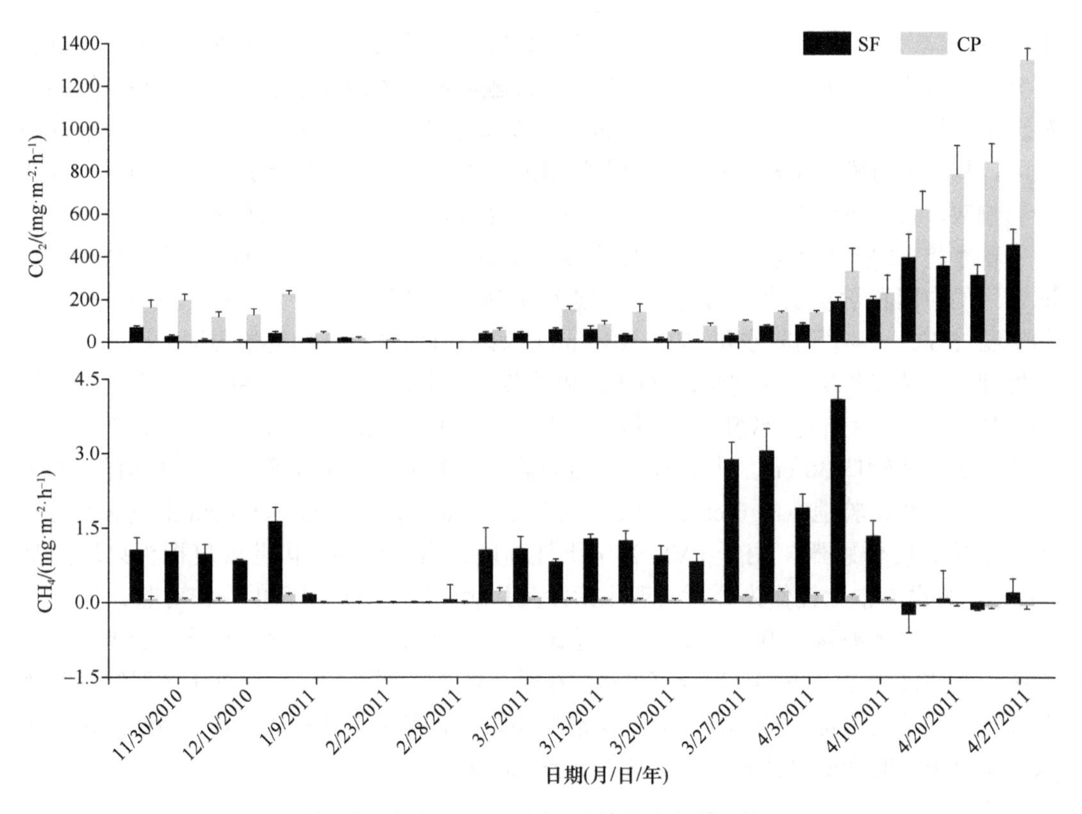

图 3-33　冻融期间沼泽湿地碳释放速率变化特征

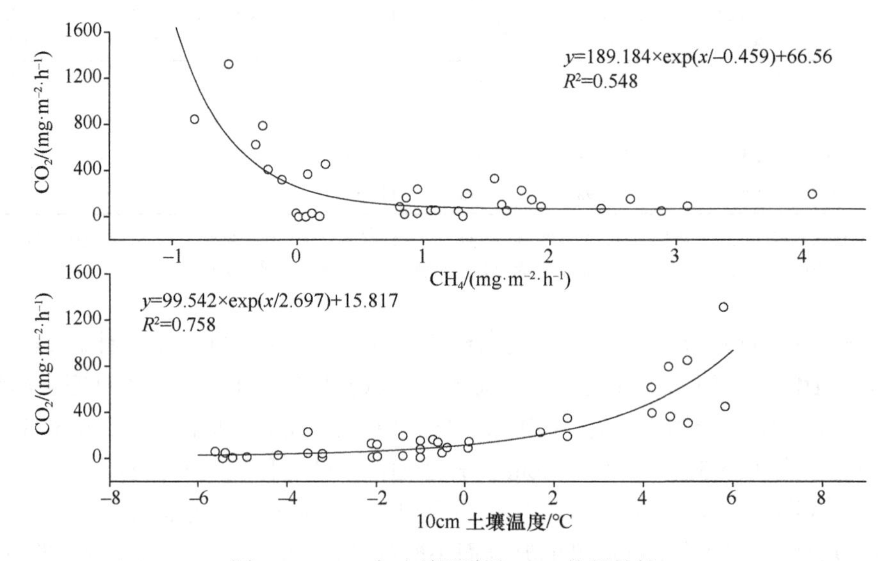

图 3-34　CO_2 与土壤温度和 CH_4 的相关性

与农田土壤和高纬度苔原带的研究结果相近，本研究同样发现了土柱冻结阶段的 CO_2 和 CH_4 呈现微弱排放峰值的现象（Bäckstrand et al.，2008；Teepe et al.，2001）。这种现象可能是在液态水冻结成冰时体积膨胀导致溶解在水中的气体排出造成（Bäckstrand et al.，2008）。而当土柱完全冻结时仍有气体排放，这表明某些微生物仍然存在活性，产生的气体可以通过没有完全堵塞的排放通道排出（Teepe et al.，2001）。而融化阶段碳排放出现高峰的原因可能如下：其一，随着温度的升高，处于休眠的土壤微生物开始不断恢复活性，甚至在冻融的反复刺激下其活性大大增强，从而产生更多的气体（Sharma et al.，2006）。其二，经过长期的冻融作用，土壤中的活性有机物含量会大大增加，能够提供足够的活性底物（Feng et al.，2007）。本研究发现秋季累积的有机物经过冬季冻融作用，其活性有机物含量均有所降低。这表明这些活性有机碳在融化阶段碳高峰排放中发挥了重要作用，DOC 和 MBC 这些相对小分子物质能被微生物直接利用，而 LFOC 和 POC 相对大的分子亦可能作为间接碳源为微生物利用。其三，季节性冻土区土柱融化模式对融化期间温室气体高排放也发挥了重要作用。由于在融化阶段，冻结的土柱从底部和表层两端向中间开始融化，这种融化方式使得表层土壤微生物和底层土壤微生物的活性不断增强，由于土柱中间土壤仍处于冻结状态，所以土柱底部产生的气体大部分被暂时封存在土壤中，随着土柱的不断融通，最终积存在土壤中的气体通过孔隙向外不断释放，继而导致融通后气体的急剧增加，其中 CH_4 的释放尤为明显。

从整个冻融期碳释放特征可以看出，在相同冻融环境下，季节性冻土区三江平原沼泽湿地 CO_2 释放量显著低于多年冻土区大兴安岭泥炭地，而 CH_4 释放量却显著高于多年冻土区大兴安岭泥炭地，但两者都是明显的 CO_2 和 CH_4 源（表 3-13）。不同冻土区沼泽湿地土壤碳排放量的差异主要是由土壤不同活性有机碳含量、土壤微生物活性和土壤物理性质的差异引起的（傅民杰等，2009）。因此，在气候暖化条件下，冻融期多年冻土区大兴安岭泥炭地 CO_2 释放潜能要远大于季节性冻土区三江平原沼泽湿地，这意味着在全球变暖背景下，更多的 CO_2 和 CH_4 在冻融期将会从多年冻土区释放，从而加剧温室效应。

表 3-13　季节性冻融期温室气体的累积释放量

样点	CO_2/（$g\cdot m^{-2}\cdot season^{-1}$）	CH_4/（$mg\cdot m^{-2}\cdot season^{-1}$）	N_2O/（$mg\cdot m^{-2}\cdot season^{-1}$）
CP	598.514a	1273.243b	33.503a
SF	255.345b	2930.676a	14.691b

除了 CO_2 和 CH_4，同时监测 N_2O 对冻融处理的响应过程和机制。在土柱冻结阶段，连续多年冻土区泥炭地的 N_2O 的吸收速率从–24.68 $\mu g\cdot m^{-2}\cdot h^{-1}$ 上升至–0.24 $\mu g\cdot m^{-2}\cdot h^{-1}$，而季节性冻土区草甸沼泽的 N_2O 的吸收速率从–11.98 $\mu g\cdot m^{-2}\cdot h^{-1}$ 增加至–0.15 $\mu g\cdot m^{-2}\cdot h^{-1}$（图 3-35），但其汇的能力随着土柱的完全冻结逐渐降低。当土柱融化时，两者均从 N_2O 汇转变为源，且其排放量逐渐增加直至出现排放高峰，其中连续多年冻土区泥炭地和季节性冻土区草甸沼泽分别为 72.14 $\mu g\cdot m^{-2}\cdot h^{-1}$ 和 22.15 $\mu g\cdot m^{-2}\cdot h^{-1}$。随着土柱的融通，其排放速率不断降低，但始终表现为 N_2O 源。

微生物通过硝化作用和反硝化作用驱动了冻融作用下土壤 N_2O 的释放过程。生态系统表现为 N_2O 源还是汇，取决于 N_2O 产生和消耗之间的平衡。在冻结期间，随着土柱的冻结，N_2O 汇的能力逐渐减弱，间接证明了微生物在结冰期仍然存在活性，由于冻结土层仍然有液态水的存在，微生物在厌氧条件下（冰膜的存在）能够发生反硝化作用，但冰层的阻隔封存了冻结期间产生的大部分 N_2O，但一小部分气体仍然可通过冰层产生

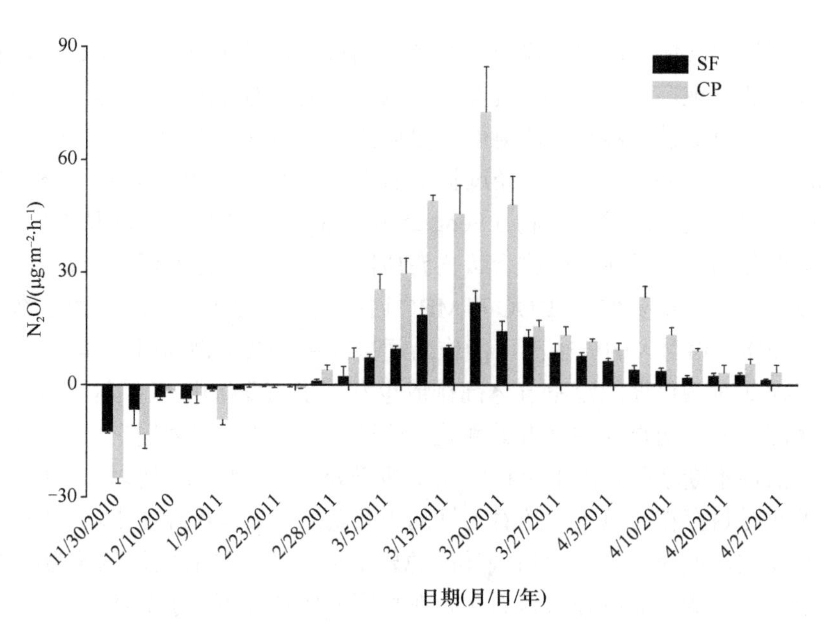

图 3-35　冻融期间 N_2O 释放速率特征

的裂缝扩散到土壤孔隙中从而溢出到大气（Teepe et al.，2001）。在融化阶段，与前期的相关研究一致，本研究也发现了 N_2O 的高排放现象（Ludwig et al.，2006；Song et al.，2006；Teepe et al.，2001），其主要原因可能是结冰期累积的 N_2O 在排放通道畅通下的突然释放。同时，冻融作用破坏了团聚体结构并杀死部分微生物使其细胞破裂导致活性有机碳的释放，从而在反硝化过程中发挥了重要作用（Wang et al.，2005）。此外，在土壤融冻时反硝化作用对 N_2O 的贡献较大，因为 N_2O 还原酶在这期间活性增强（Ludwig et al.，2006），在融化期 N_2O 排放的峰值要早于碳排放峰值，这说明不同温室气体对冻融的响应模式不同（Németh et al.，2014）。从整个冻融期来看，多年冻土区大兴安岭泥炭土柱的 N_2O 释放量要明显高于季节性冻土区三江平原。这表明在气候暖化条件下，大兴安岭多年冻土区解冻期 N_2O 的排放潜力要大于三江平原，并与 CH_4 和 CO_2 共同加剧温室效应。

3.4　营养环境变化对沼泽湿地土壤碳氮循环过程的影响

营养元素，特别是氮元素，是陆地生态系统植物光合作用和初级生产过程中最受限制的元素之一（Mooney et al.，1987）。它作为系统营养水平的指示剂之一，常常是湿地土壤中最主要的限制性养分，其含量高低直接影响着湿地生态系统的生产力（Mistch and Gosselin，2000），有的沼泽湿地生产力受营养物质特别是氮、磷的共限制（Chapin III et al.，1986；Hobbie et al.，2002）。随着全球变暖，土壤温度升高，加之人类活动的影响，营养可利用性将增加，进而影响植被生产力（Chapin III et al.，1995）和枯落物分解速率（Mack et al.，2004；Bragazza et al.，2006），这必将对生态系统碳氮循环过程产生影响（Weedon et al.，2012）。营养环境变化对土壤碳氮循环过程的影响对于沼泽生物地球化学循环具有重要意义。

3.4.1 营养环境变化对土壤碳氮循环的影响与研究方法

人类活动导致的氮排放与氮沉降增加，外源 N 输入已成为影响土壤碳氮转化的重要因素之一（Manning et al.，2006）。氮输入会降低土壤碳氮比、增加孔隙水氮浓度（Bragazza et al.，2012）、促进或抑制 CO_2 排放（Tao et al.，2013；Lozanovska et al.，2016）、增加 N_2O 排放（Sheppard et al.，2013）、促进细菌生长（Bragazza et al.，2012）、加速沼泽土壤反硝化过程（France et al.，2011）等。与外源 N 相比，土壤中外源 P 的输入相对较少，其主要通过水文途径或基岩风化获取，这也使土壤中 C：P 值变化比较大（Walbridge and Navaratnam，2006；Reed et al.，2013；Vitousek et al.，2013），P 可能是土壤营养变化的决定因素（Larmola et al.，2013；Hill et al.，2014），土壤的 C、N 与 P 决定其生态化学计量特征（Leifeld et al.，2020），共同影响土壤生物地球化学循环过程。

一般认为，氮有效性增多能够引起土壤碳矿化速率的增加。例如，Mansson 和 Falkengren-Grerup（2003）对凋落物层以下土壤（0～5 cm）的研究表明，氮沉降提高了土壤的碳矿化速率。这可能是因为研究地点没有明确的腐殖质层，上层土壤与凋落物具有较高的混合度，由来自表层凋落物的相对容易降解的碳源组成，成为土壤动物和微生物最为喜好的土壤，因此矿质氮的增加引起土壤有机碳矿化速率的增加。因为只要易降解的碳源如纤维素、半纤维素可以获得，凋落物的分解速度就可提高（Lekkerkerk et al.，1990；Cotrufo et al.，1995）。土壤碳氮循环过程的耦合关系是其温室气体反馈效应的基本特征（Laurén et al.，2019），因为土壤微生物生长与活性强烈依赖于氮有效性（Melillo et al.，2011；Fraser et al.，2013）。在分解过程中，C 和 N 循环可以有一个不对称的温度响应，其中 C 动态遵循指数 Q_{10} 曲线，但 N 动态对温度变化不敏感，并响应水分变化或其他环境约束（Beier et al.，2008；Guntiñas et al.，2012；Auyeung et al.，2013）。另外，Weedon 等（2012）证明了土壤氮有效性和生产力的温度敏感响应，并强调了土壤微生物功能在调节温度敏感性中的作用。

有研究指出经过数十年氮沉降的影响，凋落物的分解和土壤有机碳、氮的矿化速率均增加（Kuperman，1996；Falkengren-Grerup et al.，1998），但是在短期（<3 年）实验中通常不会发现这种现象（Neuvonen and Suomela，1990；Prescott，1995）。这可能是长期氮沉降和酸化对适应酸性和高氮环境的微生物群落选择的结果（Pennanen et al.，1998；Blagodatskaya and Anderson，1999），而在时间较短的研究中微生物可能没有来得及形成这种能力。无机氮添加可促进酸化，会减缓凋落物分解速率与微生物活性（Ramirez et al.，2010；Buchkowski et al.，2015），提高土壤的碳储量（Lu et al.，2011；Yue et al.，2016；Zak et al.，2017）。由于氮在微生物分解有机物中的矛盾作用，碳-氮动力学的表现仍然具有不确定性（Averill and Waring，2018）。

营养环境变化对土壤碳氮循环过程影响的主要研究方法包括：①室内培养方法，好氧培养。在一定的条件下好氧培养是评价氮可利用性最常用的指标。主要是模拟野外环境测定土壤净矿化和净硝化作用。在一定的土壤湿度条件下，通过培养前后 NH_4^+ 和 NO_3^-

含量之差计算净矿化速率，通过培养前后 NO_3^-含量之差计算土壤净硝化速率。②野外原位培养，如埋袋法。把原状土芯用聚乙烯袋装好后埋藏于原来的位置一定时间，然后取出分析每个袋中土壤样品的硝态氮和氨态氮含量的净变化，测定土壤中的净矿化和净硝化速率。③同位素示踪法。同位素示踪法可测定氮的总矿化速率，有三种方法，分别为天然丰度法、同位素示踪法和同位素库稀释法。④生态系统氮收支。最精确的估算氮供给的方法是测定生态系统关键分室每年氮循环量：输入、植物更新、输出。这些过程综合了氮可利用性的各个方面。

3.4.2 营养环境变化与沼泽湿地土壤碳氮循环

沼泽湿地营养状况取决于进入系统的营养来源和途径，而沼泽湿地的营养物质主要来自于灰尘或降水，这也使得沼泽湿地为贫营养型湿地（Charman，2002），且多数为氮磷限制的生态系统，而对于沼泽湿地土壤，氨态氮含量往往要高于硝态氮（Nordin et al.，2004；Clemmensen et al.，2008）（图 3-36）。相比于 150 年前，北方沼泽湿地氮沉降增加了约 4 倍（Lamarque et al.，2005），氮有效性增加会影响沼泽湿地有机碳释放与归还之间的平衡，从而影响土壤碳库的稳定性，然而这种影响仍不确定。有研究认为，氮输入有利于土壤有机碳的累积，因为氮输入能促进地上生物量的提高，增加碳的截留量和表层土壤（0～10 cm）有机质含量（Pregitzer et al.，2008）；此外，氮输入使泥炭沼泽植被向灌木转化，从而降低凋落物的分解速率（Gunnarsson et al.，2008），增加生态系统的碳累积；但也有相反结论表明，氮输入在提高植被固碳能力的同时，也促进了土壤，尤其是深层土壤有机碳的分解，且有机碳的分解大于植被固碳量，从而使生态系统出现

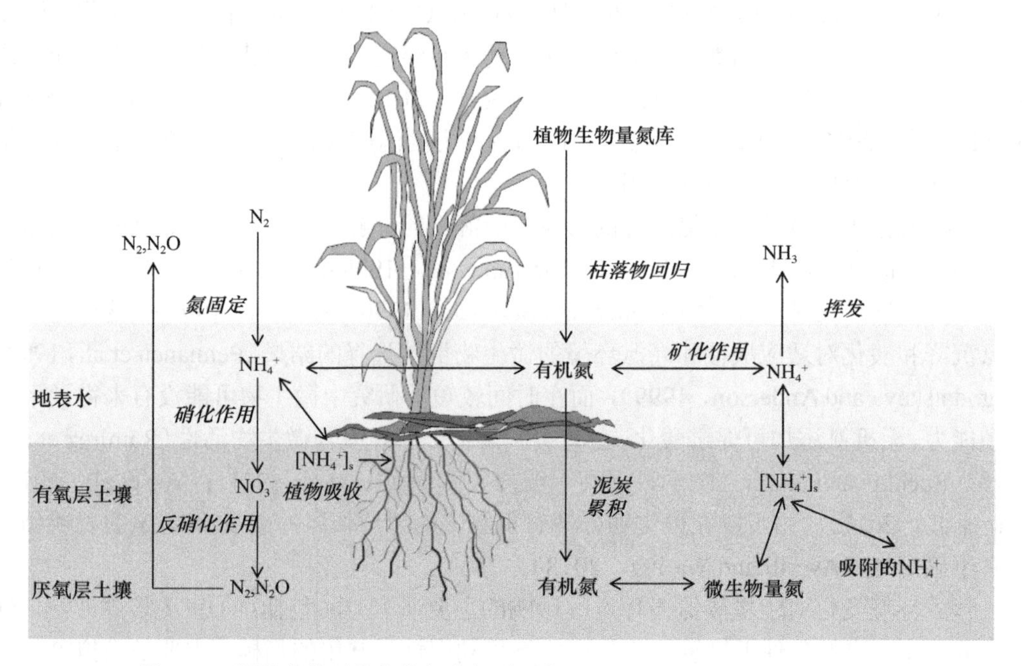

图 3-36　湿地营养环境变化与有机质累积（Reddy and DeLaume，2007）

净碳损失（Mack et al.，2004）；或使表层有机质在进入深层泥炭层之前几乎被完全分解，使碳的累积量近乎为零（Gunnarsson et al.，2008）。通常，陆地生态系统只有在氮缺乏的情况下才对氮输入产生响应（De Vries et al.，2006），而湿地土壤氮的可利用性较低（Currey et al.，2010），对氮输入的反应较敏感。氮输入能引起沼泽湿地土壤碳库的巨大变化（Johnson et al.，2010）。

氮沉降的增加也能够减少沼泽湿地腐殖质层和上层矿质土壤CO_2的产生（Persson et al.，2000；刘德燕等，2008）。对于产生这种现象的原因，主要存在以下几方面的解释：①以氮肥或氮沉降形式增加的氮素，使无机氮（NH_4^+，NO_3^-）与木质素残体或酚类化合物发生化学反应，从而使有机质的分解性降低（Lorenz et al.，2000）。长期氮输入能够降低土壤的 C∶N 值，使土壤性质发生变化，因具有低 C∶N 值的土壤存在高的NH_4^+释放，而使木质素的分解速率降低。也有研究指出较高的矿质氮输入，能够通过抑制土壤微生物木质素分解酶及其化学稳定性，从而延缓成熟凋落物和惰性有机质的分解（Magill and Aber，1998）。②土壤中新鲜凋落物在分解初始时因其高氮含量能够加快碳矿化速率，一段时间后大量的高氮凋落物被分解，此时与低氮凋落物相比则出现相对较低的碳矿化速率。同时，随着碳有效性的减少，由于微生物对氮的需求减少，净氮矿化增加（Hart et al.，1994）。③Ågren 等（2001）将模拟模型的输出结果与氮输入实验进行了比较，他们对有机质分解速率降低（质量损失速率降低或CO_2排放量减少）的解释是氮输入增加后一方面是由于凋落物质量的改变，另一方面则是因为分解者转向较高的氮同化效率，这些分解者可以在较低的碳矿化速率下利用有效氮源。很早以前就有研究指出氮输入的增加使分解者群落的组成发生改变（Bååth and Arnebrant，1993）。Sjöberg 等（2003）将土壤有机碳矿化速率的降低也归因于高氮利用效率的微生物增多。但氮输入增加产生的有机质分解速率下降，用化学稳定性的变化进行解释的可能性不大。目前，氮输入对土壤有机碳矿化产生抑制的现象的研究者主要趋于第二条解释，Berg 和 Matzner（1997）总结出氮输入能够刺激新鲜凋落物起始的分解速率，但在以后的分解过程中，抑制腐殖质分解。Neff 等（2002）在研究中也发现，施加氮显著加快了轻组有机质的分解，重组有机质部分稳定。

外源氮输入将改变土壤的碳氮循环，土壤微生物活动有其适宜的碳氮比，氮沉降通过改变碳氮比而影响土壤N_2O的排放。Verhoeven 等（1996）研究表明氮沉降量高的湿地反硝化作用和N_2O排放量高于氮沉降量低的湿地。Kaye 和 Hart（1997）指出当基质中碳氮比低于 30∶1 时，微生物在理论上不受氮限制。氮输入可通过影响植物间接影响N_2O排放。氮输入刺激作物生长，植株特别是根生物量积累增加，有助于微生物通过根获得更多的碳源，并作为反硝化所需能量，进而促进N_2O排放；氮输入还可能使沼泽植株中氮供给过剩，使植物直接排放N_2O的量增加（宋长春等，2006），持续的氮输入将加速碳分解速率，将导致碳累积速率降低，促进CO_2排放，也导致可利用性碳的损耗。宋长春等（2006）研究发现氮输入后N_2O的排放量与对照相比提高了 110%。Silvan 等（2005）研究发现，加入的高浓度氮的 15%被微生物吸收利用，15%通过气体形式排出，70%被植物吸收利用。氮沉降增加将影响微生物功能，改变硝化-反硝化过程，并改变酶活性，影响N_2O产生（Mentzer et al.，2006）。张丽华等（2005）研究发现，氮输入改变

了 N_2O 产生的季节模式，同时增加了氮的可利用性，导致 N_2O 排放强度增大。

湿地土壤碳氮循环对营养环境变化的响应也受多种因子的影响，这些因子可以归结为生物因子和非生物因子（孙志高等，2007）。生物因子包括土壤动物、土壤微生物；非生物因素包括气候因素、水文条件、土壤理化性质及人为干扰等。另外，外源营养环境变化将影响生态系统的净初级生产力（NPP），由植物提供的微生物可利用性基质是土壤有机质的重要来源，它可以缓解土壤水分、温度的剧烈波动来调整微气候环境，进而调节生态系统内的碳收支过程（Sayer，2006；Schaefer et al.，2009）。输入土壤中的植物凋落物质、量的改变可以显著影响土壤有机碳动态及呼吸过程（Luo et al.，2017）。湿地土壤处于特殊的环境条件下，有机质含量高，而且在地表集聚了大量的植物残体，很容易通过激发效应促进或是抑制湿地土壤碳排放，但是目前对湿地土壤有机质分解的研究并没有考虑激发效应的影响，这对湿地土壤碳收支、土壤碳库稳定性机理研究产生了一定的影响（Guenet et al.，2010；Kuzyakov，2010）。

3.4.3 营养环境变化对沼泽湿地土壤碳氮循环过程的影响实证

3.4.3.1 沼泽湿地氮可利用性变化对土壤有机碳分解的影响

湿地有机碳的累积取决于有机质生产与分解之间的平衡，因此枯落物分解对生态系统的营养循环和碳蓄积起到重要的作用（Aerts，1997）。一方面植物残体的营养释放决定了土壤营养的再生速率和植物可利用性营养的数量（Haraguchi et al.，2002），另一方面枯落物分解是植物残体中的碳重新回到大气中的一种途径（Hobbie and Vitousek，2000）。枯落物的分解速率在很大程度上依赖于氮的可利用性（Knorr et al.，2005；Aerts et al.，2006），并且在不同的分解阶段，氮素营养的多少对其分解速率的影响存在较大差异（Berg and Matzner，1997）。气候变暖及人类活动，如化石燃料燃烧、氮肥施用及土壤利用方式的改变将增加土壤中氮可利用性（Anastasiadis and Xefteris，2001；Matson et al.，2002）。提高氮可利用性将通过提高土壤氮活性、枯落物的数量和质量等方法及改变植物群落组成等间接方法影响枯落物分解（Manning et al.，2008）。

通过选取连续多年冻土区地表枯落物，主要为灌木狭叶杜香的落叶和小的灌木枝，还有少许白毛羊胡子草，用 TH 表示；岛状多年冻土区选择泥炭沼泽地为研究对象，地表枯落物主要为瘤囊薹草，用 YHM 表示；三江季节性冻土区选择两种代表性植物小叶章和毛薹草为研究对象，分别用 SJX 和 SJM 表示。对照与低氮处理差异不显著，但显著大于中氮和高氮处理，至培养末期有机碳累积矿化量分别为 238.2 $mg \cdot g^{-1}$（对照）、236.6 $mg \cdot g^{-1}$（低氮）、208.9 $mg \cdot g^{-1}$（中氮）、163.1 $mg \cdot g^{-1}$（高氮）。低氮处理对有机碳累积矿化量的影响可以为增加、降低或无影响，根据不同的枯落物结果有所不同，但是中氮和高氮处理降低有机碳累积矿化量（图 3-37）。

虽然氮可利用性是影响枯落物分解的重要因素，但是对营养调节分解的过程尚没有定论（Hobbie and Vitousek，2000）。对于我国北方沼泽湿地，氮输入抑制 4 种残余物分解，随氮输入量的增大抑制作用有所增强（图 3-37）。其他研究也得到类似的结论（Ågren et al.，2001；Knorr et al.，2005）。原因可能为氮输入抑制微生物数量和活性，或者是改

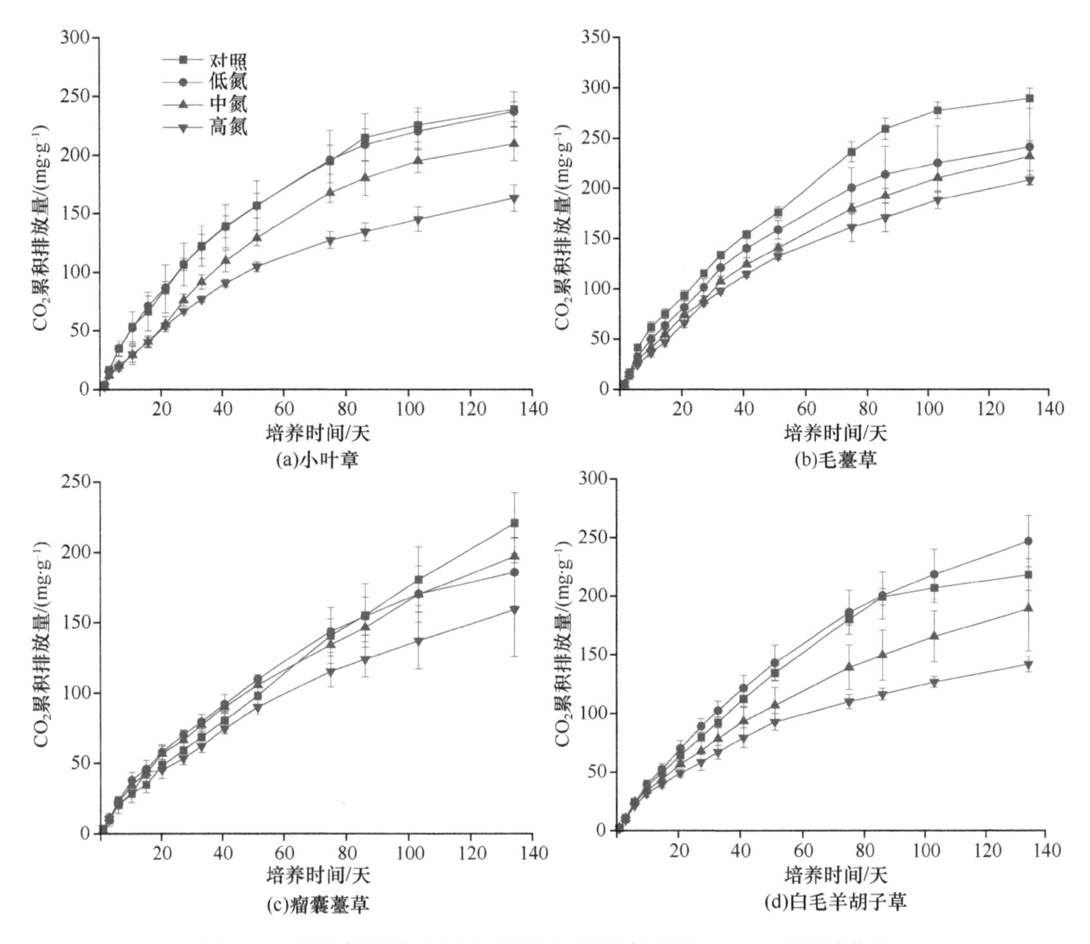

图 3-37　湿地枯落物分解在不同氮可利用性下的 CO_2-C 累积矿化量

变微生物的群落结构（Frey et al.，2004；Bradley et al.，2006）。另外，Craine 等（2007）研究认为，低的氮可利用性增加枯落物分解速率，因为微生物可利用基质从难分解有机物中获取氮源，这种“微生物氮激发效应”可被外源氮或者高基质氮浓度抑制。SJX 和 TH 枯落物有机碳累积矿化量明显受中氮和高氮处理的抑制；各种氮输入处理都对 SJM 枯落物有机碳累积矿化量起到抑制作用。原因可能为不同的枯落物类型含有不同的微生物群落（Bradley et al.，2006），对氮输入的响应也有所差异（Wang et al.，2010）。

对我国东北不同冻土区沼泽湿地土壤开展了氮输入对分解的影响研究，土壤分解 CO_2 排放连续多年冻土区泥炭土>不连续多年冻土区土壤>季节性冻土区湿地（图 3-38）。不同冻土区湿地在氮输入处理下的土壤有机碳累积分解量都明显低于对照，而且随着氮输入量的增大累积矿化量有降低趋势，表明氮输入对有机碳分解产生抑制作用。造成这种结果的原因可能为微生物从难分解的有机物中获得可利用性基质的激发作用被高氮可利用性或基质中高氮浓度抑制（Craine et al.，2007）。但是也有研究者认为输入的氮源可以通过抑制木质素水解酶活性，或者与木质素结合形成难分解物质降低有机质分解能力（Ågren et al.，2001）。并且 Bradley 等（2006）研究认为氮可利用性变化短期即可改变微生物的群落组成和结构，氮输入可能通过改变土壤微生物的结构或组成（Craine et al.，2007），进一步改变土壤有机碳分解速率。

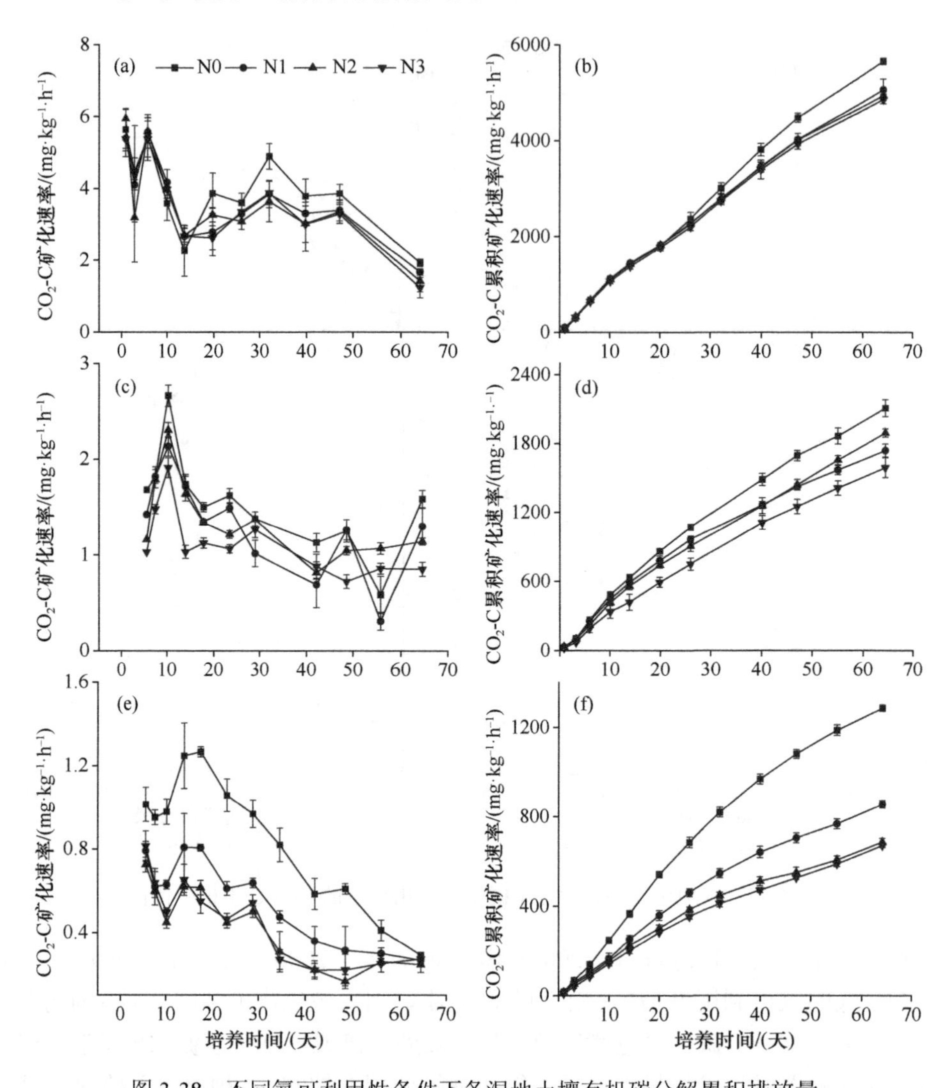

图 3-38 不同氮可利用性条件下各湿地土壤有机碳分解累积排放量

（a）（b）连续多年冻土区湿地；（c）（d）不连续多年冻土区湿地；（e）（f）季节性冻土区湿地。设定 N0、N1、N2、N3 氮输入量分别为 0 mg N·g^{-1}、0.1 mg N·g^{-1}、0.2 mg N·g^{-1}、0.5 mg N·g^{-1}

土壤有机碳及土壤氮素作为土壤有机碳矿化的底物，其含量必将直接对土壤有机碳分解作用产生影响（Davidson and Janssens，2006；Hopkins et al.，2006）。外源氮输入后，前期有机碳分解速率较高，原因可能为分解初期水分添加对土壤微生物产生激发作用（刘德燕等，2008），同时土壤中存在糖类和蛋白质等有机物为微生物提供较多的养分，导致微生物活动剧烈，使有机碳分解速率较高。随着持续分解，季节性冻土区湿地土壤分解速率降低，而多年冻土区湿地土壤分解相对稳定，这与其土壤中 DOC 和容易被微生物利用的养分含量较高有关。

氮输入后连续多年冻土区沼泽湿地土壤 MBC 和 MBN 都有下降的趋势，MBC/MBN 有增加的趋势，但是各指标之间差异未达到显著水平；不连续多年冻土区土壤 MBN 随氮可利用性增加呈逐渐降低的趋势，但各处理之间差异不显著，N1 处理下土壤 MBC 含量最大，显著高于 N3 处理（p<0.05），MBC/MBN 有增大趋势，但是各氮输入处理之间差异没有达到显著水平。季节性冻土区土壤各氮输入处理 MBC 明显高于 N0，但差异没有达到显著水平。MBN 含量随氮输入量增加呈逐渐减小的趋势，N0 与 N2、N3 处理之间差异显著（p<0.05）；MBC/MBN 随氮输入量的增加呈逐渐增大的趋势，其中 N2 与 N3 处理的 MBC/MBN 明显高于 N0（p<0.05）（图 3-39）。季节性冻土区不同氮输入处

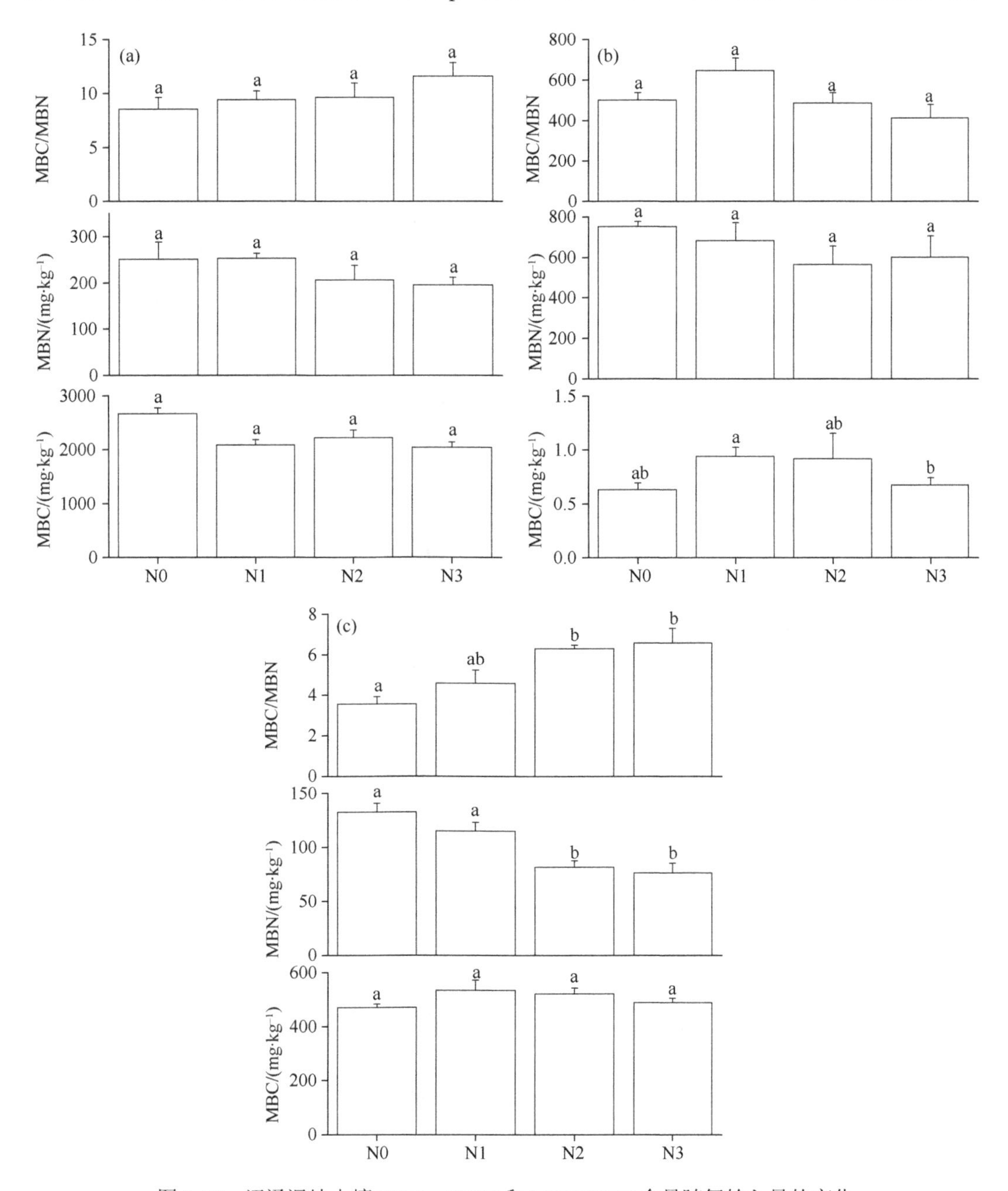

图 3-39 沼泽湿地土壤 MBC、MBN 和 MBC/MBN 含量随氮输入量的变化

(a) 连续多年冻土区；(b) 不连续多年冻土区；(c) 季节性冻土区。不同字母代表处理间差异显著（p<0.05），图 3-40 至图 3-42 同

理下土壤有机碳累积矿化量与培养后 MBN 含量呈极显著正相关关系（$p<0.01$），而与 MBC/MBN 值呈极显著负相关关系（$p<0.01$）。表明氮输入可能通过改变土壤微生物的结构或组成（Craine et al.，2007），进一步改变有机碳矿化速率。Bradley 等（2006）研究认为氮可利用性变化短期即可改变微生物的群落组成和结构。连续多年冻土区和不连续多年冻土区土壤培养结束后各氮输入处理的 MBN 有降低趋势，MBC/MBN 有增加趋势，这与氮输入对季节性冻土区土壤微生物碳、氮的影响有相同趋势，但是氮输入对两种土壤微生物生物量碳、氮的影响没有达到显著水平，可能是土壤中有机质含量较高，外源氮占泥炭土中全氮含量的比例相对较小所致。

3.4.3.2 外源氮输入对湿地土壤有机碳组分分解的影响

通过分离沼泽湿地土壤颗粒与重组有机碳（Cambardella and Elliott，1992；Freixo et al.，2002），在 4 个养分输入梯度：0 mg N·g^{-1}（N0）、0.1 mg N·g^{-1}（N1）、0.2 mg N·g^{-1}（N2）、0.5 mg N·g^{-1}（N3）下，于 15℃和 25℃恒温培养 175 天。外源氮输入抑制全土及其组分（POM 和 HF）有机碳的矿化（$p<0.05$）；增温促进全土及其组分（POM 和 HF）有机碳的矿化（$p<0.001$；图 3-40）；氮输入和增温对全土及其组分（POM 和 HF）有机碳的矿化有明显的交互作用（$p<0.001$）。POM 的矿化速率远大于 HF 有机碳（$p<0.001$），温度升高 10℃时，POM 的累积矿化量变为原来的 1.96～2.46 倍，HF 的累积矿化量变为原来的 2.60～2.96 倍（图 3-40）。

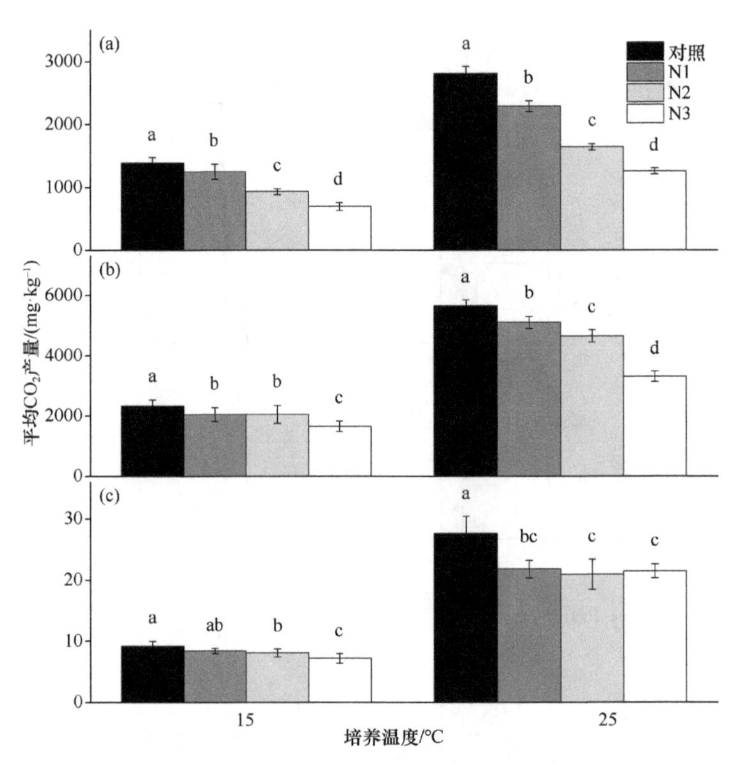

图 3-40 外源氮输入下湿地土壤累积分解量

（a）全土；（b）颗粒有机碳；（c）重组有机碳。N0、N1、N2、N3 氮输入量分别为 0 mg N·g^{-1}、0.1 mg N·g^{-1}、0.2 mg N·g^{-1}、0.5 mg N·g^{-1}

外源氮输入抑制湿地土壤有机碳及其组分（颗粒有机碳、重组有机碳）分解（图3-40），重组有机碳在全土中占有较大的质量分数，因此，它对土壤有机碳分解有显著贡献。外源氮输入倾向于降低微生物生物量碳（MBC）含量（图3-41）和硝化（图3-42b）、反硝化（图3-42a）速率，该内源氮的释放进一步抑制土壤有机碳分解，使氮输入对土壤有机碳分解表现为"拮抗效应"（antagonistic effect）。随着外源氮输入量的增加，土壤氮含量呈现饱和趋势（Puhe and Ulrich，2012），这可能导致土壤 pH 下降。过多的氮

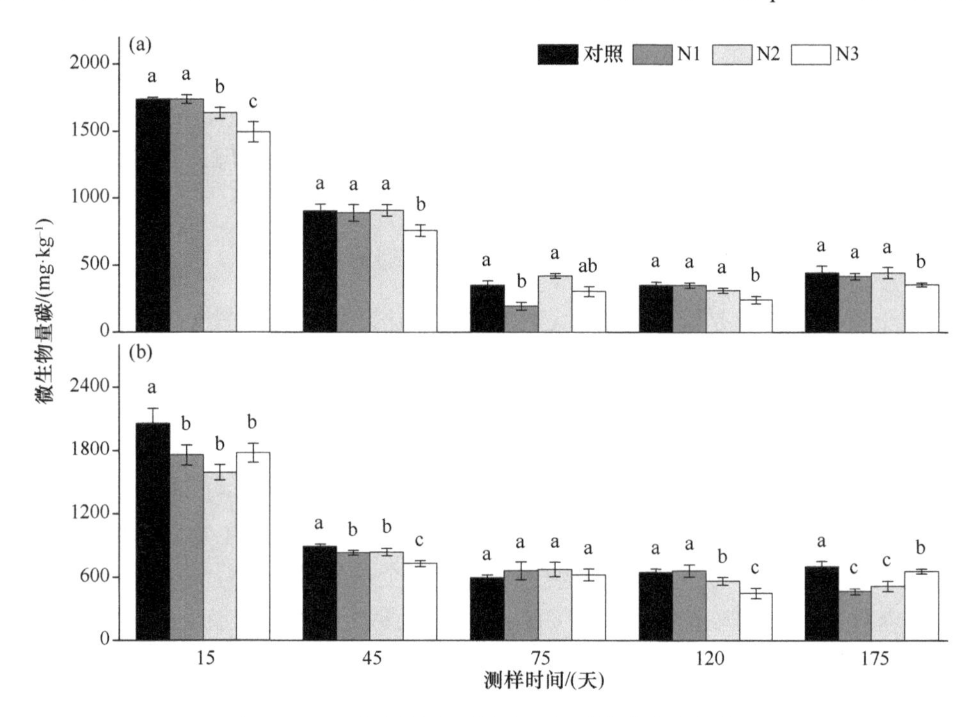

图 3-41　外源氮输入下湿地土壤微生物生物量碳

（a）15℃；（b）25℃

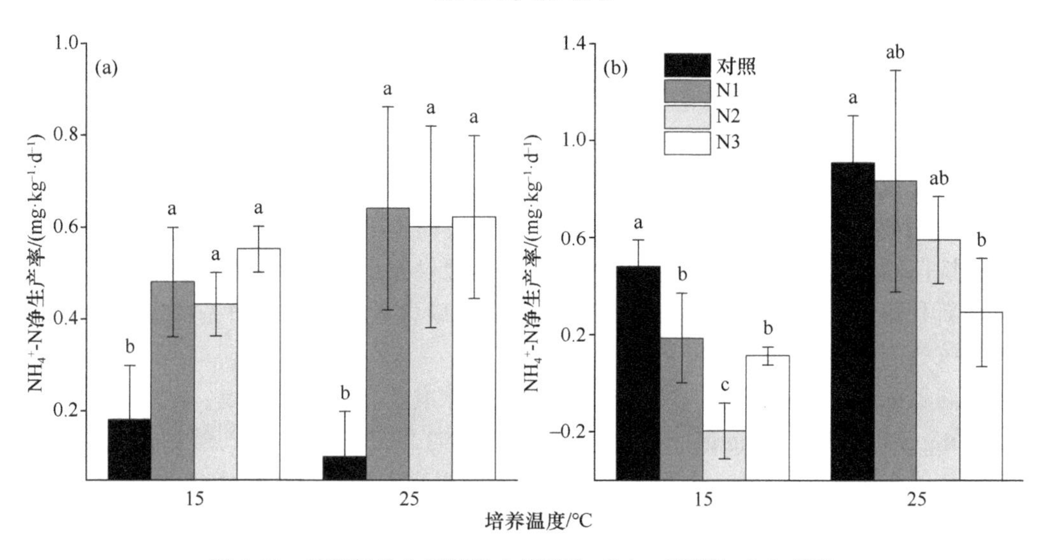

图 3-42　外源氮输入下湿地土壤硝化（b）、反硝化（a）速率

输入倾向于降低我国东北湿地土壤 pH 和微生物量，且土壤 MBC 及累积分解量之间存在显著的线性相关关系。据此推测：过多的外源氮输入会降低土壤 pH，进而抑制土壤微生物活性和有机碳分解，土壤碳组分也表现出相同的响应趋势。

目前，关于外源氮输入对土壤有机碳分解的影响仍有诸多不明之处。在草原及森林生态系统，氮输入加速土壤易分解有机碳组分矿化、抑制难分解有机碳组分矿化（Cusack et al.，2010；Lavoie et al.，2011）。然而，Huang 等（2011）发现，氮输入促进森林生态系统土壤易分解和难分解有机碳组分的矿化。而对于沼泽湿地土壤，外源氮输入抑制湿地土壤全土及其组分（POM 和 HF）有机碳矿化，延长有机碳的周转期。外源氮输入和增温对有机碳矿化的交互作用类型为“拮抗效应”。随着温度升高，氮输入对土壤有机碳矿化的抑制效应增大，然而增温对有机碳矿化的促进作用随氮输入增加而逐渐减弱，这可能是产生“拮抗效应”的原因。

3.4.3.3 外源氮输入对湿地土壤 CH_4 产生与氧化的影响

湿地土壤 CH_4 排放是湿地土壤中 CH_4 产生、氧化及向大气传输这三个过程的综合结果（Lai et al.，2009）。当环境中甲烷产生菌的活性即产生甲烷的量大于甲烷氧化菌的活性即氧化的量时，该环境即为 CH_4“源”，相反则为“汇”（冯虎元等，2004）。调控甲烷产生菌和甲烷氧化菌的活性，可以调节微生物介导的 CH_4 循环过程，改变 CH_4 的源汇关系，降低大气生物源 CH_4 的排放率，从而减轻对全球变化的影响（Liu et al.，2004）。大量 N 输入土壤，将扰动土壤生态系统，影响自然 C、N 元素的生物地球化学过程和土壤微生物活性，以温室气体的方式影响大气环境及全球气候。随着全球无机氮输入的增加，N 输入对于土壤 CH_4 氧化和全球 CH_4 循环的重要性相应地增加（王智平等，2003）。大气氮沉降增加了湿地氮的可利用性，从而导致植被生产力和由于植物输入而提供的产 CH_4 菌基质的增加（Nykänen et al.，2002），而与 CH_4 排放相关的微生物活性也需要氮素的供应（丁维新和蔡祖聪，2001）。

通过对东北沼泽湿地土壤不同施氮水平［对照 N0（0 $g\cdot m^{-2}$）和 N6（6 $g\cdot m^{-2}$）、N12（12 $g\cdot m^{-2}$）和 N24（24 $g\cdot m^{-2}$）］培养实验研究，发现尿素输入能显著促进湿地土壤 CH_4 产生，而硫酸铵输入则抑制土壤 CH_4 产生。尿素处理的土壤 CH_4 产生率分别是对照和硫酸铵处理的 4.71 倍和 10.92 倍（图 3-43）。总体来看，尿素输入后土壤 CH_4 产生率最大，原因是在脲酶的作用下尿素大部分水解成碳酸铵，进而生成碳酸氢和氢氧化铵，然后 NH_4^+ 能被植物吸收和土壤胶体吸附，NCO_3^- 也能被植物吸收，而 CH_4 是在严格厌氧条件下产甲烷菌活动的产物，尿素为产甲烷菌的活动提供充足的能源，改变了土壤的 C∶N，而丁维新和蔡祖聪（2003a）认为土壤的活性有机碳含量及 C∶N 值是决定土壤产 CH_4 能力的核心因素。

不同氮浓度输入水平下，湿地土壤 CH_4 平均氧化率的大小依次是：N2，N1，N3 和 CK［1 $mg\cdot g^{-1}$（N1）、2 $mg\cdot g^{-1}$（N2）、5 $mg\cdot g^{-1}$（N3）（其中净氮输入量 2 $mg\cdot g^{-1}$ 与当地的平均氮输入水平相当）］，这表明硝酸铵输入能提高湿地土壤氧化大气浓度 CH_4 的能力，但氮输入量增加到一定程度促进作用减缓。未输入氮肥和过量输入氮肥的土壤均没有氧化大气浓度 CH_4 的能力（图 3-43）。可能是因为适量输入氮肥促进了土壤中 CH_4 氧化细菌的生长或抑制了微生物对 CH_4 的产生；过量氮素输入的土壤氧化能力消失可能是因为此时氮源已不是限制微生物活动的主要因素，可利用性碳源可能转成微生物活动的主要限制因子（Stapleton et al.，2005）。

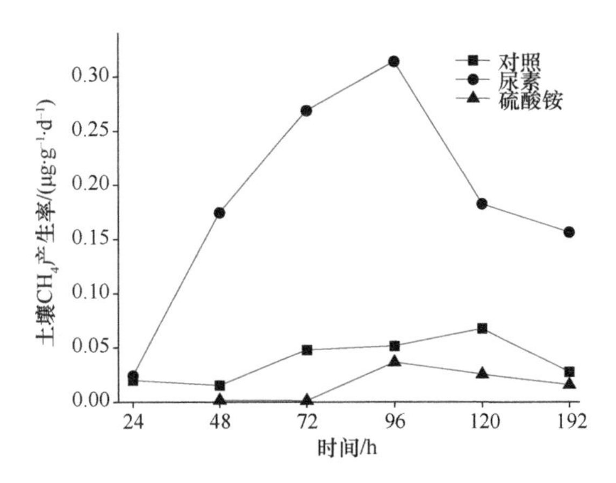

图 3-43　不同氮源输入下湿地土壤 CH_4 产生率随时间的变化

尿素输入对土壤氧化大气浓度 CH_4 随时间推移发生的变化影响明显，其他氮源输入影响甚微；不同氮源处理下土壤 CH_4 氧化率的大小依次是：硝酸铵，硫酸铵，尿素，硝酸钾和对照，这表明硝酸铵、硫酸铵、尿素和硝酸钾输入均能提高土壤氧化大气浓度 CH_4 的能力，但不同氮源处理下对土壤 CH_4 氧化的提高作用有明显差别，硝酸铵、硫酸铵和尿素输入的土壤 CH_4 平均氧化率分别是硝酸钾输入的 3.45 倍、2.66 倍和 1.92 倍（图 3-44）。Crill 等（1994）也研究发现，尿素输入土壤后对 CH_4 氧化的抑制作用小于氯化铵和硝酸钾输入处理，N 对 CH_4 氧化的抑制作用可能与整个 N 循环

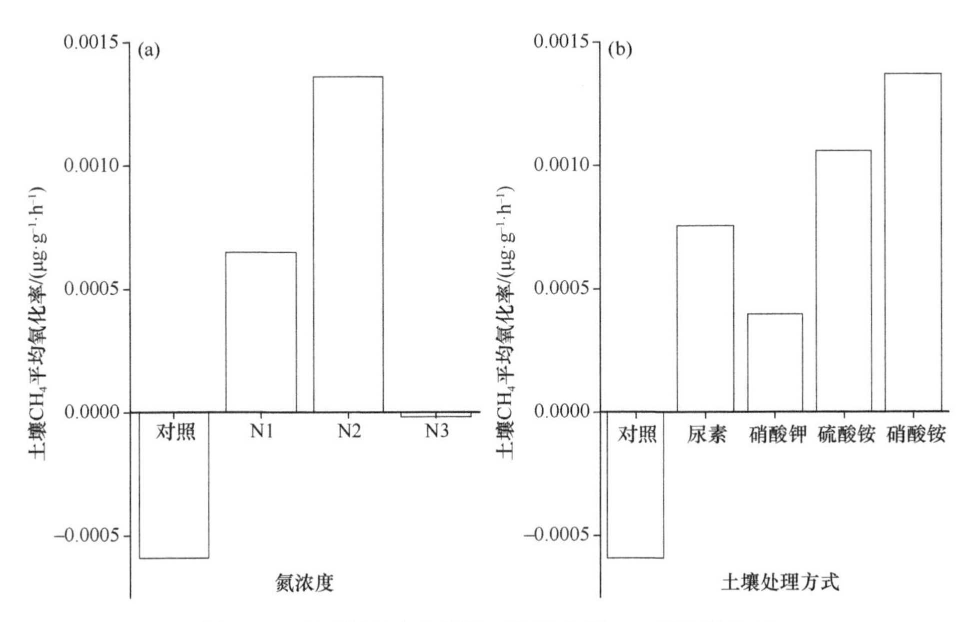

图 3-44　不同氮浓度和氮源下湿地土壤 CH_4 平均氧化率

有关，NO_3^--N 首先被微生物同化，以有机形态释放进入土壤，再经过矿化释放出 NH_4^+-N，尿素需经微生物分解才能缓慢释放 N，其抑制作用最弱（丁维新和蔡祖聪，2003b）。对照处理在整个培养过程中土壤 CH_4 氧化率很小或为负值，这可能是因为下部土壤黏重，透气性不好，大气中的氧气很难扩散，另外，底部土壤植物根系很少，给土壤微生物提供的氧气也很少，使得土壤下部是一种缺氧环境，氧化还原电位较低，所以氧化 CH_4 很少（王长科等，2005）。

3.4.3.4 外源氮输入对湿地土壤 N_2O 排放的影响

基于东北沼泽湿地不同深度土壤 0～100 cm（每 10 cm 一层）不同氮输入水平（对照：0 mg·g^{-1}；低氮处理：0.04 mg·g^{-1}；高氮处理：0.08 mg·g^{-1}）的培养实验，不同深度的湿地土壤在氮输入初期 N_2O 排放呈现高速率排放，表明氮输入对 N_2O 排放产生“激发效应”，深层土壤激发效应高于表层。随后，N_2O 排放速率相对降低，与对照差异不显著。表层土壤氮输入后立即出现高排放速率，而深层土壤在氮输入后 N_2O 高排放速率存在滞后效应。这是因为在第一次氮输入后，土壤出现 N_2O 高排放（Hall and Matson，1999）。土壤 N_2O 累积排放量随土层深度增加而降低，深层出现负值，氮输入对各层土壤 N_2O 累积排放量都增大，且随氮输入量的增大，N_2O 累积排放量增大。高氮输入的激发效应高于低氮输入的激发效应，底层土壤 N_2O 排放对氮输入的响应要比表层土壤更敏感，而且排放量要高（图 3-45）。

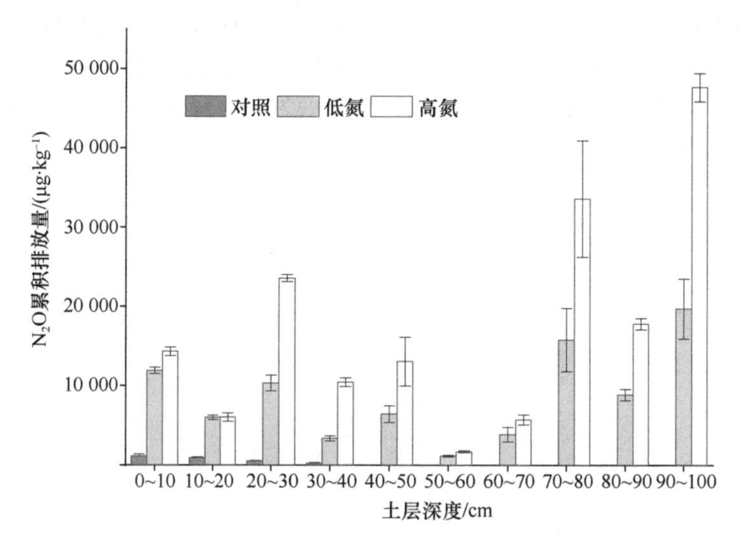

图 3-45 湿地土壤不同氮输入下 N_2O 累积排放量

土壤 N_2O 排放主要是通过两种微生物过程调控的：硝化过程和反硝化过程（Bremner，1997；Stewart et al.，2014；胡敏杰和仝川，2014）（图 3-46），一般 N_2O 在沼泽湿地的排放量非常低，被认为是大气 N_2O 的弱汇或极小的源（Francez et al.，2011；Frolking et al.，2011；Marushchak et al.，2011），这主要是由于其土壤可利用性氮浓度低或泥炭藓影响导致的（Drewer et al.，2010；Sheppard et al.，2013）。沼泽湿地多为氮限制生态系统，土壤中仅有的氮素被植被生长吸收利用，限制了土壤中的硝化和反硝化作用。所以，当氮输入后，氮素首先满足植被的氮供应，促进植被的生长和生物量的累积（Inubushi，2003；Le et al.，2020），由此可能对 N_2O 排放产生影响。然后多余的有效氮用来增加硝化和反硝化作用的反应底物；这部分氮素还会改变土壤微生物的活性或群落组成，促进微生物的硝化和反硝化作用，促使一部分氮素以 N_2O 的形式排放（Bradley et al.，2006；Francez et al.，2011），外源的氮输入有利于促进沼泽湿地 N_2O 的排放（Elberling et al.，2010），且当土壤水位条件为60%～80%孔隙含水量时，土壤中的氧气浓度能使反硝化不能完全反应生成 N_2，而生成 N_2O，此时其排放量最大（Davidson et al.，2000）。但当多余的有效氮过高的时候，会加速土壤有机碳的矿化速率，大量消耗土壤中的有效碳源（马红亮等，2008），改变土壤微生物活性所需的适宜的C∶N值，也会改变酶的活性，同时大量消耗土壤中的有效氧，进而抑制生态系统 N_2O 排放（Leeson et al.，2017）。

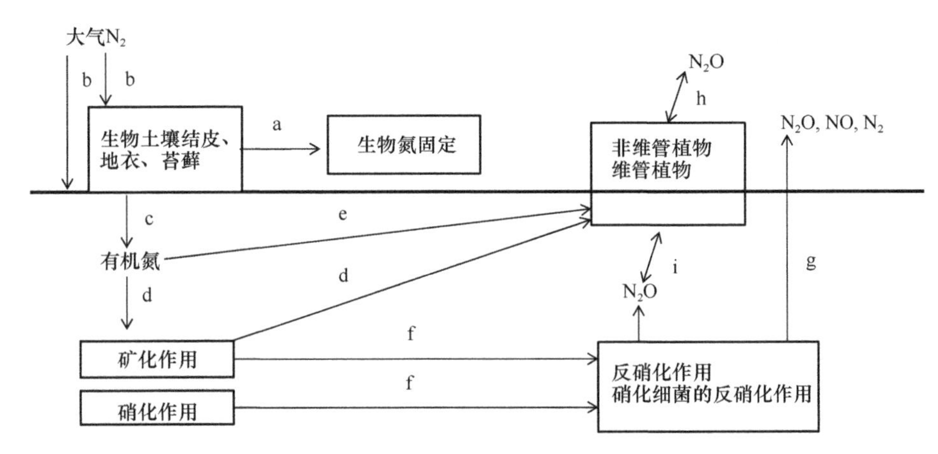

图 3-46　沼泽湿地氮输入、循环、输出及含氮气体交换概念图（Stewart et al.，2014）

a. 地表生物氮固定；b. 大气沉积；c. 从氮固定中吸收和释放有机氮；d. 维管植物吸收无机氮；e. 维管植物吸收有机氮；f. 无机氮作为硝化与反硝化作用的源；g. 土壤含氮气体排放；h. N_2O 植物排放途径；i. 植物 N_2O 通量通过根际排放途径

3.4.3.5　活性碳与氮输入对湿地土壤有机碳分解的影响

土壤有机碳分解是陆地生态系统碳循环中的重要环节，在气候变化背景下越来越受到关注。通常土壤有机质的积累取决于碳输入与输出间的平衡状态，碳输入高于输出，则有利于土壤有机质的积累；反之，若是碳输出量高于输入量，则会促进土壤中原有机碳的分解释放，引起土壤有机质的消耗。土壤有机碳分解的影响因素包括土壤本身的化学稳定性（Zhang et al.，2013）、温度（Kirschbaum，2006）、湿度（Mäkiranta et al.，2009；Moyano et al.，2013），以及活性有机质（Wild et al.，2014；Blagodatskaya et al.，2007）。凋落物分解是普遍存在于植物-土壤系统中的一种常见现象，其分解过程中可以为土壤微生物提供容易利用的活性有机质（labile organic matter），进而作用于不同生态系统（尤其是湿地生态系统，地表长时间积聚着较厚的植物残体）内的碳循环过程。

通过沼泽湿地叶片凋落物混合添加（二者质量比 1∶1）后在淹水与非淹水条件下培养过程中对 CO_2 气体累积排放量观测到的结果与预测结果见图 3-47。叶片凋落物混合添加后在两种水分条件下均显著增加了 CO_2 气体累积排放量（$p<0.001$，图 3-47），并且

在非淹水条件下这种促进作用要高于淹水条件下。说明凋落物混合添加后 CO_2 气体累积排放量具有一定的加性效应。培养实验结束后，在淹水处理与非淹水处理下 CO_2 气体累积排放量分别增加了 112%和 103%（相对于各自未添加叶片凋落物处理）。在非淹水条件下，凋落物添加后显著降低了土壤中无机氮含量（图 3-48），并且凋落物类型对土壤

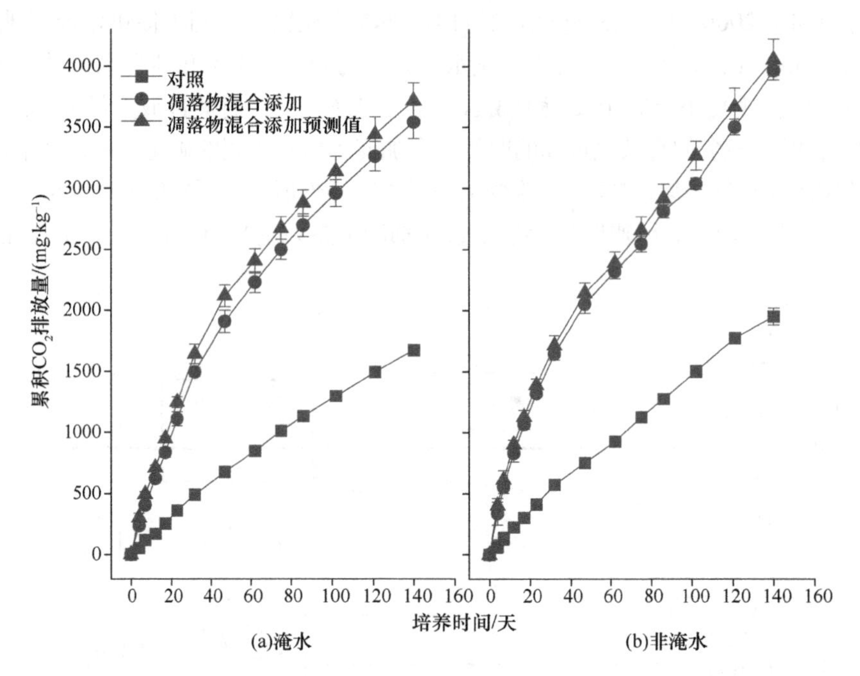

图 3-47 不同水分条件下凋落物混合添加对 CO_2 累积排放的影响

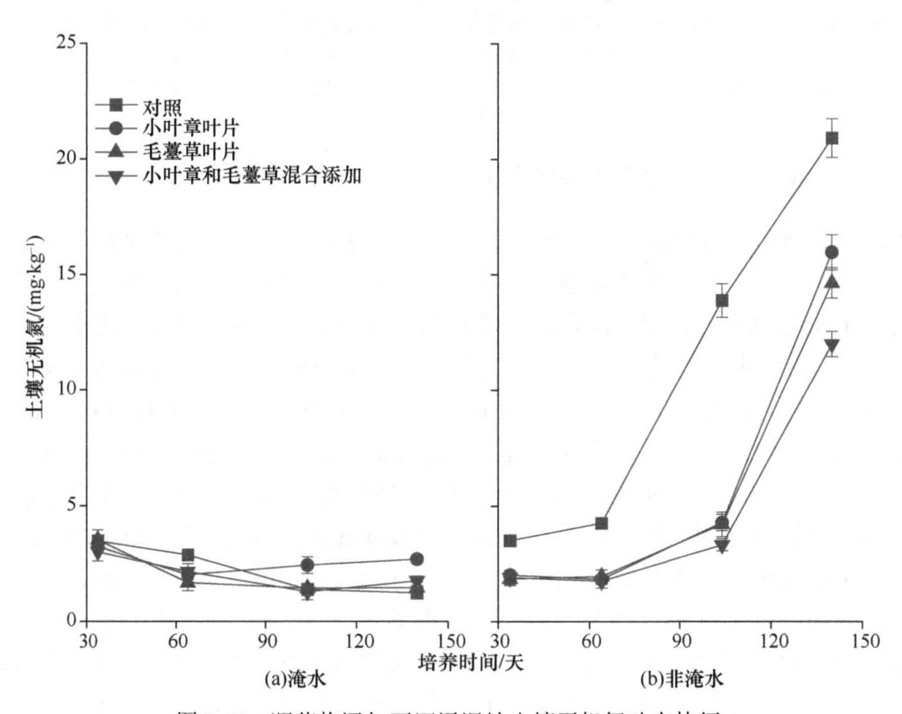

图 3-48 凋落物添加下沼泽湿地土壤无机氮动态特征

氮累积矿化量也有一定影响，随着培养时间的延长，土壤中无机氮含量表现出增加的趋势。但是在淹水条件下凋落物添加后，土壤中无机氮含量总体表现出降低的趋势，淹水条件显著降低了土壤氮矿化过程。此外，添加小叶章叶片凋落物的土壤中无机氮含量要高于毛薹草叶片添加处理，这种效应也不受到水分条件的影响。

小叶章、毛薹草叶片凋落物添加到沼泽湿地土壤后显著增加了 CO_2 累积排放量，这与国内外的研究结果相似。这种现象的发生主要是因为微生物可利用基质底物的增加导致微生物活性增强，促进了有机碳的分解过程（Kuzyakov et al.，2000；Kalbitz et al.，2007；Crow et al.，2009）。激发效应的产生，主要归因于所添加的叶片凋落物中水溶性糖引起的微生物生物量和胞外酶的增加（Schimel and Weintraub，2003；Rasmussen et al.，2008）。蒋磊等（2018）的研究表明，凋落物添加后显著增加了土壤 MBC 含量和土壤酶活性；另外，随着可利用基质的消耗，K-对策微生物将显著增加，进一步促进有机质周转（Fontaine and Barot，2005）。但是这种促进效应也与凋落物类型有关，反映了凋落物质量的一些参数（如 N 含量、C∶N 值、木质素∶N 等）可以影响其重量损失及养分释放过程。以上参数在不同物种间表现出很大的差异性，从而也影响到土壤中的生物地球化学过程（Parton et al.，2007）。在淹水与非淹水条件下小叶章叶片添加后 CO_2 累积排放量都要显著高于毛薹草叶片添加处理，通常具有较高质量的凋落物添加后要比较低质量的凋落物排放出更多的 CO_2（Zhang and Wang，2012）；土壤有机碳分解过程中，微生物活性可以受不同养分含量的凋落物影响，凋落物化学组成及其物理多样性也与微生物利用息息相关，导致凋落物类型对土壤有机碳稳定性影响的差异（Kuzyakov and Bol，2006；Gessner et al.，2010）。

土壤微生物可利用的碳、氮是影响呼吸作用的重要因素（Allen and Schlesinger，2004）。土壤中的小分子量碳源（如葡萄糖）可以很容易地被微生物分解利用，同时，它们也可以作为土壤微生物的能量和底物基质来源。土壤中活性碳源添加可以引起微生物量的增加，进而引起呼吸作用增强。土壤微生物量的增加，可以导致更多的氮被微生物固定。以 ^{13}C-葡萄糖水溶液形式添加 4% MBC 和 40% MBC 的外源碳，以 KNO_3 水溶液形式添加氮量为 3 mg $N\cdot g^{-1}$ 土的一个氮添加水平，研究了活性碳可利用性增加及其与氮素的耦合作用对湿地土壤有机碳分解的影响。与对照处理相比，外源碳、氮添加均促进了土壤有机碳分解 CO_2 释放，随着碳输入量的增加，CO_2 释放量也增加；本研究中氮素单独添加起到的促进作用高于碳素单独添加处理，但都要显著低于碳、氮同时添加处理；本实验中的碳、氮添加后，高碳、低碳水平下土壤原有机碳分解累积 CO_2 释放量差异不显著，不同碳输入水平与氮共同添加后，对原有机碳分解累积 CO_2 释放量影响的差异也不显著，但是要显著高于碳单独添加处理。不同碳添加水平及其与氮共同添加处理引起的激发效应随时间发生改变，培养实验开始时碳、氮添加处理下正激发效应强度最大，而后降低，高碳添加、高碳和氮共同添加处理下产生了较大的负激发效应，之后有升高的趋势，由于激发效应随时间变化表现出正负的变化特点，导致不同处理下累积激发释放的 CO_2 量随时间而变，至培养结束时，40% MBC 的外源碳添加量使土壤原碳释放量增加 8.83%，4% MBC 的碳添加量时仅增加了 1.47%；相比于氮单独添加处理，氮与低碳共同添加后土壤原碳释放量增加 5.93%，氮与高碳共同作用下土壤碳释放增加了 2.47%，碳、氮单独添加与共同添加后对湿地土壤原有机碳稳定性产生了不同影响（图 3-49）。

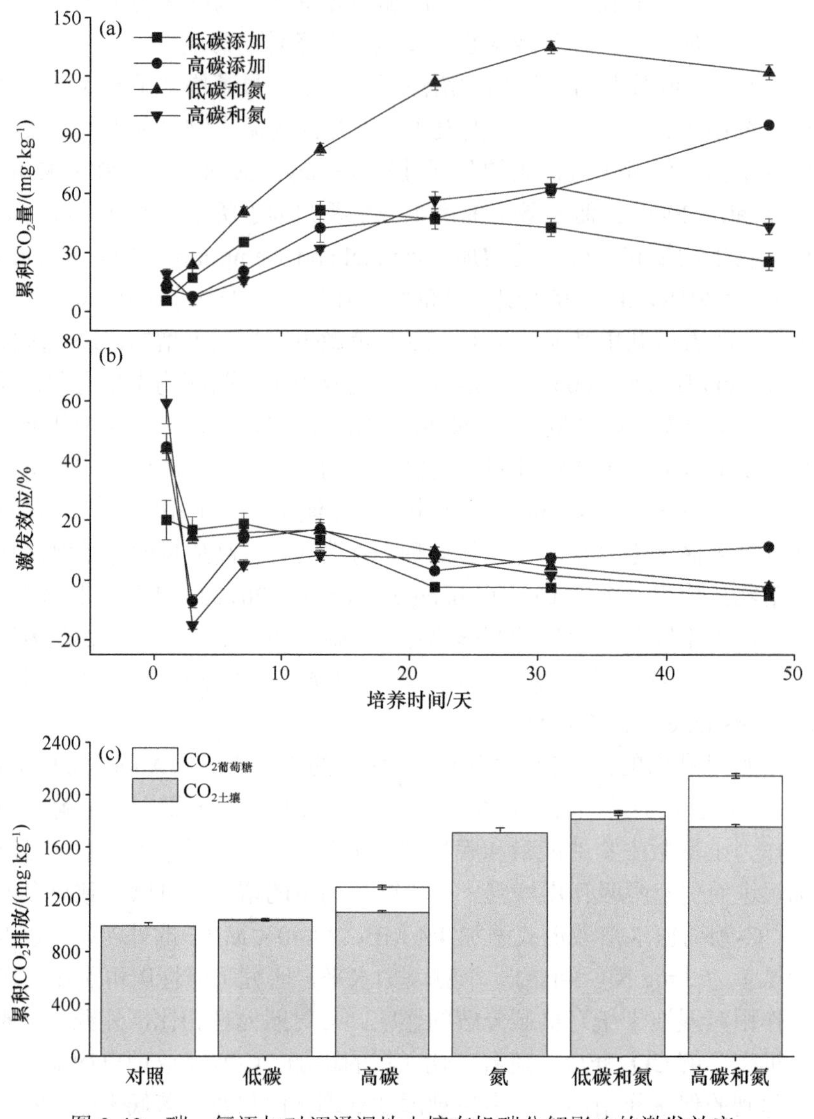

图 3-49 碳、氮添加对沼泽湿地土壤有机碳分解影响的激发效应

葡萄糖添加会增加微生物可利用的碳源，促进微生物生长或是改变微生物群落结构。无机氮会随着微生物的生长而消耗，那么随着无机氮浓度的降低，微生物需要更多的氮源来合成自身物质，就会促进有机碳的分解，产生正激发效应(Fontaine et al., 2004)。如果生态系统是受到氮素的强烈限制作用，那么由于氮素可利用性较低，就会限制土壤有机质降解酶的产生，与此相反，氮素添加后会促进有机质降解酶的生成，促进有机碳分解过程（Allison et al., 2009）。湿地土壤由于长期处于低温、厌氧的环境条件，有机质分解缓慢，导致湿地土壤通常受到氮元素限制，那么外源氮素输入增加，常常会促进湿地土壤有机碳的分解过程，增加 CO_2 排放。

3.5 冻土退化及营养环境变化对沼泽湿地溶解性碳氮输出的影响

3.5.1 理论、研究方法和研究动态

3.5.1.1 DOC 随地表径流的输出及变化趋势

湿地是水体中溶解性有机碳（dissolved organic carbon，DOC）的重要来源（Wallage et al.，2006），湿地每年 DOC 的输出量为 2～40 $g \cdot m^{-2}$（Mulholland and Kuenzler，1979；Moore and Jackson，1989；Urban et al.，1989；Dalva and Moore，1991）。Creed 等（2008）发现 DOC 的输出量与流域内的湿地面积密切相关，可见湿地环境变化将会影响 DOC 向水体的输出，进而影响河流碳输入及其他元素组成空间分布变化（Dawson and Smith，2007；Baker et al.，2008）。Wallage 等（2006）研究了英国北部 Wharfe 河流中 DOC 的分布情况，结果表明湿地排干后 DOC 的输出量显著高于未干扰湿地，且以恢复湿地流域内河流中 DOC 含量最低。Strack 等（2007）也有类似报道，指出湿地排干后下行河流中 DOC 量增加，这可能与水位下降后植被生物量的增加及水位的波动有关。DOC 随地表径流的输出是陆地生态系统土壤碳库损失的重要途径，其变化将对陆-海碳平衡过程产生显著影响。全球陆地每年随径流输出的有机质（按溶解性有机碳 DOC 计算）总量达 0.4～0.9 Pg（Hope et al.，1994；Aitkenhead-Peterson et al.，2005），随全球温度的升高，过去 40 年内北方地区 DOM 输出量的显著增加已引起众多关注（Preston et al.，2011；Abbott et al.，2014）。

3.5.1.2 湿地生态系统 DOC 输出的影响因素

径流过程是控制 DOM 输出的直接动力，冻土区径流过程的水动力机制与水位和温度控制的水化学机制对沼泽 DOM 输出通量的影响同样重要（Pastor et al.，2003）。在欧亚大陆冻土区及北方地区，相比于增温导致的 DOM 输出浓度的变化，径流量的变化往往是决定 DOM 输出通量的最主要因素（Kicklighter et al.，2013）。径流过程 DOM 在冻土区沼泽湿地中的传输过程对径流特征的变化存在高度的敏感性，其径流输出浓度和化学特征与产流方式密切相关（Clark et al.，2007；Guo et al.，2018），然而有关流域径流特征与 DOM 输出浓度和通量的关系研究目前仍存在较大分歧，径流流量与 DOM 输出浓度间呈现正相关关系（Carey，2003；Townsend-Small et al.，2010）及无明显关系（Clark et al.，2007；Dawson et al.，2008）的观测结果均见报道。这些矛盾主要来源于流域大小、泥炭和冻土覆盖度及观测时间尺度的差异，同时与计算方法和关注重点的不同有直接联系，流域降水、水文地貌及冻土分布的不同导致的 DOM 水动力输出过程的差异是不可避免的（Prokushkin et al.，2009）。统计分析和野外长期观测研究表明，径流过程相关的地下水的输入、产流量的年季变化、北方地区秋季降雨量等过程均是影响营养径流碳氮通量的重要因素（Olefeldt and Roulet，2012）。值得注意的是，融雪径流产生的 DOM 通量往往与降雨径流过程不同，融雪径流一般以表面流居多，季节性特征明显，出现时间相对固定，DOM 以地表枯落物的渗滤溶解为主要来源（Nakanishi et al.，2014）。

3.5.1.3 多年冻土 DOC 输出与冻土活动层的关系

北方多年冻土区径流过程及其 DOM 输出通量的变化与冻土活动层深度变化密切相关。冻土活动层加深对 DOC 的径流输出的影响存在双重效应：一方面径流量增大、融深增加使 DOC 输出能力和生成来源增加（Schuur et al.，2009），另一方面融深增加，下层矿物质土壤对DOC吸附作用增大，微生物消耗增加，枯水期水文传输能力下降（Kalbitz et al.，2005；Kawahigashi et al.，2006）。冻土活动层深度的季节波动，影响地表水位变化及 DOC 生物消耗和土壤截留能力，年内地表有机物向径流中释放 DOC 的能力主要取决于活动层深度的季节循环（Prokushkin et al.，2009）。从大多观测数据看，寒区沼泽冻土退化过程中 DOC 径流通量会出现逐渐升高的趋势（Prokushkin et al.，2009）。但冻土区 DOC 生成速率一般只在新生成的土壤有机质中才对水热条件变化最为敏感，在活动层加深情况下，DOC 的输出浓度未必一直保持增加的趋势：MacLean 等（1999，阿拉斯加）和 Kawahigashi 等（2004，西伯利亚）都观测到从连续冻土区过渡到非连续冻土区时 DOC 的输出量减少的现象，这与土壤下层形成年代久远的有机质 DOC 生成潜力有关，活动层中下部有机土壤 DOC 持续生成潜力与径流溶解输出能力间的动态平衡会最终起到决定性作用。

3.5.2 实证结果

3.5.2.1 多年冻土区沼泽湿地溶解性碳氮输出浓度及其对冻土退化的响应

欧亚大陆多年冻土区是全球陆地重要的碳库赋存区，也是世界沼泽湿地集中分布地区，全球变暖已导致欧亚大陆向北冰洋输出的溶解性碳氮通量发生了巨大变化，但在欧亚大陆多年冻土区南缘地区，即我国大兴安岭北部地区，沼泽湿地的溶解性碳氮输出通量仍少有关注。针对大兴安岭北部大片连续多年冻土区和岛状连续多年冻土区沼泽湿地流域开展的长期野外观测研究发现：①不同类型多年冻土区中，生长季沼泽湿地溶解性有机碳（DOC）、总碳（TDC）及溶解性总氮（TDN）的输出浓度随径流量剧烈变化，DOC 及 TDC 输出浓度与径流量间存在显著的正相关关系（$p<0.05$），径流量的变化是决定溶解性碳输出浓度的主要因素（图 3-50）。②整个生长季溶解性碳、氮输出总通量与总径流量间呈显著正相关关系（$p<0.05$），日径流量大于 100 万 m^3 的洪峰径流期输出的 TDC 和 TDN 占其总输出量的 80%以上（图 3-51）；同时，连续的洪峰径流过程并未显著降低 TDC 和 TDN 的径流输出浓度，说明降雨产生的径流量是决定冻土区沼泽流域溶解性碳氮输出潜力的关键控制因素，而溶解性碳氮的生成过程并不是影响其输出能力的主要控制因素。因此，未来时期降雨量的变化是决定不同冻土区溶解性碳氮输出通量的主要因素。③生长季冻土区沼泽流域 DOC 的化学组成特征与径流过程密切相关，其腐殖化程度、来源及新鲜生物质含量均受到冻土活动层深度控制下的坡面径流产生路径的显著影响。④大片和岛状连续冻土沼泽流域生长季 TDC 多年平均输出系数分别为 41.93 kg $C\cdot hm^{-2}$ 和 39.85 kg $C\cdot hm^{-2}$，TDN 输出系数分别为 1.74 kg $N\cdot hm^{-2}$ 和 1.60 kg $N\cdot hm^{-2}$。据此推算，大片连续冻土的沼泽湿地生态系统 TDC 输出系数为 7.62 g $C\cdot m^{-2}$，

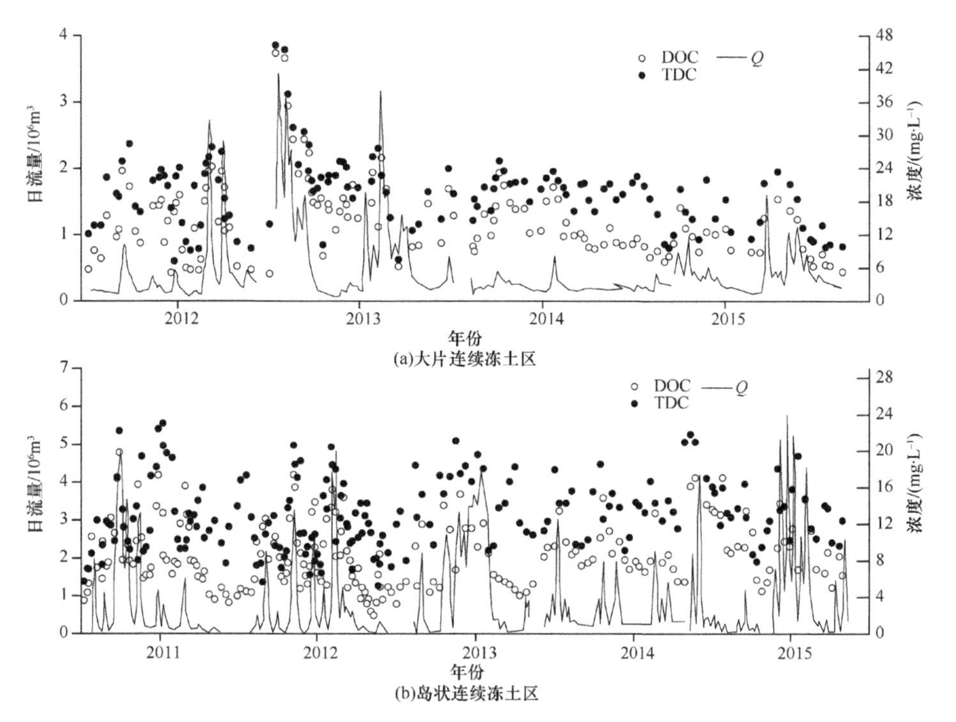

图 3-50　不同类型冻土区沼泽湿地溶解性碳随径流输出动态规律

Q 代表径流量

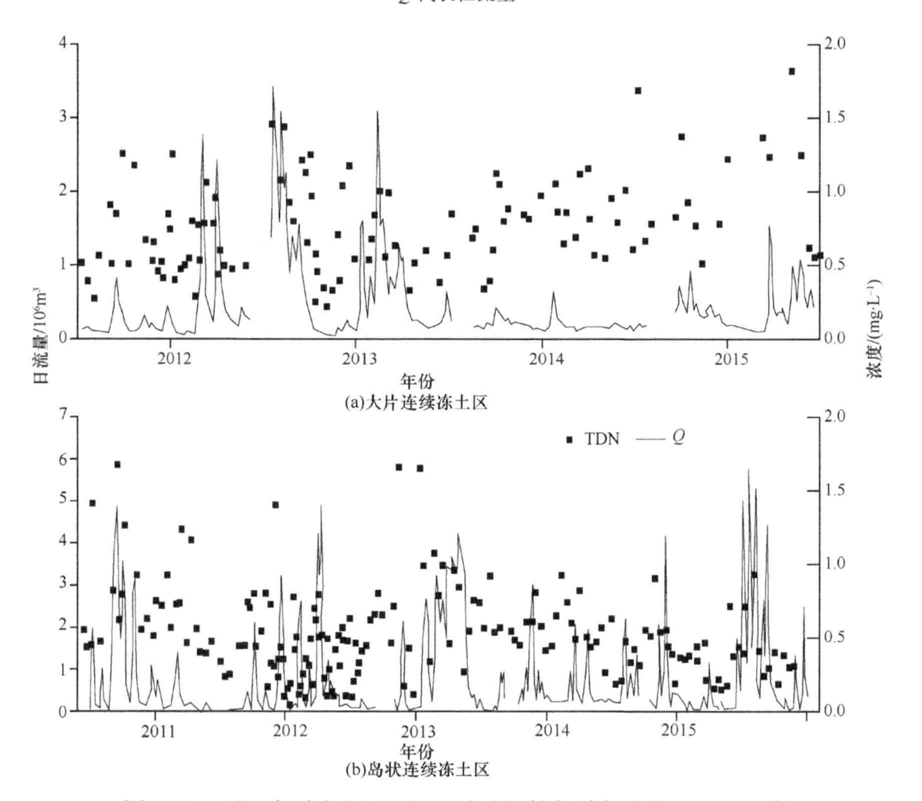

图 3-51　不同类型冻土区沼泽湿地溶解性氮随径流输出动态规律

Q 代表径流量

溶解性碳通量占沼泽湿地净生态系统交换量的 33.2%；大片连续冻土区和岛状连续多年冻土区湿地流域，溶解性氮通量分别占区域大气氮沉降总量（约 5 kg N·hm^{-2}）的 34.8%和 32.4%。

多年冻土退化对沼泽湿地溶解性碳氮通量输出过程具有重要影响，大兴安岭近 50 年来已经出现了多年冻土南缘北移和活动层融深增加的显著特征。气温的上升和活动层融深的增加将改变溶解性碳氮的生成能力和径流的输出路径，进而改变输出通量。通过大片连续多年冻土区至岛状连续多年冻土区湿地流域样带的对比调查发现，温度增加导致多年冻土退化，活动层深度增加引起湿地下层无机土壤产流量增加，导致流域溶解性有机物输出通量降低、无机碳通量增加。流域 DOC 和 DON 的输出浓度随年均温度和冻土活动层深度的增加呈现指数下降的趋势，而 DIC 和 DIN 浓度却随年均温度和活动层深度的增加呈现线性升高的趋势（图 3-52），说明无机土壤产流量增加降低了溶解性有机物的输出通量、增加了无机物的输出通量；冻土区湿地土壤有机碳含量和土壤孔隙水溶解养分浓度同样随温度的增加而出现下降的趋势（图 3-53），说明径流中溶解性养分浓度的下降主要因为土壤溶解性养分输出能力的下降。整体变化趋势表明，冻土持续退化导致的土壤产流位置逐渐向下层无机土壤变化，显著降低土壤养分含量和溶解性有机物通量，促进无机碳输出。

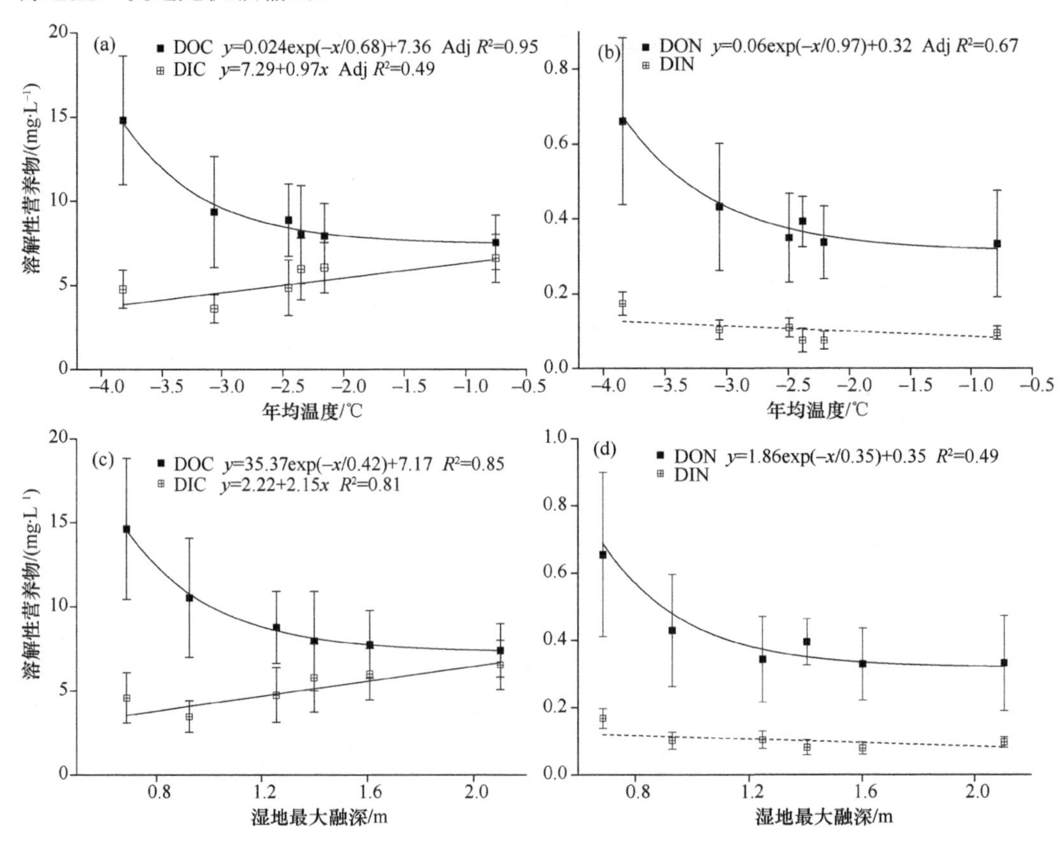

图 3-52 多年冻土区流域径流溶解性养分浓度与年均温及湿地最大融深的关系

（a）多年冻土区流域 DOC、DIC 与年均温度的关系；（b）多年冻土区流域径流 DON、DIN 与年均温度的关系；（c）多年冻土区流域径流 DOC、DIC 与湿地最大融深的关系；（d）多年冻土区流域径流 DON、DIN 与湿地最大融深的关系

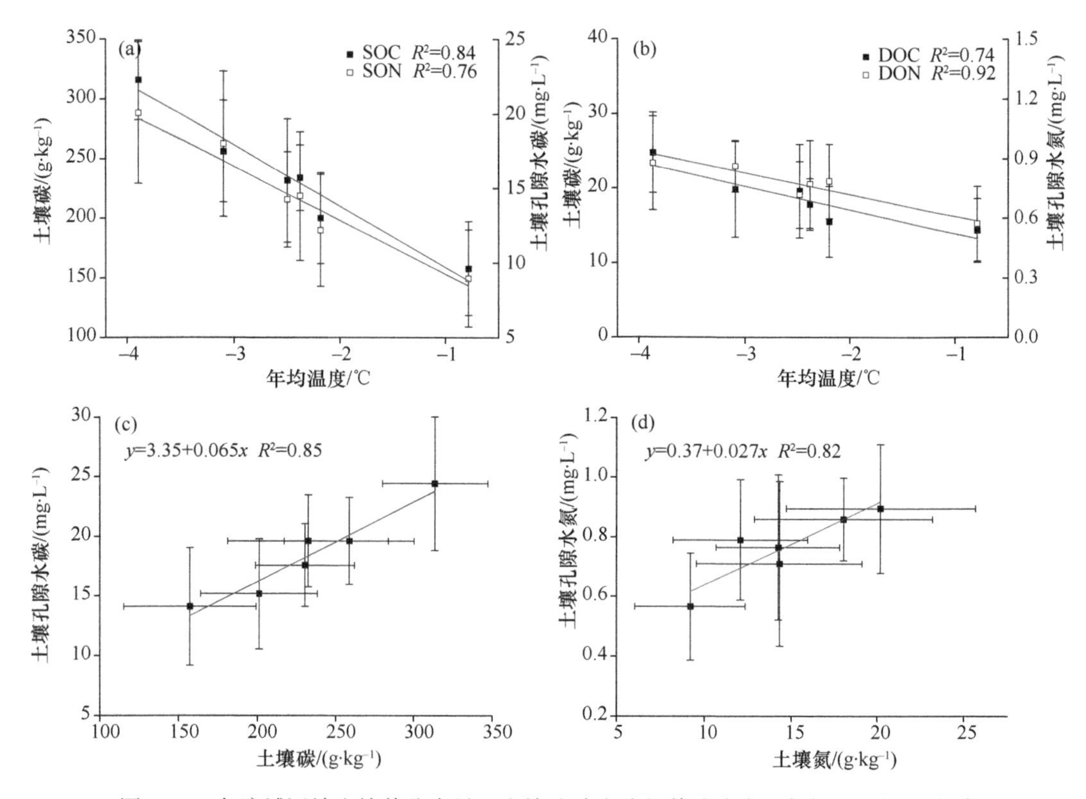

图 3-53　各流域湿地土壤养分含量、土壤孔隙水溶解养分浓度及年均温间相互关系

3.5.2.2　多年冻土区沼泽湿地溶解性碳化学性质及其对冻土退化的响应

溶解性有机物是一系列分子量和分子结构截然不同的有机物的组合，因此很难确切地观测和量化每种有机物随湿地径流的输出特征。因此，应用荧光指数和荧光矩阵分析的方法，对溶解性有机物进行分类解读，有助于从宏观尺度了解溶解性有机物在径流过程中的变化情况。腐殖化指数（HIX）主要用来指示有机物的腐殖化程度，荧光指数（FI）用来指示有机质的主要来源，生物指数（BIX）反映了有机质中来源于微生物组分的多少（Ohno and Bro，2006；McKnight et al.，2001；Huguet et al.，2009）。大兴安岭多年连续冻土区流域中，湿地径流的溶解性有机物荧光指数变化剧烈（图 3-54），HIX 指数变化范围为 4.22～11.76，FI 和 BIX 指数变化范围分别为 1.46～1.67 和 0.53～0.65，说明整个生长季湿地径流输出的有机质组成是非常复杂的（表 3-14）。荧光矩阵分析表明，大兴安岭多年连续冻土区湿地径流中的溶解性有机质主要包含 3 类物质，分别为陆源的腐殖酸类物质、微生物来源的腐殖酸类物质和色氨酸类物质。陆源腐殖酸类物质是溶解性有机物的主要成分，而微生物来源的组分含量较低，说明多年冻土由于温度低、有机物主要来源于土壤有机质的矿化分解，微生物的循环利用和自身组分相对作用较小（Guo et al.，2015）。

多年连续冻土区湿地径流溶解性有机物荧光指数与径流量、DOC 浓度呈现显著相关关系，径流输出过程对溶解性有机物化学性质有重要影响。HIX 与径流量和温度呈现显著的正相关关系，而 FI 和 BIX 则呈现负相关关系，说明径流量增加期间，尤

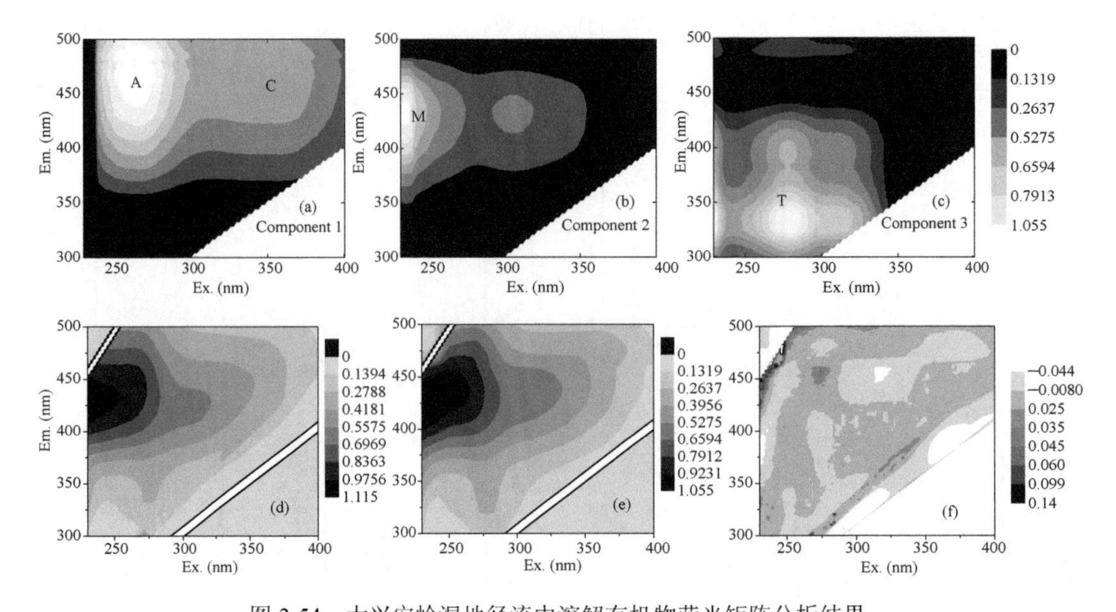

图 3-54　大兴安岭湿地径流中溶解有机物荧光矩阵分析结果

（a）～（c）是按组成多少排序的不同组分；（d）矩阵平均值；（e）模拟矩阵平均值；（f）矩阵残差。峰 A 和峰 C 代表陆源腐殖酸类物质；峰 M 代表微生物来源的腐殖酸类物质；峰 T 代表色氨酸类物质

表 3-14　径流溶解性有机物荧光指数（HIX、FI、BIX）与水文、气象要素的相关分析

		DOC	Q	电导率	混浊度	T_{air}	T_{soil}
HIX	Pearson	0.584**	0.515*	0.384**	−0.578**	0.562*	0.621**
	Sig.（双尾检验）	0.002	0.025	0.003	0.000	0.015	0.006
	n	99	99	59	59	99	99
FI	Pearson	−0.452	−0.569*	−0.382**	0.424**	0.358	0.395
	Sig.（双尾检验）	0.060	0.014	0.004	0.001	0.231	0.133
	n	99	99	59	59	99	99
BIX	Pearson	−0.601**	−0.798**	−0.305*	0.422**	−0.025	0.383
	Sig.（双尾检验）	0.008	0.000	0.022	0.001	0.920	0.117
	n	99	99	59	59	99	99

注：DOC. 溶解性有机碳；Q. 径流量；HIX. 腐殖化指数；FI. 荧光指数；BIX. 生物指数；T_{air}. 过去三天的平均温度；T_{soil}. 活动层的平均土壤温度；**. $p< 0.01$；*. $p<0.05$

其是夏季洪峰径流，溶解性有机物中腐殖化程度高、结构复杂的有机分子组分将占主要部分；而径流减少期间，如秋季基流过程，径流溶解性有机物中来源于生物过程的小分子量的有机物将逐渐增加。

通过对多年连续冻土区小流域的基流径流采样分析发现，冻土退化将增加溶解性“老碳”的径流输出量，且溶解性“老碳”相比“新碳”具有更高的生物可利用性，冻土退化导致的溶解性“老碳”的输出，将提高冻土区河流中碳的可利用性。随着活动层融深的增加，夏季基流中老碳比重逐渐增加，小流域湿地 Δ^{14}C-HPOM（疏水性有机酸的 ^{14}C 比率）与最大融深呈现负相关关系（图 3-55），说明融深增加显著促进溶解性“老碳”的径流输出；Δ^{14}C-HPOM 比率与溶解性碳的荧光指数（FI）和生物指数（BIX）呈显著负相关关系（图 3-56），说明年代越老的溶解性碳含有的疏水性有机酸的微生物影响程度越小；室内不同温度培养实验表明，不同年代的溶解性碳系列中，“老碳”的生物降解效率显著高于新鲜的溶解性碳，说明溶解性“老碳”具有更高的微生物活性（图 3-57）。

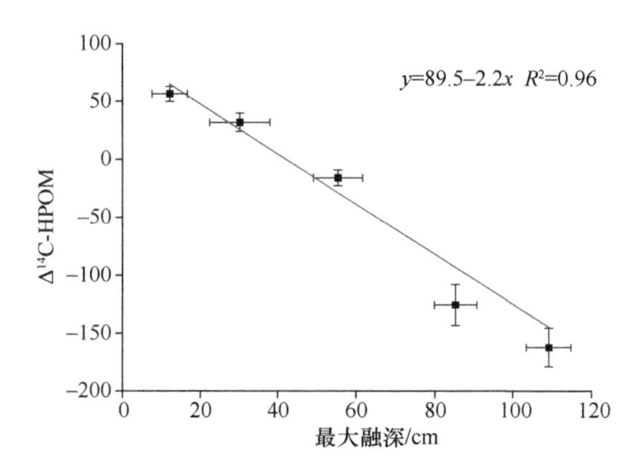

图 3-55 小流域湿地基流中 Δ^{14}C-HPOM 与最大融深的关系

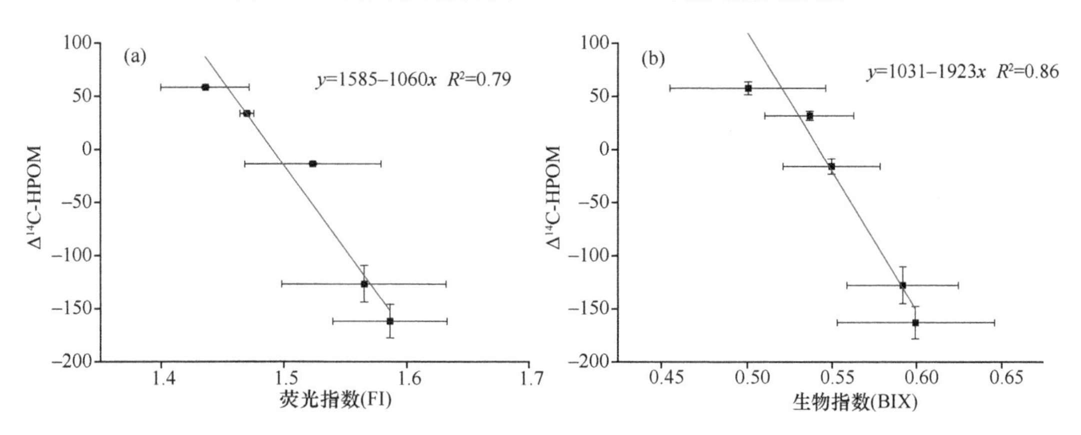

图 3-56 小流域湿地基流中 Δ^{14}C-HPOM 与荧光指数的关系

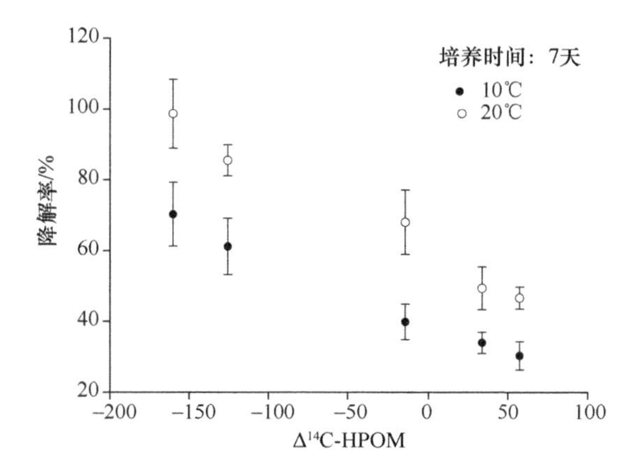

图 3-57 恒温培养条件下小流域湿地基流中不同 Δ^{14}C-HPOM 溶解性碳的降解率

3.5.2.3 冻土退化过程中湿地溶解性碳氮输出概念模型

根据冻土区相关观测和研究结果，总结出多年冻土退化过程对溶解性有机物输出过程影响的概念模型（图 3-58）。气候变暖导致多年冻土区溶解性碳氮输出浓度和通量变化趋势和变化强度大致可以归结为以下几个因素的共同作用：①多年冻土湿地产流方式主要是以活动层中的侧向壤中流为主，导致径流过程与土壤养分的交换-吸附等物理化学过程非常密切，径流路径中土壤养分状况（有机物含量等）直接影响径流输出浓度和通量。②冻土区湿地生态系统土壤垂向上一般明显地分为有机土壤和矿质土壤两个层位，上层有机土壤有机质含量高、孔隙度大，因此壤中流产流速度快、溶解性有机物含量高，而下层矿质土壤则相反。③多年冻土退化将导致活动层加深，主要产流层位将逐渐下移；若主要产流层位持续保持在有机土壤层中，下层新暴露的有机土壤将增加溶解性有机碳输出潜力，一般溶解性有机物输出通量将增加；相反，若随着融深增加，主要产流层位变化至矿质土壤层，因为矿质土壤有机质含量远低于上层有机土壤，且矿质土壤一般有较强的吸附作用，则导致径流输出的溶解性有机质通量降低。总体来看，多年冻土退化对溶解性有机物输出的影响主要是侧向径流的产流深度及土壤垂直剖面的质地和养分特征。

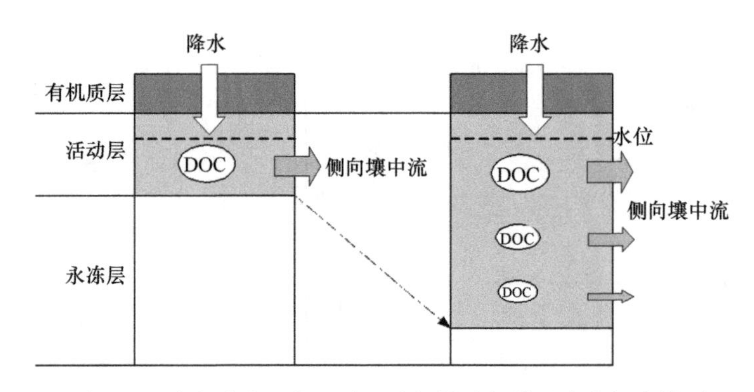

图 3-58　多年冻土退化影响下溶解性碳氮输出变化概念模型

3.5.2.4　冻土退化及营养环境变化对溶解性有机碳和含碳气体浓度变化的影响

1）土壤孔隙水中溶解性有机碳和土壤有机碳含量的变化特征

（1）泥炭藓去除后孔隙水中溶解性有机碳和土壤有机碳含量的变化特征。

土壤孔隙水中溶解性有机碳（DOC）是活性有机碳库的一种重要代表物，可以直接参与土壤微生物化学的转变。研究数据表明，泥炭地土壤孔隙水中 DOC 的浓度在 20 cm 处大致为 65.74 mg C·L^{-1}，在 30 cm 处大致为 66.63 mg C·L^{-1}，在 40 cm 处大致为 73.14 mg C·L^{-1}。从垂直剖面整体上来看，三处泥炭地土壤孔隙水中 DOC 的浓度有随着土壤层深度增加而增加的趋势（图 3-59）。泥炭藓去除之后，生长季土壤孔隙水中 DOC 的浓度在垂直剖面最高值为 71.40 mg C·L^{-1}，较对照处理降低了 2.4%，出现在 40 cm 处；最低值为 62.28 mg C·L^{-1}，比对照处理降低了 5.3%，出现在 20 cm 处；而在 30 cm 处孔隙水 DOC 的浓度，比对照处理增加了 2.1%。在 20 cm 和 40 cm 处，DOC 的浓度随着泥炭藓的退化而降低；在 30 cm 处，则随着泥炭藓的退化而增加，但是这种趋势并不显著（$p > 0.05$）。Zou 等（2005）认为 DOC 周转迅速，并且易被微生物利用和降解，这部分有机碳对环境变化较为敏感，尤其是表层土壤（Zhang et al.，2006）。泥炭地土壤温度随着泥炭藓去除逐步降低，土壤中微生物的活性也相对减弱，这可能影响对环境敏感的 DOC 的浓度。

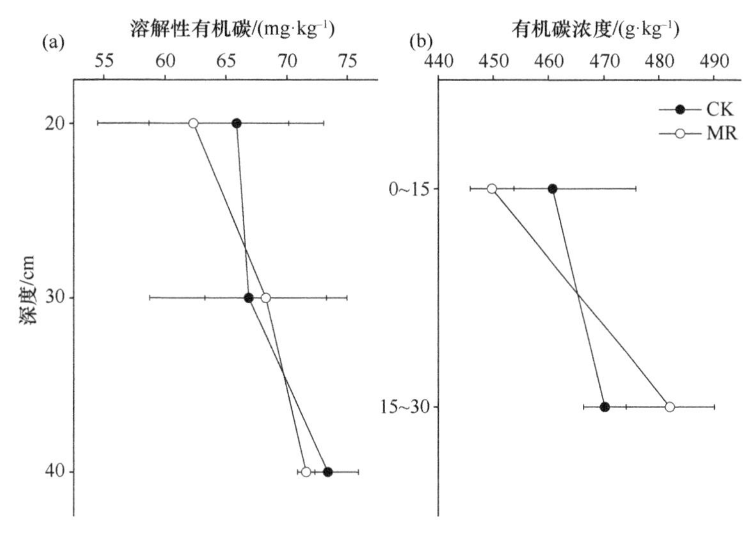

图 3-59 泥炭藓去除后泥炭地土壤孔隙水中 DOC 浓度和 SOC 浓度

CK. 对照处理；MR. 泥炭藓去除

研究数据表明，泥炭地表层土壤（0～15 cm）有机碳（SOC）的含量大致为 460.23 $g·kg^{-1}$，15～30 cm 大致为 469.81 $g·kg^{-1}$，与相同气候带下不同生态系统的 SOC 的含量相比较高（Wang et al.，2003；Fissore et al.，2009）。Mitsch 和 Gosselink（2007）认为这是由于湿地的厌氧环境和高生产力导致的大量有机碳累积；大兴安岭泥炭地由于其多年冻土冷湿的环境，含有大量未分解和半分解的凋落物和根。从垂直剖面来看，泥炭地 0～15 cm SOC 的含量低于 15～30 cm（图 3-59）。相关研究发现，SOC 的含量主要取决于温度、降水和土壤底物质量，而其与土壤温度存在负相关关系（Hobbie et al.，2000）。这可能是由于 0～15 cm 的土壤温度更适宜于土壤微生物的活性，更有利于土壤有机物质的分解，从而导致相对较低的有机碳累积（Conant et al.，2011；Lavoie et al.，2011）。泥炭藓去除之后，0～15 cm 生长季 SOC 的含量为 449.35 $g·kg^{-1}$，比对照处理降低了 2.4%；15～30 cm SOC 的含量为 481.78 $g·kg^{-1}$，比对照处理增加了 2.5%。0～15 cm SOC 的含量随着泥炭藓的退化而降低，15～30 cm 则相反。这说明，在 0～15 cm 土壤层，泥炭藓也是导致其 SOC 含量较高的一个重要原因。Kulichevskaya 等（2007）及 Wickland 和 Neff（2008）的研究发现，泥炭藓中含有非木质素的化合物，具有较低的氮含量，很难降解；而泥炭藓所产生的糖醛酸、二次代谢物 sphagnols 和高分子量的 phenolic glycosides 则对一些微生物和酶活性有抑制作用。

（2）氮营养环境变化情况下孔隙水溶解性有机碳和土壤有机碳含量的变化特征。

研究数据表明，20 cm 土壤孔隙水中 DOC 的浓度在氮输入后为 64.97 mg $C·L^{-1}$，30 cm 土壤层的为 68.82 mg $C·L^{-1}$，40 cm 土壤层的为 72.71 mg $C·L^{-1}$。从垂直剖面整体上来看，3 处泥炭地土壤孔隙水中 DOC 的浓度仍然呈现随着土壤层深度增加而增加的趋势（图 3-60）。氮输入之后，生长季土壤孔隙水中 DOC 的浓度在垂直剖面的最高处和最低处，较对照处理分别降低 0.6% 和 1.2%；而 30 cm 土壤孔隙水中 DOC 的浓度，则增加了 3.3%。Guggenberger（1994）的研究发现，氮输入会造成 DOC 浓度的增加；McDowell 等（1998）则发现氮输入对 DOC 浓度不造成影响；Chantigny 等（1999）的研究表明，氮输入会降低 DOC 浓度。而我们的研究则是，与泥炭藓去除对 DOC 浓度的影响类似，在 20 cm 和 40 cm 处，DOC 的浓度随着氮输入而降低；在 30 cm 处，则随着氮输入而增加，但是影响都不显著，与 Currie 等（1996）和 Sjoberg 等（2003）的结论一致。

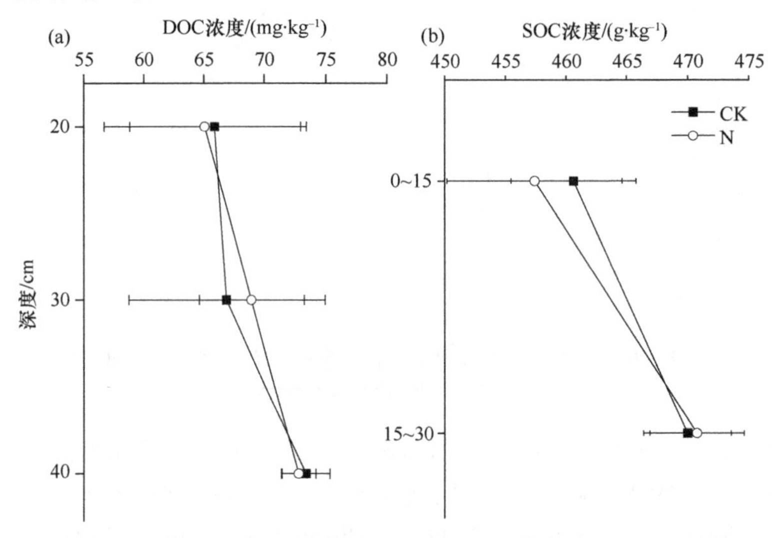

图 3-60　氮输入后泥炭地土壤孔隙水中 DOC 浓度和 SOC 浓度

CK. 对照处理；N. 氮输入

一般认为，土壤孔隙水中的 DOC 主要来源于凋落物、死亡根系及其分泌物、微生物代谢产物及土壤有机碳本身（齐玉春等，2014）。由于 DOC 的溶解性及比较容易被植物和微生物利用等特点，对气候变化的响应也更加敏感（王淑平等，2003）。Yano 等（2000）和方华军等（2007）认为氮输入后，微生物固氮增加，对土壤有效碳的需求会导致土壤 DOC 浓度下降；土壤 pH 的降低也会通过减少腐殖质胶体表面的负电荷数量而降低土壤有机物质的可溶性（Andersson et al.，2000）。此外，因为土壤孔隙水中 DOC 的降解常常通过细菌的异养吸收来进行（Kayranli et al.，2010），而氮输入很可能会提高微生物的活性，加剧土壤孔隙水中 DOC 的降解。刘德燕等（2008）的培养实验也显示，外源氮输入可能会抑制土壤 DOC 的产出。

研究数据表明，泥炭地 0～15 cm 土壤层 SOC 的含量在氮输入之后为 457.13 $g \cdot kg^{-1}$，15～30 cm 土壤层 SOC 含量大致为 470.46 $g \cdot kg^{-1}$，从垂直剖面来看，泥炭地 0～15 cm SOC 的含量低于 15～30 cm（图 3-60）。氮输入之后，0～15 cm 生长季 SOC 的含量，比对照处理降低了 0.7%；15～30 cm SOC 的含量，比对照处理增加了 0.1%。可以说，在 0～15 cm 土壤层 SOC 的含量随着氮输入而降低，在 15～30 cm 土壤层则相反。但是，氮输入对 0～15 cm 和 15～30 cm 土壤层 SOC 含量并无显著影响。这与 Neff 等（2002）和 Zeng 等（2010）的研究结果类似。虽然 Neff 和 Asner（2001）已有的研究发现，输入的氮素可能会与易分解的土壤有机碳组分发生反应，生成难分解的有机碳组分，这可能会降低土壤有机碳的可利用性；Neff 和 Asner（2001）、Cusack 等（2010）和 Lavoie 等（2011）的研究也发现，氮输入加速土壤易分解有机碳组分矿化，抑制难分解有机碳组分矿化。在 0～15 cm 土壤层，氮输入可能会通过提高凋落物的分解速率，增加土壤呼吸量，降低 SOC 的含量（陈浩等，2012）；在 15～30 cm 土壤层，可能较难分解的木质素含量增多，氮输入降低木质素酶的活性，抑制了凋落物的分解，导致 SOC 含量反而高于对照处理。齐玉春等（2014）的研究则认为，氮输入增加了地上生物量并以凋落物的形式增加了土壤有机碳，但是同时也降低了凋落物的分解速率，因而，氮输入对土壤有机碳含量的影响不显著。

（3）泥炭藓去除和氮营养环境交互作用影响下孔隙水溶解性有机碳和土壤有机碳含量变化特征。

研究数据表明，从垂直剖面上来看，泥炭藓去除和氮输入交互作用之后 20 cm 土壤层孔隙水中 DOC 的浓度为 65.33 mg C·L^{-1}，30 cm 土壤层的为 55.48 mg C·L^{-1}，40 cm 土壤层的为 76.30 mg C·L^{-1}。泥炭藓去除和氮输入交互作用降低了 20 cm 和 30 cm 土壤孔隙水中 DOC 的浓度（0.6% 和 16.7%）；而 40 cm 土壤孔隙水中 DOC 的浓度，则增加了 4.3%（图 3-61）。20 cm 土壤层 DOC 的浓度随着泥炭藓去除和氮输入交互作用降低，30 cm 土壤层 DOC 的浓度则随着泥炭藓去除和氮输入交互作用增加，分别同泥炭藓去除及氮输入处理之后 DOC 浓度的变化特征相似；40 cm 土壤层 DOC 的浓度随着泥炭藓去除和氮输入交互作用降低，变化特征不显著（$p > 0.05$），这可能是因为在 20 cm 和 30 cm 土壤层处，泥炭藓去除和氮输入交互作用逐渐降低了根系生物量分配比例，进而减少了土壤微生物的有机质基质供应，微生物的活性和数量也会因碳源的缺乏而受到影响，泥炭藓去除和氮输入交互作用对凋落物分解逐渐呈现出抑制效应，根系及其分泌物、凋落物对土壤 DOC 的影响作用也会减弱，从而抑制了 DOC 的产出。

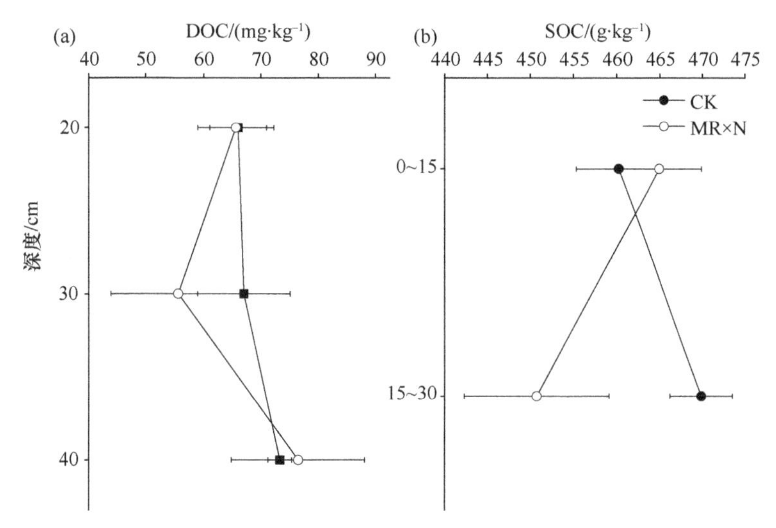

图 3-61　泥炭藓去除和氮输入后泥炭地土壤孔隙水中 DOC 浓度和 SOC 浓度

CK. 对照处理；MR×N. 泥炭藓去除和氮输入交互作用

研究数据表明，泥炭藓去除和氮输入交互作用之后，泥炭地 0～15 cm 土壤层 SOC 的含量为 464.95 $g \cdot kg^{-1}$，15～30 cm 土壤层 SOC 含量大致为 450.8 $g \cdot kg^{-1}$，从垂直剖面来看，泥炭地 0～15 cm SOC 的含量高于 15～30 cm（图 3-61）。泥炭藓去除和氮输入交互作用增加了 0～15 cm 生长季 SOC 的含量（1.0%）；15～30 cm SOC 的含量，则比对照处理减少了 4.0%。可能是因为在 0～15 cm 土壤层，泥炭藓去除和氮输入交互作用降低了土壤 pH，进而抑制土壤微生物的活性和土壤有机碳的分解。而在 15～30 cm 土壤层，由于土壤温度和根系生物量等环境要素的制约，土壤有机碳的分解速率降低。

2）泥炭藓去除和氮营养环境变化对孔隙水中 CH_4 含量的影响

土壤中微生物产生的 CH_4，一部分从泥炭地经由植物释放到大气中，一部分储存在土壤层中，而土壤层中储存的 CH_4 也有一部分储存在土壤孔隙水中。孔隙水中的 CH_4 浓度反映了 CH_4 产生、氧化和运输过程的平衡，CH_4 氧化的增加会降低土壤孔隙水中的 CH_4 浓度（杨龙元等，1998），植物对 CH_4 的运输也会迅速消耗掉土壤孔隙水中的 CH_4 浓度（Chanton and Whiting，1996）。

（1）泥炭藓去除对孔隙水中 CH_4 含量的影响。

由于温度、降水、水位等因素的影响，采样时，可能不能顺利采集到不同土壤层深度的孔隙水。生长季泥炭藓去除之后，对泥炭地土壤孔隙水中的 CH_4 浓度进行测定，观测数据发现，20 cm 土壤层处，7 月土壤孔隙水中 CH_4 浓度分别为 0.05 $\mu mol \cdot L^{-1}$ 和 4.63 $\mu mol \cdot L^{-1}$（泥炭藓去除和对照，下同），9 月土壤孔隙水中 CH_4 浓度分别为 2.91 $\mu mol \cdot L^{-1}$ 和 26.50 $\mu mol \cdot L^{-1}$；30 cm 土壤层处，7 月土壤孔隙水中 CH_4 浓度分别为 1.22 $\mu mol \cdot L^{-1}$ 和 11.79 $\mu mol \cdot L^{-1}$，9 月土壤孔隙水中 CH_4 浓度分别为 4.98 $\mu mol \cdot L^{-1}$ 和 33.75 $\mu mol \cdot L^{-1}$；40 cm 土壤层处，7 月土壤孔隙水中 CH_4 浓度分别为 1.50 $\mu mol \cdot L^{-1}$ 和 20.27 $\mu mol \cdot L^{-1}$，9 月土壤孔隙水中 CH_4 浓度分别为 4.37 $\mu mol \cdot L^{-1}$ 和 20.87 $\mu mol \cdot L^{-1}$。可见，不同土壤层深度，9 月土壤孔隙水中 CH_4 浓度普遍高于 7 月，这与释放到大气中的 CH_4 通量的季节变化很一致。在垂直剖面上，除了观测第一年（2012 年）和第二年（2013 年）7 月的土壤孔隙水中 CH_4 浓度，最大值均出现在土壤 30 cm 处，除了观测第二年 9 月，最小值均出现在土壤 20 cm 处。这可能是因为此土壤层深度的 CH_4 更容易以气泡的形式释放到大气中去。Kettunen 等（1999）的研究也发现，北方沼泽 CH_4 产生的最大值出现在地表水位 20 cm 以下。从垂直剖面来看，7 月孔隙水中 CH_4 浓度随着土壤层深度增加呈现逐渐增加的趋势，这与 Wilson 等（1989）对森林沼泽的研究结果接近；9 月则呈现先增加后降低的趋势（图 3-62）。7 月随着土壤层深度增加，孔隙水中 CH_4 浓度增加，可能是底层土壤产甲烷菌活性虽然降低，但是厌氧环境更加严格，导致土壤产生的甲烷累积而致。9 月的时候孔隙水中 CH_4 浓度递增后再次递减则可能是 9 月底层土壤温度降低，产甲烷菌的活性迅速降低，但是被氧化甲烷相对含量仍旧较高所致。30 cm 土壤层深度以上的孔隙水中 CH_4 浓度在剖面上的变化特征与 DOC 浓度和 SOC 浓度一致。

不同观测年生长季泥炭藓去除之后，7 月，20 cm 土壤层的孔隙水中 CH_4 浓度与对照处理相比，分别降低了 21.0% 和 44.3%；30 cm 土壤层的孔隙水中 CH_4 浓度分别降低了 18.0% 和 27.1%；40 cm 土壤层的孔隙水中 CH_4 浓度，分别降低了 70.0% 和 20.1%。

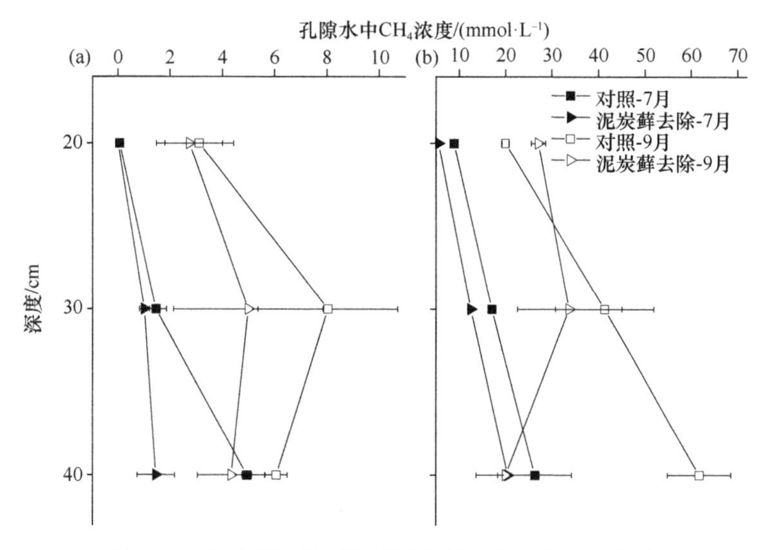

图 3-62 泥炭藓去除后泥炭地土壤孔隙水中 CH_4 浓度

(a) 土壤孔隙水中 CH_4 浓度在 0～10 $mmol \cdot L^{-1}$ 范围内泥炭藓去除后 7 月及 9 月泥炭地土壤孔隙水中 CH_4 浓度变化；(b) 土壤孔隙水中 CH_4 浓度在 10～70 $mmol \cdot L^{-1}$ 范围内泥炭藓去除后 7 月及 9 月泥炭地土壤孔隙水中 CH_4 浓度变化

9 月，2012 年 20 cm 土壤层的孔隙水中 CH_4 浓度降低了 9.7%，2013 年增加了 36.7%；30 cm 土壤层的孔隙水中 CH_4 浓度分别降低了 37.2% 和 17.6%；40 cm 土壤层的孔隙水中 CH_4 浓度分别降低了 26.8% 和 66.0%。生长季孔隙水中 CH_4 浓度随着泥炭藓的退化而呈现逐渐降低的趋势（图 3-62）。泥炭藓对孔隙水中 CH_4 浓度的影响可能与土壤温度、DOC 浓度和 SOC 浓度有关。杨文燕等（2006）的研究发现，孔隙水中 CH_4 浓度与土壤温度、DOC 浓度均有显著的正相关关系，而 CH_4 通量也与孔隙水中 CH_4 浓度呈现正相关关系。张子川（2013）的研究也发现孔隙水中 CH_4 浓度与 SOC 浓度存在正相关关系。本研究中，仅发现孔隙水中 CH_4 浓度与 20 cm 土壤层处的 DOC 浓度存在非线性相关关系，随着 DOC 浓度的增加而增加，达到一定值后，随其增加而降低，相关关系方程为 $y = -0.0007x^2+0.0925x-2.4947$，可以解释孔隙水中 CH_4 浓度变化的 72.5%。虽然孔隙水中 CH_4 浓度的变化特征与 SOC 浓度的变化特征一致，但是二者之间没有发现显著的相关关系。与对照处理相比，泥炭藓去除后的土壤孔隙水中的 CH_4 浓度降低了，这可能是因为土壤中 CH_4 产生减少了或者 CH_4 氧化增加了。泥炭藓去除之后，土壤温度逐渐降低，进而抑制土壤中产甲烷菌和甲烷氧化菌的活性，导致产甲烷能力下降（Bridgham et al.，1992）。泥炭藓去除可能引起土壤中根系分泌物减少，而植物的根系分泌物可以作为产甲烷菌产生 CH_4 过程中的基质来源；Yavitt 和 Lang（1990）研究发现，当 DOC 浓度增加的时候，可以提高沼泽湿地的产甲烷速率和 CH_4 浓度。土壤含水量降低会缩小产甲烷菌的活跃区域（Sundh et al.，1992），影响产甲烷菌的数量和活性，所以泥炭藓去除会降低微生物的产甲烷能力。也有研究表明，泥炭藓沼泽湿地土壤中有机物质分解较快，分解产生的有机酸比例较大，而有机酸可抑制 CH_4 的生成（Chanton et al.，1995）。因而，随着泥炭藓的退化，土壤中 DOC 浓度和 SOC 浓度逐渐呈现降低的趋势，导致土壤孔隙水中 CH_4 浓度呈现降低的趋势，减少生态系统 CH_4 排放。

（2）氮营养环境变化对孔隙水中 CH_4 含量的影响。

对氮输入处理之后的土壤孔隙水中 CH_4 浓度进行测定发现，20 cm 土壤层处，7 月的对照和 N 输入处理土壤孔隙水中 CH_4 浓度分别为 0.05 μmol·L^{-1}和 0.87 μmol·L^{-1}，9 月的土壤孔隙水中 CH_4 浓度分别为 1.04 μmol·L^{-1}和 33.16 μmol·L^{-1}；30 cm 土壤层处，7 月土壤孔隙水中的 CH_4 浓度分别为 1.21 μmol·L^{-1}和 4.41 μmol·L^{-1}，9 月土壤孔隙水中的 CH_4 浓度分别为 2.81 μmol·L^{-1}和 53.27 μmol·L^{-1}；40 cm 土壤层处，7 月土壤孔隙水中的 CH_4 浓度分别为 1.26 μmol·L^{-1}和 4.47 μmol·L^{-1}，9 月土壤孔隙水中的 CH_4 浓度分别为 5.26 μmol·L^{-1}和 21.76 μmol·L^{-1}。与泥炭藓去除类似，不同土壤层深度，9 月土壤孔隙水中 CH_4 浓度普遍高于 7 月。在垂直剖面上，除了 2013 年 9 月的土壤孔隙水中 CH_4 浓度，最大值均出现在 40 cm 土壤层处，除了 2013 年 9 月，最小值均出现在 20 cm 土壤层处。可能是因为 20 cm 土壤孔隙水中的 CH_4 更容易释放。从垂直剖面来看，氮输入后，孔隙水中的 CH_4 浓度随着土壤层深度增加呈现逐渐增加的趋势（图 3-63），在剖面上的变化特征与 DOC 浓度和 SOC 浓度一致。这可能是底层严格的厌氧环境导致土壤中的 CH_4 累积。

2012 年和 2013 年 7 月，氮输入之后 20 cm 土壤孔隙水中 CH_4 浓度与对照处理相比，分别降低了 11.5% 和 89.5%；30 cm 土壤孔隙水中 CH_4 浓度分别降低了 18.0% 和 72.3%；40 cm 土壤层孔隙水中 CH_4 浓度分别降低了 74.4% 和 82.5%。9 月，2012 年 20 cm 土壤孔隙水中 CH_4 浓度降低了 67.7%，2013 年增加了 71.1%；2012 年 30 cm 土壤孔隙水中 CH_4 浓度降低了 64.6%，2013 年增加了 30.0%；40 cm 土壤孔隙水中 CH_4 浓度分别降低了 11.8%和 64.5%。生长季孔隙水中 CH_4 浓度随着氮输入而呈现降低的趋势（图 3-63）。本研究发现，氮输入后，孔隙水中 CH_4 浓度与 SOC 浓度存在非线性相关关系，相关关系方程为 $y = 0.1677x^2-155.0004x+ 35\,820.0404$，可以解释孔隙水中 CH_4 浓度变化的 99.9%。研究发现，氮输入对较浅土壤层的 CH_4 氧化的影响更显著，更深的土壤层不利

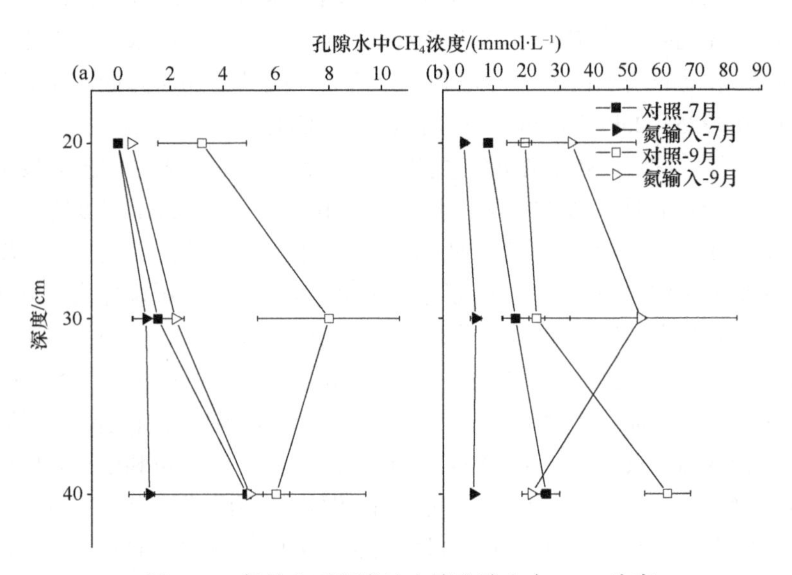

图 3-63 氮输入后泥炭地土壤孔隙水中 CH_4 浓度

（a）土壤孔隙水中 CH_4 浓度在 0～10 mmol·L^{-1} 范围内氮输入后 7 月及 9 月泥炭地土壤孔隙水中 CH_4 浓度变化；（b）土壤孔隙水中 CH_4 浓度在 0～90 mmol·L^{-1} 范围内氮输入后 7 月及 9 月泥炭地土壤孔隙水中 CH_4 浓度变化

于 CH_4 和 O_2 的供应（Sjogerstea et al.，2007；Gulledge et al.，2004）。北方泥炭地土壤有效氮贫乏，植物和土壤微生物对氮素的需求量较大，氮输入后，一般被截留在植物的根系和微生物相对丰富的有机层。而氮输入会降低土壤有机层的 C:N 值，增加土壤中能氧化 CH_4 的氨氧化菌的数量和活性（Bodelier and Laanbroek，2004）。而氮输入也会降低土壤有机质分解率，减少土壤中 DOC 和 SOC 含量，从而减少 CH_4 生成所需的有机质基质（Willams and Silcock，1997）。总之，由于在氮素受限制的生态系统中，孔隙水中 CH_4 对氮输入的响应存在滞后效应（Aber et al.，1989），短时间内，氮输入可能会降低土壤孔隙水中的 CH_4 浓度，但是可能不会表现出显著的抑制效应。

（3）泥炭藓去除和氮营养环境变化对孔隙水中 CH_4 含量的影响。

泥炭藓去除和氮输入交互作用之后的土壤孔隙水中 CH_4 浓度的观测结果显示，2012 年和 2013 年 7 月，20 cm 土壤孔隙水中 CH_4 浓度分别为 0.14 $\mu mol \cdot L^{-1}$ 和 6.14 $\mu mol \cdot L^{-1}$，30 cm 土壤孔隙水中 CH_4 浓度分别为 0.52 $\mu mol \cdot L^{-1}$ 和 8.48 $\mu mol \cdot L^{-1}$，40 cm 土壤孔隙水中 CH_4 浓度分别为 1.29 $\mu mol \cdot L^{-1}$ 和 7.80 $\mu mol \cdot L^{-1}$。9 月，20 cm 土壤孔隙水中 CH_4 浓度分别为 2.26 $\mu mol \cdot L^{-1}$ 和 40.0$\mu mol \cdot L^{-1}$，30 cm 土壤孔隙水中 CH_4 浓度分别为 5.04 $\mu mol \cdot L^{-1}$ 和 21.56 $\mu mol \cdot L^{-1}$，40 cm 土壤孔隙水中 CH_4 浓度分别为 5.77 $\mu mol \cdot L^{-1}$ 和 72.31 $\mu mol \cdot L^{-1}$。与泥炭藓去除与氮输入类似，不同土壤层深度，9 月孔隙水中 CH_4 浓度普遍高于 7 月。在垂直剖面上，除了 9 月的土壤孔隙水中 CH_4 浓度外，最大值均出现在 40 cm 土壤层处，最小值均出现在 20 cm 土壤层处。从垂直剖面来看，土壤孔隙水中 CH_4 浓度随着土壤层深度增加呈现逐渐增加的趋势（图 3-64），这可能是因为底层严格的厌氧环境导致土壤中的 CH_4 累积。

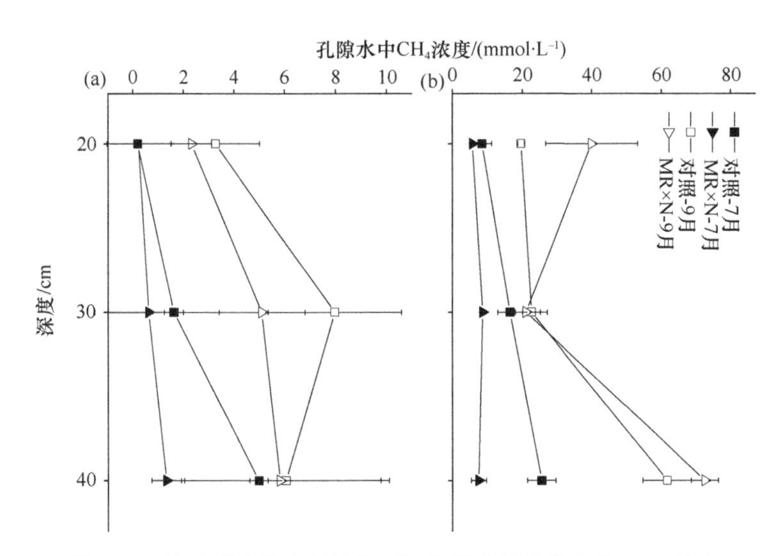

图 3-64　泥炭藓去除和氮输入后泥炭地土壤孔隙水中 CH_4 浓度

（a）土壤孔隙水中 CH_4 浓度在 0～10 $mmol \cdot L^{-1}$ 范围内泥炭去除和氮输入后 7 月及 9 月泥炭地土壤孔隙水中 CH_4 浓度变化；（b）土壤孔隙水中 CH_4 浓度在 0～80 $mmol \cdot L^{-1}$ 范围内泥炭去除和氮输入后 7 月及 9 月泥炭地土壤孔隙水中 CH_4 浓度变化

泥炭藓去除和氮输入的第一年 7 月，20 cm 土壤孔隙水中 CH_4 浓度增加了 127.1%，第二年同期则降低了 29.8%；30 cm 土壤孔隙水中 CH_4 浓度分别降低了 64.7% 和 47.5%；

40 cm 土壤孔隙水中 CH_4 浓度分别降低了 73.8% 和 70.0%。第一年 9 月 20 cm 土壤孔隙水中 CH_4 浓度降低了 30.0%，第二年 9 月增加了 106.3%；30 cm 土壤层孔隙水中 CH_4 浓度分别降低了 36.4% 和 47.4%；40 cm 土壤孔隙水中 CH_4 浓度，第一年降低了 3.3%，第二年则增加了 17.9%。生长季土壤孔隙水中的 CH_4 浓度随着泥炭藓去除和氮输入交互作用，主要还是以降低的趋势为主（图 3-64）。泥炭藓去除和氮营养环境变化降低了土壤中的 DOC 浓度，减少了 CH_4 生成所需的有机质基质，从而制约了产甲烷菌产生 CH_4 的速率和 CH_4 排放；而由此导致的土壤环境的变化也会直接影响土壤中产甲烷菌和甲烷氧化菌的活性和数量，减少 CH_4 的排放，降低土壤孔隙水中 CH_4 的浓度。

3）泥炭藓去除和氮营养环境变化对孔隙水中 CO_2 含量的影响

土壤呼吸释放的 CO_2，主要由土壤微生物和植物根系呼吸而产生，一部分释放到大气中，另一部分储存在土壤中。而土壤中储存的 CO_2，会有一部分储存在孔隙水中。土壤 DOC 和 SOC 作为微生物易于吸收利用的有机碳源，其浓度高低可以直接影响微生物的活性。

（1）泥炭藓去除对孔隙水中 CO_2 含量的影响。

对于 20 cm 土壤层，2012 年和 2013 年 7 月泥炭藓去除后土壤孔隙水中 CO_2 的浓度分别为 249.04 $\mu mol\cdot L^{-1}$ 和 409.17 $\mu mol\cdot L^{-1}$，9 月土壤孔隙水中 CO_2 的浓度分别为 244.72 $\mu mol\cdot L^{-1}$ 和 305.39 $\mu mol\cdot L^{-1}$。对于 30 cm 土壤层，7 月土壤孔隙水中 CO_2 的浓度分别为 697.21 $\mu mol\cdot L^{-1}$ 和 1093.33 $\mu mol\cdot L^{-1}$，9 月土壤孔隙水中 CO_2 的浓度分别为 496.10 $\mu mol\cdot L^{-1}$ 和 647.40 $\mu mol\cdot L^{-1}$。对于 40 cm 土壤层，7 月土壤孔隙水中 CO_2 的浓度分别为 1483.99 $\mu mol\cdot L^{-1}$ 和 939.59 $\mu mol\cdot L^{-1}$，9 月土壤孔隙水中 CO_2 的浓度分别为 917.86 $\mu mol\cdot L^{-1}$ 和 1185.39 $\mu mol\cdot L^{-1}$。不同土壤层深度，9 月孔隙水中 CO_2 的浓度低于 7 月。在垂直剖面上，除了第二年 7 月，土壤孔隙水中 CO_2 浓度均随着土壤层深度增加而增加（图 3-65）。

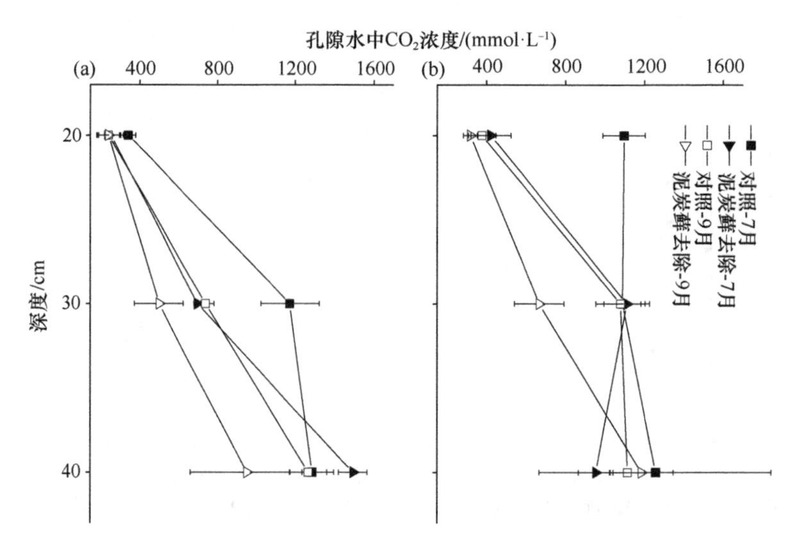

图 3-65 泥炭藓去除后泥炭地土壤孔隙水中 CO_2 浓度

（a）2012 年 7 月及 9 月泥炭藓去除后泥炭地土壤孔隙水中 CO_2 浓度变化；（b）2013 年 7 月及 9 月泥炭藓去除后泥炭地土壤孔隙水中 CO_2 浓度变化

虽然泥炭地 CO_2 排放通量随着泥炭藓去除呈现降低的趋势，但是土壤孔隙水中 CO_2 的浓度在泥炭藓去除后，在不同的土壤层却不尽相同。对于 20 cm 土壤层，泥炭藓去除后，2012～2013 年两个观测年，7 月土壤层孔隙水中 CO_2 浓度比对照处理分别降低了 25.4% 和 62.3%；第一年 9 月孔隙水中 CO_2 浓度比对照处理增加了 9.9%，第二年则降低了 14.2%。对于 30 cm 土壤层，第一年 7 月孔隙水中 CO_2 浓度比对照处理降低了 40.3%，第二年则增加了 1.5%；9 月土壤孔隙水中 CO_2 浓度比对照处理分别降低了 31.8% 和 39.3%。对于 40 cm 土壤层，9 月土壤孔隙水中 CO_2 浓度比对照处理分别增加了 48.9% 和 7.1%。对于 20～30 cm 土壤层，泥炭藓去除后，土壤孔隙水中 CO_2 浓度主要还是呈现降低的趋势（图 3-65）。

根系分泌物是土壤 DOC 和 SOC 的来源之一，植物根系呼吸影响根系分泌物的产生量，与此同时，土壤 DOC 和 SOC 又作为土壤微生物所需要的有机碳源，可以直接影响着微生物的活性和数量，从而引起土壤释放的 CO_2 速率的差异，平衡土壤有机碳库从溶解性到固态的转换（Bengtson and Bengtsson，2007；Moore et al.，2008；Zhao et al.，2008）。土壤孔隙水中的 DOC 可能是土壤释放 CO_2 的重要来源，其含量在一定程度上控制着土壤释放 CO_2 的速率。有研究发现，当植物的凋落物积累量增加，温度适宜土壤微生物的活性时，凋落物的分解速率提高（何池全，2003），通过泥炭剖面与水体的快速吸附-解吸作用（Qualls and Richardson，2003），会提高土壤孔隙水中的 DOC 浓度。但是也有研究发现，凋落物的剧增可能会导致有机质的大量聚集，从而抑制土壤有氧呼吸作用（Straková et al.，2012），进而造成孔隙水中 DOC 浓度逐渐降低。泥炭藓去除后，虽然生态系统的地上生物量可能存在不显著的增加（这需要更加长时期的观测），但是土壤温度的降低，可能会导致土壤微生物活性的减弱，进而降低土壤呼吸和根系呼吸，减少土壤释放的 CO_2 和土壤孔隙水中的 CO_2 浓度。我们的研究也发现，土壤孔隙水中的 CO_2 浓度与 30 cm 土壤孔隙水中的 DOC 浓度呈现极显著的相关关系，相关关系方程为 $y=-0.0579x^3+10.9951x^2-641.77x+11\,927.5289$（$R^2=0.9819$，$p<0.01$）；与其他深度土壤层的 DOC 浓度无显著相关关系。

（2）氮营养环境变化对孔隙水中 CO_2 含量的影响。

对于 20 cm 土壤层，7 月土壤孔隙水中 CO_2 的浓度在氮输入后分别为 350.40 $\mu mol\cdot L^{-1}$ 和 1697.147 $\mu mol\cdot L^{-1}$，是对照处理的 1.05 倍和 1.56 倍；而 9 月土壤孔隙水中 CO_2 的浓度分别为 461.05 $\mu mol\cdot L^{-1}$ 和 439.71 $\mu mol\cdot L^{-1}$，是对照处理的 2.07 倍和 1.24 倍。对于 30 cm 土壤层，7 月土壤孔隙水中 CO_2 的浓度分别为 1213.36 $\mu mol\cdot L^{-1}$ 和 1221.20 $\mu mol\cdot L^{-1}$，是对照处理的 1.04 倍和 1.13 倍；而 9 月土壤孔隙水中 CO_2 的浓度分别为 805.06 $\mu mol\cdot L^{-1}$ 和 1311.72 $\mu mol\cdot L^{-1}$，是对照处理的 1.11 倍和 1.23 倍。对于 40 cm 土壤层，7 月土壤孔隙水中 CO_2 的浓度分别为 1097.57 $\mu mol\cdot L^{-1}$ 和 1651.44 $\mu mol\cdot L^{-1}$，是对照处理的 0.86 倍和 1.32 倍；而 9 月土壤孔隙水中 CO_2 的浓度分别为 818.62 $\mu mol\cdot L^{-1}$ 和 1456.44 $\mu mol\cdot L^{-1}$，是对照处理的 1.33 倍和 1.32 倍。氮输入之后，土壤孔隙水中 CO_2 呈现增加的趋势（图 3-66）。

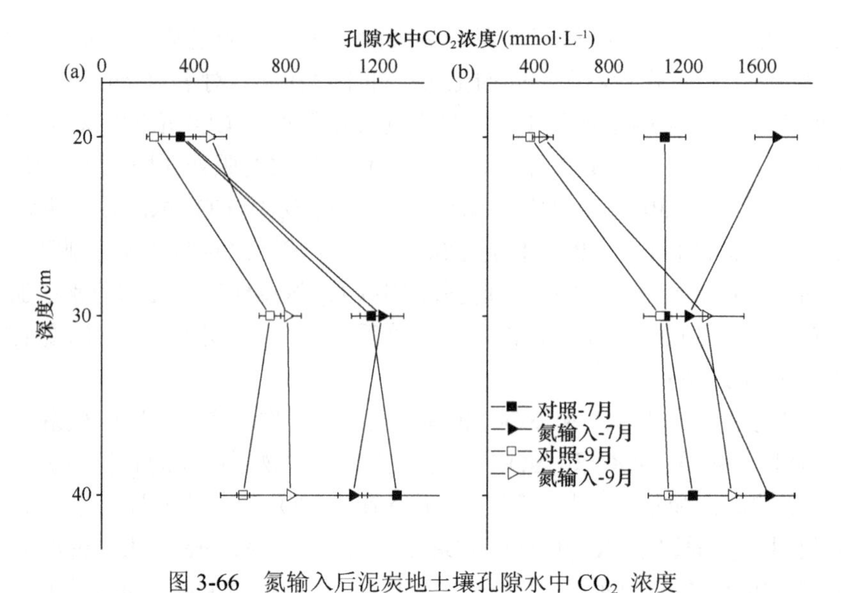

图 3-66　氮输入后泥炭地土壤孔隙水中 CO_2 浓度

（a）2012 年 7 月及 9 月氮输入后泥炭地土壤孔隙水中 CO_2 浓度变化；（b）2013 年 7 月及 9 月氮输入后泥炭地土壤孔隙水中 CO_2 浓度变化

氮输入后可能会降低土壤 C∶N 值和 pH，导致土壤酸化，推动土壤中 H^+离子和 HCO_3^- 离子发生反应，生成 H_2O 和 CO_2，促进土壤中 CO_2 的产生和排放（温都如娜等，2012）。由于最初大部分氮素被植物截留，土壤中可利用的氮素很少，随着氮输入时间的延长，土壤中的有效氮开始逐渐累积，降低了土壤中的 C:N 值，提高了土壤微生物的活性和数量，增加了凋落物的分解速率，进而促进土壤 CO_2 的排放，增加土壤孔隙水中 CO_2 的浓度（Cheng et al.，2007）。我们的研究还发现土壤孔隙水中的 CO_2 浓度和 30 cm 土壤层的孔隙水中的 DOC 含量呈现显著的相关关系，可以解释 82.8%的土壤孔隙水中 CO_2 浓度变化的情况，相关关系方程为 $y = -0.1109x^3+20.083x^2-1142.8378x+20\,639.781\,9$；与其他深度土壤层的 DOC 含量无相关关系。

（3）泥炭藓去除和氮营养环境变化对孔隙水中 CO_2 含量的影响。

对于 20 cm 土壤层，7 月土壤孔隙水中 CO_2 的浓度在泥炭藓去除和氮输入交互作用之后分别为 544.58 μmol·L^{-1} 和 1033.80 μmol·L^{-1}，是对照处理的 1.63 倍和 0.95 倍；而 9 月土壤孔隙水中 CO_2 的浓度分别为 316.48 μmol·L^{-1} 和 780.92 μmol·L^{-1}，是对照处理的 1.42 倍和 2.19 倍。对于 30 cm 土壤层，7 月土壤孔隙水中 CO_2 的浓度分别为 834.0 μmol·L^{-1} 和 1423.39 μmol·L^{-1}，是对照处理的 0.71 倍和 1.32 倍；9 月土壤孔隙水中 CO_2 的浓度分别为 494.97 μmol·L^{-1} 和 1008.41 μmol·L^{-1}，是对照处理的 0.68 倍和 0.94 倍。对于 40 cm 土壤层，2012 年 7 月土壤孔隙水中 CO_2 的浓度为 1170.30 μmol·L^{-1}，是对照处理的 0.91 倍；9 月土壤孔隙水中 CO_2 的浓度分别为 474.32 μmol·L^{-1} 和 1278.16 μmol·L^{-1}，是对照处理的 0.77 倍和 1.16 倍。泥炭藓去除和氮输入交互作用之后，不同土壤层表现存在一定的差异，20 cm 土壤孔隙水中 CO_2 呈现增加的趋势，30 cm 则呈现降低的趋势（图 3-67）。

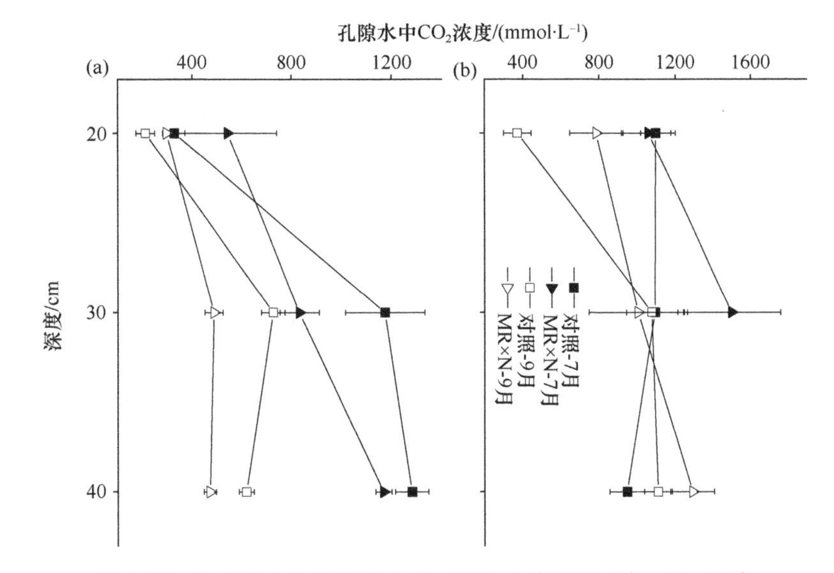

图 3-67　泥炭藓去除和氮输入后泥炭地土壤孔隙水中 CO_2 浓度

（a）2012 年 7 月及 9 月泥炭藓去除和氮输入后泥炭地土壤孔隙水中 CO_2 浓度变化；（b）2013 年 7 月及 9 月泥炭藓去除和氮输入后泥炭地土壤孔隙水中 CO_2 浓度变化

泥炭藓去除和氮输入交互作用之后，土壤中的 C:N 值降低了，提高了土壤微生物的活性，增加了凋落物的分解速率，促进了土壤 CO_2 的排放，这可能导致浅层土壤层孔隙水中 CO_2 浓度的增加（Cheng et al.，2007）。而地上生物量增加了，根系生物量分配比例将逐渐降低，进而减少了土壤微生物的有机质基质供应，这也可能导致深层土壤层孔隙水中 CO_2 浓度的降低。

3.6　结论与展望

中高纬冻土区是全球湿地的主要集中分布区和气候敏感区，气候变化背景下的温度、水分、氮有效性及冻融环境变化通过改变湿地温室气体排放、土壤碳氮累积与分解等诸多过程从而对沼泽湿地碳平衡产生重要影响，近 20 余年的野外监测为上述复杂环境下的土壤生物地球化学循环过程提供了重要的实证案例，取得了以下研究结论。

温度是决定沼泽湿地土壤碳氮循环的重要环境因子，升温可降低土壤团聚体的稳定性，促进沼泽湿地土壤有机碳的分解，且土壤难分解碳组分与稳定碳库均具有较高的分解温度敏感性；虽然厌氧环境下，沼泽湿地土壤 CO_2 排放量相对较低，但仍具有较高的分解温度敏感性；温度升高也提高了沼泽湿地土壤产 CH_4 潜能的温度敏感性，更显著促进了沼泽湿地 N_2O 的排放。

土壤水分对碳氮矿化速率的促进作用，往往存在一个最佳水分含量区间（一般为 60%～80%），过低或过高的含水量都会抑制土壤碳氮矿化过程。地表积水可导致土壤厌氧环境形成，促进 CH_4 和 N_2O 温室气体产生和排放；地表水位季节性波动甚至可以掩盖温度变化对温室气体排放的季节性规律的主导影响，短期的土壤干湿交替过程可以产生显著的脉冲效应，促进 CH_4 和 N_2O 温室气体排放。

泥炭藓去除和外源氮输入会导致泥炭地土壤孔隙水中 CH_4 浓度降低；但对 CO_2 浓度的影响不同，表现为泥炭藓去除导致土壤孔隙水中 CO_2 含量降低，而氮素增加会增大孔隙水中 CO_2 含量；泥炭藓去除和氮素增加交互作用下的变化较为复杂，不同土壤层中存在一定的差异；多年冻土退化对溶解性有机物输出的影响主要是侧向径流的产流深度及土壤垂直剖面的质地和养分特征。不同年代的溶解性碳系列中，“老碳”的生物降解效率显著高于新鲜的溶解性碳，说明溶解性“老碳”具有更高的微生物活性。

冻融循环过程是沼泽湿地土壤温室气体排放过程的重要驱动因子之一。不同碳组分和不同粒径土壤 CO_2 释放速率有所差异，颗粒有机碳的 CO_2 释放速率显著高于轻组有机碳的释放速率，而不同粒径土壤中 CO_2 释放速率无显著差异。从 CO_2 释放的贡献率来看，对于不同碳组分，颗粒有机碳的贡献率最大。对于不同粒径土壤，1 mm～250 μm 粒径土壤对 CO_2 释放贡献率最大；在融化阶段，温室气体均出现明显的爆发式排放现象，在季节性冻土融通后，CO_2 释放速率迅速上升，CH_4 在后期出现吸收现象，而 N_2O 也从汇开始转变为源；在相同冻融环境下，多年冻土区泥炭地温室气体排放在冻融期的释放潜力要大于季节性冻土区沼泽湿地，而 CH_4 释放潜力却相反，在未来气候暖化条件下，更多的温室气体在冻融期将会从我国中高纬度冻土区湿地释放，从而加剧温室效应。

营养环境变化对沼泽湿地碳氮循环的影响是多方面且复杂的，沼泽湿地枯落物分解速率依赖于其氮的可利用性，低氮下枯落物分解速率增加，而高氮下枯落物分解受到抑制，这与沼泽湿地土壤有机碳分解对氮输入的响应一致，过多氮输入降低土壤 pH、土壤微生物生物量碳及硝化与反硝化速率，内源氮释放也抑制土壤有机碳分解；不同外源氮对沼泽湿地 CH_4 产生具有不同的影响，尿素促进土壤 CH_4 的产生，而硫酸铵则抑制了 CH_4 的产生；沼泽湿地土壤 N_2O 的排放在外源氮输入初期表现出“激发效应”，且深层土壤排放量更高；而外源碳与氮可利用性提高可引起“激发效应”，增加沼泽湿地土壤有机碳分解。

受限于艰苦的野外环境，目前关于温度、水分、养分有效性及冻融环境变化对沼泽湿地土壤碳氮循环的部分研究仍局限于室内分析与培养实验，长期而持续的野外观测仍有待加强。此外，还需融合数据挖掘技术、空间大尺度长时间序列的遥感分析，将相关研究结论拓展至整个北半球尺度，这将有助于深入了解沼泽湿地碳氮循环过程及其驱动要素。

沼泽湿地类型多、差异大，目前尚缺乏对湿地的形成条件、成因类型、分布面积、湿地生态系统的组成、功能的正负效应、湿地生物多样性等方面的综合调查分析，这将阻碍对复杂环境下的沼泽湿地土壤生物地球化学循环过程的深入理解。例如，泥炭藓和一些喜湿性植物对沼泽湿地生态过程影响显著，特别是对沼泽湿地不同植物的研究，将促进深入了解不同冻土湿地有机碳累积过程的差异。

目前，对土壤碳氮循环过程多停留在常规指标和常规过程的监测，未来还应加强多元素同步观测，结合 Fe、SOC 等多指标变化趋势，监测 DOC 变化趋势及其对生源要素（Fe、Mn）等的影响，结合微生物多样性及功能基因揭示 DOC 动态特征的相关机制并探究其对冻土碳氮循环的影响。此外，激发效应是发生在各种陆地生态系统、淡水及海洋生态系统中的普遍现象。然而，在研究湿地生态系统土壤碳储存/释放过程中，往往忽视了激发效应的存在，给有机碳氮周转研究带来很大的不确定性。当前环境背景下，应加强不同地区、不同类型土壤有机质在外源碳输入与氮输入改变下的分解特征研究，积极探索激发效应对土壤碳氮循环过程影响的机制与机理，尤其是微生物学驱动机制，为土壤碳周转影响因素及其碳汇功能变化预测研究提供依据。

参考文献

白光润. 1995. 从泥炭分布的演化过程分析中国东部和日本一万年来的干湿变迁. 地理科学, 1: 32-40.

白光润, 王升忠, 冷雪天, 等. 1999. 草本泥炭形成的生物环境机制. 地理学报, 54(3): 247-254.

陈浩, 莫江明, 张炜, 等. 2012. 氮沉降对森林生态系统碳吸存的影响.生态学报, 32(21): 6864-6879.

陈立新, 李刚, 刘云超, 等. 2017. 外源有机物与温度耦合作用对红松阔叶混交林土壤有机碳的激发效应. 林业科学研究, 30(5): 797-804.

陈全胜, 李凌浩, 韩兴国, 等. 2003a. 水分对土壤呼吸的影响及机理. 生态学报, 23(5): 972-978.

陈全胜, 李凌浩, 韩兴国, 等. 2003b. 水热条件对锡林河流域典型草原退化群落土壤呼吸的影响. 植物生态学报, 27(2): 202-209.

褚永磊, 王鹏, 张诗琪. 2017. 多年冻土退化及其趋势初步评估综述. 内蒙古林业调查设计, 40(2): 89-92, 94.

丁维新, 蔡祖聪. 2001. 氮肥对土壤氧化大气甲烷影响的机制. 农村生态环境学报, 17(3): 30-34.

丁维新, 蔡祖聪. 2002. 土壤有机质和外源有机物对甲烷产生的影响. 生态学报, 22(10): 1672-1679.

丁维新, 蔡祖聪. 2003a. 氮肥对土壤甲烷产生的影响. 农业环境科学学报, 22(3): 380-383.

丁维新, 蔡祖聪. 2003b. 氮肥对土壤氧化甲烷的影响研究. 中国生态农业学报, 11(2): 50-53.

方华军, 程淑兰, 于贵瑞. 2007. 森林土壤碳、氮淋失过程及其形成机制研究进展. 地理科学进展, 26(3) : 29-37.

封克, 殷士学. 1995. 影响氧化亚氮形成与排放的土壤因素. 土壤学进展, 23(6): 35-42.

冯虎元, 程国栋, 安黎哲. 2004. 微生物介导的土壤甲烷循环及全球变化研究. 冰川冻土, 26(4): 411-419.

傅民杰, 王传宽, 王颖, 等. 2009. 气候暖化对解冻期不同纬度兴安落叶松林土壤氧化亚氮释放的影响. 应用生态学报, 7: 1635-1642.

高敏, 李艳霞, 张雪莲, 等. 2016. 冻融过程对土壤物理化学及生物学性质的影响研究及展望, 农业环境科学学报, 35(12): 2269-2274.

郝瑞军, 李忠佩, 车玉萍. 2007. 冻融交替对水稻土水溶性有机碳含量及有机碳矿化的影响. 土壤通报, 38(6): 1052-1057.

何池全. 2003. 毛果苔草湿地枯落物及其地下生物量动态. 应用生态学报, 14(3): 363-366.

侯彦会, 周广胜, 许振柱. 2013. 基于红外增温的草地生态系统响应全球变暖的研究进展. 植物生态学报, 37(12): 1153-1167.

胡敏杰, 仝川. 2014. 氮输入对天然湿地温室气体通量的影响及机制. 生态学杂志, 33(7): 1969-1976.

蒋磊, 宋艳宇, 宋长春, 等. 2018. 大兴安岭冻土区泥炭地土壤碳、氮含量和酶活性室内模拟研究. 湿地科学, 16(3): 294-302.

金会军, 于少鹏, 吕兰芝, 等. 2006. 大小兴安岭多年冻土退化及其趋势初步评估. 冰川冻土, 28(4): 467-476.

孔莹, 王澄海. 2017. 全球升温 1.5℃ 时北半球多年冻土及雪水当量的响应及其变化. 气候变化研究进展, 13(4): 316-326.

李垒, 孟庆义. 2013. 冻融作用对土壤磷素迁移转化影响研究进展. 生态环境学报, (6): 1074-1078
李娜, 贾筱景, 毛文梁, 等. 2019. 2012—2016 年基于文献计量的全球冻土研究发展态势分析. 冰川冻土, 41(3): 740-748.
刘德燕, 宋长春, 王丽, 等. 2008. 外源氮输入对湿地土壤有机碳矿化及可溶性有机碳的影响. 环境科学, 29(12): 3525-3530.
刘金山, 戴健, 刘洋, 等. 2015. 过量施氮对旱地土壤碳、氮及供氮能力的影响. 植物营养与肥料学报, 21(1): 112-120.
刘兴土. 2005. 东北湿地. 北京: 科学出版社.
马红亮, 朱建国, 谢祖彬, 等. 2008. 不同氮水平下秸秆和活性碳对土壤不同粒级碳的影响. 环境科学研究, 21(1): 107-112.
齐玉春, 彭琴, 董云社, 等. 2014. 温带典型草原土壤总有机碳及溶解性有机碳对模拟氮沉降的响应.环境科学, 35(8): 3073-3082.
秦大河, 姚檀栋, 丁永建, 等. 2020. 面向可持续发展的冰冻圈科学. 冰川冻土, 42(1): 1-10.
秦雷. 2020. 营养物质输入对泥炭沼泽铁碳关系的影响机理研究. 中国科学院研究生院博士学位论文.
宋长春. 2003. 湿地生态系统碳循环研究进展. 地理科学, 23(5): 622-628.
宋长春, 张丽华, 王毅勇, 等. 2006. 淡水沼泽湿地 CO_2、CH_4 和 N_2O 排放通量年际变化及其对氮输入的响应. 环境科学, 27 (12): 2369-2375.
孙辉, 秦纪洪, 吴杨. 2008. 土壤冻融交替生态效应研究进展. 土壤, 40(4): 505-509
孙志高, 刘景双, 王金达, 等. 2007. 湿地生态系统土壤氮素矿化过程研究动态. 土壤通报, 38(1): 155-161.
王长科, 吕宪国, 蔡祖聪, 等. 2005. 氮肥对三江平原沼泽土氧化 CH_4 的影响. 地理科学, 25(4): 490-494.
王澄海, 靳双龙, 施红霞. 2014. 未来 50a 中国地区冻土面积分布变化. 冰川冻土, 36(1): 1-8
王娇月. 2014. 冻融作用对大兴安岭多年冻土区泥炭地土壤有机碳的影响研究. 中国科学院研究生院博士学位论文.
王淑平, 周广胜, 高素华, 等. 2003. 中国东北样带土壤活性有机碳的分布及其对气候变化的响应. 植物生态学报, 27(6): 780-785.
王娓, 郭继勋. 2002. 东北松嫩平原羊草群落的土壤呼吸与枯枝落叶分解释放 CO_2 贡献量. 生态学报, 22(5): 655-660.
王宪伟. 2010. 大兴安岭冻土湿地泥炭有机碳矿化对气候变化因子的潜在响应. 中国科学院沈阳应用生态研究所博士学位论文.
王智平, 胡春胜, 杨居荣. 2003. 无机氮对土壤甲烷氧化作用的影响. 应用生态学报, 14(2): 305-309.
魏圆云, 崔丽娟, 张曼胤, 等. 2019. 土壤有机碳矿化激发效应的微生物机制研究进展. 生态学杂志, 38(4): 1202-1211.
温都如娜, 方华军, 于贵瑞, 等. 2012. 模拟氮沉降增加对寒温带针叶林土壤 CO_2 排放的初期影响. 生态学报, 32(7) : 2185-2195.
伍星, 沈珍瑶. 2010. 冻融作用对土壤温室气体产生与排放的影响. 生态学杂志, 29(7): 1432-1439.
薛明霞. 2008. 不同地表条件下季节性冻融土壤的冻融特征分析. 山西水利科技, 1: 19-21.
杨钙仁, 张文菊, 童成立, 等. 2005. 温度对湿地沉积物有机碳矿化的影响. 生态学报, 25(2): 243-248.
杨继松, 刘景双, 孙丽娜. 2008. 温度、水分对湿地土壤有机碳矿化的影响. 生态学杂志, 27: 38-42.
杨龙元, 蔡启铭, 秦伯强, 等. 1998. 太湖梅梁湾沉积物-水界面氮迁移特征初步研究.湖泊科学, 10(4): 41-47.
杨文燕, 宋长春, 张金波. 2006. 沼泽湿地孔隙水中溶解有机碳、氮浓度季节动态及与甲烷排放的关系. 环境科学学报, 26(10): 1745-1750.
于君宝, 刘景双, 孙志高, 等. 2009. 中国东北区淡水沼泽湿地 N_2O 和 CH_4 排放通量及主导因子. 中国科学, 39(2): 177-187.

张丽华, 宋长春, 王德宣. 2005. 沼泽湿地 CO_2、CH_4、N_2O 排放对氮输入的响应. 环境科学学报, 25 (8): 1112-1118.

张丽华. 2007. 氮输入对沼泽湿地碳收支的影响. 中国科学院东北地理与农业生态研究所博士学位论文.

张文菊, 童成立, 杨钙仁, 等. 2005. 水分对湿地沉积物有机碳矿化的影响. 生态学报, 25(2): 249-253.

张子川. 2013. 闽江口不同盐度短叶茳芏潮汐沼泽土壤理化特征及模拟盐水入侵对甲烷产生速率的影响.福建师范大学硕士学位论文.

周幼吾, 郭东信, 邱国庆, 等. 2018. 中国冻土. 北京: 科学出版社.

朱晓艳. 2015. 三江平原草本泥炭沼泽温室气体排放及其对气候变化的响应. 中国科学院研究生院博士学位论文.

朱晓艳, 宋长春, 郭跃东, 等. 2013. 三江平原泥炭沼泽湿地 N_2O 排放通量及影响因子. 中国环境科学, 33(12): 2228-2234.

Abbott B W, Larouche J R, Jones J B, et al. 2014. Elevated dissolved organic carbon biodegradability from thawing and collapsing permafrost. Journal of Geophysical Research-Biogeosciences, 119(10): 2049-2063.

Aber J D, Nadelhoffer K J, Steudler P, et al. 1989. Nitrogen saturation in northern forest ecosystems. BioScience, 39(6): 378-386.

Adhikari D, Zhao Q, Das K, et al. 2017. Dynamics of ferrihydrite-bound organic carbon during microbial Fe reduction. Geochimica et Cosmochimica Acta, 212: 221-233.

Aerts R, Cornelissen J H C, Dorrepaal E. 2006. Plant performance in a warmer world: general responses of plants from cold, northern biomes and the importance of winter and spring events. Plant Ecology, 182: 65-77.

Aerts R, van Logtestijn R, Karlsson P S. 2006. Nitrogen supply differentially affects litter decomposition rates and nitrogen dynamics of sub-arctic bog species. Oecologia, 146(4): 652-658.

Aerts R. 1997. Climate, leaf litter chemistry and leaf litter decomposition in terrestrial ecosystems: a triangular relationship. Oikos, 79: 439-449.

Ågren G I, Bosatta E, Magill A H. 2001. Combining theory and experiment to understand effects of inorganic nitrogen on litter decomposition. Oecologia, 128(1): 94-98.

Ågren G I, Wetterstedt J Å M. 2007. What determines the temperature response of soil organic matter decomposition? Soil Biology and Biochemistry, 39(7): 1794-1798.

Aitkenhead-Peterson J A, Alexander J E, Clair T A. 2005. Dissolved organic carbon and dissolved organic nitrogen export from forested watersheds in Nova Scotia: identifying controlling factors. Global Biogeochem Cycles, 19, No GB4016.

Allen A S, Schlesinger W H. 2004. Nutrient limitations to soil microbial biomass and activity in loblolly pine forests. Soil Biology and Biochemistry, 36(4): 581-589.

Aller R C. 1994. Bioturbation and remineralization of sedimentary organic matter: effects of redox oscillation. Chemical Geology, 114(3-4): 331-345.

Allison S D, LeBauer D S, Ofrecio M R, et al. 2009. Low levels of nitrogen addition stimulate decomposition by boreal forest fungi. Soil Biology and Biochemistry, 41(2): 293-302.

Ambus P, Zechmeister-Boltenstern S, Butterbach-Bahl K. 2006. Sources of nitrous oxide emitted from European forest soils. Biogeosciences, 3(2): 135-145.

Anastasiadis P, Xefteris A. 2001. Control of nitrogen fertilizer pollution in groundwater. Fresenius Environmental Bulletin, 10(5): 501-505.

Andersson S, Nilsson S I, Saetre P. 2000. Leaching of dissolved organic carbon (DOC) and dissolved organic nitrogen (DON) in mor humus as affected by temperature and pH. Soil Biology and Biochemistry, 32(1): 1-10.

Arft A M, Walker M D, Gurevitch J, et al. 1999. Responses of tundra plants to experimental warming:

meta-analysis of the international tundra experiment. Ecological Monographs, 69(4): 491-511.
Assel J, Sagidullina N, Kim J, et al. 2020. Effect of cyclic freezing-thawing on strength and durability of sand stabilized with CSA cement. The 2020 World Congress on Advances in Civil, Environmental, and Materials Research.
Auyeung D S N, Suseela V, Dukes J S. 2013. Warming and drought reduce temperature sensitivity of nitrogen transformations. Global Change Biology, 19(2): 662-676.
Averill C, Waring B. 2018. Nitrogen limitation of decomposition and decay: how can it occur? Global Change Biology, 24(4): 1417-1427.
Bååth E, Arnebrant K. 1993. Microfungi in coniferous forest soils treated with lime or wood ash. Biology and Fertility of Soils, 15(2): 91-95.
Bäckstrand K, Crill P M, Mastepanov M, et al. 2008. Total hydrocarbon flux dynamics at a subarctic mire in northern Sweden. Journal of Geophysical Research: Biogeosciences, 113(G3): 1-16.
Bader C, Müller M, Schulin R, et al. 2018. Peat decomposability in managed organic soils in relation to land use, organic matter composition and temperature. Biogeosciences, 15(3): 703-719.
Bai E, Li S, Xu W, et al. 2013. A meta-analysis of experimental warming effects on terrestrial nitrogen pools and dynamics. New Phytologist, 199(2): 441-451.
Baird A J, Waldron S. 2003. Shallow horizontal groundwater flow in peatlands is reduced by bacteriogenic gas production. Geophysical Research Letters, 30(20): 2043.
Baker A, Cumberland S, Hudson N. 2008. Dissolved and total organic and inorganic carbon in some British Rivers. Area, 40(1): 117-127.
Bao T, Jia G, Xu X. 2021. Wetland heterogeneity determines methane emissions: a pan-arctic synthesis. Environmental Science and Technology, 55(14): 10152-10163.
Bao T, Xu X, Jia G, et al. 2021. Much stronger tundra methane emissions during autumn freeze than spring thaw. Global Change Biology, 27(2): 376-387.
Beier C, Emmett B A, Peñuelas J, et al. 2008. Carbon and nitrogen cycles in European ecosystems respond differently to global warming. Science of the Total Environment, 407(1): 692-697.
Bekku Y S, Nakatsubo T, Kume A, et al. 2003. Effect of warming on the temperature dependence of soil respiration rate in arctic, temperate and tropical soils. Applied Soil Ecology, 22: 205-210.
Bengtson P, Bengtsson G. 2007. Rapid turnover of DOC in temperate forests accounts for increased CO_2 production at elevated temperatures. Ecology Letters, 10: 783-790.
Berendse F, van Breemen N, Rydin H A, et al. 2001. Raised atmospheric CO_2 levels and increased N deposition cause shifts in plant species composition and production in Sphagnum bogs. Global Change Biology, 7(5): 591-598.
Berg B, Matzner E. 1997. Effect of N deposition on decomposition of plant litter and soil organic matter in forest systems. Environmental Reviews, 5(1): 1-25.
Biasi C, Rusalimova O, Meyer H, et al. 2005. Temperature-dependent shift from labile to recalcitrant carbon sources of arctic heterotrophs. Rapid Communications in Mass Spectrometry, 19: 1401-1408.
Bijoor N S, Czimczik C I, Pataki D E, et al. 2008. Effects of temperature and fertilization on nitrogen cycling an d community composition of an urban lawn. Global Change Biology, 14(9): 2119-2131.
Billings S A, Ballantyne F. 2013. How interactions between microbial resource demands, soil organic matter stoichiometry, and substrate reactivity determine the direction and magnitude of soil respiratory responses to warming. Global Change Biology, 19: 90-102.
Blagodatskaya E V, Anderson T H. 1999. Adaptive responses of soil microbial communities under experimental acid stress in controlled laboratory studies. Applied Soil Ecology, 11(2-3): 207-216.
Blagodatskaya E V, Blagodatsky S A, Anderson T H, et al. 2007. Priming effects in Chernozem induced by glucose and N in relation to microbial growth strategies. Applied Soil Ecology, 37(1-2): 95-105.
Blagodatskaya E, Kuzyakov Y. 2013. Active microorganisms in soil: critical review of estimation criteria and approaches. Soil Biology and Biochemistry, 67(67): 192-211.
Blodau C, Basiliko N, Moore T R. 2004. Carbon turnover in peatland mesocosms exposed to different water

table levels. Biogeochemistry, 67: 331-351.

Blodau C, Moore T R, 2003.Experimental response of peatland carbon dynamics to a water table fluctuation. Aquatic Sciences, 65: 47-62.

Bodelier P L E, Laanbroek H J. 2004. Nitrogen as a regulatory factor of methane oxidation in soils and sediments. FEMS Microbiology Ecology, 47(3): 265-277.

Boon P I, Mitchell A, Lee K. 1997. Effects of wetting and drying on methane emissions from ephemeral floodplain wetlands in south-eastern Australia. Hydrobiologia, 357: 73-87.

Borken W, Matzner E. 2009. Reappraisal of drying and wetting effects on C and N mineralization and fluxes in soils. Global Change Biology, 15(4): 808-824.

Bradley K, Drijber R A, Knops J. 2006. Increased N availability in grassland soils modifies their microbial communities and decreases the abundance of arbuscular mycorrhizal fungi. Soil Biology and Biogeochemistry, 38(7): 1583-1595.

Bradley-Cook J I, Petrenko C L, Friedland A J, et al. 2016. Temperature sensitivity of mineral soil carbon decomposition in shrub and graminoid tundra, west Greenland. Climate Change Responses, 3(1): 1-15.

Bragazza L, Buttler A, Habermacher J, et al. 2012. High nitrogen deposition alters the decomposition of bog plant litter and reduces carbon accumulation. Global Change Biology, 18(3): 1163-1172.

Bragazza L, Freeman C, Jones T, et al. 2006. Atmospheric nitrogen deposition promotes carbon loss from peat bogs. Proceedings of the National Academy of Sciences of the United States of America, 103(51): 19368-19389.

Breeuwer A, Heijmans M M P D, Gleichman M, et al. 2009. Response of *Sphagnum* species mixtures to increased temperature and nitrogen availability. Plant Ecology, 204(1): 97-111.

Bremner J M. 1997. Sources of nitrous oxide in soils. Nutrient Cycling in Agroecosystems, 49(1): 7-16.

Bret-Harte M S, García E A, Sacré V M, et al. 2004. Plant and soil responses to neighbour removal and fertilization in Alaskan tussock tundra. Journal of Ecology, 92(4): 635-647.

Bridgham S D, Cadillo-Quiroz H, Keller J K, et al. 2013. Methane emissions from wetlands: biogeochemical, microbial, and modeling perspectives from local to global scales. Global Change Biology, 19: 1325-1346.

Bridgham S D, Johnston C A, Pastor J, et al. 2019. Potential feedbacks of northern wetlands on climate change – an outline of an approach to predict climate change impact. Bioscience, 45: 262-274.

Bridgham S D, Richardson C J. 1992. Mechanisms controlling soil respiration (CO_2 and CH_4) in southern peatlands. Soil Biology and Biochemistry, 24(11): 1089-1099.

Bridgham S D, Updegraff K, Pastor J. 1998. Carbon nitrogen and phosphorus mineralization in northern wetlands. Ecology, 79: 1545-1561.

Brix H, Sorrell B K, Lorenzen B. 2001. Are *Phragmites*-dominated wetlands a net source or net sink of greenhouse gases? Aquatic Botany, 69(2-4): 313-324.

Brooks P D, Grogan P, Templer P H, et al. 2011. Carbon and nitrogen cycling in snow-covered environments. Geography Compass, 5(9): 682-699.

Brown J R, Blankinship J C, Niboyet A, et al. 2012. Effects of multiple global change treatments on soil N_2O fluxes. Biogeochemistry, 109 (1): 85-100.

Bubier J, Crill P, Mosedale A. 2002. Net ecosystem CO_2 exchange measured by autochambers during the snow - covered season at a temperate peatland. Hydrological processes, 16(18): 3667-3682.

Buchkowski R W, Schmitz O J, Bradford M A. 2015. Microbial stoichiometry overrides biomass as a regulator of soil carbon and nitrogen cycling. Ecology, 96: 1139-1149.

Cambardella C A, Elliott E T. 1992. Particulate soil organic - matter changes across a grassland cultivation sequence. Soil Science Society of America journal, 56(3): 777-783.

Carey S K. 2003. Dissolved organic carbon fluxes in a discontinuous permafrost subarctic alpine catchment. Permafrost and Periglacial Processes, 14: 161-171.

Chantigny M H, Angers D A, Prévost D, et al. 1999. Dynamics of soluble organic C and C mineralization in cultivated soils with varying N fertilization. Soil Biology and Biochemistry, 31(4): 543-550.

Chanton J P, Bauer J E, Glaser P A, et al. 1995. Radiocarbon evidence for the substrates supporting methane formation within northern Minnesota peatlands. Geochimica et Cosmochimica Acta, 59: 3663-3668.

Chanton J P, Whiting G J. 1996. Methane stable isotopic distributions as indicators of gas transport mechanisms in emergent aquatic plants. Aquat Bot, 54: 227-236.

Chapin III F S , Shaver G R, Giblin A E, et al. 1995. Responses of Arctic tundra to experimental and observed changes in climate. Ecology, 76(3): 694-711.

Chapin III F S, Vitousek P M, Van Cleve K, et al. 1986. The nature of nutrient limitation in plant communities. The American Naturalist, 127 (1): 48-58.

Chapman S J, Thurlow M. 1998. Peat respiration at low temperatures. Soil Biology and Biochemistry, 30(8-9): 1013-1021.

Charman D. 2002. Peatlands and Environmental Change. Plymouth, UK: John Wiley and Sons Ltd.

Chen C, Dynes J J, Wang J, et al. 2014. Properties of Fe-organic matter associations via coprecipitation versus adsorption. Environmental Science & Technology, 48: 13751-13759.

Chen S C, Wu M C, Roads J O. 2001. Seasonal forecasts for Asia: global model experiments. Terrestrial Atmospheric and Oceanic Sciences, 12(2): 377-400.

Chen Y T, Borken W, Stange C F, et al. 2012. Dynamics of nitrogen and carbon mineralization in a fen soil following water table fluctuations. Wetlands, 32: 579-587.

Cheng S L, Fang H J, Ma Y. 2007. Effects of nitrogen input on sequestration and depletion of organic carbon of forest soils. Journal of Soil and Water Conservation, 21(5): 82-85.

Chivenge P, Vanlauwe B, Gentile R, et al. 2011. Organic resource quality influences short-term aggregate dynamics and soil organic carbon and nitrogen accumulation. Soil Biology and Biochemistry, 43(3): 657-666.

Christensen T R, Johansson T, Åkerman H J, et al. 2004. Thawing sub-arctic permafrost: effects on vegetation and methane emissions. Geophysical Research Letters, 31(4): 1-4.

Christensen T R. 1993. Methane emission from Arctic tundra. Biogeochemistry, 21(2): 117-139.

Clark J M, Lane S N, Chapman P J, et al. 2007. Export of dissolved organic carbon from an upland during storm events: implications for flux estimates. Journal of Hydrology, 347: 438-447.

Clein J S, Schimel J P. 1994. Reduction in microbial activity in Birch litter due to drying and rewetting event. Soil Biology and Biochemistry, 26(3): 403-406.

Clemmensen K E, Sorensen P L, Michelsen A, et al. 2008. Site-dependent N uptake from N-form mixtures by arctic plants, soil microbes and ectomycorrhizal fungi. Oecologia, 155: 771-783.

Cleveland C C, Nemergut D R, Schmidt S K, et al. 2006. Increases in soil respiration following labile carbon additions linked to rapid shifts in soil microbial community composition. Biogeochemistry, 82(3): 229-240.

Collins S L, Sinsabaugh R L, Crenshaw C, et al. 2008. Pulse dynamics and microbial processes in aridland ecosystems. Journal of Ecology, 96(3): 413-420.

Colombo N, Salerno F, Gruber S, et al. 2018. Review: impacts of permafrost degradation on inorganic chemistry of surface fresh water. Global and Planetary Change, 162: 69-83.

Conant R T, Drijber R A, Haddix M L, et al. 2008. Sensitivity of organic matter decomposition to warming varies with its quality. Global Change Biology, 14(4): 868-877.

Conant R T, Ryan M G, Ågren G I, et al. 2011. Temperature and soil organic matter decomposition rates–synthesis of current knowledge and a way forward. Global Change Biology, 17(11): 3392-3404. doi: 10.1111/j.1365-2486.2011.02496.x.

Cookson W R, Osman M, Marschner P, et al. 2007. Controls on soil nitrogen cycling and microbial community composition across land use and incubation temperature. Soil Biology and Biochemistry, 39(3): 744-756.

Cotrufo M F, Ineson P, Roberts J D. 1995. Decomposition of birch leaf litters with varying C-to-N ratios. Soil Biology and Biochemistry, 27(9): 1219-1221.

Couwenberg J, Fritz C. 2012. Towards developing IPCC methane 'emission factors' for peatlands (organic

soils). Mires and Peat, 10(3): 1-17.
Cox P M, Betts R A, Jones C D, et al. 2000. Acceleration of global warming due to carbon-cycle feedbacks in a coupled climate model. Nature, 408(6809): 184-187.
Craine J M, Gelderman T M. 2011. Soil moisture controls on temperature sensitivity of soil organic carbon decomposition for a mesic grassland. Soil Biology and Biochemistry, 43(2): 455-457.
Craine J M, Morrow C, Fierer N. 2007. Microbial nitrogen limitation increases decomposition. Ecology, 88 (8): 2105-2113.
Creed I, Beall F, Clair T, et al. 2008. Predicting export of dissolved organic carbon from forested catchments in glaciated landscapes with shallow soils. Global Biogeochemical Cycles, 22: GB4024. doi: 10.1029/2008GB003294.
Crill P M, Martikainen P J, NykäNen H, et al. 1994. Temperature and N fertilization effects on methane oxidation in a drained peatland soil. Soil Biology and Biochemistry, 26(10): 1331-1339.
Crow S E, Lajtha K, Bowden R D, et al. 2009. Increased coniferous needle inputs accelerate decomposition of soil carbon in an old-growth forest. Forest Ecology and Management, 258(10): 2224-2232.
Currey P M, Johnson D, Sheppard L J, et al. 2010. Turnover of labile and recalcitrant soil carbon differ in response to nitrate and ammonium deposition in an ombrotrophic peatland. Global Change Biology, 16(8): 2307-2321.
Currie W S, Aber J D, McDowell W H, et al. 1996. Vertical transport of dissolved organic C and N under long-term N amendments in pine and hardwood forests. Biogeochemistry, 35(3) : 471-505.
Cusack D F, Torn M S, McDowell W H, et al. 2010. The response of heterotrophic activity and carbon cycling to nitrogen additions and warming in two tropical soils. Global Change Biology, 16(9): 2555-2572.
Dalva M, Moore T R. 1991. Sources and sinks of dissolved organic carbon in a forested swamp catchment. Biogeochemistry, 15: 1-19.
Davidson E A, Janssens I A. 2006. Temperature sensitivity of soil carbon decomposition and feedbacks to climate change. Nature, 440(7081): 165-173.
Davidson E A, Keller M, Erickson H E, et al. 2000. Testing a conceptual model of soil emissions of nitrous and nitric Oxides. BioScience, 50(8): 667-680.
Dawson J J C, Smith P. 2007. Carbon losses from soil and its consequences for land-use management. Science of the Total Environment, 382: 165-190.
Dawson J J C, Soulsby C, Tetzlaff D, et al. 2008. Influence of hydrology and seasonality on DOC exports from three contrasting upland catchments. Biogeochemistry, 90(1): 93-113.
De Vries W I M, Reinds G J, Gundersen P E R, et al. 2006. The impact of nitrogen deposition on carbon sequestration in European forests and forest soils. Global Change Biology, 12(7): 1151-1173.
Den Pol-Van Dasselaar V, van Beusichem M L, Oenema O. 1999. Determinants of spatial variability of methane emissions from wet grasslands on peat soil. Biogeochemistry, 44(2): 221-237.
Denef K, Six J, Bossuyt H, et al. 2001. Influence of dry-wet cycles on the interrelationship between aggregate, particulate organic matter, and microbial community dynamics. Soil Biology and Biochemistry, 33(12 /13): 1599-1611.
Deppe M, Knorr K H, McKnight D M, et al. 2010. Effects of short-term drying and irrigation on CO_2 and CH_4 production and emission from mesocosms of a northern bog and an alpine fen. Biogeochemistry, 100: 89-103.
Deppe M, McKnight D M, Blodau C. 2009. Effects of short-term drying and irrigation on electron flow in mesocosms of a northern bog and an alpine fen. Environmental Science and Technology, 44(1): 80-86.
Dieleman C M, Lindo Z, McLaughlin J W, et al. 2016. Climate change effects on peatland decomposition and porewater dissolved organic carbon biogeochemistry. Biogeochemistry, 128(3): 385-396.
Dijkstra F A, Blumenthal D, Morgan J A, et al. 2010. Contrasting effects of elevated CO_2 and warming on nitrogen cycling in a semiarid grassland. New Phytologist, 187(2): 426-437.
Dijkstra F A, Prior S A, Runion G B, et al. 2012. Effects of elevated carbon dioxide and increased

temperature on methane and nitrous oxide fluxes: evidence from field experiments. Frontiers in Ecology and the Environment, 10(10): 520-527.

Dimitrov D D, Grant R F, Lafleur P M, et al. 2010. Modeling the effects of hydrology on ecosystem respiration at Mer Bleue bog. Journal of Geophysical Research: Biogeosciences, 115: G04043.

Dimoyiannis D. 2009. Seasonal soil aggregate stability variation in relation to rainfall and temperature under Mediterranean conditions. Earth Surface Processes and Landforms, 34(6): 860-866.

Dinsmore K J, Skiba U M, Billett M F, et al. 2009. Effect of water table on greenhouse gas emissions from peatland mesocosms. Plant and Soil, 318: 229-242.

Dioumaeva I, Trumbore S, Schuur E A G, et al. 2002. Decomposition of peat from upland boreal forest: Temperature dependence and sources of respired carbon. Journal of Geophysical Research: Atmospheres, 107(D3): 8222.

Dobbie K E, Smith K A. 2001. The effects of temperature, water-filled pore space and land use on N_2O emissions from an imperfectly drained gleysol. European Journal of Soil Science, 52(4): 667-673.

Dorrepaal E, Toet S, van Logtestijn R S P, et al. 2009. Carbon respiration from subsurface peat accelerated by climate warming in the subarctic. Nature, 460: 616-619.

Drewer J, Lohila A, Aurela M, et al. 2010. Comparison of greenhouse gas fluxes and nitrogen budgets from an ombotrophic bog in Scotland and a minerotrophic sedge fen in Finland. European Journal of Soil Science, 61: 640-650.

Duval T P, Radu D D. 2018. Effect of temperature and soil organic matter quality on greenhouse-gas production from temperate poor and rich fen soils. Ecological Engineering, 114: 66-75.

Edwards K A, McCulloch J, Kershaw G P, et al. 2010. Soil microbial and nutrient dynamics in a wet Arctic sedge meadow in late winter and early spring. Soil Biology & Biochemistry. 38(9): 2843-2851.

Edwards L M. 2013. The effects of soil freeze–thaw on soil aggregate breakdown and concomitant sediment flow in Prince Edward Island: a review. Canadian Journal of Soil Science, 93(4): 459-472.

Edwards N T. 1975. Effects of temperature and moisture on carbon dioxide evolution in a mixed deciduous forest floor. Soil Science Society of America Journal, 39(2): 361-365.

Elberling B, Christianse H H, Hansen B U. 2010. High nitrous oxide production from thawing permafrost. Nature Geoscience, 3(5): 329-354.

Eliasson P E, McMurtrie R E, Pepper D A, et al. 2005. The response of heterotrophic CO_2 flux to soil warming. Global Change Biology, 11(1): 167-181.

Evans S E, Wallenstein M D. 2012. Soil microbial community response to drying and rewetting stress: does historical precipitation regime matter? Biogeochemistry, 109(1): 101-116.

Falkengren-Grerup U, Brunet J, Diekmann M. 1998. Nitrogen mineralisation in deciduous forest soils in south Sweden in gradients of soil acidity and deposition. Environmental Pollution, 102(1): 415-420.

Fang C, Moncrieff J B. 2001. The dependence of soil CO_2 efflux on temperature. Soil Biology and Biochemistry, 33(2): 155-165.

Fang C, Smith P, Moncrieff J B, et al. 2005. Similar response of labile and resistant soil organic matter pools to changes in temperature. Nature, 433(7021): 57-59.

Feng X, Nielsen L L, Simpson M J. 2007. Responses of soil organic matter and microorganisms to freeze–thaw cycles. Soil Biology and Biochemistry, 39(8): 2027-2037.

Fenner N, Freeman C. 2011. Drought-induced carbon loss in peatlands. Nat Geosci, 4: 895-900.

Fernandez D P, Neff J C, Belnap J, et al. 2006. Soil respiration in the cold desert environment of the Colorado plateau (USA): abiotic regulators and thresholds. Biogeochemistry, 78: 247-265.

Fierer N, Allen A S, Schimel J P, et al. 2003. Controls on microbial CO_2 production: a comparison of surface and subsurface soil horizons. Global Change Biology, 9(9): 1322-1332.

Fierer N, Colman B P, Schimel J P, et al. 2006. Predicting the temperature dependence of microbial respiration in soil: a continental-scale analysis. Global Biogeochemical Cycles, 20(3): GB3026.

Fissore C, Giardina C P, Kolka R K, et al. 2009. Soil organic carbon quality in forested mineral wetlands at different mean annual temperature. Soil Biology and Biochemistry, 41(3): 458-466.

Fleming E J, Cetinić I, Chan C S, et al. 2014. Ecological succession among iron-oxidizing bacteria. The ISME Journal, 8: 804-815.

Fontaine S, Bardoux G, Abbadie L, et al. 2004. Carbon input to soil may decrease soil carbon content. Ecology Letters, 7(4): 314-320.

Fontaine S, Barot S. 2005. Size and functional diversity of microbe populations control plant persistence and long-term soil carbon accumulation. Ecology Letters, 8(10): 1075-1087.

Francez A J, Pinay G, Josselin N, et al. 2011. Denitrification triggered by nitrogen addition in *Sphagnum magellanicum* peat. Biogeochemistry, 106(3): 435-441.

Fraser F C, Hallett P D, Wookey P A, et al. 2013. How do enzymes catalysing soil nitrogen transformations respond to changing temperatures? Biology and Fertility of Soils, 49(1): 99-103.

Freeman C, Fenner N, Ostle N J, et al. 2004. Export of dissolved organic carbon from peatlands under elevated carbon dioxide levels. Nature, 430: 195-198.

Freeman C, Nevison G B, Kang H, et al. 2002. Contrasted effects of simulated drought on the production and oxidation of methane in a mid-Wales wetland. Soil Biology and Biochemistry, 34(1): 61-67.

Freeman C, Ostle N, Kang H. 2001. An enzymic 'latch' on a global carbon store– a shortage of oxygen locks up carbon in peatlands by restraining a single enzyme. Nature, 409: 149.

Freeman K. 2001. The future of fresh water. Environmental Health Perspectives, 109(4): A158.

Freixo A A, de A Machado P L O, dos Santos H P, et al. 2002. Soil organic carbon and fractions of a Rhodic Ferralsol under the influence of tillage and crop rotation systems in southern Brazil. Soil and Tillage Research, 64(3-4): 221-230.

Frey S D, Knorr M, Parrent J L, et al. 2004. Chronic nitrogen enrichment affects the structure and function of the soil microbial community in temperate hardwood and pine forests. Forest Ecology and Management, 196(1): 159-171.

Frolking S, Talbot J, Jones M C, et al. 2011. Peatlands in the Earth's 21st century climate system. Environmental Reviews, 19: 371-396.

Gao D, Bai E, Yang Y, et al. 2021a. A global meta-analysis on freeze-thaw effects on soil carbon and phosphorus cycling. Soil Biology and Biochemistry, 159: 108283.

Gao D, Hagedorn F, Zhang L, et al. 2018. Small and transient response of winter soil respiration and microbial communities to altered snow depth in a mid-temperate forest. Applied Soil Ecology, 130: 40-49.

Gao D, Liu Z, Bai E. 2021b. Effects of in situ freeze-thaw cycles on winter soil respiration in mid-temperate plantation forests. Science of the Total Environment, 793: 148567.

Gao D, Zhang L, Liu J, et al. 2018. Responses of terrestrial nitrogen pools and dynamics to different patterns of freeze-thaw cycle: a meta-analysis. Global Change Biology, 24(6): 2377-2389.

Gershenson A, Bader N E, Cheng W. 2009. Effects of substrate availability on the temperature sensitivity of soil organic matter decomposition. Global Change Biology, 15(1): 176-183.

Gessner M O, Swan C M, Dang C K, et al. 2010. Diversity meets decomposition. Trends in Ecology and Evolution, 25(6): 372-380.

Ghee C, Neilson R, Hallett P D, et al. 2013. Priming of soil organic matter mineralisation is intrinsically insensitive to temperature. Soil Biology and Biochemistry, 66: 20-28.

Giardina C P, Ryan M G. 2000. Evidence that decomposition rates of organic carbon in mineral soil do not vary with temperature. Nature, 404(6780): 858-861.

Goldberg S D, Borken W, Gebauer G. 2010. N_2O emission in a Norway spruce forest due to soil frost: concentration and isotope profiles shed a new light on an old story. Biogeochemistry, 97(1): 21-30.

Gordon H, Haygarth P M, Bardgett R D. 2008. Drying and rewetting effects on soil microbial community composition and nutrient leaching. Soil Biology and Biochemistry, 40(2): 302-311.

Gorham E. 1991. Northern peatlands: role in the carbon cycle and probable responses to climatic warming. Ecological Applications, 1(2): 182-195.

Groffman P M, Hardy J P, Fashu-Kanu S, et al. 2011. Snow depth, soil freezing and nitrogen cycling in a

northern hardwood forest landscape. Biogeochemistry, 102(1): 223-238.
Grogan P, Michelsen A, Ambus P, et al. 2004. Freeze–thaw regime effects on carbon and nitrogen dynamics in sub-arctic heath tundra mesocosms. Soil Biology and Biochemistry, 36(4): 641-654.
Guenet B, Danger M, Abbadie L, et al. 2010. Priming effect: bridging the gap between terrestrial and aquatic ecology. Ecology, 91(10): 2850-2861.
Guggenberger G. 1994. Acidification effects on dissolved organic matter mobility in spruce forest ecosystems. Environment International, 20(1): 31-41.
Gulledge J, Hrywna Y, Cavanaugh C, et al. 2004. Effects of long-term nitrogen fertilization on the uptake kinetics of atmospheric methane in temperate forest soils. FEMS Microbiology Ecology, 49(3): 389-400.
Gunnarsson U, Boresjö Bronge L, Rydin H, et al. 2008. Near - zero recent carbon accumulation in a bog with high nitrogen deposition in SW Sweden. Global Change Biology, 14(9): 2152-2165.
Guntiñas M E, Leirós M C, Trasar-Cepeda C, et al. 2012. Effects of moisture and temperature on net soil nitrogen mineralization: a laboratory study. European Journal of Soil Biology, 48: 73-80.
Guo Y D, Song C C, Tan W W, et al. 2018. Hydrological processes and permafrost regulate magnitude, source and chemical characteristics of dissolved organic carbon export in a peatland catchment of northeastern China, Hydrol. Earth Syst Sci, 22: 1081-1093.
Guo Y D, Song C C, Wan Z M, et al. 2015. Dynamics of dissolved organic carbon release from a permafrost wetland catchment in northeast China. Journal of Hydrology, 531: 919-928.
Hall S J, Matson P A. 1999. Nitrogen oxide emissions after nitrogen additions in tropical forests. Nature, 400(6740): 152-155.
Hamdi S, Moyano F, Sall S, et al. 2013. Synthesis analysis of the temperature sensitivity of soil respiration from laboratory studies in relation to incubation methods and soil conditions. Soil Biology and Biochemistry, 58: 115-126.
Hanna E, Keller J K, Chang D, et al. 2020. The potential importance of methylated substrates in methane production within three northern Minnesota peatlands. Soil Biology and Biochemistry, 150: 107957.
Hanson P J, Wullschleger S D, Bohlman S A, Todd D E. 1993. Seasonal and topographic patterns of forest floor CO_2 efflux from an upland oak forest. Tree Physiology, 13: 1-15.
Haraguchi A, Kojima H, Hasegawa C, et al. 2002. Decomposition of organic matter in peat soil in a minerotrophic mire. European Journal of Soil Biology, 38(1): 89-95.
Hargreaves K, Fowler D, Pitcairn C, et al. 2001. Annual methane emission from finnish mires estimated from eddy covariance campaign measurements. Theoretical and Applied Climatology, 70(1): 203-213.
Hart S C, Nason G E, Myrold D D, et al. 1994. Dynamics of gross nitrogen transformations in an old-growth forest: the carbon connection. Ecology, 75(4): 880-891.
Hartley I P, Ineson P. 2008. Substrate quality and the temperature sensitivity of soil organic matter decomposition. Soil Biology and Biochemistry, 40(7): 1567-1574.
Henry H A J. 2007. Soil freeze–thaw cycle experiments: trends, methodological weaknesses and suggested improvements. Soil Biology and Biochemistry, 39(5): 977-986.
Hilasvuori E, Akujärvi A, Fritze H, et al. 2013. Temperature sensitivity of decomposition in a peat profile. Soil Biology and Biochemistry, 67: 47-54.
Hill B H, Elonen C M, Jicha T M, et al. 2014. Ecoenzymatic stoichiometry and microbial processing of organic matter in northern bogs and fens reveals a common P-limitation between peatland types. Biogeochemistry, 120(1): 203-224.
Hobbie S E, Nadelhoffer K J, Högberg P. 2002. A synthesis: the role of nutrients as constraints on carbon balances in boreal and arctic regions. Plant and Soil, 242: 163-170.
Hobbie S E, Schimel J P, Trumbore S E, et al. 2000. Controls over carbon storage and turnover in high-latitude soils. Global Change Biology, 6: 196-210.
Hobbie S E, Vitousek P M. 2000. Nutrient limitation of decomposition in Hawaiian forests. Ecology, 81(7): 1867-1877.
Hope D, Billett M F, Cresser M S. 1994. A review of the export of carbon in river water: fluxes and processes.

Environmental Pollution, 84(3): 301-324.
Hopkins D W, Sparrow A D, Elberling B, et al. 2006. Carbon, nitrogen and temperature controls on microbial activity in soils from an Antarctic dry valley. Soil Biology and Biochemistry, 38(10): 3130-3140.
Hopkins F M, Filley T R, Gleixner G, et al. 2014. Increased belowground carbon inputs and warming promote loss of soil organic carbon through complementary microbial responses. Soil Biology and Biochemistry, 76(1): 57-69.
Hou C C, Song C C, Li Y C, et al. 2013. Effects of water table changes on soil CO_2, CH_4 and N_2O fluxes during the growing season in freshwater marsh of Northeast China. Environmental Earth Sciences, 69(6): 1963-1971.
Howard D M, Howard P J A. 1993. Relationships between CO_2 evolution, moisture content and temperature for a range of soil types. Soil Biology and Biochemistry, 25(11): 1537-1546.
Hua C, Harmon M E, Hanqin T. 2001. Effects of global change on litter decomposition in terrestrial ecosystems. Acta Ecologica Sinica, 21(9): 1549-1563.
Huang W J, Hall S J. 2017. Elevated moisture stimulates carbon loss from mineral soils by releasing protected organic matter. Nature Communications, 8: 1774.
Huang Z, Clinton P W, Baisden W T, et al. 2011. Long-term nitrogen additions increased surface soil carbon concentration in a forest plantation despite elevated decomposition. Soil Biology and Biochemistry, 43(2): 302-307.
Huguet A, Vacher L, Relexans S, et al. 2009. Properties of fluorescent dissolved organic matter in the Gironde Estuary. Organic Geochemistry, 40: 706-719.
Huntington T G. 2006. Evidence for intensification of the global water cycle: review and synthesis. Journal of Hydrology, 319(1-4): 83-95.
Huygens D, Schouppe J, Roobroeck D, et al. 2011. Drying-rewetting effects on N cycling in grassland soils of varying microbial community composition and management intensity in south central Chile. Applied Soil Ecology, 48(3): 270-279.
Inubushi K, Furukawa Y, Hadi A, et al. 2003. Seasonal changes of CO_2, CH_4 and N_2O fluxes in relation to land-use change in tropical peatlands located in coastal area of South Kalimantan. Chemosphere, 52(3): 603-608.
IPCC. 2007. Climate Change: The Physical Science Basis. New York: Cambridge University Press.
IPCC. 2013. Climate Change 2013: the Physical Science Basis: Working Group I Contribution to the Fifth Assessment Report of the Intergovernmental Panel on Climate Change. Cambridge, UK: Cambridge University Press.
Ise T, Dunn A L, Wofsy S C, et al. 2008. High sensitivity of peat decomposition to climate change through water-table feedback. Nature Geoscience, 1: 763-766.
Jenkinson D S. 1990. The turnover of organic carbon and nitrogen in soil. Philosophical Transactions of the Royal Society of London. Series B: Biological Sciences, 329(1255): 361-368.
Johnson D, Moore L, Green S, et al. 2010. Direct and indirect effects of ammonia, ammonium and nitrate on phosphatase activity and carbon fluxes from decomposing litter in peatland. Environmental Pollution, 158(10): 3157-3163.
Jonasson S, Michelsen A, Schmidt I K, et al. 1999. Responses in microbes and plants to changed temperature, nutrient and light regimes in the arctic. Ecology, 80: 1828-1843.
Joseph G, Henry H A L. 2008. Soil nitrogen leaching losses in response to freeze-thaw cycles and pulse warming in a temperate old field. Soil Biology and Biochemistry, 40(7): 1947-1953.
Kachenchart B, Jones D L, Gajaseni N, et al. 2012. Seasonal nitrous oxide emissions from different land uses and their controlling factors in a tropical riparian ecosystem. Agriculture Ecosystems and Environment, 158: 15-30.
Kalbitz K, Meyer A, Yang R, et al. 2007. Response of dissolved organic matter in the forest floor to long-term manipulation of litter and throughfall inputs. Biogeochemistry, 86(3): 301-318.
Kalbitz K, Popp P, Geyer W, et al. 1997. β-HCH mobilization in polluted wetland soils as influenced by

dissolved organic matter. Science of the Total Environment, 204: 37-48.

Kalbitz K, Schwesig D, Rethemeyer J, et al. 2005. Stabilization of dissolved organic matter by sorption to the mineral soil. Soil Biol Biochem, 37: 1319-1331.

Kang H, Kwon M J, Kim S, et al.2018. Biologically driven DOC release from peatlands during recovery from acidification. Nature Communications, 9: 3807.

Karhu K, Auffret M D, Dungait J A J, et al. 2014. Temperature sensitivity of soil respiration rates enhanced by microbial community response. Nature, 513(7516): 81-84.

Karhu K, Fritze H, Hämäläinen K, et al. 2010. Temperature sensitivity of soil carbon fractions in boreal forest soil. Ecology, 91(2): 370-376.

Kawahigashi M, Kaiser K, Kalbitz K, et al. 2004. Dissolved organic matter in small streams along a gradient from discontinuous to continuous permafrost. Global Change Biol, 10: 1576-1586.

Kawahigashi M, Kaiser K, Rodionov A, et al. 2006. Sorption of dissolved organic matter by mineral soils of the Siberian forest tundra. Global Change Biol, 12: 1868-1877.

Kaye J P, Hart S C. 1997. Competition for nitrogen between plants and soil microorganisms. Trends in Ecology and Evolution, 12(4): 139-143.

Kayranli B, Scholz M, Mustafa A, et al. 2010. Carbon storage and fluxes within freshwater wetlands: a critical review. Wetlands, 30: 111-124.

Kern J, Hellebrand H J, Gömmel M, et al. 2012. Effects of climatic factors and soil management on the methane flux in soils from annual and perennial energy crops. Biology and Fertility of Soils, 48(1): 1-8.

Kettunen A, Kaitala V, Lehtinen A, et al. 1999. Methane production and oxidation potentials in relation to water table fluctuations in two boreal mires. Soil Biol and Biochem, 31: 1741-1749.

Kicklighter D W, Hayes D J, McClelland J W, et al. 2013. Insights and issues with simulating terrestrial DOC loading of Arctic river networks. Ecological Applications, 23(8): 1817-1836.

Kirschbaum M U F. 1995. The temperature dependence of soil organic matter decomposition, and the effect of global warming on soil organic C storage. Soil Biology and Biochemistry, 27(6): 753-760.

Kirschbaum M U F. 2000. Will changes in soil organic carbon act as a positive or negative feedback on global warming? Biogeochemistry, 48(1): 21-51.

Kirschbaum M U F. 2006. The temperature dependence of organic-matter decomposition-still a topic of debate. Soil Biology and Biochemistry, 38(9): 2510-2518.

Kirschbaum M U F. 2010. The temperature dependence of organic matter decomposition: seasonal temperature variations turn a sharp short-term temperature response into a more moderate annually averaged response. Global Change Biology, 16(7): 2117-2129.

Kleber M, Eusterhues K, Keiluweit M, et al. 2015. Mineral-organic associations: formation, properties, and relevance in soil environments. Advances in Agronomy, 130: l-140.

Knorr K H, Blodau C. 2009. Impact of experimental drought and rewetting on redox transformations and methanogenesis in mesocosms of a northern fen soil. Soil Biology and Biochemistry, 41(6): 1187-1198.

Knorr M, Frey S D, Curtis P S. 2005. Nitrogen additions and litter decomposition: a meta-analysis. Ecology, 86 (12): 3252-3257.

Kotani A, Ohta T. 2019. Water cycles in forests//Ohta T, Hiyama T, Iijima Y, et al., Water-Carbon Dynamics in Eastern Siberia. Singapore: Springer: 43-67.

Kotelnikova S. 2002. Microbial production and oxidation of methane in deep subsurface. Earth-Science Reviews, 58: 367-395.

Koven C D, Ringeval B, Friedlingstein P, et al. 2011. Permafrost carbon-climate feedbacks accelerate global warming. Proceedings of the National Academy of Sciences of the United States of America, 108(36): 14769-14774.

Koven D, Lawrence D M, Riley W J. 2015. Permafrost carbon-climate feedback is sensitive to deep soil carbon decomposability but not deep soil nitrogen dynamics. Proceedings of the National Academy of Sciences of the United States of America, 112(12): 3752-3757.

Kristensen E, Holmer M. 2001. Decomposition of plant materials in marine sediment exposed to different electron acceptors (O_2, NO_3^-, and SO_4^{2-}), with emphasis on substrate origin, degradation kinetics, and the role of bioturbation. Geochimica et Cosmochimica Acta, 65(3): 419-433.

Krull E S, Baldock J A, Skjemstad J O. 2003. Importance of mechanisms and processes of the stabilisation of soil organic matter for modelling carbon turnover. Functional Plant Biology, 30(2): 207-222.

Kucera C, Kirkham D R. 1971. Soil respiration studies in tallgrass prairie in Missouri. Ecology, 52(5): 912-915.

Kulichevskaya I S, Belova S E, Kevbrin V V, et al. 2007. Analysis of the bacterial community developing in the course of sphagnum moss decomposition. Microbiology, 76: 621-629.

Kuperman R G. 1996. Relationships between soil properties and community structure of soil macroinvertebrates in oak-hickory forests along an acidic deposition gradient. Applied Soil Ecology, 4(2): 125-137.

Kusel K, Blöthe M, Schulz D, et al. 2008. Microbial reduction of iron and porewater biogeochemistry in acidic peatlands. Biogeosciences, 5: 1537-1549.

Kuzyakov Y, Bol R. 2006. Sources and mechanisms of priming effect induced in two grassland soils amended with slurry and sugar. Soil Biology and Biochemistry, 38(4): 747-758.

Kuzyakov Y, Friedel J K, Stahr K. 2000. Review of mechanisms and quantification of priming effects. Soil Biology and Biochemistry, 32(11-12): 1485-1498.

Kuzyakov Y. 2010. Priming effects: interactions between living and dead organic matter. Soil Biology and Biochemistry, 42(9): 1363-1371.

Kværnø S H, Øygarden L. 2006. The influence of freeze-thaw cycles and soil moisture on aggregate stability of three soils in Norway. Catena, 67(3): 175-182.

Lafleur P M, Moore T R, Roulet N T. 2005. Ecosystem respiration in a cool temperate bog depends on peat temperature but not water table. Ecosystems, 8(6): 619-629.

Lai D Y F. 2009. Methane dynamics in northern peatlands: a review. Pedosphere, 19(4): 409-421.

Lamarque J F, Kiehl J T, Brasseur G P, et al. 2005. Assessing future nitrogen deposition and carbon cycle feedback using a multimodel approach: analysis of nitrogen deposition. Journal of Geophysical Research: Atmospheres, 110(D19): D19303.

Larmola T, Bubier J L, Kobyljanec C, et al. 2013. Vegetation feedbacks of nutrient addition lead to a weaker carbon sink in an ombrotrophic bog. Global Change Biology, 19(12): 3729-3739.

Larmola T, Tuittila E S, Tiirola M, et al. 2010. The role of *Sphagnum mosses* in the methane cycling of a boreal mire. Ecology, 91(8): 2356-2365.

Larsen K S, Andresen L C, Beier C, et al. 2011. Reduced N cycling in response to elevated CO_2, warming, and drought in a Danish heathland: synthesizing results of the CLIMATE project after two years of treatments. Global Change Biology, 17(5): 1884-1899.

Laurén A, Lappalainen M, Kieloaho A J, et al. 2019. Temperature sensitivity patterns of carbon and nitrogen processes in decomposition of boreal organic soils-quantification in different compounds and molecule sizes based on a multifactorial experiment. PLoS One, 14(10): e0223446.

Lavoie M, Mack M C, Schuur E A G. 2011. Effects of elevated nitrogen and temperature on carbon and nitrogen dynamics in Alaskan arctic and boreal soils. Journal of Geophysical research: Biogeosciences, 116(G3): G03013.

Lavoie M, Mack M C, Schuur E A G. 2011. Effects of elevated nitrogen and temperature on carbon and nitrogen dynamics in Alaskan arctic and boreal soils. Journal of Geophysical Research, 116: G03013. doi: 10.1029/2010JG001629.

Le T B, Wu J, Gong Y, et al. 2020. Graminoid removal reduces the increase in N_2O fluxes due to nitrogen fertilization in a boreal peatland. Ecosystems, 24(2): 261-271.

Leeson S R, Levy P E, van Dijk N, et al. 2017. Nitrous oxide emissions from a peatbog after 13 years of experimental nitrogen deposition. Biogeosciences, 14: 5753-5764.

Leifeld J, Klein K, Wüst-Galley C. 2020. Soil organic matter stoichiometry as indicator for peatland degradation. Scientific Reports, 10(1): 1-9.

Lekkerkerk L, Lundkvist H, Ågren G I, et al. 1990. Decomposition of heterogeneous substrates; an experimental investigation of a hypothesis on substrate and microbial properties. Soil Biology and Biochemistry, 22(2): 161-167.

Leppälä M, Oksanen J, Tuittila E S. 2011. Methane flux dynamics during mire succession. Oecologia, 165: 489-499.

Li F, Zang S, Liu Y, et al. 2019. Effect of freezing–thawing cycle on soil active organic carbon fractions and enzyme activities in the wetland of Sanjiang Plain, Northeast China. Wetlands. 40(1): 167-177.

Li Q, Leroy F, Zocatelli R, et al. 2021a. Abiotic and biotic drivers of microbial respiration in peat and its sensitivity to temperature change. Soil Biology and Biochemistry, 153: 108077.

Li Q, Tian Y, Zhang X, et al. 2017. Labile carbon and nitrogen additions affect soil organic matter decomposition more strongly than temperature. Applied Soil Ecology, 114: 152-160.

Li T, Chen Y Z, Han L J, et al. 2021b. Shortened duration and reduced area of frozen soil in the Northern Hemisphere. The Innovation, 2(3): 100146.

Li X L, Yuan W P, Xu H, et al. 2011. Effect of timing and duration of midseason aeration on CH_4 and N_2O emissions from irrigated lowland rice paddies in China. Nutrient Cycling in Agroecosystems, 91: 293-305.

Liu D Y, Ding W X, Jia Z J, et al. 2011. Relation between methanogenic archaea and methane production potential in selected natural wetland ecosystems across China. Biogeosciences, 8(2): 329-338.

Liu G, Ma X, Chen T, et al. 2004. Progress and significance of studies on microorganisms in permafrost sediments. Journal of Glaciology and Geocryology, 26(2): 188-191.

Liu S R, Hu R G, Zhao J S, et al. 2014. Flooding effects on soil phenol oxidase activity and phenol release during rice straw decomposition. Journal of Plant Nutrition and Soil Science, 177: 541-547.

Lloyd J, Taylor J A. 1994. On the temperature dependence of soil respiration. Functional Ecology, 8: 315-323.

Lohila A, Aurela M, Hatakka J, et al. 2010. Responses of N_2O fluxes to temperature, water table and N deposition in a northern boreal fen. European Journal of Soil Science, 61: 651-661.

Lomander A, Kätterer T, Andrén O. 1998. Modelling the effects of temperature and moisture on CO_2 evolution from top-and subsoil using a multi-compartment approach. Soil Biology and Biochemistry, 30(14): 2023-2030.

Lorenz K, Preston C M, Raspe S, et al. 2000. Litter decomposition and humus characteristics in Canadian and German spruce ecosystems: information from tannin analysis and ^{13}C CPMAS NMR. Soil Biology and Biochemistry, 32(6): 779-792.

Lozanovska I, Kuzyakov Y, Krohn J, et al. 2016. Effects of nitrate and sulfate on greenhouse gas emission potentials from microform-derived peats of a boreal peatland: a ^{13}C tracer study. Soil Biology and Biochemistry, 100: 182-191.

Lu M, Zhou X, Luo Y, et al. 2011. Minor stimulation of soil carbon storage by nitrogen addition: a meta-analysis. Agriculture, Ecosystems and Environment, 140: 234-244.

Ludwig B, Teepe R, Gerenyu V, et al. 2006. CO_2 and N_2O emissions from gleyic soils in the Russian tundra and a German forest during freeze–thaw periods—a microcosm study. Soil Biology and Biochemistry, 38(12): 3516-3519.

Luo D, Cheng R, Shi Z, et al. 2017. Decomposition of leaves and fine roots in three subtropical plantations in China affected by litter substrate quality and soil microbial community. Forests, 8(11): 412.

Luo G J, Kiese R, Wolf B, et al. 2013. Effects of soil temperature and moisture on methane uptake and nitrous oxide emissions across three different ecosystem types. Biogeosciences, 10(5): 3205-3219.

Luo Y, Wan S, Hui D, et al. 2001. Acclimatization of soil respiration to warming in a tall grass prairie. Nature, 413(6856): 622-625.

Lupascu M, Wadham J L, Hornibrook E R, et al. 2012. Temperature sensitivity of methane production in the permafrost active layer at Stordalen, Sweden: a comparison with non-permafrost northern wetlands. Arctic, Antarctic, and Alpine Research, 44(4): 469-482.

Lützow M, Kögel-Knabner I, Ekschmitt K, et al. 2006. Stabilization of organic matter in temperate soils: mechanisms and their relevance under different soil conditions-a review. European Journal of Soil Science, 57(4): 426-445.

Mack M C, Schuur E A G, Bret-Harte M S, et al. 2004. Ecosystem carbon storage in arctic tundra reduced by long-term nutrient fertilization. Nature, 431(7007): 440-443.

MacLean R, Oswood M W, Irons III J G, et al. 1999. The effect of permafrost on stream biogeochemistry: a case study of two streams in the Alaskan (USA) taiga. Biogeochemistry, 47: 239-267.

Magill A H, Aber J D. 1998. Long-term effects of experimental nitrogen additions on foliar litter decay and humus formation in forest ecosystems. Plant and Soil, 203(2): 301-311.

Mahecha M D, Reichstein M, Carvalhais N, et al. 2010. Global convergence in the temperature sensitivity of respiration at ecosystem level. Science, 329(5993): 838-840.

Mäkiranta P, Laiho R, Fritze H, et al. 2009. Indirect regulation of heterotrophic peat soil respiration by water level via microbial community structure and temperature sensitivity. Soil Biology and Biochemistry, 41(4): 695-703.

Manning P, Newington J E, Robson H R, et al. 2006. Decoupling the direct and indirect effects of nitrogen deposition on ecosystem function. Ecology Letters, 9: 1015-1024.

Manning P, Saunders M, Bardgett R D, et al. 2008. Direct and indirect effects of nitrogen deposition on litter decomposition. Soil Biology and Biochemistry, 40(3): 688-698.

Mansson K F, Falkengren-Grerup U. 2003. The effect of nitrogen deposition on nitrification, carbon and nitrogen mineralisation and litter C∶N ratios in oak (*Quercus robur* L.) forests. Forest Ecology and Management, 179(1-3): 455-467.

Martikainen P J, Nykanen H, Crill P, et al. 1993. Effects of a lowered water table on nitrous oxide fluxes from northern peatlands. Nature, 366(6450): 51-53.

Marushchak M E, Pitkämäki A, Koponen H, et al. 2011. Hot spots for nitrous oxide emissions found in different types of permafrost peatlands. Global Change Biology, 17(8): 2601-2614.

Matson P, Lohse K A, Hall S J. 2002. The globalization of nitrogen deposition: consequences for terrestrial ecosystems. Ambio, 31(2): 113-119.

Matzner E, Borken W. 2008. Do freeze - thaw events enhance C and N losses from soils of different ecosystems? A review. European Journal of Soil Science, 59(2): 274-284.

McDowell W H, Currie W S, Aber J D, et al. 1998. Effects of chronic nitrogen amendments on production of dissolved organic carbon and nitrogen in forest soils. Water, Air, and Soil Pollution, 105 : 175-182.

McHale P J, Mitchell M J, Bowles F P. 1998. Soil warming in a northern hardwood forest: trace gas fluxes and leaf litter decomposition. Canadian Journal of Forest Research, 28(9): 1365-1372.

McKenzie C, Schiff S, Aravena R, et al. 1998. Effect of temperature on production of CH_4 and CO_2 from peat in a natural and flooded boreal forest wetland. Climatic Change, 40(2): 247-266.

McKnight D M, Boyer E W, Westerhoff P K, et al. 2001. Spectrofluorometric characterization of dissolved organic matter for indication of precursor organic material and aromaticity. Limnology and Oceanography, 46: 38-48.

Melillo J M, Butler S, Johnson J, et al. 2011. Soil warming, carbon-nitrogen interactions, and forest carbon budgets. Proceedings of the National Academy of Sciences of the United States of America, 108(23): 9508-9512.

Mentzer J L, Goodman R M, Balser T C. 2006. Microbial response over time to hydrologic and fertilization treatments in a simulated wet prairie. Plant and Soil, 284(1): 85-100.

Mikan C J, Schimel J P, Doyle A P. 2002. Temperature controls of microbial respiration in arctic tundra soils above and below freezing. Soil Biology & Biochemistry, 34(11): 1785-1795.

Miller A E, Schimel J P, Meixner T, et al. 2005. Episodic rewetting enhances carbon and nitrogen release from chaparral soils. Soil Biology Biochemistry, 37(12): 2195-2204.

Mistch W J, Gosselin J G. 2000. Wetlands. New York: Van Nostrand Reinhold Company Inc.: 89-125.

Mitsch W J, Gosselink J G. 2007. Wetlands. 4th eds. New York: John Wiley and Sons.

Monson R K, Lipson D L, Burns S P, et al. 2006. Winter forest soil respiration controlled by climate and microbial community composition. Nature, 439: 711-714.

Mooney H A, Pearcy R W, Ehleringer J. 1987. Plant physiological ecology today. BioScience, 37(1): 18-20.

Mooney H A, Vitousek P M, Matson P A. 1987. Exchange of materials between terrestrial ecosystems and the atmosphere. Science, 238(4829): 926-932.

Moore T R, Jackson R J. 1989. Dynamics of dissolved organic carbon in forested and disturbed catchments, Westland, New Zealand. 2. Larry River. Water Resources Research, 25: 1331-1339.

Moore TR, Paré D, Boutin R. 2008. Production of dissolved organic carbon in Canadian forest soils. Ecosystems, 11(5): 740-751.

Moyano F E, Manzoni S, Chenu C. 2013. Responses of soil heterotrophic respiration to moisture availability: an exploration of processes and models. Soil Biology and Biochemistry, 59: 72-85.

Mu C C, Zhang T J, Zhao Q, et al. 2016. Soil organic carbon stabilization by iron in permafrost regions of the Qinghai-Tibet Plateau. Geophysical Research Letters, 43: 10286-10294.

Mulholland P J, Kuenzler E J. 1979. Organic carbon export from upland and forested-wetland watersheds. Limnology and Oceanography, 24: 960-966.

Nakanishi T, Atarashi-Andoh M, Koarashi J, et al. 2014. Seasonal and snowmelt-driven changes in 23 the water-extractable organic carbon dynamics in a cool-temperate Japanese forest soil, estimated using the 24 bomb-^{14}C tracer. Journal of Environmental Radioactivity, 128: 27-32.

Neff J C, Asner G P. 2001. Dissolved organic carbon in terrestrial ecosystems: synthesis and a model. Ecosystems, 4: 29-48.

Neff J C, Townsend A R, Gleixner G, et al. 2002. Variable effects of nitrogen additions on the stability and turnover of soil carbon. Nature, 419(6910): 915-917.

Németh D, Wagner-Riddle C, Dunfield K E J S B, et al. 2014. Abundance and gene expression in nitrifier and denitrifier communities associated with a field scale spring thaw N_2O flux event. Soil Biology and Biochemistry, 73: 1-9.

Neuvonen S, Suomela J. 1990. The effect of simulated acid rain on pine needle and birch leaf litter decomposition. The Journal of Applied Ecology, 27: 857-872.

Niu L, Ye B S, Li J, et al. 2011. Effect of permafrost degradation on hydrological processes in typical basins with various permafrost coverage in Western China. Science China Earth Sciences, 54(4): 615-624.

Nordin A, Schmidt I K, Shaver G R. 2004. Nitrogen uptake by arctic soil microbes and plants in relation to soil nitrogen supply. Ecology, 85: 955-962.

Nykänen H, Vasander H, Huttunen J T, et al. 2002. Effect of experimental nitrogen load on methane and nitrous oxide fluxes on ombrotrophic boreal peatland. Plant and Soil, 242(1): 147-155.

O'connell A M. 1990. Microbial decomposition (respiration) of litter in eucalypt forests of South-Western Australia: an empirical model based on laboratory incubations. Soil Biology and Biochemistry, 22(2): 153-160.

Oberbauer S F, Gillespie C T, Cheng W, et al. 1992. Environmental effects on CO_2 efflux from riparian tundra in the northern foothills of the Brooks Range, Alaska, U.S.A. Oecologia, 92: 568-577.

O'Donnell J A, Aiken G R, Kane E S, et al. 2010. Source water controls on the character and origin of dissolved organic matter in streams of the Yukon River basin, Alaska. Journal of Geophysical Research: Biogeosciences, 115: G03025.

Ohno T, Bro R. 2006. Dissolved organic matter characterization using multiway spectral decomposition of fluorescence landscapes. Soil Science Society of America Journal, 70: 2028-2037.

Olefeldt D, Roulet N T. 2012. Effects of permafrost and hydrology on the composition and transport of dissolved organic carbon in a subarctic peatland complex. Journal of Geophysical Research: Biogeosciences, 117(G1). doi: 10.1029/2011JG001819.

Olefeldt D, Roulet N, Giesler R, et al. 2012. Total waterborne carbon export and DOC composition from ten nested subarctic peatland catchments—importance of peatland cover, groundwater influence, and inter-annual variability of precipitation patterns. Hydrological Processes, (27): 2280-2294.

Orchard V A, Cook F J. 1983. Relationship between soil respiration and soil-moisture. Soil Biology & Biochemistry, 15: 447-453.

Ormeci B, Sanin S L, Peirce J J. 1999. Laboratory study of NO flux from agricultural soil: effects of soil moisture, pH, and temperature. Journal of Geophysical Research: Atmospheres, 104(D1): 1621-1629.

Pan W N, Kan J, Inamdar S, et al. 2016. Dissimilatory microbial iron reduction release DOC (dissolved organic carbon) from carbon-ferrihydrite association. Soil Biology & Biochemistry, 103: 232-240.

Panikov N S, Dedysh S J G B C. 2000. Cold season CH_4 and CO_2 emission from boreal peat bogs(West Siberia): winter fluxes and thaw activation dynamics. Global Biogeochemical Cycles, 14(4): 1071-1080.

Parton W J, Silver W L, Burke I C, et al. 2007. Global-scale similarities in nitrogen release patterns during long-term decomposition. Science, 315(5810): 361-364.

Pastor J, Solin J, Bridgham S D, et al. 2003. Global warming and the export of dissolved organic carbon from boreal peatlands. Oikos, 100(2): 380-386.

Paul E A, Clark F E. 1989. Soil microbiology and Biochemistry. San Diego: Academic Press.

Paz-Ferreiro J, Medina-Roldán E, Ostle N J, et al. 2012. Grazing increases the temperature sensitivity of soil organic matter decomposition in a temperate grassland. Environmental Research Letters, 7(1): 2039-2049.

Peng B, Sun J, Liu J, et al. 2019. N_2O emission from a temperate forest soil during the freeze-thaw period: A mesocosm study. The Environmental Research Letters, 648: 350-357.

Peng H, Hong B, Hong Y, et al. 2015. Annual ecosystem respiration variability of alpine peatland on the eastern Qinghai–Tibet Plateau and its controlling factors. Environmental Monitoring and Assessment, 187(9): 1-9.

Pennanen T, Fritze H, Vanhala P, et al. 1998. Structure of a microbial community in soil after prolonged addition of low levels of simulated acid rain. Applied and Environmental Microbiology, 64(6): 2173-2180.

Persson T, Karlsson P S, Seyferth U, et al. 2000. Carbon mineralisation in European forest soils// Schulze E D. Carbon and Nitrogen Cycling in European Forest Ecosystems. Berlin, Heidelberg: Springer: 257-275.

Pesaro M, Widmer F, Nicollier G, et al. 2003. Effects of freeze–thaw stress during soil storage on microbial communities and methidathion degradation. Soil Biology and Biochemistry, 35(8): 1049-1061.

Peters V, Conrad R. 1996. Sequential reduction processes and initiation of CH_4 production upon flooding of oxic upland soils. Soil Biology and Biochemistry, 28(3): 371-382.

Phillips F A, Leuning R, Baigent R, et al. 2007. Nitrous oxide flux measurements from an intensively managed irrigated pasture using micrometeorological techniques. Agricultural and Forest Meteorology, 143(1-2): 92-105.

Phillips R L, Wick A F, Liebig M A, et al. 2012. Biogenic emissions of CO_2 and N_2O at multiple depths increase exponentially during a simulated soil thaw for a northern prairie Mollisol. Soil Biology and Biochemistry, 45: 14-22.

Pregitzer K S, Burton A J, Zak D R, et al. 2008. Simulated chronic nitrogen deposition increases carbon storage in Northern Temperature forests. Global Change Biology, 14(1): 142-153.

Prescott C E. 1995. Does nitrogen availability control rates of litter decomposition in forests?// Nilsson L O, Hüttl R F, Johansson U T, Nutrient Uptake and Cycling in Forest Ecosystems. Netherlands: Springer: 83-88.

Preston M D, Eimers M C, Watmough S A. 2011. Effect of moisture and temperature variation on DOC release from a peatland: Conflicting results from laboratory, field and historical data analysis. Science of the Total Environment, 409: 1235-1242.

Price P B, Sowers T. 2004. Temperature dependence of metabolic rates for microbial growth, maintenance, and survival. Proceedings of the National Academy of Sciences of the United States of America, 101(13): 4631-4636.

Priemé A, Christensen S. 2001. Natural perturbations, drying–wetting and freezing–thawing cycles, and the emission of nitrous oxide, carbon dioxide and methane from farmed organic soils. Soil Biology and

Biochemistry, 33(15): 2083-2091.

Prokushkin A S, Kawahigashi M, Tokareva I V. 2009. Global warming and dissolved organic carbon release from permafrost soils//Margesin R. Permafrost Soils, Soil Biology. Chapter 16. Berlin Heidelberg: Springer-Verlag: 237-250.

Puhe J, Ulrich B. 2012. Global climate change and human impacts on forest ecosystems: postglacial development, present situation and future trends in central Europe. Berlin, Germany: Springer Science and Business Media: 143.

Qu W, Han G X, Wang J, et al. 2021. Short-term effects of soil moisture on soil organic carbon decomposition in a coastal wetland of the Yellow River Delta. Hydrobiologia, 848: 3259-3271.

Qualls R G, Richardson C J. 2000. Phosphorus enrichment affects litter decomposition, immobilization, and soil microbial phosphorus in wetland mesocosms. Soil Science Society of America Journal, 64: 799-808.

Qualls R G, Richardson C J. 2003. Factors controlling concentration, export, and decomposition of dissolved organic nutrients in the Everglades of Florida. Biogeochemistry, 62(2): 197-229.

Quinton W L, Baltzer J L. 2013. The active-layer hydrology of a peat plateau with thawing permafrost (Scotty Creek, Canada). Hydrogeology Journal, 21(1): 201-220.

Raich J W, Potter C S. 1995. Global patterns of carbon dioxide emissions from soils. Global Biogeochemical Cycles, 9: 23-36.

Ramirez K S, Craine J M, Fierer N. 2010. Nitrogen fertilization inhibits soil microbial respiration regardless of the form of nitrogen applied. Soil Biology and Biochemistry, 42: 2336-2338.

Rasmussen C, Southard R J, Horwath W R. 2008. Litter type and soil minerals control temperate forest soil carbon response to climate change. Global Change Biology, 14(9): 2064-2080.

Reed S C, Cleveland C C, Townsend A R. 2013. Relationships among phosphorus, molybdenum and free-living nitrogen fixation in tropical rain forests: results from observational and experimental analyses. Biogeochemistry, 114: 135-147.

Regina K, Nykänen H, Silvola J, et al. 1996. Fluxes of nitrous oxide from boreal peatlands as affected by peatland type, water table level and nitrification capacity. Biogeochemistry, 35(3): 401-418.

Regina K, Silvola J, Martikainen. 1999. Short-term effects of changing water table on N_2O fluxes from peat monoliths from natural and drained boreal peatlands. Global Change Biology, 5: 183-189.

Reiche M, Gleixner G, Küsel K. 2010. Effect of peat quality on microbial greenhouse gas formation in an acidic fen. Biogeosciences, 7: 187-198.

Reth S, Reichstein M, Falge E. 2005. The effect of soil water content, soil temperature, soil pH-value and the root mass on soil CO_2 efflux–A modified model. Plant and Soil, 268: 21-23.

Rey A, Petsikos C, Jarvis P G, et al. 2005. Effect of temperature and moisture on rates of carbon mineralization in a Mediterranean oak forest soil under controlled and field conditions. European Journal of Soil Science, 56(5): 589-599.

Rodionow A, Flessa H, Kazansky O, et al. 2005. Organic matter composition and potential trace gas production of permafrost soils in the forest tundra in northern Siberia. Geoderma, 135: 1-12.

Roscoe R, Buurman P. 2003. Tillage effects on soil organic matter in density fractions of a Cerrado Oxisol. Soil and Tillage Research, 70(2): 107-119.

Rudaz A O, Wälti E, Kyburz G, et al. 1999. Temporal variation in N_2O and N_2 fluxes from a permanent pasture in Switzerland in relation to management, soil water content and soil temperature. Agriculture, Ecosystems and Environment, 73(1): 83-91.

Rustad L, Campbell J, Marion G, et al. 2001. A meta-analysis of the response of soil respiration, net nitrogen mineralization, and aboveground plant growth to experimental ecosystem warming. Oecologia, 126(4): 543-562.

Rydin H, Jeglum J K. 2006. The Biology of Peatlands. Oxford: Oxford University Press.

Sahrawat K L. 2003. Organic matter accumulation in submerged soils. Advances in Agronomy, 81: 169-201.

Sayer E J, Powers J S, Tanner E V J. 2007. Increased litterfall in tropical forests boosts the transfer of soil CO_2 to the atmosphere. PLoS One, 2(12): e1299.

Sayer E J. 2006. Using experimental manipulation to assess the roles of leaf litter in the functioning of forest ecosystems. Biological Reviews, 81(1): 1-31.

Scanlon D, Moore T. 2000. Carbon dioxide production from peatland soil profiles: the influence of temperature, oxic/anoxic conditions and substrate. Soil Science, 165(2): 153-160.

Schaefer D A, Feng W, Zou X. 2009. Plant carbon inputs and environmental factors strongly affect soil respiration in a subtropical forest of southwestern China. Soil Biology and Biochemistry, 41(5): 1000-1007.

Schimel D S, Braswell B H, Holland E A, et al. 1994. Climatic, edaphic, and biotic controls over storage and turnover of carbon in soils. Global Biogeochemical Cycles, 8(3): 279-293.

Schimel D S, House J I, Hibbard K A, et al. 2001. Recent patterns and mechanisms of carbon exchange by terrestrial ecosystems. Nature, 414(6860): 169-172.

Schimel J P, Clein J S. 1996. Microbial response to freeze-thaw cycles in tundra and taiga soils. Soil Biology & Biochemistry, 28(8): 1061-1066.

Schimel J P, Weintraub M N. 2003. The implications of exoenzyme activity on microbial carbon and nitrogen limitation in soil: a theoretical model. Soil Biology and Biochemistry, 35(4): 549-563.

Schlentner R E, Van Cleve K. 1985. Relationships between CO_2 evolution from soil, substrate temperature, and substrate moisture in four mature forest types in interior Alaska. Canadian Journal of Forest Research, 15(1): 97-106.

Schmidt I K, Tietema A, Williams D, et al. 2004. Soil solution chemistry and element fluxes in three European heathlands and their responses to warming and drought. Ecosystems, 7(6): 638-649.

Schütz H, Seiler W, Conrad R. 1990. Influence of soil temperature on methane emission from rice paddy fields. Biogeochemistry, 11: 77-95.

Schuur E A G, Vogel J G, Crummer K G, et al. 2009. The effect of permafrost thaw on old carbon release and net carbon exchange from tundra. Nature, 459: 556-559.

Segers R. 1998. Methane production and methane consumption—a review of processes underlying wetland methane fluxes. Biogeochemistry, 41(1): 23-51.

Sharma S, Szele Z, Schilling M, et al. 2006. Influence of freeze-thaw stress on the structure and function of microbial communities and denitrifying populations in soil. Applied and Environmental Microbiology, 72(3): 2148-2154.

Sheppard L J, Leith I D, Leeson S R, et al. 2013. Fate of N in a peatland, Whim bog: immobilisation in the vegetation and peat, leakage into pore water and losses as N_2O depend on the form of N. Biogeosciences 10: 149-160.

Shields M R, Bianchi T S, Gelinas Y, et al. 2016. Enhanced terrestrial carbon preservation promoted by reactive iron in deltaic sediments. Geophysical Research Letters, 43: 1149-1157.

Silins U, Rothwell R L. 1999. Spatial patterns of aerobic limit depth and oxygen diffusion rate at two peatlands drained for forestry in Alberta. Canadian Journal of Forest Research, 29(1): 53-61.

Silvan N, Tuittila E S, Kitunen V, et al. 2005. Nitrate uptake by Eriophorum vaginatum controls N_2O production in a restored peatland. Soil Biology and Biochemistry, 37(8): 1519-1526.

Silvola J, Alm J, Ahlholm U, et al. 1996. The contribution of plant roots to CO_2 fluxes from organic soils. Biology and Fertility of Soils, 23(2): 126-131.

Six J, Bossuyt H, Degryze S, et al. 2004. A history of research on the link between (micro) aggregates, soil biota, and soil organic matter dynamics. Soil and Tillage Research, 79(1): 7-31.

Sjöberg G, Bergkvist B, Berggren D, et al. 2003. Long-term N addition effects on the C mineralization and DOC production in mor humus under spruce. Soil Biology and Biochemistry, 35(10): 1305-1315.

Sjögerstea S, Melander E, Wookey P A. 2007. Depth distribution of net methanotrophic activity at a mountain birch forest-tundra heath ecotone, northern Sweden. Arctic Antarctic and Alpine Research, 39(3): 477-480.

Sjögersten S, Caul S, Daniell T J, et al. 2016. Organic matter chemistry controls greenhouse gas emissions from permafrost peatlands. Soil Biology and Biochemistry, 98: 42-53.

Skiba U, Smith K A, Fowler D. 1993. Nitrification and denitrification as sources of nitric oxide and nitrous oxide in a sandy loam soil. Soil Biology and Biochemistry, 25(11): 1527-1536.

Smith K A, Ball T, Conen F, et al. 2003. Exchange of greenhouse gases between soil and atmosphere: interactions of soil physical factors and biological processes. European Journal of Soil Science, 69(1): 10-20.

Smith K A, McTaggart I P, Tsuruta H. 1997. Emissions of N_2O and NO associated with nitrogen fertilization in intensive agriculture, and the potential for mitigation. Soil Use and Management, 13: 296-304.

Song C C, Wang Y S, Wang Y Y, et al. 2006. Emission of CO_2, CH_4 and N_2O from freshwater marsh during freeze–thaw period in Northeast of China. Atmospheric Environment, 40(35): 6879-6885.

Song C, Wang G, Mao T, et al. 2019. Importance of active layer freeze-thaw cycles on the riverine dissolved carbon export on the Qinghai-Tibet Plateau permafrost region. Peer J, 7: e7146.

Song C, Xu X, Sun X, et al. 2012b. Large methane emission upon spring thaw from natural wetlands in the northern permafrost region. Environmental Research Letters. 7(3): 034009. doi: 10.1088/1748-9326/7/3/034009.

Song C, Yang G, Liu D, et al. 2012a. Phosphorus availability as a primary constraint on methane emission from a freshwater wetland. Atmospheric Environment, 59: 202-206.

Song C, Zhang J, Wang Y, et al. 2008. Emission of CO_2, CH_4 and N_2O from freshwater marsh in northeast of China. Journal of Environmental Management, 88(3): 428-436.

Song Y, Liu C, Song C, et al. 2021. Linking soil organic carbon mineralization with soil microbial and substrate properties under warming in permafrost peatlands of Northeastern China. Catena, 203: 105348.

Stapleton L M, Crout N M J, Säwström C, et al. 2005. Microbial carbon dynamics in nitrogen amended arctic tundra soil: measurement and model testing. Soil Biology and Biochemistry, 37(11): 2088-2098.

Stewart K J, Grogan P, Coxson D S, et al. 2014. Topography as a key factor driving atmospheric nitrogen exchanges in arctic terrestrial ecosystems. Soil Biology and Biochemistry, 70: 96-112.

Stocker T. 2014. Climate Change 2013: the Physical Science Basis: Working Group I Contribution to the Fifth Assessment Report of the Intergovernmental Panel on Climate Change. Cambridge: Cambridge University Press.

Strack M, Waddington J M, Bourbonniere R A, et al. 2007. Effect of water table drawdown on peatland dissolved organic carbon export and dynamics. Hydrological Processes, 22 (17): 3373-3385.

Straková P, Penttil T, Laine J, et al. 2012. Disentangling direct and indirect effects of water table drawdown on above-and belowground plant litter decomposition: consequences for accumulation of organic matter in boreal peatlands. Global Change Biology, 18(1): 322-335.

Ström L, Christensen T R. 2007. Below ground carbon turnover and greenhouse gas exchanges in a sub-arctic wetland. Soil Biology and Biochemistry, 39(7): 1689-1698.

Sundh I, Nilsson M, Svensson B H. 1992. Potential methane oxidation in a sphagnum peat bog: relation to water table level and vegetation type. Proc Int Peat Congr, 9(3): 142-151.

Szafranek-Nakonieczna A, Stêpniewska Z. 2014. Aerobic and anaerobic respiration in profiles of Polesie Lubelskie peatlands. International Agrophysics, 28(2): 219-229.

Tang J, Riley W J. 2014. Weaker soil carbon–climate feedbacks resulting from microbial and abiotic interactions. Nature Climate Change, 5(1): 56-60.

Tao B, Song C, Guo Y. 2013. Short-term effects of nitrogen additions and increased temperature on wetland soil respiration, Sanjiang Plain, China. Wetlands, 33(4): 727-736.

Teepe R, Brumme R, Beese F. 2001. Nitrous oxide emissions from soil during freezing and thawing periods. Soil Biology and Biochemistry, 33(9): 1269-1275.

Teh Y A, Silver W L, Conrad M E. 2005. Oxygen effects on methane production and oxidation in humid tropical forest soils. Global Change Biology, 11(8): 1283-1297.

Thiessen S, Gleixner G, Wutzler T, et al. 2013. Both priming and temperature sensitivity of soil organic matter decomposition depend on microbial biomass – an incubation study. Soil Biology and Biochemistry, 57: 739-748.

Tokida T, Mizoguchi M, Miyazaki T, et al. 2007. Episodic release of methane bubbles from peatland during spring thaw. Chemosphere, 70(2): 165-171.
Townsend-Small A, McClelland J M, Holmes R M, et al. 2010. Seasonal hand hydrologic drivers of dissolved organic matter and nutrients in the upper Kuparuk River, Alaskan Arctic. Biogeochemistry, doi: 10.1007/s10533-01009451-4.
Turetsky M R, Treat C C, Waldrop M P, et al. 2008. Short-term response of methane fluxes and methanogen activity to water table and soil warming manipulations in an Alaskan peatland. Journal of Geophysical Research Biogeosciences, 113: G00A10.
Turetsky M R. 2004. Decomposition and organic matter quality in continental peatlands: the ghost of permafrost past. Ecosystems, 7(7): 740-750.
Turunen J, Tahvanainen T, Tolonen K, et al. 2001. Carbon accumulation in West Siberian Mires, Russia Sphagnum peatland distribution in North America and Eurasia during the past 21, 000 years. Global Biogeochemical Cycles, 15(2): 285-296.
Turunen J, Tomppo E, Tolonen K, et al. 2002. Estimating carbon accumulation rates of undrained mires in Finland-application to boreal and subarctic regions. The Holocene, 12(1): 69-80.
Urban N R, Bayley S E, Eisenreich S J. 1989. Export of dissolved organic carbon and acidity from peatlands. Water Resources Research, 25: 1619-1628.
Van Bodegom P M, Broekman R, Van Dijk J, et al. 2005. Ferrous iron stimulates phenol oxidase activity and organic matter decomposition in waterlogged wetlands. Biogeochemistry, 76: 69-83.
Van den Pol-Van Dasselaar A, Van Beusichem M L, Oenema O. 1999. Methane emissions from wet grasslands on peat soil in a nature preserve. Biogeochemistry, 44(2): 205-220.
van der Werf G R, Randerson J T, Giglio L, et al. 2006. Interannual variability in global biomass burning emissions from 1997 to 2004. Atmospheric Chemistry and Physics, 6(11): 3423-3441.
Vangestel M, Merckx R, Vlassak K. 1993. Microbial biomass responses to soil drying and rewetting the fate of fast and slow-growing microorganisms in soils from different climates. Soil Biology and Biochemistry, 25(1): 109-123.
Varner T S, Kulkarni H V, Nguyen W, et al. 2022. Contribution of sedimentary organic matter to arsenic mobilization along a potential natural reactive barrier (NRB) near a river: the Meghna River, Bangladesh. Chemosphere, 308: 136289.
Verhoeven J T A, Keuter A, Van Logtestijn R, et al. 1996. Control of local nutrient dynamics in mites by regional and climatic factors: a comparison of Dutch and Polish sites. Journal of Ecology, 84: 647-656.
Vincent G, Shahriari A R, Lucot E, et al. 2006. Spatial and seasonal variations in soil respiration in a temperate deciduous forest with fluctuating water table. Soil Biology & Biochemistry, 38: 2527-2535.
Vitousek P M, Menge D N, Reed S C, et al. 2013. Biological nitrogen fixation: rates, patterns and ecological controls in terrestrial ecosystems. Philosophical Transactions of the Royal Society of London Series B: Biological Sciences, 368(1621): 20130119.
von Lützow M, Kögel-Knabner I, Ekschmitt K, et al. 2007. SOM fractionation methods: relevance to functional pools and to stabilization mechanisms. Soil Biology and Biochemistry, 39(9): 2183-2207.
Waddington J M, Day S M. 2007. Methane emissions from a peatland following restoration. Journal of Geophysical Research: Biogeosciences, 112: 1-11.
Waddington J M, Rotenberg P A, Warren F J. 2001. Peat CO_2 production in a natural and cutover peatland implications for restoration. Biogeochemistry, 54(2): 115-130.
Wagai R, Mayer L M, Kitayama K, et al. 2008. Climate and parent material controls on organic matter storage in surface soils: a three-pool, density-separation approach. Geoderma, 147(1-2): 23-33.
Wagai R, Mayer L M, Kitayama K. 2009. Extent and nature of organic coverage of soil mineral surfaces assessed by a gas sorption approach. Geoderma, 149(1-2): 152-160.
Wagner D, Lipski A, Embacher A, et al. 2005. Methane fluxes in permafrost habitats of the Lena Delta: effects of microbial community structure and organic matter quality. Environmental Microbiology, 7(10): 1582-1592.

Walbridge M, Navaratnam J. 2006. Phosphorous in boreal peatlands//Wieder R, Vitt D. Boreal Peatland Ecosystems. Berlin: Springer-Verlag: 231-258.

Waldrop M P, Wickland K P, White Lii R, et al. 2010. Molecular investigations into a globally important carbon pool: permafrost-protected carbon in Alaskan soils. Global Change Biology, 16(9): 2543-2554.

Wallage Z E, Holden J, McDonald A T. 2006. Drain blocking: an effective treatment for reducing dissolved organic carbon loss and water discolouration in a drained peatland. Science of the Total Environment, 367: 811-821.

Wallenstein M D, Mcmahon S K, Schimel J P. 2009. Seasonal variation in enzyme activities and temperature sensitivities in Arctic tundra soils. Global Change Biology, 15: 1631-1639.

Wang C, Feng X, Guo P, et al. 2010. Response of degradative enzymes to N fertilization during litter decomposition in a subtropical forest through a microcosm experiment. Ecological Research, 25(6): 1121-1128.

Wang F, Gao S B, Zhang K Q, et al. 2010. Effects of nitrogen application on N_2O flux from fluvo-aquic soil subject to freezing-thawing process. Agricultural Sciences in China, 9(4): 577-582.

Wang H, River M, Richardson C J. 2019. Does an iron gate carbon preservation mechanism exist in organic-rich wetland? Soil Biology & Biogeochemistry, 135: 48-50.

Wang J, Liu D. 2021. Vegetation green-up date is more sensitive to permafrost degradation than climate change in spring across the northern permafrost region. Global Change Biology, 28(4): 1569-1582.

Wang J, Song C, Zhang J, et al. 2014. Temperature sensitivity of soil carbon mineralization and nitrous oxide emission in different ecosystems along a mountain wetland-forest ecotone in the continuous permafrost of Northeast China. Catena, 121: 110-118.

Wang L, Cai Z, Yang L, et al. 2005. Effects of disturbance and glucose addition on nitrous oxide and carbon dioxide emissions from a paddy soil. Soil and Tillage Research, 82(2): 185-194.

Wang M, Ji L, Li Q, et al. 2003. Effects of soil temperature and moisture on soil respiration in different forest types in Changbai Mountain. The Journal of Applied Ecology, 14(8): 1234-1238.

Wang N, Wang C K, Guan X K, et al. Temporal dynamics and influencing factors of soil microbes in *Larix gmelinii* forest soil during spring freezing-thawing period. The Journal of Applied Ecology, 30(8): 2757-2766.

Wang S Q, Tian H Q, Liu J Y, et al. 2003. Pattern and change of soil organic carbon storage in China: 1960s—1980s. Tellus B, 55: 416-427.

Wang X, Li X, Hu Y, et al. 2010a. Effect of temperature and moisture on soil organic carbon mineralization of predominantly permafrost peatland in the Great Hing'an Mountains, Northeastern China. Journal of Environmental Sciences, 22(7): 1057-1066.

Wang X, Liu L, Piao S, et al. 2015. Soil respiration under climate warming: differential response of heterotrophic and autotrophic respiration. Global Change Biology, 20(10): 3229-3237.

Wang X, Piao S, Ciais P, et al. 2010b. Are ecological gradients in seasonal Q_{10} of soil respiration explained by climate or by vegetation seasonality? Soil Biology and Biochemistry, 42(10): 1728-1734.

Wang X, Song C, Wang J, et al. 2013. Carbon release from Sphagnum peat during thawing in a montane area in China. Atmospheric Environment, 75: 77-82.

Wang Y, Wang H, He J S, et al. 2017. Iron-mediated soil carbon response to water table decline in an alpine wetland. Nature Communications, 8: 1-9.

Weedon J T, Kowalchuk G A, Aerts R, et al. 2012. Summer warming accelerates sub-arctic peatland nitrogen cycling without changing enzyme pools or microbial community structure. Global Change Biology, 18(1): 138-150.

Welker J M, Fahnestock J T, Henry G H, et al. 2004. CO_2 exchange in three Canadian High Arctic ecosystems: response to long-term experimental warming. Global Change Biology, 10(12): 1981-1995.

Wen Y, Zang H, Ma Q, et al. 2019. Is the 'enzyme latch' or 'iron gate' the key to protecting soil organic carbon in peatlands. Geoderma, 349: 107-113.

Wetterstedt J Å M, Persson T, Ågren G I. 2010. Temperature sensitivity and substrate quality in soil organic matter decomposition: results of an incubation study with three substrates. Global Change Biology, 16(6): 1806-1819.

Whalen S. 2005. Biogeochemistry of methane exchange between natural wetlands and the atmosphere. Environmental Engineering Science, 22: 73-94.

Whiting G J, Chanton J P. 1993. Primary production control of methane emission from wetlands. Nature, 364(6440): 794-795.

Wick A F, Phillips R L, Liebig M A, et al. 2012. Linkages between soil micro-site properties and CO_2 and N_2O emissions during a simulated thaw for a northern prairie Mollisol. Soil Biology and Biochemistry 50: 118-125.

Wickland K P, Neff J C J B. 2008. Decomposition of soil organic matter from boreal black spruce forest: environmental and chemical controls. Biogeochemistry, 87(1): 29-47.

Wild B, Schnecker J, Alves R J E, et al. 2014. Input of easily available organic C and N stimulates microbial decomposition of soil organic matter in arctic permafrost soil. Soil Biology and Biochemistry, 75: 143-151.

Wildung R E, Garland T R, Buschbom R L. 1975. Soil temperature and water content on soil respiration rate and plant root decomposition in arid grassland soils. Soil Biology & Biochemistry, 7: 373-378.

Willams B L, Silcock D J. 1997. Nutrient and microbial changes in the peat profile beneath Sphagnum magellanicum in response to additions of ammonium nitrate. The Journal of Applied Ecology, 34(4), 961-970.

Wilson J O, Crill P M, Bartlett K B, et al. 1989. Seasonal variation of methane emissions from a temperate swamp. Biogeochemistry, 8: 55-71.

Wookey P A, Parsons A N, Welker J M, et al. 1993. Comparative responses of subarctic and high arctic ecosystems to simulated climate change. Oikos, 67: 490-502.

Worrall F, Burt T. 2005. Predicting the future DOC flux from upland peat catchments. Journal of Hydrology, 300(1-4): 126-139.

Xu M, Qi Y. 2001. Spatial and seasonal variations of Q_{10} determined by soil respiration measurements at a Sierra Nevadan Forest. Global Biogeochemical Cycles, 15(3): 687-696.

Yang J S, Liu J S, Yu J B, et al. 2006. Decomposition and nutrient dynamics of marsh litter in the Sanjiang Plain, Northeast China. Acta Ecologica Sinica, 26(5): 1297-1301.

Yang J, Zhou W, Liu J, et al. 2014. Dynamics of greenhouse gas formation in relation to freeze/thaw soil depth in a flooded peat marsh of Northeast China. Soil Biology and Biochemistry, 75: 202-210.

Yano Y, McDowell W H, Aber J D. 2000. Biodegradable dissolved organic carbon in forest soil solution and effects of chronic nitrogen deposition. Soil Biology and Biochemistry, 32(11-12) : 1743-1751.

Yavitt J B, Lang G E. 1990. Methane production in contrasting wetland sites: response to organic-chemical components of peat and to sulfate reduction. Geomicrobiology Journal, 8(1): 27-46.

Yavitt J B, Wieder R K, Lang G E. 1993. Carbon dioxide and methane dynamics of a Sphagnum dominated peatland in West Virginia, Global Biogeochem. Cycles, 7: 259-274.

Yavitt J B, Williams C J, Wieder R K. 1997. Production of methane and carbon dioxide in peatland ecosystems across North America: effects of temperature, aeration, and organic chemistry of peat. Geomicrobiology Journal, 14: 299-316.

Yrjälä K I M, Tuomivirta T, Juottonen H, et al. 2011. CH_4 production and oxidation processes in a boreal fen ecosystem after long-term water table drawdown. Global Change Biology, 17(3), 1311-1320.

Yu X, Zou Y, Jiang M, et al. 2011. Response of soil constituents to freeze–thaw cycles in wetland soil solution. Soil Biology and Biochemistry, 43(6): 1308-1320.

Yue K, Peng Y, Peng C, et al. 2016. Stimulation of terrestrial ecosystem carbon storage by nitrogen addition: a meta-analysis. Scientific Reports, 6: 19895.

Zak D R, Freedman Z B, Upchurch R A, et al. 2017. Anthropogenic N deposition increases soil organic matter accumulation without altering its biochemical composition. Global Change Biology, 23: 933-944.

Zeng D H, Li L J, Timothy J F, et al. 2010. Effects of nitrogen addition on vegetation and ecosystem carbon in a semi-arid grassland. Biogeochemistry, 98(1-3): 185-193.

Zhang H, Tuittila E S, Korrensalo A, et al. 2021. Methane production and oxidation potentials along a fen-bog gradient from southern boreal to subarctic peatlands in Finland. Global Change Biology, 27(18): 4449-4464.

Zhang J B, Song C C, Yang W Y. 2006. Land use effects on the distribution of labile organic carbon fractions through soil profiles. Soil Sci. Soc. Am. J, 70: 660-667.

Zhang Q, Li T T, Zhang Q, et al. 2020. Accuracy analysis in $CH4MOD_{wetland}$ in the simulation of CH_4 emissions from Chinese wetlands. Advances in Climate Change Research, 11(1): 52-59.

Zhang T, Barry R, Knowles K, et al. 2003. Distribution of seasonally and perennially frozen ground in the Northern Hemisphere. Switzerland: AA Balkema Publishers Zürich: 1289-1294.

Zhang W D, Wang X F, Wang S L. 2013. Addition of external organic carbon and native soil organic carbon decomposition: a meta-analysis. PLoS One, 8(2): e54779.

Zhang W, Wang S. 2012. Effects of NH_4^+ and NO_3^- on litter and soil organic carbon decomposition in a Chinese fir plantation forest in south China. Soil Biology and Biochemistry, 47: 116-122.

Zhang Z Q, Wu Q B, Hou M T, et al. 2021. Permafrost change in Northeast China in the 1950s–2010s. Advances in Climate Change Research, 12(1): 18-28.

Zhao M, Zhou J, Kalbitz K. 2008. Carbon mineralization and properties of water-extractable organic carbon in soils of the south Loess Plateau in China. European Journal of Soil Biology, 44: 158-165.

Zhao Y P, Xiang W, Ma M, et al. 2019. The role of laccase in stabilization of soil organic matter by iron in various plant-dominated peatlands: degradation or sequestration. Plant and Soil, 443: 575-590.

Zhu B, Cheng W. 2011. Rhizosphere priming effect increases the temperature sensitivity of soil organic matter decomposition. Global Change Biology, 17(6): 2172-2183.

Zou X M, Ruan H H, Fu Y, et al. 2005. Estimating soil labile organic carbon and potential turnover rates using a sequential fumigation-incubation procedure. Soil Biology and Biochemistry, 37: 1923-1928.

4 微生物介导的沼泽湿地碳氮循环

土壤微生物是湿地生态系统的重要组成部分，在湿地碳氮元素循环及系统结构稳定和功能运行中发挥重要作用（王金爽等，2015；Wang et al.，2017；Ho and Chambers，2019）。气候变化及人类活动影响下，沼泽湿地生境发生了复杂变化，土壤温度、水分、基质有效性及土壤融化深度等变化会导致沼泽湿地土壤微生物和酶表现出更多的变异性。环境变化能够改变湿地土壤微生物活性与群落结构，进而影响微生物介导的湿地碳氮循环过程（包括有机碳矿化，甲烷产生和氧化过程，土壤氮矿化、硝化和反硝化等过程）及土壤生态系统功能（Iqbal et al.，2019；Maietta et al.，2020；解雪峰等，2021）。同时，土壤微生物种类、群落功能及其与环境之间相互作用的多样化程度也能够反映沼泽湿地环境条件的演化。相对于地上植物系统，土壤微生物变化能够更敏感地探知全球变化情景下沼泽湿地生态系统结构功能变化及其响应机制。目前，关于微生物介导的沼泽湿地生态系统碳氮循环国内外已开展了大量工作，为定量研究沼泽湿地在全球气候变化中的作用奠定了基础。研究土壤微生物和土壤酶在沼泽湿地碳氮循环过程中的作用及环境变化对土壤微生物和酶活性的影响及其反馈，有助于厘清沼泽湿地生态系统碳氮循环过程及其对环境变化的响应机制。

4.1 沼泽湿地土壤微生物及其分析方法研究进展

4.1.1 沼泽湿地土壤微生物研究概述

土壤微生物是联系大气圈、水圈、岩石圈及生物圈物质与能量交换的重要纽带，其组成复杂、类群繁多、数量巨大、功能多样，被称为地球关键元素循环过程的引擎，维系着人类和地球生态系统的可持续发展（宋长青等，2013；朱永官等，2017）。微生物作为土壤生态系统生命的一个重要特征，可参与碳分解、甲烷代谢等碳循环过程及氮固定、硝化、反硝化等氮循环过程（图 4-1）。土壤有机质在微生物的作用下分解释放 CO_2，微生物在厌氧环境下分解土壤有机质释放 CH_4，部分 CH_4 被氧化为 CO_2，N_2O 主要是通过好氧环境下的硝化作用（$NH_4^+ \rightarrow NO_2^- \rightarrow NO_3^-$）和厌氧环境下的反硝化作用（$NO_3^- \rightarrow N_2O \rightarrow N_2$）产生的（Oertel et al.，2016）。土壤微生物数量、活性、群落结构及功能与植被类型、碳含量、元素有效性及土壤 pH、温度、湿度等物理化学性质密切相关（Gelsomino and Azzellino，2011；Ho and Chambers，2019；Bowen et al.，2020）。环境变化通过影响沼泽湿地微生物活性进而影响温室气体释放和碳氮循环。沼泽湿地土壤微生物过程研究有助于探知全球变化情景下沼泽湿地生态系统碳氮循环过程及其响应机制，为阐明沼泽湿地生态系统对气候变化的反馈作用机理提供重要的理论依据。

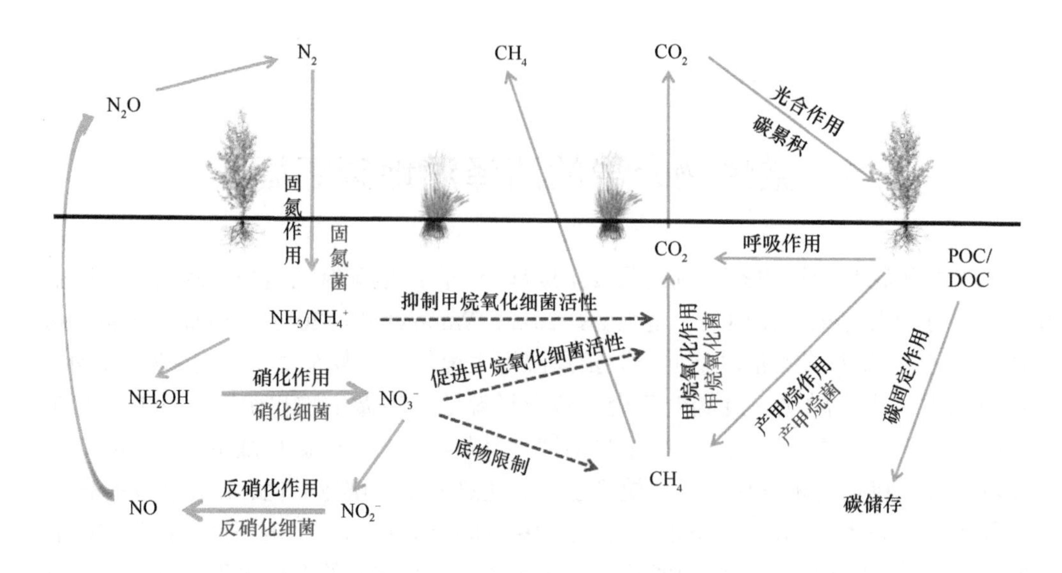

图 4-1　湿地碳氮循环微生物过程

POC. particulate organic carbon，颗粒有机碳；DOC. Dissolved organic carbon，溶解性有机碳

土壤微生物量、基础呼吸、微生物商和代谢商是土壤微生物学特征的重要指标。土壤微生物量是指土壤中活的微生物总生物量，可直接调节和控制土壤养分的转化和供给及植物对养分的吸收，在土壤物质和能量转化过程中发挥关键作用。土壤微生物生物量碳含量能够反映土壤微生物活性和群落的大小变化，土壤微生物量虽然只占土壤有机碳库很小的一部分，却是控制生态系统中碳、氮和其他养分流的关键，微生物量库的任何变化将会影响养分的循环和有效性（赵先丽等，2006）。土壤微生物生物量氮是指活的微生物体内所含有的氮，是土壤有机氮库中的活性部分，它周期短、易矿化，是主要的可矿化氮源，对土壤氮素供应和循环具有重要意义（Macarty et al.，1995）。土壤微生物商（qMB）是指微生物细胞固定的有机碳占土壤有机碳的比例，是微生物量对有机碳的贡献或底物碳可用性的重要指标，可反映满足微生物生长的土壤碳底物质量（Moscatelli et al.，2005），可用于监测土壤有机质变化，敏感地指示土壤微生物生物量（Garcia et al.，2002）。土壤微生物代谢商（metabolic quotient，qCO_2），是基础呼吸与微生物量碳间的比率，即每形成单位微生物生物量碳所需呼吸的 CO_2-C。

土壤微生物在参与碳分解的同时，也参与了固碳过程，但以往更多研究关注微生物对碳的分解代谢，对微生物通过合成代谢实现固碳作用的关注却较少，土壤微生物固碳功能的重要性最近几年才逐渐被认识。Liang 等（2017）提出了“由微生物介导的土壤固碳过程的新型理论体系”，阐明了土壤微生物通过体内周转途径中的“碳泵”增强“续埋效应”从而实现对土壤碳固存的贡献。作为湿地生态系统碳蓄积和元素循环的重要驱动因子，近年来湿地固碳微生物成为新的研究热点（Chen et al.，2021；Wang et al.，2021）。相较于其他生态系统，湿地土壤微生物固碳的相对贡献更大，其自养微生物的固碳速率（85.1 mg $C·m^{-2}·d^{-1}$）显著高于草地（21.9 mg $C·m^{-2}·d^{-1}$）和林地（32.9 mg $C·m^{-2}·d^{-1}$）（Lynn et al.，2017）。但目前，沼泽湿地土壤固碳微生物群落特征、固碳潜力及其环境因子驱动机制尚未被认识，而且已有碳评估模型仅包括植物固碳，忽略了土壤微生物固碳，限制了深入理解湿地生态系统碳汇功能机制（Chen et al.，2021）。明确气候变化影响下沼泽湿地土壤微生物群落如何介导土壤碳积累对于预测沼泽湿地生态系统碳汇功能如何应对气候变化至关重要。因此，未来研究应更多关注沼泽湿地土壤微生物固碳机制，从而更准确评估沼泽湿地生态系统碳循环过程，降低其碳汇不确定性。

传统氮循环过程中，氨氮通常是在有氧条件下由氨氧化细菌在氨单加氧酶的催化作用下氧化为亚硝酸盐，厌氧氨氧化和完全氨氧化是氮循环中新发现的微生物转化途径，即铵盐的厌氧氧化耦合亚硝酸盐的还原，终产物为氮气（姜博等，2015；祝贵兵，2020）。Zhu 等（2010）首次发现在湿地土壤中广泛存在厌氧氨氧化反应，甚至在一些极端环境下也能够发生，并将以往对厌氧氨氧化反应发生条件的认识从传统的高氮低碳环境拓展到高碳低氮环境。湿地水陆交错带沉积物/土壤是厌氧氨氧化反应的热区和厌氧氨氧化菌的高丰度区域，厌氧氨氧化的反应热区显著降低了 N_2O 的释放（Zhu et al.，2013；Zhao et al.，2018），为认识厌氧氨氧化反应对湿地土壤生态系统氮转化及湿地碳氮-微生物模型的构建提供了重要理论基础。厌氧氨氧化作用具有固定 CO_2、减排 N_2O 功能，建立了氮循环和碳循环之间的桥梁，但厌氧氨氧化反应中电子传递与能量代谢过程并不清楚（祝贵兵，2020），因此对湿地生态系统氮循环微生物机理仍需进行深入解析。

土壤酶活性是反映微生物活性变化及土壤碳氮循环的重要指标。土壤酶是由土壤微生物产生的、具有催化作用的一类蛋白质，其能够催化土壤中的生物化学反应，参与土壤有机质、枯落物分解及氮矿化，在碳氮生物地球化学循环过程中具有重要作用（Sinsabaugh et al.，1994；Dunn et al.，2014）。土壤酶活性的生态计量关系可以反映微生物对养分元素的分配能力，并可以指示微生物生长的限制元素。土壤酶主要来源于土壤微生物，而且酶分解产物是土壤微生物代谢过程中营养物质和能量的主要来源。酶活性潜力与微生物代谢速率及微生物元素需求密切相关。湿地特殊的环境条件导致其土壤酶活性及分布不同于其他生态系统，而且对环境变化表现出较高的敏感性和不确定性（Freeman et al.，1997）。温度升高、水位下降能够促进湿地土壤氧化酶和水解酶活性，进而提高土壤有机质分解速率，促进湿地 CO_2 和 CH_4 释放（Kim，2015）。探明土壤酶在湿地土壤碳氮循环过程中的作用及气候变化对土壤酶活性的影响有助于阐明全球变化对湿地碳氮循环的影响机制。然而，与其他生态系统相比，关于湿地生态系统碳氮循环酶学机制的研究尚显不足。

4.1.2 沼泽湿地土壤微生物分析方法研究进展

湿地生态系统土壤微生物研究方法与其他生态系统类似，经历了传统的培养方法、群落生理水平研究方法、分子生物学方法的过程（李甜甜等，2016；Gutknecht et al.，2006）。随着分子生物学和生物信息学的发展，特别是宏基因组学的兴起，加速了研究者对湿地土壤碳氮循环微生物过程的认识。实时定量 PCR（real-time qPCR）、末端限制性片段长度多态性（T-RFLP）、变性梯度凝胶电泳（DGGE）、荧光原位杂交（FISH）、高通量测序技术（high-throughput sequencing）被广泛应用于湿地土壤微生物定性和定量研究中（佘晨兴和仝川，2011；Hou and Williams，2013），为湿地碳氮循环相关微生物的检测提供了更加准确和科学的工具。

4.1.2.1 沼泽湿地土壤微生物量分析方法研究进展

已有的土壤微生物量测试方法有分离计数法、显微计数法、熏蒸培养法、熏蒸浸提法、底物诱导呼吸法和三磷酸腺苷（ATP）分析法等，其中显微计数法、底物诱导呼吸法可用来测定土壤微生物生物量碳（Anderson and Domsch，1978；Martikainen and Palojarvi，1990）；熏蒸培养法常用于测定土壤微生物生物量碳、氮，而熏蒸浸提法则可广泛用于测定土壤微生物生物量碳、氮、磷和硫（孙凯等，2013）。徐惠风等（2004）、丁新华等（2011）、赵先丽等（2008a）和王恒生等（2015）采用平板稀释法分别分析了不同生境下长白山沟谷湿地乌拉薹草沼泽湿地、扎龙和盘锦芦苇沼泽湿地、青海湖流域小泊湖湿地土壤微生物（细菌、真菌、放线菌）数量及其影响因子。肖烨等（2015）采用平板稀释法分析了三江平原小叶章-沼柳湿地、小叶章湿地、毛薹草湿地和芦苇湿地土壤微生物特征及其与土壤养分的关系，研究发现湿地土壤微生物的增加可以提高土壤养分循环速率，是反映土壤质量状况的重要指标。Tang 等（2011）采用 ATP 法分析了九段沙湿地不同演替阶段土壤微生物群落特征及其对土壤微生物呼吸和碳周转的影响，发现湿地土壤微生物量和土壤微生物群落结构是影响土壤酶活性的两个关键因素，并共同影响湿地土壤呼吸。

近年来，国内学者基于氯仿熏蒸浸提法分析了盘锦芦苇生境（赵先丽等，2008b）、扎龙芦苇生境和草甸生境（张静等，2014）、莫莫格芦苇生境（于秀丽，2020）、鄱阳湖芦苇生境（王晓龙等，2010）、江苏滨海湿地不同演替阶段（何冬梅等，2020）土壤微生物生物量碳变化特征及其与环境因子的关系，为深入认识沼泽湿地土壤碳循环过程提供了参考依据。高艳娜等（2018）采用氯仿熏蒸浸提法结合开顶箱（open top chamber，OTC）原位模拟大气升温试验分析了长期增温对崇明东滩湿地土壤微生物量的影响，发现土壤有机碳是影响土壤微生物生物量碳、氮含量对长期模拟升温响应的重要生态因子。聂秀青等（2021）采用氯仿熏蒸法分析了三江源高寒湿地 50 个样点的土壤微生物生物量碳、氮、磷含量及其化学计量特征。任伊滨等（2013）分析了冻融作用下的沼泽湿地土壤微生物生物量碳、氮及土壤氮元素循环的规律。郭冬楠等（2017）基于氯仿熏蒸-浸提法测定了土壤微生物量并结合土壤酶活性分析，明确了不同年代排水造林湿地土壤微生物活性与有机碳密度之间的相关关系。Zhong 等（2019）用氯仿熏蒸浸提法分析了增温处理下滨海湿地微生物量和相关酶活性变化及其对土壤碳、氮、磷含量的影响。

磷脂脂肪酸（phospholipid fatty acid，PLFA）法是较为流行的测定微生物量的方法（Borga et al.，1994；Sundh et al.，1997）。磷脂脂肪酸是活体微生物细胞膜的重要组分，不同类群的微生物能通过不同的生化途径合成不同的 PLFA，部分 PLFA 可以作为分析微生物量和微生物群落结构等变化的生物标记，其含量可定量反映可繁殖或有潜在繁殖能力的不同类群微生物量和总生物量（王曙光和侯彦林，2004）。王璐璐等（2018）运用磷脂脂肪酸（PLFA）法分析了扎龙湿地土壤微生物群落结构和多样性的季节变化特征，发现湿地土壤微生物群落结构的季节波动与土壤养分状况密切相关。张广帅等（2018）利用磷脂脂肪酸法分析了鄱阳湖湿地土壤微生物群落结构沿地下水水位梯度分异特征。Inglett 等（2011）和 Bossio 等（2006）应用此方法分别研究了湿地恢复及土壤深度变化对湿地土壤微生物群落结构组成的影响。PLFA 分析与稳定性同位素 ^{13}C 示踪技术结合（^{13}C-PLFA），在植物-土壤系统的碳循环研究中能够准确示踪碳源的利用，包括土壤微生物利用植物光合同化碳、根际沉积分泌物的微生物利用、复杂碳源的利用等，近年来被应用于土壤碳循环微生物过程研究（陈琢玉等，2019）。Card 和 Quideau（2010）利用 PLFA 法研究了加拿大草原恢复湿地与对照湿地微生物结构差异，发现对照湿地的土壤微生物量、均匀度与多样性都较高，磷脂脂肪酸的丰富度随着恢复年限的增加呈现上升趋势，放线菌数量显著升高。

4.1.2.2　沼泽湿地土壤微生物活性分析方法研究进展

土壤微生物的活性可以代表土壤微生物代谢的旺盛程度，一般以微生物的呼吸作用、代谢商、土壤酶活性等衡量土壤微生物活性，作为土壤有机碳变化的早期预警指标，敏感地反映土壤有机碳的动态。杨桂生（2010）基于土壤微生物生物量碳、基础呼吸、呼吸势和微生物商等微生物活性指标系统研究了水分、营养等环境变化和垦殖、恢复等人类活动对三江平原小叶章湿地土壤微生物活性及碳循环过程的影响。He 等（2020）基于土壤微生物生物量碳、微生物基础呼吸、代谢商等微生物活性指标研究了毛乌素沙地湿地干涸过程中土壤微生物群落及其与土壤碳动态的相互作用。邹锋等（2018）基于土壤微生物基础呼吸及胞外酶等分析了鄱阳湖典型湿地土壤微生物活性对季节性水位变化的响应，发现水位波动对湿地土壤微生物活性产生了重要影响，鄱阳湖水文节律的改变将影响湿地土壤的生态功能。

4.1.2.3　沼泽湿地土壤微生物群落结构及多样性分析方法研究进展

Biolog 法是以微生物在不同碳源中新陈代谢产生的酶与四唑类物质发生颜色反应的浊度差异为基础，运用独特的显性排列技术检测出各种微生物的代谢特征指纹图谱，Biolog 法可以根据检测目的的不同选择不同的微平板，如 GP（革兰氏阳性板）、GN（革兰氏阴性板）、ECO（生态板）和 FF（丝状真菌板）等（朱菲莹等，2017）。Biolog-ECO 技术被广泛应用于湿地土壤微生物碳代谢功能多样性研究。例如，李飞等（2018）利用 Biolog-ECO 微平板法，分析了甘肃玛曲地区高寒湿地和草甸退化及恢复对土壤微生物碳代谢功能多样性的影响。张杰等（2015）应用 Biolog-ECO 技术分析了鄱阳湖湿地不同土地利用方式下土壤微生物群落功能多样性，发现围垦改变了湿地土壤微生物群落结构，退田还湖有助于湿地土壤微生物群落结构的恢复。夏品华等（2015）基于 Biolog-ECO 技术研究发现湿地不同植被演替阶段土壤 pH、土壤溶解性有机碳是引起碳源利用分异的主要环境因子，土壤微生物碳源代谢活性可影响湿地碳循环功能。Sui 等（2016）基于 Biolog-ECO 技术发现不同氮沉降处理间湿地土壤微生物碳代谢功能多样性差异显著，而且氮沉降改变了土壤微生物功能多样性。Jacinthe 等（2010）利用 Biolog 方法研究了印第安纳州中南部湿地植被草芦入侵后对土壤微生物代谢多样性的影响，发现与以蒯草为主的原生植被土壤比较，草芦入侵区域土壤微生物表现出更强的碳源代谢能力。

目前，大量研究应用分子生物学方法对土壤微生物的群落结构和种群数量进行了研究（Lau et al.，2015；Martí et al.，2015；Yang et al.，2017）。尤其在最近20年，随着分子生物学方法的应用和创新，有效地克服了传统分析检测方法的不足，提高了分析检测的速度及结果的准确度和完整性，在分子水平上更客观地揭示了土壤微生物的多样性。适用于湿地土壤微生物研究的分子技术分为两类，一类是基于分子杂交的DNA探针和基因芯片等技术，DNA探针与基因芯片是通过检测已知DNA序列的探针与目的片段的杂交信号，来获得目的片段的遗传信息。另一类是基于PCR技术的方法，相对应用较为广泛，通过PCR可获得大量纯的目的片段如产甲烷菌（*mcr*A）和甲烷氧化菌（*pmo*A）、亚硝酸盐还原酶的基因片段*nir*K和*nir*S等（刘银银等，2013；刘若瑄等，2014）。张洪霞等（2017）采用T-RFLP技术分析发现黄河三角洲常年淹水与非淹水芦苇湿地表层土壤微生物群落结构发生明显变化。Turlapati等（2013）和Freedman等（2015）应用PCR技术研究发现氮添加改变了湿地土壤细菌群落组成及群落多样性，导致特定细菌门类的相对丰度发生改变。Shah和Wang（2019）采用PCR技术分析了湿地植物物种丰富度和施氮对氮循环相关微生物群落的影响，发现湿地植物物种丰富度的增加显著影响了氨氧化细菌、亚硝酸盐氧化细菌的丰富度。Jung等（2011）采用PCR技术分析发现短期的温度升高和水分增加显著提高了土壤*nif*H基因丰度。Li等（2011）采用PCR和变性梯度凝胶电泳（DGGE）相结合的方法明确了不同类型湿地土壤优势微生物群落对土壤呼吸和碳代谢的响应。

基因测序技术及宏基因组分析技术是土壤微生物多样性研究的前沿，通过对基因组文库中的基因序列的系统化研究，使土壤微生物的多样性分析趋于完整客观（蔡晨秋等，2011）。高通量测序技术被广泛应用于描绘和解析湿地土壤微生物菌群结构组成和功能（Coolen and Orsi，2015；Hultman et al.，2015），主要包括DNA/RNA高通量测序、系统进化芯片（PhyloChip）、功能基因芯片（GeoChip）等（Zhou et al.，2015）。例如，王娜等（2019）基于细菌16S rRNA基因的高通量测序技术分析发现不同土地利用方式湿地土壤中的优势菌门均为变形菌门（Proteobacteria）、放线菌门（Actinobacteria）及酸杆菌门（Acidobacteria），但土地利用方式明显改变了湿地土壤细菌属的组成，湿地开垦通过改变土壤pH、含水率及土壤养分进而影响微生物群落结构。Li等（2021）基于细菌16S rRNA基因的高通量测序方法发现青藏高原高寒湿地土壤厌氧氨氧化细菌具有较高的多样性，其在青藏高原高山湿地氮循环中起着关键作用。Peralta等（2013）利用T-RFLP法研究固氮菌群落组成变化，发现土壤含水率对硝化细菌群落组成产生显著影响，而氨氧化细菌群落组成与土壤中硝酸盐含量有关。于少鹏等（2020）基于高通量测序方法，分析了黑龙江省古大湖湿地原生、林地、耕地及湖岸盐碱土壤细菌和真菌群落结构及多样性，发现与真菌相比，细菌的群落多样性受土壤环境因子影响更大。Fierer等（2012）和徐润宏等（2021）通过氮添加试验，基于高通量技术明确了湿地土壤细菌、真菌的群落结构和组成对氮营养环境变化的响应。谌佳伟等（2020）采用高通量测序技术和涡度相关法发现神农架大九湖泥炭湿地不同季节的微生物群落物种多样性存在显著差异，夏季和冬季微生物群落组成与CH_4通量分别呈显著正相关和负相关。

综上，每种湿地土壤微生物分析方法都有其优缺点和侧重点，对湿地微生物进行研究时需注重多种方法的结合使用，特别是传统方法和分子技术的结合，如显微镜技术、

Biolog、宏基因组、碳原子示踪技术等相结合运用于土壤微生物群落研究，才能更好地阐释微生物群落特征和功能（刘银银等，2013）。而且，随着微生物组学技术及大数据分析的普及，tmap 微生物组大数据挖掘方法是目前微生物组数据共享和整合的创新性方法，可用于系统、深入地解析微生物组与环境的紧密联系（Liao et al.，2019），为揭示微生物代谢规律进而挖掘其功能提供更准确的信息，将其应用于沼泽湿地土壤微生物与环境因子间的关系研究，有助于深入揭示沼泽湿地土壤微生物群落结构对环境变化的响应及其对碳氮循环的调节机制。

4.2 微生物介导的沼泽湿地土壤碳氮循环对温度升高的响应

温度是微生物代谢的重要限制因子，温度变化能够影响微生物生长，导致微生物群落结构和组成、分解速率和酶活性变化，温度变化也会改变土壤微生物活性及功能进而影响其驱动的碳氮生物地球化学循环过程（Rustad et al.，2001；沈菊培和贺纪正，2011；Lewis et al.，2014），尤其是在高寒地区湿地土壤微生物对温度变化的响应更敏感。全球变暖导致的温度升高将影响土壤微生物数量、活性和群落组成，加速土壤微生物呼吸作用，促进土壤有机碳分解及 CO_2 释放（Karhu et al.，2014；Tang et al.，2016；Xu et al.，2019）。温度升高能够提高微生物生理活性和代谢速率，改变群落组成，进而影响土壤有机质分解对温度变化的响应（A'Bear et al.，2014；Gutiérrez-Girón et al.，2015）。受土壤生物特性、基质数量和质量的影响，在不同的温度范围及时空尺度上土壤微生物呼吸对温度变化的响应存在较大的差异（Wang et al.，2010；展小云等，2012；Hamdi et al.，2013）。短期增温会改变沼泽湿地土壤微生物群落结构（Song et al.，2020a），提高微生物活性进而加速土壤有机质的分解和无机氮的释放，引起土壤碳、氮损失（Rinnan et al.，2010）。但也有学者认为，受微生物活性、基质质量和有效性的共同影响，持续增温将导致微生物可利用基质减少，降低土壤微生物量，进而抑制土壤碳损失（Six et al.，2006；Frey et al.，2008；Zhou et al.，2014；Keiser et al.，2019）。增温也会通过影响湿地植物和微生物的关系进而影响碳、氮循环（Lara et al.，2019）（图 4-2）。增温会提高植物根系碳输入且大于对碳分解和释放的促进作用，引起土壤颗粒有机碳和总土壤有机碳累积，增温也会通过促进真菌和革兰氏细菌的分解作用降低烷基碳含量，进而降低土壤有机碳稳定性（Yuan et al.，2021）。

湿地生态系统是大气中甲烷的主要排放源，温度升高能够改变产甲烷菌和甲烷氧化菌群落组成和代谢方式，影响产甲烷和甲烷氧化潜力，进而影响湿地甲烷排放（Hargreaves and Fowler，1998；Song et al.，2014；Gill et al.，2017；Zhang et al.，2020）。增温可通过提高湿地土壤微生物活性和促进植物生长导致 CH_4 排放增加 52%（Gong et al.，2021）。温度对微生物介导的甲烷循环过程影响复杂，温度可通过调节产甲烷菌的代谢方式和营养关系改变产甲烷菌种类和功能。通过改变土壤产甲烷能力，进而影响甲烷产生和释放（Moore and Dalva，1993；丁维新和蔡祖聪，2003；Tveit et al.，2015）。随着温度升高利用甲酸盐和 H_2 的甲烷杆菌被甲烷微菌取代，利用乙酸的甲烷八叠球菌被甲烷鬃毛菌取代（Tveit et al.，2015），同时 II 型甲烷氧化菌占优势（Knoblauch et al.，

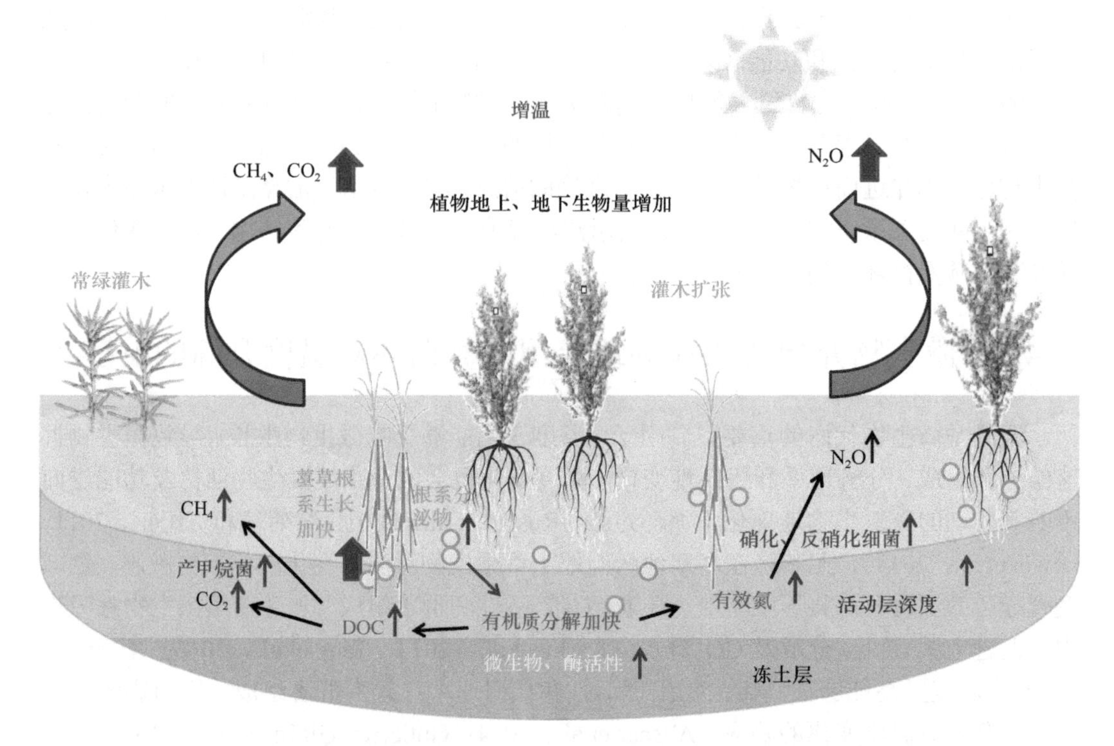

图 4-2　温度升高对湿地土壤微生物介导的碳氮循环过程的影响（改自 Lara et al.，2019）

2008）。另外，气候变暖导致冻土融化能够改变湿地土壤微生物系统发育和功能基因丰度及代谢途径，通过改变土壤产甲烷过程、甲烷氧化过程等影响湿地 CO_2 和 CH_4 释放（Aminitabrizi et al.，2020；Monteux et al.，2020）。而温度升高对微生物活性及群落结构、功能的影响是土壤有机质归宿和周转对气候变化响应的主要不确定因素。气候变暖影响下沼泽湿地土壤微生物菌群结构和功能活性变化对 CO_2 和 CH_4 排放的综合影响尚不清楚，有待深入研究。

由于低温和厌氧环境能够抑制湿地土壤有机质分解，氮主要以有机形态存在，导致湿地生态系统受氮的限制（Keuper et al.，2012）。土壤氮矿化是氮循环的重要过程，温度升高能够提高土壤氮矿化速率，进而增大可利用性氮含量（Hu et al.，2014；Li et al.，2014）。而且氮有效性变化能够改变碳循环过程，从而对碳蓄积能力产生显著影响（DeForest et al.，2004）。因此开展温度升高对微生物介导的沼泽湿地碳氮循环的影响研究有助于阐明全球变暖背景下沼泽湿地土壤碳库和氮库的动态变化机制，对于探明沼泽湿地生态系统碳、氮平衡及其对气候变暖的反馈具有重要意义。

土壤酶对环境变化响应敏感，温度不仅可以通过改变酶的动力学特征直接影响酶活性，还可以改变微生物的增殖和养分需求，从而间接影响土壤酶活性（Kang and Freeman，1999）。研究发现，温度升高可以促进土壤碳、氮转化酶的活性（Sardans et al.，2008；Allison et al.，2010；Xu et al.，2010；Zhong et al.，2019），且参与土壤碳循环的酶的温度敏感性要高于参与氮循环的酶（Wallenstein et al.，2010）。但是也有研究发现，温度升高会抑制酶活性（Baldrian et al.，2013），或者对酶活性没有显著影响（A'Bear et al.，

2014）。土壤蔗糖酶、β-葡萄糖苷酶和脲酶与土壤碳氮循环关系密切，它们的活性控制着有机质的分解，反映了土壤微生物群落的代谢需求和有效碳资源的状况（Guan et al.，2014；Veres et al.，2015）。土壤温度升高会影响酶的产生、稳定性和活性。酶活性的测定是研究土壤微生物对气候变化响应的重要手段。明确土壤酶在沼泽湿地土壤碳氮循环过程中的作用及温度升高对土壤酶活性的影响有助于阐明气候变暖对沼泽湿地土壤碳氮循环的影响机制。

4.2.1 温度升高对沼泽湿地土壤碳氮循环相关微生物和酶的影响

每一种微生物繁殖或生存都有其最适温度，温度升高能够影响微生物生理活性和代谢速率，改变群落组成和基质利用效率，进而影响其驱动的生物地球化学循环过程。在我国东北连续多年冻土区典型沼泽湿地开展的 OTC 野外原位增温模拟实验发现，与对照相比 OTC 分别导致 0～10 cm 层和 10～20 cm 层土壤温度增加 1.7℃和 2.9℃，OTC 增温能够改变沼泽湿地表层 0～10 cm 土壤微生物的菌群结构组成。在菌门水平，温度升高显著提高了 0～10 cm 层土壤产甲烷菌和甲烷氧化菌的相对丰度，降低了放线菌门（Actinobacteria）的相对丰度（图 4-3）。温度升高对 10～20 cm 层土壤微生物菌群结构组成无显著影响（任久生，2018）。

温度升高对沼泽湿地不同深度土壤微生物多样性的影响如图 4-4 所示，增温环境下沼泽湿地土壤微生物 Chao1 指数为 900～1994、Ace 指数为 902～2014、Shannon 指数为 7.61～9.12，Simpson 指数为 0.96～0.99。温度升高降低了湿地 0～10 cm 层和 10～20 cm 层土壤微生物的 Chao1 和 Ace 指数，但对土壤微生物 Shannon 和 Simpson 指数无显著影响，说明温度升高能够降低沼泽湿地 0～20 cm 土壤微生物丰富度，但未显著影响湿地土壤微生物的多样性。

植物根系可为微生物提供养分，不同种类植物根系在土壤中分布的深度和广度存在差异，因此不同沼泽湿地植物根际、非根际及不同深度土壤微生物对温度升高的响应不同。温度升高对沼泽湿地不同深度土壤细菌、古菌、产甲烷菌、甲烷氧化菌丰度的影响

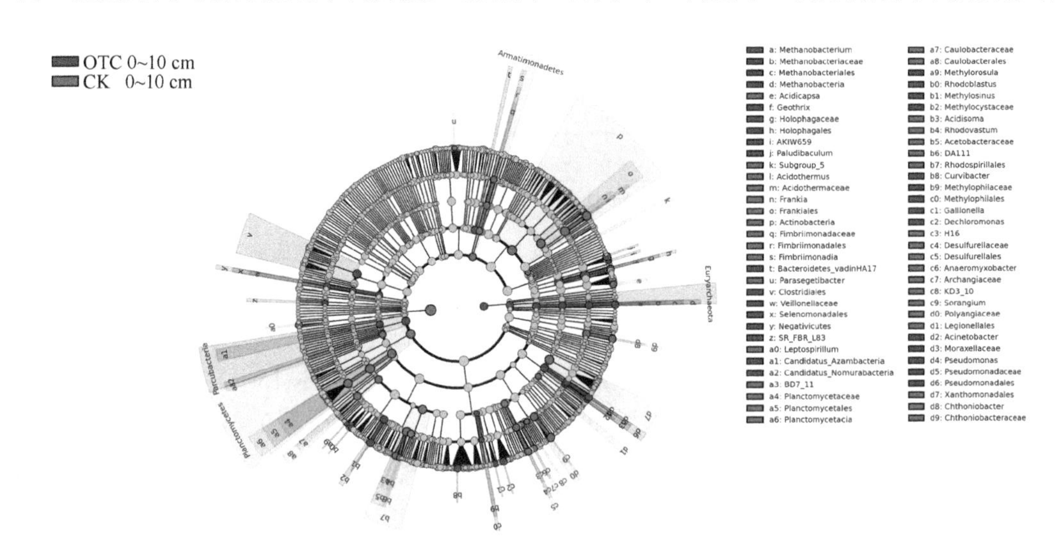

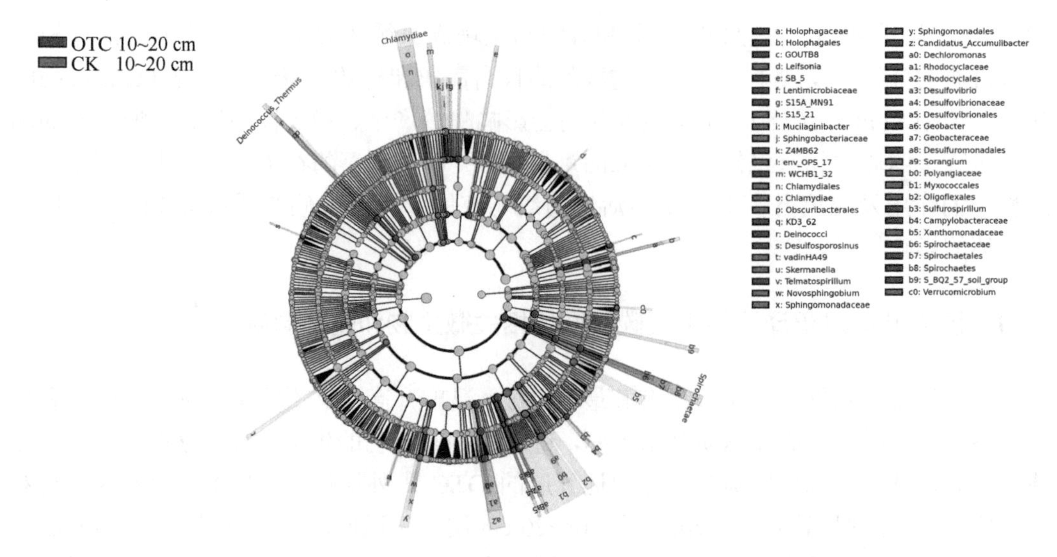

图 4-3 温度升高对沼泽湿地土壤微生物菌群结构的影响

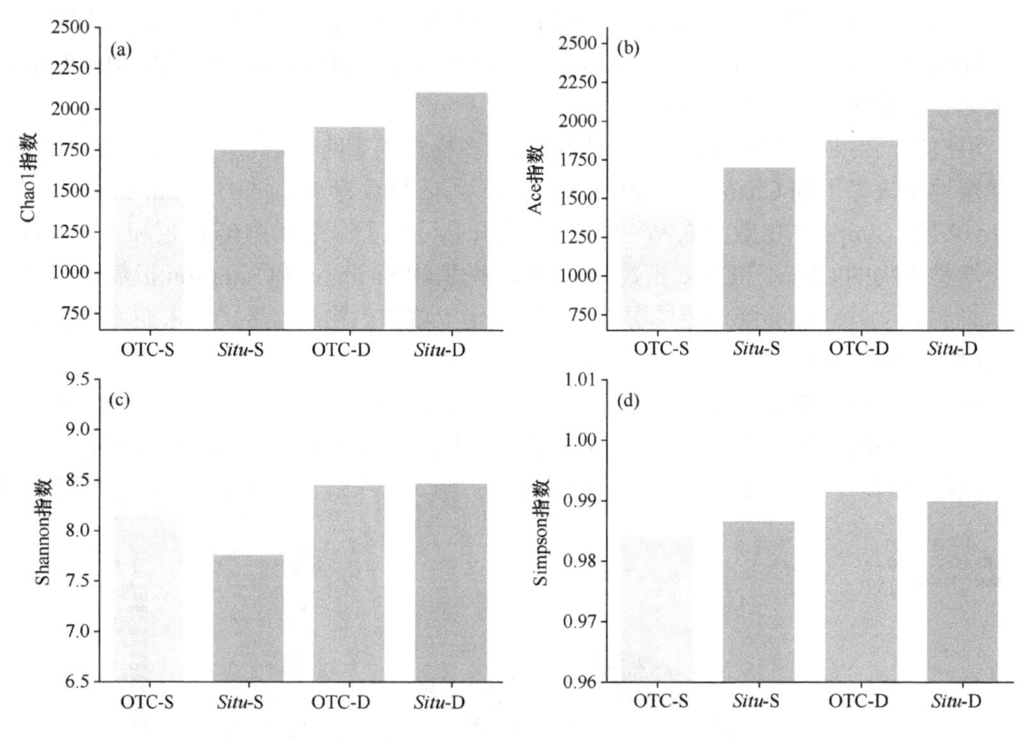

图 4-4 温度升高对沼泽湿地土壤微生物 α 多样性的影响

OTC-S. 增温表层；*Situ*-S. 原位表层；OTC-D. 增温深层；*Situ*-D. 原位深层

不同。温度升高能够显著提高灌木 0～15 cm 根际土壤微生物丰度（Song et al.，2021a）。温度升高显著提高了薹草 0～15 cm、灌木 0～15 cm 根际、灌木 15～30 cm 非根际土壤细菌丰度，薹草 15～30 cm 根际土壤和灌木根际土壤古菌及薹草 0～15 cm 根际土壤产甲烷菌数量，薹草 15～30 cm 根际土壤甲烷氧化菌数量。但温度升高显著降低了薹草根际 15～30 cm 土壤细菌、0～15 cm 土壤古菌丰度（图 4-5）。

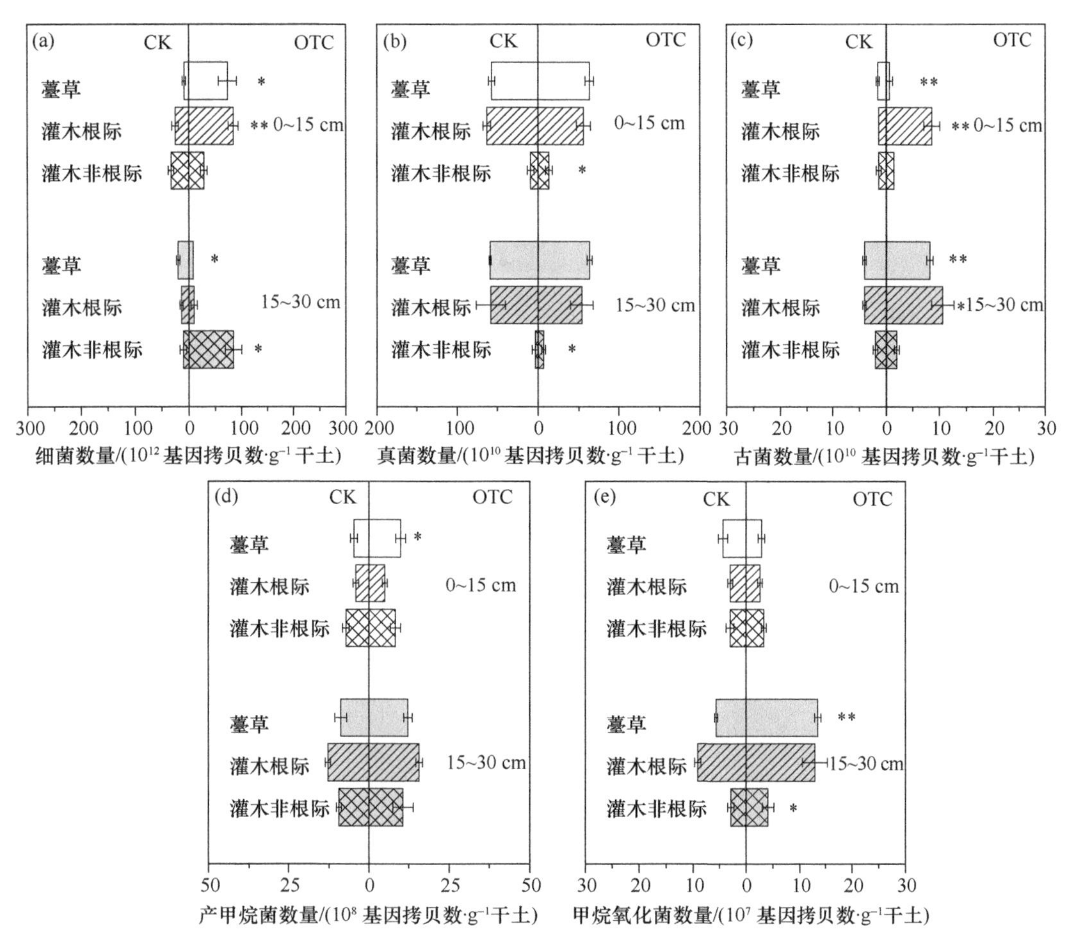

图 4-5　温度升高对沼泽湿地土壤微生物丰度的影响

*和**分别表示增温和对照间差异在 0.05 和 0.01 水平上显著

土壤酶主要来源于土壤微生物和植物根系的分泌物。不同植被类型下沼泽湿地土壤酶活性对温度升高的响应不同，根际与非根际土壤酶活性也存在差异。温度升高显著提高了薹草根际土壤 β-葡萄糖苷酶活性和灌木 0～15 cm 根际土壤 β-葡萄糖苷酶活性，显著抑制了薹草 15～30 cm、灌木 15～30 cm 根际、灌木 0～15 cm 非根际土壤蔗糖酶活性及灌木 15～30 cm 非根际土壤 β-葡萄糖苷酶活性，对脲酶活性没有显著影响（图 4-6）。温度升高通过改变沼泽湿地土壤酶的分解作用进而改变其土壤碳组成。

温度升高显著降低了灌木 0～15 cm 和 15～30 cm 非根际土壤溶解性有机碳含量，但是对根际土壤溶解性有机碳含量没有显著影响（图 4-7）。温度升高对沼泽湿地土壤微生物生物量碳的含量没有显著影响。温度升高显著提高了薹草 0～15 cm、灌木 0～15 cm 根际、灌木 0～15 cm 非根际土壤氨态氮的含量，但是显著降低了灌木 15～30 cm 非根际土壤氨态氮的含量（图 4-7），说明温度升高促进了 0～15 cm 表层土壤氮矿化，提高了有效氮含量，而温度升高导致 15～30 cm 土壤更多的氨态氮被植物吸收利用。相关分析结果表明，沼泽湿地表层土壤细菌、古菌丰度与土壤溶解性有机碳、氨态氮和硝态氮含量呈显著正相关关系，说明温度升高可通过提高细菌和古菌丰度促进表层土壤碳氮矿化进

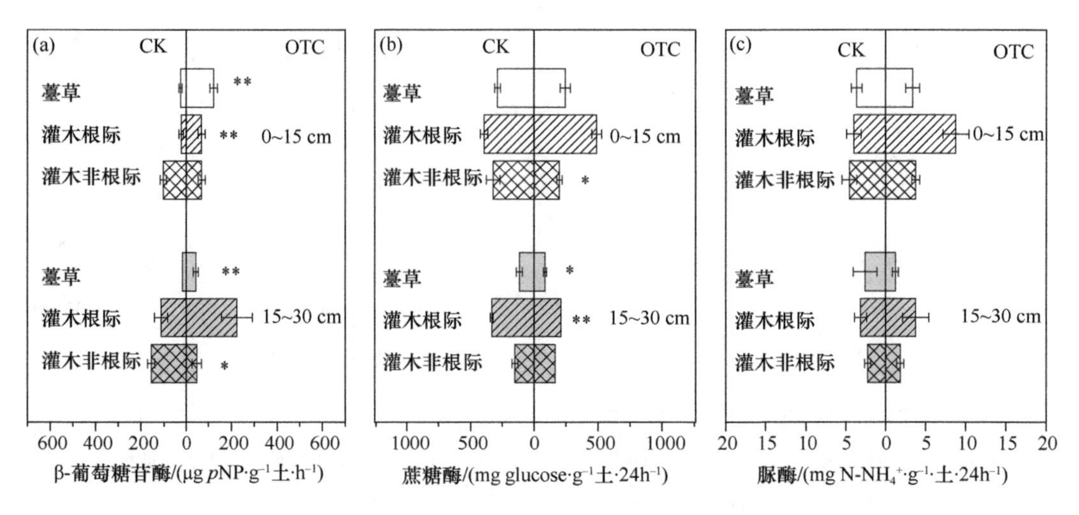

图 4-6　温度升高对沼泽湿地土壤酶活性的影响

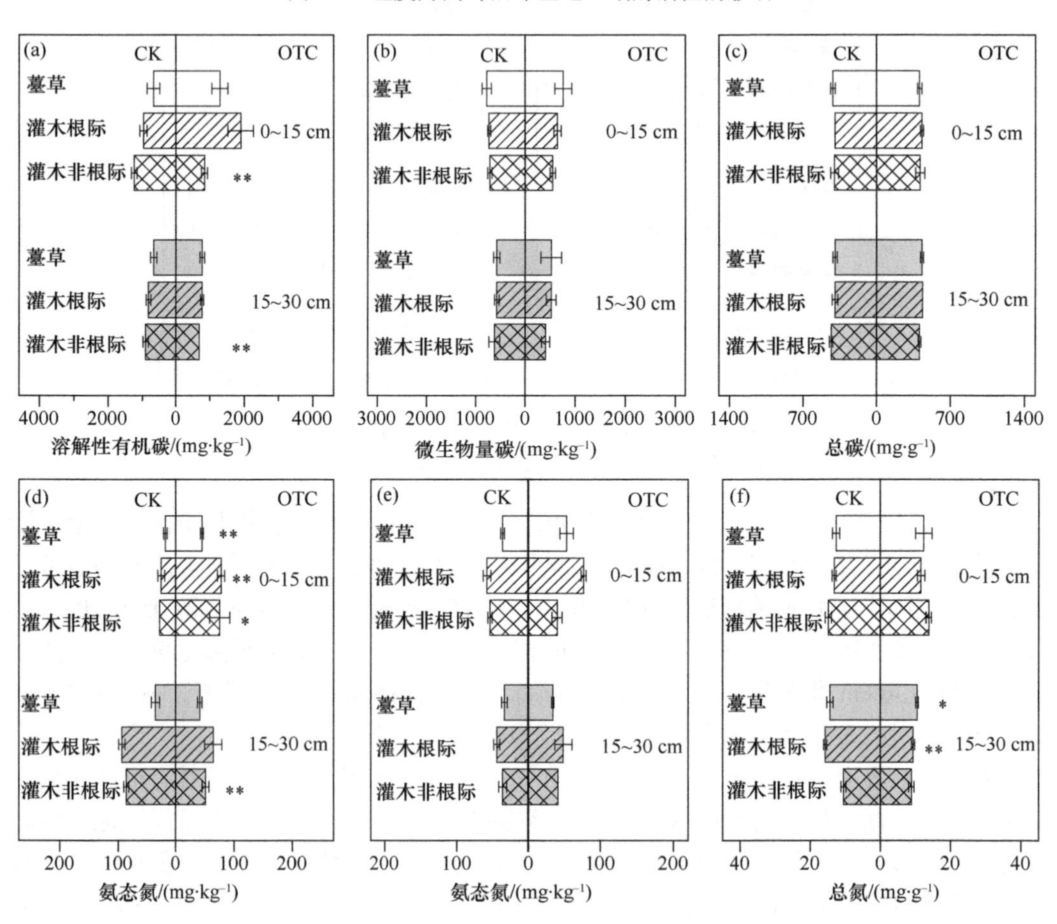

图 4-7　温度升高对沼泽湿地土壤碳氮含量的影响

而提高表层土壤活性碳和有效氮含量。另外，表层土壤 *nir*K 和 *nir*S 型反硝化细菌丰度与土壤氨态氮含量呈显著正相关，表层土壤蔗糖酶、脲酶活性与土壤溶解性有机碳和硝态氮含量呈显著正相关，进一步说明沼泽湿地表层土壤微生物和酶活性与活性碳氮组分密切相关。

4.2.2 温度升高对沼泽湿地土壤微生物呼吸和甲烷释放的影响

沼泽湿地不同深度土壤微生物分布和基质有效性的差异会导致其碳释放潜力不同。5℃和15℃温度下大兴安岭沼泽湿地不同深度湿地土壤微生物呼吸产生的CO_2释放速率范围为0.06～1.85 mg C·kg^{-1}土·h^{-1}（图4-8）（Jiang et al.，2020），与Liu等（2019）在若尔盖泥炭地中的研究结果相似（0.30～1.23 mg C·kg^{-1}土·h^{-1}，8～18℃）。Liu等（2019）和Song等（2014）也发现温度升高能够促进沼泽湿地不同深度土壤CO_2的释放。0～20 cm和20～40 cm深度土壤微生物呼吸速率和累积CO_2释放量高于其他土层，说明表层土壤比深层土壤具有更强的CO_2释放潜力。温度升高显著提高了0～20 cm和20～40 cm土壤

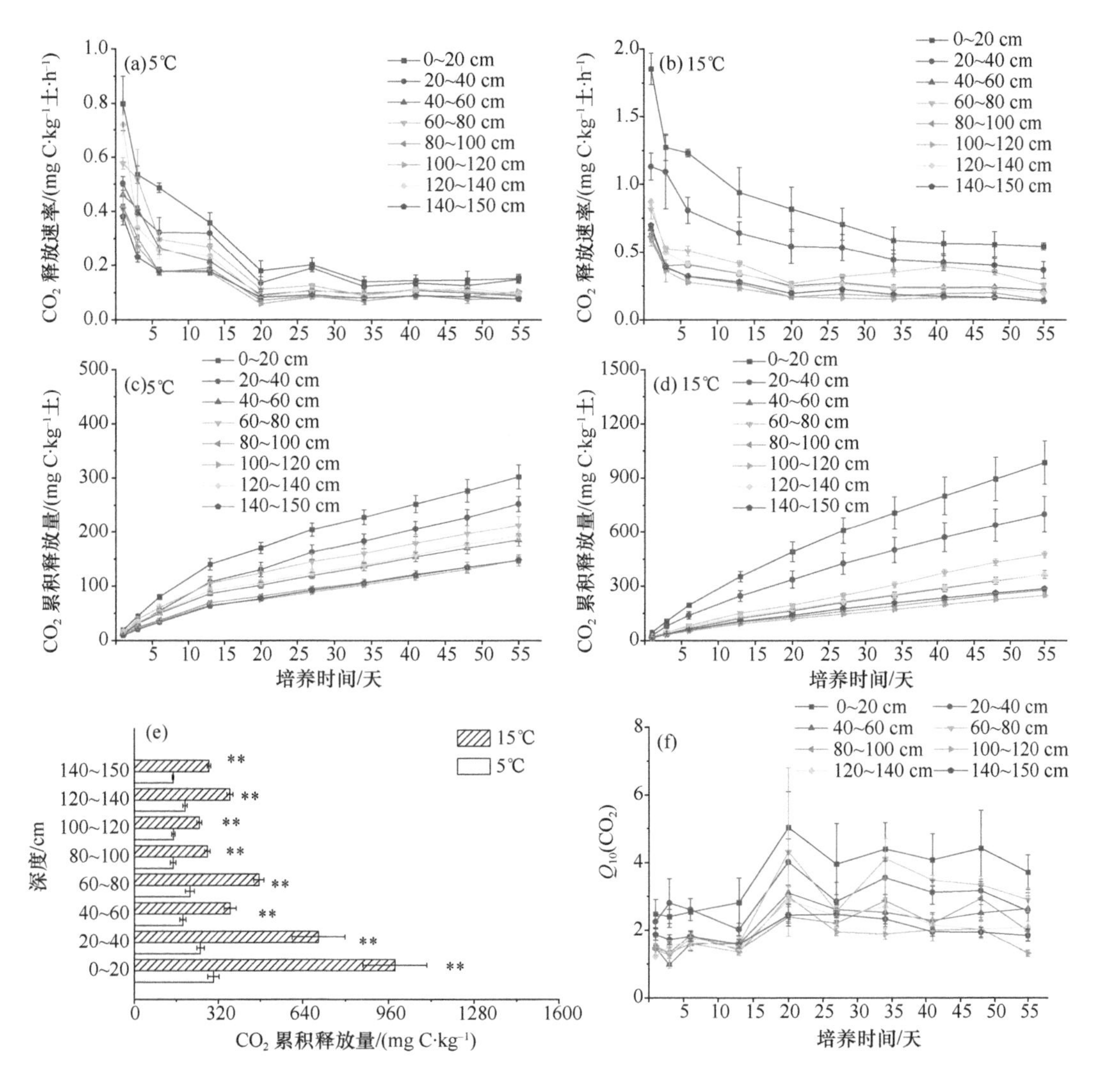

图 4-8 不同温度和深度条件下土壤微生物呼吸及其温度敏感性 Q_{10} 值

误差棒是平均值的标准误（n=4）。两种温度之间的显著差异用*表示 $p<0.05$，**表示 $p<0.01$

深度微生物丰度，相关分析结果表明 CO_2 累积释放量与微生物丰度呈显著正相关。类似地，Yergeau 等（2012）研究发现细菌和真菌的增加可以促进土壤呼吸作用。此外，与 CO_2 释放量和微生物丰度不同，0～20 cm 和 20～40 cm 土壤深度溶解性有机碳含量比其他层的要小，说明微生物消耗更多的微生物基质（如 DOC）来产生 CO_2。

沼泽湿地 0～150 cm 深度土壤呼吸速率温度敏感性 Q_{10} 平均值为 2.39，在 Wang 等（2010）测定的冻土区沼泽湿地土壤 CO_2 释放 Q_{10} 值 1.84～2.51 的范围内，且接近 Wang 等（2019）分析的泥炭沼泽土壤 CO_2 释放 Q_{10} 的平均值 2.23。在整个培养期间，0～20 cm、20～40 cm 和 60～80 cm 土壤微生物呼吸速率温度敏感性 Q_{10} 值较高（图 4-8），说明表层活动层和过渡层土壤微生物呼吸对温度升高响应敏感。随着温度的升高，0～20 cm 和 20～40 cm 深度土壤细菌、真菌和甲烷氧化菌丰度急剧增加，说明微生物活性是 CO_2 释放温度敏感性的重要驱动因素。

温度升高促进了冻土区沼泽湿地 CH_4 的释放（图 4-9）。不同深度沼泽湿地土壤 CH_4 释放的温度敏感性 Q_{10} 平均值为 55.49。随着培养时间的延长，土壤 CH_4 释放的温度敏感性急剧增加（图 4-9）。Segers（1998）计算了湿地土壤 CH_4 产生潜力 Q_{10} 值的平均值为 4.1，变化范围为 1.5～28。与已有研究（Segers，1998；Zheng et al.，2019）相比，大兴安岭冻土区沼泽湿地土壤 CH_4 释放 Q_{10} 值具有更大的范围和更高的平均值，表明其对温度升高的响应更敏感。

产甲烷微生物丰度较高的土壤通常被认为具有较强的产甲烷能力。0～20 cm 和 20～40 cm 层沼泽湿地土壤的产甲烷菌丰度明显高于 40～60 cm 和 60～80 cm 层，但这些深度土壤 CH_4 的累积释放量并不是最高的，这可能是细菌、真菌、甲烷氧化菌的高丰度和高活性所致，与产甲烷菌竞争呼吸过程中的电子受体（Nedwell and Watson，

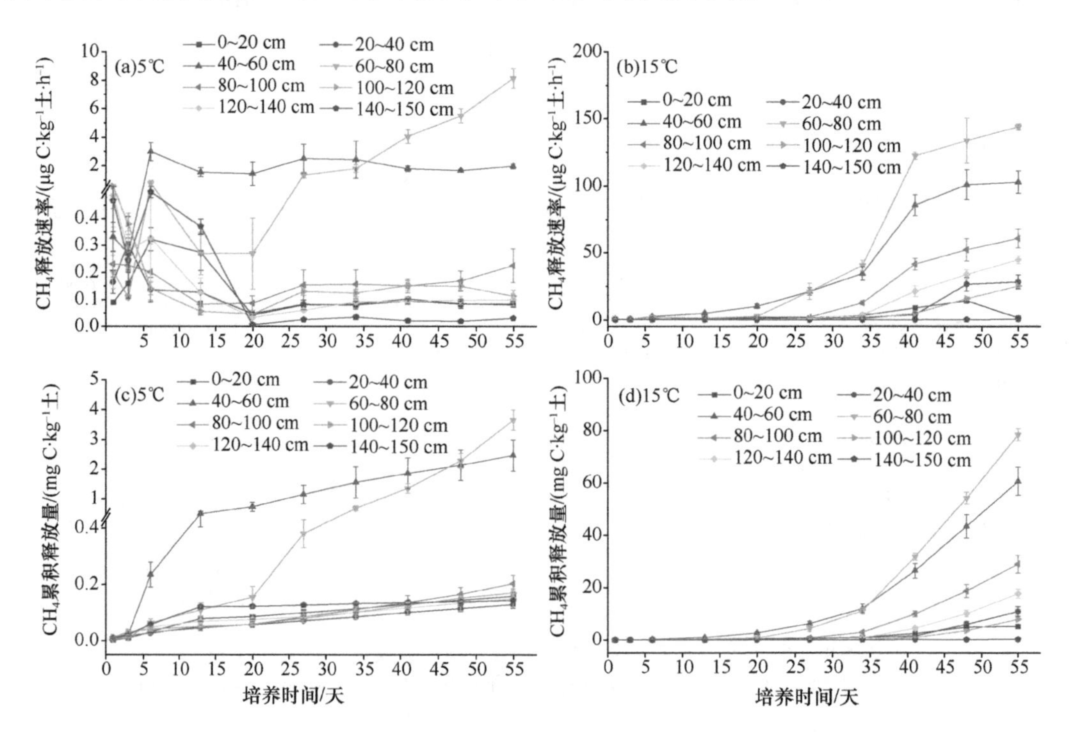

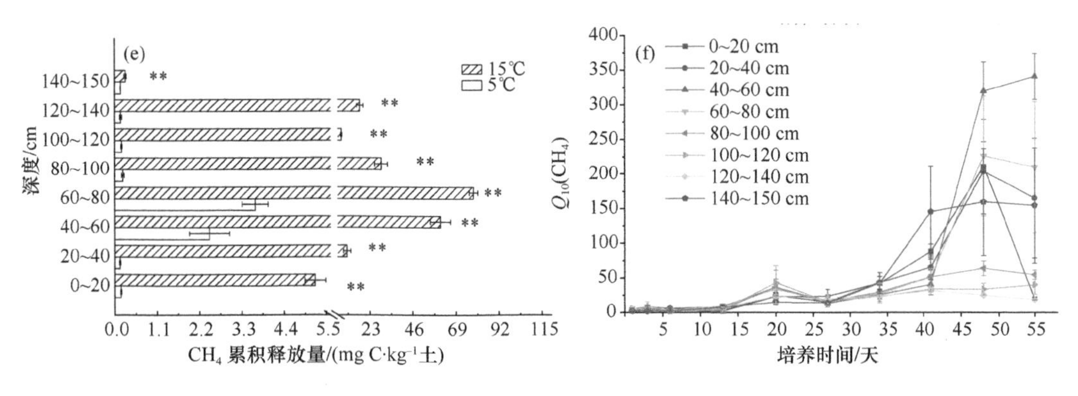

图 4-9 温度升高对不同深度沼泽湿地土壤 CH_4 释放的影响及其 Q_{10} 值

误差棒是平均值的标准误（n=4）。两种温度处理间的显著差异用*p<0.05 和**p<0.01 表示

1995；Gauci et al.，2002；Eriksson et al.，2010）或产生对产甲烷菌有毒的硝酸盐（Achtnich et al.，1995；Roy and Conrad，1999）。在 5℃和 15℃下，40～60 cm 和 60～80 cm 深度土壤 CH_4 产生速率和累积释放量均显著高于其他深度土壤，表明这两层深度土壤 CH_4 产生潜力显著高于其他土层，主要是由于这两层土壤存在大量可利用基质（氨态氮和溶解性有机碳）的供应（图 4-9）。土壤溶解性有机碳可影响细菌活性（Bastida et al.，2016），而氨态氮可抑制 CH_4 氧化（Hütsch et al.，1994）。土壤基质的物理化学性质随深度的显著变化是甲烷释放随土壤深度变化的主要驱动因素（Nilsson et al.，2001）。此外，40～150 cm 层冻土融化时土壤处于淹水状态，而 0～40 cm 层土壤处于非淹水状态。水有助于营养物质的运输和氧化还原电位的降低，从而促进产甲烷菌的生长，并抑制甲烷氧化微生物的活性和数量（Li et al.，2011）。相关分析表明，CH_4 累积释放量与土壤含水量呈显著的正相关关系。140～150 cm 层，较低的产甲烷菌丰度和较高的硝态氮含量（两者都抑制 CH_4 的产生）及低碳基质含量（DOC 含量）导致其较低的 CH_4 释放量。最终的 CH_4 释放取决于土壤中产甲烷菌、甲烷氧化菌和其他相关微生物菌群的联合作用（Le Mer and Roger，2001）。不同剖面中氨态氮、硝态氮、溶解性有机碳、水分及通气状况共同影响 CH_4 的产生（或氧化）过程，从而引起湿地 CH_4 在不同深度土壤中的释放差异。

4.2.3 温度升高对沼泽湿地土壤孔隙水甲烷循环微生物和溶解性有机碳的影响

沼泽湿地土壤孔隙水中产甲烷菌和甲烷氧化菌及溶解性有机碳对温度变化响应敏感，可影响沼泽湿地甲烷释放。在大兴安岭连续多年冻土区分别选取柴桦-泥炭藓（OH）和狭叶杜香-泥炭藓（OL）两种典型植被群落沼泽湿地设置开顶箱（OTC）增温实验，于生长季（6 月、7 月、8 月、9 月）分别采集 OTC 内外上、中、下 3 层土壤孔隙水样品，发现两种植被群落类型 OTC 内土壤孔隙水产甲烷菌数量与对照相比具有增加的趋势，且柴桦-泥炭藓湿地的 6 月、8 月、9 月产甲烷菌数量显著高于对照（p<0.05）（图 4-10）（刘超等，2021），说明温度升高可提高孔隙水中产甲烷菌数量，有利于产甲烷过程，进而促进柴桦-泥炭藓沼泽湿地甲烷释放。7 月和 8 月随温度升高甲烷氧化菌数量降

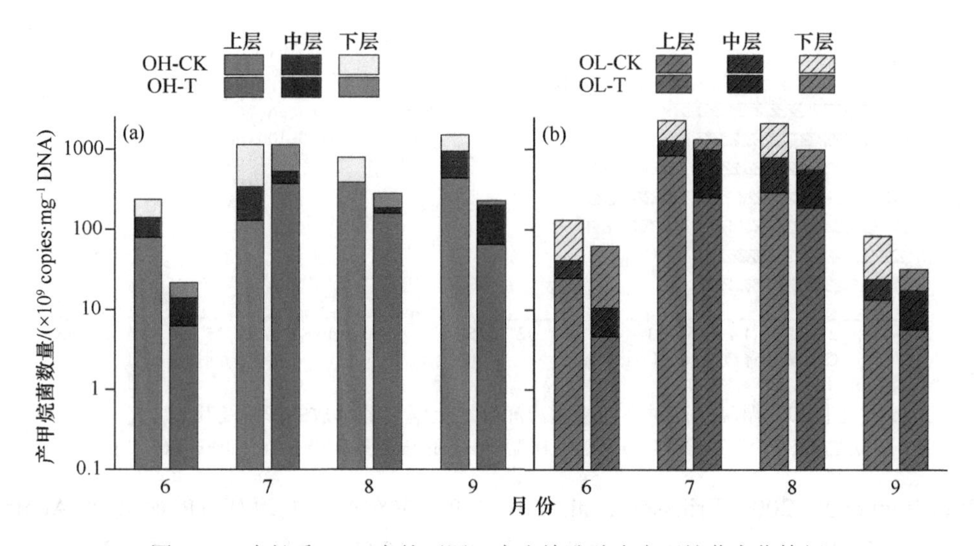

图 4-10 生长季 OTC 内外不同深度土壤孔隙水产甲烷菌变化特征

OH-CK. 柴桦-泥炭藓沼泽对照；OH-T. 柴桦-泥炭藓沼泽增温；OL-CK. 狭叶杜香-泥炭藓沼泽对照；OL-T. 狭叶杜香-泥炭藓沼泽增温

低。8 月温度升高显著降低了柴桦-泥炭藓沼泽湿地和狭叶杜香-泥炭藓沼泽湿地甲烷氧化菌数量（$p<0.05$），而 9 月温度升高显著提高了两种植被群落类型下甲烷氧化菌数量（$p<0.05$）（图 4-11），说明甲烷氧化菌对温度变化的响应较为复杂，其变化因月份而异。OTC 增温处理下两种灌丛-泥炭藓湿地土壤孔隙水 DOC 浓度均增加。其中，温度升高导致 6 月、7 月、9 月柴桦-泥炭藓沼泽湿地及 7 月、9 月的狭叶杜香-泥炭藓沼泽湿地 DOC 浓度显著增加（$p<0.05$）（图 4-12），说明温度升高能提高活性碳含量，为甲烷循环微生物提供更多的底物，并促进沼泽湿地甲烷释放。

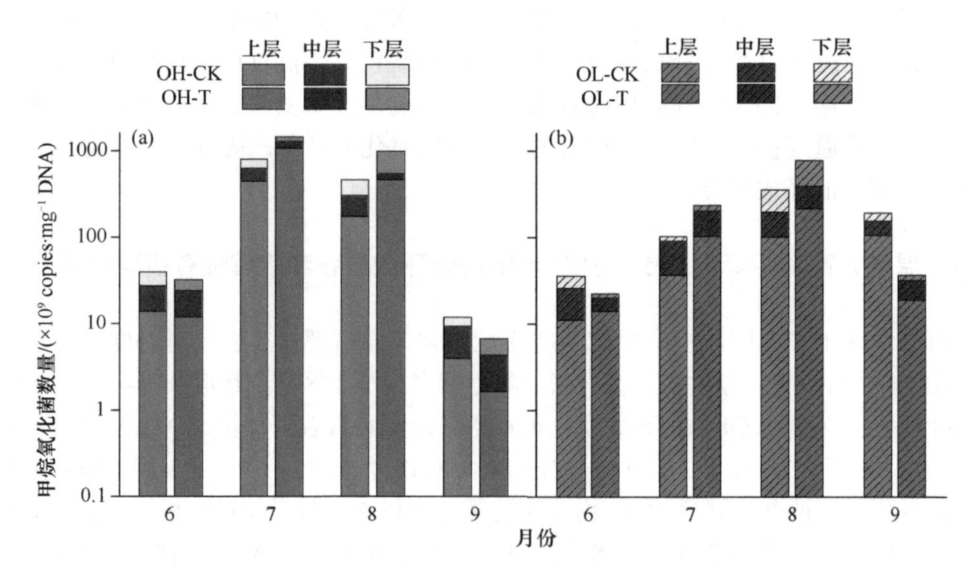

图 4-11 生长季 OTC 内外不同深度土壤孔隙水甲烷氧化菌变化特征

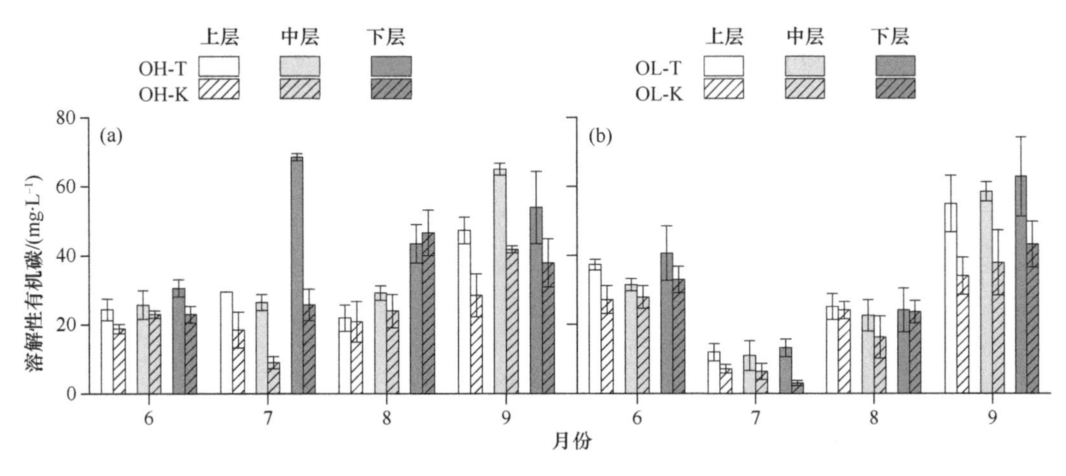

图 4-12　生长季 OTC 内外不同深度土壤孔隙水溶解性有机碳含量

4.2.4　温度升高及碳输入对微生物介导的沼泽湿地土壤碳氮循环的影响

沼泽湿地土壤有机碳矿化对温度升高的响应受可利用性基质的影响。温度由 10℃升高至 15℃可导致大兴安岭沼泽湿地表层和深层原有土壤碳矿化量分别增加 30.34%和 22.55%（图 4-13），温度升高可显著促进外源添加有机碳的分解（图 4-14）（Jiang et al., 2022）。在培养前期（7 天）葡萄糖添加对沼泽湿地土壤碳矿化表现为正激发效应，而且温度升高增强了激发效应，但在培养 14 天后随着土壤活性碳组分的消耗利用，10℃条件下首先表现为负激发效应（图 4-15）。温度升高显著降低了深层土壤微生物生物量碳含量（图 4-16），说明增温条件下，微生物首先利用活性碳组分，由于室内培养环境缺少外来新鲜碳源的供给，温度升高提高了微生物活性和分解速率，增加了微生物对活性碳组分的消耗利用，引起土壤微生物碳限制。葡萄糖输入提高了深层土壤微生物生物量碳含量，尤其是在 10℃条件下达到显著水平，说明温度升高对沼泽湿地土壤有机碳矿化的影响受可利用性基质的影响。

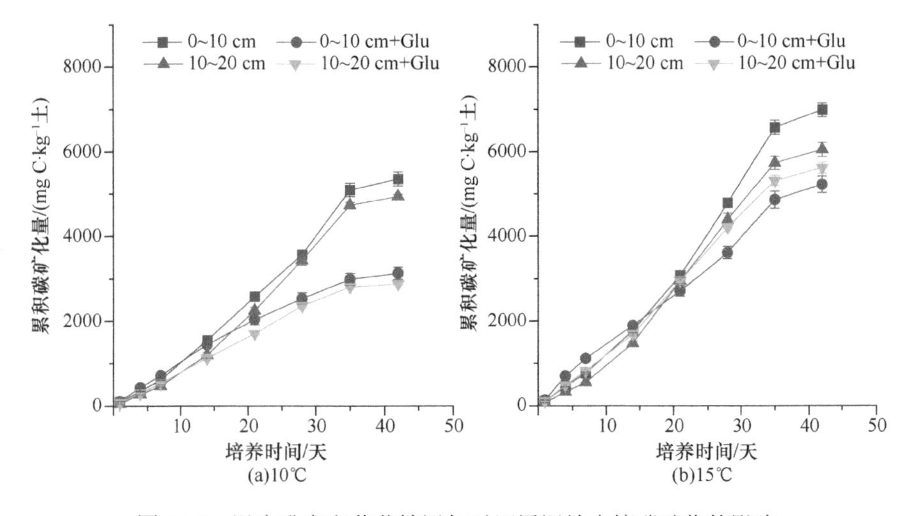

图 4-13　温度升高和葡萄糖添加对沼泽湿地土壤碳矿化的影响

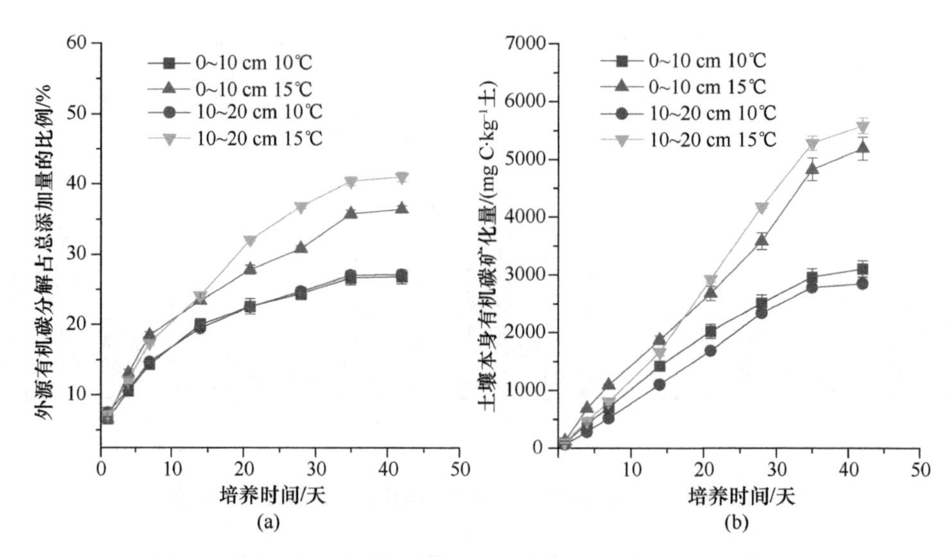

图 4-14　温度升高对葡萄糖添加对沼泽湿地土壤有机碳矿化的影响

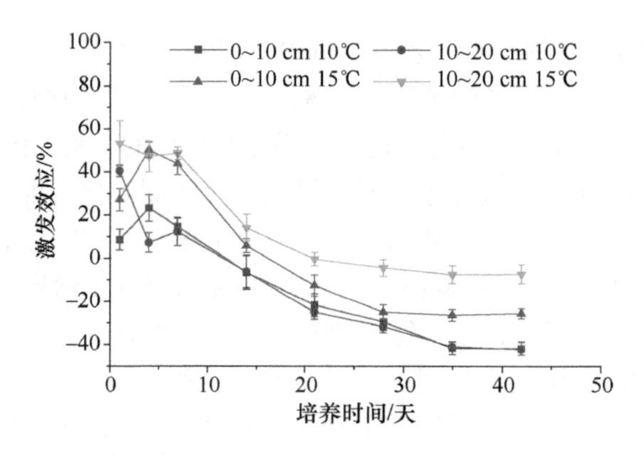

图 4-15　温度升高对沼泽湿地土壤有机碳矿化激发效应的影响

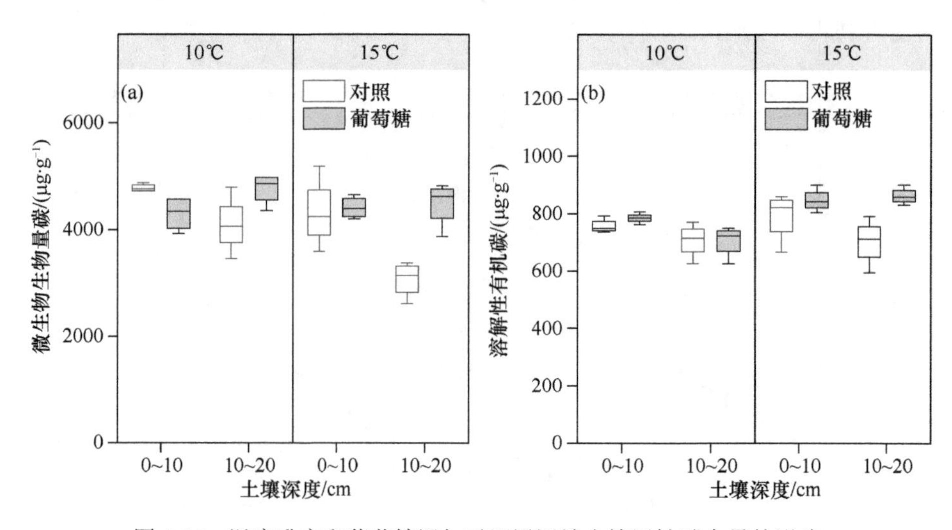

图 4-16　温度升高和葡萄糖添加对沼泽湿地土壤活性碳含量的影响

温度升高 5℃显著提高了沼泽湿地土壤氨态氮和硝态氮含量（图 4-17），说明温度升高能够促进土壤氮周转速率，增加土壤有效氮含量。葡萄糖添加降低了 10℃条件下表层和深层及 15℃条件下表层土壤氨态氮和硝态氮含量，说明碳源的输入增加了微生物对有效氮的吸收和利用，进而导致微生物受氮限制，对有机碳矿化产生负激发效应。

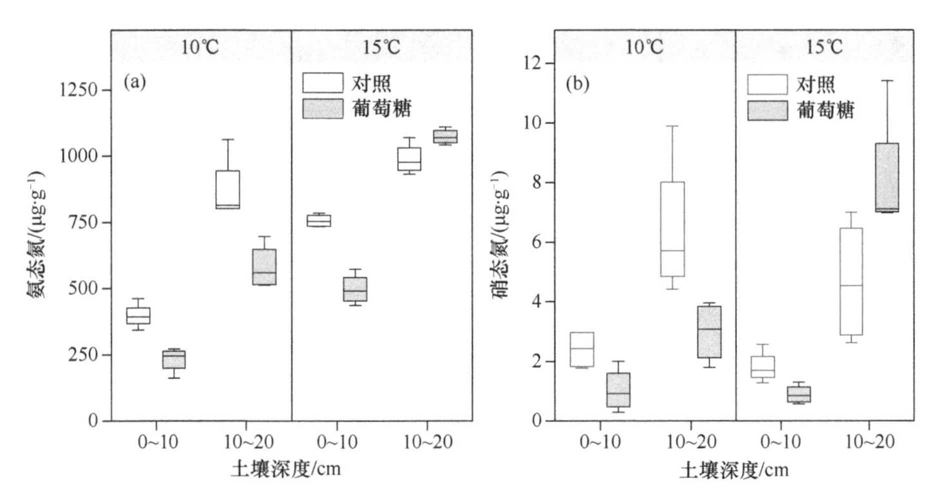

图 4-17 温度升高和葡萄糖添加对沼泽湿地土壤有效氮含量的影响

温度由 10℃升高至 15℃显著降低了沼泽湿地表层土壤甲烷氧化菌（*pmo*A）数量，但增加了深层土壤甲烷氧化菌数量（图 4-18），说明温度升高能够抑制表层土壤甲烷氧化过程，但有利于深层土壤甲烷氧化（高思齐等，2020）。葡萄糖添加提高了深层土壤甲烷氧化菌的数量，10℃和 15℃条件下表层和深层土壤甲烷氧化菌数量均发生显著变化。说明碳源的输入能够影响甲烷氧化菌对 CH_4 的利用。温度由 10℃升高至 15℃降低了沼泽湿地表层土壤产甲烷菌（*mcr*A）数量（图 4-18），葡萄糖添加提高了深层土壤产甲烷菌数量，在 10℃条件下葡萄糖添加显著影响了表层和深层土壤产甲烷菌数量。温度由 10℃升高至 15℃降低了沼泽湿地表层土壤古菌和细菌数量（图 4-18），但未显著影响深层土壤古菌数量。葡萄糖添加导致表层土壤古菌数量随温度的升高而增加，葡萄糖添加显著影响了 10℃和 15℃条件下表层土壤古菌数量，在 15℃条件下表层和深层土壤总细菌数量与可利用有机碳含量显著相关，说明土壤细菌数量受碳源有效性的显著影响。

温度由 10℃升高至 15℃降低了沼泽湿地表层土壤氨氧化细菌数量（图 4-18）。在 10℃条件下葡萄糖添加未显著影响土壤氨氧化细菌数量，但在 15℃条件下葡萄糖添加显著影响了表层和深层土壤氨氧化细菌数量。温度由 10℃升高至 15℃显著增加了表层土壤 *nir*K 和 *nir*S 功能基因丰度（图 4-18），说明温度升高能够提高土壤反硝化细菌数量，有利于土壤反硝化作用。葡萄糖添加提高了深层土壤反硝化细菌数量，说明碳源的输入能够影响深层土壤氮素循环。

温度由 10℃升高至 15℃提高了沼泽湿地表层土壤 β-葡萄糖苷酶活性，但抑制了表层和深层土壤蔗糖酶活性（图 4-19），酶活性响应的差异说明温度升高改变了微生物碳源需求。由于 β-葡萄糖苷酶参与纤维素等较为惰性组分的分解，而蔗糖酶可参与多糖等小分子活性碳组分的分解，说明温度升高会通过提高 β-葡萄糖苷酶活性促进惰性碳组分

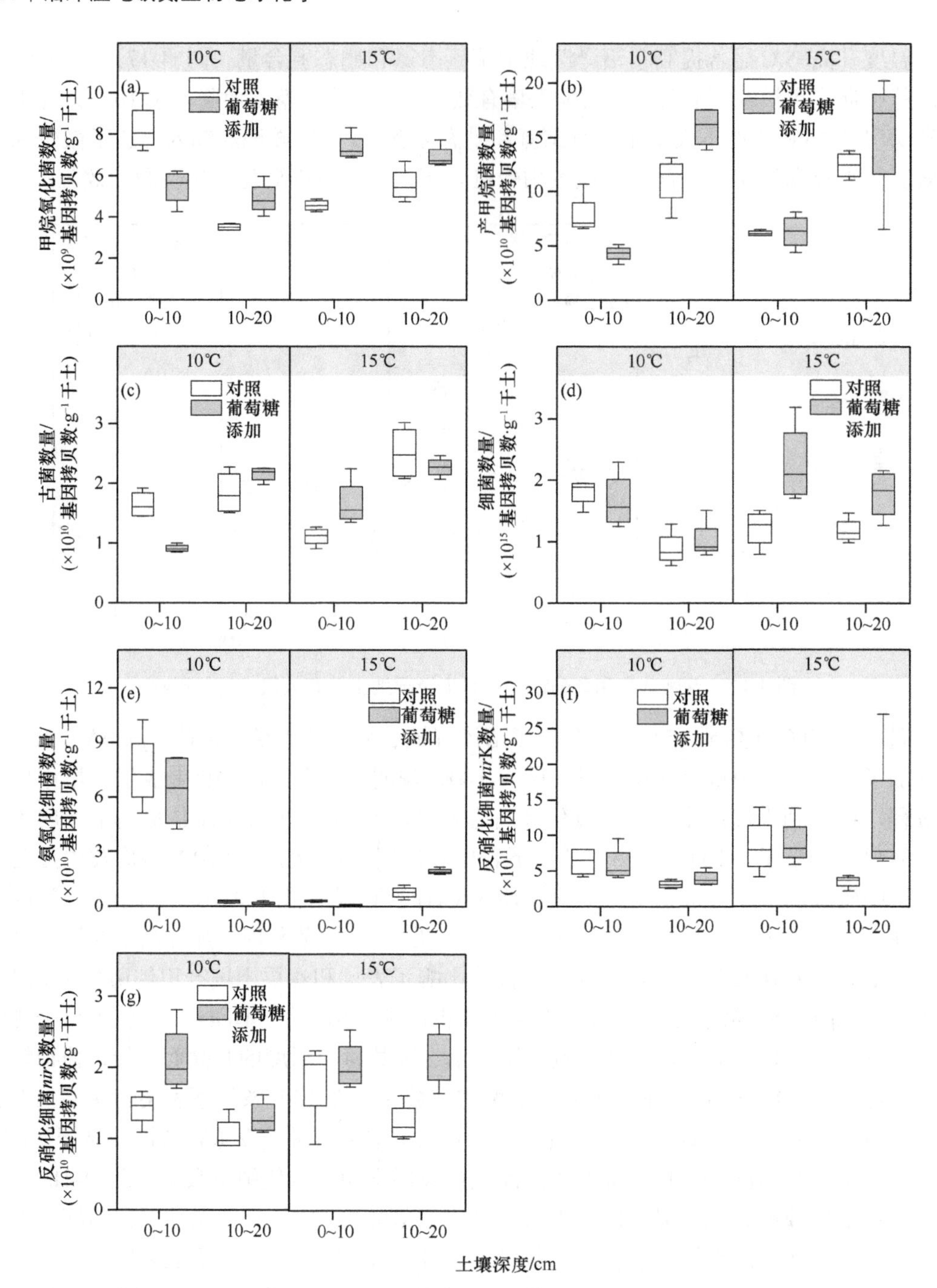

图 4-18 温度升高和葡萄糖添加对沼泽湿地土壤微生物丰度的影响

的分解，引起土壤活性碳组分的消耗，导致蔗糖酶底物减少进而抑制蔗糖酶活性。15℃条件下葡萄糖添加提高了深层土壤 β-葡萄糖苷酶和蔗糖酶活性，说明高温条件下活性有机碳添加能够促进深层土壤微生物分泌 β-葡萄糖苷酶和蔗糖酶。温度升高显著抑制了土壤脲酶活性但对酸性磷酸酶活性没有显著影响。10℃条件下葡萄糖添加显著提高了深层土壤脲酶和酸性磷酸酶活性。

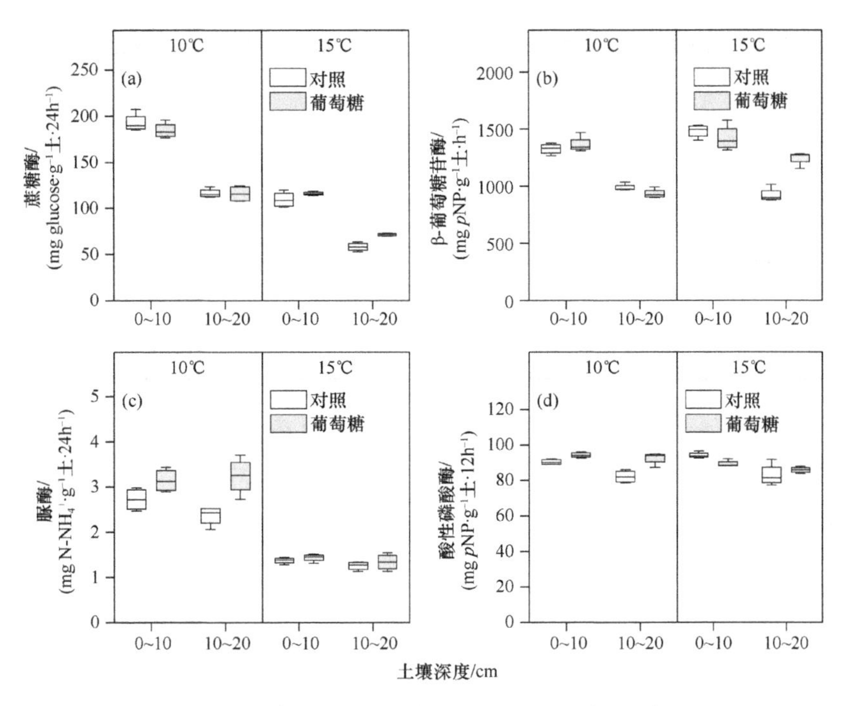

图 4-19　温度升高和葡萄糖添加对沼泽湿地土壤酶活性的影响

4.2.5　温度升高及根系输入对微生物介导的沼泽湿地土壤碳氮循环的影响

采集大兴安岭沼泽湿地 0～15 cm 表层和 15～30 cm 亚表层土壤，在 5℃、10℃、15℃三个温度下开展为期 150 天的增温模拟试验，同时收集典型植被羊胡子草的根系，设置根系添加处理，研究温度升高及根系添加对沼泽湿地土壤碳氮循环的影响。研究发现：随着温度升高，沼泽湿地土壤微生物呼吸作用增强，表层土壤和亚表层土壤碳矿化量均显著增加（图 4-20，表 4-1），表层和亚表层土壤有机碳矿化温度敏感性 Q_{10}

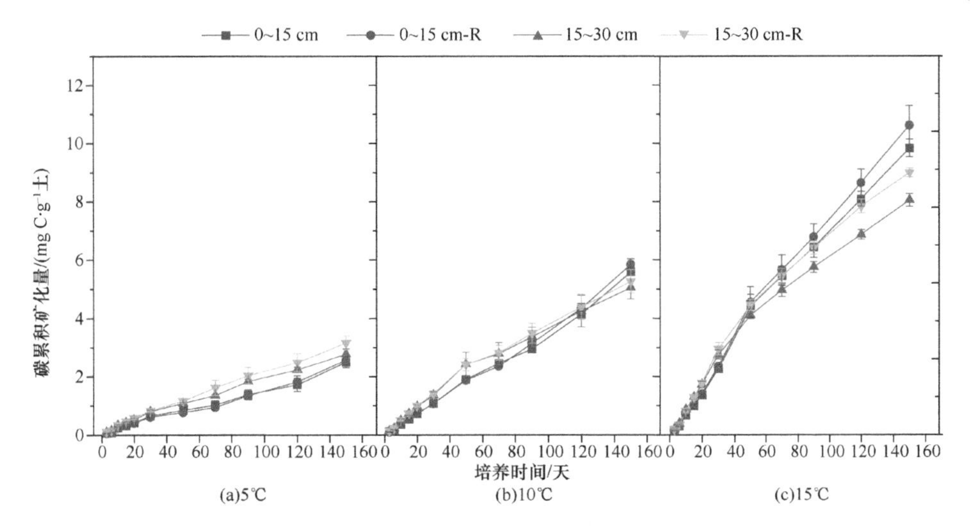

图 4-20　增温及根系添加对沼泽湿地土壤碳累积矿化量的影响

R 表示根系添加处理

表 4-1 增温及根系添加对沼泽湿地土壤总碳矿化量和碳矿化速率的影响

处理	培养温度	总碳矿化量/（mg C·g^{-1} 土）		平均碳矿化速率/（mg C·kg^{-1} 土·d^{-1}）	
		0～15 cm	15～30 cm	0～15 cm	15～30 cm
对照	5℃	2.49±0.19	2.77±0.19	16.60±1.28	18.44±1.25
	10℃	5.58±0.07	5.04±0.40	37.21±0.48	33.60±2.65
	15℃	9.83±0.30	8.04±0.22	65.52±1.99	53.65±1.49
根系添加	5℃	2.56±0.14	3.16±0.24	17.07±0.93	21.03±1.57
	10℃	5.83±0.20	5.26±0.40	38.89±1.30	35.04±2.63
	15℃	10.61±0.67	8.99±0.15	70.73±4.48	59.93±0.99

值分别为 3.95 和 2.91。在 5℃条件下，土壤有机碳矿化量在整个培养过程中均表现为亚表层土壤高于表层土壤，但在 10℃和 15℃条件下，随着亚表层土壤活性碳组分的消耗，后期碳矿化量表现为表层土壤大于亚表层土壤。根系添加为土壤微生物提供能源和基质，促进了沼泽湿地土壤碳矿化，尤其是在培养末期对沼泽湿地亚表层土壤碳矿化的影响更为显著。

温度升高显著提高了沼泽湿地 0～15 cm 表层土壤净氮矿化速率（图 4-21）。15℃条件下为 5℃条件下的 6.75 倍，说明温度升高提高了沼泽湿地表层土壤氮周转速率。温度升高提高了沼泽湿地表层及亚表层土壤净硝化速率，由于温度升高提高了沼泽湿地土壤

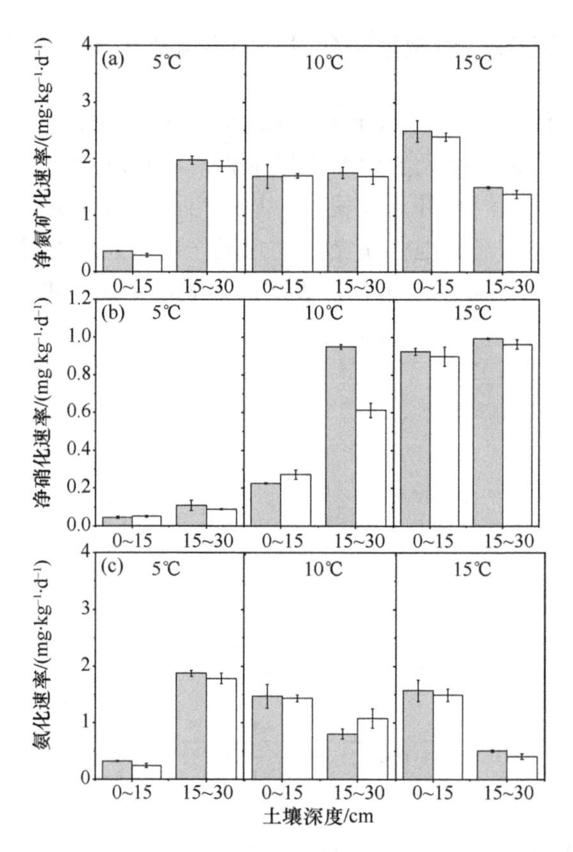

图 4-21 增温及根系添加对沼泽湿地土壤氮矿化的影响

的氧化能力，表层土壤氨化速率随温度的升高而增加，但温度升高导致亚表层土壤氨化速率降低，主要是硝化作用对氨氮的消耗利用所致。

沼泽湿地 0～15 cm 和 15～30 cm 土壤微生物生物量碳及溶解性有机碳含量随温度的升高显著降低（图 4-22）。说明增温条件下，土壤微生物首先利用活性碳组分。尤其是在室内培养环境下，土壤微生物快速分解活性有机碳，由于缺少外来新鲜碳源的供给，温度升高提高了湿地土壤微生物活性和分解速率，增加了微生物对活性碳组分的消耗利用。根系输入为微生物提供碳源，提高了不同温度下 15～30 cm 土层溶解性有机碳含量。

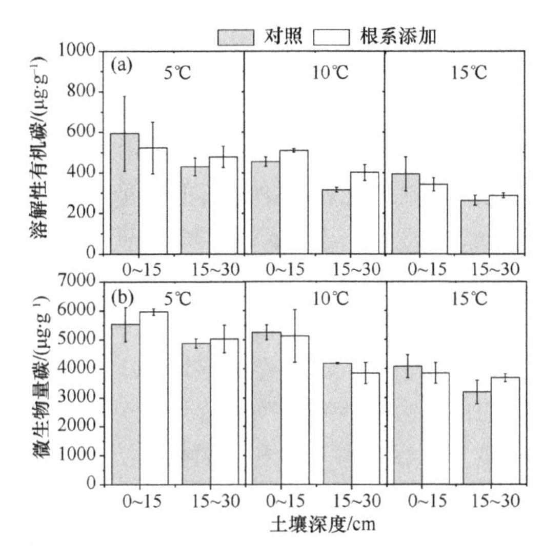

图 4-22　增温及根系添加对沼泽湿地土壤活性碳组分的影响

沼泽湿地 0～15 cm 表层土壤 β-葡萄糖苷酶活性随温度的升高而增加，而土壤蔗糖酶活性随温度的升高而降低（图 4-23），根系添加提高了沼泽湿地土壤蔗糖酶活性。蔗糖酶参与植物残体的分解，根系添加促进了土壤微生物分泌蔗糖酶。增温及根系添加对

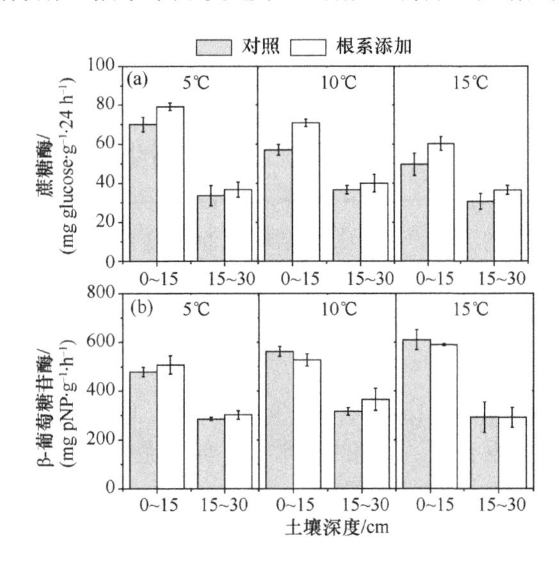

图 4-23　增温及根系添加对沼泽湿地土壤酶活性的影响

沼泽湿地土壤脲酶和酸性磷酸酶没有显著影响。不同温度下沼泽湿地 0～15 cm 表层土壤蔗糖酶和 β-葡萄糖苷酶活性和微生物生物量碳、溶解性有机碳含量高于 15～30 cm 土壤，主要是由于 0～15 cm 表层土壤中植物枯落物和根系含量高，更有利于微生物利用产生活性碳组分，并分泌更多的土壤酶。

4.3 微生物介导的沼泽湿地土壤碳氮循环对水分变化的响应

水分条件是湿地生态系统的基本属性，湿地的负地形特点导致同一区域湿地土壤水分具有显著的时间和空间变异性（宋阳，2017）。而且沼泽湿地水分平衡受降水、径流和地下水的综合作用，季节变化使得水文状况呈现周期性变化。降雨量大小对沼泽湿地水文条件的影响主要为改变湿地土壤含水量和地表积水的空间分布状况（侯翠翠，2012）。沼泽湿地水分状况决定湿地地表植物群落的类型与结构及土壤的养分状况，影响生态系统生产力。同时，水分状况决定土壤的好氧/厌氧环境，是影响土壤微生物活性、土壤有机碳分解和温室气体排放的重要因子（Manzoni et al.，2012；Zhao et al.，2020）。尤其是对于高寒区的冻土湿地，水分是控制土壤有机碳分解和 CO_2 释放的重要因子（Turetsky，2004；汪浩等，2014）。淹水 5 cm 条件下湿地 CO_2 通量显著低于–10 cm 和–20 cm 水位（Mwagona et al.，2021）。由于高寒区冻土湿地水分的主要来源为大气降水和冻土融化补给，湿地土壤有机碳分解存在着有氧和厌氧两种方式，这就使水分对湿地土壤分解的影响更具复杂性（张文菊等，2005；Gao et al.，2009）。土壤水分含量也是影响湿地 CH_4 通量和 CH_4 循环微生物的重要因子，不同水分条件下湿地 CH_4 通量与产甲烷菌和甲烷氧化菌丰度均呈显著正相关关系（Zhang et al.，2022）。冻土融化可能会导致冻土处于水分饱和的厌氧环境，也可导致地势较高的易排水地区变得更为干旱，冻土碳所处的好氧和厌氧环境的改变进而影响 CO_2 和 CH_4 释放，但是对碳释放的长期影响还存在较大的不确定性（Song et al.，2020b）。

不同水分条件下，沼泽湿地土壤微生物量、基础呼吸、代谢商和微生物商差异显著（侯翠翠，2012）。含水量降低可通过改善湿地土壤通气状况提高土壤微生物基础呼吸，并通过提高土壤黏粒含量和枯落物氮含量提高土壤微生物代谢商（He et al.，2020）。土壤水分的波动可导致湿地干旱和再湿，通过改变土壤微生物的活性影响土壤呼吸和 CH_4 释放（韩广轩，2017；李新鸽等，2019）（图 4-24）。干旱与降水增加都会改变湿地土壤微生物的群落结构与微生物活性，引起碳氮循环机制的变化（Fenner et al.，2005）。Kraigher 等（2006）通过分析土壤微生物活性与含水量的关系发现，湿地土壤含水量较大时，微生物活性较强。适当增加土壤水分含量可以促进沼泽湿地土壤有机质的分解与营养物质的释放，为微生物活性提供生命元素（侯翠翠，2012），但过多的土壤水分可降低氧的有效性，抑制好氧微生物活性，降低微生物呼吸，减少 CO_2 释放（Zhao et al. 2020）。土壤微生物生物量碳与积水条件的关系表明，短期的积水条件促进微生物对土壤碳的分解，增强土壤微生物活性，而地表长期淹水不利于真菌的生长（Rinklebe and Langer，2006）。

在湿地生态系统中，土壤水分含量、分布及运移决定了土壤盐分状况及通气性能，从而影响土壤微生物群落的组成与多样性（王金爽等，2015）。不同的微生物种类对水

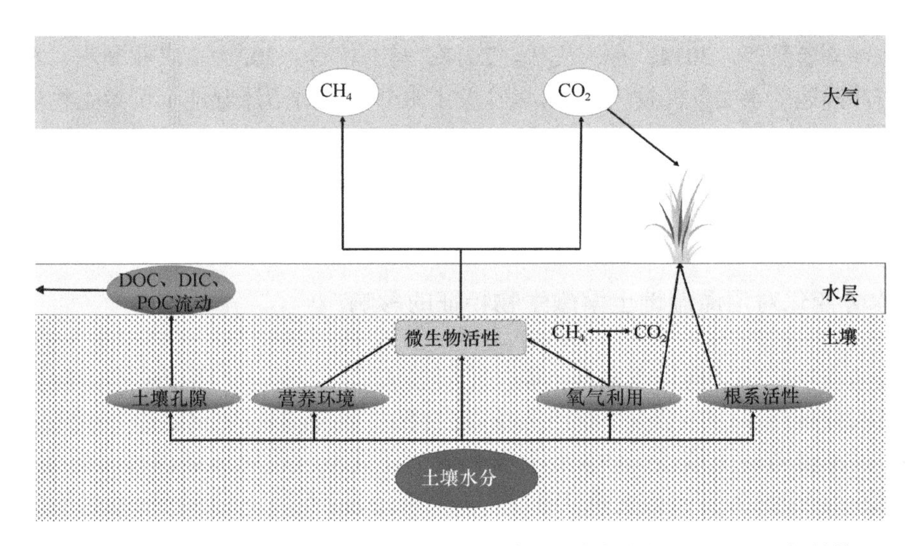

图 4-24 水分变化对湿地土壤 CO_2 和 CH_4 释放的影响（改自韩广轩，2017；李新鸽等，2019）

分变化的响应机制不同，随着水分梯度的变化，不同微生物种类变化幅度不同，必然会引起土壤中微生物群落结构变化，不同微生物种类对土壤中有机质分解发挥着不同的作用，其群落结构变化对有机碳的分解途径与程度产生影响。水位变化能够影响湿地土壤细菌和真菌多样性，真菌对水位变化的敏感性要高于细菌（Ren et al.，2022）。湿地土壤古菌群落结构与土壤含水量呈正相关（Li et al.，2019）。水位下降通过影响古菌群落显著降低沼泽湿地 CH_4 释放（Chen et al.，2021）。产甲烷菌需要严格的厌氧环境才能生存，在淹水厌氧环境下产甲烷菌丰度高，产生并释放大量的 CH_4（Mcewing et al.，2015）。水位变化也能通过影响 CH_4 氧化过程影响 CH_4 通量（White et al.，2008）。甲烷氧化菌是好氧性细菌，淹水不仅导致 CH_4 和氧的运动速度减慢，而且使土壤甲烷氧化菌的活性受到抑制，从而增加 CH_4 的排放（娄运生等，2010）。Moore 和 Dalva（1993）及 Turetsky 等（2008）认为水位变化对湿地 CH_4 排放的影响比温度升高的影响更大。因此，在气候变化背景下，加强不同水文条件下沼泽湿地不同种类微生物对土壤有机碳分解和 CO_2、CH_4 释放影响的研究，对于评价沼泽湿地“碳汇”能力和生态系统碳循环具有重要意义。

冻土区沼泽湿地土壤中存在未冻结的水，对微生物的物质代谢起到至关重要的作用。活动层过多的土壤含水量能限制氧气的扩散，进而抑制好氧微生物的活性，提高厌氧微生物的活性。气候变暖引起冻土融化将导致湿地含水量增加、水位升高，尤其是伴随着土壤温度升高，厌氧分解活性增强，进而促进 CH_4 产生（Turetsky et al.，2008；Smith et al.，2012；Swindles et al.，2015）。另外气候变暖促进蒸发和减少降雨导致湿地水位下降，使土壤表面形成有氧环境，有利于 CH_4 氧化菌生存，进而降低 CH_4 通量，对气候变暖产生负反馈（Faubert et al.，2011；Pypker et al.，2013）。研究沼泽湿地 CH_4 排放对气候变化的响应应考虑温度和水分变化对 CH_4 产生、氧化和传输的综合效应。

水位变化不仅能改变湿地土壤微生物群落结构和碳分解能力，也能影响湿地氮矿化等氮循环过程（Bai et al.，2012；Li et al.，2021）。土壤水分状况与其他土壤理化性质共同决定了土壤的孔隙度及孔隙分布，从而影响氧气在土壤中的流通，影响湿地土壤固氮菌、氨氧化细菌和反硝化细菌等氮循环功能微生物丰度，进而改变土壤氮循环过程，影响湿地

N_2O 释放（刘若萱等，2014；孙翼飞等，2017；马秀艳等，2021）。农业利用、水分输出等使得沼泽湿地的水文条件发生改变，以往关于水分变化对沼泽湿地土壤微生物群落及其活性影响的研究还相对较少，特别是缺乏长期控制试验研究。因此，研究长期水分变化及其与其他环境因子的交互作用对沼泽湿地土壤碳氮循环相关微生物丰度、组成和功能活性的影响对于明确未来气候变化影响下沼泽湿地生态系统氮循环过程具有重要意义。

4.3.1 水分变化对沼泽湿地土壤微生物特征的影响

土壤微生物生物量碳是土壤有机碳的重要组成部分，也是土壤重要的活性有机碳指标。不同水分条件下小叶章沼泽湿地土壤微生物生物量碳季节变化明显。小叶章沼泽化草甸和小叶章湿草甸土壤微生物生物量碳在 6 月下旬都表现出下降趋势（图 4-25）。小叶章沼泽化草甸 5～6 月地表水位从 0 cm 上升为 10 cm 左右，土壤微生物生物量碳含量下降了 83.09%，至 7 月下旬土壤微生物生物量碳含量显著增大，说明此时淹水土壤中微生物活性较强。受温度变化的影响小叶章湿草甸土壤微生物生物量碳含量在 8 月达到最大值，9 月明显下降（侯翠翠，2012）。季节性积水小叶章沼泽化草甸表层土壤生长季内土壤微生物生物量碳含量低于小叶章湿草甸，说明水分增加使得地表形成积水环境抑制了微生物活性。相关分析表明，小叶章沼泽化草甸土壤中微生物生物量碳与轻组有机碳含量具有显著正相关关系，但在小叶章湿草甸中关系不明显，说明淹水条件下，可利用性碳源对微生物活性的制约性更大。

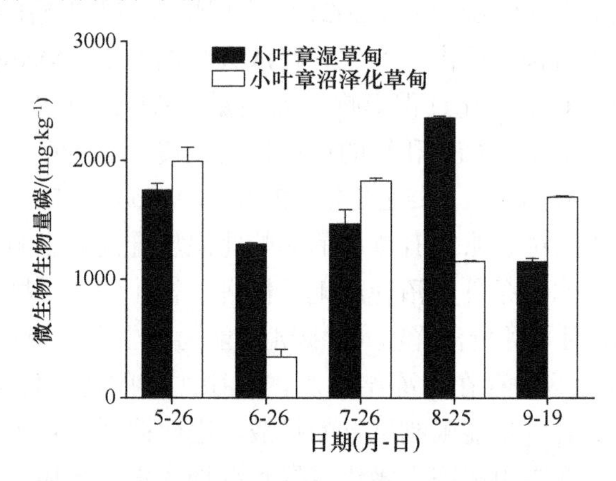

图 4-25　不同水分条件下小叶章沼泽湿地土壤微生物生物量碳季节变化动态

土壤微生物商为土壤微生物生物量碳与土壤总有机碳的比值，可以作为评价土壤健康和过程变化的有效指标（Post and Kwon，2000），其变化可以表征土壤中的有机质输入动态，以及土壤中的碳损失和土壤矿物质固定碳的能力（Sparling，1992）。不同季节沼泽湿地土壤微生物商变化明显，小叶章湿草甸季节变异系数大于小叶章沼泽化草甸，说明水文周期对未淹水和淹水环境下湿地土壤微生物活性的影响不同。小叶章沼泽化草甸土壤微生物商在 5～6 月低于湿草甸（图 4-26），其原因可能是较好的通气条件促进了微生物对有机碳的利用，7 月小叶章沼泽化草甸土壤微生物商表现为最大值，说明此时土壤微生物对有机碳的利用率较高。整个生长季沼泽湿地土壤微生物商与微生物生物量

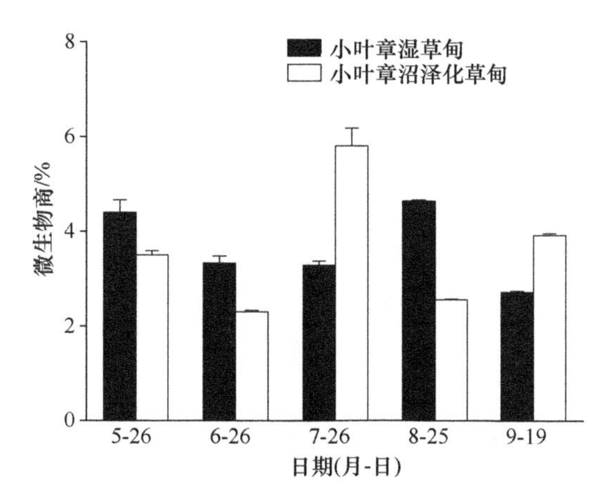

图 4-26 不同水分条件下小叶章沼泽湿地土壤微生物商季节变化

碳季节变化趋势一致，说明土壤微生物商的季节变化主要是环境因素对微生物种类和数量的影响引起的。

生长季 5～8 月 10～20 cm 积水毛薹草沼泽湿地土壤微生物生物量碳含量明显高于 17～30 cm 积水沼泽［图 4-27（a）］，说明水位增加对沼泽湿地土壤微生物活性具有明显抑制作用。不同积水条件下毛薹草沼泽湿地土壤微生物生物量碳含量季节变化趋势相同。低浅积水条件下，沼泽湿地微生物活性仍受到土壤有机碳含量的明显限制，但水位增加缓解了其限制。不同积水水位条件下毛薹草沼泽湿地微生物商差异显著，生长季内变化较小，说明其有机碳积累处于较为稳定状态，并且 10～20 cm 积水环境下毛薹草湿地相对于高水位环境更易受到环境胁迫的影响。

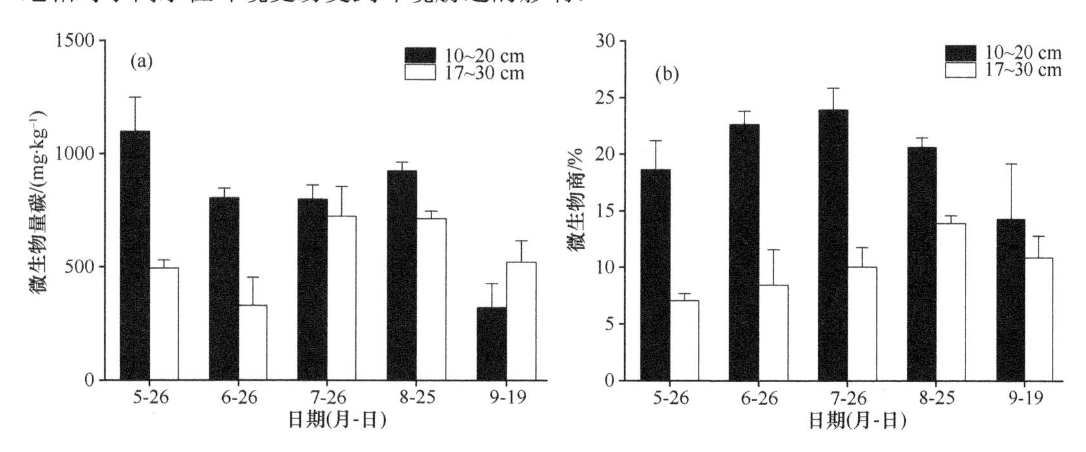

图 4-27 不同水分条件下毛薹草湿地土壤微生物生物量碳与微生物商季节变化动态

土壤基础呼吸是反映土壤微生物活性的重要指标。沼泽湿地表层 0～15 cm 土壤在积水水位 0 cm 和 10 cm 时土壤基础呼吸速率较高，积水水位 30 cm 时土壤基础呼吸速率最低，并与其他处理差异极显著，表明积水水位 0～10 cm 土壤基础呼吸具有较高的水平，水位过低或过高不利于土壤呼吸，积水水位过高明显抑制了土壤呼吸（杨桂生等，2010）。15～50 cm 土壤基础呼吸速率远低于 0～15 cm 土壤，表明不同深度土壤基础呼吸存在差异；15～50 cm 土壤基础呼吸速率在积水水位–10 cm 时最大，且与其他水位环境下差异极显著，其他水位环境下土壤基础呼吸较低，积水水位为 0 cm 与 10 cm 和 30 cm 环境下土壤基础呼吸处理差异不显著（图 4-28）。

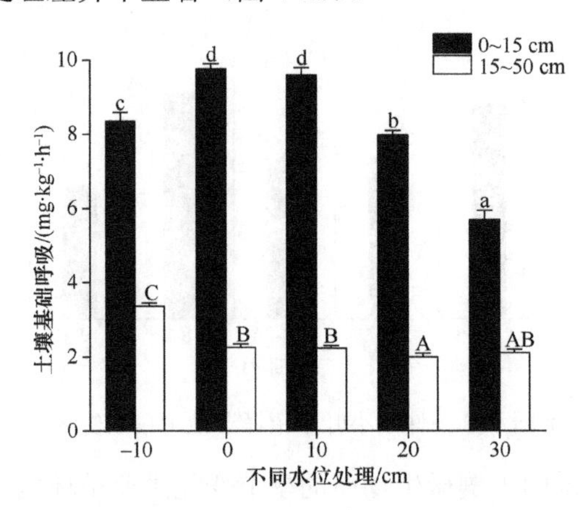

图 4-28　水分变化对沼泽湿地土壤基础呼吸的影响

不同小写字母表示 0～15 cm 土壤各处理间差异显著（$p<0.05$）；不同大写字母表示 15～50 cm 土壤各处理间差异显著（$p<0.05$）

沼泽湿地 0～15 cm 土壤微生物商大于 15～50 cm 土壤，随着水位增加 0～15 cm 土壤微生物商明显下降，除了积水水位 0 cm 和 10 cm 处理，其他处理间差异显著；随着积水水位的增加，15～50 cm 土壤微生物商呈下降趋势，但积水水深为 10 cm、20 cm 和 30 cm 环境下土壤微生物商差异不显著（表 4-2）。积水水位由–10 cm 变为 10 cm，沼泽湿地土壤微生物代谢商明显增加，表明积水水位的增加对湿地土壤微生物群落的胁迫作用增加，微生物群落发生明显改变；积水水位由 10 cm 增加到 30 cm，土壤微生物代谢商差异不显著，这是由于适应长期淹水环境的微生物群落生存，但积水水位的增加导致土壤微生物活性降低。积水水位 30 cm 条件下，0～15 cm 和 15～50 cm 土壤微生物代谢商均高于其他处理，表明积水水位 30 cm 对沼泽湿地土壤微生物群落胁迫作用增强，土壤微生物活性降低，土壤微生物群落发生改变。

表 4-2　水分变化对沼泽湿地土壤微生物商和代谢商的影响

积水水深/ cm	微生物商/%		代谢商/（$mg\cdot g^{-1}\cdot h^{-1}$）	
	0~15 cm	15~50 cm	0~15 cm	15~50 cm
–10	5.97d	2.54c	2.87a	3.13a
0	4.79c	1.64b	3.87b	4.19b
10	4.53c	1.41a	4.17c	4.51c
20	4.32b	1.42a	3.97b	4.13b
30	3.06a	1.44a	4.31c	4.58c

注：不同字母表示同一土壤层内差异显著（$p<0.05$）

4.3.2　水分变化对沼泽湿地土壤有机碳矿化和甲烷释放及其温度敏感性的影响

4.3.2.1　水分变化对沼泽湿地土壤有机碳矿化和甲烷释放的影响

对比不同水分条件下的小叶章草甸沼泽土壤有机碳矿化速率及累积矿化量可看

出，除淹水条件下小叶章沼泽湿地土壤在培养初期具有最高的有机碳矿化速率外，在培养的前 27 天内，各水分处理沼泽湿地土壤有机碳矿化速率呈逐渐增加趋势，之后逐渐降低。116 天培养时间内表现为水分增加促进了土壤有机碳的矿化，60%持水量条件下土壤具有最低的有机碳矿化速率及累积矿化量，但 100%持水量条件下土壤有机碳矿化速率略高于 150%持水量，但二者差异不显著。200%持水量环境下土壤有机碳矿化明显增加（图 4-29）。小叶章沼泽湿地表层土壤随含水量增加（60%、100%、150%、200%持水量）土壤有机碳矿化量分别为 1.80 g（CO_2-C）$\cdot kg^{-1}$ 干土、2.31 g（CO_2-C）$\cdot kg^{-1}$ 干土、1.98 g（CO_2-C）$\cdot kg^{-1}$ 干土、2.44 g（CO_2-C）$\cdot kg^{-1}$ 干土。

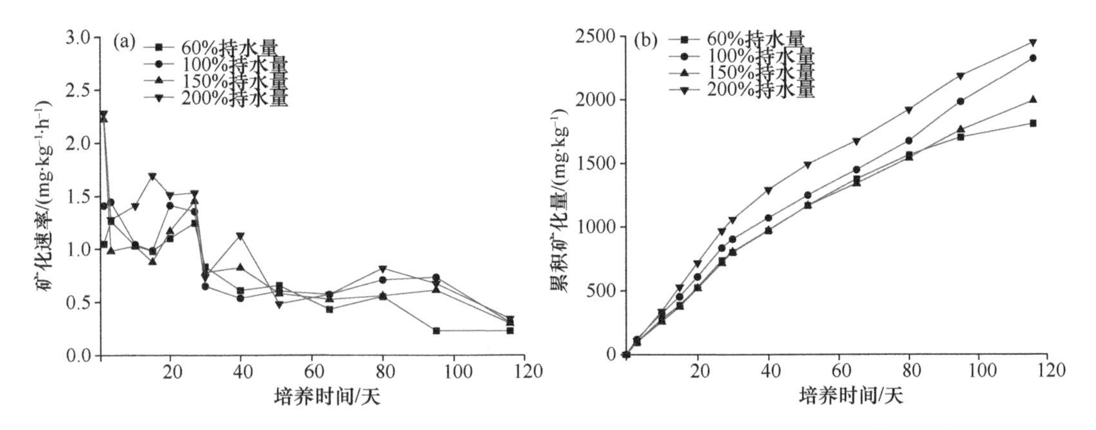

图 4-29　不同水分条件下小叶章沼泽湿地土壤有机碳矿化速率与累积矿化量变化

小叶章草甸沼泽湿地土壤 CH_4 释放速率随含水量的增加而增加，整个培养时间内 CH_4 释放速率呈现波动式变化（图 4-30），总体趋势较为平稳，而两种淹水环境下 CH_4 的释放速率差异显著。对比不同水分条件下的 CH_4 累积释放量可以看出，除 60%持水量条件下土壤表现出对 CH_4 的吸收外，其他 3 种水分环境均表现为 CH_4 的排放（图 4-30），且随含水量增加 CH_4 释放量增大，不同水分环境下 CH_4 累积释放量差异显著。

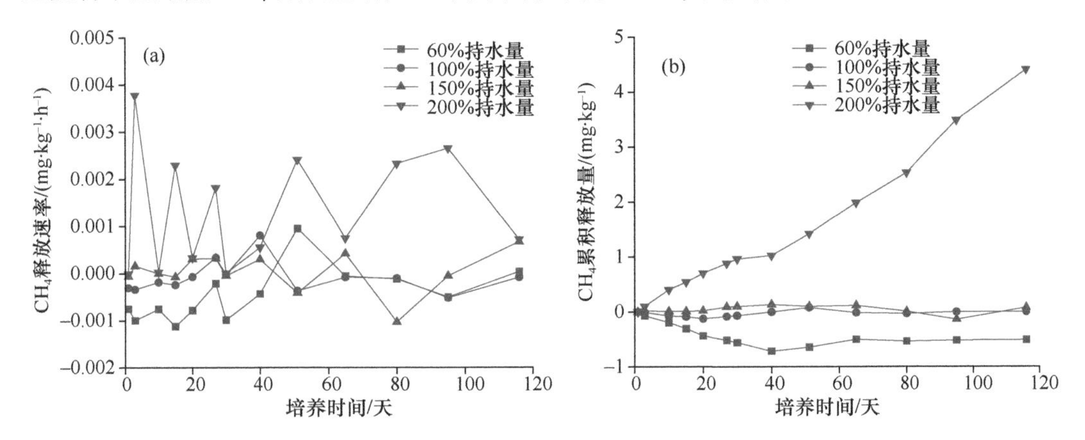

图 4-30　不同水分条件下小叶章沼泽湿地土壤 CH_4 排放速率与累积释放量变化

不同含水量环境下，小叶章沼泽湿地表层土壤微生物生物量碳含量随培养时间延长而逐渐下降（图 4-31）。其原因可能为土壤中可利用性有机质含量减少，抑制了微生物

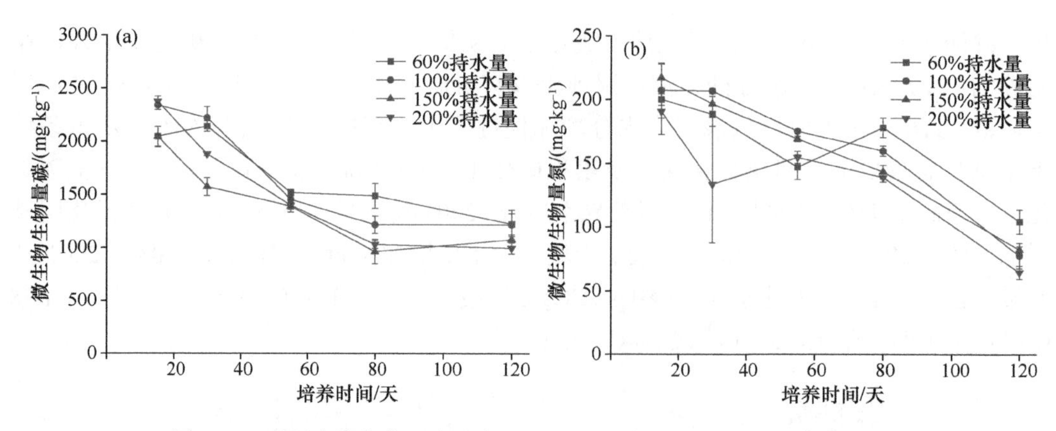

图 4-31　不同水分条件下小叶章沼泽湿地土壤 MBC 与 MBN 含量变化

活性。不同水分条件下沼泽湿地土壤微生物生物量碳表现出明显差异，其中 100%持水量环境下土壤初始微生物生物量碳含量最高，随培养时间延长逐渐低于 60%持水量土壤，但始终高于 150%、200%持水量土壤，整个培养期，除 60%持水量外，各高含水量土壤微生物生物量碳含量差异显著。含水量对沼泽湿地土壤微生物生物量氮含量的影响与微生物生物量碳不同，除 60%与 200%持水量环境下土壤微生物生物量氮在培养中期出现先下降后上升趋势外，其他 2 种水分环境下均呈持续下降趋势。200%持水量环境下土壤微生物生物量氮含量最低，其他水分环境下土壤微生物生物量氮含量之间差异不显著。

土壤 MBC∶MBN 常用来作为衡量生态系统微生物群落结构的指标。不同水分条件下沼泽湿地土壤MBC∶MBN大小表现为200%持水量>100%持水量>60%持水量>150%持水量（图 4-32），MBC∶MBN 在培养的前 90 天呈微弱的下降趋势，但在后期逐渐上升，与水分含量关系不明显。60%和 200%持水量条件下土壤 MBC∶MBN 与 150%持水量条件下差异显著。由于水分能够影响土壤透气性，改变微生物的种类，随培养时间的延长，土壤中易分解有机质及营养元素被微生物消耗利用，至培养后期，微生物种类可能由依赖易分解有机质的微生物向分解稳定性有机质的微生物改变，从而引起微生物种群的改变。

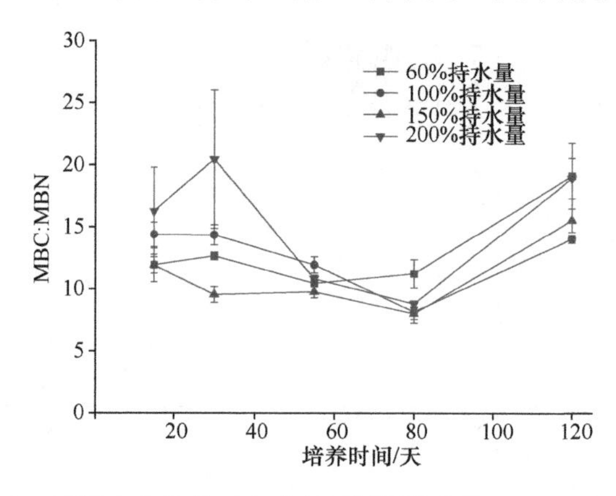

图 4-32　不同水分条件下小叶章沼泽湿地土壤 MBC/MBN 变化

水分条件可影响沼泽湿地土壤溶解性有机碳的释放，积水环境可以加速土壤中溶解性有机碳的流失。培养初期淹水条件下沼泽湿地土壤溶解性有机碳含量高于非淹水土壤

（60%、100%持水量）。整个培养时间内淹水条件下土壤溶解性有机碳变化较为平缓。非淹水条件下土壤溶解性有机碳含量呈明显上升趋势，以 100%持水量条件下最为明显，120 天培养期内，土壤溶解性有机碳含量由初始的 25.93 $mg{\cdot}kg^{-1}$ 上升为 167.35 $mg{\cdot}kg^{-1}$，增长了 545.39%（图 4-33）。

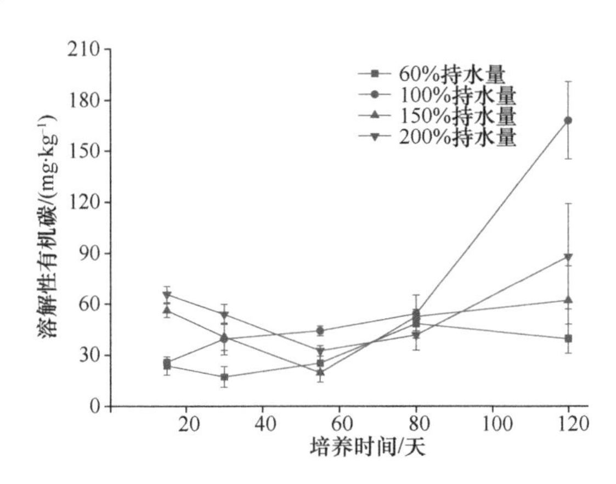

图 4-33　不同水分条件下小叶章沼泽湿地土壤溶解性有机碳含量变化

4.3.2.2　水分变化对沼泽湿地土壤有机碳矿化和甲烷释放温度敏感性的影响

水分变化能够影响沼泽湿地土壤有机碳矿化和 CH_4 释放的温度敏感性。基于水分变化对沼泽湿地土壤有机碳矿化和 CH_4 释放及相关微生物影响的模拟实验发现：淹水环境下 15℃时 0～20 cm 和 20～40 cm 湿地土壤有机碳矿化量是 5℃条件下的 1.7 倍，在原始含水量状态下 15℃培养条件下 0～20 cm 和 20～40 cm 湿地土壤有机碳矿化量分别是 5℃条件下的 3.36 倍和 2.74 倍（图 4-34），说明淹水环境能够降低土壤有机碳矿化的温度敏感性。淹水环境下，0～20 cm 土壤的 CH_4 累积释放量显著高于 20～40 cm 土壤（图 4-35），且 5℃时不同深度土壤的 CH_4 累积释放量在淹水条件下均显著高于对照，15℃时土壤的 CH_4 累积释放量显著高于 5℃时，说明气候变暖影响下，冻土退化导致的土壤水分变化和温度升高将显著促进多年冻土区沼泽湿地 CH_4 的释放。淹水环境下表层和深层土壤 CH_4 释放温度敏感性 Q_{10} 值分别为 17.41 和 31.89，对照处理表层和深层土壤 CH_4 释放温度敏感性 Q_{10} 值分别为 34 和 83.07（图 4-36），说明淹水处理能够显著降低沼泽湿地土壤 CH_4 释放的温度敏感性（Song et al.，2021b）。

水分和温度变化对沼泽湿地土壤有机碳矿化和 CH_4 释放的影响与微生物数量有关。与对照相比，淹水环境降低了沼泽湿地土壤细菌、真菌数量，提高了土壤产甲烷菌和甲烷氧化菌数量（图 4-37）。温度升高显著提高了沼泽湿地表层和深层土壤细菌、真菌、古菌、产甲烷菌和甲烷氧化菌数量。相关分析表明，沼泽湿地土壤 CO_2 累积释放量与土壤细菌、真菌、产甲烷菌、甲烷氧化菌和氨态氮含量呈显著正相关关系，CH_4 累积释放量与土壤细菌、真菌、古菌和氨态氮含量呈显著正相关关系，而且土壤氨态氮含量与土壤细菌、真菌数量呈显著正相关关系（表 4-3），说明水分和温度变化可通过影响沼泽湿地土壤微生物丰度及氮素有效性进而影响土壤有机碳矿化和 CH_4 释放。

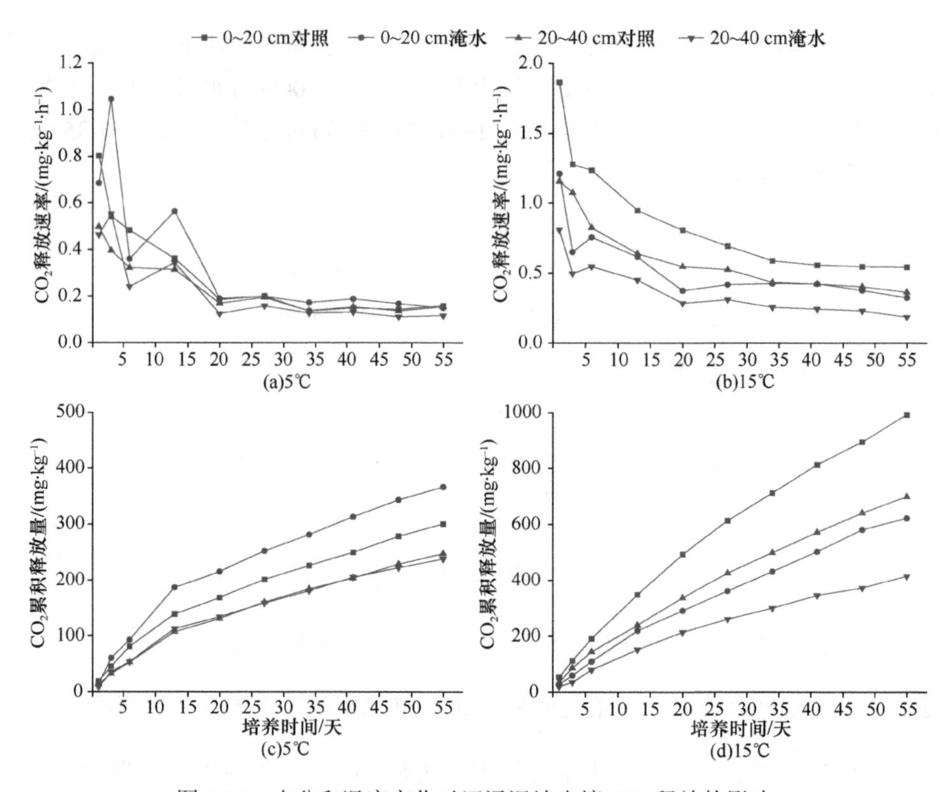

图 4-34　水分和温度变化对沼泽湿地土壤 CO_2 释放的影响

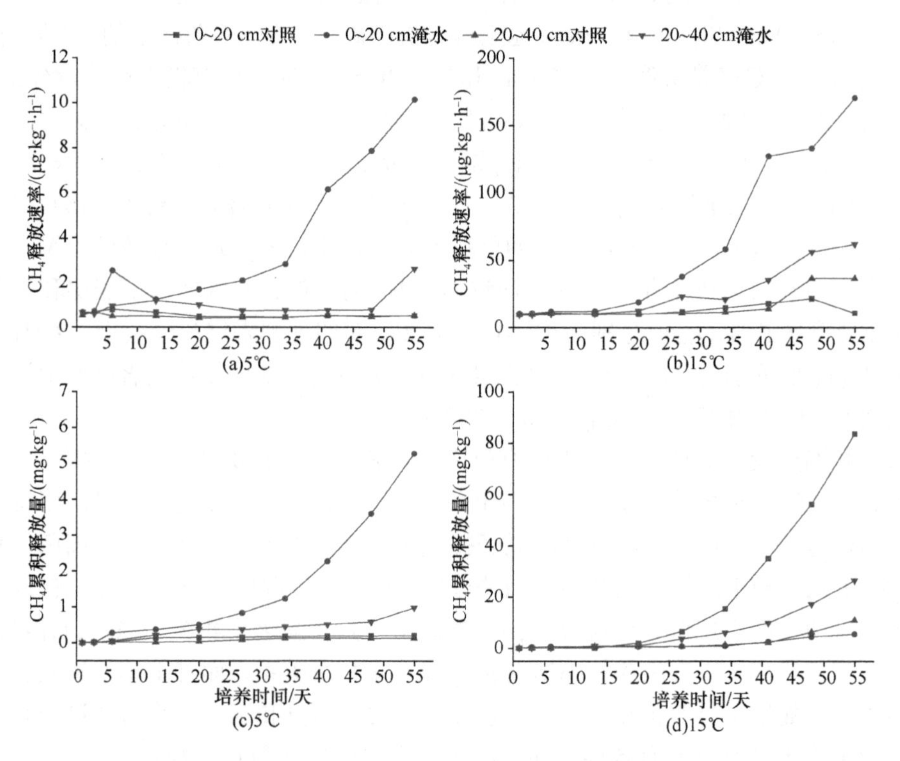

图 4-35　水分和温度变化对沼泽湿地土壤 CH_4 释放的影响

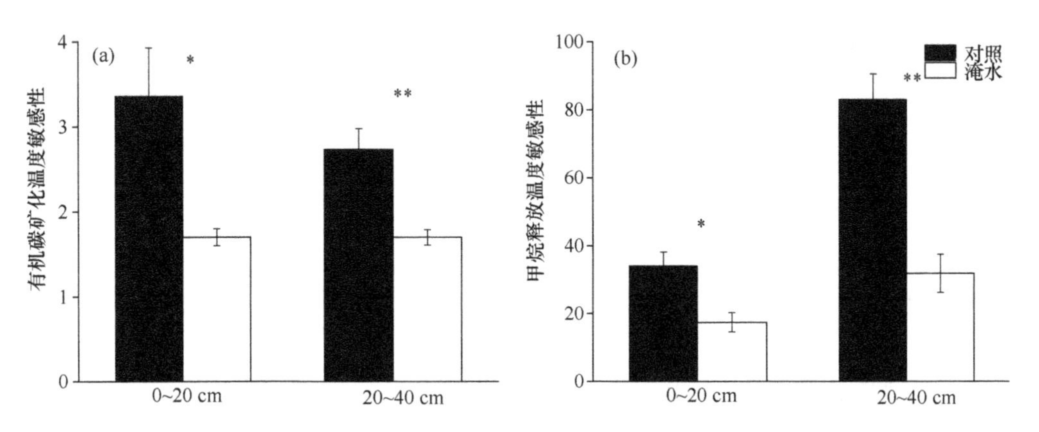

图 4-36 水分和温度变化对沼泽湿地土壤 CO_2 和 CH_4 释放温度敏感性的影响

*表示 $p<0.05$；**表示 $p<0.01$

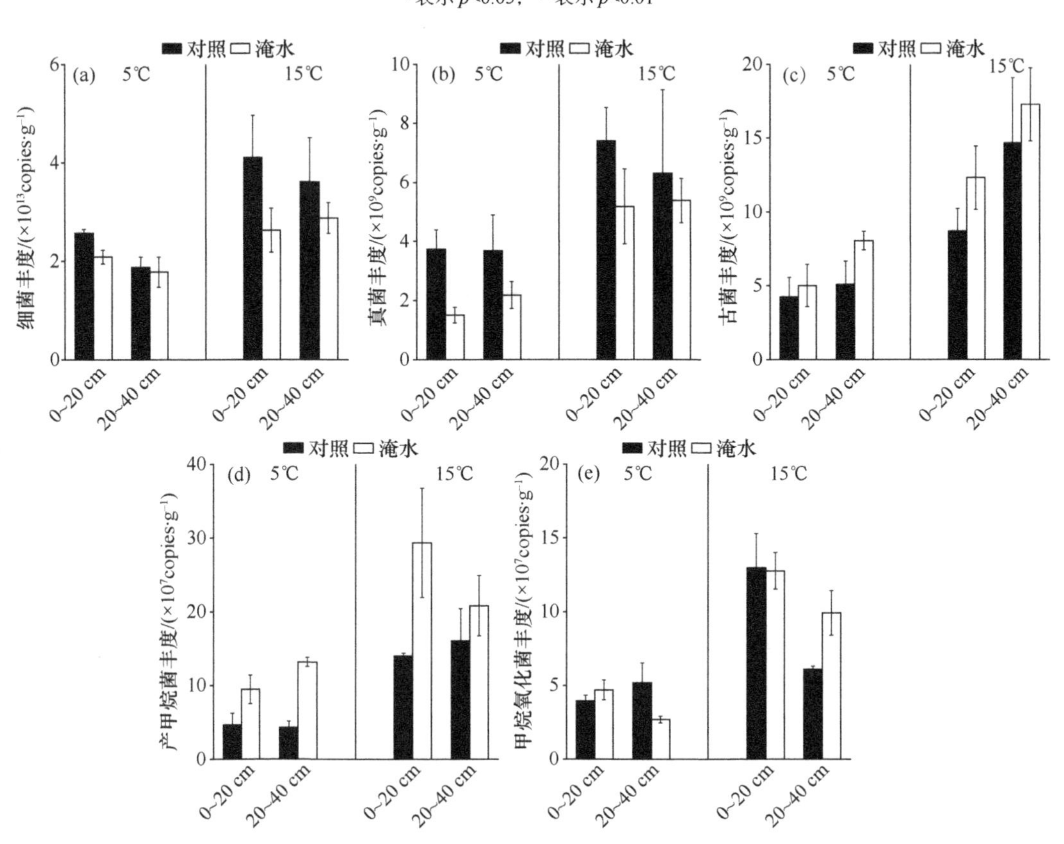

图 4-37 水分和温度变化对沼泽湿地土壤微生物丰度的影响

4.3.3 水分变化和枯落物输入对沼泽湿地土壤有机碳矿化的影响

不同水分条件下枯落物输入后沼泽湿地土壤有机碳矿化速率变化趋势基本一致（图 4-38）。培养前 7 天，不同水分环境下土壤有机碳矿化速率变化存在差异。在培养第 1 天 60%土壤含水量条件下土壤有机碳矿化速率显著高于其他水分环境（杨桂生，2010）。

表 4-3　土壤 CO_2、CH_4 释放量与土壤微生物及有效氮含量的相关性

变量	CO_2 累积释放量	CH_4 累积释放量	细菌	真菌	古菌	产甲烷菌	甲烷氧化菌	NH_4^+-N	NO_3^--N
CO_2 累积释放量	1								
CH_4 累积释放量	0.294	1							
细菌	0.771*	0.398*	1						
真菌	0.753*	0.394*	0.685*	1					
古菌	0.329	0.612*	0.382*	0.527*	1				
产甲烷菌	0.401*	0.256	0.212	0339	0.699*	1			
甲烷氧化菌	0.687*	0.105	0.608*	0.645*	0.499*	0.711*	1		
NH_4^+-N	0.594*	0.506*	0.588*	0.474*	0.013	−0.227	0.031	1	
NO_3^--N	−0.306	−0.105	−0.328	−0.136	0.365*	0.530*	0.268	−0.834*	1

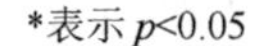
*表示 $p<0.05$

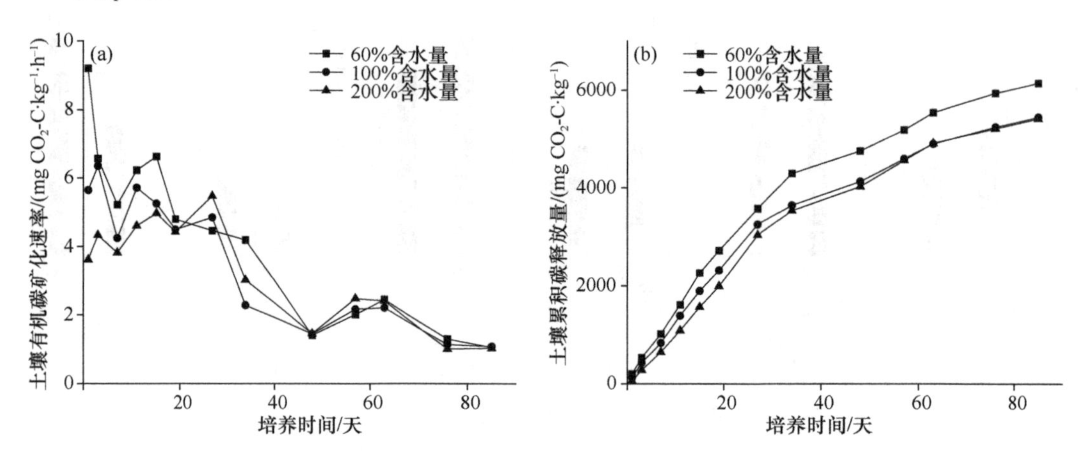

图 4-38　水分变化和枯落物输入对沼泽湿地土壤有机碳矿化速率和土壤累积碳释放量的影响

培养 1～7 天，60%土壤含水量条件下土壤有机碳矿化速率迅速下降，而 100%和 200%含水量条件下土壤有机碳矿化速率先升高后下降。7～15 天，不同水分条件下土壤有机碳矿化速率均呈上升趋势，其中 100%含水量条件下土壤有机碳矿化速率在 11 天达到最高值，而 60%和 200%土壤含水量在 15 天呈现较高的土壤有机碳矿化速率，表明枯落物输入能够增加可利用的碳源，提高土壤微生物对碳的利用能力，提高土壤微生物呼吸速率。15 天后，土壤有机碳矿化速率呈下降趋势，不同水分条件下土壤有机碳矿化速率在培养 19～27 天和 47～63 天上升，由于枯落物被微生物分解提高了可利用碳含量，增加了土壤微生物活性，导致土壤呼吸作用增加。

培养 48 天后，不同水分条件下土壤有机碳矿化速率变化趋势完全一致，且差异明显减小。培养 63～84 天，土壤有机碳矿化速率明显下降，76 天后维持较低的水平，说明培养 48 天后，土壤呼吸速率主要受土壤中可利用碳源等因素的影响，而受水分的影响较小。枯落物输入条件下，不同水分条件下土壤碳累积矿化量的变化趋势基本一致，培养前 27 天，不同水分条件下土壤碳累积矿化量增长较快，100%和 200%土壤含水量下土壤碳累积释放量明显低于 60%土壤水分含量，200%土壤含水量条件下土壤碳累积释放量低于 100%土壤含水量。培养 27 天后，100%和 200%土壤含水量条件下土壤碳累积释放量无明显差异，土壤碳累积释放量的增长速率显著降低。枯落物输入条件下，培养前 27 天，60%的土壤水分含量有利于土壤有机碳矿化，水分过高反而抑制土壤有机碳的矿化速率；27 天后，土壤有机碳矿化量受水分的影响较小。

4.3.4　水分变化对沼泽湿地土壤有机氮矿化的影响

湿地土壤氮矿化速率的最适水分为 60%左右，此水分条件下微生物最为活跃，且超过最适水分后，水中氧含量减少，微生物的活性及数量受到限制，会导致土壤有机氮的矿化作用相对减弱（图 4-39）（于芳芳等，2019）。湿地土壤氨化速率未受土壤含水量的显著影响（图 4-40），说明不同的水分条件下，土壤氨态氮含量基本稳定，由于当土壤充满水分时对氨态氮的固持大于硝化作用，且反硝化作用较强。3 种类型湿地土壤的硝化速率均在 30℃、60%含水量时最高（图 4-41）。30℃环境下，3 种类型湿地土壤的硝化速率均随水分的增加而降低，由于水分的增加会导致氧气供应受限制，所以土壤硝化速率下降。不同湿地土壤硝化速率的差异与土壤 pH 有关，土壤较高的 pH 会促进氮的矿化，特别是土壤的硝化作用随着 pH 的升高而增强（于芳芳等，2019）。

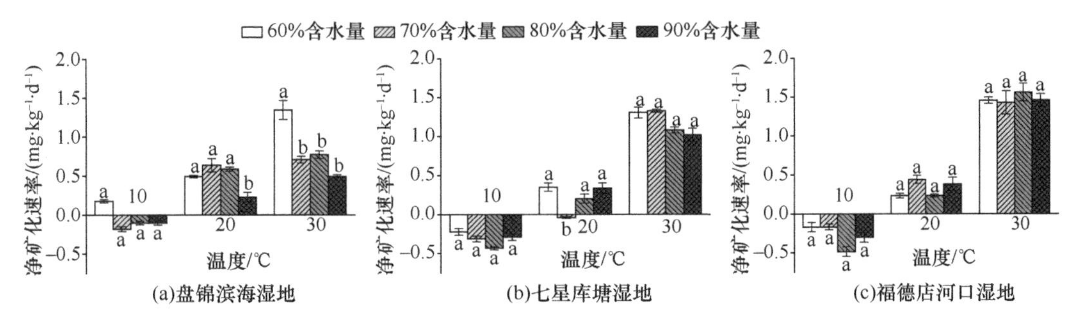

图 4-39　不同温度、水分和湿地类型的土壤净矿化速率的动态变化

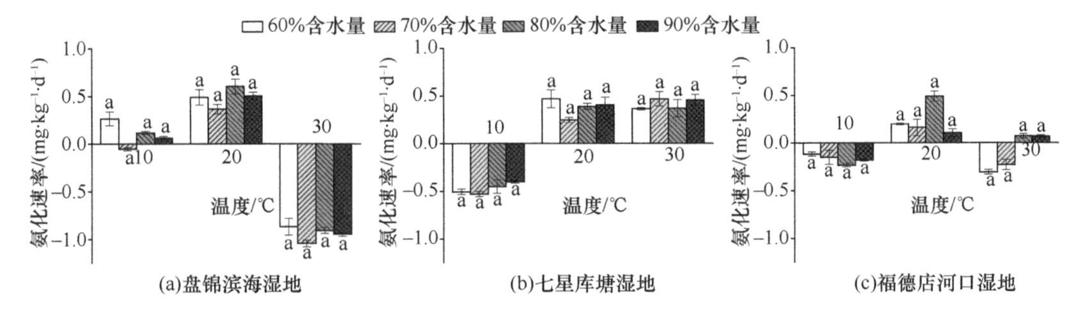

图 4-40　不同温度、水分和湿地类型的土壤氨化速率的动态变化

不同小写字母表示不同处理间差异显著（$p<0.05$）

水分变化会引起土壤孔隙度发生改变，影响沼泽湿地土壤微生物所处的好氧/厌氧状态，影响土壤微生物的活性及其利用有机物的能力。在增温影响下，淹水处理导致沼泽

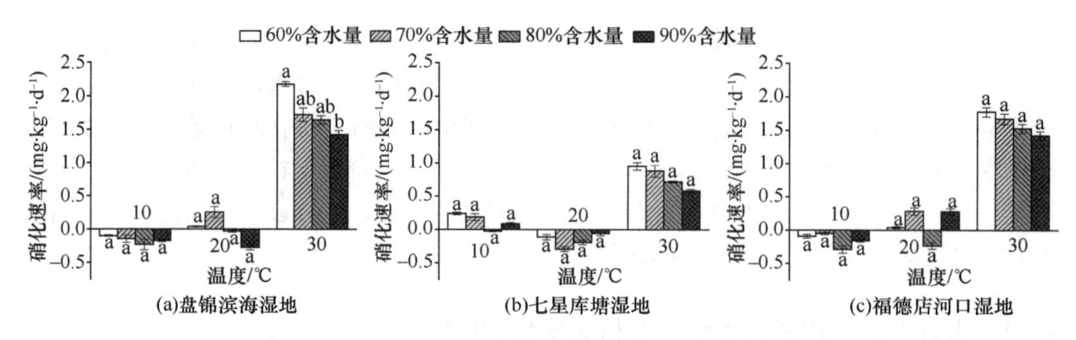

图 4-41　不同温度、水分和湿地类型的土壤硝化速率的变化

湿地表层土壤 *nir*S 和 *nir*K 型反硝化细菌丰度降低（图 4-42）。刘若萱等（2014）在水田土壤中也得到类似的研究结果，可能是由于淹水造成了过度还原的条件，使反硝化底物减少，抑制了反硝化微生物活性。在淹水条件下，温度升高导致湿地 0～20 cm 表层土壤 *nir*S 型反硝化细菌丰度降低，而 *nir*K 型反硝化细菌丰度升高。温度和水分交互作用对沼泽湿地表层土壤 *nir*S 和 *nir*K 型反硝化细菌丰度有显著影响，说明温度和水分对土壤反硝化细菌丰度的影响不是单方面的，而是二者交互作用的结果（马秀艳，2021）。

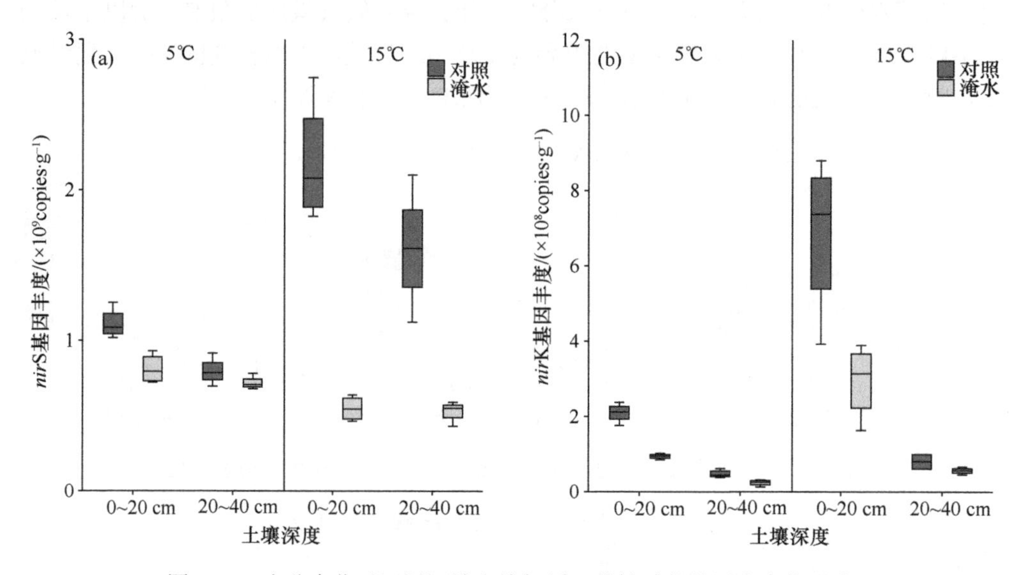

图 4-42　水分变化对沼泽湿地土壤氮循环关键功能基因丰度的影响

氨态氮和硝态氮作为土壤中硝化和反硝化过程的底物直接参与土壤中氮素转化及 N_2O 的产生。与 5℃相比，15℃条件下，淹水环境导致 0～20 cm 和 20～40 cm 层沼泽湿地土壤硝态氮含量明显升高，而氨态氮含量明显降低（图 4-43），说明淹水环境不利于沼泽湿地表层土壤氨化作用和反硝化作用，导致硝氮累积，这与淹水处理中表层土壤 *nir*S 和 *nir*K 基因丰度降低结果一致（马秀艳等，2021）。相关性分析表明沼泽湿地土壤 *nir*K 和 *nir*S 型反硝化细菌丰度与土壤氨态氮含量呈显著正相关，*nir*K 和 *nir*S 型反硝化细菌丰度与土壤硝态氮含量呈显著负相关，而且氨态氮与硝态氮含量呈显著负相关（表 4-4）。

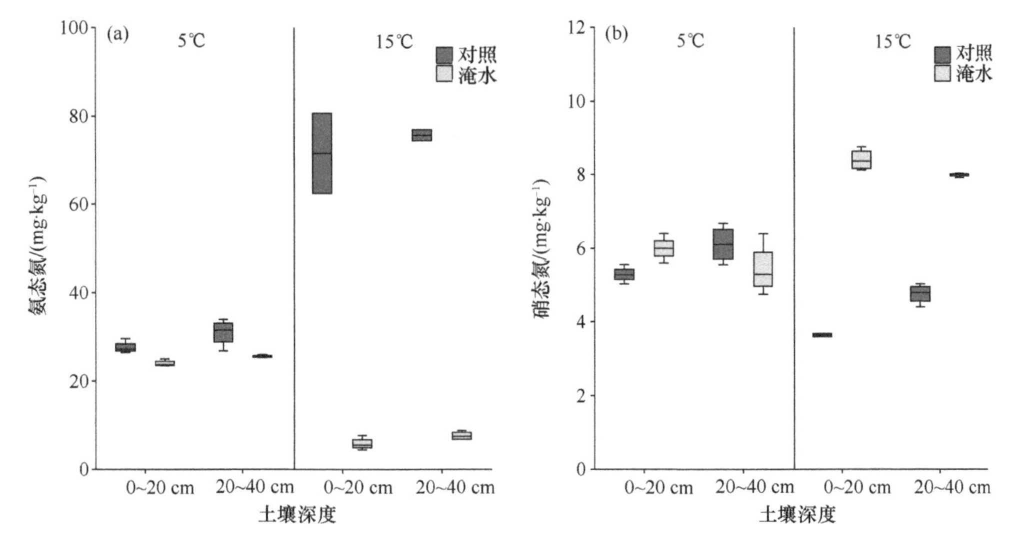

图 4-43 温度和水分对沼泽湿地土壤氮含量的影响

表 4-4 沼泽湿地土壤氮循环相关功能基因丰度与土壤氮含量的相关分析

指标	*nif*H	*nir*K	*nir*S	NH_4^+-N	NO_3^--N
*nif*H	1				
*nir*K	0.627**	1			
*nir*S	0.631**	0.655**	1		
NH_4^+-N	0.108	0.385*	0.859**	1	
NO_3^--N	0.085	−0.374*	−0.791**	−0.834**	1

** 表示 $p < 0.01$，* 表示 $p < 0.05$

4.4 微生物介导的沼泽湿地土壤碳氮循环对冻融环境变化的响应

冻融作用广泛发生于北方中高纬地区及高海拔地区，对冻土区沼泽湿地土壤碳氮循环和温室气体排放具有重要影响。冻土融化将加速微生物对有机碳的分解，冻土中富集的大量甲烷被甲烷氧化菌氧化，并提高氮有效性，促进硝酸盐还原过程，加速氮循环（Mackelprang et al.，2011；图 4-44）。土壤冻融是指土壤温度低于冰冻点和高于冰冻点而产生的冻结和融化的状态（Matzner and Borken，2008），可分为日冻融和季节性冻融。冻融作用不仅会引起土壤温度的变化，同时也会引起土壤好氧/厌氧环境、pH 和底物的变化。冻融作用可导致土壤水分重新分布，影响土壤微生物群落结构和土壤团聚体结构，也能影响土壤营养物质的迁移和转化及以微生物为媒介的有机物的分解，改变碳氮生物地球化学循环过程，从而对区域碳、氮平衡产生较大的影响（Kidd et al.，2004；Song et al.，2006；王宪伟等，2010；王娇月，2014；宋阳，2017；Liu et al.，2021）。

冻土融化可导致冻土区湿地水位、植物群落、基质质量及土壤微生物丰度、活性和多样性改变，进而影响有机质分解和 CO_2、CH_4、N_2O 释放，对气候变化产生反馈效应（Song et al.，2017；AminiTabrizi et al.，2020）。冻土区湿地 CO_2、CH_4 排放与土壤冻结状态、冻融频率和强度密切相关（李富等，2020）。但不同地区冻融期温室气体通量占

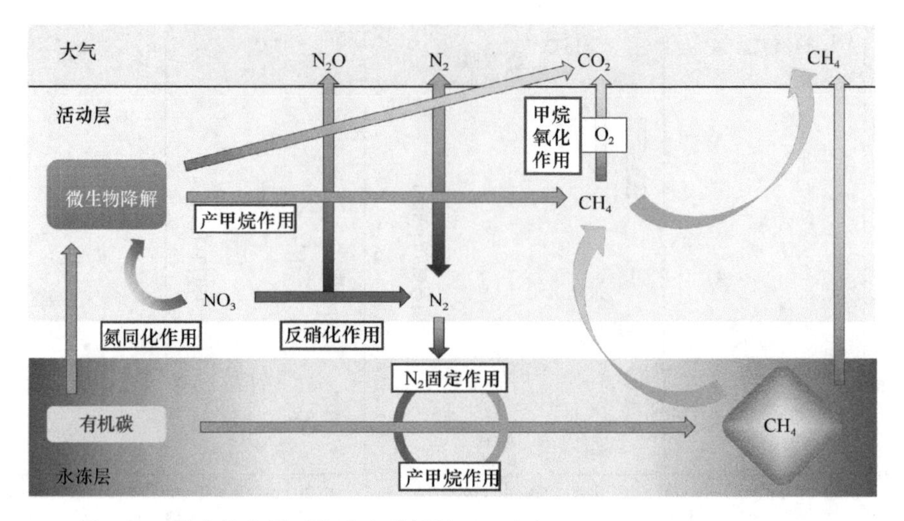

图 4-44 微生物作用下的冻土碳氮循环（改自 Mackelprang et al.，2011）

全年排放量具有一定的差异，同时排放的气体形式也存在差异。不同冻融环境下水位和温度是控制 CH_4 释放的主要因子，全球变化引起的冻融循环变化将影响 CH_4 释放（Chen et al.，2021）。气候变暖可导致冻土融化并改变冻融强度和频率进而影响湿地 CH_4 的排放（Tokida et al.，2007；Wang et al.，2017），在多年冻土区和季节性冻土区，冻融期间 CO_2 和 CH_4 温室气体的排放占全年排放通量的 11%（Pihlatie et al.，2009）。冻融作用可通过破坏土壤团聚体释放底物，尤其是对大土壤团聚体具有更强的破坏性（Six et al.，2004）。研究发现冻融作用对温室气体的排放呈衰减趋势，即随着冻融次数的增加温室气体排放通量逐渐降低（Prieme and Christensen，2002；Feng et al.，2007；Wang et al.，2017），其可能原因是冻融作用能够促进底物的释放，而随冻融次数的增加促进作用呈下降趋势，土壤微生物可利用的底物逐渐减少。

冻融作用可通过物理破坏作用、蛋白质变性和细胞膜损伤引起土壤微生物死亡，进而影响土壤微生物的菌群数量和结构，一个冻融循环即能导致 50%以上的微生物死亡（Larsen et al.，2002；Walker et al.，2006）。冻融期内，微生物群落受土壤环境和养分的显著影响，微生物群落结构对微生境变化响应迅速，优势菌群演替明显（陈末等，2020）。此外，冻结速率、冻融变温幅度对细胞活性的影响较大，大幅度变温的冻融循环可显著降低微生物数量，快速冻结和融化可导致细胞外形成冰晶，较大的冰晶颗粒对细胞器具有较强的破坏力（杨思忠和金会军，2008）。冻融会破坏微生物细胞，促进碳、氮营养物质的释放，提供给在冰冻过程中幸存的微生物固持、消耗利用，提高土壤微生物的活性。而土壤冰晶存在时，与土壤无冰时相比，会防止新冰晶的快速生成，缓解温度变化对土壤微生物的影响，从而降低微生物的死亡率（魏丽红，2004）。冻结温度、时间、次数和冻结前的土壤水分含量均影响冻结期土壤微生物量、活性及其种群结构（陈末等，2020；陈泓硕，2021），而且强烈的冻融循环会影响土壤溶液中碳和氮的供应数量、形态和持续时间。在冻融交替过程中，细菌和真菌的死亡会导致胞内物质渗出及土壤团聚体的物理破坏，会使土壤中有机物质和养分变为有效养分，能够为存活微生物提供碳源与能量，提高微生物活性，加快土壤中有机质的矿化与硝化过程（王洋等，2007；魏丽红，2009）。

近年来，冻融期沼泽湿地 CH_4 高排放引起了研究者的广泛关注。冻层阻止了温室气体从土壤向大气的释放，CH_4 生成并累积在深层土壤中，土壤融化时由于压力的作用使储存在土壤中大量的 CH_4 释放到大气中（Mastepanov et al.，2008；Yang et al.，2014）。Song 等（2012）观测到春季融化期我国三江平原沼泽湿地 CH_4 释放量占年释放量的 80%。春季 CH_4 高排放可能是表面水体经历反复的融化和再冻结引起的。冰层破裂或从孔洞释放的气泡中含有大量的 CH_4。由于冻土融化使泥炭地表层淹水促进 CH_4 产生并形成气泡，而且冻土融化形成热喀斯特有助于 CH_4 以气泡形式释放（Klapstein et al.，2014）。Mastepanov 等（2008）在秋季冻结期也观测到 CH_4 高排放的现象。但是关于冻融期 CH_4 高排放是否与微生物丰度和活性变化有关尚不明确，因此，有必要加强冻融期沼泽湿地 CH_4 排放观测并探明其高排放的微生物机制。

土壤酶作为催化反应的主要参与者，对土壤有机质分解和元素循环发挥了重要作用（Yao et al.，2006）。土壤酶主要来源于土壤微生物，微生物群落的变化将会影响土壤酶的活性（Vallejo et al.，2010）。扎龙湿地冻融初期至融冻初期，土壤 β-葡萄糖苷酶活性显著降低了 71.84%，β-*N*-乙酰氨基葡萄糖苷酶活性表现为先升高后降低的趋势，酸性磷酸酶活性在融冻初期最高、冻融初期最低，过氧化物酶和多酚氧化酶活性峰值均出现在融冻后期（陈泓硕等，2020）。冻融循环能够降低湿地土壤纤维素酶、蔗糖酶和淀粉酶的活性（郭冬楠等，2017；李富等，2019），而且较大的冻融温差也会降低土壤酶的活性（郭冬楠等，2017）。土壤酶活性的变化将改变湿地土壤碳氮循环过程，在全球变暖和冻土退化的背景下，未来应加强多年冻土区湿地土壤酶活性的研究，进一步认识冻融环境下湿地土壤碳氮循环规律，为评估冻土区湿地温室气体排放提供数据支持。

我国东北冻土区既是沼泽湿地的主要分布区（刘兴土，2005），又是高纬度多年冻土的主要分布区，处于欧亚大陆多年冻土的南缘（周幼吾等，2000；魏智等，2011）。沼泽湿地与冻土相伴而生，存在共生关系（孙广友，2000）。冻土区沼泽湿地每年经历冬春季节转换，冬季冻结温度及土壤所经历的冻融交替次数的变化均会显著影响冻融期土壤微生物的代谢活性和土壤碳释放（张超凡等，2018）。同时，东北冻土区也是气候变化较为敏感的地区。在气候变暖背景下，多年冻土退化明显，多年冻土南界不断北移（金会军等，2006；Jin et al.，2007）。随着多年冻土的退化，连续多年冻土可能退化为非连续性冻土，进而退化为季节性冻土。气候变暖导致该区沼泽湿地冻土退化速率和强度增大，将对碳氮循环产生重要影响，并对全球气候变暖产生强烈的正反馈效应。然而在全球变暖和冻土退化的背景下，针对冻融作用对冻土区沼泽湿地土壤碳氮循环的生物地球化学过程的研究仍很少，而且已有的研究更多关注冻融循环对土壤营养物质代谢和气体排放的影响（Wagnerriddle et al.，2017；Wilson et al.，2017），缺乏冻融作用对沼泽湿地土壤微生物群落结构、功能基因和代谢途径等的影响研究，开展相关研究对于明确冻土区沼泽湿地土壤微生物介导的碳氮循环过程对气候变化的响应具有重要意义。

4.4.1　多年冻土区沼泽湿地活动层和永冻层土壤微生物特征

多年冻土区沼泽湿地活动层和永冻层土壤微生物组成差异明显。在冬季冻结期采集大兴安岭多年冻土区沼泽湿地 4 个土柱样品，选取泥炭藓层（10～20 cm）、泥炭层（40～50 cm）和永冻层（70～80 cm）分析其土壤微生物组成差异。发现沼泽湿地土壤总细菌数量随土壤深度增加呈下降趋势，泥炭藓层总细菌数量为每克干土（1.02±0.13）$\times10^{11}$拷贝数，显著高于泥炭层和永冻层总细菌数量（图 4-45）。泥炭藓层甲烷氧化菌数量显著高于泥炭层和永冻层。产甲烷菌数量由泥炭藓层的每克干土（3.44±0.32）$\times10^{7}$拷贝数增加到泥炭层的每克干土（6.87±1.34）$\times10^{8}$拷贝数，泥炭藓层产甲烷菌的数量均显著低于泥炭层和永冻层（任久生，2018）。

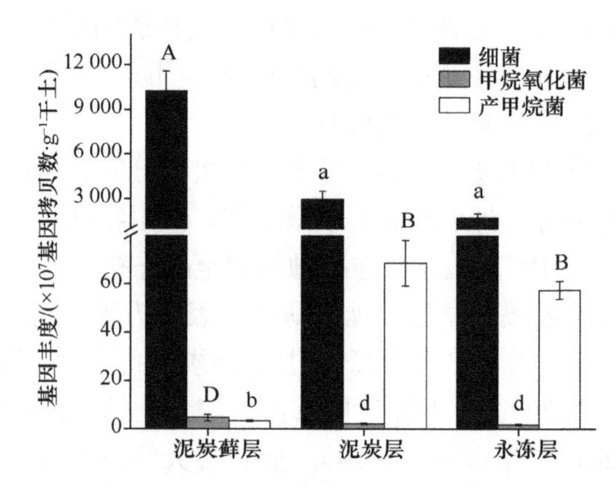

图 4-45　大兴安岭多年冻土区沼泽湿地活动层和永冻层微生物数量变化

同一字母大小写之间表示差异显著（$p<0.05$）

大兴安岭多年冻土区沼泽湿地活动层（包括泥炭藓层和泥炭层）和永冻层土壤古菌丰度占总菌群的3.33%～4.52%，其中产甲烷菌占90%以上。活动层和永冻层的优势菌群包括变形菌门（Proteobacteria）、酸杆菌门（Acidobacteria）和放线菌门（Actinobacteria）（图 4-46）。在泥炭藓层，变形菌门（Proteobacteria）和酸杆菌门（Acidobacteria）的相对丰度分别为 31.84%～53.88%和 12.68%～18.59%，放线菌门（Actinobacteria）和浮霉菌门

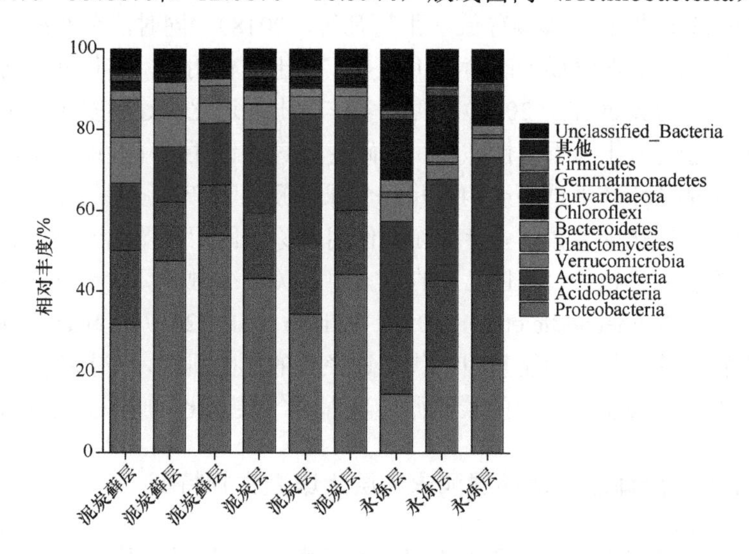

图 4-46　大兴安岭多年冻土区沼泽湿地活动层和永冻层土壤微生物菌门组成

（Planctomycetes）相对丰度分别为 13.49%～16.54%和 4.43%～9.32%。泥炭层中变形菌门（Proteobacteria）的相对丰度最高，占 34.70%～43.20%。永冻层中放线菌门（Actinobacteria）的相对丰度最高，占 25.17%～29.28%。与泥炭层和永冻层相比，泥炭藓层变形菌门（Proteobacteria）丰度最高，占 53.88%，且随深度增加呈下降趋势。在大兴安岭多年冻土区沼泽湿地，厚壁菌门（Firmicutes）相对丰度处于较低水平，为 0.22%～0.79%。泥炭藓层，浮霉菌门（Planctomycetes）的相对丰度（9.32%）高于泥炭层（0.30%）和永冻层（0.45%）。大兴安岭多年冻土区沼泽湿地土壤微生物丰富度和多样性随土壤深度增加呈下降趋势，土壤细菌 α 多样性 Shannon、Simpson、Chao1 和 Ace 指数的变化范围分别为 7.73～10.39、0.981～0.997、1495～3282 和 1495～3303。10～20 cm 泥炭藓层细菌 Shannon、Chao1 和 Ace 指数高于泥炭层（40～50 cm）和永冻层（70～80 cm）（图 4-47）。

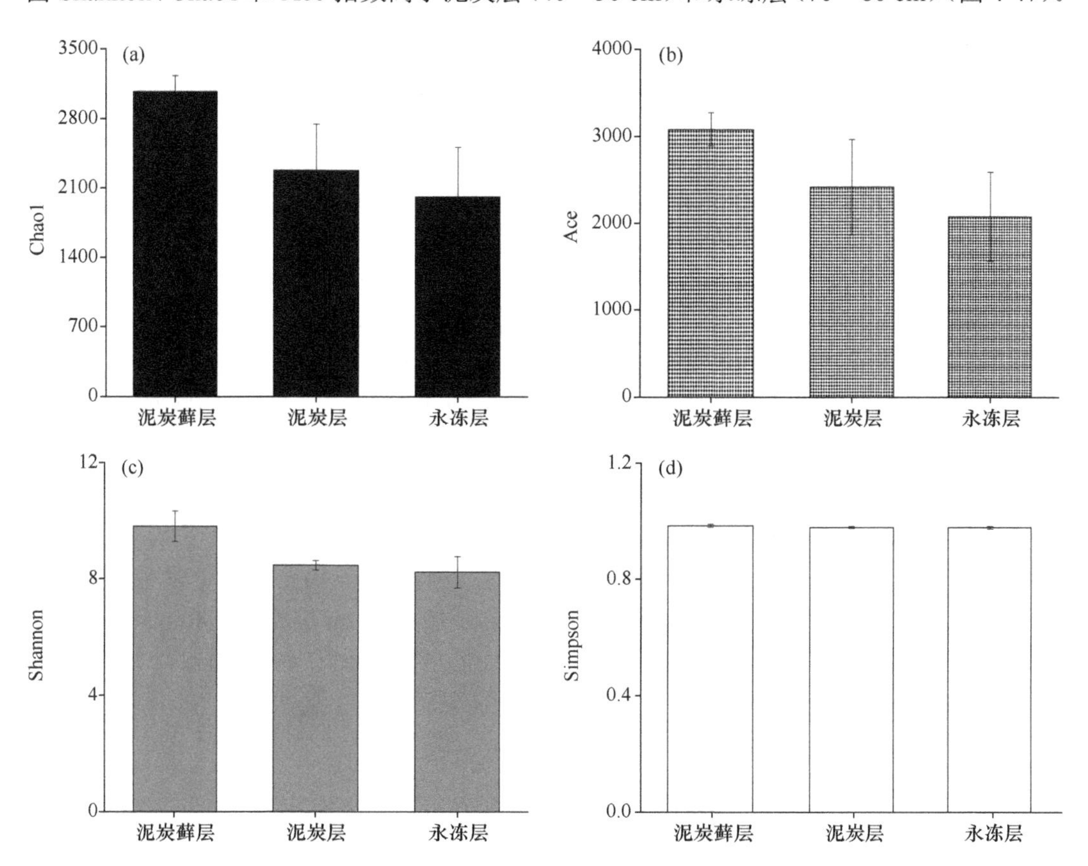

图 4-47 大兴安岭多年冻土区沼泽湿地活动层和永冻层土壤微生物 α 多样性指数变化

沼泽湿地 CH_4 循环是由产甲烷菌和甲烷氧化菌共同调控的重要生态过程。在大兴安岭多年冻土区沼泽湿地 40～50 cm 泥炭层乙酸型产甲烷菌［甲烷八叠球菌（Methanosarcinaceae）］丰度可达 90%以上，为主导菌群，70～80 cm 永冻层乙酸型产甲烷菌（Methanosarcinaceae）为优势菌群，在该层土壤氢型产甲烷菌［甲烷杆菌（Methanobacteriaceae）］相对丰度为 1.43%（任久生，2018）。甲烷氧化菌的相对丰度显著低于产甲烷菌的相对丰度（图 4-48）。甲烷氧化菌的群落结构组成随深度呈现差异变化，泥炭藓层 II 型甲烷氧化菌［甲基孢囊

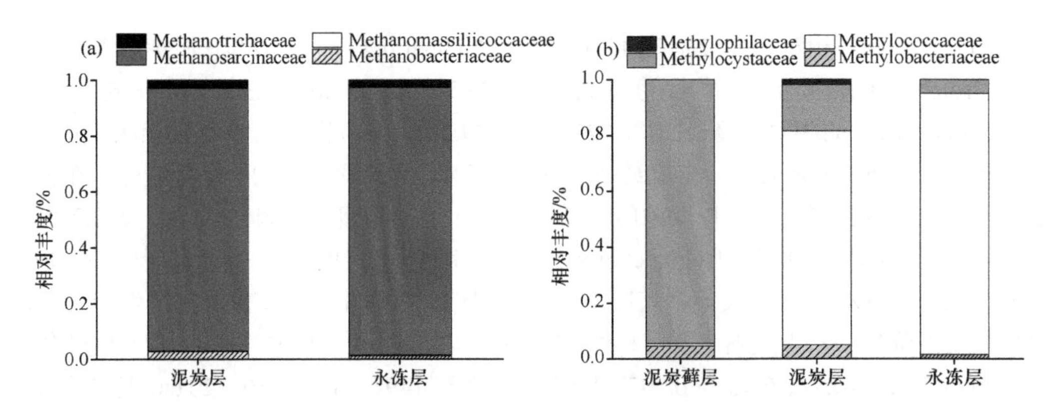

图 4-48　大兴安岭多年冻土区沼泽湿地活动层和永冻层产甲烷菌和甲烷氧化菌科水平结构组成

菌科（Methylocystaceae）］是甲烷氧化菌的优势菌群，其相对丰度高于 80%。永冻层和泥炭层 I 型甲烷氧化菌［甲基球菌科（Methylococcaceae）］相对丰度高于 80%，是甲烷氧化菌的优势菌群。

4.4.2　多年冻土区沼泽湿地不同冻融格局下的土壤碳释放及微生物特征

冻融格局变化对多年冻土区沼泽湿地不同深度土壤 CO_2 释放影响不同。于冬季采集多年冻土区泥炭地原位土柱样品，分别将土壤样品的泥炭藓层（10～20 cm）、泥炭层（40～50 cm）和永冻层（70～80 cm）在 5℃和 10℃条件下融化，结果发现：10℃融化条件下 CO_2 的释放速率高于 5℃，但未显著影响 CO_2 的累积释放量。相同融化温度下，不同深度土壤 CO_2 释放速率和累积释放量不同。不同深度土壤 CO_2 释放速率随培养时间增加呈下降趋势，10～20 cm 泥炭藓层 CO_2 的释放速率高于其他深度土壤，累积 CO_2 释放量分别为泥炭层的 2 倍和永冻层的 3 倍（图 4-49）。冻融格局变化对多年冻土区沼泽湿地不同深度土壤 CH_4 释放速率影响不同。温度升高促进了 10～20 cm 泥炭藓层 CH_4 的释放，不同融化温度下 CH_4 累积释放量不同。与 10～20 cm 层相比，40～50 cm 泥炭层能释放更多的 CH_4，但 CH_4 浓度处于较低水平；在 5℃和 10℃融化 74h 后，70～80 cm 永冻层 CH_4 释放速率显著降低（图 4-50），说明永冻层 CH_4 主要来自于存储释放。

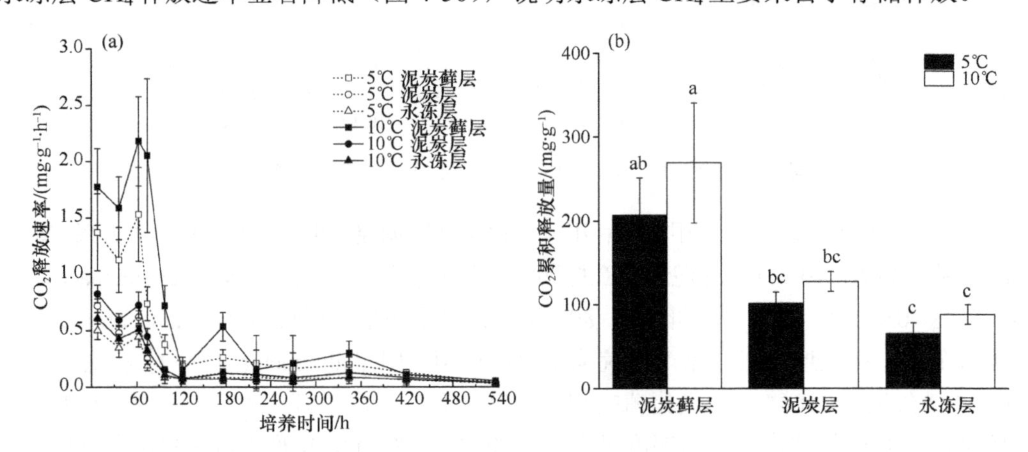

图 4-49　不同冻融格局下多年冻土区沼泽湿地土壤 CO_2 释放速率（a）和累积释放量（b）

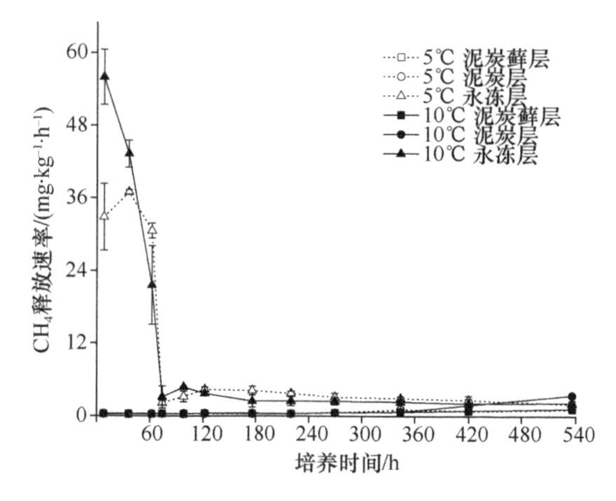

图 4-50　不同冻融格局下多年冻土区沼泽湿地 CH_4 释放速率

冻融作用可影响沼泽湿地土壤溶解性有机碳含量。10℃融化条件下，在泥炭藓层土壤溶解性有机碳含量随冻土融化时间的延长先降低后增加，5℃融化和 10℃融化 7 天土壤溶解性有机碳含量无显著性差异，而 10℃融化 21 天泥炭层和永冻层溶解性有机碳的含量显著增加（图 4-51）。在 10℃融化时，永冻层土壤溶解性有机碳含量增幅最大，其含量提高了 3.05 倍，说明高温融化能够提高产甲烷菌底物含量。

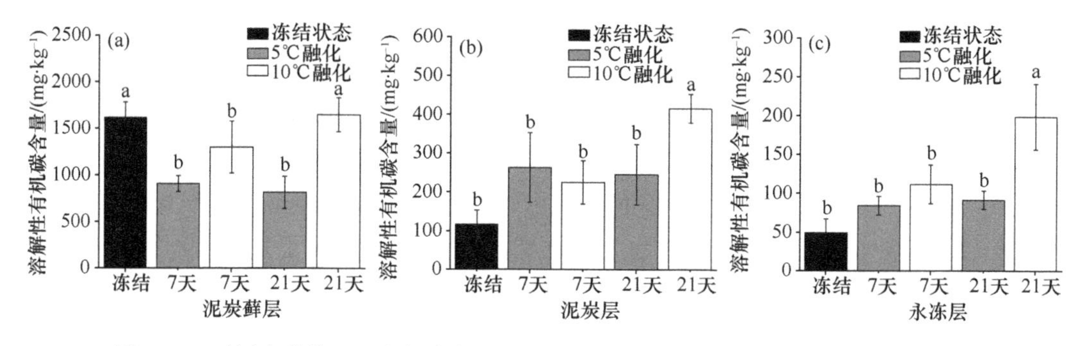

图 4-51　不同冻融格局下多年冻土区沼泽湿地不同深度土壤溶解性有机碳含量变化

冻融格局变化未改变多年冻土区沼泽湿地泥炭层和永冻层产甲烷菌的菌群组成，在冻结状态下乙酸型产甲烷菌（Methanosarcinaceae）相对丰度为 90%，在 5℃和 10℃融化状态下，乙酸型产甲烷菌仍是产甲烷菌的主导菌群（图 4-52）。融化温度对甲烷氧化菌菌群结构组成无显著影响，Methylocystaceae 是泥炭藓层、泥炭层和永冻层甲烷氧化菌的主导菌群。冻融格局的变化未影响泥炭藓层、泥炭层和永冻层土壤细菌数量。泥炭藓层产甲烷菌 *mcr*A 功能基因丰度在冻结状态下为每克干土 3.44×10^7 拷贝数，而 *mcr*A 功能基因丰度在 5℃和 10℃融化条件下分别为每克干土 4.45×10^7 拷贝数和每克干土 1.24×10^8 拷贝数，融化温度升高显著提高了产甲烷菌丰度（图 4-53）。冻结状态下甲烷氧化菌 *pmo*A 基因丰度在泥炭藓层为每克干土 4.89×10^7 拷贝数，而 5℃和 10℃融化下 *pmo*A 基因丰度分别为每克干土 1.32×10^8 拷贝数和每克干土 8.30×10^7 拷贝数。

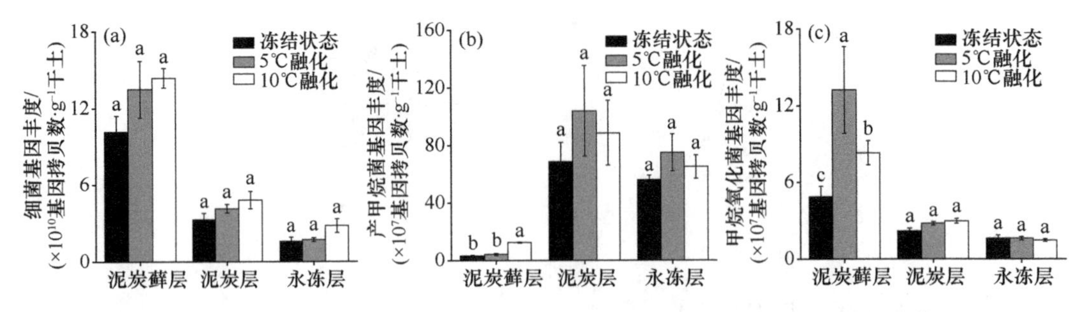

图 4-52 多年冻土区沼泽湿地不同融化温度下土壤细菌、产甲烷菌和甲烷氧化菌丰度

不同小写字母表示不同处理间差异显著（$p<0.05$）

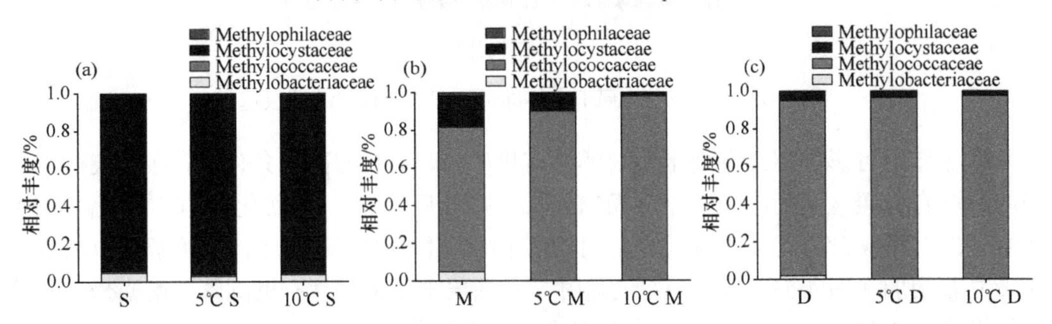

图 4-53 多年冻土区沼泽湿地不同深度土壤甲烷氧化菌科水平结构组成

S：泥炭藓层；M：泥炭层；D：永冻层

多年冻土区沼泽湿地不同深度土壤 CH_4 释放受冻土融化温度的影响。与泥炭层和永冻层相比，多年冻土区沼泽湿地 10～20 cm 泥炭藓层土壤未检测到 CH_4 排放（图 4-54），但泥炭藓层土壤释放了更多的 CO_2；高温融化增加了 10～20 cm 泥炭藓层土壤产甲烷菌和甲烷氧化菌的菌群丰度，提高了 CH_4 氧化能力。10～20 cm 泥炭藓层土壤甲烷氧化菌与产甲烷菌比例较高（表 4-5），说明多年冻土区沼泽湿地泥炭藓层土壤具有更强的氧化甲烷能力，产生的 CH_4 可被氧化为 CO_2 释放。40～50 cm 泥炭层碳释放以 CO_2 为主，有少量 CH_4 释放，产甲烷菌数量随温度升高而减少，但随增温时间延长逐渐增加。融化初期 70～80 cm 永冻层释放大量 CH_4 之后呈下降趋势（图 4-54），说明永冻层 CH_4 主要来自于存储释放，增温提高了 70～80 cm 永冻层产甲烷菌和甲烷氧化菌丰度。多年冻土区沼泽湿地甲烷氧化菌对增温响应更敏感，冻融格局的变化将导致多年冻土区沼泽湿地土壤更多的碳以 CO_2 形式释放。

连续多年冻土区沼泽湿地不同深度土壤微生物对冻融格局变化的响应存在差异。在泥炭藓层，冻土融化提高了产甲烷菌和甲烷氧化菌的菌群丰度，但未改变土壤细菌、产甲烷菌和甲烷氧化菌的菌群结构组成（图 4-55）。在泥炭层，冻融格局的变化未改变土壤细菌、产甲烷菌和甲烷氧化菌丰度，但增加了部分酸杆菌门（Acidobacteria）、厚壁菌门（Firmicutes）、浮霉菌门（Planctomycetes）和绿湾菌门（Chloroflexi）菌群丰度，这些菌群主要参与纤维素的降解，说明泥炭层土壤融化后可增强难分解有机碳的分解能力，可能会释放更多的溶解性有机碳。永冻层融化可引起封存 CH_4 的释放，增加部分酸杆菌门（Gp4 和 Gp6）与变性菌门的菌群丰度，而产甲烷菌的相对丰度呈下降趋势，表明增温环境下冻土融化可促进永冻层土壤中纤维素的降解但抑制产甲烷过程，永冻层融化后将促进难分解有机碳的分解，释放更多的溶解性有机碳。

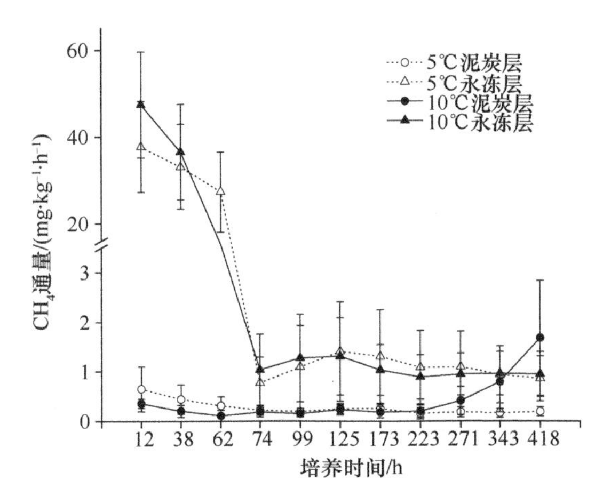

图 4-54 不同冻融格局下多年冻土区泥炭层和永冻层 CH_4 通量变化

表 4-5 冻融格局变化对多年冻土区沼泽湿地不同深度土壤产甲烷菌和甲烷氧化菌数量及 CO_2 累积释放量的影响

时间	温度/℃	深度/cm	产甲烷菌/（基因拷贝数·g^{-1}鲜土）	甲烷氧化菌/（基因拷贝数·g^{-1}鲜土）	产甲烷菌/甲烷氧化菌	CO_2 累积释放量/（mg·g^{-1}鲜土）
7天	5	10～20	$2.71\pm0.68\times10^{8\,a}$	$1.09\pm0.44\times10^{8\,a}$	0.403	667.74
		40～50	$5.25\pm0.43\times10^{9\,e}$	$1.80\pm0.14\times10^{8\,a,\,b}$	0.034	288.24
		70～80	$4.13\pm0.49\times10^{9\,d}$	$1.44\pm0.39\times10^{8\,a}$	0.035	203.89
	10	10～20	$3.40\pm0.25\times10^{8\,a}$	$1.47\pm1.24\times10^{8\,b}$	0.431	948.14
		40～50	$2.99\pm0.15\times10^{9\,b}$	$4.22\pm0.93\times10^{8\,b,\,c}$	0.141	346.18
		70～80	$4.46\pm0.37\times10^{9\,d}$	$3.54\pm1.81\times10^{8\,b,\,c}$	0.079	250.77
21天	5	10～20	$4.36\pm0.16\times10^{8\,a}$	$1.41\pm1.19\times10^{8\,b}$	0.324	1255.22
		40～50	$6.77\pm0.23\times10^{9\,f}$	$3.69\pm2.31\times10^{8\,c,\,d}$	0.054	570.10
		70～80	$6.26\pm0.63\times10^{9\,g}$	$1.03\pm0.09\times10^{8\,a}$	0.016	382.63
	10	10～20	$7.18\pm0.56\times10^{8\,a}$	$1.95\pm0.42\times10^{8\,b}$	0.272	1803.22
		40～50	$3.49\pm0.44\times10^{9\,c}$	$6.25\pm1.87\times10^{8\,d}$	0.179	681.78
		70～80	$3.47\pm0.50\times10^{9\,c,\,d}$	$3.11\pm2.04\times10^{8\,b,\,c}$	0.078	475.14

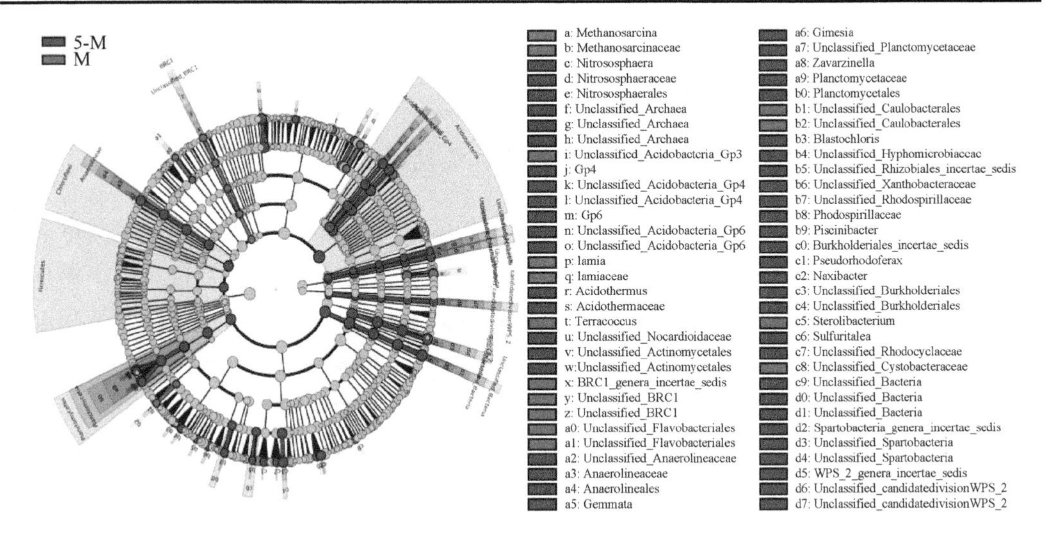

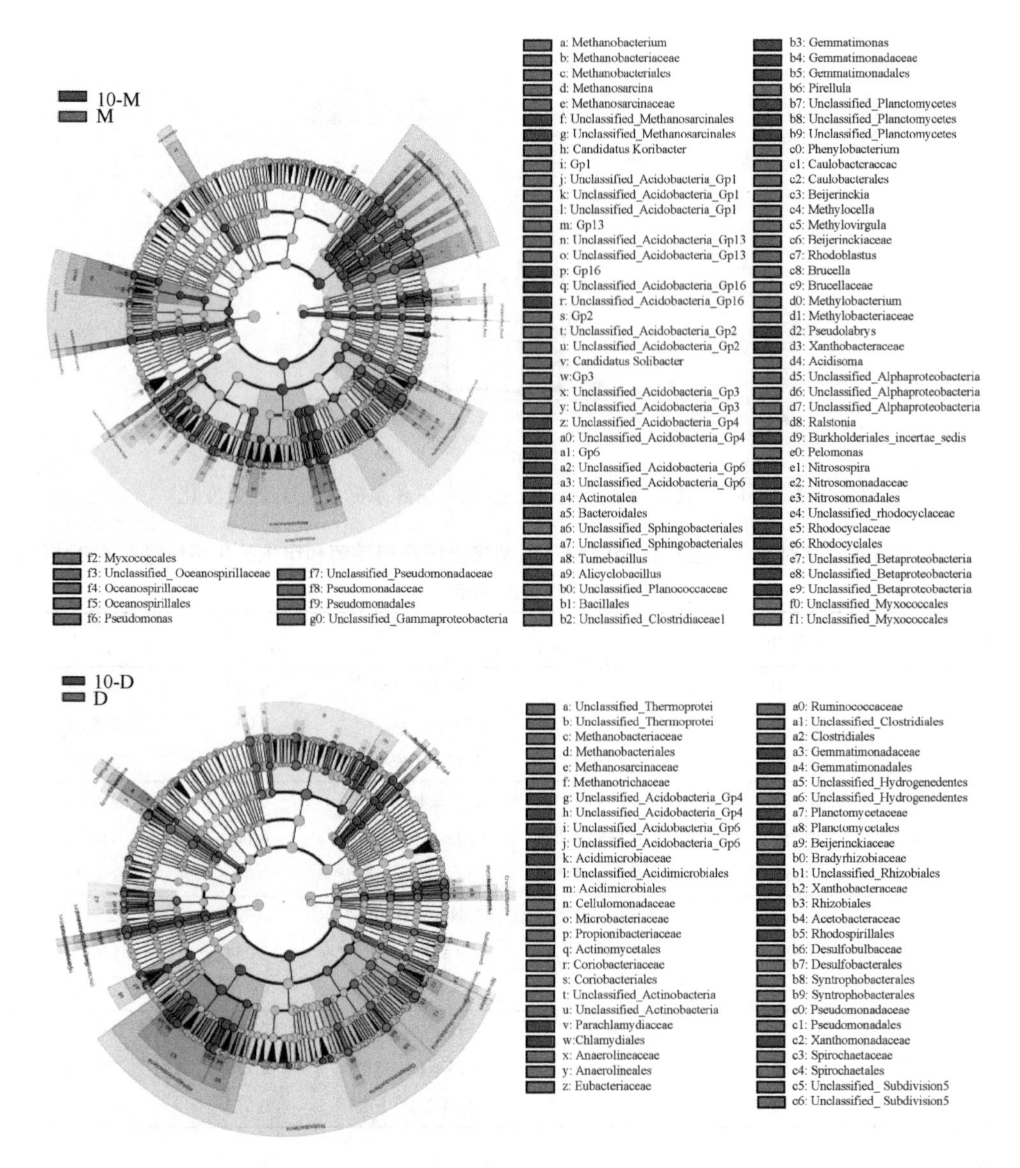

图 4-55　不同冻融格局下泥炭层和永冻层土壤微生物菌群结构组成

M，泥炭层对照；D，永冻层对照；5-M，泥炭层在 5℃融化；10-M，泥炭层在 10℃融化；10-D，永冻层在 10℃融化

4.4.3　冻融作用对沼泽湿地土壤微生物呼吸和酶活性的影响

沼泽湿地土壤微生物呼吸速率在 25℃时达到最大值，随温度的降低、土壤深度的增加而递减，尽管在–10℃释放速率很低，但仍然有 CO_2 释放（图 4-56）。这是因为微生物的活性会随着温度的升高而增加，从而会分解更多的有机质释放更多的 CO_2。沼泽湿地不同深度土壤微生物呼吸温度敏感性 Q_{10} 值随土壤深度的增加呈现升高的趋势，在融化状态下土壤微生物呼吸温度敏感性 Q_{10} 值在不同土壤深度间没有显著差异，而在冻结状态下 Q_{10} 值差异达到了显著水平。同时，所有土壤冻结状态下土壤微生物呼吸温度敏感性 Q_{10} 值为融化状态的 2～3 倍。Mikan 等（2002）认为在 0℃时土壤呼吸温度敏感性

Q_{10} 值的突然转变表明在冻结土壤，温度对土壤呼吸的控制是间接的。一方面，胞外基质扩散受阻从而限制了冻结土壤的微生物活动（Rivkina et al.，2000），另一方面，未冻结的水也可以通过胞内基质控制土壤呼吸。在冻结过程中液态水的消失形成了渗透势能够导致微生物细胞快速脱水，一种可能是导致胞内可溶性物质和 pH 增加从而提高活化能。另一种可能是冻结状态下高的 Q_{10} 值反映了作为生化催化剂的液态水的消失。有研究表明在土壤冻结状态下土壤微生物仍具有代谢活性，并不是处于休眠状态，并且在极冷环境下分离的微生物所伴随的支链、短链、anteiso 和不饱和脂肪酸均有所增加，同时也发现与反式脂肪酸相比，合成了更多的顺式脂肪酸，从而有利于膜的流动，使嗜冷微生物在低温下能更好地生存（Sengupta and Chattopadhyay，2013），说明在冻结状态和融化状态下微生物所利用的底物可能有所差别。

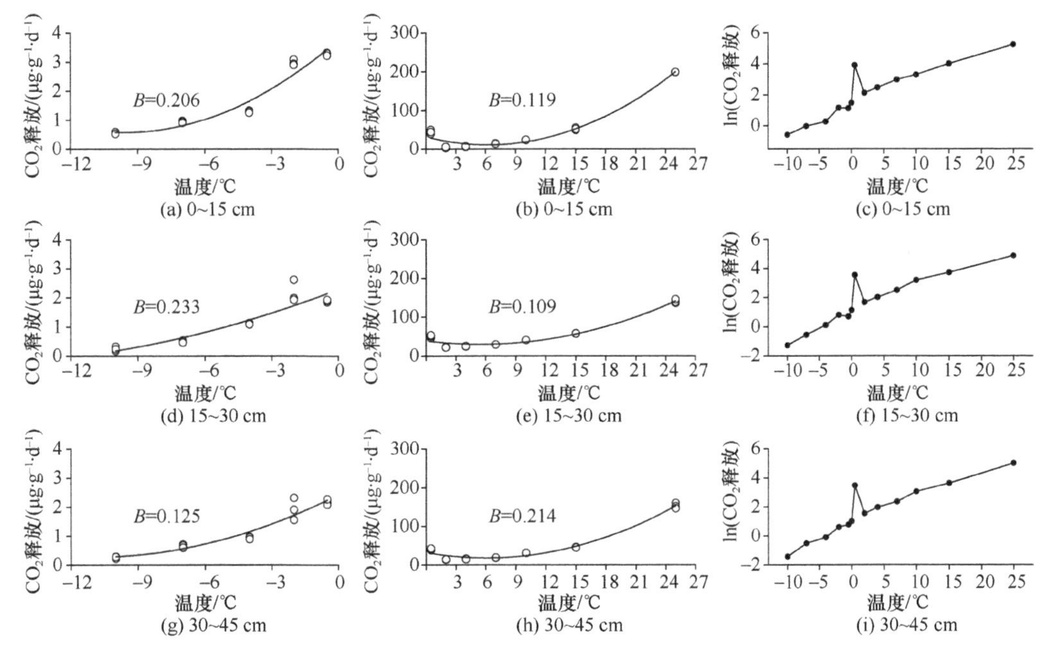

图 4-56 沼泽湿地土壤呼吸速率随温度的变化特征

B 为温度反应系数

在冻结状态下，沼泽湿地土壤微生物呼吸温度敏感性指标和土壤有机质质量不具有显著相关性（图 4-57）。但是在融化状态下，土壤微生物呼吸温度敏感性随土壤有机质质量的增加而降低，说明土壤微生物呼吸的温度敏感性与微生物酶促动力学有关。土壤微生物呼吸温度敏感性 Q_{10} 值取决于酶促反应过程中底物的质量。复杂的有机化合物一般具有较低的分解速度且需要较高的活化能，因而对温度的敏感性也相应增加。Biasi 等（2005）发现，低温培养时土壤呼吸释放的 CO_2 主要来源于易分解有机质，而在高温下难分解有机质的比例则明显增加，在高温培养时当易分解有机质消耗殆尽时，难分解有机碳分解释放的 CO_2 比例会增加，因此土壤微生物呼吸温度敏感性可能取决于土壤有机质的质量。然而在土壤冻结状态下，土壤微生物呼吸温度敏感性与土壤有机质质量不相关，可能的原因是土壤冻结后微生物底物的利用从碎屑物质转为可溶性物质、死的微

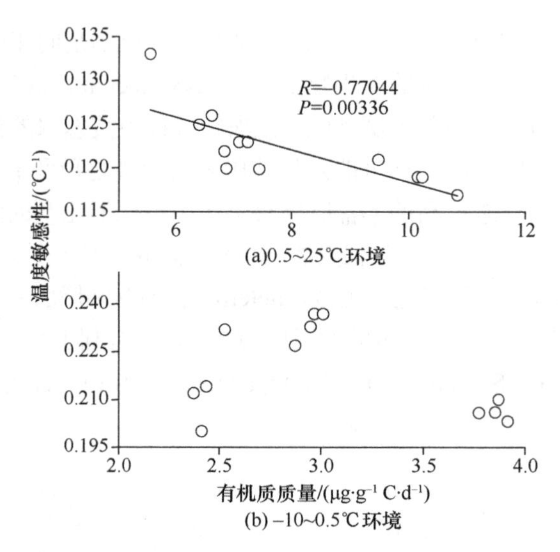

图 4-57　土壤呼吸温度敏感性与土壤有机质质量的关系

生物量及微生物的代谢产物（Clein and Schimel，1995），这些底物在土壤中比较相似，互相抵消。也有可能在冻结状态下，物理因素的巨大变化导致湿地土壤微生物呼吸温度敏感性 Q_{10} 值并非与土壤有机质的化学性质相耦合，底物利用的转变虽然在冻结时也会发生，但是其对土壤微生物呼吸温度敏感性没有显著影响。

土壤微生物生物量碳来自土壤溶解细胞，是活性有机碳的重要代表物。冻融循环幅度、冻融频次、土壤深度和含水量均能够影响沼泽湿地土壤微生物生物量碳含量。冻融作用能够显著降低湿地土壤微生物生物量碳含量（图 4-58）。在 60%最大持水量条件下，0～15 cm 土壤微生物生物量碳含量在冻融 5 次时达到最小值，并且在−10～10℃冻融环境和−5～5℃冻融环境下低于对照。15～30 cm 土壤微生物生物量碳含量比对照降低了 30.65%，在−10～10℃冻融环境下于冻融 5 次达到最小值；而−5～5℃冻融环境下于冻融 15 次达到最小值，比对照减少了 25.40%。30～45 cm 土壤微生物生物量碳含量在−10～10℃冻融环境和−5～5℃冻融环境下分别比对照减少了 35.78%和 27.55%，在冻融 10 次时达到最低值，说明小幅度冻融对微生物的破坏作用远小于大幅度冻融作用。冻融作用在

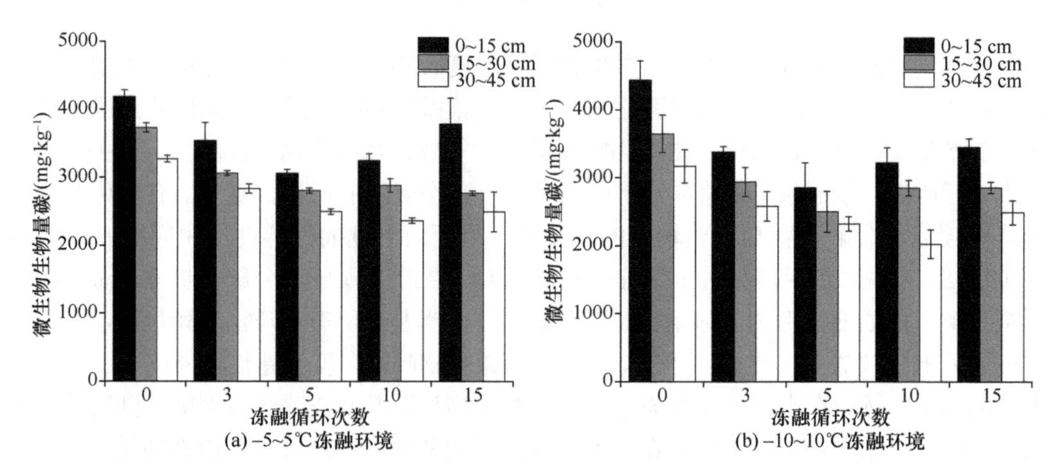

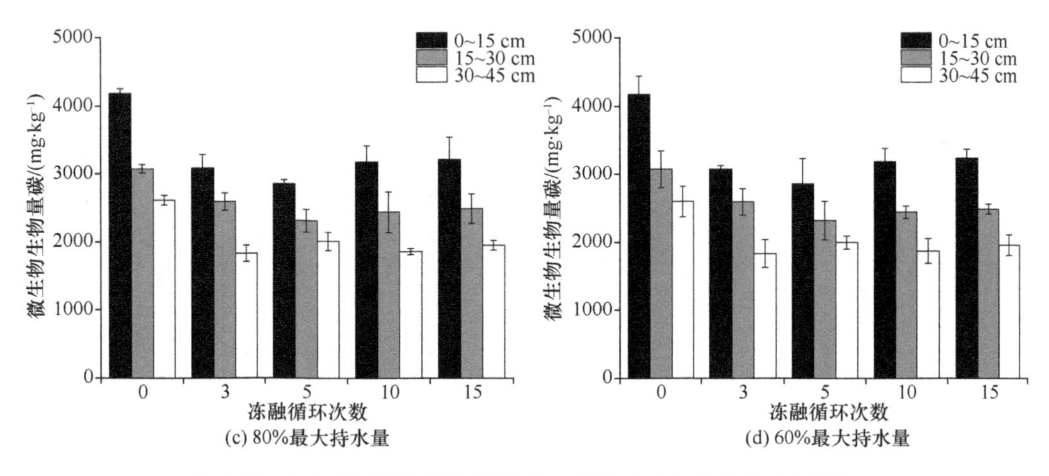

图 4-58 不同冻融环境下沼泽湿地土壤微生物生物量碳含量变化

高含水量条件下对微生物的破坏更大。冻融作用可导致土壤微生物生物量碳含量降低主要是因为冻融循环能够破坏微生物的细胞结构，导致大量微生物死亡（Larsen et al.，2002），但随着冻融次数的增加，死亡微生物细胞释放的有效养分激活了存活微生物的活性，同时微生物也逐渐适应了冻融环境，微生物生物量碳含量呈现随着冻融次数增加而增加的趋势（王娇月，2014）。

冻融循环作用可导致连续多年冻土区沼泽湿地土壤纤维素酶、蔗糖酶和淀粉酶的活性显著降低（图 4-59～图 4-61）。土壤融化造成的缺氧环境会导致微生物死亡进而降低酶活性。随着冻融次数的增加，土壤微生物生物量碳含量、纤维素酶、蔗糖酶和淀粉酶活性呈现增加的趋势。由于冻融循环能够导致某些微生物死亡，降低了土壤酶活性，同时对另外一些土壤微生物和酶活性又有激活效应。在冻结土壤中部分微生物和酶并没有完全钝化（Koponen et al.，2006）。但是冻融循环导致团聚体的破碎和微生物细胞的破裂也会增加胞内酶向土壤的释放（Larsen et al.，2002），同时也增加了微生物与活性有机质的接触面积，增加的活性有机碳为微生物提供了有效的碳源，从而导致土壤酶活性后期的增加（Jacinthe et al.，2002；Matzner and Borken，2008）。土壤活性有机碳含量与土壤纤维素酶、蔗糖酶和淀粉酶活性的显

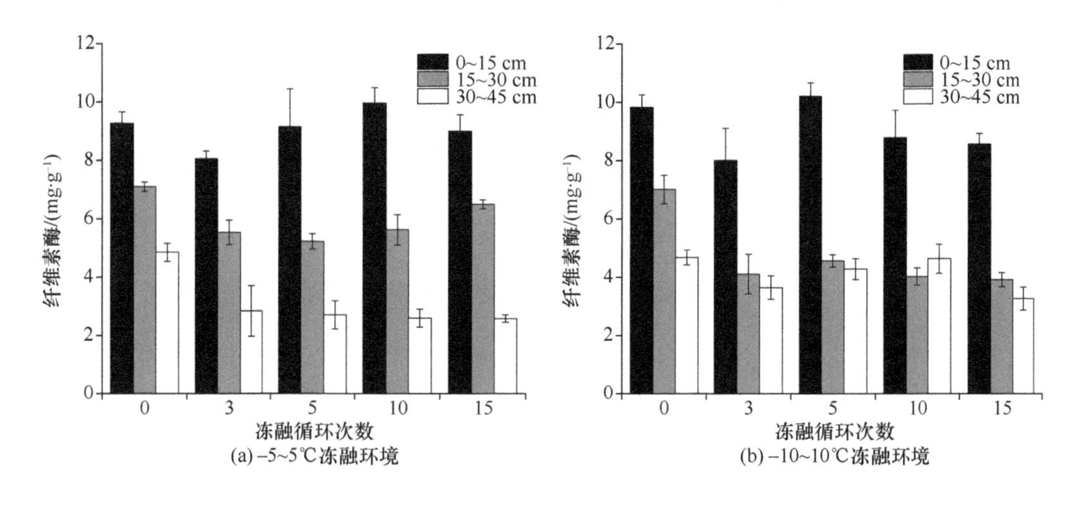

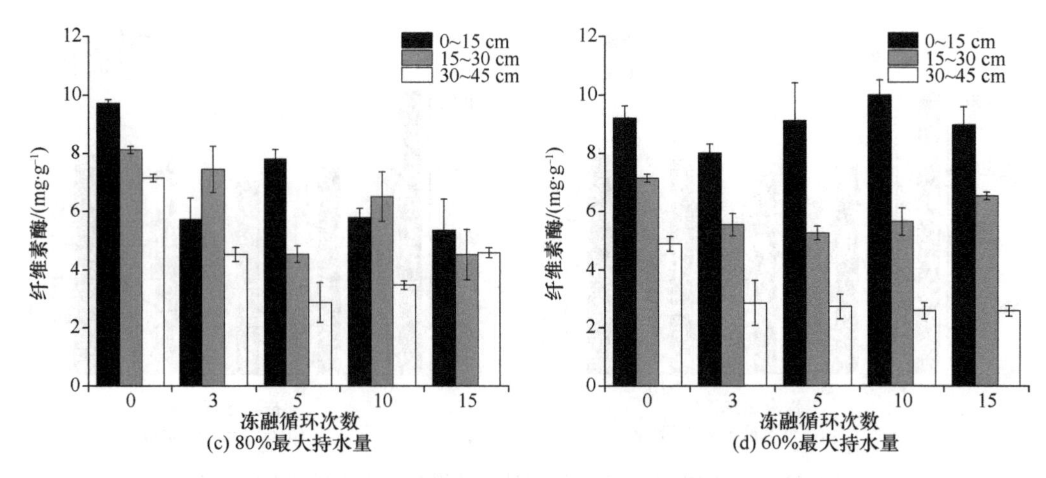

图 4-59　不同冻融环境下沼泽湿地土壤纤维素酶活性变化

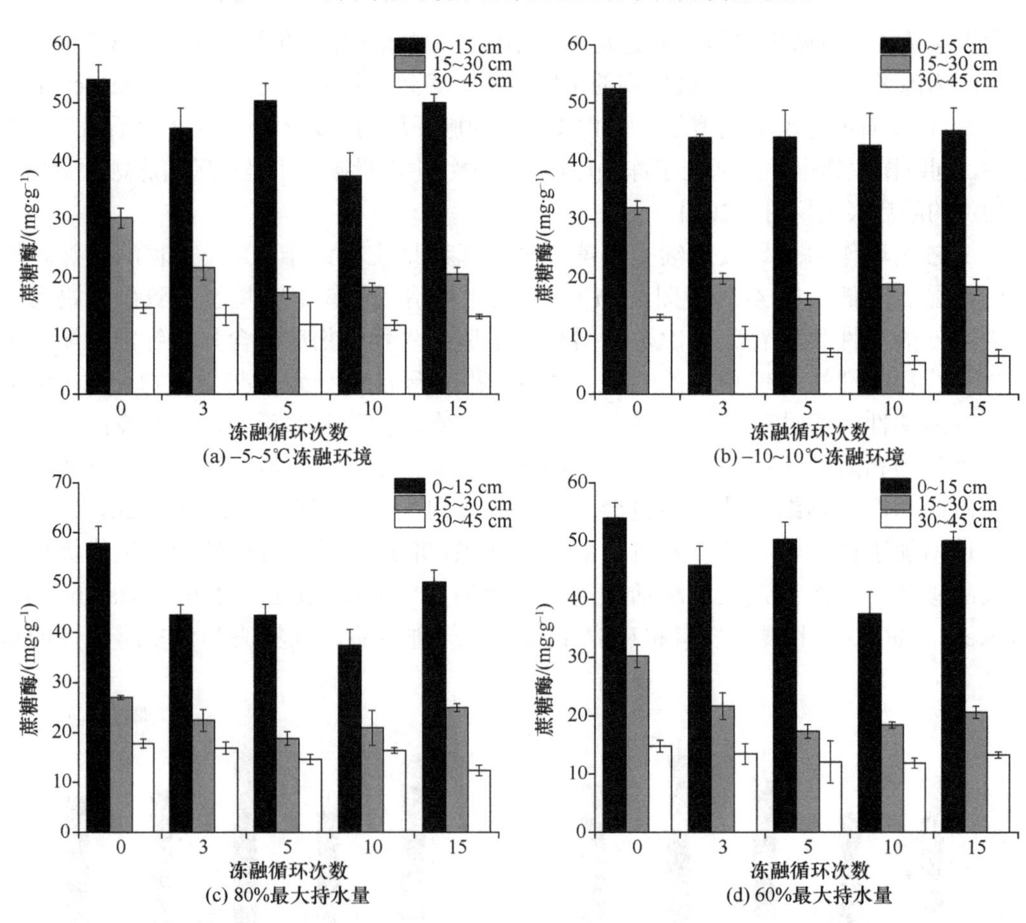

图 4-60　不同冻融环境下沼泽湿地土壤蔗糖酶活性变化

著相关性也验证了以上观点。此外，大幅度冻融循环对土壤酶活性的抑制作用大于小幅度冻融循环，并且总体上冻融循环对土壤酶活性的抑制作用随土壤深度的增加而增强。说明在全球变暖背景下，冻融幅度加大将会降低与碳循环有关的酶活性（王娇月，2014）。

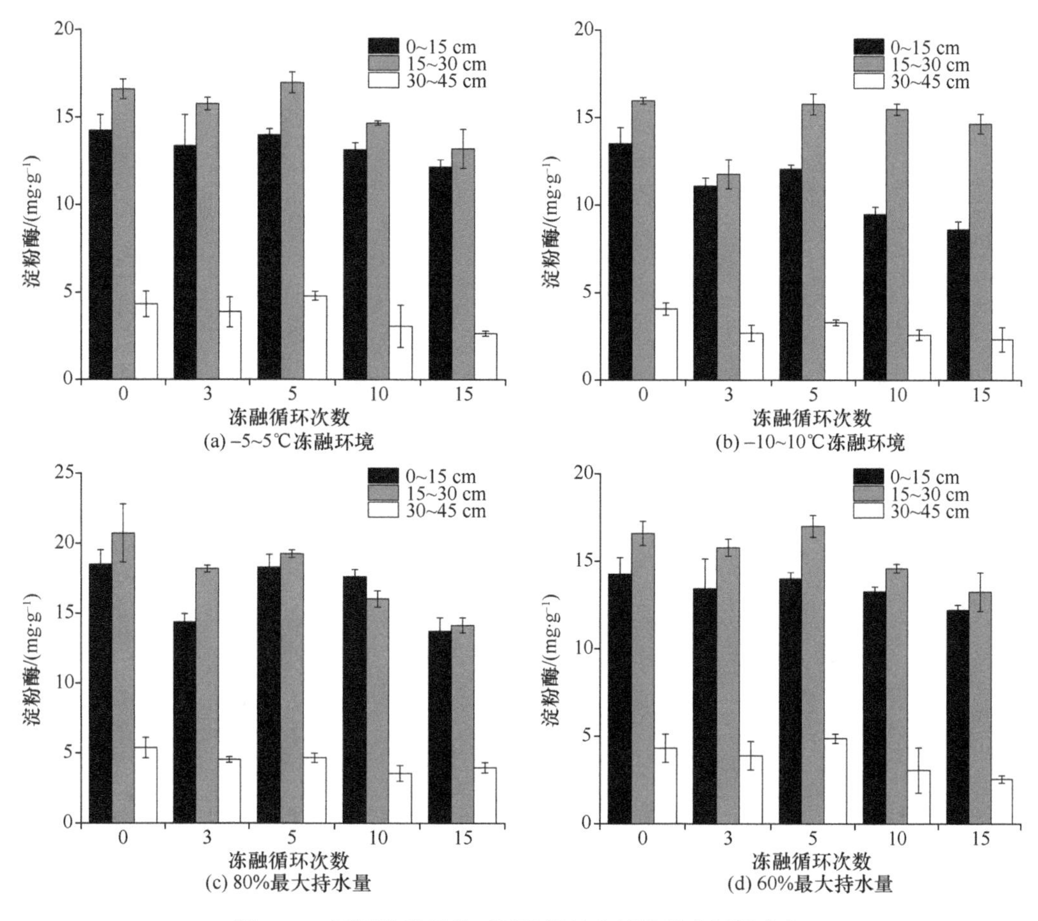

图 4-61　不同冻融环境下沼泽湿地土壤淀粉酶活性变化

季节性冻融能够影响扎龙湿地土壤 β-葡萄糖苷酶、β-*N*-乙酰氨基葡萄糖苷酶、酸性磷酸酶、多酚氧化酶和过氧化物酶活性（图 4-62）。冻融初期湿地土壤 β-葡萄糖苷酶活性显著升高。β-*N*-乙酰氨基葡萄糖苷酶活性表现为稳定冻结期>冻融后期>融冻初期>冻融初期>融冻后期。与土壤 β-葡萄糖苷酶变化趋势相反，土壤酸性磷酸酶活性在冻融期呈现先升高后降低的趋势。土壤多酚氧化酶和过氧化物酶活性均表现为，季节性冻融开始后酶活性逐渐降低至稳定冻结期的最低值，而稳定冻结期后其活性显著升高直至融冻后期达到最高值（陈泓硕等，2020）。

4.4.4　冻融作用对沼泽湿地土壤微生物生物量氮和 N_2O 释放的影响

随着冻融次数的增加，湿地土壤中微生物生物量氮的含量呈现先增高后降低的规律。由于冻融作用下死亡微生物的细胞可以作为其他微生物的基质，增加了土壤微生物活性，同时冻融交替会杀死湿地土壤中的微生物，这些死亡的微生物在分解菌的作用下分解，释放出小分子的氨基酸和糖类物质，提高了湿地土壤中有机质含量，同时也促进了沼泽湿地土壤的微生物生物量（任伊滨等，2013）。冻融作用导致湿地土壤温度变化，影响了土壤中微生物的生境及细胞的代谢模式。冻融循环虽然短期内可以改变湿地土壤

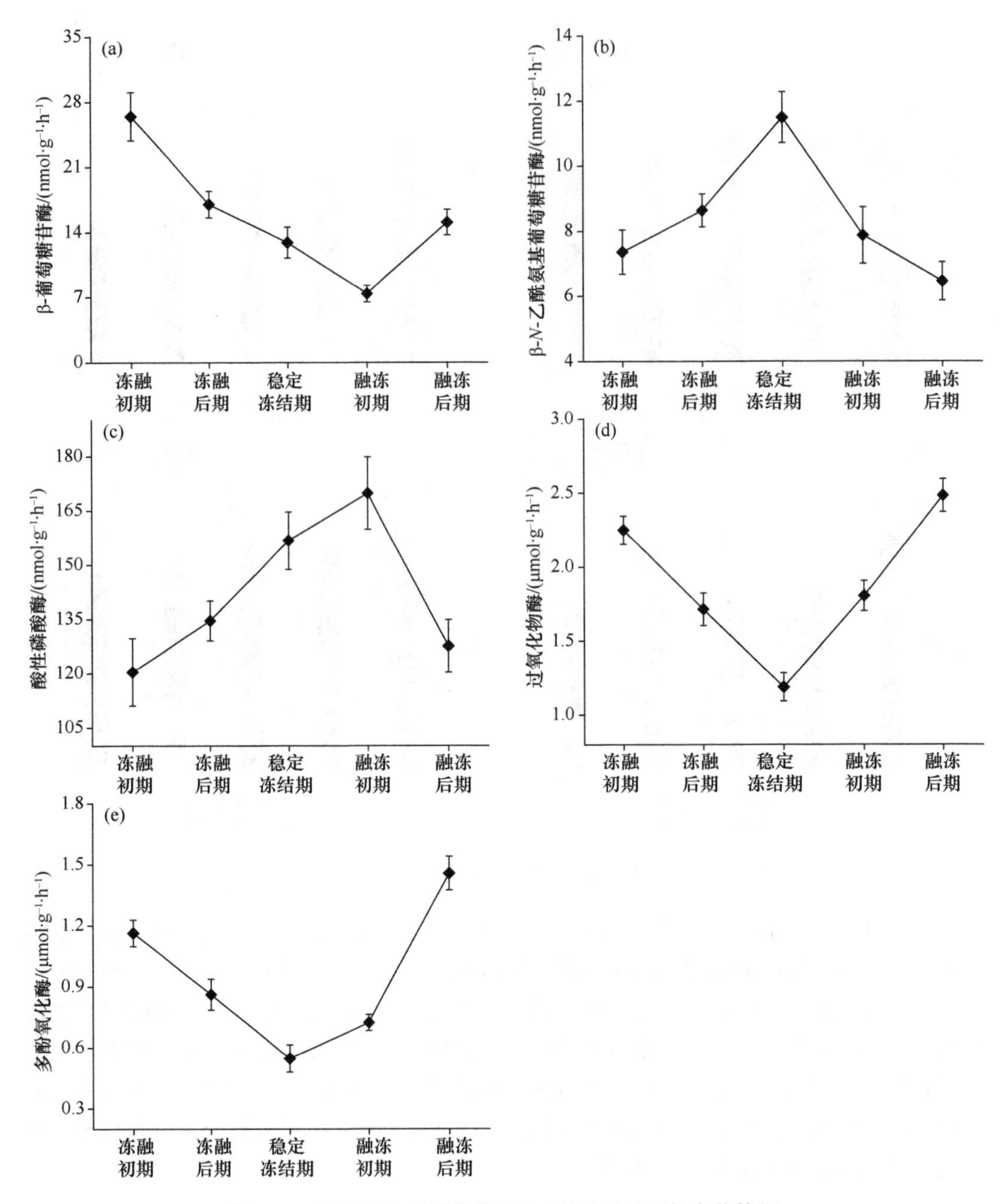

图 4-62　不同冻融时期扎龙湿地土壤胞外酶活性变化特征

理化性质，增加土壤呼吸量，同时也加速了土壤中微生物生物量的消耗。在低温状态下，土壤微生物的活性受到抑制影响着土壤中微生物的生物量，导致沼泽湿地土壤中微生物生物量氮含量降低（图 4-63）。

冻融作用能够影响沼泽湿地土壤氮循环和 N_2O 释放。冻融作用可导致沼泽湿地土壤氨态氮含量增加，随冻融循环次数的增加呈现先增加后减小的变化趋势（图 4-64）（郭冬楠等，2015）。由于冻融作用能够导致土壤有机和无机胶体中氨态氮的释放（Freppaz et

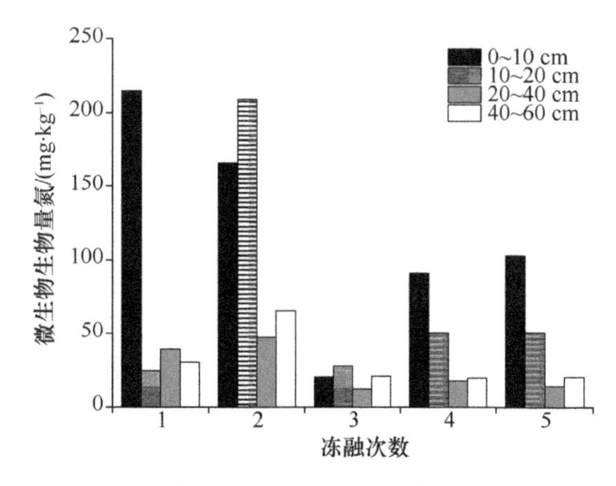

图 4-63 冻融作用下沼泽湿地土壤微生物氮含量变化

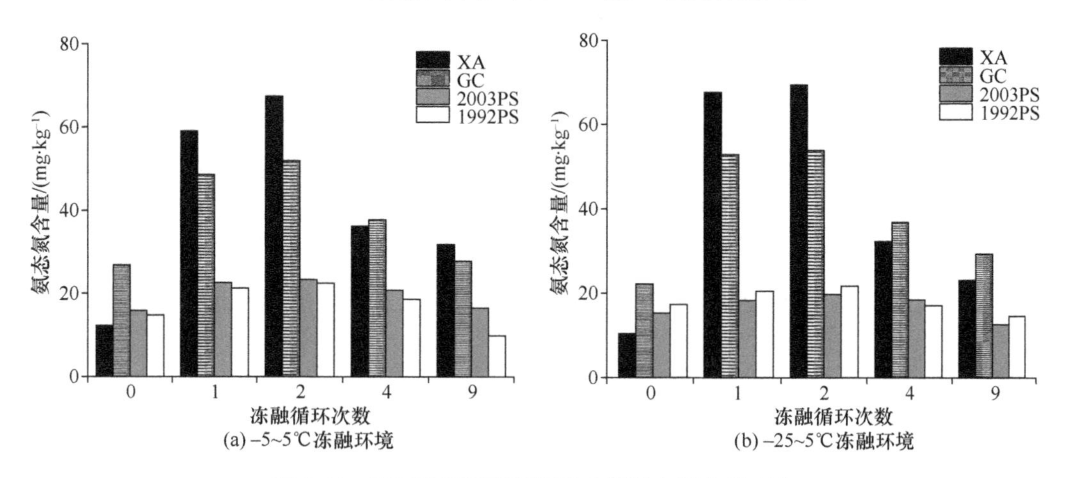

图 4-64 不同冻融环境下湿地土壤氨态氮含量变化

XA：以天然兴安落叶松为主要植被类型的森林沼泽；GC：以灌丛柴桦为主要植被类型的灌丛沼泽；2003PS：2003 年排水造林后的兴安落叶松沼泽；1992PS：1992 年排水造林后的兴安落叶松沼泽；下同

al.，2007），而且，湿地土壤中水分的迁移和冰水相变能够增加代换性铵离子。温度升高土壤融化引起适冷微生物的死亡，并为残留的微生物提供大量的基质，增加微生物活性，促进土壤氮的矿化（Nielsen et al.，2001），进而导致土壤氨态氮含量增加。湿地土壤硝态氮含量在经历 1 次冻融循环后降至最低，但从第 2 次冻融循环开始逐渐上升，在 9 次冻融循环后比冻融前明显增加（图 4-65）（郭冬楠等，2015）。随着冻融循环次数的增加，土壤中硝化底物逐渐增加，导致土壤硝酸还原酶活性增加，于是硝态氮开始出现回升，总体上呈现土壤硝态氮含量仍高于冻融前的态势（郭冬楠等，2015）。郑思嘉（2019）研究表明随着冻融循环次数增加，湿地土壤硝态氮含量减少，而土壤氨态氮含量增加，冻融循环在短时间内能够促进土壤有机氮的转化，但随着冻融循环过程的持续，其影响减弱。冻融温差是影响土壤氮循环的主要因素，较大的冻融温差会造成土壤微生物细胞裂解，导致土壤无机氮含量升高（范志平等，2013），因此–25～5℃冻融处理下土壤氨态氮和硝态氮含量高于–5～5℃冻融处理（郭冬楠等，2015）。

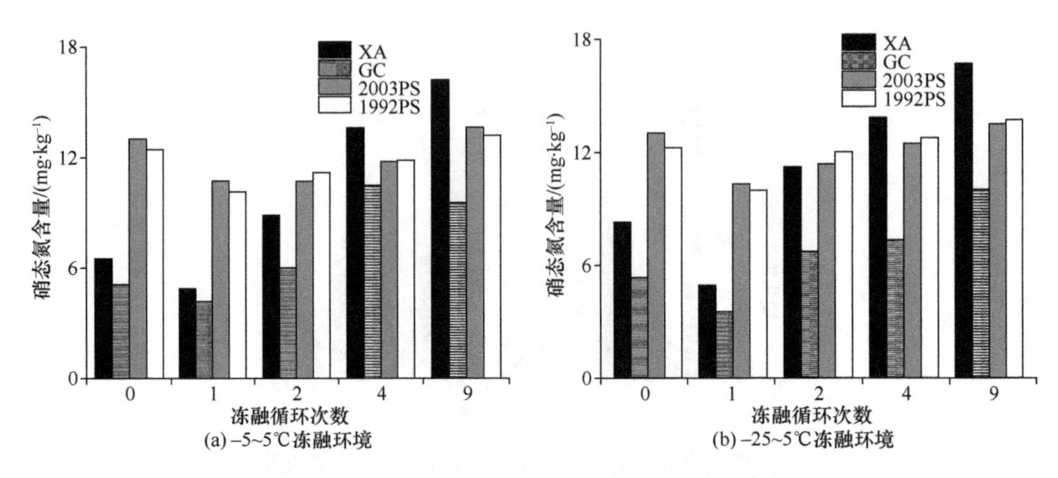

图 4-65　不同冻融环境下湿地土壤硝态氮含量变化

水分条件是湿地生态系统重要的生态属性，在丰沛降水条件下，土壤冻融会促进 N_2O 释放，使湿地在冻融期表现为强 N_2O 排放特征（李彦沛等，2019）。随着冻融循环次数的增加，80 mm 降水处理由弱排放源转变成弱吸收汇，130 mm 降水条件下排放强度大幅递减（图 4-66）。130 mm 降水条件下 N_2O 通量变幅范围大于 80 mm 降水条件。高的土壤水分条件有利于湿地土壤反硝化过程，冻结期湿地土壤硝化过程受抑制，导致

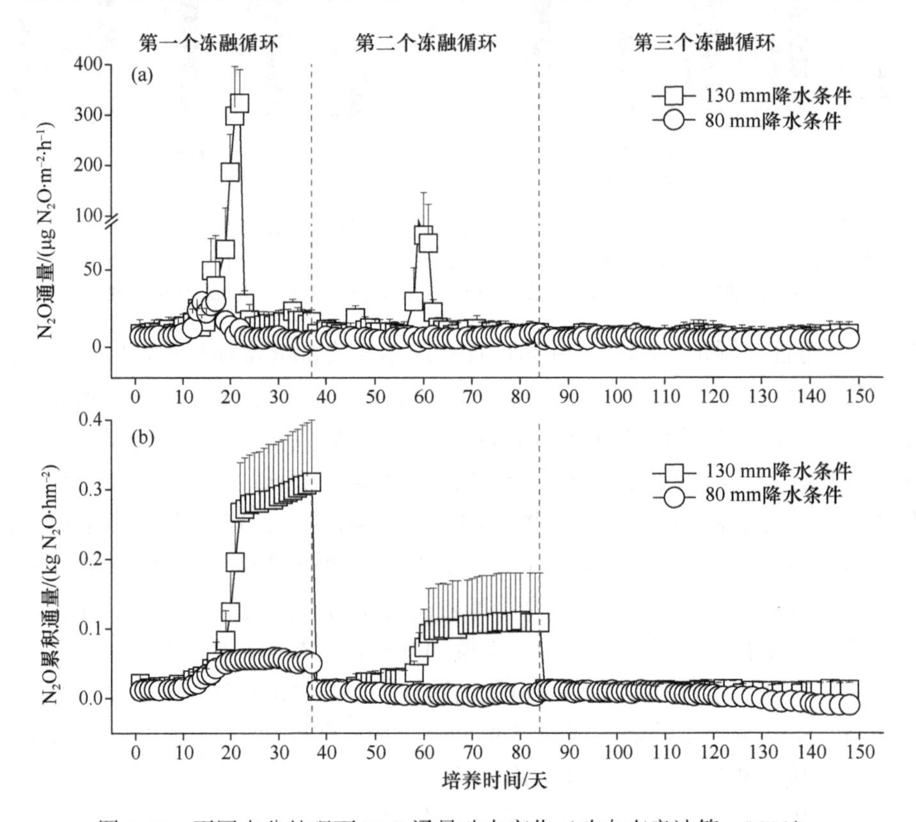

图 4-66　不同水分处理下 N_2O 通量动态变化（改自李彦沛等，2019）

较高的氨态氮浓度，反硝化过程主导了冻融期 N_2O 排放，消耗硝态氮底物导致其浓度降低。随着冻融循环次数的增加，春季短暂的土壤冻结过程不能补充消耗的碳氮底物，受低硝态氮含量的限制，两个冻融循环后 N_2O 排放量大幅降低或消失（李彦沛等，2019）。但是由于实验方法的不同，氮矿化速率、硝化速率对冻融过程的响应不同，实验室研究结果表明冻融作用可以促进氮矿化作用，但会抑制硝化作用，然而野外观测表明冻融过程会促进土壤硝化作用，但对氮矿化作用影响不显著（宋阳，2017）。

4.5　微生物介导的沼泽湿地碳氮循环对营养环境变化的响应

氮是湿地生态系统中最主要的限制性元素，湿地土壤氮素含量及其迁移转化过程显著影响着湿地生态系统的结构和功能（白军红等，2006；徐欢等，2020）。虽然我国湿地生态系统氮沉降量相对较低（0.57 Tg N，Shi et al.，2016），但人类活动和全球变暖均会显著改变湿地生态系统氮营养状况。一方面，湿地开垦为农田后，氮肥的普遍使用导致大量外源氮素通过地表径流等方式进入湿地（胡敏杰和仝川，2014）。含氮污染物的排入改变了湿地原有的氮营养状况，成为湿地生态系统氮素的重要来源。另一方面，温度升高能够通过加速土壤氮矿化，提高氮素有效性，改变湿地生态系统氮循环（Gao et al.，2009；2014），尤其是在寒区受氮限制的生态系统更为明显。同时，火烧等突发因素也会改变湿地土壤氮素形态（White et al.，2008；Liao et al.，2013；王丽等，2013），改变氮营养环境。土壤 pH 和水分变化也会影响土壤氮素的矿化（Xiao et al.，2019；Li et al.，2019；Wang et al.，2019）。

植物残体分解作为物质循环和能量流动的重要过程（刘芝芹等，2015），将含有丰富营养元素的有机化合物降解为简单的小分子，把养分归还于土壤，对土壤有机质形成和养分释放具有重要意义（曲浩等，2010）。植物残体分解受其质量、分解者和外部驱动因素的共同影响（Manninen et al.，2016；Liu et al.，2017；Song et al.，2018）。真菌和细菌是湿地植物残体的主要分解者（Bragazza et al.，2007）。养分有效性是植物残体早期分解的限制因子（Hobbie，2005）。有研究表明，真菌比细菌对碳的需求更高，而细菌更容易受氮和磷的制约（Keiblinger et al.，2010；Fierer et al.，2010）。在分解的早期阶段，真菌由于利用植物残体中高浓度的氮和不稳定的碳，占主导地位（Bray et al.，2012；Hu et al.，2017）。湿地植物残体分解受氮含量的限制，氮添加可满足微生物对氮的需求，提高其分解速率（Bragazza et al.，2012）。Song 等（2011）对三江平原沼泽湿地的研究也发现，氮添加能够增强微生物活性，提高植物残体分解速率，进而影响碳氮释放。但是氮添加对不同植物残体分解的影响与植物种类有关。因此，明确沼泽湿地不同植物残体分解对氮营养环境变化的响应对于探明湿地碳氮动态变化具有重要意义。

氮是影响土壤微生物群落结构和代谢潜力的重要因子，沼泽湿地土壤微生物对氮营养环境变化的响应及其对湿地生态系统碳氮平衡的影响受氮素形态、浓度及时间变化的影响。由于低温能够抑制冻土区湿地土壤有机质分解，氮主要以有机形态存在（Rydin and Jeglum，2006）或被微生物固定（Jonasson et al.，1996），或储存在冻土中，导致土壤微生物和植物生长受氮的限制（Keuper et al.，2012）。温度升高不仅会促进湿地土壤有机碳的矿化，还会促进土壤氮的矿化、增加土壤氮的可利用性，这有可能进一步促进微生物作用下的湿地土壤有机碳的矿化，对全球气候变暖产生积极影响，甚至会使沼泽湿地的碳“源/汇”关系发生转变。

氮营养环境变化能够直接影响湿地微生物碳氮过程，也能够通过植物的间接作用影响微生物碳氮过程（Hester et al.，2018）（图 4-67）。氮输入会通过促进湿地植物生长、根的发育及微生物的活性，改变微生物功能进而促进土壤有机碳分解，促进湿地植物-土壤系统 CO_2 排放，但是过多的氮素输入会降低 CO_2 排放速率（Qu et al.，2020）。氮输入可为硝化细菌和反硝化细菌提供有效氮进而促进湿地 N_2O 释放（Wang et al.，2017；Fu et al.，2020）。长期氮营养富集能够显著降低湿地土壤 pH，影响土壤微生物量、活性和多样性，改变植物-微生物耦合关系，促进碳氮循环，进而影响湿地生态系统服务功能（Bledsoe et al.，2020；Lu et al.，2021）。参与氮循环的微生物研究尤为重要，*nif*H、*amo*A、*nir*K 和 *nir*S 功能基因可参与固氮、硝化、反硝化等主要氮循环过程，被广泛用于氮循环微生物研究。近年来，随着厌氧氨氧化、完全氨氧化等新型氮转化过程的相继报道和发现更新了人们对湿地氮循环的认知（祝贵兵，2020）。目前，对碳氮循环特定关键过程功能基因的研究较多，但全面系统揭示环境因子如何连锁性影响沼泽湿地生态系统碳氮循环不同过程的微生物种群的研究还很有限。因此，氮营养环境变化对沼泽湿地土壤微生物的影响研究有助于探明环境变化影响下沼泽湿地生态系统碳氮循环微生物过程及调控机制。

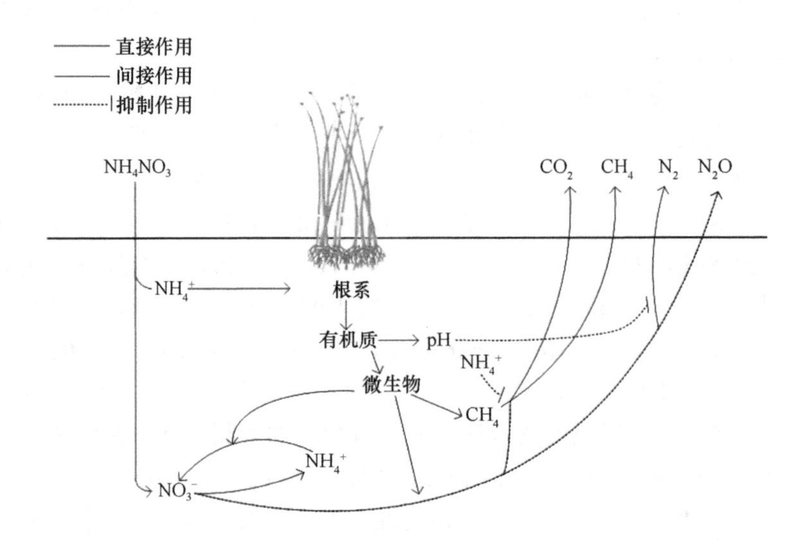

图 4-67 氮营养环境变化对湿地碳氮循环微生物过程的影响（改自 Hester et al.，2018）

土壤酶作为生物化学过程的介质和催化剂，参与土壤养分矿化、循环及土壤有机质合成、分解等过程。土壤氮营养环境变化可通过改变土壤酶活性，进而改变湿地生态系统碳输入和输出平衡，影响湿地土壤碳库稳定性（Enowashu et al.，2009；Nave et al.，2009；沈芳芳等，2012；Jian et al.，2016；Jia et al.，2020；Vourlitis et al.，2021）。氮输入可通过改变土壤酶活性抑制有机质分解，降低微生物可利用性碳库（Michel and

Matzner，2003），促进土壤碳蓄积（Waldrop et al.，2003；Sinsabaugh，2010）。但 Waldrop 等（2003）研究表明氮添加能够激活土壤氧化酶活性加快有机质分解速率，降低土壤碳库。适当浓度的氮添加增加了土壤细菌种类和活性，提高了土壤氮循环相关酶活性，促进了湿地土壤氮固定、矿化和硝化作用，而过量的氮输入通过抑制酶活性，降低土壤细菌活性和多样性，抑制了氮固定、硝化和反硝化作用（Wang et al.，2021），进而影响湿地土壤氮库。氮营养环境变化对土壤碳库和氮库的影响结果存在较大分歧，主要是因为目前还不能从机理上解释清楚氮营养环境变化到底是通过什么方式对土壤碳库和氮库产生影响，需要明确此过程中土壤微生物和酶的作用。

4.5.1 氮营养环境变化对微生物介导的沼泽湿地植物残体分解的影响

4.5.1.1 氮营养环境变化对沼泽湿地植物残体分解 CO_2 释放及其温度敏感性的影响

氮营养环境变化对大兴安岭沼泽湿地典型植物白毛羊胡子草和泥炭藓残体分解及 CO_2 释放的影响研究表明，在 10℃培养温度下，培养 54 天后，低氮（N1：2.5 mg $N·g^{-1}$）处理下白毛羊胡子草和泥炭藓残体分解过程中碳累积释放量均高于高氮处理（N2：5 mg $N·g^{-1}$）和对照，高氮处理下泥炭藓残体分解 CO_2 的累积释放量低于对照处理（图 4-68）。不同处理下白毛羊胡子草残体分解碳累积释放量存在一定的波动，培养前期对照处理碳累积释放量高于加氮处理，在培养 9 天时，低氮处理高于对照，而在培养 33 天时，高氮处理下白毛羊胡子草残体分解碳累积释放量高于对照处理。高氮处理下泥炭藓残体分解碳累积释放量低于对照。

两种氮添加环境下白毛羊胡子草和低氮环境下泥炭藓残体分解常数 k 值增加，同时低氮处理对白毛羊胡子草（除 20℃培养温度外）及泥炭藓残体的分解常数 k 值均有显著影响（图 4-69）。随氮添加浓度的增加，高氮添加降低了泥炭藓残体分解常数 k 值。不同植物残体分解的温度敏感性对氮营养环境变化响应不同。氮添加降低了白毛羊胡子草和泥炭藓植物残体分解的温度敏感性，其中泥炭藓残体分解的温度敏感性低于白毛羊胡子草。随着氮添加浓度的增加，泥炭藓残体分解对温度的敏感性呈下降趋势，低氮处理显著降低了白毛羊胡子草残体分解的温度敏感性 Q_{10} 值，高氮处理显著降低了泥炭藓残体分解的温度敏感性 Q_{10} 值。

4.5.1.2 氮营养环境变化对沼泽湿地植物残体微生物丰度及其温度敏感性的影响

氮添加导致白毛羊胡子草及泥炭藓残体细菌、真菌、固氮菌及反硝化细菌（*nir*S）丰度增加。N1 处理对白毛羊胡子草和泥炭藓残体细菌、固氮菌丰度均有显著影响，同时 N1 处理使得泥炭藓残体真菌及反硝化细菌（*nir*K）丰度显著增加。随氮添加浓度增加，白毛羊胡子草和泥炭藓残体细菌、真菌、固氮菌及反硝化细菌（*nir*K）丰度呈现下降趋势，但总体仍高于对照 CK。

温度升高显著增加了白毛羊胡子草和泥炭藓植物残体细菌、真菌、固氮菌及反硝化细菌（*nir*K）丰度。温度升高，N1 处理显著增加了白毛羊胡子草和泥炭藓植物残体细

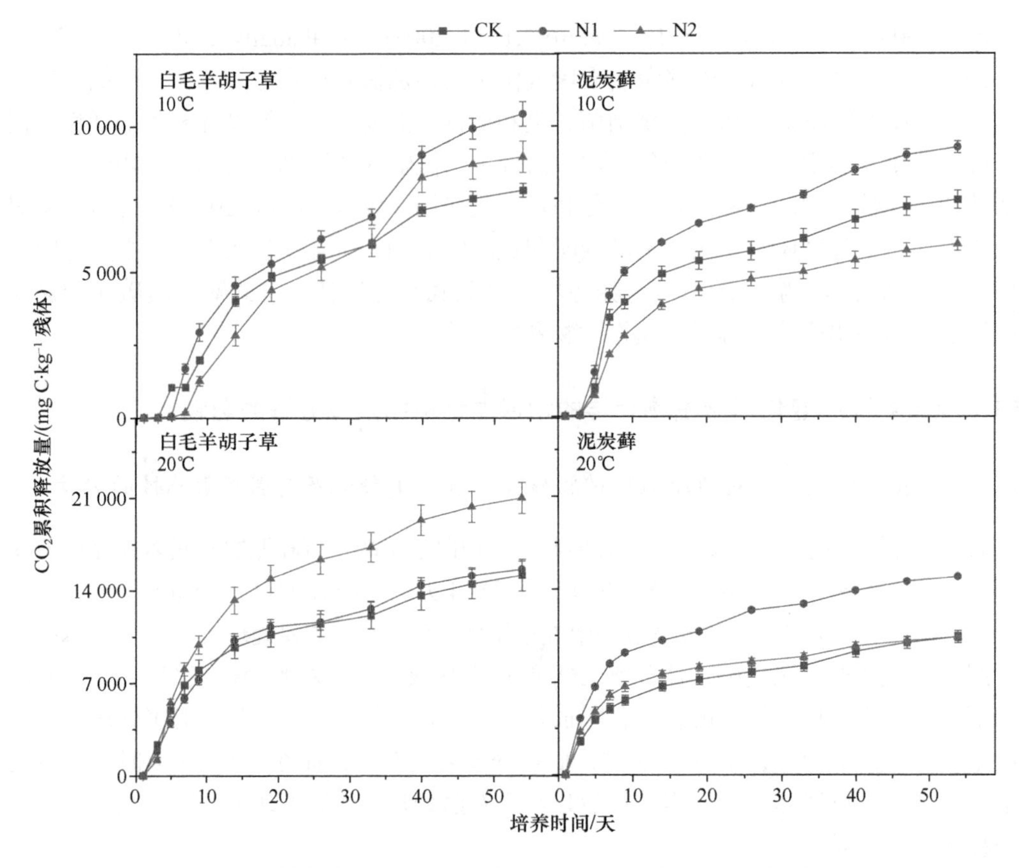

图 4-68 氮营养环境变化对沼泽湿地植物残体分解 CO_2 释放的影响

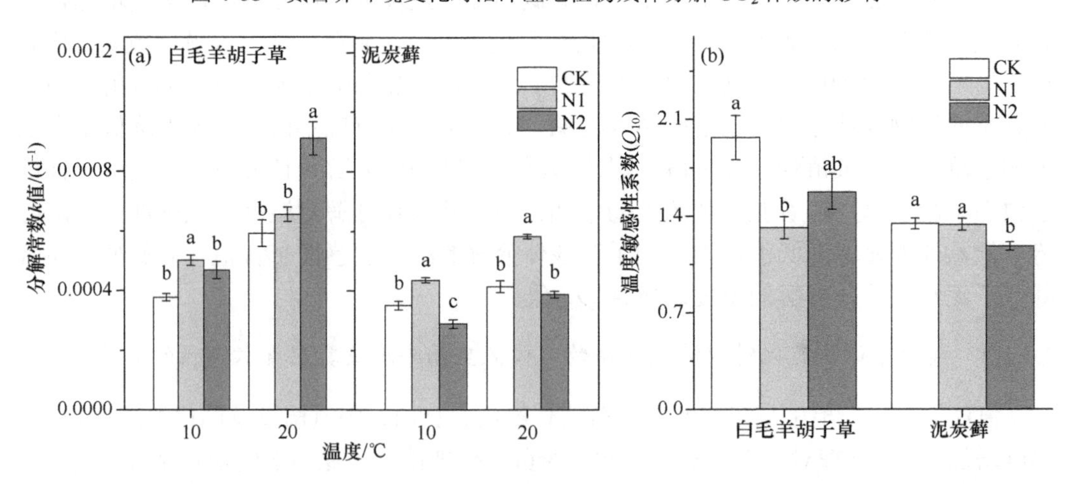

图 4-69 沼泽湿地植物残体分解常数 k 值和分解温度敏感性 Q_{10} 值

菌、真菌及固氮菌丰度，同时 N1 处理显著增加了泥炭藓残体反硝化细菌（*nir*S）丰度，白毛羊胡子草和泥炭藓残体微生物丰度随氮添加浓度增加而呈下降趋势。温度和氮添加浓度的交互作用对白毛羊胡子草残体固氮菌丰度及泥炭藓残体细菌丰度有显著影响。同时，CO_2 释放速率与白毛羊胡子草残体的真菌丰度，以及泥炭藓残体细菌、真菌、固氮菌和反硝化细菌的丰度呈正相关，说明植物残体分解受微生物调控。相关分析结果表明两种植物残体真菌丰度与CO_2平均释放率的相关系数均高于细菌，说明沼泽湿地植物残体分解前期更多受真菌的调控（图 4-70）。

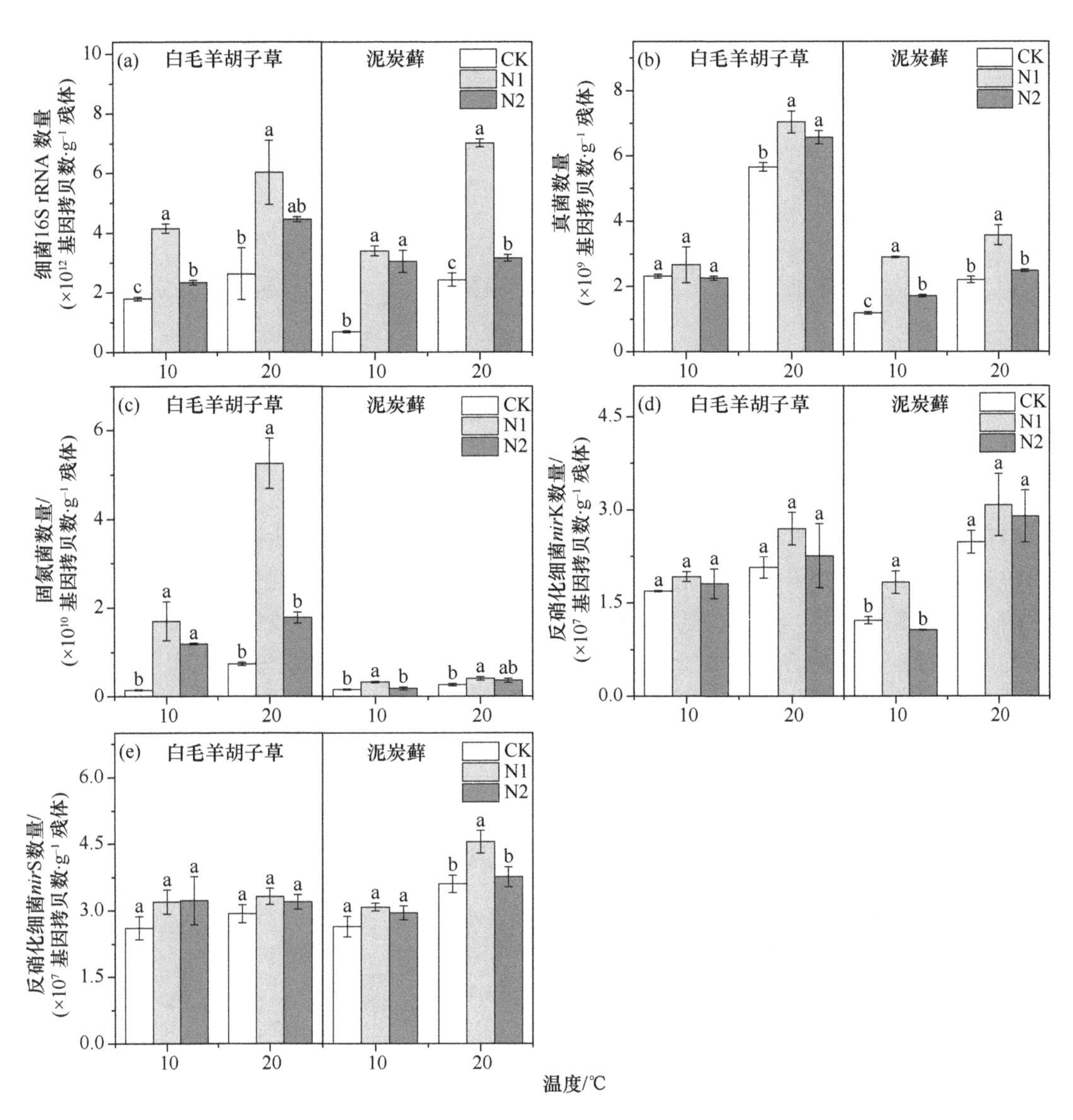

图 4-70　氮营养环境变化对沼泽湿地植物残体微生物丰度的影响

沼泽湿地植物白毛羊胡子草残体固氮菌（*nif*H）的温度敏感性 Q_{10} 值随氮添加浓度的增加而显著降低，氮添加未显著影响白毛羊胡子草残体细菌、真菌及反硝化细菌（*nir*K）的温度敏感性（图 4-71）。泥炭藓残体细菌及真菌的温度敏感性 Q_{10} 值均随氮添加浓度的增加而降低。低氮处理显著降低了泥炭藓残体真菌、固氮菌的温度敏感性。

4.5.1.3　氮营养环境变化对沼泽湿地植物残体分解过程中酶活性的影响

氮添加可导致沼泽湿地植物白毛羊胡子草和泥炭藓残体的蔗糖酶、β-葡萄糖苷酶活

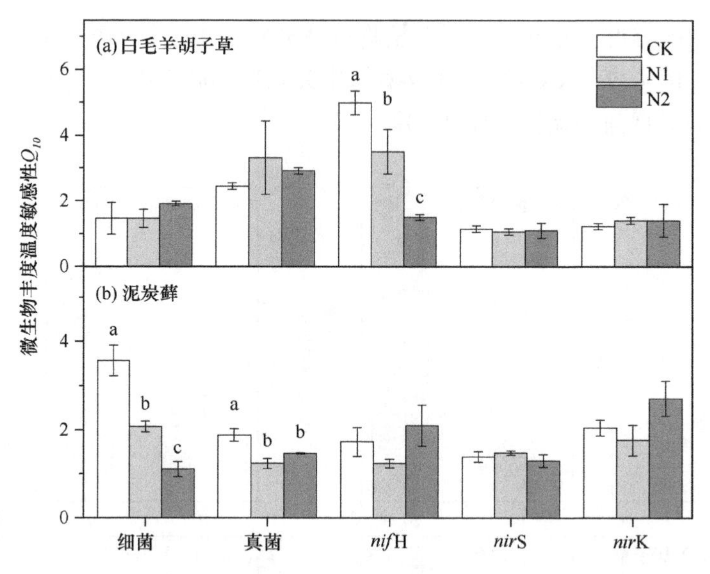

图 4-71 氮营养环境变化对沼泽湿地植物残体微生物温度敏感性的影响

性及酸性磷酸酶活性增加，导致多酚氧化酶活性降低。低氮处理对白毛羊胡子草及泥炭藓残体的蔗糖酶、β-葡萄糖苷酶、酸性磷酸酶活性及多酚氧化酶活性均有显著影响。随氮添加浓度增加，氮累积导致泥炭藓残体蔗糖酶、酸性磷酸酶活性呈下降趋势，多酚氧化酶活性呈增加趋势。温度和氮添加的交互作用对白毛羊胡子草残体蔗糖酶活性及两种植物残体的β-葡萄糖苷酶、多酚氧化酶活性均有显著影响。相关分析结果表明 CO_2 释放速率与白毛羊胡子草残体中β-葡萄糖苷酶活性及泥炭藓残体的蔗糖酶、多酚氧化酶和β-葡萄糖苷酶活性呈负相关（图 4-72）。

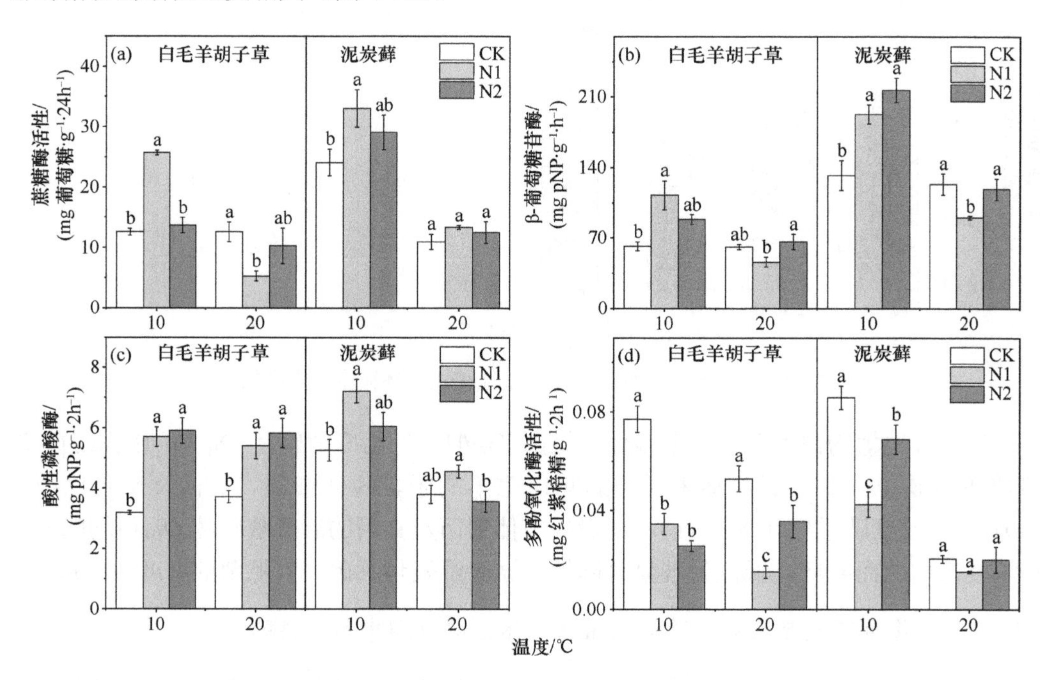

图 4-72 氮营养环境变化对沼泽湿地植物残体酶活性的影响

4.5.1.4　氮营养环境变化对沼泽湿地植物残体碳氮磷含量的影响

氮添加显著提高了沼泽湿地不同温度下白毛羊胡子草和泥炭藓残体的总氮含量，降低了泥炭藓总磷含量，且两种植物残体的总氮含量均随着氮添加浓度的增加而呈增加趋势（图 4-73）。随着温度的升高，氮添加降低了白毛羊胡子草和泥炭藓残体的总碳含量。温度与氮添加浓度的交互作用对泥炭藓总碳和总氮含量及白毛羊胡子草总磷含量有显著影响。相关分析结果表明 CO_2 平均释放率与白毛羊胡子草和泥炭藓残体总碳含量呈负相关，与泥炭藓残体总氮含量呈正相关。

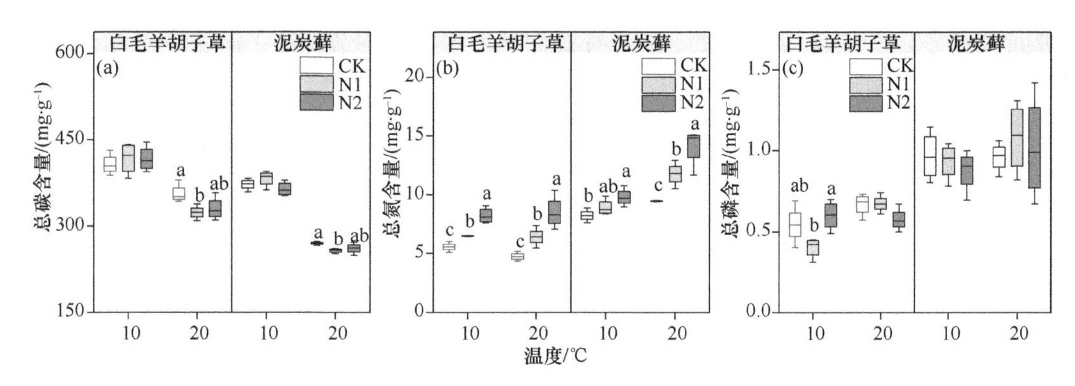

图 4-73　氮营养环境变化对沼泽湿地植物残体碳氮磷含量的影响

对照处理下白毛羊胡子草和泥炭藓残体的 N∶P 值分别低于 14 和 10，且泥炭藓残体的 N∶P 值低于白毛羊胡子草。氮添加提高了白毛羊胡子草和泥炭藓残体 N∶P 值，白毛羊胡子草和泥炭藓 N∶P 值随着氮浓度的增加呈增加趋势，低氮处理显著提高了白毛羊胡子草 N∶P 值，使白毛羊胡子草残体的 N∶P 值大于 16，使其受磷限制。温度升高降低了白毛羊胡子草残体 N∶P 值，增加了泥炭藓残体 N∶P 值（图 4-74）。高温环境

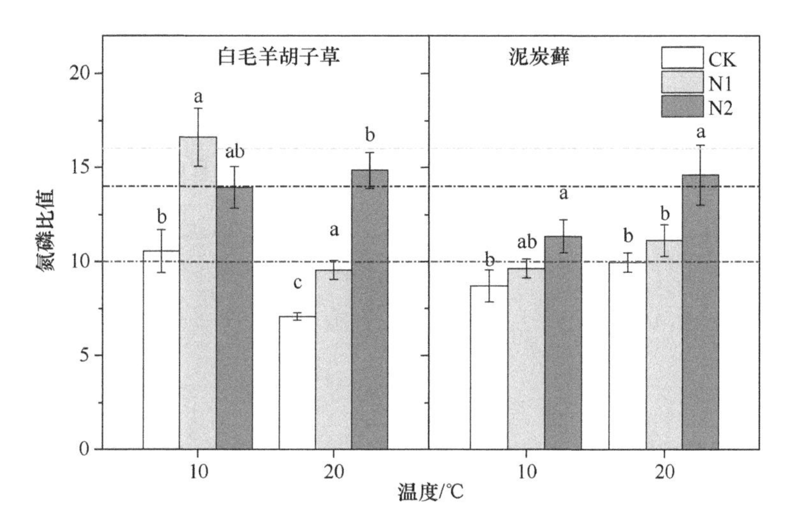

图 4-74　氮营养环境变化对沼泽湿地植物残体 N/P 值的影响
（粉色虚线为 N/P=16，蓝色虚线为 N/P=14，红色虚线为 N/P=10）

下白毛羊胡子草和泥炭藓残体 N∶P 值均随氮添加浓度增加而增加。

4.5.1.5 氮营养环境变化对不同类型冻土区沼泽湿地植物残体分解的影响

季节性冻土区典型沼泽湿地植物小叶章枯落物的分解快于连续多年冻土区羊胡子草枯落物（图 4-75）。氮素有效性增加促进了季节性冻土区沼泽湿地小叶章枯落物的分解，但对连续多年冻土区沼泽湿地羊胡子草枯落物的分解没有显著影响，季节性冻土区小叶章枯落物分解 510 天后，低氮和高氮处理下失重率分别由对照的 39.3%增加到 44.28%和 47.93%，连续多年冻土区羊胡子草枯落物失重率为 23.80%～25.67%，各处理间没有显著性差异（图 4-75）。氮素有效性增加提高了季节性冻土区小叶章枯落物分解过程中 β-葡萄糖苷酶、蔗糖酶、脲酶、多酚氧化酶活性，特别是 β-葡萄糖苷酶活性变化在不同的分解时期均达到显著水平（图 4-76），说明氮素有效性增加可通过提高枯落物 β-葡萄糖苷酶、蔗糖酶、脲酶、多酚氧化酶活性促进其分解。氮素有效性增加虽然提高了连续多年冻土区沼泽湿地羊胡子草枯落物蔗糖酶、β-葡萄糖苷酶、脲酶活性，但是对多酚氧化酶活性没有显著影响，说明氮素有效性增加对羊胡子草枯落物易分解部分的加速作用被其对木质素、酚类化合物降解的抑制作用所抵消，因此对其分解没有显著影响。

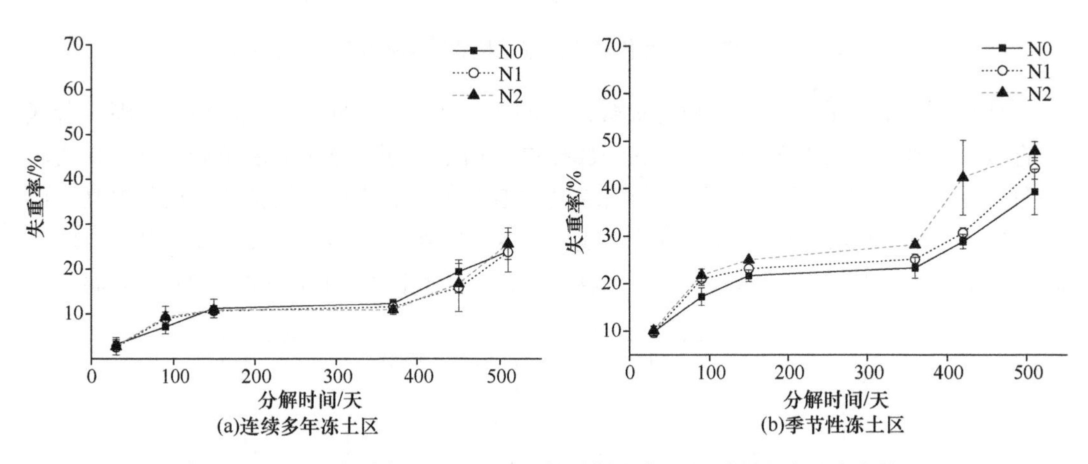

图 4-75 不同类型冻土区沼泽湿地植被枯落物分解过程中失重率变化

N0. 0 g $N\cdot m^{-2}\cdot a^{-1}$；N1. 12 g $N\cdot m^{-2}\cdot a^{-1}$；N2. 24 g $N\cdot m^{-2}\cdot a^{-1}$

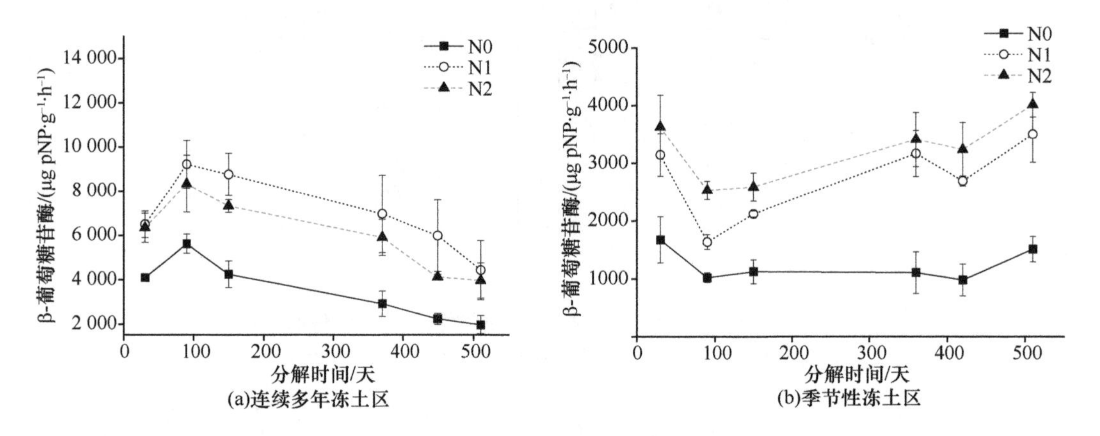

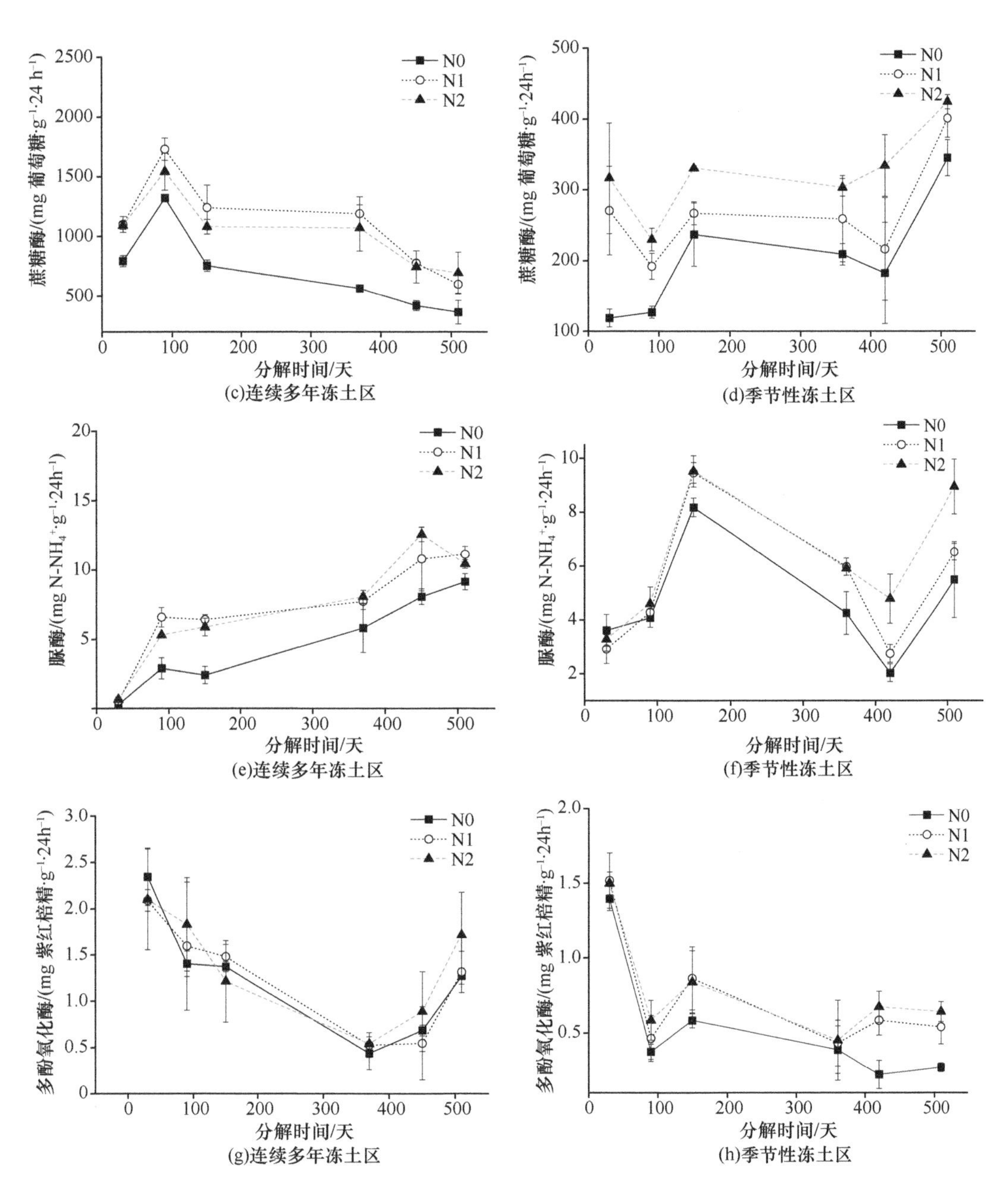

图 4-76 不同类型冻土区沼泽湿地植被枯落物分解过程中酶活性变化

N0. 0 g $N·m^{-2}·a^{-1}$；N1. 12 g $N·m^{-2}·a^{-1}$；N2. 24 g $N·m^{-2}·a^{-1}$

4.5.2 短期氮营养环境变化对微生物介导的沼泽湿地碳氮循环的影响

4.5.2.1 短期氮营养环境变化对沼泽湿地土壤微生物呼吸及甲烷循环过程的影响

不同氮营养环境下，沼泽湿地植物不同生长阶段表层（0～6 cm）土壤基础呼吸随时间变化均发生了明显变化（图 4-77），总体趋势表现为随时间的推移而逐渐减弱（葛瑞娟，2010）。说明不同氮营养环境下土壤基础呼吸与植物生长阶段密切相关。植物生长初期氮输入处理的土壤基础呼吸均比对照弱，说明此阶段氮输入抑制了土壤微生物的总体活性。而第二和第三阶段氮输入环境下土壤基础呼吸均比对照强，说明这两个阶段氮输入促进了土壤微生物的总体活性。第三阶段只有低氮处理在整个培养过程中土壤基础呼吸强于对照，说明在植物主生长期仅低氮输入能增强土壤微生物的总体活性。

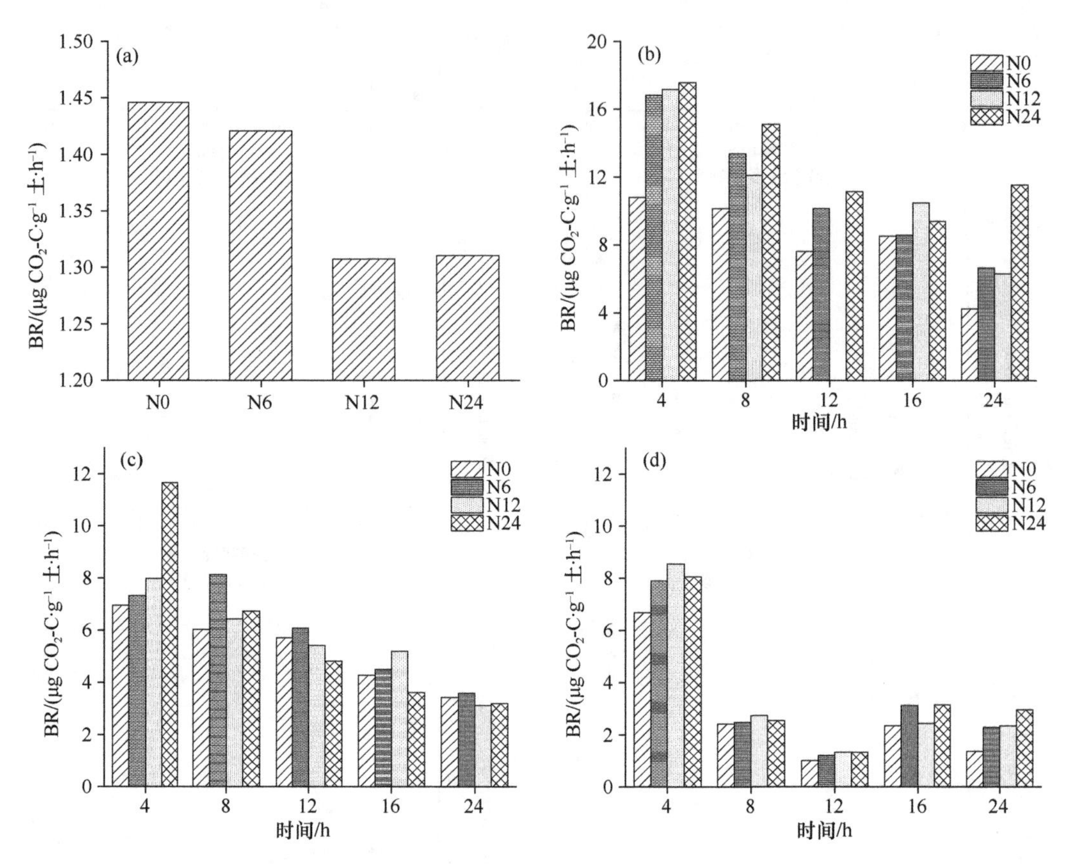

图 4-77　不同氮营养环境下植物不同生长阶段表层土壤（0～6 cm）基础呼吸变化

（a）第一阶段（6 月 7 日～7 月 2 日）；（b）第二阶段（7 月 2 日～7 月 20 日）；（c）第三阶段（7 月 20 日～8 月 7 日）；（d）第四阶段（8 月 7 日～8 月 24 日）；BR. 土壤基础呼吸；N0. 0 g N·m^{-2}·a^{-1}；N6. 6 g N·m^{-2}·a^{-1}；N12. 12 g N·m^{-2}·a^{-1}；N24. 24 g N·m^{-2}·a^{-1}

不同氮营养环境下，6～30 cm 土壤基础呼吸随时间变化均发生了明显变化（图 4-78）。植物主生长期（7 月 20 日～8 月 7 日）底层土壤基础呼吸总体趋势表现为随时间的推移逐渐减弱。将氮输入量与植物不同生长阶段土壤基础呼吸的均值做相关性分析，发现除第三阶段外两者之间均存在线性相关关系（图 4-79），其中，第一阶段土壤基础呼吸随着氮输入量的增加而减弱，第二和第四阶段土壤基础呼吸均随着氮输入量的增加而增强，第三阶段随着氮输入量的增加先增强后减弱。

不同氮营养环境下沼泽湿地土壤基础呼吸呈现明显的单峰变化趋势，土壤基础呼吸从植物生长初期逐渐增强，到 7 月 20 日达到峰值，之后开始减弱（图 4-80），由于进入 8 月，植物生长速度减缓，生理代谢活动减弱，气温和土壤温度降低，使得微生物总体

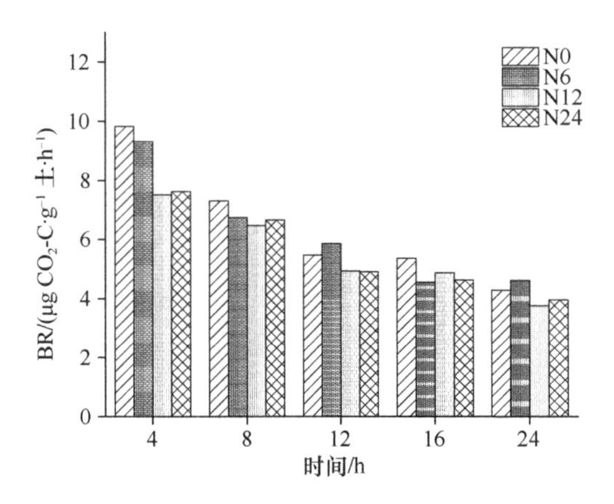

图 4-78 不同氮营养环境下植物主生长期（7 月 20 日～8 月 7 日）6～30 cm 土壤基础呼吸变化

N0. 0 g N·m^{-2}·a^{-1}；N6. 6 g N·m^{-2}·a^{-1}；N12. 12 g N·m^{-2}·a^{-1}；N24. 24 g N·m^{-2}·a^{-1}；BR. 土壤基础呼吸

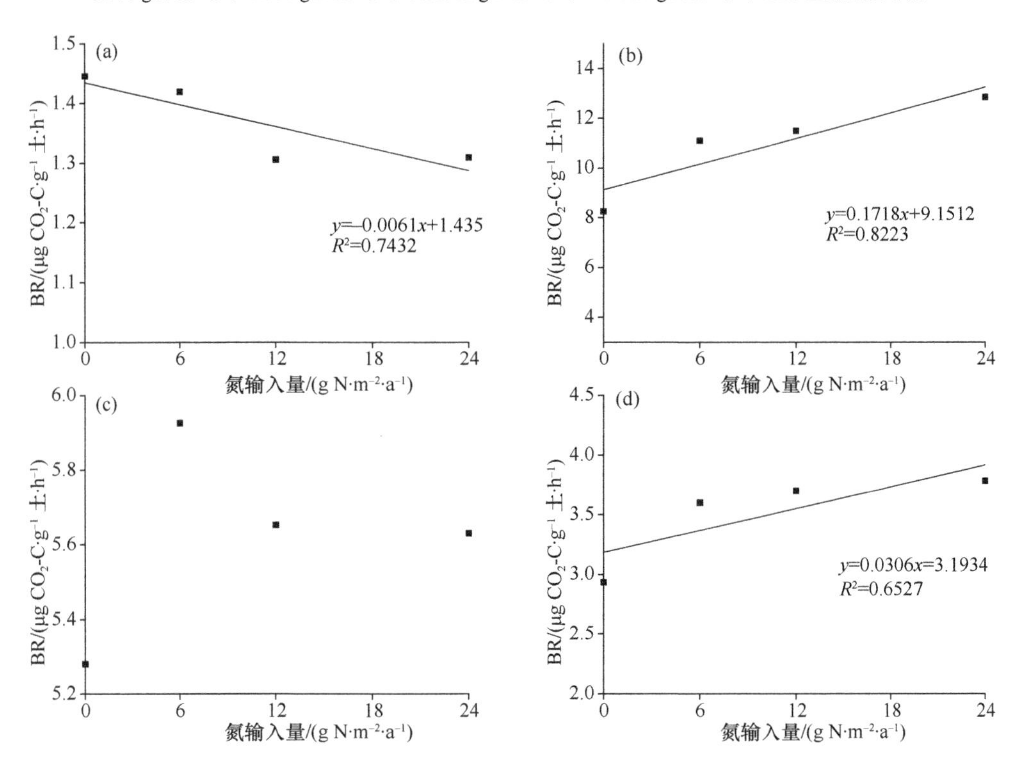

图 4-79 植物不同生长阶段表层土壤（0～6 cm）基础呼吸与氮输入量间的关系

（a）第一阶段（6 月 7 日～7 月 2 日）；（b）第二阶段（7 月 2 日～7 月 20 日）；（c）第三阶段（7 月 20 日～8 月 7 日）；（d）第四阶段（8 月 7 日～8 月 24 日）；BR. 土壤基础呼吸

活性降低。随着氮输入量的增加，伴随着酸性环境的产生，在氮输入样地土壤硝化速率升高，也能够降低微生物活性（图 4-81）。氮输入处理下土壤基础呼吸均大于对照，但均未出现显著性差异。若从生长季的均值来看，氮输入处理下土壤基础呼吸分别比对照增加了 23.35%、23.79%和 31.65%（图 4-82），说明短期氮输入提高了表层土壤（0～6 cm）微生物的总体活性。

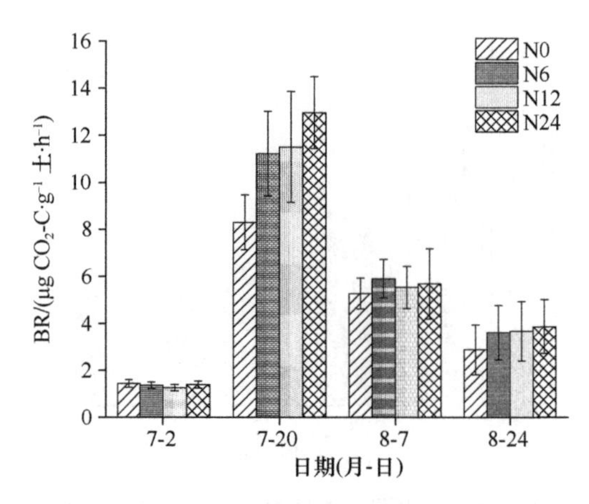

图 4-80　不同氮营养环境下土壤基础呼吸变化

N0. 0 g N·m^{-2}·a^{-1}；N6. 6 g N·m^{-2}·a^{-1}；N12. 12 g N·m^{-2}·a^{-1}；N24. 24 g N·m^{-2}·a^{-1}；BR. 土壤基础呼吸

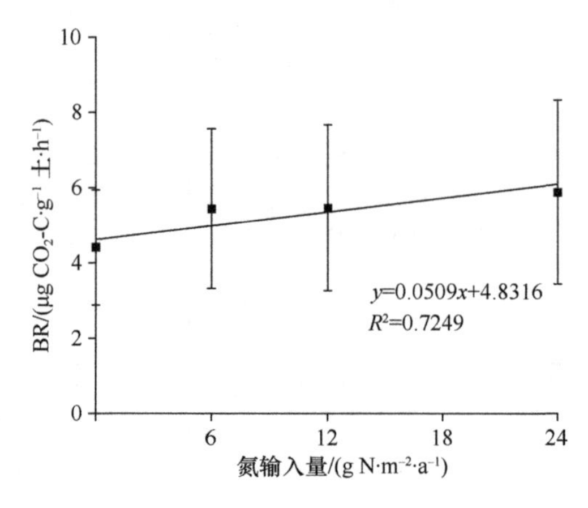

图 4-81　土壤基础呼吸变化与氮输入量间的关系

BR. 土壤基础呼吸

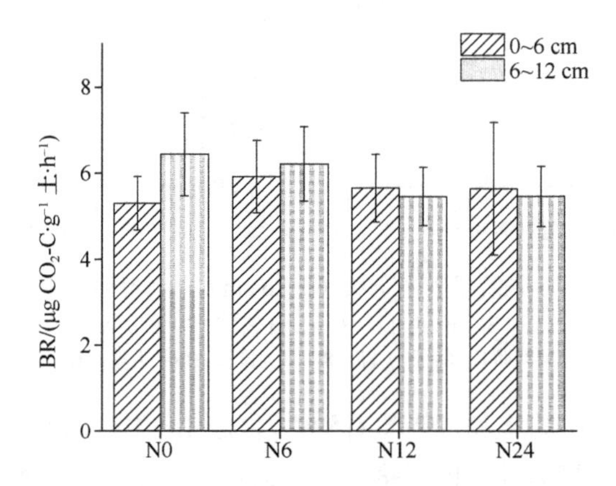

图 4-82　不同氮营养环境下不同土层土壤基础呼吸变化（8 月 7 日）

N0. 0 g N·m^{-2}·a^{-1}；N6. 6 g N·m^{-2}·a^{-1}；N12. 12 g N·m^{-2}·a^{-1}；N24. 24 g N·m^{-2}·a^{-1}；BR. 土壤基础呼吸

从生长季变化动态来看，不同氮营养环境下，0～6 cm 土壤诱导呼吸发生了明显的季节变化（图 4-83），总体变化趋势均是先增大后减小，高氮环境下土壤诱导呼吸均大

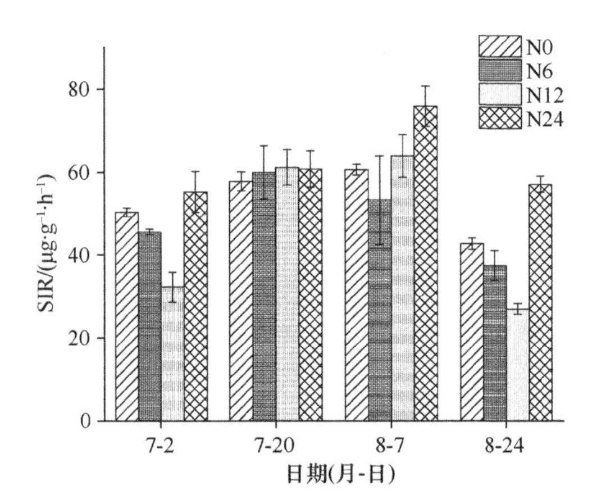

图 4-83 不同氮营养环境下 0～6 cm 土壤诱导呼吸变化

N0. 0 g N·m^{-2}·a^{-1}；N6. 6 g N·m^{-2}·a^{-1}；N12. 12 g N·m^{-2}·a^{-1}；N24. 24 g N·m^{-2}·a^{-1}；SIR. 土壤诱导呼吸

于其他处理。不同氮营养环境下土壤诱导呼吸未出现显著性差异。若从生长季均值来看，N6、N12、N24 不同氮添加处理的土壤诱导呼吸分别比对照增加了 23.35%、23.79%和 31.65%。土壤诱导呼吸随着氮输入量增加而增强（图 4-84），说明氮输入提高了表层土壤微生物种类和数量。

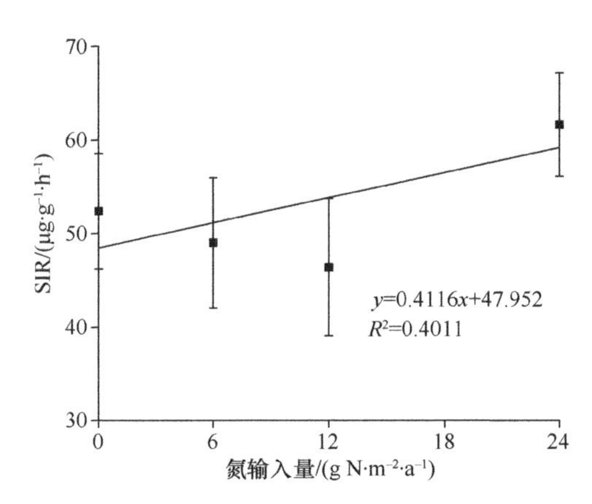

图 4-84 诱导呼吸与氮输入量间的关系（0～6 cm）

SIR. 土壤诱导呼吸

不同氮输入水平下生长季沼泽湿地土壤甲烷产生率、氧化率均随微生物生物量碳含量的增加发生了明显变化。氮输入后甲烷产生率随微生物生物量碳含量增大而增加，而甲烷氧化率则相反，随微生物生物量碳含量的增大而减小，说明不同氮营养环境下微生物生物量碳含量的增加可促进甲烷产生抑制甲烷氧化，且过量微生物生物量碳对甲烷产生促进作用减缓，说明此时甲烷产生不再受可利用性碳源的限制。不同氮营养环境下沼泽湿地土壤甲烷平均产生率、氧化率均随土壤基础呼吸、土壤代谢商和土壤诱导呼吸的增大发生了明显变化（图 4-85～图 4-87）。甲烷平均产生率与土壤基础呼吸和土壤代谢商之间均呈指数相关关系，且氮输入后甲烷产生率随土壤基础呼吸、土壤代谢商的增大而增大，而甲烷氧化率则随它们的增大均呈减小—增大—减小的变化趋势。说明不同氮营养环境下土壤基础呼吸、代谢商的增大促进了甲烷的产生。

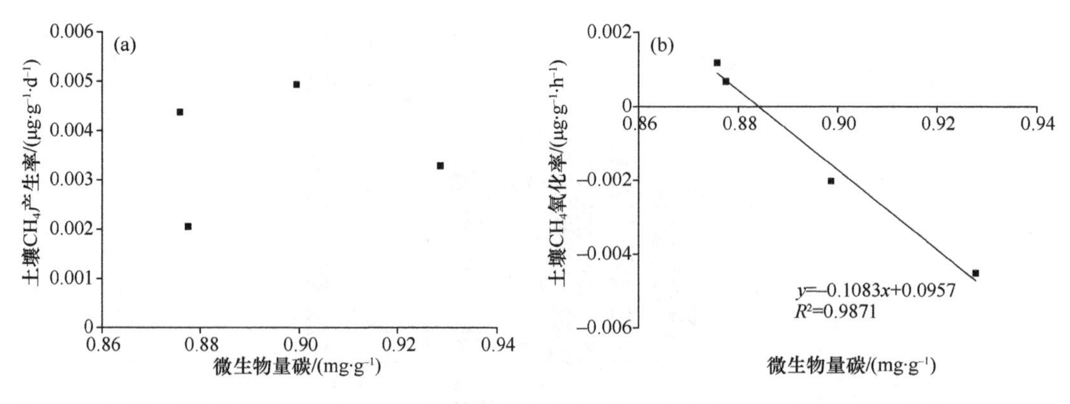

图 4-85　不同氮营养环境下生长季 CH_4 平均产生率（a）和平均氧化率（b）与 MBC 含量的关系（0～6 cm）

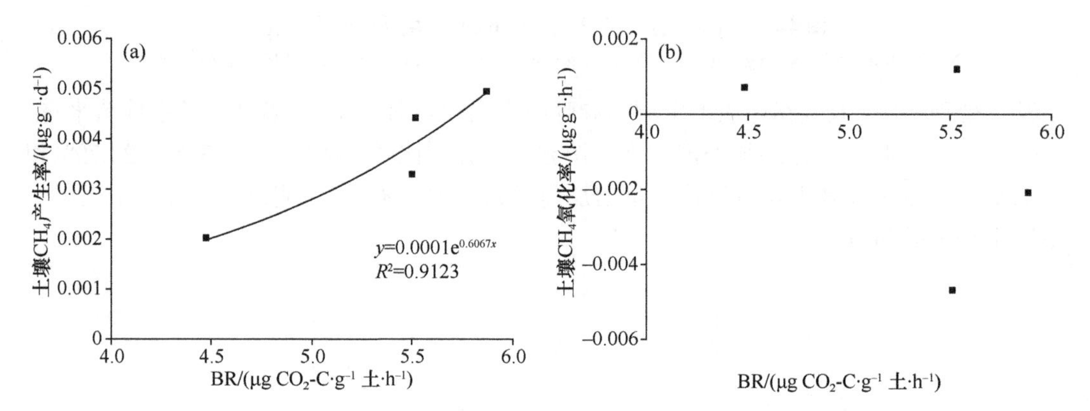

图 4-86　氮输入后生长季 CH_4 平均产生率（a）和氧化率（b）与 BR 浓度的关系（0～6 cm）

BR. 土壤基础呼吸

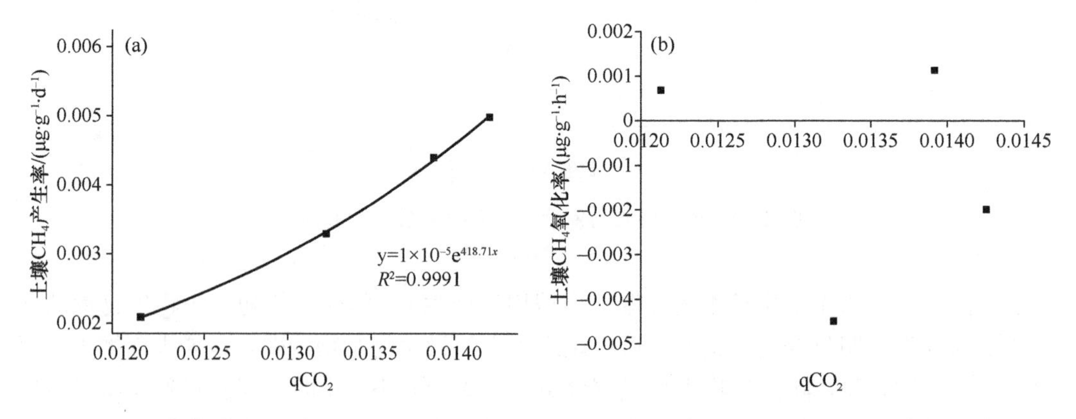

图 4-87　不同氮营养环境下生长季 CH_4 平均产生率（a）和氧化率（b）与 qCO_2 的关系（0～6 cm）

4.5.2.2　短期氮营养环境变化对沼泽湿地土壤碳氮组分的影响

氮素有效性增加能够改变连续多年冻土区和季节性冻土区沼泽湿地土壤溶解性有机碳库，一方面氮可利用性升高促进了微生物对溶解性有机碳的消耗利用，另一方面增强了土壤对溶解性有机碳的吸附作用，导致土壤溶液中溶解性有机碳库降低（图 4-88）；

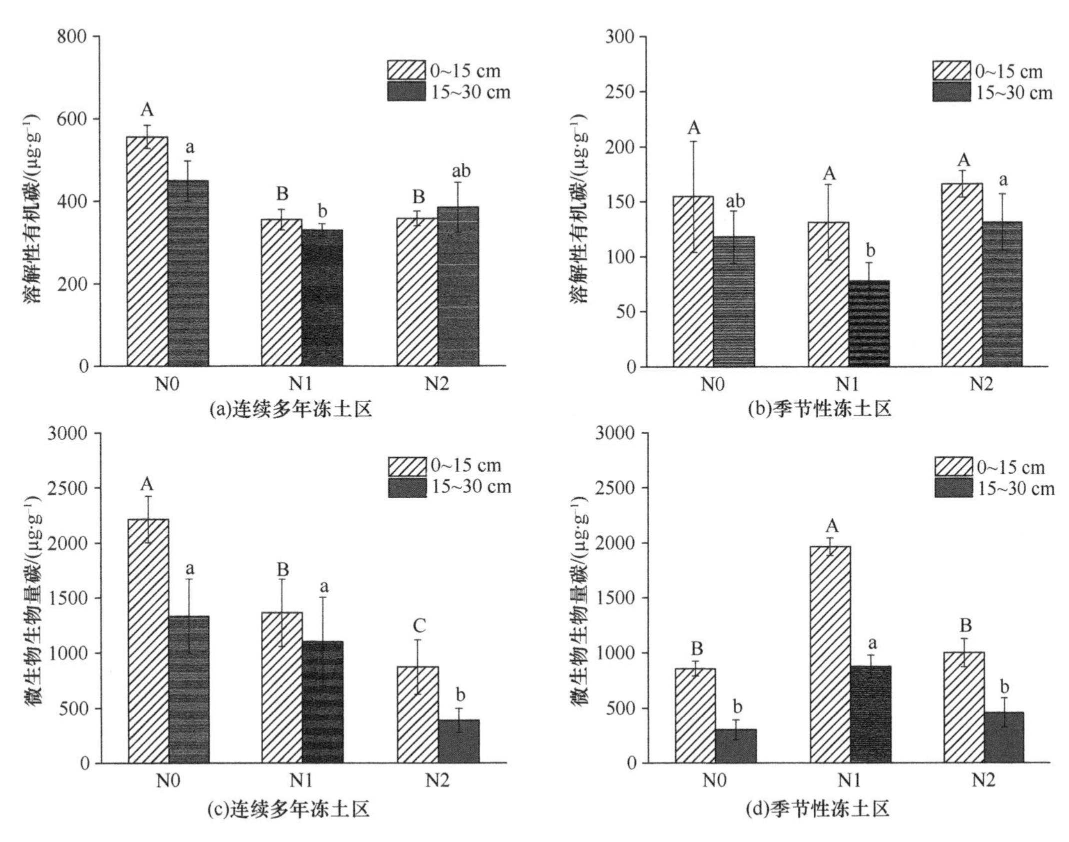

图 4-88 氮营养环境变化对不同类型冻土区沼泽湿地土壤碳含量的影响

N0. 0 g N·m^{-2}·a^{-1}；N1. 2 g N·m^{-2}·a^{-1}；N2. 24 g N·m^{-2}·a^{-1}

不同类型冻土区沼泽湿地土壤微生物生物量碳对氮营养环境变化的响应机制不同：氮可利用性增加显著降低了连续多年冻土区沼泽湿地土壤微生物碳含量，而季节性冻土区沼泽湿地氮可利用性增加导致土壤微生物生物量碳含量升高（图 4-88），说明氮营养能够被土壤微生物利用，增加土壤微生物活性。短期氮输入能够显著提高连续多年冻土区湿地0～15 cm 和 15～30 cm 土壤氨态氮含量，高氮环境下（N_3 处理）0～15 cm 土壤硝态氮和总氮含量显著增加。季节性冻土区低氮环境下土壤氨态氮含量显著降低，N2 处理显著提高了 0～15 cm 土壤硝态氮含量，N1 和 N2 处理均显著提高了深层土壤总氮含量（图 4-89）。

4.5.2.3 短期氮营养环境变化对沼泽湿地土壤微生物和酶活性的影响

采用土壤微生物磷脂脂肪酸（PLFA）生物标记技术，分析不同氮营养环境下连续多年冻土区沼泽湿地土壤微生物群落结构特征，共检出 24 种 PLFA，细菌 PLFA 20 种，其中，革兰氏阳性细菌 PLFA 8 种，革兰氏阴性细菌 PLFA 4 种，真菌 PLFA 3 种，放线菌 PLFA 1 种。虽然湿地深层土壤各 PLFA 含量均没有显著变化，但是短期氮输入改变了沼泽湿地表层土壤微生物群落结构，氮素有效性增加提高了表层土壤总 PLFA 含量、革兰氏阳性细菌、革兰氏阴性细菌、总细菌和真菌 PLFA 含量，而表层土壤放线菌 PLFA 含量、革兰氏阳性细菌/革兰氏阴性细菌、真菌/细菌没有显著变化（图 4-90），说明氮有

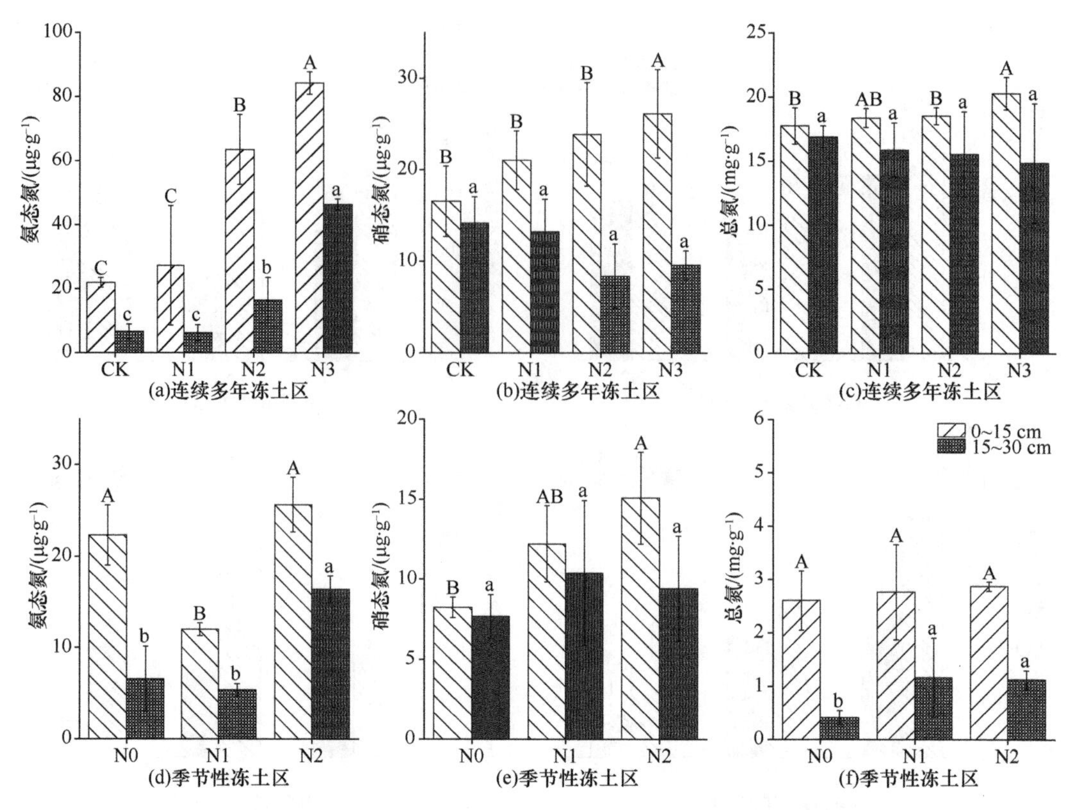

图 4-89　氮营养环境变化对不同类型冻土区沼泽湿地土壤氮含量的影响

连续多年冻土区：CK. 0 g N·m^{-2}·a^{-1}；N1. 6 g N·m^{-2}·a^{-1}；N2. 12 g N·m^{-2}·a^{-1}；N3. 24 g N·m^{-2}·a^{-1}；季节性冻土区： N0. 0 g N·m^{-2}·a^{-1}；N1. 12 g N·m^{-2}·a^{-1}；N2. 24 g N·m^{-2}·a^{-1}

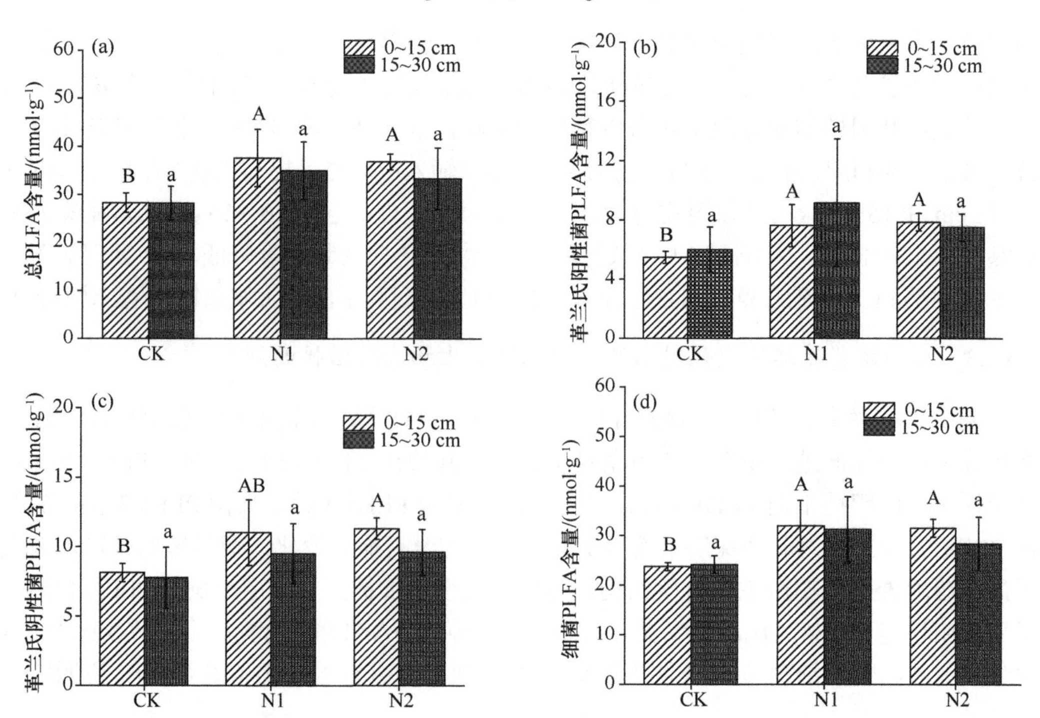

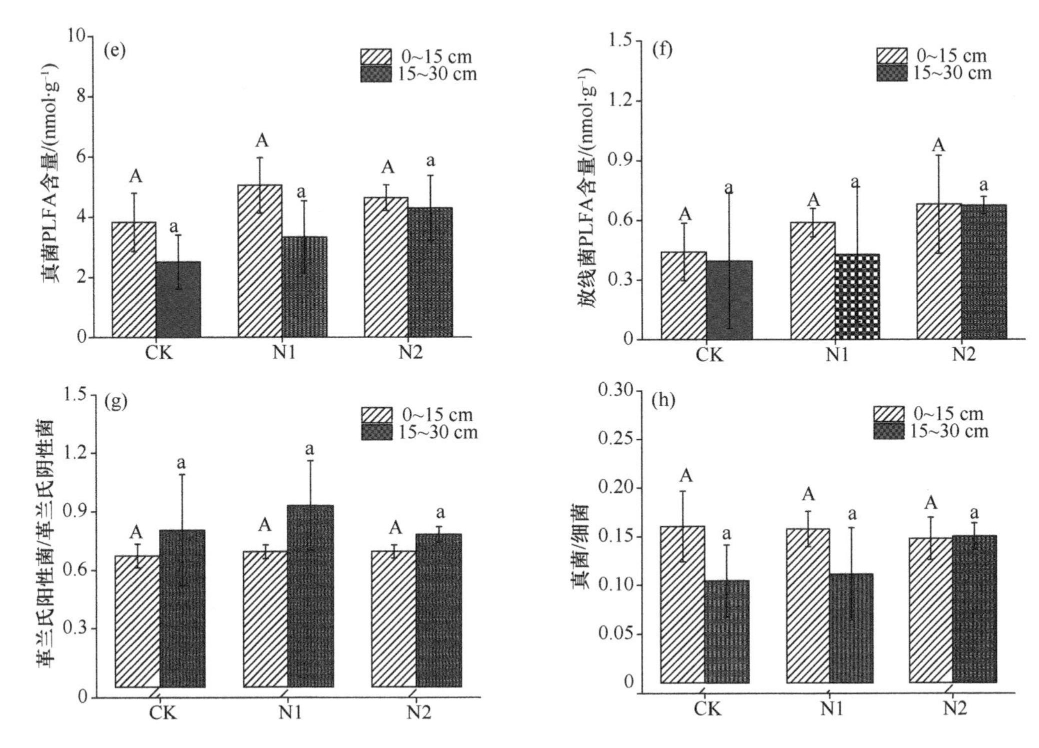

图 4-90 氮营养环境变化对连续多年冻土区沼泽湿地土壤磷脂脂肪酸含量的影响

CK. 0 g $N \cdot m^{-2} \cdot a^{-1}$；N1. 12 g $N \cdot m^{-2} \cdot a^{-1}$；N2. 24 g $N \cdot m^{-2} \cdot a^{-1}$

效性增加能够促进表层土壤革兰氏阳性细菌、革兰氏阴性细菌、细菌和真菌的生长繁殖，改变微生物群落结构组成。相关分析表明，土壤总 PLFA、细菌、真菌和革兰氏阴性细菌的 PLFA 含量与土壤氨态氮含量显著正相关，尤其是总 PLFA 和真菌 PLFA 与其相关水平达到了极显著程度（$p<0.01$），土壤总 PLFA 量、细菌、真菌和革兰氏阴性细菌的 PLFA 量与土壤总碳含量呈显著负相关关系。土壤细菌和革兰氏阳性细菌 PLFA 与溶解性有机碳含量呈显著的负相关关系（表 4-6）。一方面土壤氮营养通过调节微生物参与的碳氮代谢过程影响微生物群落结构，另一方面土壤氮营养变化通过改变地上植物的生长导致其根系分泌物和凋落物也不同，进而影响土壤微生物的生长和代谢。因此氮素有效性增加能够影响土壤微生物数量和种类，进而影响微生物群落功能，提高对土壤有机碳的分解能力，降低沼泽湿地土壤碳库稳定性。

表 4-6 土壤微生物 PLFA 含量与土壤碳氮含量的相关系数

微生物类型	总碳	全氮	微生物生物量碳	溶解性有机碳	氨态氮	硝态氮
革兰氏阳性细菌	−0.256	−0.338	−0.31	−0.478*	0.266	−0.041
革兰氏阴性细菌	−0.596**	−0.087	−0.161	−0.34	0.670*	0.32
细菌	−0.483*	−0.254	−0.268	−0.534*	0.535*	0.185
真菌	−0.571*	0.002	−0.012	−0.123	0.649**	0.344
放线菌	−0.153	0.107	−0.217	−0.125	0.452	0.046
总 PLFA	−0.536*	−0.239	−0.227	−0.467	0.595**	0.215

*表示显著性 $p<0.05$；**表示显著性 $p<0.01$

不同冻土区沼泽湿地土壤酶活性对氮营养环境变化响应不同：氮素有效性增加抑制了连续多年冻土区沼泽湿地土壤蔗糖酶、脲酶活性，而氮素有效性的增加却促进了季节性冻土区沼泽湿地土壤蔗糖酶、脲酶、β-葡萄糖苷酶的活性（图 4-91），这与不同冻土区沼泽湿地土壤微生物生物量碳对氮素有效性增加的响应趋势一致，说明氮素有效性增加对土壤酶活性的影响与微生物活性密切相关。

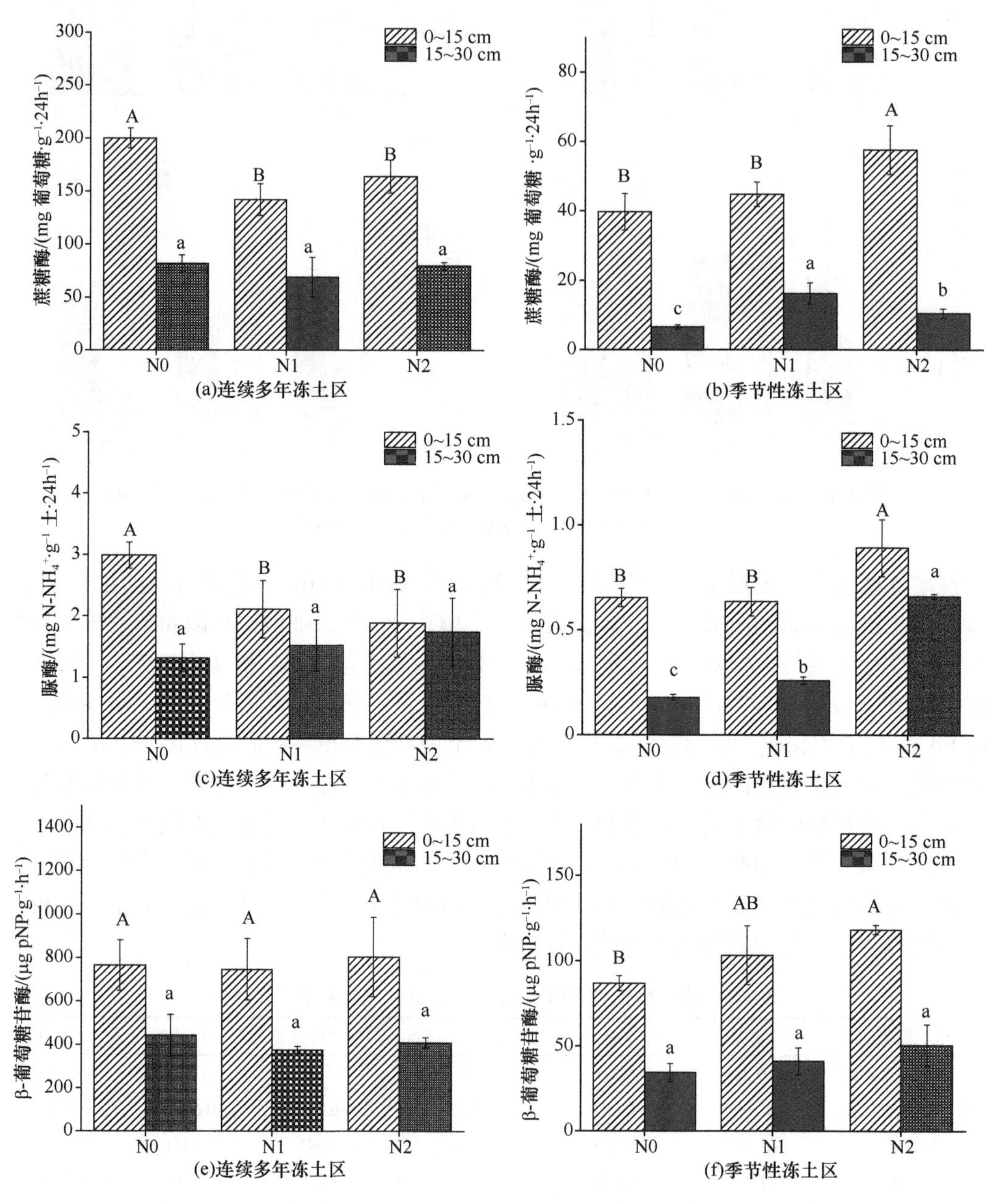

图 4-91　氮营养环境变化对不同类型冻土区沼泽湿地土壤酶活性的影响

N0. 0 g N·m^{-2}·a^{-1}；N1. 12 g N·m^{-2}·a^{-1}；N2. 24 g N·m^{-2}·a^{-1}

4.5.3　长期氮营养环境变化对土壤微生物介导的沼泽湿地碳氮循环的影响

4.5.3.1　长期氮营养环境变化对沼泽湿地土壤碳氮组分的影响

连续 9 个生长季的氮添加促进了沼泽湿地土壤微生物对活性碳组分的分解作用，导致土壤微生物生物量碳和溶解性有机碳库降低（图 4-92）。同时，氮输入为植物生长提供氮营养，提高了湿地植物生产力，增加植物凋落物碳输入，两者的综合作用导致氮输入对土壤总碳含量没有显著影响。氮输入通过促进沼泽湿地植物对氮的吸收利用和微生物的分解作用降低了 20～40 cm 土壤总氮含量，提高了溶解性有机氮含量（图 4-93），同时也促进了植物对磷的吸收利用，导致 0～20 cm 土壤磷含量显著降低（图 4-94）。

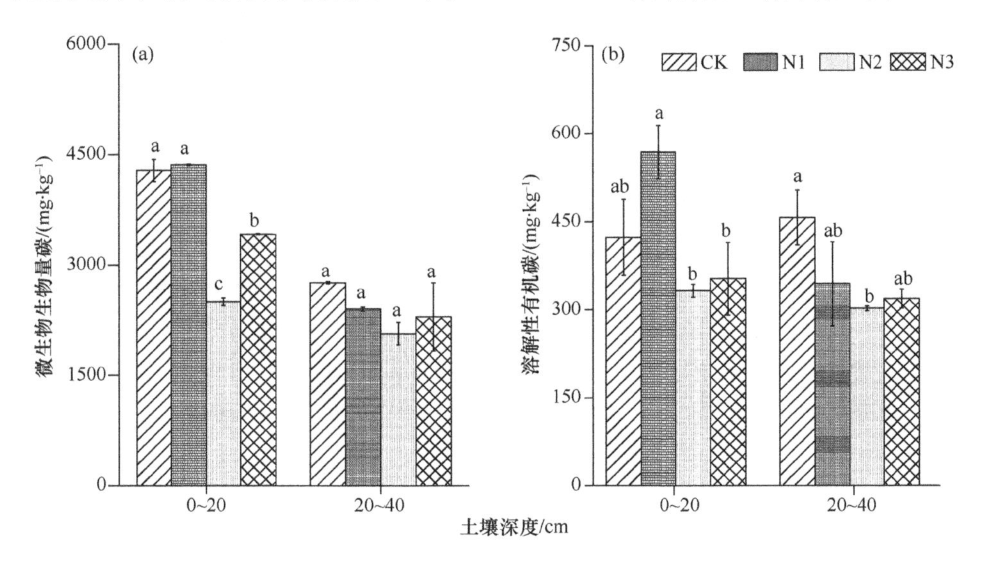

图 4-92　不同氮营养环境下土壤微生物生物量碳和溶解性有机碳含量变化
CK. 0 g N·m^{-2}·a^{-1}；N1. 6 g N·m^{-2}·a^{-1}；N2. 12 g N·m^{-2}·a^{-1}；N3. 24 g N·m^{-2}·a^{-1}

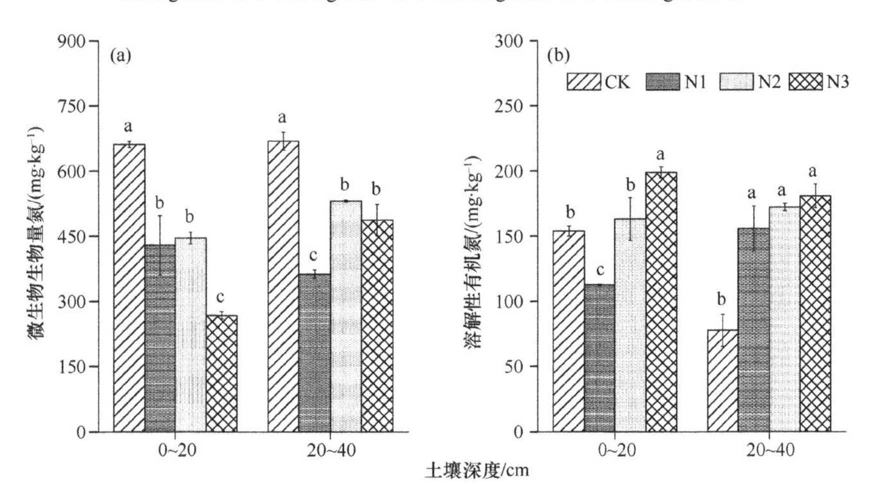

图 4-93　不同氮营养环境下土壤微生物生物量氮和溶解性有机氮含量变化
CK. 0 g N·m^{-2}·a^{-1}；N1. 6 g N·m^{-2}·a^{-1}；N2. 12 g N·m^{-2}·a^{-1}；N3. 24 g N·m^{-2}·a^{-1}

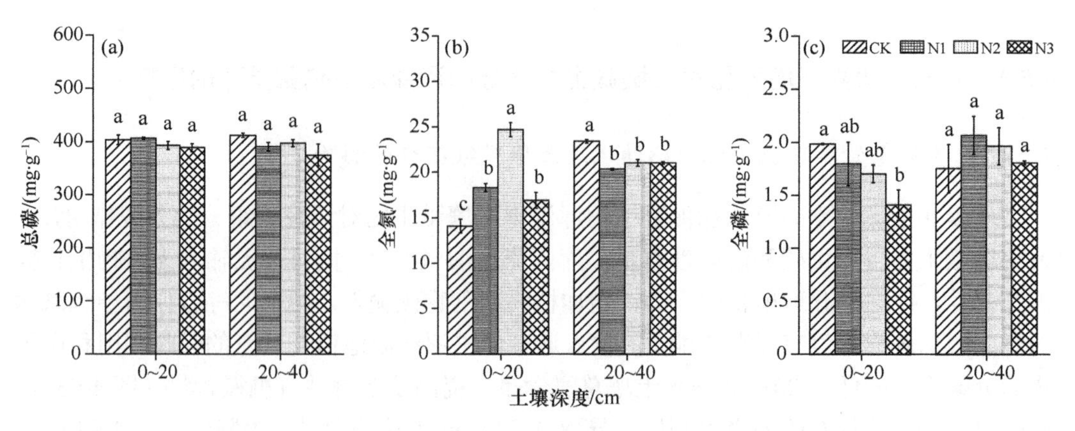

图 4-94　不同氮营养环境下土壤全碳、全氮、全磷含量变化

CK. 0 g N·m^{-2}·a^{-1}；N1. 6 g N·m^{-2}·a^{-1}；N2. 12 g N·m^{-2}·a^{-1}；N3. 24 g N·m^{-2}·a^{-1}

4.5.3.2　长期氮营养环境变化对沼泽湿地土壤碳氮循环相关微生物的影响

连续9个生长季的氮添加对多年冻土区沼泽湿地土壤功能微生物群落丰度产生不同方向和程度的影响（图 4-95）。氮添加能够提高沼泽湿地土壤细菌、真菌、古菌和固氮菌数量，说明氮添加能够通过促进沼泽湿地土壤微生物生长促进对土壤有机质的分解、氨氧化作用和固氮作用。氮添加对沼泽湿地表层土壤 *nir*K 和 *nir*S 型反硝化细菌数量的影响不显著，但提高了亚表层土壤 *nir*K 和 *nir*S 型反硝化细菌数量，说明氮添加能够促进亚表层土壤的反硝化作用。表层土壤固氮菌和亚表层土壤真菌、固氮菌数量随着氮浓度的增加逐渐升高，说明随着氮的累积土壤微生物固氮作用逐渐增强。

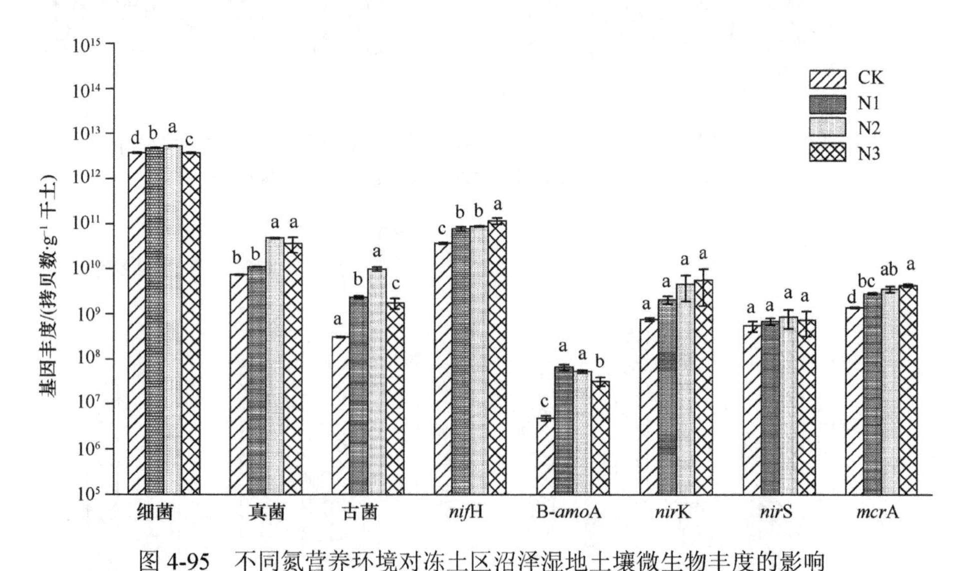

图 4-95　不同氮营养环境对冻土区沼泽湿地土壤微生物丰度的影响

CK. 0 g N·m^{-2}·a^{-1}；N1. 6 g N·m^{-2}·a^{-1}；N2. 12 g N·m^{-2}·a^{-1}；N3. 24 g N·m^{-2}·a^{-1}

沼泽湿地土壤微生物群落结构和多样性对不同浓度氮添加水平响应不同。在门水平上，不同氮添加水平下细菌群落的相对丰度表现出不同的变化趋势。N2 处理下变形菌门（Proteobacteria）的相对丰度高于其他处理，由于变形菌门属于富营养化细菌，在高

氮环境中能够快速地生长繁殖（Fierer et al.，2012；Zeng et al.，2016）。此外，氮添加降低了酸杆菌门（Acidobacteria）和疣微菌门（Verrucomicrobiota）的相对丰度。N2 处理下土壤放线菌门（Actinobacteria）和疣微菌门（Verrucomicrobiota）的相对丰度显著低于对照处理［图 4-96（a)］。可能是放线菌门和疣微菌门属于寡营养菌群，其较低的生长速率使它们更适合营养水平较低的土壤环境（Fierer et al.，2012；Zeng et al.，2016)。担子菌门（Basidiomycota）的相对丰度随着氮添加浓度的增加而减少，而被孢霉门（Mortierellomycota）和隐真菌门（Rozellomycota）的相对丰度则增加［图 4-96（b)］。对不同氮营养环境下湿地土壤细菌和真菌群落门水平物种组成中前 35 个最丰富属的相对丰度进行 heatmap 图和样本聚类树分析。对照与 N1、N3 处理下土壤细菌优势门组成相似，其中 N1、N3 处理下湿地土壤细菌的优势门组成更加相似，对照、N1、N3 与 N2 处理下土壤细菌优势门组成存在差异。对照、N1、N2 处理下土壤真菌的优势门组成更加相似，并与 N3 土壤真菌优势门组成存在差异（图 4-97)。

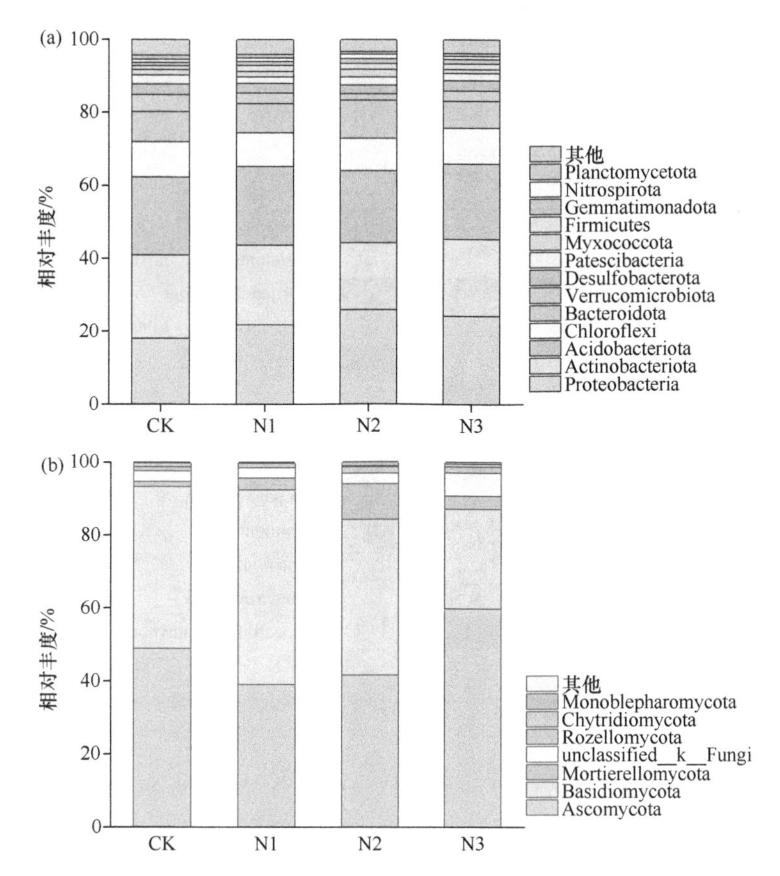

图 4-96　不同氮营养环境下沼泽湿地土壤细菌和真菌门水平相对丰度

CK. 0 g N·m^{-2}·a^{-1}；N1. 6 g N·m^{-2}·a^{-1}；N2. 12 g N·m^{-2}·a^{-1}；N3. 24 g N·m^{-2}·a^{-1}；（a）细菌；（b）真菌

不同氮营养环境下沼泽湿地土壤微生物相对丰度与土壤碳氮含量的 Pearson 相关分析显示，芽孢杆菌门（Gemmatimonadota）和单毛壶菌亚门（Monoblepharomycota）的

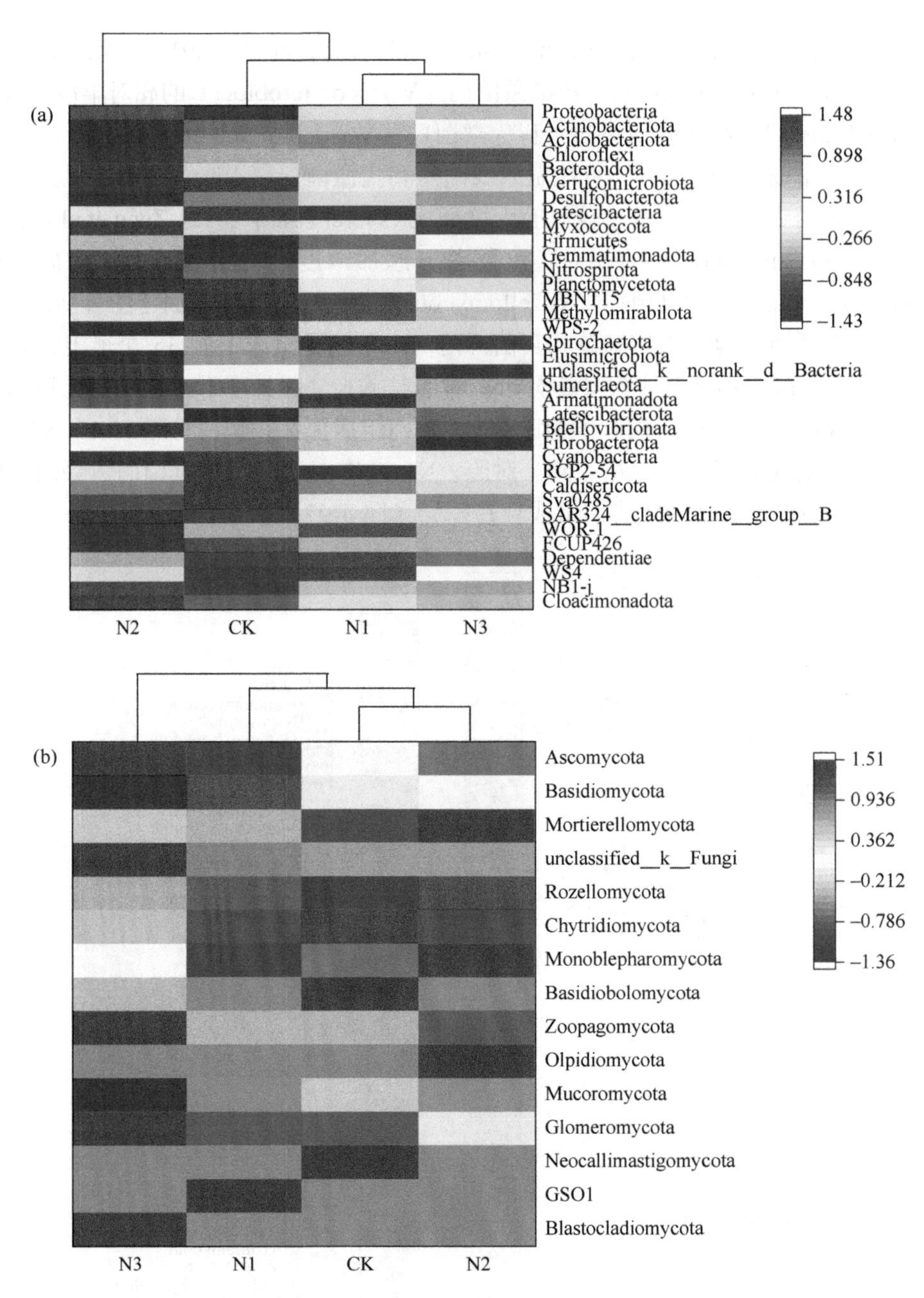

图 4-97 不同氮营养环境下沼泽湿地土壤细菌和真菌门在前 35 个最丰富属的相对丰度聚类热图

CK. 0 g N·m^{-2}·a^{-1}；N1. 6 g N·m^{-2}·a^{-1}；N2. 12 g N·m^{-2}·a^{-1}；N3. 24 g N·m^{-2}·a^{-1}；(a) 细菌；(b) 真菌

相对丰度与土壤总碳含量呈负相关［图 4-98（a)］。壶菌门（Chytridiomycota）的相对丰度与土壤硝态氮含量呈负相关［图 4-98（b)］。说明不同氮营养环境下沼泽湿地土壤微生物群落结构和组成与土壤碳氮状况密切相关。

Shannon、Simpson、Ace 和 Chao1 指数用来表征和比较土壤细菌和真菌的 α 多样性。不同氮营养环境下湿地土壤细菌群落 Shannon 和 Simpson 指数无显著性差异。N1 处理下土壤细菌群落 Ace 指数和 Chao1 指数均显著高于对照，但 Ace 指数和 Chao1 指数随着氮添加量增加逐渐降低(图4-99)。不同氮营养环境下沼泽湿地土壤真菌Shannon指数、Ace 指数和 Chao1 指数无显著性差异。N1 处理下湿地土壤真菌 Simpson 指数显著高于对照、N2、N3 处理，且随着氮添加浓度的增加呈显著下降的趋势（图 4-100）。

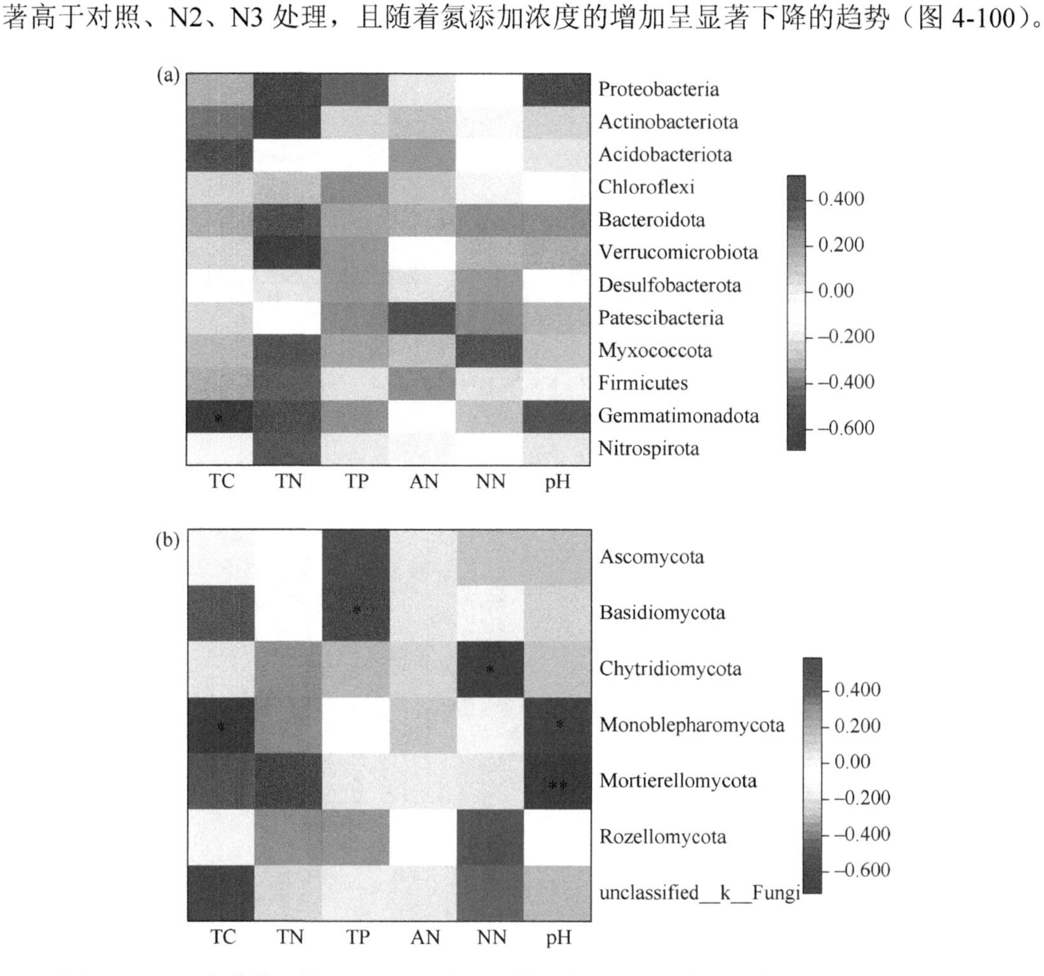

图 4-98 不同氮营养环境下沼泽湿地表层土壤微生物相对丰度与土壤理化指标的相关分析

TC. 总碳；TN. 总氮；TP. 总磷；AN. 氨态氮；NN. 硝态氮；*0.05 水平显著，**0.01 水平显著；(a) 细菌；(b) 真菌

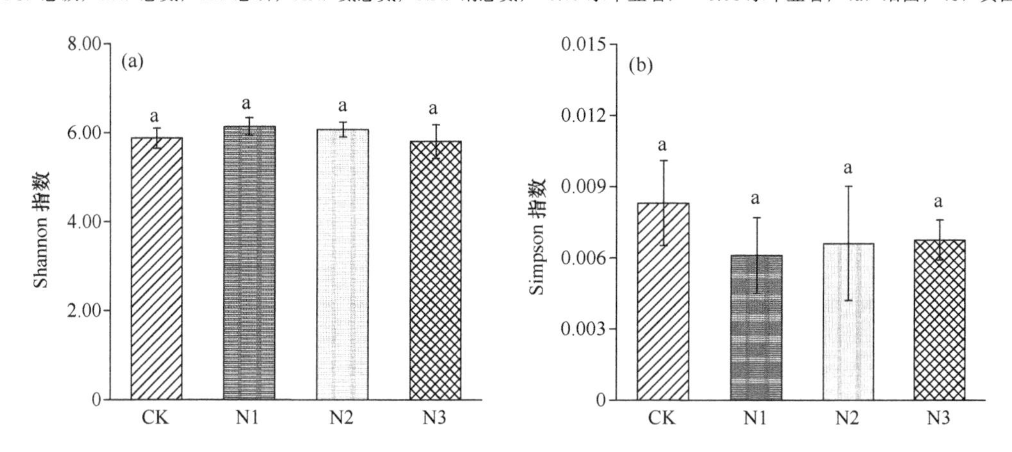

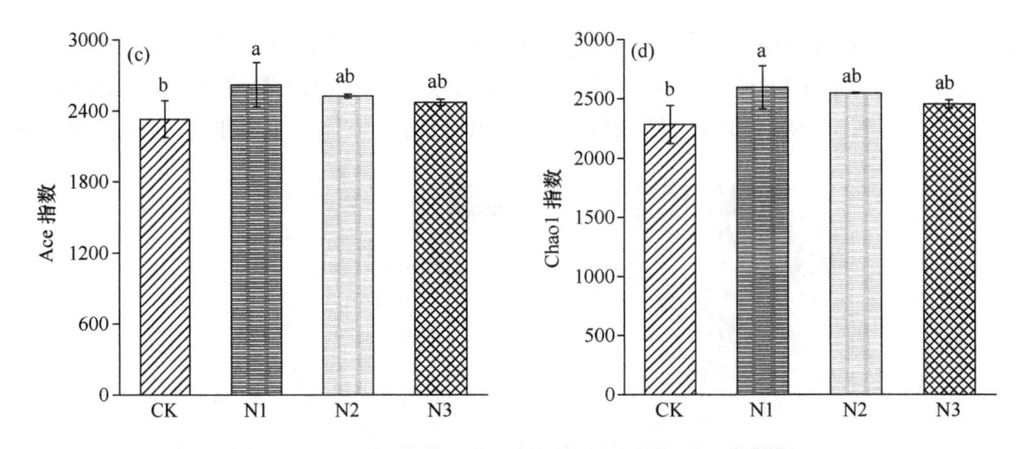

图 4-99 不同氮营养环境下沼泽湿地土壤细菌 α 多样性

CK. 0 g N·m^{-2}·a^{-1}；N1. 6 g N·m^{-2}·a^{-1}；N2. 12 g N·m^{-2}·a^{-1}；N3. 24 g N·m^{-2}·a^{-1}；不同字母表示不同组之间差异显著性（p<0.05）

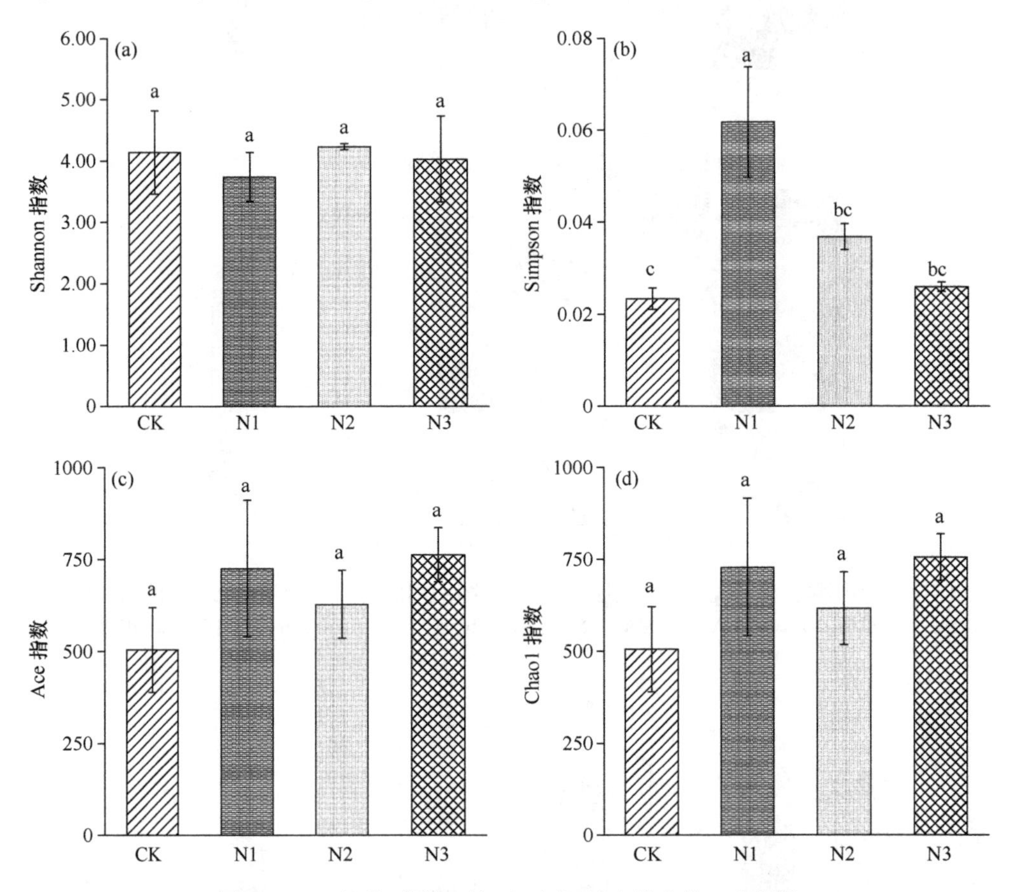

图 4-100 不同氮营养环境下沼泽湿地土壤真菌 α 多样性

CK. 0 g N·m^{-2}·a^{-1}；N1. 6 g N·m^{-2}·a^{-1}；N2. 12 g N·m^{-2}·a^{-1}；N3. 24 g N·m^{-2}·a^{-1}；不同字母表示不同组之间差异显著性（p<0.05）

4.5.3.3 长期氮营养环境变化对沼泽湿地土壤碳氮循环相关酶活性的影响

冻土区沼泽湿地土壤蔗糖酶活性和脲酶活性在两个土层中均呈现随着氮添加浓度的升高先增加后降低的变化趋势（图 4-101）。N1 和 N2 处理显著提高了湿地表层土壤蔗糖酶活性，其中 N2 处理下土壤蔗糖酶活性最高，比对照组升高了 45.98%。而 N3 处理抑制了表层和亚表层土壤蔗糖酶活性，与对照组相比，表层土壤蔗糖酶活性降低了 43.95%；亚表层土壤蔗糖酶活性降低了 34.40%。氮添加对两个土层中脲酶活性均表现为促进作用，N2 处理下促进效果最为明显，表层脲酶活性比对照显著提高了 133.33%，亚表层显著提高了 69.23%。土壤 β-葡萄糖苷酶活性在两个土层中均呈现随氮添加浓度的升高逐渐降低的变化趋势，但与对照相比未达到显著性差异。N2 处理下表层和 N1 处理下亚表层土壤酸性磷酸酶活性低于对照处理，但未达到显著性差异。

相关分析表明沼泽湿地土壤 β-葡萄糖苷酶活性与溶解性有机碳含量和微生物生物量碳含量呈正相关关系；酸性磷酸酶活性与微生物生物量碳含量、总碳含量呈正相关关系（表 4-7），表明沼泽湿地土壤酶与土壤有机碳库组成密切相关。不同氮营养环境下土壤总碳含量与溶解性有机碳含量呈正相关关系；土壤溶解性有机碳含量与微生物生物量

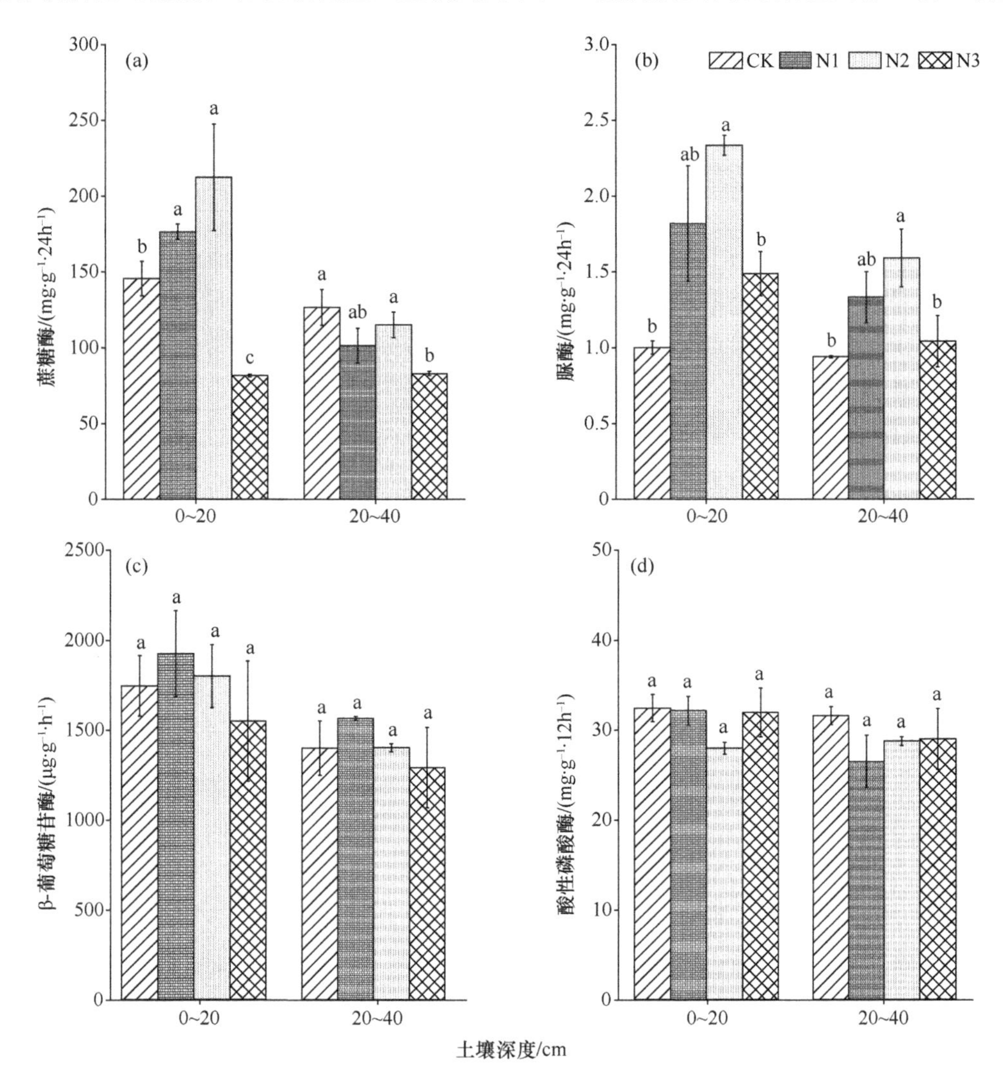

图 4-101 不同氮营养环境下沼泽湿地土壤酶活性变化

CK. 0 g N·m^{-2}·a^{-1}；N1. 6 g N·m^{-2}·a^{-1}；N2. 12 g N·m^{-2}·a^{-1}；N3. 24 g N·m^{-2}·a^{-1}；不同字母表示不同组之间差异显著性（p<0.05）

表 4-7　不同氮营养环境下沼泽湿地土壤酶活性与碳氮组分的 Pearson 相关性分析

	总碳	全氮	全磷	微生物生物量碳	溶解性有机碳	微生物生物量氮	溶解性有机氮	蔗糖酶	脲酶	β-葡萄糖苷酶	酸性磷酸酶
总碳	1	−0.016	0.137	0.382	0.507*	0.295	−0.388	0.29	0.053	0.209	0.488*
全氮	−0.016	1	−0.068	−0.694**	−0.149	0.037	−0.218	0.235	0.303	−0.161	−0.303
全磷	0.137	−0.068	1	−0.121	0.12	0.253	−0.156	−0.017	−0.209	−0.122	−0.135
微生物生物量碳	0.382	−0.694**	−0.121	1	0.580**	0.086	−0.197	0.24	−0.068	0.448*	0.557**
溶解性有机碳	0.507*	−0.149	0.12	0.580**	1	0.194	−0.610**	0.285	0.041	0.413*	0.404
微生物生物量氮	0.295	0.037	0.253	0.086	0.194	1	−0.472*	0.197	−0.319	0.049	0.126
溶解性有机氮	−0.388	−0.218	−0.156	−0.197	−0.610**	−0.472*	1	−0.222	0.126	−0.056	−0.17
蔗糖酶	0.29	0.235	−0.017	0.24	0.285	0.197	−0.222	1	0.491*	0.529**	0.07
脲酶	0.053	0.303	−0.209	−0.068	0.041	−0.319	0.126	0.491*	1	0.399	−0.161
β-葡萄糖苷酶	0.209	−0.161	−0.122	0.448*	0.413*	0.049	−0.056	0.529**	0.399	1	0.164
酸性磷酸酶	0.488*	−0.303	−0.135	0.557**	0.404	0.126	−0.17	0.07	−0.161	0.164	1

*表示显著性 $p<0.05$；**表示显著性 $p<0.01$

碳含量呈正相关关系，由于土壤溶解性有机碳是微生物代谢的能量来源，并且微生物代谢产物也会在土壤溶解性有机碳中占有重要的比例，因此两者具有显著正相关性。土壤微生物生物量氮含量与溶解性有机氮含量呈负相关关系，由于土壤微生物生物量氮是溶解性有机氮潜在的重要来源，微生物死亡后，把微生物生物量氮释放在土壤中，部分变成溶解性有机氮，因而二者之间密切相关。

4.5.4　碳氮磷营养环境变化对沼泽湿地土壤碳矿化的影响

4.5.4.1　*沼泽湿地土壤有机碳矿化的养分限制*

氮、磷分别输入或同时输入对沼泽湿地土壤有机碳矿化无显著影响或有明显的抑制作用（图 4-102）。虽然沼泽湿地土壤有机碳含量较高，但葡萄糖输入仍可促进沼泽湿地土壤有机碳矿化，说明沼泽湿地土壤微生物分解作用受碳的限制。在碳输入的基础上，

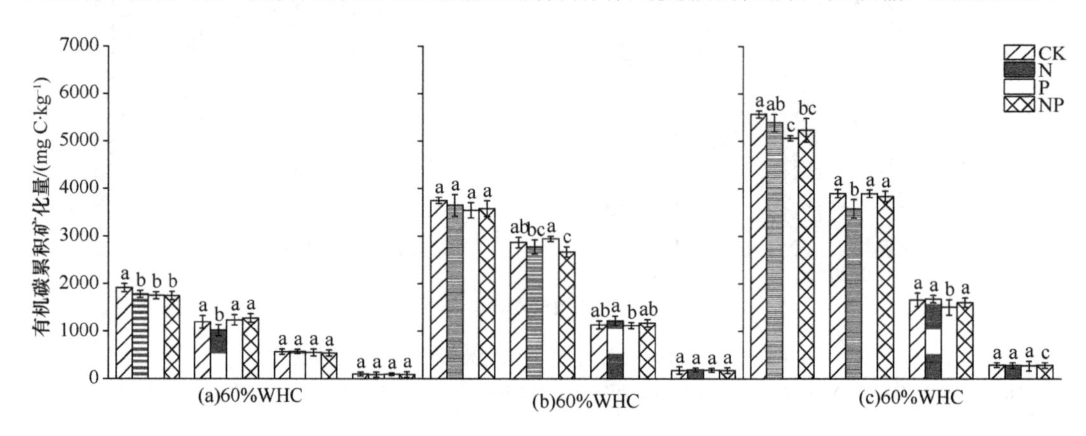

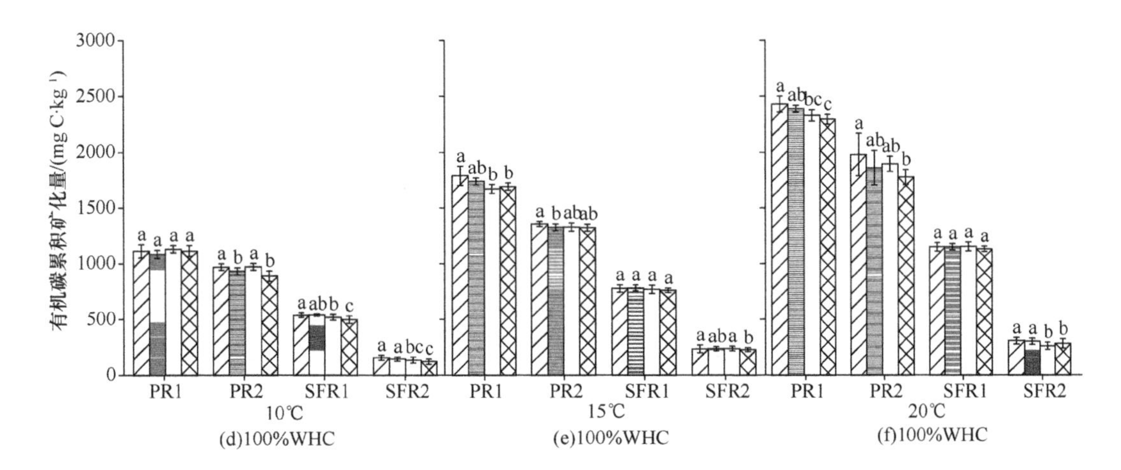

图 4-102 氮磷输入对沼泽湿地土壤有机碳累积矿化量的影响

PR1、PR2 代表多年冻土区湿地 0～15 cm、15～30 cm 土壤样品；SFR1、SFR2 代表季节性冻土区湿地 0～15 cm、15～30 cm 土壤样品。不同字母代表均值间有显著差异。误差棒代表标准差（$n=4$）

氮输入促进了多年冻土区和季节性冻土区湿地土壤有机碳矿化，磷输入也促进了季节性冻土区沼泽湿地表层土壤有机碳的矿化（图 4-103～图 4-105）。早期的研究发现，当 C∶N 小于 30 时，异养微生物活性受碳的限制，反之，受氮的限制（Kaye and Hart，1997）。C∶N 在 9.8～28 时，异养微生物活性受碳的限制（Demoling et al.，2007）。多年冻土区和季节性冻土区湿地土壤 C∶N 仅为 6～19，说明土壤有机碳分解受碳限制，虽然沼泽湿地土壤具有较高的有机碳含量，但并不是所有的有机碳都容易被微生物利用。

在大量的易分解碳组分输入的情况下，异养微生物受氮或磷的限制，且氮、磷输入所产生的最大异养呼吸速率反映了微生物对可利用氮、磷的需求（Nordgren，1992）。在多年冻土区沼泽湿地，碳、氮共同输入相对于碳输入，能进一步促进土壤有机碳矿化（图 4-106）。这可能是因为碳输入使土壤 C∶N 超过 30，异养微生物的养分限制从碳转向氮限制。因此，多年冻土区沼泽湿地土壤异养呼吸的第一限制因素为碳，其次为氮。在季节性冻土区，在碳输入的基础上，氮输入能促进两层土壤的有机碳矿化，且磷输入还能进一步促进表层土壤有机碳矿化，对下层土壤仅有弱的促进作用，说明在季节性冻土区湿地，土壤有机碳矿化的第一限制因素为碳，其次受到氮、磷（上层土壤）的共同限制或氮限制（下层土壤）。总之，我国东北多年冻土区和季节性冻土区沼泽湿地，土壤有机碳矿化的第一限制因素是碳，其次受到氮或氮、磷的限制。

4.5.4.2 碳氮磷养分输入对沼泽湿地土壤有机碳矿化的交互作用

碳、氮共同输入或碳、磷共同输入对沼泽湿地土壤有机碳矿化的交互作用为协同效应，即两者对有机碳矿化的交互影响要大于两者单独影响的和。一方面，碳输入增加了土壤的 C∶N 和 C∶P，可能增强了微生物对氮、磷的需求。另一方面，碳输入能促进土壤有机质的分解（Kuzyakov，2010），在有机质分解的同时，有机氮、磷的矿化也随之加速，这可能增加土壤氮、磷的可利用性。在碳输入的基础上，土壤内源氮、磷的释放有可能对微生物异养呼吸产生进一步的促进作用，产生协同效应。

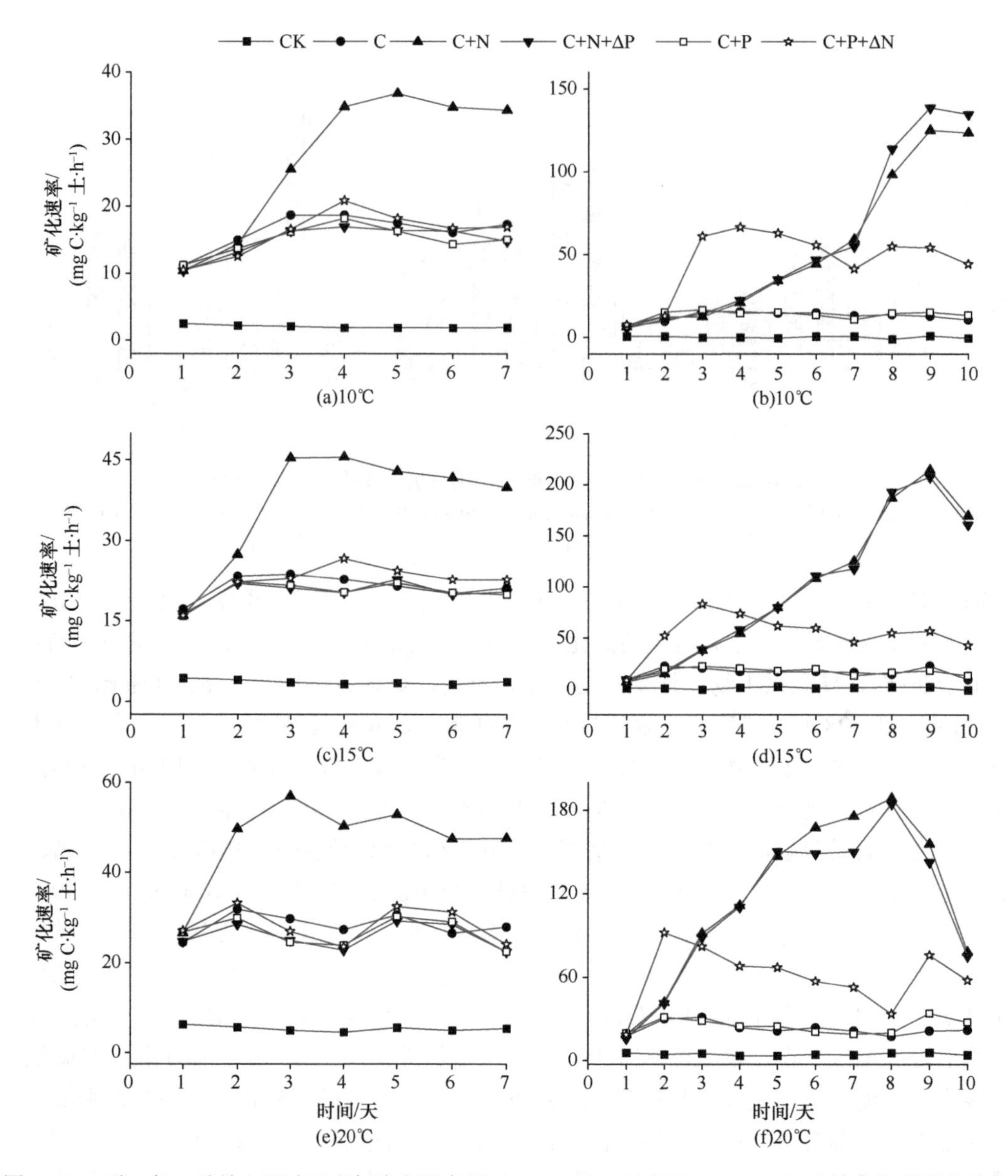

图 4-103　碳、氮、磷输入影响下多年冻土区表层（a、c、e）、亚表层（b、d、f）土壤有机碳矿化速率

C. 添加葡萄糖处理，400 mg 葡萄糖$\cdot g^{-1}$ SOC；N. 添加$(NH_4)_2SO_4$处理，13.8 mg N$\cdot g^{-1}$ SOC；P. 添加KH_2PO_4处理，2.3 mg P$\cdot g^{-1}$ SOC；ΔN. 添加$(NH_4)_2SO_4$处理，1 mg N$\cdot g^{-1}$ SOC；ΔP. 添加KH_2PO_4处理，0.114 mg P$\cdot g^{-1}$ SOC，下同；误差棒为标准差（$n=4$）

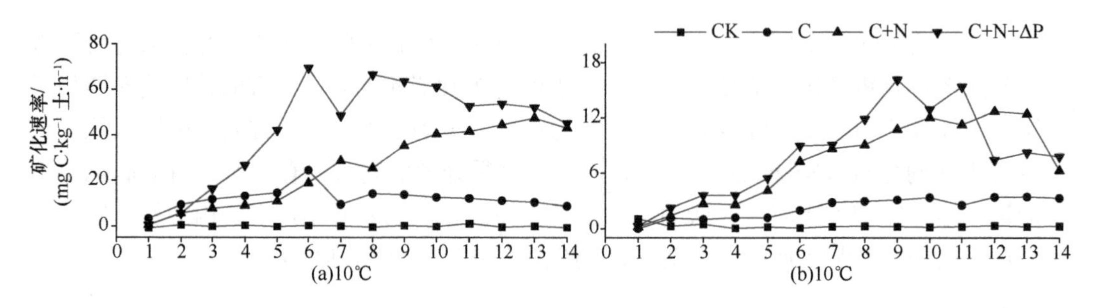

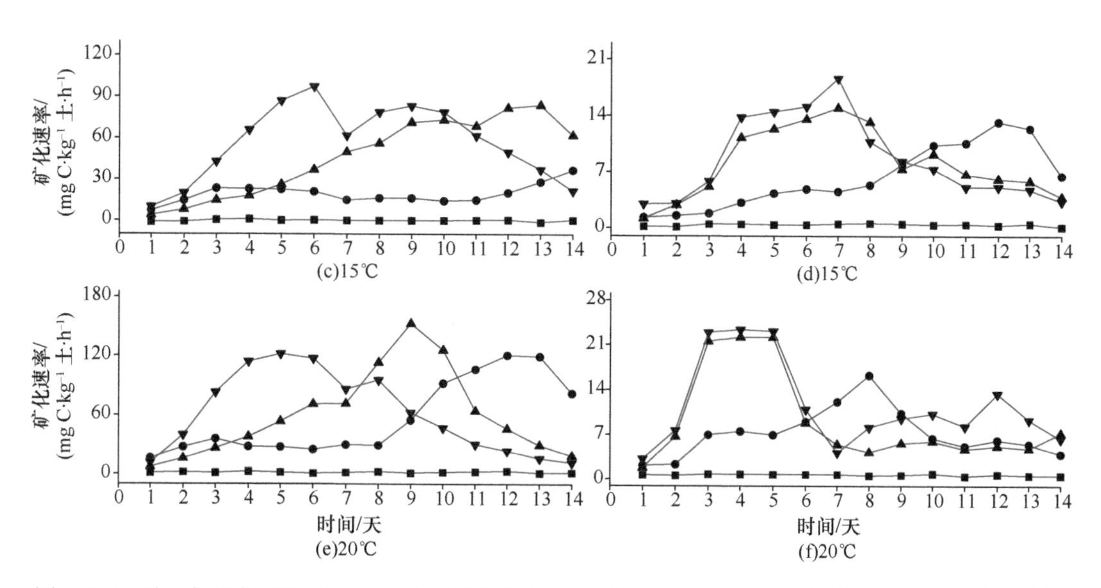

图 4-104 碳、氮和低浓度磷输入影响下季节性冻土区表层（a、c、e）、亚表层（b、d、f）土壤有机碳矿化速率

均值±标准差（n =4）

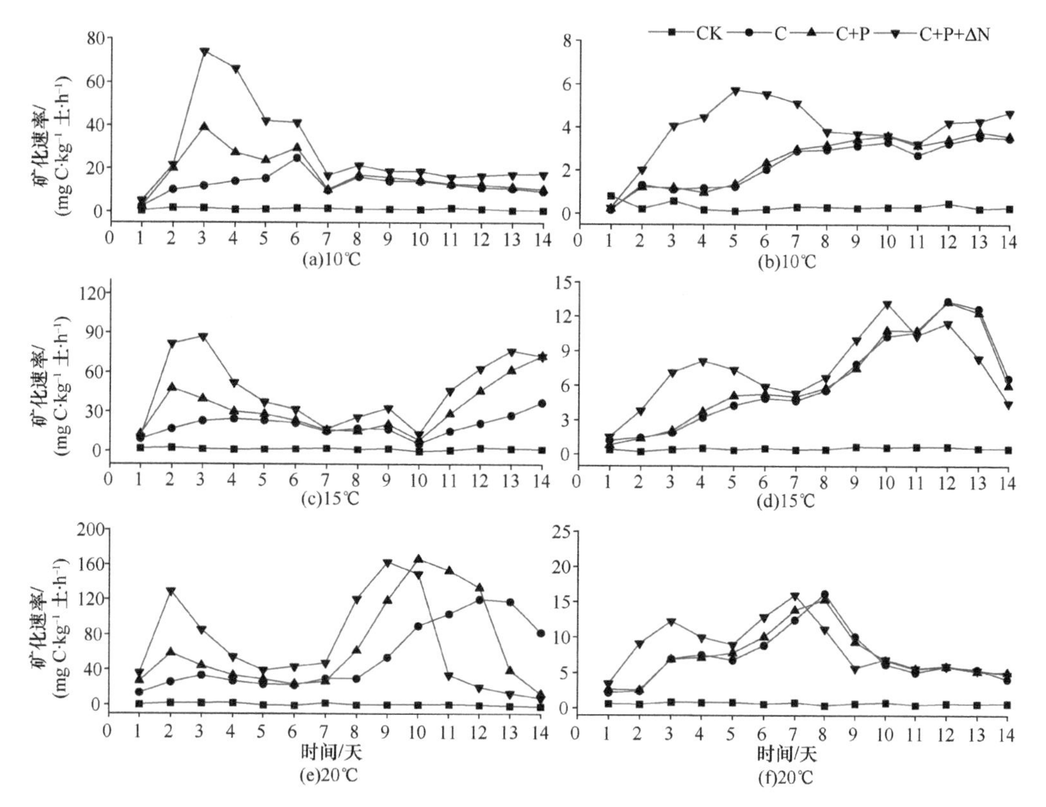

图 4-105 碳、磷和低浓度氮输入影响下季节性冻土区表层（a、c、e）、亚表层（b、d、f）土壤有机碳矿化速率

均值±标准差（n = 4）

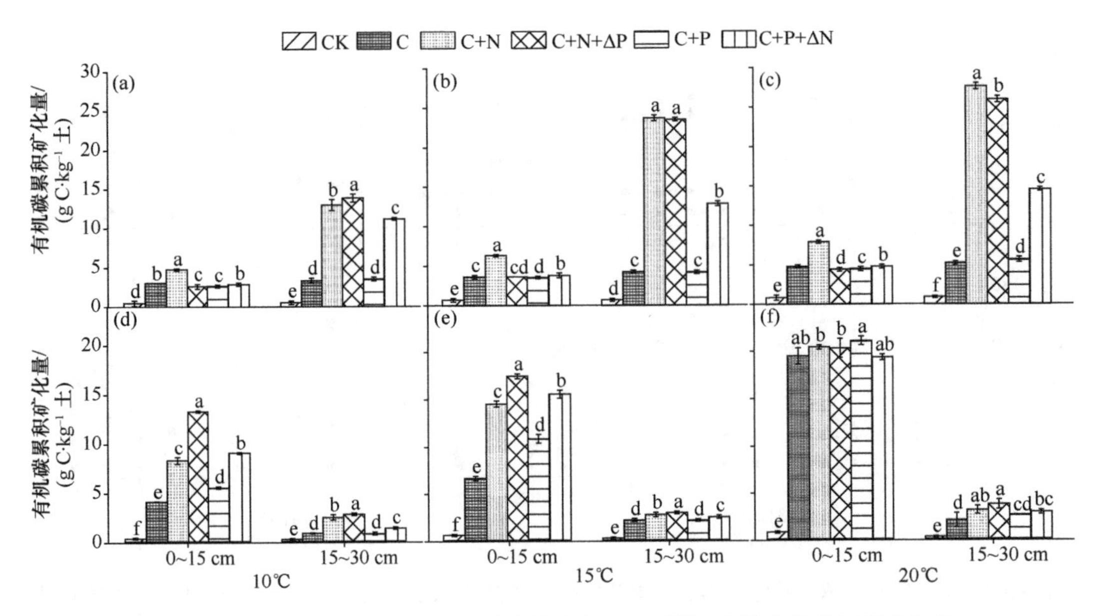

图 4-106　多年冻土区（上图）、季节性冻土区（下图）土壤有机碳累积矿化量

不同字母代表均值有显著差异（$p < 0.05$）。图中为均值±标准差（$n = 4$）

在季节性冻土区泥炭沼泽表层土壤，氮、磷的单独或共同输入并不能促进土壤有机碳矿化。在碳输入基础上，氮、磷共同输入对季节性冻土区泥炭沼泽表层土壤有机碳矿化的交互作用为协同效应。产生上述现象的原因为，氮输入可能通过提高土壤磷酸酶的活性（Marklein and Houlton，2012）促进土壤磷的周转，内源磷的释放有可能进一步促进土壤有机碳矿化，使其交互作用为协同效应。碳、氮共同输入对沼泽湿地下层土壤矿化的促进作用明显大于上层，说明碳、氮共同输入可能对质量较低的有机碳矿化有更大的促进作用。因此，氮输入可能促进沼泽湿地植物生长和凋落物的归还，凋落物的输入及伴随的氮输入的增加有可能促进土壤有机碳矿化，尤其对下层土壤有机碳矿化产生更大的促进作用。人类活动导致沼泽湿地输入的氮、磷增加，可能促进植物的生长及向土壤的凋落物归还，上述两个过程叠加，有可能促进土壤有机质分解，且产生协同效应；此外，有可能对下层土壤产生更大的促进作用。这将减少湿地土壤有机碳的累积，使其变成一个巨大的、潜在的碳“源”。

4.6　结论与展望

4.6.1　主要结论

沼泽湿地土壤微生物介导的碳氮循环对温度变化响应敏感。温度升高能够影响沼泽湿地土壤微生物生理活性和代谢速率，改变群落组成和基质利用效率，进而影响土壤有机碳分解及 CO_2 释放。温度升高能够改变沼泽湿地土壤产甲烷菌和甲烷氧化菌群落组成、代谢方式及孔隙水中产甲烷菌和甲烷氧化菌丰度，进而影响沼泽湿地 CH_4 排放。由于受碳源基质有效性降低的影响，温度升高导致沼泽湿地表层土壤微生物数量降低，可利用有机碳添加能够提高土壤微生物数量，进而加速土壤碳氮循环。温度升高也会通过影响沼泽湿地植物和微生物的关系进而影响碳氮循环。温度升高可导致沼泽湿地植物根系生物量增加，在引起沼泽湿地土壤碳累积的同时也会通过促进土壤微生物分泌蔗糖酶加速土壤碳矿化，进而促进 CO_2 释放，增大土壤碳库损失风险。

水分状况决定沼泽湿地土壤的好氧/厌氧环境，是影响土壤微生物活性和土壤有机碳分解及温室气体排放的重要因子。不同水分条件下，沼泽湿地土壤微生物量、基础呼吸、代谢商和微生物商差异显著。水分变化可引起土壤孔隙度大小发生改变，影响沼泽湿地土壤微生物所处的好氧厌氧状态，改变微生物的活性及其利用有机物的能力，影响沼泽湿地土壤 CO_2、CH_4 释放及其温度敏感性。同时，沼泽湿地土壤水分变化可通过影响氧气在土壤中的流通，影响湿地土壤固氮菌、氨氧化细菌和反硝化细菌等氮循环功能微生物丰度，进而影响湿地 N_2O 释放，改变土壤氮循环过程。

冻土融化可导致冻土区沼泽湿地水位、植物群落、基质质量和土壤微生物丰度、活性、多样性改变，进而影响有机质分解和 CO_2、CH_4、N_2O 释放，对气候变化产生反馈效应。冻土区沼泽湿地活动层和永冻层土壤微生物组成差异明显，冻融作用导致沼泽湿地土壤温度变化，影响土壤中微生物的生境及细胞的代谢模式，不同深度土壤碳排放及产甲烷菌和甲烷氧化菌受冻土融化温度的影响，多年冻土区沼泽湿地土壤甲烷氧化菌对增温响应更敏感，冻融格局变化将导致冻土区沼泽湿地土壤中更多的碳以 CO_2 形式释放。冻融作用能够改变湿地土壤氮矿化、硝化和反硝化作用进而影响无机氮含量和 N_2O 释放。

氮是影响土壤微生物群落结构和代谢潜力的重要因子，沼泽湿地土壤微生物对氮营养环境变化的响应及其对湿地生态系统碳氮平衡的影响受氮素形态、浓度及时间变化的影响。氮素有效性增加能够提高沼泽湿地土壤细菌、真菌、固氮菌和反硝化细菌数量，提高微生物对土壤有机质的分解作用引起土壤碳氮损失，另外氮素有效性增加可通过提高植物凋落物和根系碳输入补偿微生物对土壤碳的分解损失。长期氮营养富集能够显著降低沼泽湿地土壤 pH，影响土壤微生物量、活性和多样性，改变植物-微生物耦合关系，进而影响碳氮循环。

4.6.2　未来研究展望

全球气候变化敏感区土壤微生物群落结构和功能、环境特征与土壤微生物多样性及功能之间的相关性及土壤微生物参与关键生物地球化学过程影响元素循环的新机制是未来的研究重点（陆雅海等，2015；褚海燕等，2020；朱永官等，2021）。以往关于温度升高对沼泽湿地土壤微生物碳氮循环的影响研究大多基于短期的野外和室内培养实验，对于微生物介导的沼泽湿地碳氮循环对增温的响应模式及机理仍需开展长期的野外原位监测及模拟研究。由于沼泽湿地特殊的水分状况，应更多关注沼泽湿地好氧/厌氧界面微生物变化。沼泽湿地水文条件的改变能够影响沼泽湿地碳氮循环微生物过程，然而沼泽湿地特殊的水分环境使得微生物研究具有较高的难度，沼泽湿地水位变化对土壤微生物群落结构和代谢活性的影响研究还相对较少。另外，水文情势变化对沼泽湿地植物根系活动具有显著的影响，应加强对沼泽湿地植物根际土壤微生物的研究，以深入揭示环境变化影响下沼泽湿地植物与土壤微生物的相互作用及其对沼泽湿地生态系统碳氮循环过程的影响。未来研究应关注农田退水、工业废水排放等人类活动导致的沼泽湿地水体污染对土壤微生物介导的碳氮循环过程的影响，并揭示沼泽湿地微生物在碳氮生物地球化学循环过程中的作用机理，以期为全球变化影响下沼泽湿地生态系统管理提供重要的理论依据。

目前，关于沼泽湿地温室气体排放对全球变暖背景下温度升高、冻土融化及其引起的水分变化等综合响应的研究还很有限。全球变暖背景下冻土区沼泽湿地 CO_2、CH_4 释放潜力有多大？气候变暖导致冻土融化、冻融频次加大、水分条件变化对碳氮循环相关微生物菌群落组成、活性及代谢途径的影响程度，及其与温室气体排放的关系如何？这些关键问题仍需要深入研究，以期为了解全球变暖情境下冻土区沼泽湿地生态系统碳源/汇动态提供基础资料和科学依据。另外，近年来春季冻融期沼泽湿地 CH_4 高排放引起人们的广泛关注，但是由于高寒地区野外原位监测条件的艰苦性，以往对冻融循环的研究大多采用室内冻融模拟的手段，只有少部分研究涉及冻融期野外原位冻融监测。有关冻土区沼泽湿地冻融期温室气体的野外、持续、长期观测仍有待加强，尤其是全球变暖和人类活动导致冻土退化背景下，冻融循环幅度、频次和冻融时间变化所引起的沼泽湿地土壤碳氮生物地球化学循环变化研究对于进一步认识冻土区湿地在全球气候变化中的作用具有重要意义。

营养环境变化能够影响微生物介导的沼泽湿地土壤碳氮循环过程，而地下生态系统与地上生态系统之间紧密联系、相互依存，共同决定着沼泽湿地生态系统特征、过程和功能。氮营养环境变化通过改变湿地植物-土壤微生物耦合关系，进而影响沼泽湿地碳氮循环过程及生态系统功能和服务。长期营养环境变化对沼泽湿地植物群落结构、养分循环动态及其与土壤微生物的联动响应机制如何，尚没有较好的科学解释，需要开展更长期的实验研究进一步揭示未来环境变化对沼泽湿地生态系统碳氮耦合循环过程的影响及其生物驱动机制。除了在种群、个体及分子水平上明确沼泽湿地植物和土壤微生物响应环境压力变化的生态学特征，还应关注氮与其他营养元素交互作用对沼泽湿地植被-土壤-微生物之间互作关系的影响，进一步阐述沼泽湿地生态系统碳氮循环过程对环境变化的响应机制，为沼泽湿地生态系统的管理和功能调控及应对全球变暖、氮沉降等重大全球性环境问题提供科学基础。

参考文献

白军红, 李晓文, 崔保山, 等. 2006. 湿地土壤氮素研究概述. 土壤, 38(2): 143-147.

蔡晨秋, 唐丽, 龙春林. 2011. 土壤微生物多样性及其研究方法综述. 安徽农业科学, 39(28): 17274-17276, 17278.

陈泓硕. 2021. 季节性冻融对扎龙湿地土壤微生物学特性的影响. 哈尔滨师范大学硕士学位论文.

陈泓硕, 马大龙, 姜雪薇, 等. 2020. 季节性冻融对扎龙湿地土壤微生物群落结构和胞外酶活性的影响. 环境科学学报, 40(4): 1443-1451.

陈末, 朱新萍, 蒋靖佰伦, 等. 2020. 冻融期巴音布鲁克高寒湿地土壤细菌群落变化及其响应机制. 农业环境科学学报, 39(1): 134-142.
陈琢玉, 涂成龙, 何令令. 2019. ^{13}C-PLFA 分析方法及其在土壤微生物研究中的应用. 地球与环境, 47(4): 537-545.
谌佳伟, 葛继稳, 冯亮, 等. 2020. 神农架大九湖泥炭湿地甲烷通量特征及其与土壤微生物群落组成的关系. 地球科学, 45(3): 1082-1092.
褚海燕, 马玉颖, 杨腾, 等. 2020. "十四五"土壤生物学分支学科发展战略. 土壤学报, 57(5): 1105-1116.
丁维新, 蔡祖聪. 2003. 温度对甲烷产生和氧化的影响. 应用生态学报, 14(4): 604-608.
丁新华, 黄金萍, 顾伟, 等. 2011. 扎龙湿地土壤养分与土壤微生物特性. 东北林业大学学报, 39(4): 75-77.
范志平, 李胜男, 李法云, 等. 2013. 冻融交替对河岸缓冲带土壤无机氮和土壤微生物量氮的影响. 气象与环境学报, 29(4): 106-111.
高思齐, 宋艳宇, 宋长春, 等. 2020. 增温和外源碳输入对泥炭地土壤碳氮循环关键微生物功能基因丰度的影响. 生态学报, 40(13): 4617-4627.
高艳娜, 戚志伟, 仲启铖, 等. 2018. 长期模拟升温对崇明东滩湿地土壤微生物生物量的影响. 生态学报, 38(2): 711-720.
葛瑞娟. 2010. 外源氮输入对沼泽湿地 CH_4 产生、氧化和排放的影响研究. 中国科学院大学硕士学位论文.
郭冬楠, 臧淑英, 赵光影, 等. 2015. 冻融作用对小兴安岭湿地土壤溶解性有机碳和氮素矿化的影响. 水土保持学报, 29(5): 260-265.
郭冬楠, 臧淑英, 赵光影. 2017. 冻融交替对不同年代排水造林湿地土壤微生物活性及有机碳密度的影响. 冰川冻土, 39(1): 175-184.
韩广轩. 2017. 潮汐作用和干湿交替对盐沼湿地碳交换的影响机制研究进展. 生态学报, 37(24): 8170-8178.
何冬梅, 江浩, 祝亚云, 等. 2020. 江苏滨海湿地不同演替阶段土壤微生物生物量碳质量分数特征及其影响因素. 浙江农林大学学报, 37(4): 623-630.
侯翠翠. 2012. 水文条件变化对三江平原沼泽湿地土壤碳蓄积的影响. 中国科学院研究生院博士学位论文.
胡敏杰, 仝川. 2014. 氮输入对天然湿地温室气体通量的影响及机制. 生态学杂志, 33(7): 1969-1976.
姜博, 祝贵兵, 周磊榴, 等. 2015. 低温高海拔湖泊岸边带厌氧氨氧化菌的存在、生物多样性及活性——以天山天池为例. 环境科学学报, 35 (7): 2045-2051.
金会军, 于少鹏, 吕兰芝, 等. 2006. 大小兴安岭多年冻土退化及其趋势初步评估. 冰川冻土, 28(4): 467-476.
李飞, 刘振恒, 贾甜华, 等. 2018. 高寒湿地和草甸退化及恢复对土壤微生物碳代谢功能多样性的影响. 生态学报, 38(17): 6006-6015.
李富, 齐兴田, 宋春香, 等. 2020. 不同干扰强度下三江平原湿地土壤温室气体排放对冻融作用的响应. 环境科学研究, 33(8): 1877-1884.
李富, 臧淑英, 刘赢男, 等. 2019. 冻融作用对三江平原湿地土壤活性有机碳及酶活性的影响. 生态学报, 39(21): 7938-7949.
李甜甜, 胡泓, 王金爽, 等. 2016. 湿地土壤微生物群落结构与多样性分析方法研究进展. 土壤通报, 47(3): 758-762.
李新鸽, 韩广轩, 朱连奇, 等. 2019. 降雨引起的干湿交替对土壤呼吸的影响: 进展与展望. 生态学杂志, 38(2): 567-575.
李彦沛, 黄俊翔, 岳泓宇, 等. 2019. 降水和冻融循环对大兴安岭沼泽湿地温室气体交换的影响. 农业环境科学学报, 38(10): 2420-2428.
刘超, 王宪伟, 宋艳宇, 等. 2021. 增温对冻土区泥炭沼泽土壤孔隙水甲烷关联微生物和溶解性有机碳的影响. 生态学报, 41(1): 184-193.

刘若萱, 贺纪正, 张丽梅. 2014. 稻田土壤不同水分条件下硝化/反硝化作用及其功能微生物的变化特征. 环境科学, 35(11): 4275-4283.
刘兴土. 2005. 东北湿地. 北京: 科学出版社.
刘银银, 李峰, 孙庆业, 等. 2013. 湿地生态系统土壤微生物研究进展. 应用与环境生物学报, 19(3): 547-552.
刘芝芹, 黄新会, 涂璟, 等. 2015. 云南高原不同林分类型枯落物储量及持水特性. 生态环境学报, 6: 919-924.
娄运生, 李忠佩, 韦增岸, 等. 2010. 氮肥和水分管理对水稻土甲烷排放的影响. 环境污染与大众健康学术会议. 武汉: 美国科研出版社: 12-16.
陆雅海, 傅声雷, 褚海燕, 等. 2015. 全球变化背景下的土壤生物学研究进展. 中国科学基金, 29(1): 19-24.
马秀艳, 蒋磊, 宋艳宇, 等. 2021. 温度和水分变化对冻土区泥炭地土壤氮循环功能基因丰度的影响. 生态学报, 41(17): 6707-6717.
聂秀青, 王冬, 周国英, 等. 2021. 三江源地区高寒湿地土壤微生物生物量碳氮磷及其化学计量特征. 植物生态学报, 45(9): 996-1005.
曲浩, 赵学勇, 赵哈林, 等. 2010. 陆地生态系统凋落物分解研究进展. 草业科学, 27: 44-51.
任久生. 2018. 增温对大兴安岭多年冻土区泥炭地土壤微生物的影响研究. 中国科学院大学博士学位论文.
任伊滨, 任南琪, 李志强. 2013. 冻融对小兴安岭湿地土壤微生物碳、氮和氮转换的影响. 哈尔滨工程大学学报, 34(4): 530-535.
佘晨兴, 仝川. 2011. 自然湿地土壤产甲烷菌和甲烷氧化菌多样性的分子检测. 生态学报, 31(14): 4126-4135.
沈芳芳, 袁颖红, 樊后保, 等. 2012. 氮沉降对杉木人工林土壤有机碳矿化和土壤酶活性的影响. 生态学报, 32(2): 517-527.
沈菊培, 贺纪正. 2011. 微生物介导的碳氮循环过程对全球气候变化的响应. 生态学报, 31(11): 2957-2967.
宋长青, 吴金水, 陆雅海, 等. 2013. 中国土壤微生物学研究 10 年回顾. 地球科学进展, 28(10): 1087-1105.
宋阳. 2017. 冻融作用对不同水分条件湿地土壤矿化过程的影响. 中国科学院大学硕士学位论文.
孙广友. 2000. 试论沼泽与冻土的共生机理: 以中国大小兴安岭地区为例. 冰川冻土, 22(4): 309-316.
孙凯, 刘娟, 凌婉婷. 2013. 土壤微生物量测定方法及其利弊分析. 土壤通报, 4(4): 1010-1016.
孙翼飞, 沈菊, 张翠景, 等. 2017. 模拟水位下降与刈割对高寒湿地土壤氨氧化与反硝化微生物的影响. 农业环境科学学报, 36(11): 2356-2364.
汪浩, 于凌飞, 陈立同, 等. 2014. 青藏高原海北高寒湿地土壤呼吸对水位降低和氮添加的响应. 植物生态学报, 38(6): 619-625.
王恒生, 刁治民, 陈克龙, 等. 2015. 青海湖流域小泊湖湿地土壤微生物数量及影响因子. 中国农业大学学报, 20(6): 189-197.
王娇月. 2014. 冻融作用对大兴安岭多年冻土区泥炭地土壤有机碳的影响研究. 中国科学院大学博士学位论文.
王金爽, 胡泓, 李甜甜, 等. 2015. 环境因素对湿地土壤微生物群落影响研究进展. 湿地科学与管理, 11(4): 63-66.
王丽, 王兆锋, 张镱锂, 等. 2013. 火烧对拉萨地区湿草甸湿地土壤养分特征的影响. 环境科学研究, 26(5): 549-554.
王璐璐, 马大龙, 李森森, 等. 2018. 扎龙湿地土壤微生物群落结构的季节变化特征. 应用与环境生物学报, 24(1): 0166-0171.
王娜, 高婕, 魏静, 等. 2019. 三江平原湿地开垦对土壤微生物群落结构的影响. 环境科学, 40(5): 2375-2381.

王曙光, 侯彦林. 2004. 磷脂脂肪酸方法在土壤微生物分析中的应用. 微生物学通报, 31(1): 114-117.
王宪伟, 李秀珍, 吕久俊, 等. 2010. 温度对大兴安岭北坡多年冻土湿地泥炭有机碳矿化的影响. 第四纪研究, 30(3): 591-597.
王晓龙, 徐立刚, 姚鑫, 等. 2010. 鄱阳湖典型湿地植物群落土壤微生物量特征. 生态学报, 30(18): 5033-5042.
王洋, 刘景双, 王国平, 等. 2007. 冻融作用与土壤理化效应的关系研究. 地理与地理信息科学, 23(2): 91-96.
魏丽红. 2004. 冻融交替对黑土土壤有机质及氮钾养分的影响. 吉林农业大学硕士学位论文.
魏丽红. 2009. 冻融作用对土壤理化以及生物学性质的影响综述. 安徽农业科学, 37(11): 5054-5057.
魏智, 金会军, 张建明, 等. 2011. 气候变化条件下东北地区过年冻土变化预测. 中国科学(地球科学), 41: 74-84.
夏品华, 寇永珍, 喻理飞. 2015. 喀斯特高原退化湿地草海土壤微生物群落碳源代谢活性研究. 环境科学学报, 35(8): 2549-2555.
肖烨, 黄志刚, 武海涛, 等. 2015. 三江平原典型湿地类型土壤微生物特征与土壤养分的研究.环境科学, 36(5): 1842-1848.
解雪峰, 项琦, 吴涛, 等. 2021. 滨海湿地生态系统土壤微生物及其影响因素研究综述. 生态学报, 41(1): 1-12.
徐欢, 王芳芳, 李婷, 等. 2020. 冻融交替对土壤氮素循环关键过程的影响与机制研究进展. 生态学报, 40(10): 3168-3182.
徐惠风, 刘兴土, 白军红. 2004. 长白山沟谷湿地乌拉苔草沼泽湿地土壤微生物动态及环境效应研究. 水土保持学报, 18(3): 115-117, 122.
徐润宏, 谭梅, 朱锦福, 等. 2021. 高寒湿地土壤微生物多样性对氮沉降浓度差异的响应. 生态学杂志, 38(6): 75-81.
杨桂生. 2010. 三江平原小叶章湿地土壤微生物活性及其对人类扰动的响应. 中国科学院研究生院博士学位论文.
杨桂生, 宋长春, 王丽, 等. 2010. 水位梯度对小叶章湿地土壤微生物活性的影响. 环境科学, 31(2): 444-449.
杨思忠, 金会军. 2008. 冻融作用对冻土区微生物生理和生态的影响. 生态学报, 28(10): 5065-5074.
于芳芳, 李法云, 贾庆宇. 2019. 温度和水分对辽河保护区典型湿地土壤氮矿化的影响. 生态科学, 38(6): 98-105.
于少鹏, 史传奇, 胡宝忠, 等. 2020. 古大湖湿地盐碱土壤微生物群落结构及多样性分析. 生态学报, 40(11): 3764-3775.
于秀丽. 2020. 莫莫格湿地土壤微生物量碳动态及与酶活性的关系. 东北林业大学学报, 48(4): 59-63.
展小云, 于贵瑞, 郑泽梅, 等. 2012. 中国区域陆地生态系统土壤呼吸碳排放及其空间格局——基于通量观测的地学统计评估. 地理科学进展, 31(1): 97-108.
张超凡, 盛连喜, 宫超, 等. 2018. 冻融作用对我国东北湿地土壤碳排放与土壤微生物的影响. 生态学杂志, 37(2): 304-311.
张广帅, 于秀波, 张全军, 等. 2018. 鄱阳湖湿地土壤微生物群落结构沿地下水位梯度分异特征. 生态学报, 38(11): 3825-3837.
张洪霞, 郑世玲, 魏文超, 等. 2017. 水分条件对滨海芦苇湿地土壤微生物多样性的影响. 海洋科学, 41(5): 144-152.
张杰, 胡维, 刘以珍, 等. 2015. 鄱阳湖湿地不同土地利用方式下土壤微生物群落功能多样性.生态学报, 35(4): 965-971.
张静, 马玲, 丁新华, 等. 2014. 扎龙湿地不同生境土壤微生物生物量碳氮的季节变化. 生态学报, 34(13): 3712-3719.
张文菊, 童成立, 杨钙仁, 等. 2005. 水分对湿地沉积物有机碳矿化的影响. 生态学报, 25(2): 249-253.

赵先丽, 程海涛, 吕国红, 等. 2006. 土壤微生物生物量研究进展. 气象与环境学报, 22(4): 68-72.
赵先丽, 周广胜, 周莉, 等. 2008a. 盘锦芦苇湿地土壤微生物数量研究. 土壤通报, 39(6): 1376-1379 .
赵先丽, 周广胜, 周莉, 等. 2008b. 盘锦芦苇湿地土壤微生物生物量 C 的季节动态. 土壤通报, 39(1): 43-46.
郑思嘉. 2019. 莫莫格湿地冻融期土壤水热变化及氮转化关系的研究. 吉林农业大学硕士学位论文.
周幼吾, 郭东信, 邱国庆, 等. 2000. 中国冻土. 北京: 科学出版社.
朱菲莹, 肖姬玲, 张屹, 等. 2017. 土壤微生物群落结构研究方法综述. 湖南农业科学, 10: 112-115.
朱永官, 彭静静, 韦中, 等. 2021. 土壤微生物组与土壤健康. 中国科学: 生命科学, 51: 1-11.
朱永官, 沈仁芳, 贺纪正, 等. 2017. 中国土壤微生物组: 进展与展望. 中国科学院院刊, 32(6): 554-565, 542.
祝贵兵. 2020. 陆地和淡水生态系统新型微生物氮循环研究进展. 微生物学报, 60(9): 1972-1984.
邹锋, 武鑫鹏, 张万港, 等. 2018. 鄱阳湖典型湿地土壤微生物活性对季节性水位变化的响应.生态学报, 38(11): 3838-3847.
A'Bear A D, Jones T H, Kandeler E, et al. 2014. Interactive effects of temperature and soil moisture on fungal mediated wood decomposition and extracellular enzyme activity. Soil Biology and Biochemistry, 70: 151-158.
Achtnich C, Bak F, Conrad R. 1995. Competition for electron donors among nitrate reducers, ferric iron reducers, sulfate reducers, and methanogens in anoxic paddy soil. Biology and Fertility of Soils, 19(1): 65-72.
Allison S D, McGuire K L, Treseder K K. 2010. Resistance of microbial and soil properties to warming treatment seven years after boreal fire. Soil Biology and Biochemistry, 42(10): 1872-1878.
Aminitabrizi R, Wilson R M, Fudyma J D, et al. 2020. Controls on soil organic matter degradation and subsequent greenhouse gas emissions across a permafrost thaw gradient in Northern Sweden. Frontiers in Earth Science, 8: 557961.
Anderson J P E, Domsch K H. 1978. A physiological method for the quantitative measurement of microbial biomass in soils. Soil Biology and Biochemistry, 10: 215-221.
Bai J H, Gao H F, Xiao R, et al. 2012. A review of soil nitrogen mineralization as affected by water and salt in coastal wetlands: issues and methods. CLEAN-Soil, Air, Water, 40(10): 1099-1105.
Baldrian P, Šnajdr J, Merhautová V, et al. 2013. Responses of the extracellular enzyme activities in hardwood forest to soil temperature and seasonality and the potential effects of climate change. Soil Biology and Biochemistry, 56: 60-68.
Bastida F, Torres I F, Moreno J L, et al. 2016. The active microbial diversity drives ecosystem multifunctionality and is physiologically related to carbon availability in Mediterranean semi-arid soils. Molecular Ecology, 25(18): 4660-4673.
Biasi C, Rusalimova O, Meyer H, et al. 2005. Temperature dependent shift from labile to recalcitrant carbon sources of artic heterotrophs. Rapid Communications in Mass Spectrometry, 19: 1401-1408.
Bledsoe R B, Goodwillie C, Peralta A L. 2020. Long-term nutrient enrichment of an oligotroph-dominated wetland increases bacterial diversity in bulk soils and plant rhizospheres. mSphere, 5(3): e00035-e00020.
Borga P, Nilsson M, Tunlid A. 1994. Bacterial communities in peat in relation to botanical composition as revealed by phospholipid fatty acid analysis. Soil Biology and Biochemistry, 26: 841-848.
Bossio D A, Fleck J A, Scow K M, et al. 2006. Alteration of soil microbial communities and water quality in restored wetlands. Soil Biology and Biochemistry, 38(6): 1223-1233.
Bowen H, Maul J E, Cavigelli M A, et al. 2020. Denitrifier abundance and community composition linked to denitrification activity in an agricultural and wetland soil. Applied Soil Ecology, 151: 103521.
Bragazza L, Buttler A, Habermacher J, et al. 2012. High nitrogen deposition alters the decomposition of bog plant litter and reduces carbon accumulation. Global Change Biology, 18: 1163-1172.
Bragazza L, Siffi C, Iacumin P, et al. 2007. Mass loss and nutrient release during litter decay in peatland: The role of microbial adaptability to litter chemistry. Soil Biology and Biochemistry, 39: 257-267.

Bray S R, Kitajima K, Mack M C. 2012. Temporal dynamics of microbial communities on decomposing leaf litter of 10 plant species in relation to decomposition rate. Soil Biology and Biochemistry, 49: 30-37.

Card S M, Quideau S A. 2010. Microbial community structure in restored riparian soils of the Canadian Prairie Pothole region. Soil Biology and Biochemistry, 42(9): 1463-1471.

Chen H, Liu X W, Xue D, et al. 2021. Methane emissions during different freezing-thawing periods from a fen on the Qinghai-Tibetan Plateau: four years of measurements. Agricultural and Forest Meteorology, 297: 108279.

Chen H, Wang F, Kong W D, et al. 2021. Soil microbial CO_2 fixation plays a significant role in terrestrial carbon sink in a dryland ecosystem: a four-year small-scale field-plot observation on the Tibetan Plateau. Science of the Total Environment, 761: 143282.

Clein J S, Schimel J P. 1995. Microbial activity of tundra and taiga soils at sub-zero temperatures. Soil Biology and Biochemistry, 27: 1231-1234.

Coolen M J L, Orsi W D. 2015. The transcriptional response of microbial communities in thawing Alaskan permafrost soils. Frontiers in Microbiology, 6(6): 197.

DeForest J L, Zak D R, Pregitzer K S, et al. 2004. Atmospheric nitrate deposition and the microbial degradation of cellobiose and vanillin in a northern hardwood forest. Soil Biology and Biochemistry, 36(6): 965-971.

Demoling F, Figueroa D, Bååth E. 2007. Comparison of factors limiting bacterial growth in different soils. Soil Biology and Biochemistry, 39: 2485-2495.

Dunn C, Jones T G, Girard A, et al. 2014. Methodologies for extracellular enzyme assays from wetland soils. Wetlands, 34: 9-17.

Enowashu E, Poll C, Lamersdorf N, et al. 2009. Microbial biomass and enzyme activities under reduced nitrogen deposition in a spruce forest soil. Applied Soil Ecology, 43: 11-21.

Eriksson T, öquist M G, Nilsson M B. 2010. Production and oxidation of methane in a boreal mire after a decade of increased temperature and nitrogen and sulfur deposition. Global Change Biology, 16(7): 2130-2144.

Faubert P, Tiiva P, Nakam T A, et al. 2011. Non-methane biogenic volatile organic compound emissions from boreal peatland microcosms under warming and water table drawdown. Biogeochemistry, 106(3): 503-516.

Feng X J, Nielsen L L, Simpson M J. 2007. Responses of soil organic matter and microorganisms to freeze-thaw cycles. Soil Biology and Biochemistry, 39(8): 2027-2037.

Fenner N, Freeman C, Reynolds B. 2005. Hydrological effects on the diversity of phenolic degrading bacteria in a peatland: implications for carbon cycling. Soil Biology and Biochemistry, 37: 1277-1287.

Fierer N, Lauber C L, Ramirez K S, et al. 2012. Comparative metagenomic, phylogenetic and physiological analyses of soil microbial communities across nitrogen gradients. The ISME Journal, 6(5): 1007-1017.

Fierer N, Strickland M S, Liptzin D, et al. 2010. Global patterns in belowground communities. Ecology Letters, 12: 1238-1249.

Freedman Z B, Romanowicz K J, Upchurch R A, et al. 2015. Differential responses of total and active soil microbial communities to long-term experimental N deposition. Soil Biology and Biochemistry, 90: 275-282.

Freeman C, Liska G, Ostle N J, et al. 1997. Enzymes and biogeochemical cycling in wetlands during a simulated drought. Biogeochemistry, 39(2): 177-187.

Freppaz M, Williams B L, Edwards A C, et al. 2007. Simulating soil freeze/thaw cycles typical of winter alpine conditions: implications for N and P availability. Applied Soil Ecology, 35: 247-255.

Frey S D, Drijber R, Smith H, et al. 2008. Microbial biomass, functional capacity, and community structure after 12 years of soil warming. Soil Biology and Biochemistry, 40(11): 2904-2907.

Fu Q L, Xi R Z, Zhu J, et al. 2020. The relative contribution of ammonia oxidizing bacteria and archaea to N_2O emission from two paddy soils with different fertilizer N sources: a microcosm study. Geoderma, 375: 114486.

Gao H F, Bai J H, He X H, et al. 2014. High temperature and salinity enhance soil nitrogen mineralization in

a tidal freshwater marsh. PLoS One, 9(4): e95011.
Gao J Q, Ouyang H, Xu X L, et al. 2009. Effects of temperature and water saturation on CO_2 production and nitrogen mineralization in alpine wetland soils. Pedosphere, 19(1): 71-77.
Garcia C, Hernanderz T, Roldan A, et al. 2020. Effect of plant cover decline on chemical and microbiological parameters under Mediterranean climate. Soil Biology and Biochemistry, 34(5): 635-642.
Gauci V, Dise N, Fowler D. 2002. Controls on suppression of methane flux from a peat bog subjected to simulated acid rain sulfate deposition. Global Biogeochemical Cycles, 16(1): 4-1-4-12.
Gelsomino A, Azzellino A. 2011. Multivariate analysis of soils: microbial biomass, metabolic activity, and bacterial-community structure and their relationships with soil depth and type. Journal of Plant Nutrition and Soil Science, 174(3): 381-394.
Gill A L, Giasson M A, Yu R, et al. 2017. Deep peat warming increases surface methane and carbon dioxide emissions in a black spruce-dominated ombrotrophic bog. Global Change Biology, 23(12): 5398-5411.
Gong Y, Wu J H, Sey A A, et al. 2021. Nitrogen addition (NH_4NO_3) mitigates the positive effect of warming on methane fluxes in a coastal bog. Catena, 203: 105356.
Guan Z J, Luo Q, Chen X, et al. 2014. Saline soil enzyme activities of four plant communities in Sangong River Basin of Xinjiang, China. Journal of Arid Land, 6(2): 164-173.
Gutiérrez-Girón A, Díaz-Pinés E, Rubio A, et al. 2015. Both altitude and vegetation affect temperature sensitivity of soil organic matter decomposition in Mediterranean high mountain soils. Geoderma, 237-238: 1-8.
Gutknecht J L M, Goodman R M, Balser T C. 2006. Linking soil process and microbial ecology in freshwater wetland ecosystems. Plant and Soil, 289(1-2): 17-34.
Hamdi S, Moyano F, Sall S, et al. 2013. Synthesis analysis of the temperature sensitivity of soil respiration from laboratory studies in relation to incubation methods and soil conditions. Soil Biology and Biochemistry, 58: 115-126.
Hargreaves K J, Fowler D. 1998. Quantifying the effects of water table and soil temperature on the emission of methane from peat wetland at the field scale. Atmospheric Environment, 32(19): 3275-3282.
He H, Liu Y, Hu Y, et al. 2020. Soil microbial community and its interaction with soil carbon dynamics following a wetland drying process in Mu Us sandy land. International Journal of Environmental Research and Public Health, 17(12): 4199.
Hester E R, Harpenslager S F, van Diggelen J M H, et al. 2018. Linking nitrogen load to the structure and function of wetland soil and rhizosphere microbial communities. MSystems, 3: 214-217.
Ho J, Chambers L G. 2019. Altered soil microbial community composition and function in two shrub-encroached marshes with different physicochemical gradients. Soil Biology and Biochemistry, 130: 122-131.
Hobbie S E. 2005. Contrasting effects of substrate and fertilizer nitrogen on the early stages of litter decomposition. Ecosystems, 8: 644-656.
Hou A X, Williams H N. 2013. Methods for sampling and analyzing wetland soil bacterial community// Anderson J, Davis C A. Wetland Techniques. Volume 2. Dordrecht: Springer: 59-92.
Hu R, Wang X P, Pan Y X, et al. 2014. The response mechanisms of soil N mineralization under biological soil crusts to temperature and moisture in temperate desert regions. European Journal of Soil Biology, 62: 66-73.
Hu Z, Xu C, McDowell N G, Johnson D J, et al. 2017. Linking microbial community composition to C loss rates during wood decomposition. Soil Biology and Biochemistry, 104: 108-116.
Hultman J, Waldrop M P, Mackelprang R, et al. 2015. Multi-omics of permafrost, active layer and thermokarst bog soil microbiomes. Nature, 521(7551): 208-212.
Hütsch B W, Webster C P, Powlson D S. 1994. Methane oxidation in soil as affected by land-use, soil-pH and N-fertilization. Soil Biology and Biochemistry, 26(12): 1613-1622.
Inglett K S, Inglett P W, Reddy K R. 2011. Soil microbial community composition in a restored calcareous subtropical wetland. Soil Science Society of America Journal, 75: 1731-1740.
Iqbal A, Shang Z H, Rehman M L U, et al. 2019. Pattern of microbial community composition and functional

gene repertoire associated with methane emission from Zoige wetlands, China-A review. Science of the Total Environment, 694: 133675.
Jacinthe P A, Bills J S, Tedesco L P. 2010. Size, activity and catabolic diversity of the soil microbial biomass in a wetland complex invaded by reed canary grass. Plant Soil, 329(s1-2), 227-238.
Jacinthe P A, Dick W A, Owens L B. 2002. Overwinter soil denitrification activity and mineral nitrogen pools as affected by management practices. Biology and Fertility of Soils, 36: 1-9.
Jia X Y, Zhong Y Q, Liu J, et al. 2020. Effects of nitrogen enrichment on soil microbial characteristics: from biomass to enzyme activities. Geoderma, 366: 114256.
Jian S Y, Li J W, Chen J, et al. 2016. Soil extracellular enzyme activities, soil carbon and nitrogen storage under nitrogen fertilization: a meta-analysis. Soil Biology and Biochemistry, 101: 32-43.
Jiang L, Ma X Y, Song Y Y, et al. 2022. Warming-induced labile carbon change soil organic carbon mineralization and microbial abundance in a northern peatland. Microorganisms, 10: 1329.
Jiang L, Song Y Y, Sun L, et al. 2020. Effects of warming on carbon emission and microbial abundances across different soil depths of a peatland in the permafrost region under anaerobic condition. Applied Soil Ecology, 156: 103712.
Jin H J, Yu Q H, Lü L Z, et al. 2007. Degradation of permafrost in the Xing'anling Mountains, Northeastern China. Permafrost and Periglacial Processes, 18: 245-258.
Jonasson R G, Rispler K, Wiwchar B, et al. 1996. Effect of phosphonate inhibitors on calcite nucleation kinetics as a function of temperature using light scattering in an autoclave. Chemical Geology, 132: 215-225.
Jung J, Yeom J, Kim J, et al. 2011. Change in gene abundance in the nitrogen biogeochemical cycle with temperature and nitrogen addition in Antarctic soils. Research in Microbiology, 162(10): 1018-1026.
Kang H, Freeman C. 1999. Phosphatase and arylsulphatase activities in wetland soils: annual variation and controlling factors. Soil Biology and Biochemistry, 3l(3): 449-454.
Karhu K, Auffret M D, Dungait J A J, et al. 2014. Temperature sensitivity of soil respiration rates enhanced by microbial community response. Nature, 513(7516): 81-84.
Kaye J P, Hart S C. 1997. Competition for nitrogen between plants and soil microorganisms. Trends in Ecology & Evolution, 23(4): 139-143.
Keiblinger K M, Hall E K, Wanek W, et al. 2010. The effect of resource quantity and resource stoichiometry on microbial carbon-use-efficiency. FEMS Microbiology Ecology, 73: 430-440.
Keiser A D, Smith M, Bell S, et al. 2019. Peatland microbial community response to altered climate tempered by nutrient availability. Soil Biology and Biochemistry, 137: 107561.
Keuper F, Bodegom P M, Dorrepaal E, et al. 2012. A frozen feast: Thawing permafrost increases plant-available nitrogen in subarctic peatlands. Global Change Biology, 18: 1998-2007.
Kidd R A, Bartsch A, Wagner W. 2004. Development and validation of a diurnal difference indicator for freeze-thaw monitoring in the Siberia Π project. Proceedings ENVISAT Symposium: 572.
Kim H. 2015. A review of factors that regulate extracellular enzyme activity in wetland soils Korean. Journal of Microbiology, 51(2): 97-107.
Klapstein S J, Turetsky M R, McGuire A D, et al. 2014. Controls on methane released through ebullition in peatlands affected by permafrost degradation. Journal of Geophysical Research-biogeosciences, 119: 418-431.
Knoblauch C, Zimmermann U, Blumenberg M, et al. 2008. Methane turnover and temperature response of methane-oxidizing bacteria in permafrost-affected soils of northeast Siberia. Soil Biology and Biochemistry, 40: 3004-3013.
Koponen H T, Jaakkola T, Keinänen-Toivola M M, et al. 2006. Microbial communities, biomass, and activities in soils as affected by freeze thaw cycles. Soil Biology and Biochemistry, 38: 1861-1871.
Kraigher B, Stres B, Hacin J, et al. 2006. Microbial activity and community structure in two drained fen soils in the Ljubljana Marsh. Soil Biology and Biochemistry, 38: 2762-2771.
Kuzyakov Y. 2010. Priming effects, interactions between living and dead organic matter. Soil Biology and Biochemistry, 42: 1363-1371.

Lara M J, Lin D H, Andresen C, et al. 2019. Nutrient release from permafrost thaw enhances CH_4 emissions from Arctic tundra wetlands. Journal of Geophysical Research: Biogeosciences, 124: 1560-1573.

Larsen K S, Jonasson S, Michelsen A. 2002. Repeated freeze-thaw cycles and their effects on biological processes in two arctic ecosystem types. Applied Soil Ecology, 21(3): 187-195.

Lau E, Nolan I V, Edward J, et al. 2015. High throughput sequencing to detect differences in methanotrophic Methylococcaceae and Methylocystaceae in surface peat, forest soil, and *Sphagnum* moss in Cranesville Swamp Preserve, West Virginia, USA. Microorganisms, 3(2): 113-136.

Le Mer J, Roger P. 2001. Production, oxidation, emission and consumption of methane by soils: a review. European Journal of Soil Biology, 37(1): 25-50.

Lewis D B, Brown J A, Jimenez K L. 2014. Effects of flooding and warming on soil organic matter mineralization in *Avicennia germinans* mangrove forests and *Juncus roemerianus* salt marshes. Estuarine, Coastal and Shelf Science, 139: 11-19.

Li L, Lei G C, Gao J Q, et al. 2011. Effect of water table and soil water content on methane emission flux at *Carex muliensis* marshes in Zoige Plateau. Wetland Science, 9(2): 173-178.

Li W, Feng D F, Yang G, et al. 2019. Soil water content and pH drive archaeal distribution patterns in sediment and soils of water-level-fluctuating zones in the East Dongting Lake wetland, China. Environmental Science and Pollution Research, 26: 29127-29137.

Li Y F, Wang Y J, Wang B, Li T. 2019. Soil nitrogen mineralization characteristics of evergreen broad-leaved forest in Jinyun Mountain in Chongqing in the acid rain zone, southwest China. Scientia Silvae Sinicae, 55(6): 1-12.

Li Y L, Wang L, Zhang W Q, et al. 2011. The variability of soil microbial community composition of different types of tidal wetland in Chongming Dongtan and its effect on soil microbial respiration. Ecological Engineering, 37(9): 1276-1282.

Li Y T, He J S, Wang H, et al. 2021. Lowered water table causes species substitution while nitrogen amendment causes species loss in alpine wetland microbial communities. Pedosphere, 31(6): 912-922.

Li Y, Liu Y H, Wang Y L, et al. 2014. Interactive effects of soil temperature and moisture on soil N mineralization in a *Stipa krylovii* grassland in Inner Mongolia, China. Journal of Arid Land, 6(5): 571-580.

Li Y, Ma J W, Gao C, et al. 2021. Anaerobic ammonium oxidation (anammox) is the main microbial N loss pathway in alpine wetland soils of the Qinghai-Tibet Plateau. Science of the Total Environment, 787(8): 147714.

Liang C, Schimel J P, Jastrow J D. 2017. The importance of anabolism in microbial control over soil carbon storage. Nature Microbiology, 2: 17105.

Liao T H, Wei Y C, Luo M J, et al. 2019. Tmap: an integrative framework based on topological data analysis for population-scale microbiome stratification and association studies. Genome Biology, 20: 293.

Liao X L, Inglett P W, Inglett K S. 2013. Fire effects on nitrogen cycling in native and restored calcareous wetlands. Fire Ecology, 9: 6-20.

Liu G D, Sun J F, Tian K, et al. 2017. Long-term responses of leaf litter decomposition to temperature, litter quality and litter mixing in plateau wetlands. Freshwater Biology, 62: 178-190.

Liu L F, Chen H, Jiang L, et al. 2019. Response of anaerobic mineralization of different depths peat carbon to warming on Zoige plateau. Geoderma, 337: 1218-1226.

Liu Q, Tang J, He C S, et al. 2021. Effects of freeze-thaw cycles on soil properties and carbon distribution in Saline-alkaline soil of wetland. Sensors and Materials, 33(1): 285.

Lu G R, Xie B H, Cagle G A, et al. 2021. Effects of simulated nitrogen deposition on soil microbial community diversity in coastal wetland of the Yellow River Delta. Science of the Total Environment, 757: 143825.

Lynn T M, Ge T, Yuan H, et al. 2017. Soil carbon-fixation rates and associated bacterial diversity and abundance in three natural ecosystems. Microbial Ecology, 73: 645-657.

Macarty G W, Meisinger J J, Jenniskens F M M. 1995. Relationships between total-N, biomass-N and active-N in soil under different tillage and N fertilizer treatments. Soil Biology and Biochemistry, 27(10):

1245-1250.

Mackelprang R, Waldrop M P, DeAngelis K M, et al. 2011. Metagenomic analysis of a permafrost microbial community reveals a rapid response to thaw. Nature, 480: 368-371.

Maietta C E, Hondula K L, Jones C N, et al. 2020. Hydrological conditions influence soil and methane-cycling microbial populations in seasonally saturated wetlands. Frontiers in Environmental Science, 8: 593942.

Manninen S, Kivimäki S, Leith I D, et al. 2016. Nitrogen deposition does not enhance Sphagnum decomposition. Science of the Total Environment, 571: 314-322.

Manzoni S, Schimel J P, Porporato A. 2012. Responses of soil microbial communities to water stress: results from a meta-analysis. Ecology, 93(4): 930-938.

Marklein A R, Houlton B Z. 2012. Nitrogen inputs accelerate phosphorus cycling rates across a wide variety of terrestrial ecosystems. New Phytologist, 193: 696-704.

Martí M, Juottonen H, Robroek B J M, et al. 2015. Nitrogen and methanogen community composition within and among three Sphagnum dominated peatlands in Scandinavia. Soil Biology and Biochemistry, 81: 204-211.

Martikainen P J, Palojärvi A. 1990. Evaluation of the fumigation-extraction method for the determination of microbial C and N in a range of forest soils. Soil Biology and Biochemistry, 22: 797-802.

Mastepanov M, Sigsgaard C, Dlugokencky E J, et al. 2008. Large tundra methane burst during onset of freezing. Nature, 456(7222): 628-630.

Matzner E, Borken W. 2008. Do freeze-thaw events enhance C and N losses from soils of different ecosystems? A review. Soil Science, 59(2): 274-284.

Mcewing K R, Fisher J P, Zona D. 2015. Environmental and vegetation controls on the spatial variability of CH_4 emission from wet-sedge and tussock tundra ecosystems in the Arctic. Plant and Soil, 388(1-2): 37-52.

Michel K, Matzner E. 2003. Response of enzyme activities to nitrogen addition in forest floors of different C-to-N ratios. Biology and Fertility of Soils, 38: 102-109.

Mikan C J, Schimel J P, Doyle A P. 2002. Temperature controls of microbial respiration in arctic tundra soils above and below freezing. Soil Biology and Biochemistry, 34: 1785-1795.

Monteux S, Keuper F, Fontaine S, et al. 2020. Carbon and nitrogen cycling in Yedoma permafrost controlled by microbial functional limitations. Nature Geoscience, 13: 794-798.

Moore T R, Dalva M. 1993. The influence of temperature and water table position on carbon dioxide and methane emissions from laboratory columns of peatland soils. Journal of Soil Science, 44(4): 651-664.

Moscatelli M C, Lagomarsino A, Marinari S, et al. 2005. Soil microbial indices as bioindicators of environmental changes in a poplar plantation. Ecological Indicators, 5: 171-179.

Mwagona P C, Yao Y L, Shan Y Q, et al. 2021. Effect of water level fluctuation and nitrate concentration on soil surface CO_2 and CH_4 emissions from riparian freshwater marsh wetland. Wetlands, 41: 109.

Nave L E, Vance E D, Swanston C W, et al. 2009. Impacts of elevated N inputs on north temperate forest soil C storage, C/N, and net N-mineralization. Geoderma, 153: 231-240.

Nedwell D B, Watson A. 1995. CH_4 production, oxidation and emission in a U.K. ombrotrophic peat bog: Influence of SO_4^{2-} from acid rain. Soil Biology and Biochemistry, 27(7): 893-903.

Nielsen C B, Groffman P M, Hamburg S P, et al. 2001. Freezing effects on carbon and nitrogen cycling in northern hardwood forest soils. Soil Science Society of America Journal, 65(6): 1723-1730.

Nilsson M, Mikkelä C, Sundh I, et al. 2001. Methane emission from Swedish mires: National and regional budgets and dependence on mire vegetation. Journal of Geophysical Research Atmospheres, 106(18): 20847-20860.

Nordgren A. 1992. A method for determining microbially available-N and P in an organic soil. Biology and Fertility of Soils, 13: 195-199.

Oertel C, Matschullat J, Zurba K, et al. 2016. Greenhouse gas emissions from soils-A review. Geochemistry, 76(3): 327-352.

Peralta A L, Ludmer S, Kent A D. 2013. Hydrologic history influences microbial community composition and

nitrogen cycling under experimental drying/wetting treatments. Soil Biology and Biochemistry, 66: 29-37.
Pihlatie M K, Kiese R, Brüggemann N, et al. 2010. Greenhouse gas fluxes in a drained peatland forest during spring frost-thaw event. Biogeosciences Discussions, 7(5): 1715-1727.
Post W M, Kwon C. 2000. Soil carbon sequestration and land-use change: processes and potential. Global Change Biology, 6: 317-328.
Prieme A, Christensen S. 2002. Natural perturbations, drying-wetting and freezing-thawing cycles, and the emission of nitrous oxide, carbon dioxide and methane from farmed organic soils. Soil Biology and Biochemistry, 33(15): 2083-2091.
Pypker T G, Moore P A, Waddington J M, et al. 2013. Shifting environmental controls on CH_4 fluxes in a sub-boreal peatland. Biogeosciences, 10(12): 7971-7981.
Qu W D, Han G X, Eller F, et al. 2020. Nitrogen input in different chemical forms and levels stimulates soil organic carbon decomposition in a coastal wetland. Catena, 194: 104672.
Ren Q, Yuan J H, Wang J P, et al. 2022. Water level has higher influence on soil organic carbon and microbial community in Poyang lake wetland than vegetation type. Microorganisms, 10: 131.
Rinklebe J, Langer U. 2006. Microbial diversity in three floodplain soils at the Elbe River D (Germany). Soil Biology and Biochemistry, 38: 2144-2151.
Rinnan R, Rousk J, Yergeau E, et al. 2010. Temperature adaptation of soil bacterial communities along an Antarctic climate gradient: predicting responses to climate warming. Global Change Biology, 15(11): 2615-2625.
Rivkina E M, Friedmann E I, McKay C P, et al. 2000. Metabolic activity of permafrost bacteria below the freezing point. Applied and Environmental Microbiology, 66: 3230-3233.
Roy R, Conrad R. 1999. Effect of methanogenic precursors (acetate, hydrogen, propionate) on the suppression of methane production by nitrate in anoxic rice field soil. FEMS Microbiology Ecology, 28(1): 49-61.
Rustad L, Campbell J, Marion G, et al. 2001. A meta-analysis of the response of soil respiration, net nitrogen mineralization, and aboveground plant growth to experimental ecosystem warming. Oecologia, 126: 543-562.
Rydin H, Jeglum J K. 2006. The Biology of Peatlands. New York: Oxford University Press: 230-233.
Sardans J, Peñuelas J, Estiarte M. 2008. Changes in soil enzymes related to C and N cycle and in soil C and N content under prolonged warming and drought in a Mediterranean shrubland. Applied Soil Ecology, 39(2): 223-235.
Segers R. 1998. Methane production and methane consumption: a review of processes underlying wetland methane fluxes. Biogeochemistry, 41(1): 23-51.
Sengupta D, Chattopadhyay M K. 2013. Metabolism in bacteria at low temperature: a recent report. Journal of Biosciences, 38(2): 409-412.
Shah P, Wang Z W. 2019. Using digital polymerase chain reaction to characterize microbial communities in wetland mesocosm soils under different vegetation and seasonal nutrient loadings. Science of the Total Environment, 689: 269-277.
Shi L L, Zhang H Z, Liu T, et al. 2016. Consistent effects of canopy vs. understory nitrogen addition on the soil exchangeable cations and microbial community in two contrasting forests. Science of the total Environment, 553: 349-357.
Sinsabaugh R L. 2010. Phenol oxidase, peroxidase and organic matter dynamics of soil. Soil Biology and Biochemistry, 42: 391-404.
Sinsabaugh R L, Osgood M P, Findlay S. 1994. Enzymatic models for estimating decomposition rates and particulate detritus. Journal of the North American Benthological Society, 13: 160-169.
Six J, Bossuyt H, Degryze S, et al. 2004. A history of research on the link between (micro)aggregates, soil biota, and soil organic matter dynamics. Soil and Tillage Research, 79(1): 7-31.
Six J, Frey S D, Thiet R K, et al. 2006. Bacterial and fungal contributions to carbon sequestration in agroecosystems. Soil Science Society of America Journal, 70(2): 555-569.
Smith L C, Beilman D W, Kremenetski K V, et al. 2012. Influence of permafrost on water storage in West

Siberian peatlands revealed from a new database of soil properties. Permafrost and Periglacial Processes, 23(1): 69-79.

Song C C, Liu D Y, Yang G S, et al. 2011. Effect of nitrogen addition on decomposition of *Calamagrostis angustifolia* litters from freshwater marshes of Northeast China. Ecological Engineering, 37: 1578-1582.

Song C C, Wang X W, Miao Y Q, et al. 2014. Effects of permafrost thaw on carbon emissions under aerobic and anaerobic environments in the Great Hing'an Mountains, China. Science of the Total Environment, 487: 604-610.

Song C C, Wang Y S, Wang Y Y, et al. 2006. Emission of CO_2, CH_4 and N_2O from freshwater marsh during freeze-thaw period in Northeast of China. Atmospheric Environment, 40: 6879-6885.

Song C C, Xu X F, Sun X X, et al. 2012. Large methane emission upon spring thaw from natural wetlands in the northern permafrost region. Environmental Research Letters, 7(3): 034009.

Song S S, Zhang C, Gao Y, et al. 2020a. Responses of wetland soil bacterial community and edaphic factors to two-year experimental warming and *Spartina alterniflora* invasion in Chongming Island. Journal of Cleaner Production, 250: 119502.

Song X Y, Wang G X, Ran F, et al. 2020b. Soil moisture as a key factor in carbon release from thawing permafrost in a boreal forest. Geoderma, 357: 113975.

Song Y Y, Jiang L, Song C C, et al. 2021a. Microbial abundance and enzymatic activity from tussock and shrub soil in permafrost peatland after 6-year warming. Ecological Indicators, 126: 107589.

Song Y Y, Song C C, Hou A X, et al. 2021b. Temperature, soil moisture, and microbial controls on CO_2 and CH_4 emissions from a permafrost peatland. Environmental Progress Sustainable Energy, 40: e13693.

Song Y Y, Song C C, Ren J, et al. 2018. Influence of nitrogen additions on litter decomposition, nutrient dynamics, and enzymatic activity of two plant species in a peatland in Northeast China. Science of the Total Environment, 625: 640-646.

Song Y, Zou Y C, Wang G P, et al. 2017. Altered soil carbon and nitrogen cycles due to the freeze-thaw effect: a meta-analysis. Soil Biology and Biochemistry, 109: 35-49.

Sparling G. 1992. Ratio of microbial biomass carbon to soil organic carbon as a sensitive indicator of changes in soil organic matter. Australian Journals of Soil Reasearch, 30: 195-207.

Sui X, Zhang R T, Liu Y N, et al. 2016. Influence of simulation nitrogen deposition on soil microbial functional diversity of *Calamagrostis angustifolia* wetland in Sanjiang plain. Acta Agrestia Sinica, 24(6): 1226-1233.

Sundh I, Nilsson M, Borga P. 1997. Variation in microbial community structure in two boreal peatlands as determined by analysis of phospholipid fatty acid profiles. Applied and Environmental Microbiology, 63: 1476-1482.

Swindles G T, Morris P J, Mullan D, et al. 2015. The long-term fate of permafrost peatlands under rapid climate warming. Scientific Reports, 5: 17951.

Tang S R, Cheng W G, Hu R G, et al. 2016. Decomposition of soil organic carbon influenced by soil temperature and moisture in Andisol and Inceptisol paddy soils in a cold temperate region of Japan. Journal of Soils and Sediments, 17: 1-9.

Tang Y S, Wang L, Jia J W, et al. 2011. Response of soil microbial community in Jiuduansha wetland to different successional stages and its implications for soil microbial respiration and carbon turnover. Soil Biology and Biochemistry, 43(3): 638-646.

Tokida T, Mizoguchi M, Miyazaki T, et al. 2007. Episodic release of methane bubbles from peatland during spring thaw. Chemosphere, 70: 165-171.

Turetsky M R. 2004. Decomposition and organic matter quality in continental peatlands: the ghost of permafrost past. Ecosystems, 7(7): 740-750.

Turetsky M R, Treat C C, Waldrop M P, et al. 2008. Short-term response of methane fluxes and methanogen activity to water table and soil warming manipulations in an Alaskan peatland. Journal of Geophysical Research: Biogeosciences, 113(G3): 1-15.

Turlapati S A, Minocha R, Bhiravarasa P S, et al. 2013. Chronic N-amended soils exhibit an altered bacterial community structure in Harvard Forest, MA, USA. FEMS Microbiology Ecology, 83(2): 478-493.

Tveit A T, Urich T, Frenzel P, et al. 2015. Metabolic and trophic interactions modulate methane production by Arctic peat microbiota in response to warming. Proceedings of the National Academy of Sciences of the United States of America, 112(19): E2507-E2516.

Vallejo V E, Roldan F, Dick R P. 2010. Soil enzymatic activities and microbial biomass in an integrated agroforestry chronosequence compared to monoculture and a native forest of Colombia. Biology Fertility of Soils, 46: 577-587.

Veres Z, Kotroczó Z, Fekete I, et al. 2015. Soil extracellular enzyme activities are sensitive indicators of detrital inputs and carbon availability. Applied Soil Ecology, 92: 18-23.

Vourlitis G L, Kirby K, Vallejo I, et al. 2021. Holloway, potential soil extracellular enzyme activity is altered by long-term experimental nitrogen deposition in semiarid shrublands. Applied Soil Ecology, 158: 103779.

Wagnerriddle C, Congreves K A, Abalos D, et al. 2017. Globally important nitrous oxide emissions from croplands induced by freeze-thaw cycles. Nature Geoscience, 10(4): 279-283.

Waldrop M P, McColl J G, Powers R F. 2003. Effects of forest postharvest management practices on enzyme activities in decomposing litter. Soil Science Society of America Journal, 67(4): 1250-1256.

Walker V K, Palmer G R, Voordouw G. 2006. Freeze-thaw tolerance and clues to the winter survival of a soil community. Applied and Environmental Microbiology, 72(3): 1784-1792.

Wallenstein M D, Mcmahon S K, Schimel J P. 2010. Seasonal variation in enzyme activities and temperature sensitivities in Arctic tundra soils. Global Change Biology, 15(7): 1631-1639.

Wang H H, Li X, Li X, et al. 2017. Changes of microbial population and N-cycling function genes with depth in three Chinese paddy soil. PLoS One, 12(12): e0189506.

Wang J Y, Song C C, Hou A X, et al. 2017. Methane emission potential from freshwater marsh soils of Northeast China: response to simulated freezing-thawing cycles. Wetlands, 37(3): 437-445.

Wang Q, Liu Y R, Zhang C J, et al. 2017. Responses of soil nitrous oxide production and abundances and composition of associated microbial communities to nitrogen and water amendment. Biology and Fertility of Soils, 53: 601-611.

Wang Q K, Zhao X C, Chen L C, et al. 2019. Global synthesis of temperature sensitivity of soil organic carbon decomposition: latitudinal patterns and mechanisms. Functional Ecology, 33(3): 514-523.

Wang S C, Chen Z J, Zhou J B, et al. 2019. Effects of moisture on nitrogen mineralization in soils under solar greenhouses in different cultivation years. Agricultural Research in the Arid Areas, 37(4): 124-131.

Wang S Y, Liu Y, Chen L, et al. 2021. Effects of excessive nitrogen on nitrogen uptake and transformation in the wetland soils of Liaohe estuary, Northeast China. Science of the Total Environment, 791: 148228.

Wang X W, Li X Z, Hu Y M, et al. 2010. Effect of temperature and moisture on soil organic carbon mineralization of predominantly permafrost peatland in the Great Hing'an Mountains, Northeastern China. Journal of Environmental Sciences, 22(7): 1057-1066.

Wang X Y, Li W, Xiao Y T, et al. 2021. Abundance and diversity of carbon-fixing bacterial communities in karst wetland soil ecosystems. Catena, 204: 105418.

White J R, Gardner L M, Sees M, et al. 2008. The short-term effects of prescribed burning on biomass removal and the release of nitrogen and phosphorus in a treatment wetland. Journal of Environmental Quality, 37: 2386-2391.

White J R, Shannon R D, Weltzin J F, et al. 2008. Effects of soil warming and drying on methane cycling in a northern peatland mesocosm study. Journal of Geophysical Research: Biogeosciences, 113(G3): 1-18.

Wilson R M, Fitzhugh L, Whiting G J, et al. 2017. Greenhouse gas balance over thaw-freeze cycles in discontinuous zone permafrost. Journal of Geophysical Research Biogeosciences, 122(2): 387-404.

Xiao R H, Man X L, Ding L Z. 2019. Soil nitrogen mineralization characteristics of the natural coniferous forest in Northern Daxing’an Mountains, Northeast China. Acta Ecologica Sinica, 39(8): 2762-2771.

Xu X H, Yang B S, Wang H, et al. 2019. Temperature sensitivity of soil heterotrophic respiration is altered by carbon substrate along the development of Quercus Mongolica forest in northeast China. Applied Soil Ecology, 133: 52-61.

Xu Z F, Hu R, Xiong P, et al. 2010. Initial soil responses to experimental warming in two contrasting forest ecosystems, Eastern Tibetan Plateau, China: nutrient availabilities, microbial properties and enzyme activities. Applied Soil Ecology, 46(2): 291-299.

Yang G, Chen H, Wu N, et al. 2014. Effects of soil warming, rainfall reduction and water table level on CH_4 emissions from the Zoige peatland in China. Soil Biology and Biochemistry, 78: 83-89.

Yang Z, Yang S, Van Nostrand J D, et al. 2017. Microbial community and functional gene changes in Arctic Tundra soils in a microcosm warming experiment. Frontiers in Microbiology, 8: 1741.

Yao X H, Min H, Lv Z H, et al. 2006. Influence of acetamiprid on soil enzymatic activities and respiration. European Journal of Soil Biology, 42: 120-126.

Yergeau E, Bokhorst S, Kang S, et al. 2012. Shifts in soil microorganisms in response to warming are consistent across a range of Antarctic environments. The ISME Journal, 6(3): 692-702.

Yuan X, Chen Y, Qin W K, et al. 2021. Plant and microbial regulations of soil carbon dynamics under warming in two alpine swamp meadow ecosystems on the Tibetan Plateau. Science of the Total Environment, 790: 148072.

Zeng J, Liu X J, Song L, et al. 2016. Nitrogen fertilization directly affects soil bacterial diversity and indirectly affects bacterial community composition. Soil Biology and Biochemistry, 92: 41-49.

Zhang L Y, Dumont M G, Bodelier P L E, et al. 2020. DNA stable-isotope probing highlights the effects of temperature on functionally active methanotrophs in natural wetlands. Soil Biology and Biochemistry, 149: 107954.

Zhang W T, Kang X M, Kang E, et al. 2022. Soil water content, carbon, and nitrogen determine the abundances of methanogens, methanotrophs, and methane emission in the Zoige alpine wetland. Journal of Soils and Sediments, 22: 470-481.

Zhao M L, Han G X, Li J Y, et al. 2020. Responses of soil CO_2 and CH_4 emissions to changing water table level in a coastal wetland. Journal of Cleaner Production, 269: 122316.

Zhao S Y, Wang Q, Zhou J M, et al. 2018. Linking abundance and community of microbial N_2O-producers and N_2O-reducers with enzymatic N_2O production potential in a riparian zone. Science of the Total Environment, 642: 1090-1099.

Zheng J Q, Thornton P E, Painter S L, et al. 2019. Modeling anaerobic soil organic carbon decomposition in Arctic polygon tundra: insights into soil geochemical influences on carbon mineralization. Biogeosciences, 16(3): 663-680.

Zhong Q C, Wang K Y, Nie M, et al. 2019. Responses of wetland soil carbon and nutrient pools and microbial activities after 7 years of experimental warming in the Yangtze Estuary. Ecological Engineering, 136: 68-78.

Zhou J Z, He Z L, Yang Y F, et al. 2015. High-throughput metagenomic technologies for complex microbial community analysis: open and closed formats. Mbiology, 6(1): e02288-14.

Zhou P, Li Y, Ren X E, et al. 2014. Organic carbon mineralization responses to temperature increases in subtropical paddy soils. Journal of Soils and Sediments, 14(1): 1-9.

Zhu G B, Jetten M S M, Kuschk P, et al. 2010. Potential roles of anaerobic ammonium and methane oxidation in the nitrogen cycle of wetland ecosystems. Applied Microbiology and Biotechnology, 86(4): 1043-1055.

Zhu G B, Wang S Y, Wang W D, et al. 2013. Hotspots of anaerobic ammonium oxidation at land–freshwater interfaces. Nature Geoscience, 6: 103-107.

5 土地利用方式对沼泽湿地碳氮循环过程的影响

土地利用/覆被变化和碳循环研究是当今全球变化研究中的两个重要领域。近 3 个世纪以来，人类活动在很大程度上改变了地球原有的生态环境，其中一种主要的方式是将自然生态系统转化成耕地，据估计，已有 1/3～1/2 的陆地表面受到改变（Houghton，1994；Vitousek et al.，1997），这在极大程度上改变了地球原有的土地利用格局与覆被情况。随着全球变化研究的深入，人们认识到土地利用和覆被变化是造成全球变化的重要原因（摆万奇和赵士洞，1997），是除了工业化之外，人类对自然生态系统的最大影响因素（Turner et al.，1997；Lambin et al.，2001），是全球变化研究的热点之一。自 20 世纪 80 年代后期以来，各个国际和国家科学组织都把陆地生态系统碳循环作为全球变化研究最重要的前沿领域之一（曹明奎和李克让，2000）。Houghton（2003）报道，1850～2000 年，已有 156 Pg C 由于土地利用变化排放到大气中。据估计，通过土地利用变化从陆地生态系统（包括土壤和植被）排放到大气中的碳占目前大气中已增加 CO_2 数量的 33%（王义祥等，2005）。从 1750 年以来，大气 CH_4 的浓度增加了 1 倍多，也主要是人类工农业活动的结果（陈泮勤等，1994）。尤其在当前人类活动对自然界的影响越来越大的情况下，土地利用方式的改变对全球土壤 CO_2 通量的影响是十分巨大的（刘绍辉和方精云，1997），土地利用变化对陆地碳库和通量的影响及其反馈已成为当前研究的难点和热点（王绍强和陈育峰，1998）。

土地利用通过改变湿地的植被类型、土壤理化性质和小气候状况影响湿地生态系统的结构、功能。世界范围内湿地的消退大部分是由土地开垦和排水等人类活动造成的。由于人类活动的加剧，湿地成为世界上受人类活动威胁最为严重的生态系统之一（Lemly et al.，2000）。自 1990 年以来地球上消失了将近一半面积的湿地（傅伯杰等，2002）。过去 50 年内，中国丧失了 22%的天然湿地，滨海湿地的丧失率更高达 51%。随着湿地生态系统的流失，人们越来越关注土地利用变化对湿地生态系统的长远影响，尤其是对土壤碳氮动态变化的影响研究，已经成为目前全球变化研究的前沿和热点问题。

5.1 土地利用方式对沼泽湿地土壤碳库的影响

5.1.1 土地利用变化对湿地生态系统碳源/汇的影响

植被与土壤构成了陆地生态系统的两大碳库（Chapin Ⅲ et al.，2005）。土地利用变化不仅可以通过改变群落类型、植物密度等直接影响植被净初级生产力（NPP），而且还可能通过改变局地小气候，如温度、降水等，间接影响 NPP，影响植被碳储量，进而影响土壤有机碳储量。

在全球，每年由于土地利用变化导致植被净初级生产力（NPP）大约降低 5%，但这存在很大的区域差异，如在北美高投入的农业生产使部分地区农作物 NPP 高于自然植被，而在南亚及非洲的部分地区，每年土地利用变化则会导致 NPP 减少 90%（DeFries et al.，1999）。高志强等（2004a）运用 CEVSA 模型模拟了土地利用变化和气候变化对中国农牧交错带 NPP 的影响，结果表明土地利用变化对整个区域生产力影响较小，但在它所发生的地区其影响大于气候变化的影响。应用遥感观测数据驱动的 GLO-PEM 模式模拟估计中国北方 20 年的 NPP 数据发现，NPP 以减少趋势为主（年减少率 6.9 Tg C），并表明土地利用变化区域土地利用的作用占了绝对地位，其影响大约占 97%（高志强等，2004b）。

湿地植物从大气中吸收大量 CO_2，同时部分固定的碳又通过土壤及植物呼吸作用以 CO_2 和 CH_4 的形式排放到大气中，部分碳则以有机质的形式保存在土壤中。由于湿地土壤长时间处于厌氧还原环境，有机质不完全分解，导致湿地中碳和营养物质的积累（Chapin Ⅲ et al.，2005）。湿地是生态系统中有机质积累速率较大的类型之一，湿地土壤的碳积累速率为 10～100 $g·m^{-2}·a^{-1}$，而其他陆地土壤的碳积累速率仅为 1～5 $g·m^{-2}·a^{-1}$（Schlesinger，2001）。

目前，对于湿地碳源/汇的问题仍然存在较大争议，其估计值在–60～90 $g·m^{-2}·a^{-1}$（Roulet et al.，2007），不同地点测定结果差别很大，同一地点亦呈现了较强的季节及年际差异（Waddington and Roulet，2000；Roulet et al.，2007；Song et al.，2009）。可见，湿地具有较强的空间变异性及其对环境因子的敏感性。这主要是由于湿地是处于水陆交错带的特殊生态系统，其所处的特殊地理环境受地表径流物质等输入条件变化的影响较大，使得生态系统碳平衡对环境变化表现出较高的敏感性和不确定性（Alm et al.，1999；Baron et al.，2000）。因此，开垦及泥炭开采等湿地土地利用方式的变化将会对湿地碳循环产生很大的影响（Glatzel et al.，2004）。湿地生态系统对土地利用变化的响应机制主要表现为，土地利用变化通过影响光合作用和土壤呼吸对湿地碳储量产生影响，同时还可以改变凋落物的产量及分解速率，开垦后凋落物输入数量和质量（碳氮比、纤维素含量等）往往会有所下降，进而改变碳的释放通量，影响碳释放及碳累积速率。另外，开垦改变了湿地原有的水热条件，破坏了湿地的厌氧环境，增加了湿地碳的分解速率，不利于土壤有机碳的累积（图 5-1）。

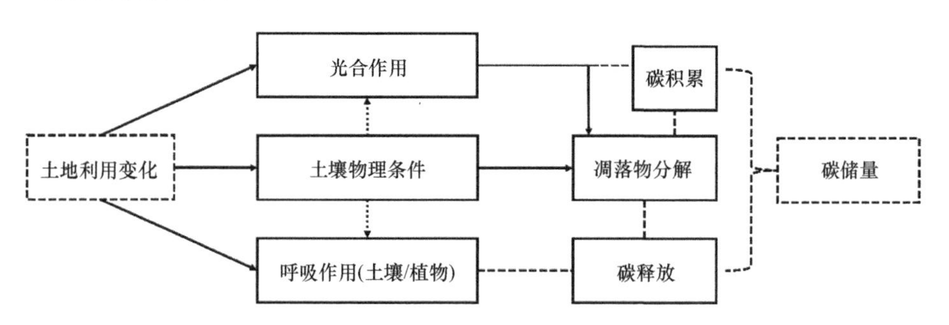

图 5-1 土地利用变化对湿地生态系统碳储量的影响机制

5.1.2 研究现状与前沿

5.1.2.1 土地利用方式对沼泽湿地土壤碳库的影响

湿地是土壤碳密度最高的生态系统（Post et al.，1982），但目前对湿地土壤碳储量的估算还存在很大的不确定性，估计值在 120～462 Gt，这主要是由湿地界定的模糊性及湿地面积的不确定性所致（Mitra et al.，2005），湿地土壤碳储量统计深度的差异也是造成估计值差异的原因之一，如 Gorham（1991）建议加拿大和俄罗斯的湿地土壤碳储量统计深度分别为 2.3 m 和 2.5 m，甚至局部地区应更深，而现有统计中土壤深度一般从表层（30 cm）到数米（Mitra et al.，2005）。尽管如此，如果湿地生态系统遭到破坏或转化为其他土地利用方式将伴随湿地土壤碳储量的大量损失（Dawson and Smith，2007；李文娟等，2021），这主要是由于湿地生态系统中有机物的积累并非因为它是惰性的，而是由于条件限制分解者的活动要比限制通过植物的碳输入更强烈，一旦这种分解作用的环境限制被清除，那么土壤有机碳将会迅速分解释放（Chapin Ⅲ et al.，2002；Davidson and Janssens，2006），湿地碳储量将会大幅度减少。

据估计，在过去近 200 年中，利用方式的改变导致约 4.1 Gt C 损失，主要是由湿地转化为农用地和林地造成的（Armentano and Menges，1986）。Euliss 等（2006）指出美国北部草原区由湿地生态系统向农业生态系统的转换导致该区域平均损失了 101 $mg \cdot hm^{-2}$ 的土壤有机碳。宋长春等（2004）研究了东北三江平原沼泽湿地土地利用方式变化后（主要是不同开垦年限）土壤有机碳的变化，结果表明土壤有机碳含量随着湿地开垦年限的增加而降低，开垦初期 5～7 年，土壤有机碳变化幅度较大，但是在持续耕作 15～20 年后，有机碳损失曲线趋于稳定。而芬兰研究者指出，湿地排干后，碳储存量与累积速率的变化取决于泥炭营养条件（泥炭类型）及气候条件（Minkkinen and Laine，1998；Minkkinen，1999），Minkkinen 等（2002）表明芬兰部分泥炭沼泽排干后碳累积量有所增加，这可能是水位下降导致 NPP 增加的碳积累部分高于泥炭的分解量所致（Minkkinen，1999）。山东南四湖区 40 年间（1978～2018 年）土地利用导致湿地表层土壤有机碳储量、溶解性有机碳储量、轻组有机碳储量和重组有机碳储量分别减少了 136.34×10^3 t、1.31×10^3 t、26.10×10^3 t 和 108.93×10^3 t（赵娣等，2019）。

总之，湿地开垦后往往会降低湿地土壤碳储量（Freibauer et al.，2004；李瑾璞等，2020），而湿地恢复有利于土壤有机碳的积累（Waston et al.，2000），但 Waddington 等（2000）研究表明虽然湿地恢复可以增加土壤碳的累积，但一般很难恢复到湿地原有的碳蓄积水平。另外，湿地土壤碳库的不同组分对土地利用变化的响应机制不同，研究表明湿地开垦后轻组碳组分明显降低，且主要发生在表层土，随着开垦年限的增加，重组碳组分相对富集，导致土壤有机碳的可利用性降低（Zhang et al.，2006，2007）；随着湿地排干，将会有更多的颗粒有机碳损失（Holden，2006）；另有报道指出，受到严重扰动的退化泥炭湿地溶解性有机碳含量明显降低（Kalbitz and Geyer，2002）；相反，湿地恢复过程中，溶解性有机碳含量增加（Glatzel et al.，2003）。Jin 等（2008）研究发现弃耕还湿后，轻组碳组分和重组碳组分均显著增加，且二者呈线性相关关系，但轻组碳组分增加更快。

5.1.2.2　土地利用方式对沼泽湿地土壤碳组分的影响

1）轻组和重组有机碳

土地利用主要通过影响土壤轻组碳影响土壤碳平衡，轻组有机碳是土壤有机碳动态的敏感性评价指标（Barrios et al.，1996；Guggenberger and Zech，1999）。长期耕作土壤中，轻组碳含量随着耕作减少，而重组碳变化很小（Skjemstad et al.，1986）；在合理的土地利用体系中，土壤有机质的增加也主要表现在轻组碳的增加（Roscoe and Buurman，2003）。在0～5 cm、5～10 cm土层，森林土壤（28°15′S，52°24′W）轻组有机碳含量均比耕作土壤高；开垦耕作18年后，土壤总有机碳减少了40%～60%，而游离态轻组有机碳减少了73%～95%，重组有机碳比例增加，占土壤总有机碳的78%～96%（Freixo et al.，2002）。在热带稀树草原高草地土壤（0～7.5 cm）中，游离态轻组有机碳占总有机碳的18%，耕作30年后，轻组有机碳所占比例明显下降，仅为3%～6%，而90%以上的土壤碳集中在重组分中；耕作后，重组分变化不明显，轻组碳数量明显减少（Roscoe and Buurman，2003）。Guggenberger和Zech（1999）也发现森林（10°40′～10°45′N，84°05′～84°15′W）开垦为农田后，土壤轻组有机碳迅速下降；而弃耕草地和次生林土壤轻组有机碳增加，甚至高于天然林。

施肥对土壤中轻组有机碳影响的研究结果并不一致。Gregorich和Janzen（1996）发现，施肥的土壤中，游离态轻组有机碳含量是未施肥土壤的2.5倍多，物理保护的轻组有机碳（包裹态）在两种土壤中的含量相差不大。而Liang等（1998）对加拿大西部4个地区质地不同的土壤进行研究时却发现，在Ste Rosalie、Chiot、Fox地区的土壤中，施氮肥和耕作处理对轻组有机碳没有明显影响，Brandon地区的土壤由于施粪肥，轻组有机碳含量明显增加（倪进治，2000）。耕作方式对土壤轻组有机碳的影响，结论较为一致。免耕方式下土壤轻组有机碳含量比传统耕作方式高（Larney et al.，1997；Freixo et al.，2002）。

用土壤呼吸作为评价土壤基质中碳稳定性的指标，研究发现，土壤呼吸与轻组碳含量有很好的相关性（Alvarez et al.，1998），轻组碳是土壤呼吸的主导因素（Alvarez and Alvarez，2000），而重组碳对土壤呼吸的贡献可以忽略（Whalen et al.，2000）。而Swanston等（2002）在Washington和Oregon采集7种森林土壤，用分离出的重组和轻组分进行了300天的培养试验，发现用每克基质表示土壤呼吸速率时，重组和轻组表现出预测的顺序：轻组＞重组；然而，当用每克碳表示时，轻组和重组则没有明显的区别，因此，他们认为重组和轻组的固碳能力相似，在土壤中它们的周转率不同，主要是由于物理保护性不同，轻组碳占土壤呼吸的大部分，主要是因为它含碳量高。在森林土壤中重组有机碳占土壤呼吸的35%，轻组有机碳占65%（Swanston et al.，2002）。

目前，对土地垦殖和利用/管理方式下，重组和轻组有机碳动态的研究还很有限。沼泽湿地垦殖或弃耕过程、不同利用/管理方式下重组和轻组有机碳变化特征及各组分对土壤碳矿化的贡献还有待于深入研究。

2）溶解性有机碳

Chantigny（2003）认为土地利用是土壤溶解性有机碳最重要的影响因子，因为利用方式决定着土壤的植被类型，而生态系统中植物凋落物又是土壤有机碳的主要来源。由于管理方式受土地利用类型的影响，所以管理方式是溶解性有机碳的次一级因素，作物种类、无机肥、有机物添加、耕作、灌溉等因素都对溶解性有机碳有长期或短期的影响（Chantigny，2003）。环境因素如气候、景观、土壤水文特征、土壤质地被认为是第三级因素，因为它们在区域和全球尺度上影响土壤有机碳动态（Chantigny，2003）。

多数研究表明，随着土地利用的变化，土壤溶解性有机碳有明显的变化。森林或草地转变为农田，土壤溶解性有机碳含量明显降低，随着耕作年数的增长，溶解性有机碳减少的趋势更明显（Gregorich et al.，2000）。受到严重扰动的退化泥炭湿地溶解性有机碳含量明显降低（Kalbitz，2001；Kalbitz and Geyer，2002）；相反，恢复过程中，泥炭湿地溶解性有机碳含量增加（Glatzel et al.，2003）。Qualls 等（1991）认为土地利用对土壤溶解性有机碳的影响会到达剖面深层，因为相当数量的溶解性有机碳从表层淋溶到深层土壤。耕作时间的长短、植被种类和返回到土壤中的有机质数量是决定溶解性有机碳数量和组成的主要因素（Qualls，2000）。Ghani 等（2003）研究了 52 个不同样点，认为热水浸提碳（HWC）是评价不同土地利用方式下土壤有机碳动态的最敏感和最一致的指标，不同土地利用方式对 HWC 数量的影响远远高于对土壤有机碳的影响。

施用氮肥对土壤溶解性有机碳的影响存在很多争论。Hartikainen 和 Yli-Halla（1996）认为尿素和氨肥在短期内导致溶解性有机碳含量明显增加，主要是由于土壤 pH 的增加。然而，这种影响是短期的（Clay et al.，1995），表明溶解性有机碳很容易被降解（Yano et al.，2000），并很快被土壤微生物消耗。而 Chantigny 等（1999）也指出，在玉米地施用 180 $kg·hm^{-2}$ 的氨氮肥料后，土壤溶解性有机碳含量明显降低，认为氮肥增加了土壤微生物对溶解性有机碳的消耗，因此溶解性有机碳含量降低，随着土壤无机氮含量恢复到原来水平，这种刺激作用消失。

有些研究者则认为施用氮肥对土壤溶解性有机碳没有影响。Rochette 和 Gregorich（1998）发现增加矿质氮后土壤呼吸没有明显变化，认为溶解性有机碳没有被矿化，而是被微生物固定或作为微生物代谢物释放到土壤中，矿质氮肥料可能有利于溶解性有机碳和固态有机质的微生物降解，而后者能增加土壤溶解性有机碳的含量，这可以解释输入无机氮对溶解性有机碳没有影响或溶解性有机碳含量增加的现象。

从长期来看，并没有研究发现反复施用氮肥对森林（Yano et al.，2000）或农田土壤溶解性有机碳数量有显著的影响。然而，施氮肥与不施氮肥相比，在长期施用氮肥的地方，溶解性有机碳含量高，这种增加主要是由于施肥条件下作物凋落物输入的增加（Campbell et al.，1999）。总之，溶解性有机碳是不同施肥处理下，土壤有机质质量的一个较好的指标（倪进治等，2003a），但是，在森林和农田土壤中，施肥对溶解性有机碳的影响及其发生机理还不清楚。

随着作物凋落物（Franchini et al.，2001）、动物源肥料（Chantigny et al.，2002）或工业废物（Chantigny et al.，2000）加入，土壤溶解性有机碳含量明显增加，这种迅速增加一般是由添加物本身的可溶性物质引起的（Chantigny et al.，2002）。然而，这些可溶性物质在土壤中分解迅速，溶解性有机碳含量会迅速恢复到原来的水平，而且源于作物凋落物的溶解性有机碳很容易降解而不能到达土壤深层（Franchini et al.，2001；倪进治等，2003b）。尽管添加物料后，增加的溶解性有机碳寿命很短，但长期实验表明，相对于传统农业，由于反复输入有机物质，有机农业土壤溶解性有机碳含量增加（11～10^{13} kg·hm^{-2}）（Leinweber et al.，1995），土壤水溶性有机氮也增加（1～94 kg·hm^{-2}）（McDonald et al.，2001）。关于添加物对土壤溶解性有机碳含量和组成影响的机理认识还很片面。添加物料后，溶解性有机碳组成变化和有机农业对溶解性有机碳组成影响的报道并不多。

溶解性有机碳的生物降解取决于其来源和内在性质（Marschner and Kalbitz，2003），水溶性碳水化合物和氨基酸容易被微生物利用（Amon et al.，2001），而有的碳水化合物是难溶的，它能阻碍降解，并能转化成稳定的化合物。木质素分解产生的芳香族化合物是溶解性有机碳最稳定的组分，芳香族结构复杂、分子富集，而碳水化合物含量少的溶解性有机碳生物降解性差，4%～93%的土壤源溶解性有机碳能被微生物降解（Kalbitz et al.，2003a）。不同有机物源的溶解性有机碳性质及其生物降解速率差异很大。作物秸秆、落叶等低腐殖化有机物源的溶解性有机碳中活性组分占 59%～88%，农田土壤源的溶解性有机碳中活性组分占 14%～25%，森林枯枝落叶层基质比较稳定，浸提出的溶解性有机碳活性组分仅占 3%～6%（Kalbitz et al.，2003b）。近年来，特定波长的紫外光吸收值和紫外光与可见光吸收值比常被用来反映溶解性有机碳结构组成（McKnlght et al.，1992；张甲珅等，2001）。280 nm 波长的紫外吸收值（A_{280} 值）与 A_{465}/A_{665}、A_{250}/A_{365} 和单位浓度紫外光密度值（E/TOC）可用来指示天然有机物来源和结构（Wang and Bettany，1993；Chin et al.，1994；Kalbitz et al.，2003b）。A_{280} 值越大说明溶解性有机碳中芳香族化合物数量越多，结构越复杂，分子量大，溶解性有机碳的可利用性越低（Wang and Bettany，1993；张甲珅等，2001）。CO_2 的排放量与 A_{280} 值呈显著的负相关关系（Chantigny，2003）；溶解性有机碳组成结构的变化又是微生物分解利用的结果。受到严重扰动的退化沼泽湿地溶解性有机碳含量 A_{280} 值明显增加，腐殖化系数增大（Kalbitz，2001）；而 Glatzel 等（2003）却没有观测到湿地退化和恢复过程中 A_{280} 值的明显变化。

多数研究表明，土地利用/管理方式的变化影响溶解性有机碳的动态。然而，土地利用/管理方式的变化对溶解性有机碳影响的研究仍然很不足。土地利用/管理方式对溶解性有机碳数量和组成的影响尚没有深入研究，随着土地利用的变化，溶解性有机碳的性质、生物可利用性及其去向的详细信息仍然很缺乏（Chantigny，2003）。深入研究不同土地利用方式下土壤溶解性有机碳变化并揭示其发生机理，是一个亟须解决的问题。

3）土壤微生物生物量碳

Saggar 等（2001）研究耕作对土壤生物性质和有机碳动态的影响时发现，垦殖 25 年后，土壤总有机碳减少 60%，微生物生物量碳减少 83%，微生物商变小，微生物商比微生物生物量碳变化更明显。相反，农田恢复为草地，微生物生物量碳的增长比土壤有机碳快，因此微生物商恢复迅速，微生物商可以有效反映土壤有机质的输入与损失

（Sparling，1992）。Carpenter-Boggs 等（2003）也发现天然草场微生物量比耕作土壤高 50%，土壤呼吸高 50%，土壤易利用碳高 150%，而免耕和传统耕作土壤差别不大。也有研究认为，耕作方式对土壤微生物有很大影响（徐阳春等，2002；张成娥等，2002）。总体而言，土地利用方式对土壤微生物的影响是很明显的（龙健等，2003；王葆芳等，2003），农业耕作使土壤微生物生物量碳降低，呼吸商（qCO_2）增加，说明微生物能量利用效率降低，土壤碳保存率低（Insam and Domsch，1988）。相反，在恢复土壤中，qCO_2 降低，表明在有机质矿化过程中，土壤微生物利用土壤有机碳的效率提高，土壤碳损失减少（Insam and Domsch，1988）。Calderón 等（2000）通过室内模拟方法，研究了耕作对土壤微生物动态和活性的影响，发现天然草地土壤被扰动后的 14 天内，土壤微生物群落结构快速变化，微生物数量减少；而长期耕作土壤在受到同样的处理后变化不明显。Jackson 等（2003）却发现耕作后的最初几天 CO_2 释放量高，但是土壤呼吸下降或保持原来水平，认为土壤表层高的 CO_2 通量主要是物理过程引起的，耕作后土壤净矿化量和硝酸根数量增加，微生物群落结构变化迅速，但是总微生物量变化很小。

土壤微生物数量和活性受土壤中能源和养分可利用性的制约。Joergensen 和 Scheu（1999）研究了施加碳、氮和磷对土壤微生物活性和微生物量的影响，结果表明，施加碳、氮和磷后，土壤微生物生物量碳、氮明显增加。而 Allen 和 Schlesinger（2004）则发现，增加碳后土壤呼吸和微生物生物量碳增加，对微生物生物量氮影响不明显，增加氮后，土壤呼吸和微生物生物量氮增加，但是对微生物生物量碳影响很小，而增加磷对土壤微生物量没有影响。Ghani 等（2003）却认为尽管长期施加磷肥对土壤总有机碳影响很小，但是对土壤活性有机碳（微生物生物量碳、HWC 等）有积极的影响，然而，施用氮肥对微生物生物量碳、氮，可矿化氮和 HWC 有负面影响；Lee 和 Jose（2003）也得出相似结论。Galicia 和 García-Oliva（2004）则认为在旱季施用碳、氮和磷对土壤微生物活性和微生物量没有影响，在雨季营养物质和植物种类共同影响土壤微生物活性和微生物量。总之，施肥处理对土壤微生物的影响结论不一致。

有机物输入对土壤微生物也有影响。Mendham 等（2002）研究了 1 年和 5 年人工桉树林中不同枯落物处理方式下的土壤微生物量，结果表明，1 年林中，保留枯落物处理，表层土壤微生物生物量碳含量和微生物商明显增加，5 年林各处理间差异减小。Roscoe 和 Buurman（2003）研究发现，在添加有机物的初期，土壤有机质、微生物量、基础呼吸和酶活性都增加，之后，这些数值变小，但是仍旧高于未添加有机质的土壤，认为增加有机质有利于退化土壤恢复。Spedding 等（2004）也有一致的结论，在添加有机物处理 9 年后，土壤微生物生物量碳和氮分别增加了 61%和 96%。倪进治等（2001）也得出类似的结论。

土地开垦对土壤微生物性质的影响结论比较一致，但是，耕作方式和施肥处理的影响观点不一，有待于进一步研究。沼泽湿地垦殖或弃耕过程，以及不同土地利用/管理方式下土壤微生物性质的变化特征亟须深入研究。

5.1.2.3 土地利用变化对土壤呼吸的影响

土壤呼吸是陆地生态系统碳素循环的主要环节，也是大气 CO_2 浓度升高的关键生态学过程（程慎玉和张宪洲，2003）。而土地利用和土地覆盖变化引起的土壤碳排放仍然是碳循环过程中不确定性较大的部分之一（王义祥等，2005）。

不同土地利用方式下，土壤呼吸强度和变化格局的差异较大。Raich 和 Schlesinger（1992）估计，草地土壤呼吸 CO_2 通量约为 0.5 $kg·m^{-2}·a^{-1}$，热带森林约为 1.3 $kg·m^{-2}·a^{-1}$，沙漠约为 0.2 $kg·m^{-2}·a^{-1}$，土地利用方式变化后，这些格局和强度将发生变化，进而影响陆地生态系统碳“汇”强度和大气 CO_2 浓度的时间变化格局。因此，确定不同土地利用方式土壤呼吸的强度、影响因素和时间变化格局成为当前气候变化和碳循环研究的热点（IPCC，2000；Houghton et al.，2001）。

土地利用变化还可通过影响土壤结构、理化性质及微生物活性等间接影响土壤呼吸强度，从而改变生态系统原有的地-气 CO_2 交换模式，进而影响大气 CO_2 浓度。研究表明，土地利用方式对土壤呼吸的影响十分显著（Badia and Alenaiz，1993；Chagas et al.，1995）。Raich 和 Tufekcioglu（2000）总结了不同土地利用变化对土壤呼吸速率的影响，发现经常耕作的农田土壤呼吸速率比休闲农田平均高 20%，农田土壤呼吸量与附近森林没有显著差异，草地土壤呼吸速率比邻近农田高 25%，草地土壤呼吸速率比邻近森林高 20%以上。

同时，土地利用变化可以通过改变局地小气候或土壤呼吸与气候的关系来影响土壤呼吸。周涛等（2003）分析了 1998 年全国第二次普查 2003 个土壤剖面碳储量与温度和降水的关系，结果表明，非耕地土壤的碳储量与温度和降水的相关性均好于耕作土，说明耕作在一定程度上改变了气候因子对土壤有机碳的影响程度。Wang 等（1999）对加利福尼亚中部自然和干扰状态下土壤进行研究发现，干扰改变了土壤 CO_2 释放通量与温度和湿度之间的线性关系。这可能是由于土地利用变化潜在地改变了土壤理化属性，从而改变了土壤呼吸对温度变化的敏感性系数（常用 Q_{10} 表示），Q_{10} 值的改变反过来又会间接影响气候变暖背景下土壤有机碳释放的强度，从而进一步影响到土壤碳储量变化（周涛和史培军，2006）。另外，土地利用变化还会影响土壤呼吸的时间格局。吴建国等（2003）测定分析了六盘山林区典型的天然次生林、农田、草地和人工林的土壤呼吸格局，结果表明天然次生林变成农田或草地后，土壤呼吸速率的昼夜或月变化幅度增大，而农田或草地上造林后这些变化幅度又缩小。

目前，人们在构建全球碳循环时使用的土壤呼吸总值为 50～60 $Pg\ C·a^{-1}$（方精云等，2000）。土壤呼吸的准确数量仍然是全球碳循环模式不确定性的主要原因之一，尤其是土地利用变化对土壤呼吸的影响研究力度还远远不够，进一步积累不同土地利用方式下土壤呼吸释放量的数据，对于准确构建全球碳循环模式、预测全球气候变化趋势具有极其重要的意义。

5.1.3 不同土地利用方式下沼泽湿地土壤碳库变化的研究方法

主要有野外调查法、遥感估算法和模型模拟法等。

5.1.3.1 野外调查法

目前，国内研究者大多数通过田间调查来研究土地利用变化对碳循环的影响。王艳芬和陈佐忠（1998）将天然草原土壤与开垦后的土壤进行对比，结果表明开垦活动使有机碳损失 34%～38%，且损失主要发生在 0～35 cm 土层。杨倩（2005）研究了不同作物类型下植物生物量与土壤呼吸的关系，比较了短时间内不同农田系统的碳平衡差异。

这种野外调查试验方法简单易行，且可获取第一手研究资料，在一定程度上可说明土地利用变化后陆地生态系统碳循环的变化情况，但是只能针对当前不同土地类型进行简单的横向对比研究，缺乏动态机理分析，也很难反演土地利用类型历史变化过程对生态系统碳库的影响。

5.1.3.2 遥感估算法

遥感统计方法一般基于遥感技术获取土地利用/覆盖动态变化信息，利用遥感所获取的植被信息来分析，可以进行实时分析，但对土壤的变化难以提取，也难以实现未来趋势预测，而且由于解译精度不同，结果可能会有很大差异，因此往往将遥感与参数设定相联系，将不同土地利用类型之间的转化设定一定的参数来计算。例如，按照 IPCC 建议的国家温室气体清单计算方法，某一特定土地利用类型下的所有土壤类型在 20 年期间表层土壤 30 cm 碳净变化如公式（5-1）所示（IPCC，1997）：

$$\mathrm{NC}_j = C_j \times \mathrm{IF}_j \times S_{jt} \tag{5-1}$$

式中，NC_j 为第 j 种土地利用类型的净碳变化量；C_j 为第 j 种土地利用类型的平均土壤碳密度；IF_j 为第 j 种土地利用类型转变时的碳库影响因子，即自然植被转变为农业利用时的管理措施（耕作密度和输入水平）；S_{jt} 为第 j 种土地利用类型在 t 时间内的变化面积。刘纪远等（2004）利用 20 世纪 80 年代末和 90 年代初两期 TM 影像所得土地利用类型的变化面积，结合 IPCC 建议的国家温室气体清单方法计算表明，1990～2000 年中国林地、草地、耕地土壤（0～30 cm）有机碳、氮库分别损失了（77.6±35.2）Tg C 和（5.6±2.6）Tg N，耕地土壤碳、氮库分别增加了（79.0±7.7）Tg C 和（5.6±2.6）Tg N，草地土壤碳、氮蓄积量分别损失了（100.7±25.9）Tg C 和（9.8±2.2）Tg N，林地土壤碳、氮蓄积量分别损失了（55.9±17.0）Tg C 和（4.9±1.1）Tg N。Wang 等（2002）运用三期遥感影像分析了 1990～2000 年中国东北地区土地利用所导致的植被和土壤碳库储量的变化，其估算方法是将不同土地类型之间的转化所引起的植被碳库和土壤碳库的改变设定比例（植被碳库±50%、土壤碳库±30%）。

另外一种估算方法是根据不同土地类型的转变，将植被类型分解及再生时间设定一定的参数，然后再根据变化的面积乘以这种改变的碳储量得出一段时间内的气体释放量。de Campos 等（2005）利用全球历史环境数据集（historical database of the global environment，HYDE）土地利用变化数据，结合所设定的转化参数估算得出近 300 年来全球由于土地利用变化所释放的 CO_2 量为 360 Tg。还有的遥感估算只是根据变化比例来计算，如傅伯杰等（2001）研究了河北省遵化县 1980～1999 年土地利用及土壤养分的变化，运用遥感分析了该时期土地类型转化面积，然后根据旱地转化为林地和草地的面积比，以及土壤各种养分提高的比例，估算出退耕还林还草使全县土壤有机质增加了 9%。

虽然目前遥感估算已经得到了很大的发展与应用，但由于土地利用变化所导致的植被碳氮库的增加或损失是一个缓慢的过程（Schlesinger，1982），只是通过设定参数，很难体现这一变化过程；另外，遥感估算一般忽略了凋落物及土壤呼吸变化情况，且很难同时定量其他变化条件如温度升高、CO_2浓度升高、臭氧层变化等交互作用对陆地生态系统碳循环的影响。

5.1.3.3　模型模拟

随着模型的完善，国内外已经借助模型方法估算不同土地利用条件下土壤有机碳的变化情况。这类模型有经验模型和机理模型。经验模型如国内李忠佩和王效举（1998）的双组分模型，此模型将土壤有机碳分为新形成有机碳和原有有机碳两个组分，每个组分有机碳的形成转化用一级动力学方程描述，此方法适用于模拟不同土壤类型下土地利用系统变更初期的土壤有机碳动态变化过程。但根据经验关系建立的统计相关模型，没有考虑温度、水分在土壤有机碳动态变化过程中的作用，也未解释土地利用和土地覆盖变化中各个过程的响应、反馈和相互作用。随着生物地球化学碳循环模型的发展，生物地球化学模型近年来逐渐应用于土地利用变化与陆地生态系统碳循环研究当中。借助陆地生态系统模型（terrestrial ecosystem model，TEM），Tian 等（2003）发现，1860～1990年亚洲热带地区土地利用变化造成的碳释放量达 29.7 Pg C，约占全球土地利用变化造成碳释放的 25.5%，其模拟过程是将收获的作物及砍伐的木材分解时间分为 1 年、10 年及 100 年不等，但没考虑产品的跨区分解，因此这种模拟可能会高估碳的释放量。未来，加强生物地球化学模型的发展将成为精确评估土地利用变化背景下土壤有机碳储量及碳输出特征变化的一种必要手段。

5.1.4　不同土地利用方式下土壤有机碳储量的分布特征

5.1.4.1　研究方法

选取小叶章沼泽化草甸湿地、退耕还湿、人工林地、水田及旱田 5 种典型土地利用方式，在生长季末采集样品，采用“S”形布设方法设 3～4 个重复，选取典型土壤剖面挖取 1 m 深度。在每个采样点去除枯枝落叶层后，用 5 cm 内径的土钻分层采集，采用 5 点混合的方式收集混合样，同步用环刀法每层取 3 个容重样，带回实验室分析测定土壤容重。所采集的土壤样品自然风干后，运用四分法取土并过 100 目筛。SOC 采用 MultiWin N/C 分析仪（Analytikjena，德国）测定，该方法通过 1100℃干烧法，可有效避免传统湿消化法中还原物质对测定结果的干扰。

对于整个剖面 SOC 密度，一般将剖面分层厚度作为权重（Wang et al.，2003）来计算，这种计算方法减少了 SOC 在不同深度上的差异所造成的估算误差（王绍强等，2003）。

$$C_d = \frac{\sum_{i=1}^{n} H_i B_i O_i}{\sum_{i=1}^{n} H_i} \tag{5-2}$$

式中，C_d为 SOC 密度（$kg·m^{-3}$）；H_i为第 i 层厚度（m）；B_i为第 i 层容重（$g·cm^{-3}$）；O_i为第 i 层 SOC 含量（$g·kg^{-1}$）（Wang et al.，2003）。SOC 单位面积土壤有机碳密度计算

公式如式（5-3）所示（Zhang et al.，2008）：

$$TC = C_d \times H \tag{5-3}$$

式中，TC 为单位面积 SOC 密度（$t \cdot km^{-2}$）；H 为剖面厚度（m），并参照国际标准将 1 m 作为计算深度（Post et al.，1998）。

5.1.4.2 不同土地利用方式下土壤有机碳含量垂直分布特征

由表 5-1 可以看出，在垂直分布上不同土地利用方式 SOC 含量均呈现自上向下逐渐降低的趋势，总体上 0～20 cm 深度内 SOC 含量最高，之后随深度增加显著下降；5 种土地利用方式在 30～100 cm 土层 SOC 含量均小于 10 $g \cdot kg^{-1}$。不同土地利用方式下，表层（0～20 cm）SOC 含量差异明显，0～10 cm 内差别更加显著（$p<0.05$），在数值上表现为旱田＜水田＜人工林地＜退耕还湿地＜沼泽湿地（小叶章草甸湿地）；湿地开垦为旱田、水田和人工林地后 0～10 cm 土层 SOC 含量分别降低了 80%、71%和 55%，并随着剖面深度的增加差异变小。耕地、林地及退耕还湿地之间 SOC 含量在 0～10 cm 土层达到了显著性差异（$p<0.05$），而在其他分层没有达到显著性差异，这说明不同土地利用方式对湿地 SOC 含量的影响主要体现在 0～10 cm 土层。另外，沼泽湿地、退耕还湿地及人工林地，在 0～10 cm 与 10～20 cm 土层 SOC 含量达到了极显著性差异（$p<0.01$），而水田和旱田由于受人为耕作活动的扰动，SOC 含量在表层土（0～20 cm）内没有达到显著性差异，说明湿地转化为耕地不仅导致表层 SOC 含量下降，而且使得表层 SOC 变化幅度缩小，改变了表层 SOC 的分布特征。

表 5-1 不同土地利用方式下 SOC 含量垂直分布特征 （单位：$g \cdot kg^{-1}$）

土地利用类型	剖面深度/cm						
	0～10	10～20	20～30	30～40	40～50	50～70	70～100
小叶章草甸湿地	111.4（11.11）Aa	69.33（8.16）Ba	18.49（1.03）Ca	7.48（0.31）Da	6.25（0.59）Da	6.65（0.70）Ca	5.37（0.38）Da
退耕还湿地	68.99（2.99）Ab	30.01（3.19）Bb	13.33（0.29）Cab	8.83（0.34）Ca	7.18（0.57）Da	5.81（0.09）Dab	4.57（0.17）Db
人工林地	50.41（2.97）Ac	24.99（2.31）Bb	11.25（0.55）Cb	5.67（1.20）Da	5.96（1.01）Da	5.96（0.10）Cab	3.49（0.08）Dc
水田	32.54（3.20）Ad	19.70（4.61）Ab	10.82（3.51）Bb	5.23（0.83）Ba	4.13（0.09）Bb	4.87（0.25）Bb	4.17（0.05）Bb
旱田	22.79（1.66）Ad	19.56（0.10）Ab	13.60（2.5）Bab	7.60（1.00）Ca	7.73（0.27）Ca	6.04（0.40）Ca	5.2（0.34）Cab

注：表中数据为平均值，括号内为标准误差；每行中有相同大写字母表示不同土层深度 SOC 含量差异不显著（$p>0.05$），每列中有相同小写字母表示不同土地利用方式下 SOC 含量差异不显著（$p>0.05$）

5.1.4.3 不同土地利用方式下土壤有机碳密度垂直分布特征

不同土地利用方式下 SOC 密度的差异随深度增加呈现逐渐变小的趋势（表 5-2）。开垦对 SOC 密度的降低程度在土壤表层（0～30 cm）更为显著（$p<0.05$）；沼泽湿地、人工林地和退耕还湿地土壤有机碳密度在 0～30 cm 内各分层间均达到显著性差异（$p<0.05$），而耕地没有达到显著性差异，这说明开垦使土壤有机碳密度在表层的分布结构特征发生了改变。1 m 剖面深度内土壤有机碳密度在数值上表现为沼泽湿地＞退耕还湿地＞

人工林地＞耕地，表明开垦降低了湿地土壤有机碳密度，而退耕还湿后土壤有机碳密度提高。这主要是由于湿地开垦后，破坏了团聚体结构等物理指标，促进了土壤有机碳的分解，而退耕还湿改善了土壤的水热条件，有利于土壤有机碳的蓄积。

表 5-2 不同土地利用方式下 SOC 密度垂直分布特征 （单位：$kg\cdot m^{-2}$）

土地利用类型	剖面深度/cm						
	0～10	10～20	20～30	30～40	40～50	50～70	70～100
小叶章草甸湿地	55.07（3.09）Aa	37.32（4.39）Ba	22.11（1.23）Ca	8.92（0.37）Da	6.83（0.64）Dab	6.52（0.69）Da	4.97（0.35）Da
退耕还湿地	37.14（1.61）Ab	26.08（2.77）Ba	15.83（0.35）Cab	11.38（0.43）CDa	7.83（0.62）DEab	5.68（0.09）Ea	4.32（0.16）Eab
人工林地	31.32（2.38）Ab	18.25（0.3）Bb	14.29（0.71）Cb	6.95（1.47）Da	6.97（1.18）Dab	5.84（0.1）Da	3.69（0.08）Db
水田	21.24（4.23）Ac	17.26（4.04）ABb	12.54（4.06）BCb	6.42（1.02）CDa	5.04（0.12）Da	5.32（0.3）Da	4.10（0.07）Db
旱田	18.86（1.37）Ac	19.2（0.6）Ab	15.39（2.87）Ab	9.58（1.27）Ba	9.28（0.32）Bb	6.39（0.41）Ba	4.49（0.01）Ba

注：表中数据为平均值，括号内为标准误差；每行中有相同大写字母表示不同土层深度 SOC 密度差异不显著（$p>0.05$），每列中有相同小写字母表示不同土地利用方式下 SOC 密度差异不显著（$p>0.05$）

5.1.4.4 不同土地利用方式下单位面积 SOC 储量分析

初步估算得到，5 种土地利用方式 1 m 剖面深度内 SOC 储量分别为沼泽湿地（小叶章草甸湿地）$1.58\times10^4\ t\cdot km^{-2}$、退耕还湿地 $1.23\times10^4\ t\cdot km^{-2}$、人工林地 $1.01\times10^4\ t\cdot km^{-2}$、水田 $0.85\times10^4\ t\cdot km^{-2}$、旱田 $0.99\times10^4\ t\cdot km^{-2}$（图 5-2），剖面内部的变异系数依次为 110%、91%、89%、73%和 60%，表明开垦不仅导致 SOC 储量降低，使剖面内部 SOC 储量的差异变小，也改变了 SOC 储量的垂直变异特征。而退耕还湿后剖面内部变异系数变大，SOC 储量亦明显提高，分别比林地、水田、旱田高 $2.2\times10^3\ t\cdot km^{-2}$、$3.76\times10^3\ t\cdot km^{-2}$ 和 $2.44\times10^3\ t\cdot km^{-2}$。

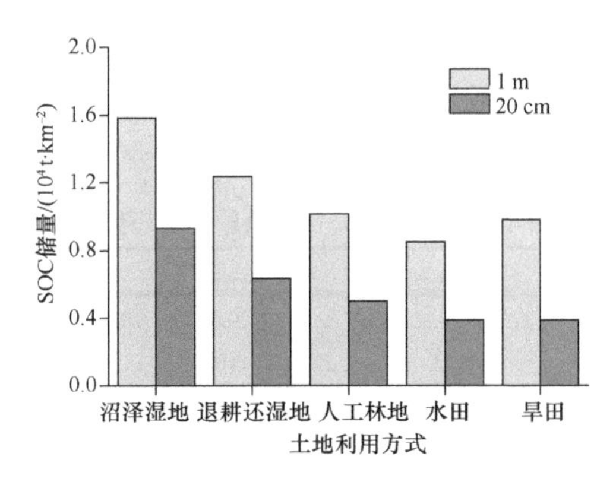

图 5-2 三江平原不同土地利用方式下 SOC 储量

5.1.5 土地利用变化对土壤有机碳储量影响的区域估算

5.1.5.1 研究方法

不同开垦年限土壤有机碳密度变化模型数据来源：旱田不同开垦年限（1 年、3 年、

5年、10年、15年、25年、33年、35年）土壤有机碳含量及容重数据；不同开垦年限水田（1年、3年、4年、5年、7年、8年、14年）土壤1 m深剖面有机碳含量、容重和密度数据。

建立不同开垦年限水田及旱田土壤有机碳密度的变化模型，结合三江平原逐年水田及旱田种植面积（1979～2001年）计算耕地土壤有机碳储量，并与湿地土壤有机碳储量进行对照，估算土地利用变化对三江平原区域尺度上土壤有机碳储量的影响。

5.1.5.2 模型建立与模拟

结合不同开垦年限（1年、3年、5年、10年、15年、25年、33年、35年）旱田1 m剖面深度内土壤有机碳密度，运用SPSS 11.5 Curve Estimation模块对不同开垦年限旱田1 m剖面深度土壤有机碳密度进行回归（表5-3），筛选得到不同开垦年限旱田的土壤有机碳密度变化趋势模型：y=1.9103–0.0886x+0.0033x^2–0.00004x^3（R^2=0.935，式中，y为土壤有机碳密度，单位是10^4 t·km^{-2}，x为开垦年限）。

表5-3 不同开垦年限旱田土壤有机碳储量变化趋势的模型建立一览表

方法	公式	R^2	d.f.	F	Sig.f	b_0	b_1	b_2	b_3
一元线性	$y=b_0+b_1x$	0.645	7	12.73	0.009	1.701	–0.0177		
二次函数	$y=b_0+b_1x+b_2x^2$	0.921	6	34.89	0.000	1.8724	–0.0657	0.0014	
三次函数	$y=b_0+b_1x+b_2x^2+b_3x^3$	0.935	5	24.12	0.002	1.9103	–0.0886	0.0033	-4.00×10^{-5}
复合函数	$y=b_0$（b_1）x	0.67	7	14.21	0.007	1.6869	0.9881		
生长函数	$y=e^{b_0+b_1x}$	0.67	7	14.21	0.006	0.5229	–0.012		
指数函数	$y=b_0e^{b_1x}$	0.67	7	14.21	0.007	1.6869	–0.012		
逻辑函数	$Y=(1/a+b_0b_1x)^{-1}$	0.67	7	14.21	0.007	0.5928	1.012		

如表5-4所示，结合不同开垦年限（1年、3年、4年、5年、7年、8年及14年）水田的土壤有机碳密度值，运用SPSS 11.5 Curve Estimation模块筛选得到不同开垦年限水田的土壤有机碳密度变化趋势模型：y=1.4659–0.3003x+0.0462x^2–0.015x^3（R^2=0.946，式中，y为土壤有机碳密度，单位是10^4 t·km^{-2}，x为开垦年限）。

表5-4 不同开垦年限水田土壤有机碳储量变化趋势的模型建立一览表

方法	公式	R^2	d.f.	F	Sig.f	b_0	b_1	b_2	b_3
一元线性	$y=b_0+b_1x$	0.645	5	9.09	0.03	0.7069	0.0836		
二次函数	$y=b_0+b_1x+b_2x^2$	0.92	4	22.91	0.006	1.2252	–0.1123	0.0128	
三次函数	$y=b_0+b_1x+b_2x^2+b_3x^3$	0.946	3	17.53	0.021	1.4659	–0.3003	0.0462	-1.50×10^{-3}
复合函数	$y=b_0$（b_1）x	0.559	5	6.33	0.054	0.8201	1.0583		
生长函数	$y=e^{b_0+b_1x}$	0.559	5	6.33	0.054	–0.1984	0.0567		
指数函数	$y=b_0e^{b_1x}$	0.559	5	6.33	0.054	0.8201	0.0567		
逻辑函数	$Y=(1/a+b_0b_1x)^{-1}$	0.559	5	6.33	0.054	1.2194	0.9449		

依据模型计算不同开垦年限水田及旱田土壤有机碳密度，结合三江平原水田及旱田1979～2001年的种植面积，计算耕地逐年的土壤有机碳储量，并与湿地土壤有机碳储量

进行对照，估算土地利用变化对三江平原区域尺度上土壤有机碳储量的影响。

湿地土壤有机碳储量的计算过程：依据全国第二次土壤普查资料和三江平原整个区域不同类型湿地土壤面积数据资料（刘兴山和蓝宏，1990）；白浆土、草甸土、沼泽土和泥炭土的面积比例分别为 42.8%、33.8%、22.6%和 0.8%，1 m 剖面内白浆土、草甸土、沼泽土和泥炭土的土壤有机碳密度分别为 $1.13×10^4$ t·km^{-2}、$1.87×10^4$ t·km^{-2}、$3.71× 10^4$ t·km^{-2}、$7.86×10^4$ t·km^{-2}（孙维侠等，2003），按照不同湿地土壤类型面积权重，结合 1980～2001 年耕地面积计算湿地土壤有机碳储量的相对变化情况。

5.1.5.3　结果分析

估算得到湿地开垦导致三江平原 1980～2001 年 1 m 剖面内土壤有机碳储量减少了 485.08 Tg C，土壤有机碳储量的逐年损失情况如图 5-3 所示，不同年代土壤有机碳储量损失有较大差异，1980～1990 年土壤有机碳储量减少了 285.13 Tg C，损失率为 0.029 Pg C·a^{-1}，1990～2000 年土壤有机碳储量减少量为 210.68 Tg C，损失率为 0.0291 Pg C·a^{-1}。整体上，三江平原土壤有机碳储量的损失量呈现下降趋势，这与湿地的开发历史密切相关，20 世纪 80 年代三江平原开垦比较严重，耕地面积增幅较大，因此该时期土壤有机碳储量的损失量也较大；90 年代开垦规模与速度逐渐趋于平缓，至 90 年代末《中国湿地保护行动计划》公布实施，三江平原湿地开垦的势头基本得到控制，耕地的影响主要体现在耕地内部水田与旱田的相互转换，土壤有机碳储量的损失变化趋势逐渐趋于平缓。

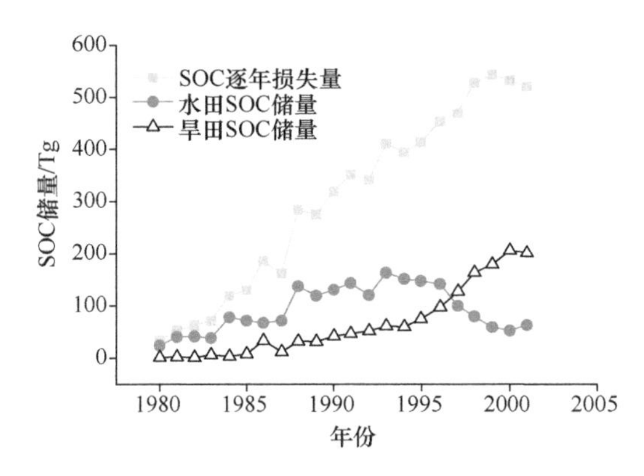

图 5-3　三江平原 1980～2001 年土壤有机碳储量（1 m 深度）变化情况

5.1.6　土地利用变化过程中土壤碳组分变化特征及影响因素分析

5.1.6.1　有机碳变化

垦殖 1 年后，表层土壤有机碳减少了 40%，5 年后减少了 60%，15 年后减少了 78%，25 年后减少了 79%。在沼泽湿地开垦初期的 5～7 年，表层土壤有机碳损失较快，15～20 年后有机碳损失趋于平缓（图 5-4）。湿地开垦后，土壤经过长期的耕作，土壤有机碳趋于一个相对的稳定值，在 20～30 g·kg^{-1}。表层土壤碳氮比的变化与有机碳相似，垦殖初期迅速下降，15～20 年后趋于一个相对的稳定值，但是这一稳定值远远低于自然状态。

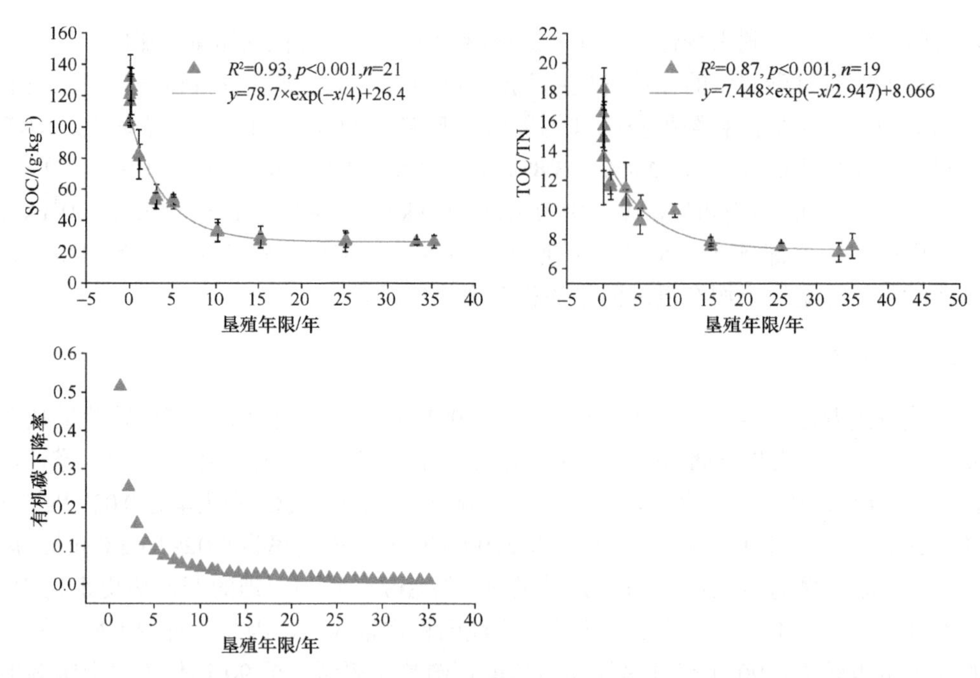

图 5-4　沼泽湿地垦殖后土壤有机碳含量、碳氮比值和有机碳下降率的变化特征

沼泽湿地的垦殖破坏了土壤团聚体的结构，垦殖使得大团聚体数量剧烈减少，微团聚体的数量明显增加。同时，农田耕作时对土壤的挤压作用，导致土壤变得紧实，容重增大，孔隙度和田间持水量降低。土壤有机碳与水稳性大团聚体和田间持水量呈显著的正相关关系（$p<0.001$）；与容重呈显著的负相关关系（$p<0.001$）（图 5-5）。因此，沼

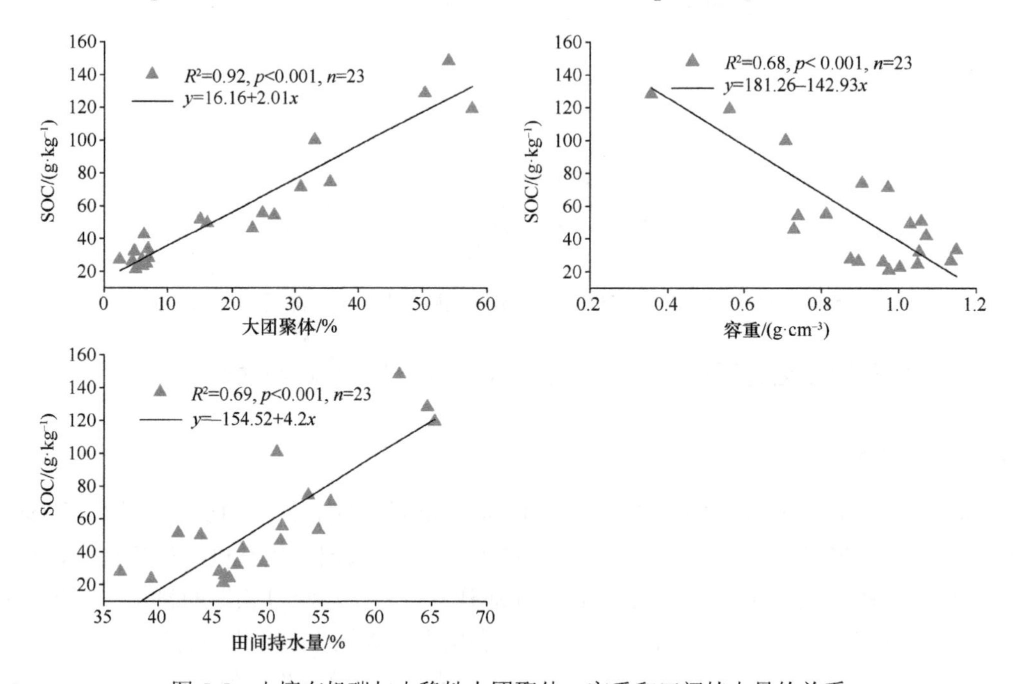

图 5-5　土壤有机碳与水稳性大团聚体、容重和田间持水量的关系

泽湿地垦殖首先影响了土壤物理性质，破坏了土壤结构，改变了土壤水热条件，进而引起土壤有机碳的变化。

土壤大团聚体比小团聚体含更多不稳定的有机物（Jastrow et al., 1996；Six et al., 2000）。土壤团聚体被破坏后，土壤有机碳大量暴露，有利于微生物的分解。另外，由于疏水排干，土壤水分和温度状况发生变化，土壤从以还原环境为主迅速转变为以氧化环境为主，更加影响了有机质的物理稳定性，加速了有机质的分解。同时，农作物收获后残体被移出，有机质输入减少，改变了土壤有机碳输入和有机碳库矿化间的净平衡，更加剧了有机碳的损失。土壤有机碳含量的降低又反过来加剧了土壤持水力的下降、容重的增大。垦殖初期的5～7年土壤有机碳损失速率较快，15～20年后有机碳损失率趋于平缓，并可能达到一个新的平衡水平，但是这一平衡水平通常低于自然状态。

湿地垦殖后，表层土壤有机碳变化明显，然而，剖面深层（20～40 cm）土壤有机碳差别很小（图5-6），所以，沼泽湿地垦殖对土壤有机碳的影响主要发生在表层。植物根系的垂直分布直接影响土壤剖面有机碳的分布（梁文举等，2000；Jobbágy and Jackson，2002）。沼泽湿地表层（0～20 cm）大量的根系为湿地土壤提供了丰富的碳源。另外，大量的地表枯落物也是表层土壤有机碳重要的碳源物质。然而，在剖面深层植物根系难以深入，分布较少，根系的周转量急剧下降，致使深层土壤有机碳含量明显降低（刘景双等，2003）。沼泽湿地开垦为农田后，原有的根层和枯落物层遭到彻底破坏，表层土壤环境条件剧烈变化，导致表层土壤有机碳大量损失。但是，犁底层以下（20 cm以下）土壤受耕作的影响较小，因此，垦殖对剖面深层土壤有机碳影响不大。

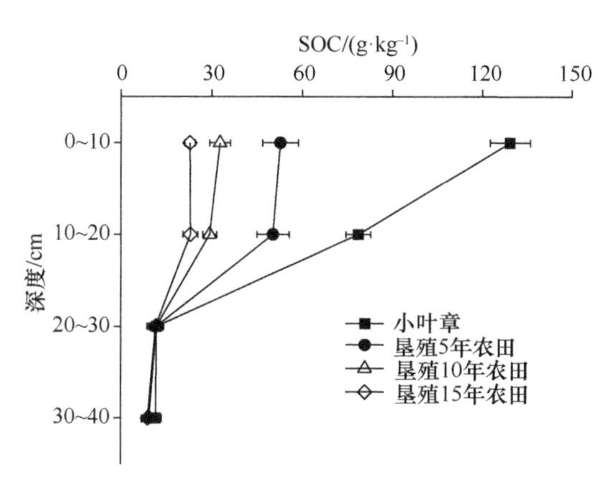

图5-6 沼泽湿地垦殖后土壤剖面有机碳分布特征

5.1.6.2 土壤重组和轻组有机碳

垦殖1年后，表层土壤轻组和重组有机碳分别减少了45%和37%，5年后减少了74%和47%，15年后减少了92%和73%，25年后减少了93%和74%。与土壤有机碳的变化趋势一样，沼泽湿地垦殖初期的5～7年，土壤轻组和重组有机碳含量迅速下降，之后趋于平缓，经过长期的耕作，保持相对的稳定值，轻组和重组有机碳分别为3 g·kg^{-1}和20 g·kg^{-1}（图5-7）。

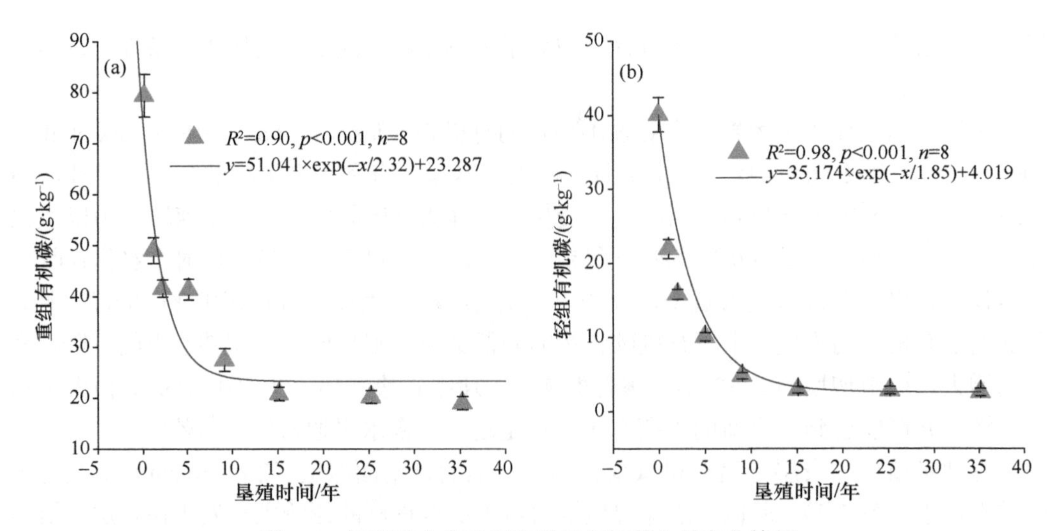

图 5-7　垦殖后土壤重组和轻组有机碳含量变化特征

在沼泽湿地垦殖初期的 3～5 年内，土壤轻组有机碳含量下降比例要明显高于土壤总有机碳和重组有机碳（$p<0.05$）；垦殖 5 年后，轻组有机碳的下降比例仍然高于土壤有机碳和重组有机碳，但差异不显著（$p>0.05$）（图 5-8）。然而，重组有机碳的下降比例和土壤总有机碳没有显著的差异（$p>0.05$）（图 5-8）。因此，轻组有机碳是沼泽湿地垦殖后土壤有机碳动态的敏感性评价指标。

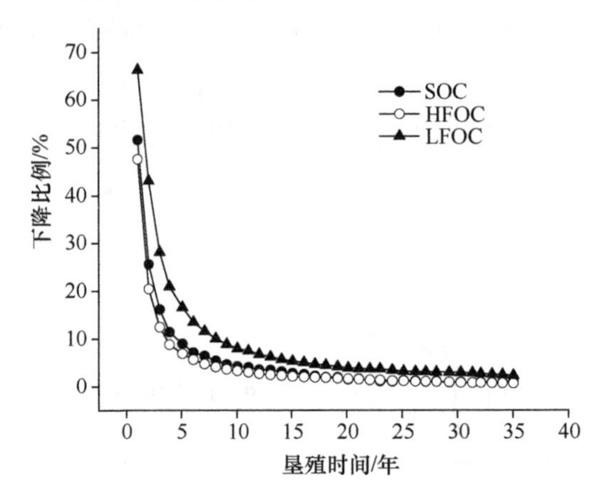

图 5-8　垦殖后土壤有机碳和各组分有机碳下降比例

60%～90%的有机碳集中在重组分中（图 5-9）。其中，HFOC 比例最低的是天然小叶章湿地土壤（63.9%）；在沼泽湿地垦殖初期的 3～5 年内，HFOC 比例显著增加，垦殖 1 年后增加到 70%，5 年后为 81%，垦殖 15 年后达到 90%。小叶章湿地土壤中，LFOC 约占 36.1%，垦殖 1 年后下降到 30%，5 年后为 18%，10～15 年后趋于稳定值 8%～10%，在垦殖初期的 3～5 年内，LFOC 比例显著下降。

天然小叶章湿地 SOC 矿化速率显著高于垦殖农田（$p<0.001$）（图 5-10），是垦殖 1 年农田土壤的 3.5 倍、垦殖 15 年农田土壤的 12 倍。另外，垦殖 1 年的农田 SOC 矿化速率显著高于垦殖时间长的农田土壤（>1 年）（$p<0.05$）。在垦殖初期 1～3 年内，土壤

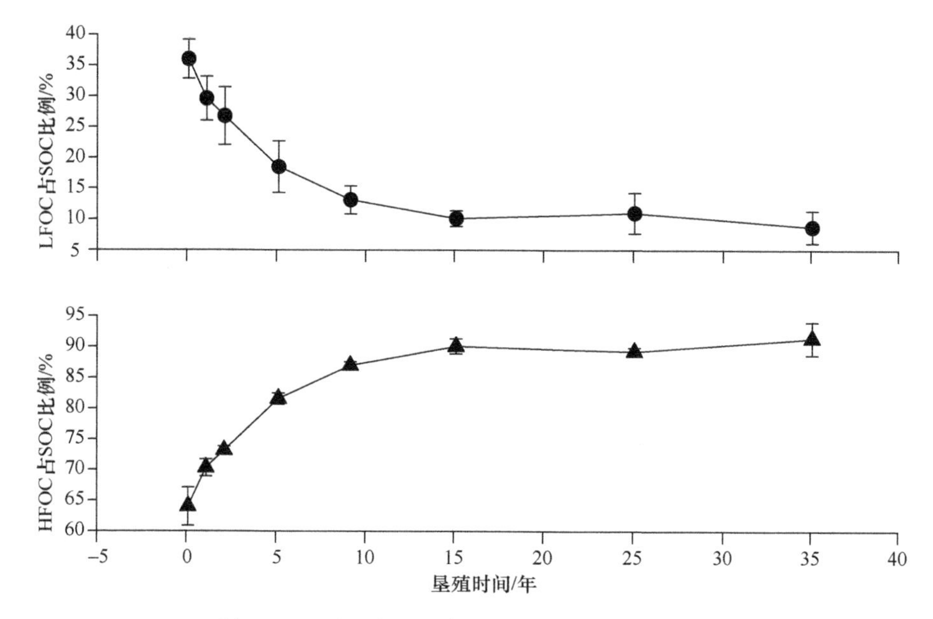

图 5-9 垦殖后各组分有机碳分配比例的变化特征

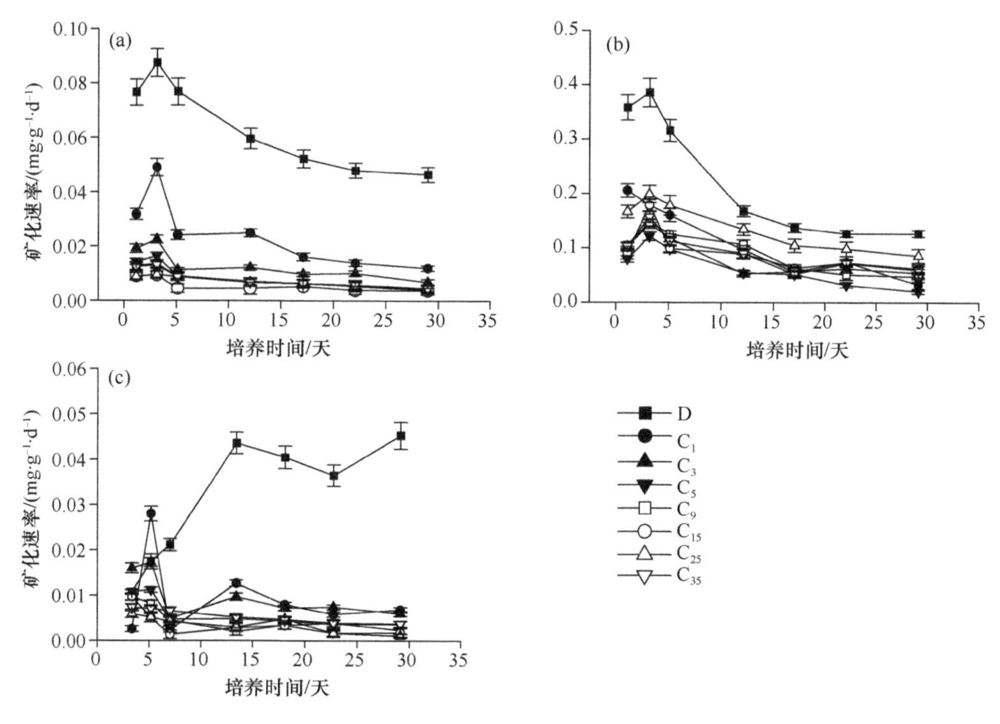

图 5-10 土壤（a）、重组（b）和轻组分（c）的矿化速率

D. 小叶章湿地；C_1、C_3、C_5……C_{35}分别为垦殖 1 年、3 年、5 年……35 年农田

有机碳矿化速率快速下降；3 年后下降趋势逐渐平缓，趋于一个稳定值。相关分析表明，土壤有机碳矿化速率与土壤总有机碳含量和土壤轻组有机碳分配比例呈显著的正相关关系（$p<0.05$），与土壤重组有机碳分配比例呈显著负相关关系（$p<0.05$）。因此，土壤有机碳数量和组成结构是决定土壤有机碳矿化速率的重要因素。

LFOC 的矿化速率显著高于土壤总有机碳（$p<0.05$）。天然小叶章湿地土壤轻组有机碳的矿化速率显著高于农田土壤轻组有机碳（$p<0.05$）。然而，垦殖农田土壤之间却没有显著的差异。所以，土壤轻组有机碳的来源对轻组的性质有很大影响。重组有机碳的矿化速率最低。天然小叶章湿地土壤重组有机碳的矿化速率显著高于农田土壤重组有机碳（$p<0.05$）。然而，垦殖农田土壤之间差异不显著。

Swanston 等（2002）通过室内培养试验，按照土壤中重组和轻组分配比例，计算重组和轻组混合组分的有机碳矿化速率，结果表明，混合组分的有机碳矿化速率与实际测定的 SOC 的矿化速率差异不显著。因此，可以用该方法计算各组分有机碳对土壤有机碳矿化的贡献。我们的结果表明，轻组有机碳对土壤有机碳矿化的贡献在 31%～66.6%（图 5-11）。天然小叶章湿地土壤轻组有机碳对土壤有机碳矿化的贡献最大，为 66.6%。在垦殖初期的 3～5 年内，土壤轻组有机碳对土壤有机碳矿化的贡献迅速变小，垦殖 3 年土壤为 51.8%，垦殖 5 年土壤为 44.6%，之后稳定在 30%～40%。与轻组有机碳完全相反，随着垦殖时间的增长，重组有机碳对土壤有机碳矿化的贡献明显增长。天然小叶章湿地土壤重组有机碳对土壤有机碳矿化的贡献最小，为 33.4%。沼泽湿地的垦殖导致土壤重组有机碳对土壤有机碳矿化的贡献增加，轻组有机碳的贡献减小。垦殖 5 年后，重组有机碳的贡献达到 55.4%，高于轻组有机碳的贡献（44.6%），垦殖 35 年后重组有机碳的贡献达到 69%。

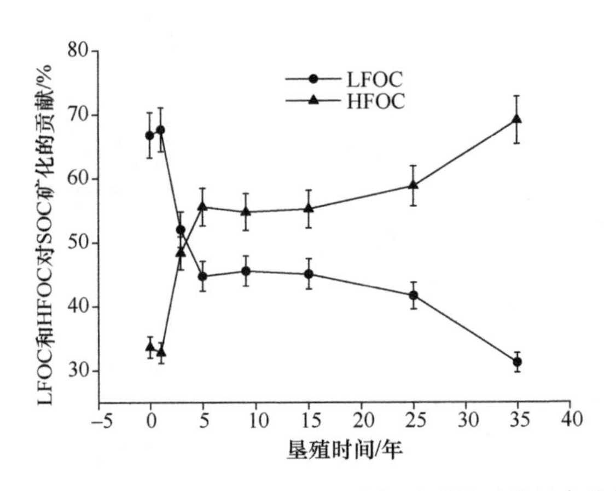

图 5-11 垦殖后 HFOC 和 LFOC 对有机碳矿化贡献的变化特征

轻组分中有机碳含量最高，在 120.1～172.2 $g\cdot kg^{-1}$，明显高于重组分中有机碳含量。而且，湿地开垦耕作对土壤轻组分中有机碳含量的影响并不明显；但是，不同垦殖时间土壤重组分中有机碳含量却有很大的差异。这主要是由重组和轻组自身的特性决定的。轻组有机质密度为 1.60～2.0 $g\cdot cm^{-3}$，主要是由大的、未分解或半分解的植物根系和植物残体碎片组成（包括游离腐殖酸和植物残体及其腐解产物等），周转速度快（Post and Kwon，2000），主要来源于近期新鲜的凋落物，因此，轻组分中有机碳含量比较稳定。而重组分是从轻组分逐渐转化来的，在转化过程中有机碳逐渐分解（刘启明等，2001），周转时间很长。湿地垦殖后，有机碳转化过程中分解速率加快，而新鲜凋落物的输入大量减少，导致重组分中的有机碳含量下降。

沼泽湿地垦殖后，LFOC、HFOC 和 SOC 含量都明显下降，但是 LFOC 的下降幅度要高于 HFOC 和 SOC。所以，在垦殖初期的 3～5 年内，LFOC 比例迅速下降。沼泽湿地垦殖后，原有的根层和枯落物层遭到彻底破坏，同时农作物大量收获导致凋落物供给大大减少和 LFOC 的快速分解是造成 LFOC 含量迅速下降的重要原因。

LFOC 分配比例与土壤水稳性大团聚体呈极显著正相关关系（$p<0.001$），与水稳性微团聚体呈显著负相关关系（$p<0.01$）；而 HFOC 正相反，与土壤水稳性大团聚体呈极显著负相关关系（$p<0.001$），与土壤水稳性微团聚体呈显著正相关关系（$p<0.01$），说明垦殖后土壤团聚体的破坏也对 LFOC 迅速下降有很大的贡献。大量研究表明，大团聚体比小团聚体含更多不稳定的有机物，主要是未分解或半分解的植物根系和植物残体碎片（Camberdella and Elliott，1994）。土壤大团聚体的破坏，导致轻组物质大量暴露，有利于微生物的分解。同时，土壤水热条件的改变更加影响了有机质的物理稳定性，加速了轻组物质的分解（Shepherd et al.，2001；Lal，2002）。

垦殖后尽管 HFOC 的绝对含量也在下降，但是，随着垦殖时间的增长，土壤中 HFOC 的分配比例却在增加。Freixo 等（2002）也发现 0～5 cm、5～10 cm 层，森林土壤（28°15′S，52°24′W）LFOC 含量均比耕作土壤高，免耕土壤和传统耕作土壤（18 年）SOC 分别减少了 40%和 60%，而游离态 LFOC 分别减少了 73%～86%和 92%～95%，耕作导致 HFOC 占 SOC 的 78%～96%；与 SOC 相比，LFOC 是评价土地利用和管理方式引起 SOC 变化更敏感的指标。Christensen（2000）及 Roscoe 和 Buurman（2003）也得出同样的结论。

随着垦殖时间的变化，各组分有机碳含量和分配比例发生了明显变化，这直接导致了各组分对 SOC 矿化贡献的变化。天然的小叶章湿地土壤中，LFOC 对 SOC 矿化的贡献高达 66.6%，HFOC 仅占 33.4%。Swanston 等（2002）也发现，在森林土壤中，LFOC 对 SOC 矿化的贡献为 65%，HFOC 仅占 35%。在垦殖初期 1～3 年，LFOC 的贡献都高于 HFOC，但是，垦殖 5 年后，HFOC 的贡献（55.4%）已经高于 LFOC（44.6%）。垦殖 35 年后，HFOC 的贡献高达 69%，LFOC 仅占 31%。在垦殖的不同阶段，土壤各碳组分对 SOC 矿化的贡献不同，在天然小叶章湿地和垦殖初期 3～5 年，SOC 的动态主要受 LFOC 影响；但是，在长期垦殖的土壤中（>5 年），土壤 HFOC 的贡献占主导地位。而 Roscoe 和 Buurman（2003）报道土地开垦耕作导致土壤 HFOC 比例增加，所以，SOC 的动态主要受 HFOC 的影响，导致结论不同的主要原因在于 Roscoe 和 Buurman（2003）研究的仅仅是长期垦殖的土壤（20 年和 30 年），没有对垦殖初期土壤进行研究。

5.1.6.3　土壤微生物生物量碳

小叶章湿地土壤微生物生物量碳（MBC）含量为（3394±367）$mg \cdot kg^{-1}$，远远高于农田（图 5-12）。垦殖 1 年后，土壤 MBC 含量迅速下降到（1154±108）$mg \cdot kg^{-1}$，垦殖 3 年后为（629± 59）$mg \cdot kg^{-1}$。在湿地开垦初期的 1～3 年，土壤 MBC 含量迅速下降，下降率高于 SOC，3 年之后下降率开始低于 SOC（图 5-13），土壤 MBC 变化趋于平缓；5～10 年后，土壤 MBC 趋于一个相对的稳定值，约为 300 $mg \cdot kg^{-1}$（图 5-12）。垦殖 1 年后，SOC 减少了 40.3%，而 MBC 减少了 73.4%；垦殖 35 年后，SOC 减少了 81%，MBC 减少了 92%，沼泽湿地垦殖后 MBC 减少量明显大于有机碳。因此，微生物商的变化非常明显（图 5-12）。小叶章湿地土壤微生物商最高（3.6%），在沼泽湿地垦殖初期（1～3 年），微生物商迅速降低；随着垦殖年限增加（5～12 年），微生物商相对稳定在 1%～1.3%。

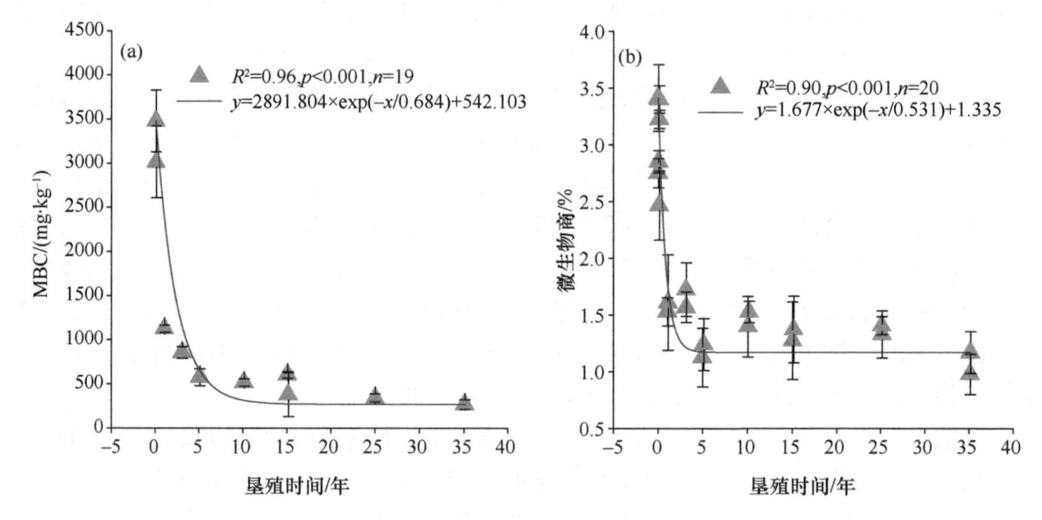

图 5-12　垦殖后土壤微生物生物量碳（a）和微生物商（b）的变化特征

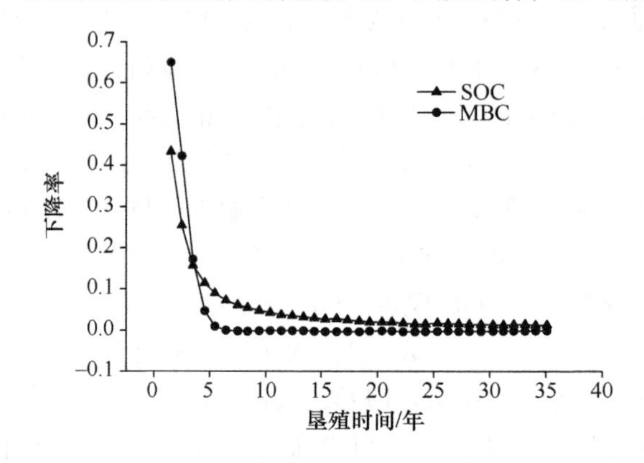

图 5-13　垦殖后土壤微生物生物量碳和有机碳的下降率变化

沼泽湿地土壤基础呼吸明显高于垦殖湿地农田土壤，在湿地开垦初期的 1～3 年，土壤基础呼吸迅速降低，之后变化趋于平缓；经过 15～20 年的持续耕作后，土壤基础呼吸趋于相对的稳定值 0.01 mg·g^{-1}·d^{-1}（图 5-14）。垦殖后土壤微生物生物量碳的变化速率与土壤基础呼吸不一致，这说明垦殖后土壤微生物能量需求或活跃程度不同，微生物利用有机碳的效率可能存在很大差异。因此，采用 qCO_2 评价土壤微生物利用有机碳的效率。qCO_2 的变化与微生物生物量碳和基础呼吸相反，小叶章湿地明显低于农田。垦殖 1 年后，qCO_2 由垦殖前的 0.02 增加到 0.03，15 年后为 0.04，随着垦殖年限的增加，qCO_2 越来越大，这说明湿地垦殖后，土壤微生物利用有机碳的效率在降低，土壤中可能缺乏易利用碳源。

Cheng 等（1996）发现土壤基础呼吸明显受碳源盈/亏的影响，土壤中可利用碳源缺乏或过量都会强烈影响土壤基础呼吸。为了更准确地解释土壤基础呼吸反映的情况，采用土壤呼吸势与土壤基础呼吸的比值（PR/BR）和土壤呼吸势与土壤微生物生物量碳的比值（PR/MBC）来反映土壤基质的可利用性。由图 5-15 可见，在湿地开垦初期（1～3 年），

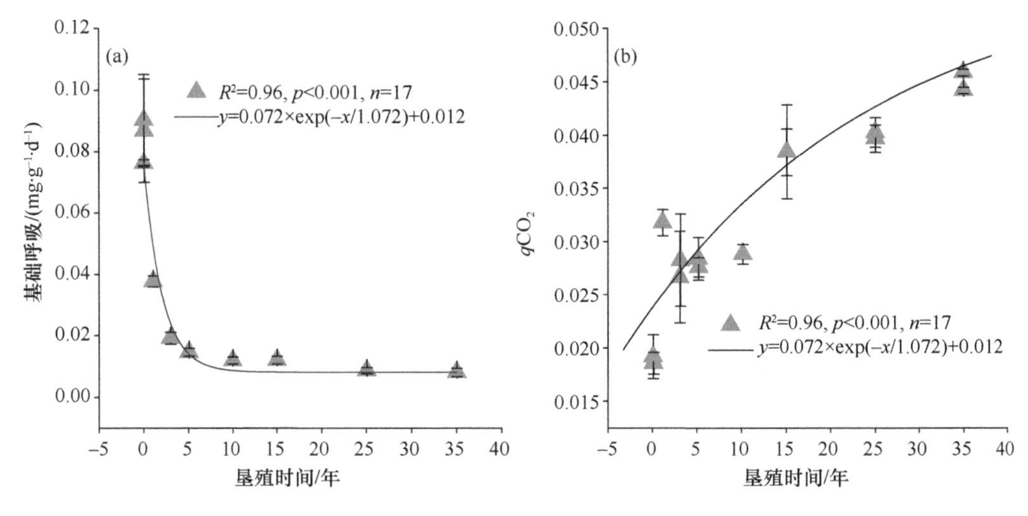

图 5-14　垦殖后土壤基础呼吸（a）和代谢商（b）的变化

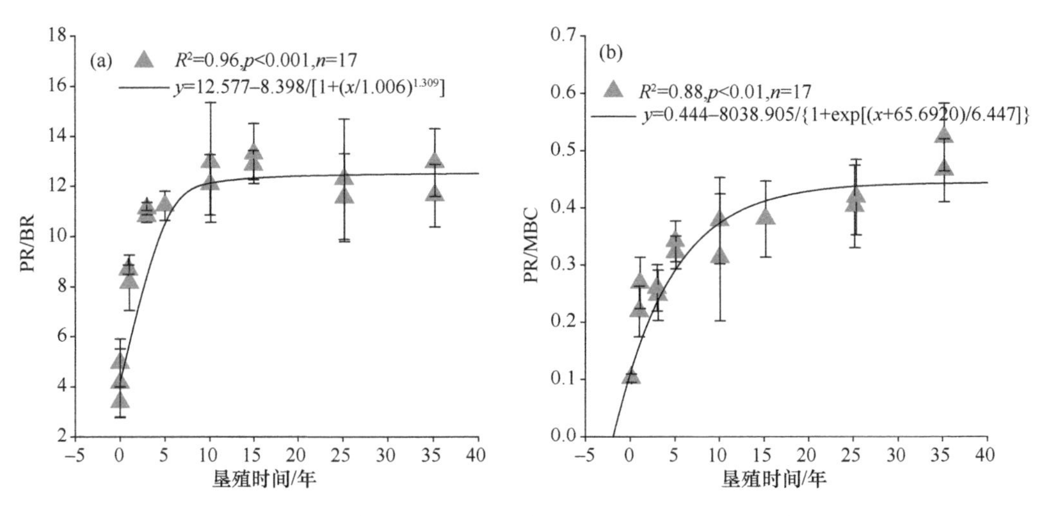

图 5-15　垦殖后 PR/BR（a）和 PR/MBC（b）的变化

PR/BR 迅速上升，随着垦殖年限的增加，该值的变化趋于平缓。PR/MBC 与 PR/BR 的变化趋势相似，小叶章湿地土壤最低，为 0.10 mg·g^{-1}·d^{-1}；湿地开垦为农田后，该值明显增加，在 0.92～1.61 mg·g^{-1}·d^{-1}，随着耕作时间增长，相对稳定在 1～1.6 mg·g^{-1}·d^{-1}。垦殖前后 PR/BR 和 PR/MBC 值的变化说明，沼泽湿地垦殖导致土壤中可利用碳源减少。

在剖面表层（0～10 cm 和 10～20 cm），小叶章湿地土壤微生物生物量碳含量显著高于垦殖农田土壤（$p<0.05$）；垦殖农田土壤间的差异并不显著。然而，在剖面深层（20～30 cm 和 30～40 cm），土壤微生物生物量碳的差异并不显著（图 5-16）。可见，沼泽湿地垦殖对土壤微生物量碳的影响也主要发生在表层（0～20 cm）。土壤剖面上，土壤基础呼吸的分布特征与微生物生物量碳完全相同。

土壤微生物生物量碳与有机碳和溶解性有机碳之间呈显著正相关关系，而且微生物生物量碳与溶解性有机碳的相关性更强。土壤溶解性有机碳是土壤微生物最主要的能

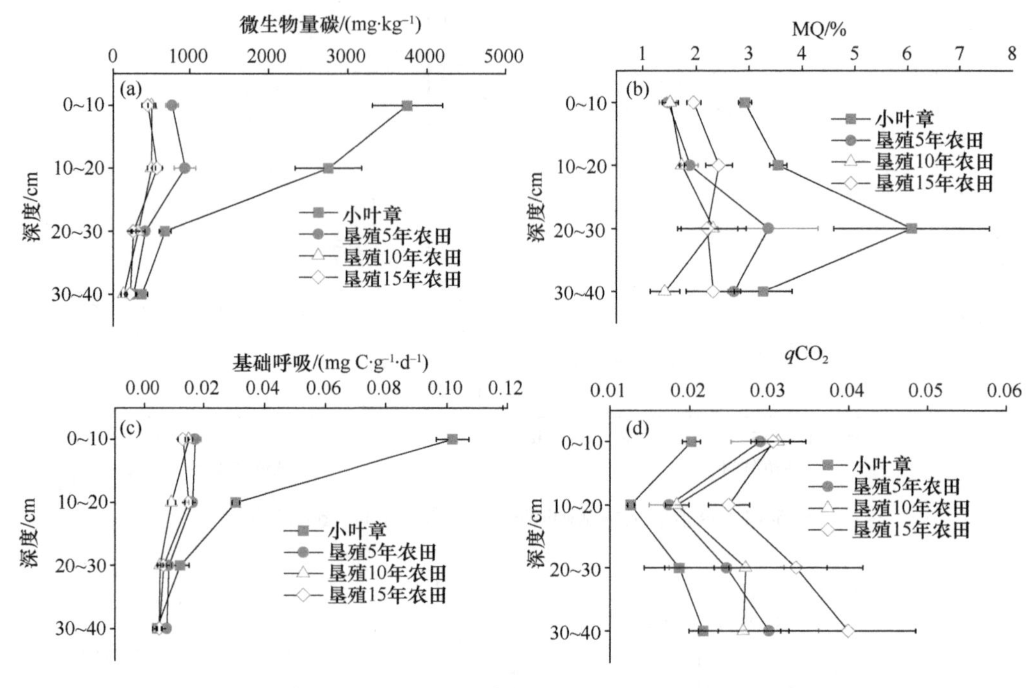

图 5-16 垦殖后土壤剖面微生物性质的变化

源，决定了微生物的活性和数量（Haynes，2000；Hofman et al.，2003）。土壤溶解性有机碳的分布，决定了土壤剖面微生物量碳分布特征。表层土壤微生物生物量碳含量与有机碳之间的相关性要高于整个剖面上微生物生物量碳与土壤有机碳的相关性（R^2=0.89 vs. 0.51，p<0.01），深层（20～40 cm）土壤微生物生物量碳含量与有机碳之间没有显著的相关关系。表层土壤微生物商较低，最大值出现在 10～20 cm 和 20～30 cm 土层，之后随土壤深度增加，微生物商迅速下降。这可能是由于土壤溶解性有机碳从剖面表层向深层淋溶迁移过程中，土壤对有机碳的吸附固持越来越强，微生物不容易利用，从而导致剖面深层微生物商迅速下降。但是，只有小叶章湿地土壤剖面微生物商的变化有显著的差异。整个剖面上，小叶章湿地土壤微生物商都显著高于农田（p<0.05）。沼泽湿地垦殖影响了整个土壤剖面（0～40 cm）的微生物商。

土壤剖面上，qCO_2 呈现先下降后增加的趋势。表层 qCO_2 较高，10～20 cm 土层达到最小值。整个剖面上，农田土壤 qCO_2 显著高于小叶章湿地土壤（p<0.05）。沼泽湿地垦殖影响了整个土壤剖面（0～40 cm）的 qCO_2。

在湿地开垦初期的 1～3 年，表层土壤各微生物参数变化迅速，并且变化速率明显高于土壤总有机碳，因此，土壤微生物参数的变化是土壤有机碳变化的早期预警指标（Powlson et al.，1987），能够敏感地反映土壤有机碳的动态。

微生物生物量碳含量高的土壤，微生物商也高；沼泽湿地垦殖导致微生物生物量碳和微生物商迅速降低。土壤微生物生物量碳与土壤水稳性大团聚体（p<0.001）、孔隙度（p<0.001）、田间持水量（p<0.001）、有机碳（p<0.001）、轻组有机碳比例（p<0.01）、溶解性有机碳（p<0.001）呈显著正相关关系；与容重（p<0.01）、水稳性

微团聚体（$p<0.01$）、重组有机碳比例（$p<0.01$）呈显著负相关关系。说明沼泽湿地垦殖后，土壤环境条件发生了巨大变化，土壤有机碳大量损失和组成结构发生变化，微生物易利用碳源大量减少，是导致微生物生物量碳含量和微生物商迅速下降的主要原因。Saggar 等（2001）也报道，随着农业耕作，微生物生物量碳和土壤有机碳含量减少（土壤有机碳减少 60%，微生物生物量碳减少 83%），微生物商变小；相反，农田恢复为草地，微生物生物量碳的增长比土壤有机碳快，因此微生物商恢复迅速。微生物商可以有效反映土壤有机质的输入与损失（Sparling，1992）。沼泽湿地垦殖后，微生物生物量碳和微生物商的变化说明，垦殖不仅造成表层土壤有机碳大量损失，而且有机碳可利用性下降，向微生物生物量碳的转化效率降低。

一般说来，微生物生物量碳含量高和基础呼吸大的土壤有机碳质量较好，但是，湿地垦殖后，土壤微生物生物量碳的变化速率经常与土壤基础呼吸不一致，这说明垦殖后土壤微生物能量需求或活跃程度不同，微生物利用有机碳的效率可能存在很大差异。Insam 和 Domsch（1988）采用 qCO_2 评价土壤微生物利用土壤有机碳的效率和土壤中输入有机物的可利用性，qCO_2 越大说明土壤微生物利用有机碳的效率越低，土壤中可能缺乏易利用碳源，随着农业耕作 qCO_2 增加，说明微生物能量利用效率降低，土壤碳容易损失。qCO_2 的变化与微生物生物量碳和基础呼吸相反，小叶章湿地明显低于农田，而且随着垦殖年限的增加，qCO_2 越来越大。小叶章湿地土壤 qCO_2 低，说明在有机质矿化过程中，微生物呼吸消耗的碳要低于用来构造新微生物体的碳，因此，土壤碳的损失要小于农田土壤，这表明小叶章湿地土壤微生物固持碳的效率要比农田高。qCO_2 的这种变化可能与土地利用变化引起的土壤微生物群落的组成变化有密切关系（Saggar et al.，2001）。qCO_2 与土壤有机碳、微生物生物量碳、微生物商均呈负相关，所以认为微生物固持碳的效率与土壤有机碳含量及其可利用性有关。沼泽湿地土壤有机质的输入量大，微生物固持碳的效率高；反之，垦殖后的农田土壤有机物输入少，微生物对碳的利用效率低，造成土壤有机碳大量损失。PR/BR 和 PR/MBC 均与 qCO_2 有明显的正相关关系。湿地垦殖后通过 PR/BR 和 PR/MBC 的变化进一步得到表层土壤有机碳的可利用性降低这一结论。

沼泽湿地垦殖对土壤微生物生物量碳含量的影响主要发生在表层（0～20 cm）。沼泽湿地垦殖对微生物商和 qCO_2 的影响达到土壤剖面深层（20～40 cm）。可见沼泽湿地垦殖对土壤微生物性质的影响一直达到土壤剖面深层（20～40 cm）。

沼泽湿地垦殖后，土壤微生物生物量碳、微生物商、基础呼吸迅速降低，qCO_2、PR/MBC 与 PR/BR 明显增加，表明沼泽湿地垦殖造成土壤有机碳的大量损失，有机碳的可利用性明显降低，微生物对碳源的利用效率大大下降。土壤微生物参数是土壤有机碳变化的早期预警指标，能够敏感地反映垦殖土壤有机碳的动态。

5.1.6.4　溶解性有机碳

沼泽湿地垦殖后的 1 年内，土壤溶解性有机碳急剧减少。小叶章湿地土壤开垦耕作 1 年后，溶解性有机碳含量从天然小叶章湿地的（415±35）$mg\cdot kg^{-1}$ 下降为（187±16）$mg\cdot kg^{-1}$，下降了 55%（图 5-17）。之后，土壤溶解性有机碳含量下降趋于缓和，5 年后达到一个相对稳定值，在 100～150 mg·kg^{-1}。溶解性有机碳的下降率仅仅在垦殖后的第 1 年高于有机碳，之后，下降率一直低于总有机碳（图 5-18）。因此，与溶解性有机碳含量的变化不一致，在垦殖初期 1～5 年 DOC/TOC 有降低趋势；随着垦殖时间的增长，DOC/TOC 缓慢增大，长期垦殖导致溶解性有机碳在土壤有机碳中的分配比例增加，这样更容易造成土壤有机碳的损失。

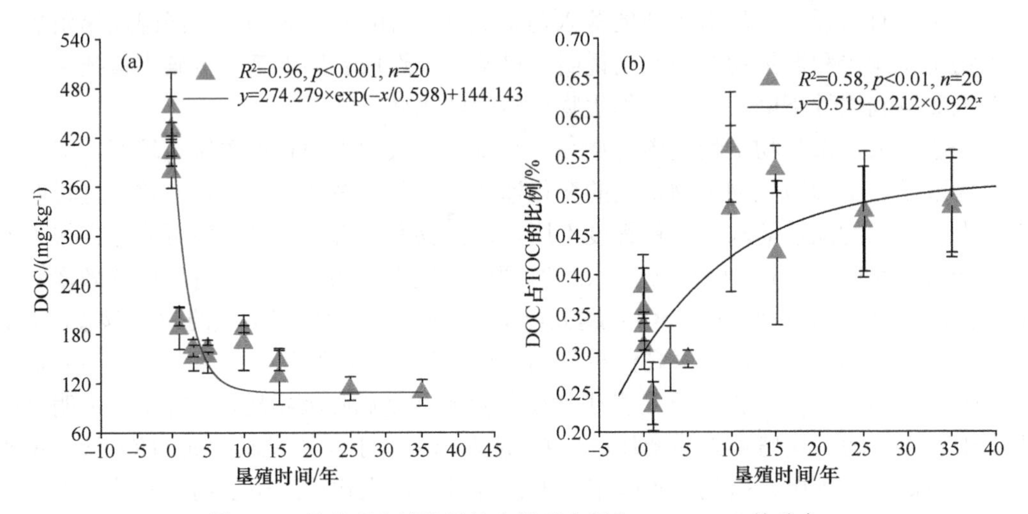

图 5-17　垦殖后土壤溶解性有机碳含量和 DOC/TOC 的动态

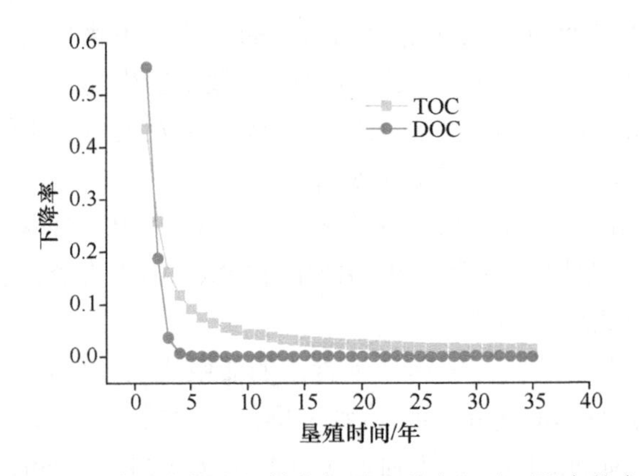

图 5-18　垦殖后土壤溶解性有机碳和总有机碳下降率的变化

沼泽湿地垦殖后，土壤易矿化溶解性有机碳动态与土壤溶解性有机碳相似，垦殖初期的 1 年内剧烈下降。开垦耕作 1 年后，由原来的（153±21）mg·kg^{-1} 下降到（86±12）mg·kg^{-1}，下降了 44%。垦殖 5 年后下降变平缓，趋于一个相对的稳定值（40 mg·kg^{-1} 左右）（图 5-19）。然而，土壤易矿化溶解性有机碳在土壤溶解性有机碳中的分配比例的变化有很大差异。垦殖初期的 1～3 年，易矿化溶解性有机碳比例明显增加。开垦耕作 1 年后，由原来的 36.6%±6.5%增加到 44.8%±8%，垦殖 3 年后增加到 48%±6%。之后，易矿化溶解性有机碳比例明显下降，稳定在 20%～30%。

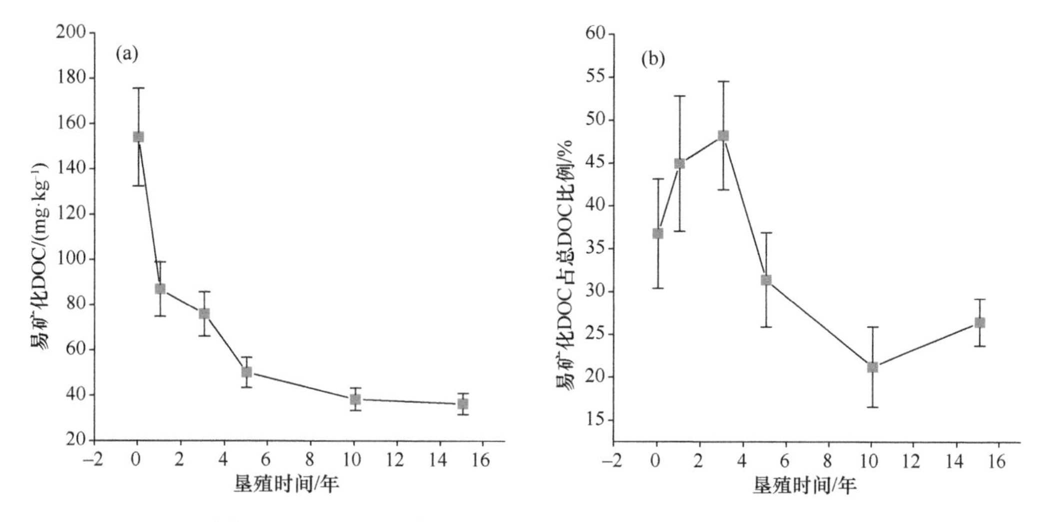

图 5-19 垦殖后土壤易矿化溶解性有机碳含量和比例的变化

在提取热水浸提碳（HWC）的过程中，长时间的高温蒸煮，不仅把土壤中可溶性物质浸提出来，而且绝大部分土壤微生物被杀死后产生的可溶性物质也被浸提到溶液中，因此，热水浸提碳包括了溶解性碳、微生物生物量碳及可溶性碳水化合物等组分（Kalbitz et al.，2003b）。Sparling（1992）和 Ghani 等（2003）都认为热水浸提碳是监测土地利用对土壤有机碳影响的更敏感、更全面的指标。土壤热水浸提碳的变化趋势与溶解性有机碳一致（图 5-20）。

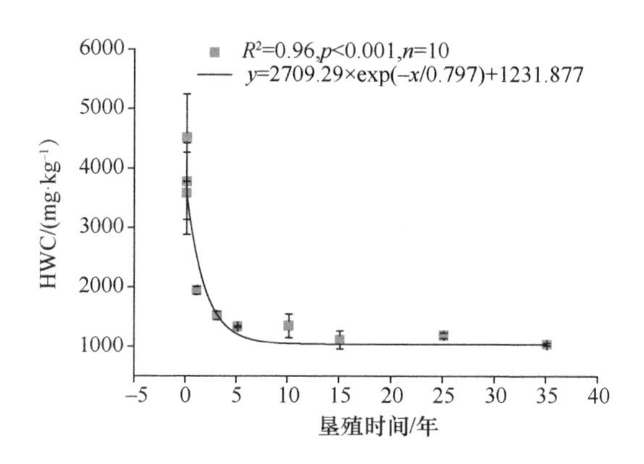

图 5-20 垦殖后土壤热水浸提有机碳含量的变化

在 0～10 cm 和 10～20 cm 土层，小叶章湿地土壤溶解性有机碳含量明显高于垦殖后农田（$p<0.01$）（图 5-21）。然而，在 20～30 cm 和 30～40 cm 土层，土壤溶解性有机碳的差异不明显。因此，沼泽湿地垦殖对土壤溶解性有机碳含量的影响主要发生在表层（0～20 cm）。小叶章湿地土壤剖面上，随着土壤深度的增加，溶解性有机碳含量明显降低，而农田土壤溶解性有机碳含量随剖面深度的变化却较小。土壤剖面上，溶解性有机碳在土壤有机碳中分配比例的变化与溶解性有机碳含量的变化相反，随着剖面深度的增加，溶解性有机碳分配比例有明显的增大趋势。土壤剖面上热水浸提有机碳的分布与溶解性有机碳完全相同。

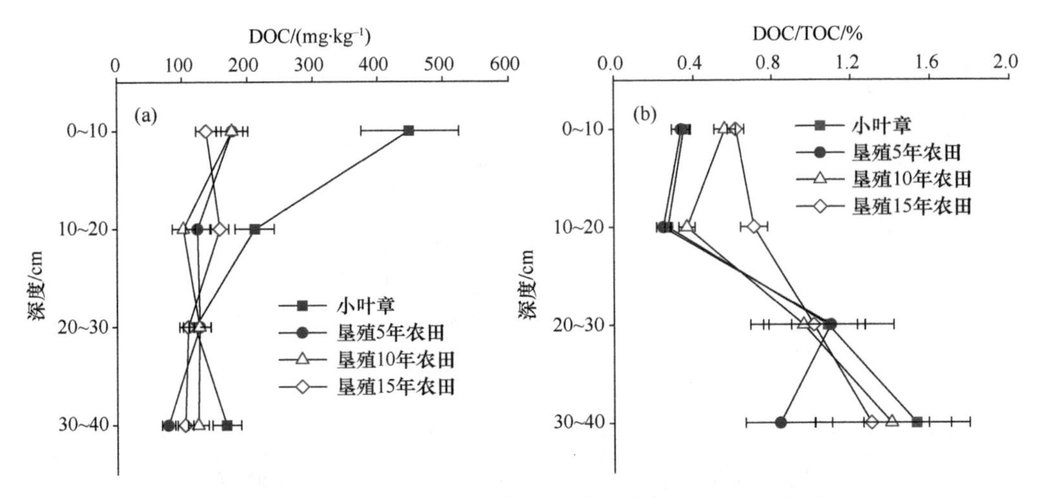

图 5-21　垦殖后土壤剖面溶解性有机碳含量和 DOC/TOC 的动态

土壤剖面上易矿化溶解性有机碳含量的分布特征与溶解性有机碳相似（图 5-22），但是，易矿化溶解性有机碳在土壤溶解性有机碳中的分配比例的变化有很大差异。0～10 cm 土层易矿化溶解性有机碳比例较低，10～20 cm 土层该比例达到最大值，20～40 cm 土层又明显下降。

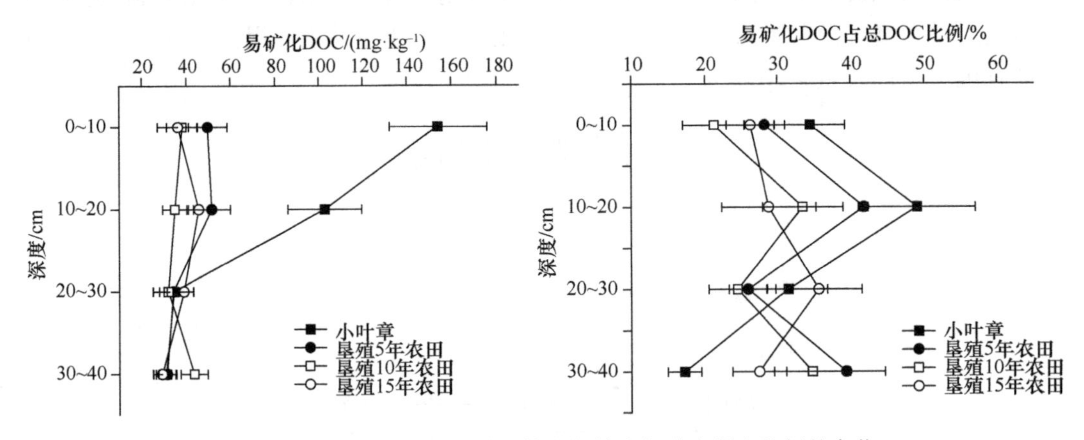

图 5-22　垦殖后土壤剖面易矿化溶解性有机碳含量和比例的变化

沼泽湿地垦殖后的第 10 年，土壤溶解性有机碳急剧减少，下降了 55%，这主要是近期光合产物输入大量减少造成的（图 5-23）。沼泽湿地垦殖时，地表枯落物和草根层被破坏，而这正是土壤溶解性有机碳重要的源。Kalbitz 等（2003a）研究表明，在培养的 90 天内，低腐殖化有机物质（如地表枯落物、植物秸秆等）淋溶出的溶解性有机碳有 61%～93%被矿化，而从农田土壤中淋溶出的溶解性有机碳仅有 17%～32%发生矿化。沼泽湿地垦殖后，残留的地表枯落物和腐烂的根等淋溶出的溶解性有机碳会在很短时间内大量分解或淋失，这就造成垦殖后的第 1 年土壤溶解性有机碳急剧减少。

长期垦殖农田土壤溶解性有机碳与土壤总有机碳（$p<0.001$）、轻组有机碳（$p<0.05$）、微生物生物量碳（$p<0.001$）和水稳性大团聚体（$p<0.01$）呈显著的正相关关系；

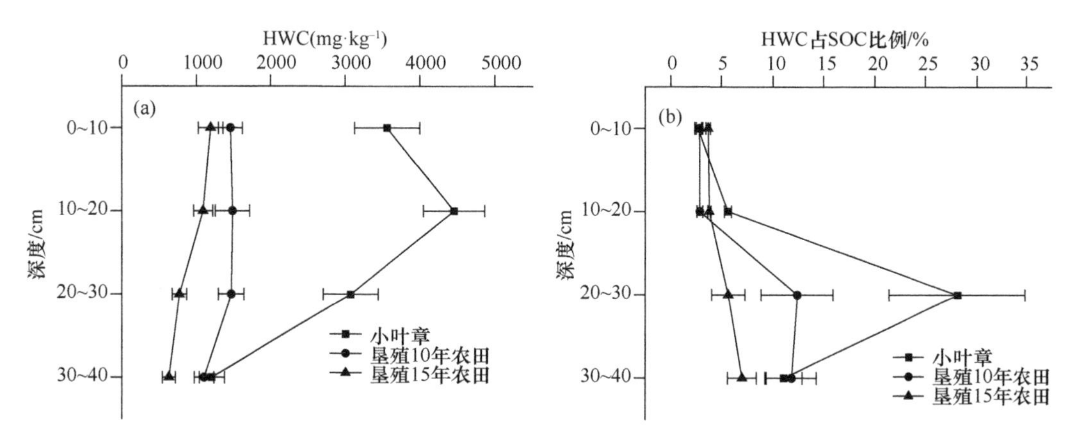

图 5-23 垦殖后热水浸提有机碳含量和比例的变化

与重组有机碳（$p<0.05$）、水稳性微团聚体（$p<0.01$）和容重（$p<0.001$）呈显著负相关关系，说明土壤现存有机碳的数量和组成结构是决定土壤溶解性有机碳含量的主要因素；另外，土壤物理性质也对溶解性有机碳含量有重要影响。因此，沼泽湿地垦殖主要通过影响土壤性质，进而影响溶解性有机碳。土壤中溶解性有机碳主要来源于近期光合产物（落叶、根系分泌物、腐烂的根）、土壤中老有机物质的淋溶或分解和土壤有机质的微生物过程（McDowell et al.，1998）。Gregorich 等（2000）也报道森林或草地转变为农田，土壤溶解性有机碳含量明显降低，随着耕作年数的增长，溶解性有机碳减少的趋势更明显，这种下降主要是由残留有机质的稳定性和较低的有机质输入造成的。耕作时间的长短和返回到土壤中的有机质数量是决定土壤溶解性有机碳数量和组成的主要因素（Qualls，2000；Kalbitz et al.，2000）。

湿地垦殖后，A_{280} 值增加，土壤易矿化溶解性有机碳含量下降，而且易矿化溶解性有机碳含量（$p<0.05$）和易矿化溶解性有机碳比例（$p<0.05$）均与 A_{280} 值呈显著负相关关系，说明土壤开垦耕作导致溶解性有机碳中芳香族化合物增多，分子量增大，生物可利用性降低。A_{280} 值与土壤总有机碳含量（$r=-0.78$，$p<0.05$）、轻组有机碳含量（$r=-0.76$，$p<0.05$）、微生物生物量碳含量（$r=-0.57$，$p<0.05$）、水稳性大团聚体含量（$r=-0.8$，$p<0.05$）呈显著负相关，与容重（$r=0.71$，$p<0.05$）呈显著正相关；易矿化溶解性有机碳含量与土壤总有机碳含量（$r=0.98$，$p<0.001$）、轻组有机碳含量（$r=0.96$，$p<0.01$）、微生物生物量碳含量（$r=0.99$，$p<0.001$）、水稳性大团聚体含量（$r=0.99$，$p<0.001$）呈显著正相关，与容重（$r=-0.99$，$p<0.001$）呈显著负相关。所以，土壤有机碳的含量和组成结构是影响溶解性有机碳组成结构的重要因素；土壤团聚体结构也对溶解性有机碳组成结构的变化有很大贡献。Marschner 和 Kalbitz（2003）也报道溶解性有机碳生物降解取决于有机质性质和溶解性有机碳的内在性质。芳香族化合物是溶解性有机碳最稳定的组分，芳香族结构和复杂分子富集而碳水化合物含量少的溶解性有机碳生物降解性差（Kalbitz et al.，2003b）。垦殖后，土壤溶解性有机碳的来源发生了变化，造成溶解性有机碳的内在性质发生改变。沼泽湿地的垦殖不仅造成溶解性有机碳数量锐减，而且土壤溶解性有机碳组成结构也发生了很大变化。

沼泽湿地垦殖对土壤溶解性有机碳含量的影响主要发生在表层（0～20 cm）。随着土壤总有机碳含量的增加，土壤溶解性有机碳含量呈线性增长，这说明土壤总有机碳含量是决定土壤中溶解性有机碳含量的重要因素。而且，表层土壤有机碳与溶解性有机碳的相关程度要比整个剖面高。但是，剖面深层（20～40 cm）土壤溶解性有机碳含量与总有机碳的相关性很差，说明深层土壤溶解性有机碳主要是从剖面表层淋溶迁移而来。这导致了土壤剖面溶解性有机碳在土壤有机碳中分配比例的变化与溶解性有机碳含量的变化相反，随着剖面深度的增加，溶解性有机碳分配比例有明显的增大趋势。其中，小叶章湿地土壤变化最为明显，因此认为，小叶章湿地土壤中溶解性有机碳的淋溶迁移及土壤吸附固持能力要远远大于农田土壤。剖面深层（20～40 cm）水稳性微团聚体数量明显增加，土壤对溶解性有机碳的保护更强。

5.2　土地利用方式对温室气体排放特征的影响

CO_2、CH_4及N_2O是3种主要的温室气体，其生态系统地-气交换取决于气体产生、消耗及传输速率，而这又取决于温度（影响微生物条件及泥炭形成进而影响传输速率）及水文条件（决定厌氧、好氧环境）(Glatzel et al.，2004)。因此，湿地被开垦后将会影响到气体的排放与传输情况，进而影响湿地生态系统原有的碳源/汇模式。其中，土壤呼吸是仅次于光合作用的CO_2地-气交换的重要组成部分，影响全球气候及陆地生态系统碳储量的变化（Rodeghiero and Cescatti，2008），是陆地生态系统碳循环的主要环节，也是大气CO_2浓度升高的关键生态学过程（程慎玉和张宪洲，2003）。当前全球土壤碳排放估算还存在很大的不确定性，而土地利用变化则是导致这一不确定性的主要原因之一（王义祥等，2005），因此，进一步加强不同土地利用方式下土壤呼吸释放通量的观测研究，对于准确构建全球碳平衡模式具有重要意义。为此，本节主要以三江平原沼泽湿地为研究对象，选取小叶章草甸湿地、退耕还湿地、人工林地及大豆田4种典型土地利用方式，对比分析了不同土地利用方式下土壤呼吸特征和凋落物对土壤呼吸的贡献，并进行了相关因子分析，以探讨其相关机制。另外，对三江平原小叶章草甸湿地、水田及旱田生态系统及湿地垦殖过程中氮输入对CO_2、CH_4及N_2O年际及季节变化动态进行了深入分析，并计算了不同生态系统温室气体在20年、100年及500年时间尺度上的增温潜势格局，并估算了1986～2005年区域尺度三江平原（挠力河以北）温室气体排放通量在时间尺度上的变化趋势，为探讨土地利用变化对碳循环的影响提供理论支撑，为模型构建提供数据参考，对预测全球气候变化趋势具有极其重要的意义。

5.2.1　湿地垦殖过程中氮输入对沼泽湿地温室气体排放的短期与长期效应

随着湿地开垦为农田，三江平原景观类型已由湿地、岛状林相间分布转变为农田景观为主，湿地多呈“孤岛状”，周边为农田所包围，这使得湿地与周边农田间存在密切的物质与能量交换。随农田流失的氮随地表径流和大气沉降汇入湿地后，湿地营养物质的迁移转化等一系列过程将会发生改变，并引起湿地结构和功能及生态系统稳定性的变化，但目前该领域开展的定量研究工作还很有限，还没有明确的研究结论。而且，随着湿地开垦的不断加强，湿地生态系统正接受越来越多外源营养物质的输入。

在前人研究基础上，本节通过野外控制实验，研究三江平原农田氮肥施加对湿地生态系统温室气体排放通量的影响，研究结果可为深入认识农业管理措施造成的外源氮输入（地表径流和大气氮沉降）对湿地碳的生物地球化学过程的影响及可能的趋势提供理论指导。

5.2.1.1　氮素输入对温室气体排放的影响

1）氮素输入对温室气体排放影响的整体分析

如图 5-24 所示，依据连续 5 年（2005～2009 年）的氮输入野外控制实验，结果表明氮输入促进了 CO_2 及 N_2O 排放，其中 CO_2 排放通量随氮输入量的增加呈上升趋势，而 N_2O 排放通量随氮输入量的增加呈现先升高后下降的趋势。CH_4 排放通量在低氮输入时最高，而高氮输入则抑制了 CH_4 排放。

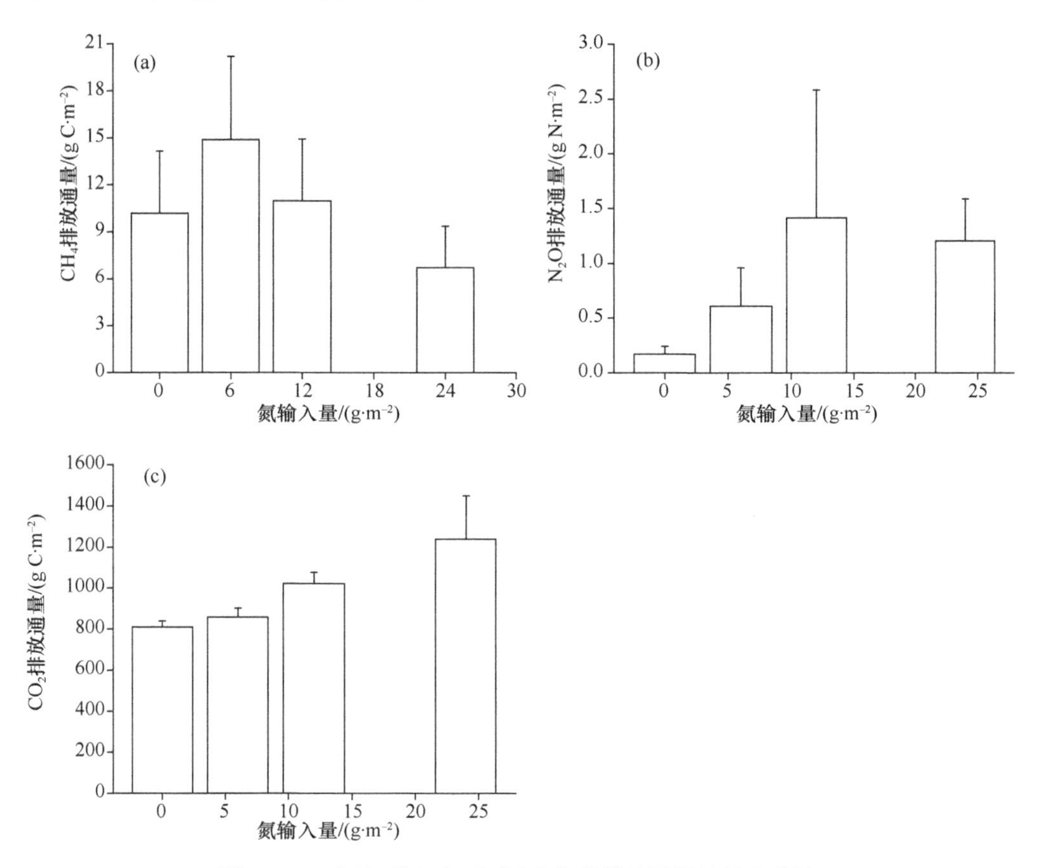

图 5-24　不同氮输入水平下温室气体排放通量的整体分析

氮输入促进了 CH_4 和 N_2O 的增温潜势，且不同时间尺度的增温潜势均在中氮输入水平下最高（表 5-5）。在 20 年时间尺度高氮输入水平下温室气体 CH_4 和 N_2O 的增温潜势低于低氮输入，但在 100 年和 500 年时间尺度均表现为高氮输入大于低氮输入，说明从长时间尺度来看，高氮输入对 CH_4 和 N_2O 增温潜势的影响比低氮输入更加强烈。

表 5-5　2005～2009 年氮输入对温室气体排放通量及其全球增温潜势（GWP）影响的整体分析

处理	温室气体			CH_4 和 N_2O 的全球增温潜势/（g CO_2_eq）		
	CH_4/（g C·m^{-2}）	CO_2/（g C·m^{-2}）	N_2O/（g N·m^{-2}）	20 年的时间尺度	100 年的时间尺度	500 年的时间尺度
对照	10.298（3.890）	814.6838（22.788）	0.18（0.066）	1070.378	427.566	147.633
低氮水平	14.969（5.340）	861.03525（41.004）	0.61625（0.363）	1716.842	787.531	299.845
中氮水平	11.125（3.937）	1027.327（50.164）	1.43125（1.166）	1717.944	1041.051	456.842
高氮水平	6.795（2.637）	1244.3145（208.173）	1.2225（0.377）	1207.558	798.996	362.785

2）氮素输入对温室气体排放的年际分析

（1）氮素输入对生态系统呼吸年际动态的影响。

中氮和高氮输入水平在不同氮输入年限均表现为促进了生态系统呼吸 CO_2 排放通量，低氮输入第 3 年 CO_2 排放通量略低于对照，第 1 年、第 4 年及第 5 年均促进了 CO_2 排放通量；不同氮输入水平在第 1 年的促进作用要高于其他年限，且以高氮输入在第 1 年的激发效应最强。

如图 5-25 所示，氮输入量与生态系统呼吸 CO_2 排放通量之间存在极显著的指数相关关系，表明持续的氮输入对生态系统呼吸具有累积效应。但随氮输入持续年限的增加指数相关关系呈逐年减弱趋势，且在氮输入第 5 年，高氮输入对 CO_2 排放通量的促进作

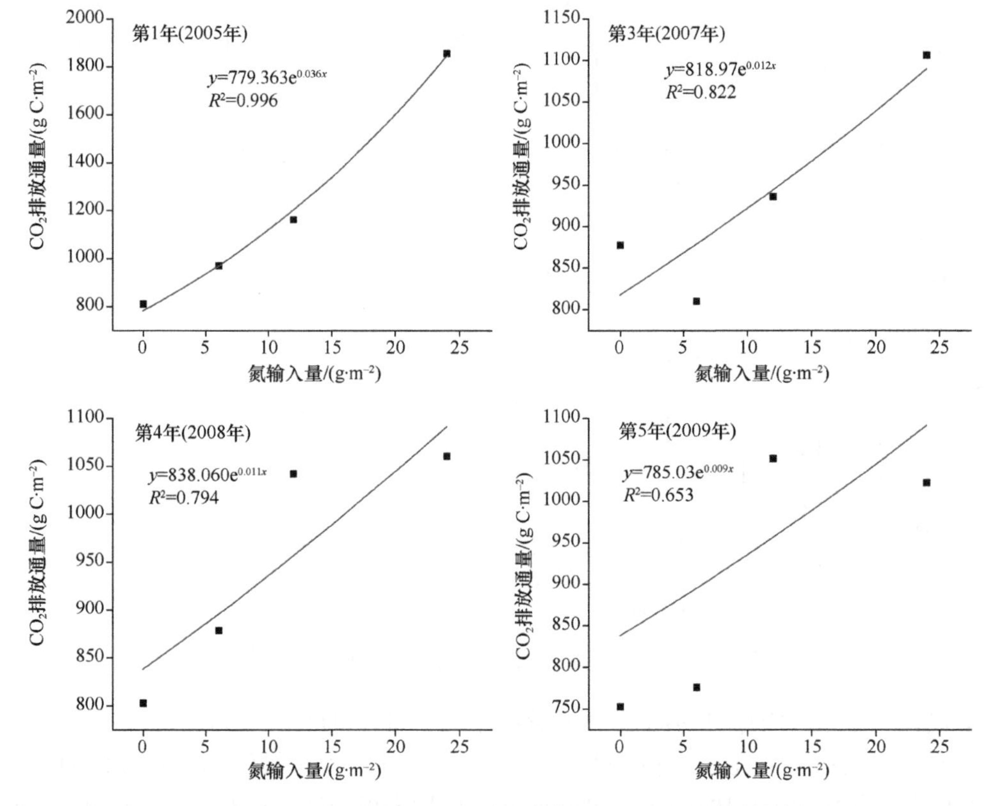

图 5-25　2005～2009 年 CO_2 排放通量与氮输入量的指数拟合关系

用低于中氮输入，说明氮作为湿地生态系统呼吸的控制因素之一，随氮输入年限的增加生态系统可能逐渐接近“氮饱和”状态。

（2）氮素输入对 CH_4 及 N_2O 净交换年际动态的影响。

如表 5-6 所示，高氮输入在第 1 年与对照相比促进了 CH_4 排放，但促进作用弱于中氮输入，且在氮输入第 3 年、第 4 年及第 5 年均表现为抑制 CH_4 排放；中氮输入对 CH_4 排放的促进作用在氮输入第 1 年高于低氮输入，但在氮输入第 3 年、第 4 年及第 5 年均低于低氮输入，且降低幅度逐年增大，说明适度的氮输入促进了 CH_4 排放，但过多的氮输入抑制了 CH_4 排放，并随氮输入年限的延长抑制作用增强。

表 5-6　2005～2009 年不同氮输入水平下温室气体排放通量的逐年变化情况

	对照			低氮水平			中氮水平			高氮水平		
	CH_4/(g C·m^{-2})	CO_2/(g C·m^{-2})	N_2O/(g N·m^{-2})	CH_4/(g C·m^{-2})	CO_2/(g C·m^{-2})	N_2O/(g N·m^{-2})	CH_4/(g C·m^{-2})	CO_2/(g C·m^{-2})	N_2O/(g N·m^{-2})	CH_4/(g C·m^{-2})	CO_2/(g C·m^{-2})	N_2O/(g N·m^{-2})
第 1 年（2005 年）	1.773	807.394	0.147	3.44	968.764	0.150	4.727	1162	0.235	3.945	1860.806	1.054
第 3 年（2007 年）	17.016	878.248	0.057	25.963	811.352	0.005	21.996	936.799	0.088	14.643	1106.194	0.2285
第 4 年（2008 年）	5.629	803.198	0.369	8.309	879.012	0.704	5.979	1043.273	0.481	3.497	1062.025	1.473
第 5 年（2009 年）	16.775	769.894	0.147	22.162	785.013	1.606	11.796	967.236	4.921	5.097	948.233	2.078

在氮输入第 1 年表现为随氮输入量的增大对 N_2O 排放通量的促进作用不断增大，但低氮输入在第 3 年 N_2O 排放通量略低于对照，在第 1 年、第 4 年及第 5 年均表现为促进了 N_2O 排放；在不同氮输入年限下，中氮和高氮输入均促进了 N_2O 排放，在氮输入第 1 年、第 3 年及第 4 年高氮输入的促进作用要高于中氮，但在氮输入第 5 年其促进作用低于中氮输入水平。说明短期的外源氮输入促进了 N_2O 排放，且存在显著的指数相关关系（图 5-26），但随氮输入年限的增加，二者相互关系变得较为复杂，且在氮输入第 5 年指数相关关系不显著，说明随着氮输入持续年限的增加，N_2O 排放通量对氮输入的响应强度有所变弱。

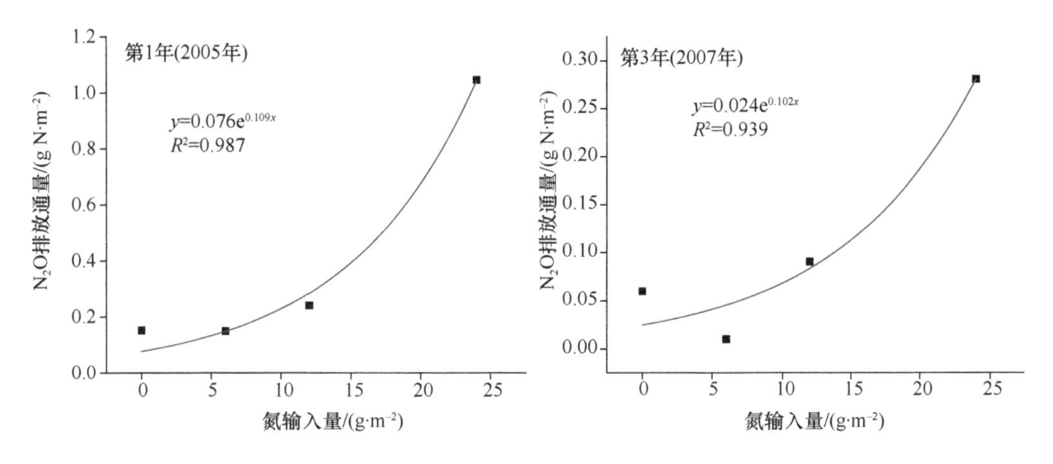

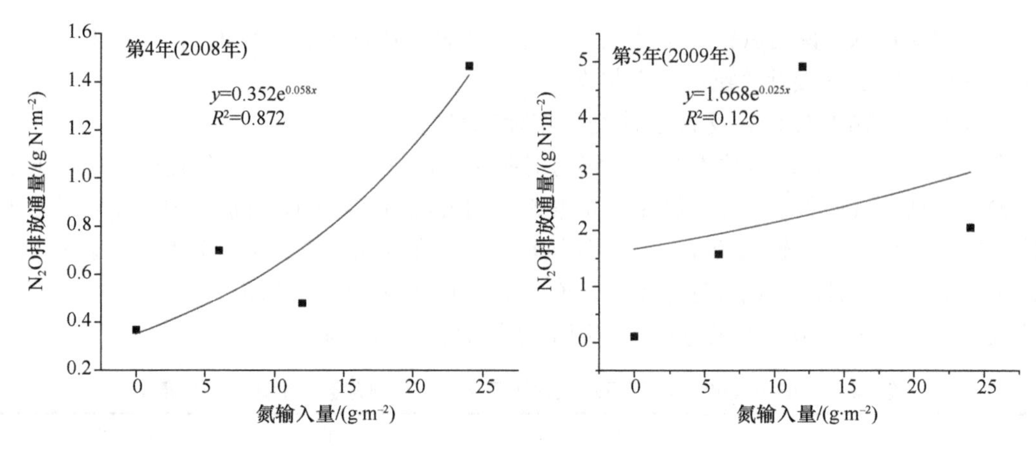

图 5-26　2005～2009 年 N_2O 排放通量与氮输入量的指数拟合关系

3）温室气体增温潜势年际变化动态对外源氮输入的响应

如表 5-7 所示，2005～2009 年逐年分析结果表明，在氮输入第 1 年随氮输入量的增大 CH_4 和 N_2O 的增温潜势呈现逐渐增大的趋势。随氮输入持续年限的增加，增温潜势的峰值在低氮和中氮输入水平间波动，而高氮输入第 5 年时在 20 年时间尺度上表现为抑制了增温潜势，但从 100 年尺度来看仍高于对照。

表 5-7　2005～2009 年不同氮输入水平下温室气体 CH_4 和 N_2O 的 GWP 的逐年变化情况

氮输入年限	全球增温潜势/（g CO_2_eq）							
	对照		低氮水平		中氮水平		高氮水平	
	20 年尺度	100 年尺度	20 年尺度	100 年尺度	20 年尺度	100 年尺度	20 年尺度	100 年尺度
第 1 年（2005 年）	236.967	127.938	398.361	184.910	560.516	267.617	857.387	625.073
第 3 年（2007 年）	1659.422	593.892	2494.719	867.775	2151.581	774.409	1535.159	621..561
第 4 年（2008 年）	707.963	360.431	1117.381	606.640	792.427	424.545	1004.664	806.352
第 5 年（2009 年）	1677.159	628.005	2856.905	1490.800	3367.253	2697.634	1433.021	1142.998

4）温室气体排放通量季节变化动态对外源氮输入的响应

（1）CO_2 排放通量季节变化动态。

对逐月排放通量 4 年均值的分析结果表明，不同氮输入水平下生态系统 CO_2 排放通量与植物生长特征一致，均呈现先升高后下降的特点，并在 7 月出现峰值，但峰值大小有所不同，呈现随氮输入量的增加逐渐增大的特点（图 5-27）。

不同年份不同氮输入水平下生态系统 CO_2 排放通量的季节变化规律较为接近，均在生长旺季达到峰值（图 5-28）。但在植物生长末期，高氮输入水平下 CO_2 排放通量降低得较为迅速，并且除氮输入第 1 年外，其他年份均表现为低于中氮输入的变化特征，这可能与植物生长的物候期有关，通过对同期叶片叶绿素含量的观测发现，持续高氮输入水平下湿地植被提前进入衰老期。

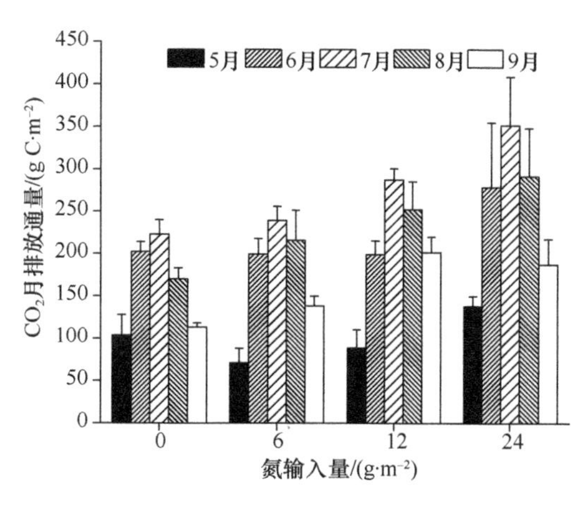

图 5-27 氮输入对沼泽湿地生态系统 CO_2 排放通量季节变化动态的影响

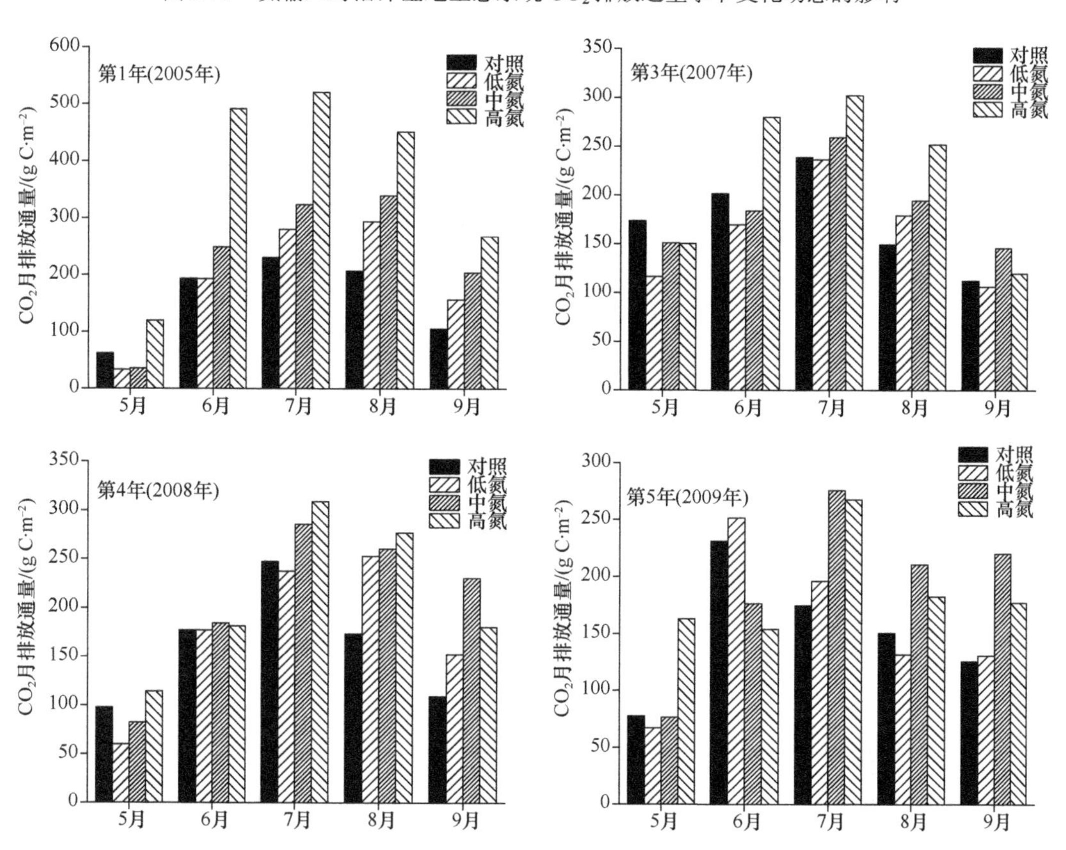

图 5-28 2005～2009 年氮输入对沼泽湿地生态系统 CO_2 排放通量逐年季节变化动态的影响

（2）CH_4 排放通量季节变化动态。

对逐月排放通量 4 年均值的分析结果表明，高氮输入均抑制 CH_4 排放。不同氮输入水平下生态系统 CH_4 排放通量均在 6 月达到峰值，且以低氮输入水平下最高。在生长末期(9 月)，与对照相比不同氮输入水平下 CH_4 排放通量均呈现有所回升的特点(图 5-29)。不同氮输入水平下 CH_4 排放通量季节变化模式在同一年份较为接近，但不同年份之间有所不同，如 2009 年各氮输入水平下 CH_4 排放通量峰值期出现月份相对滞后（图 5-30），这可能与本年度高频率的降水有关。

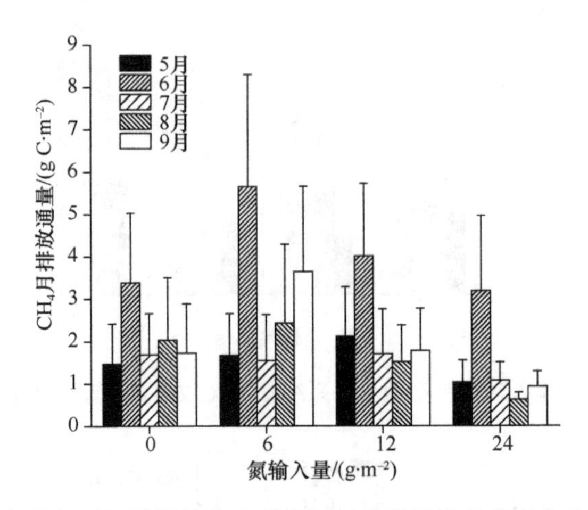

图 5-29　氮输入对沼泽湿地生态系统 CH_4 排放通量季节变化动态的影响

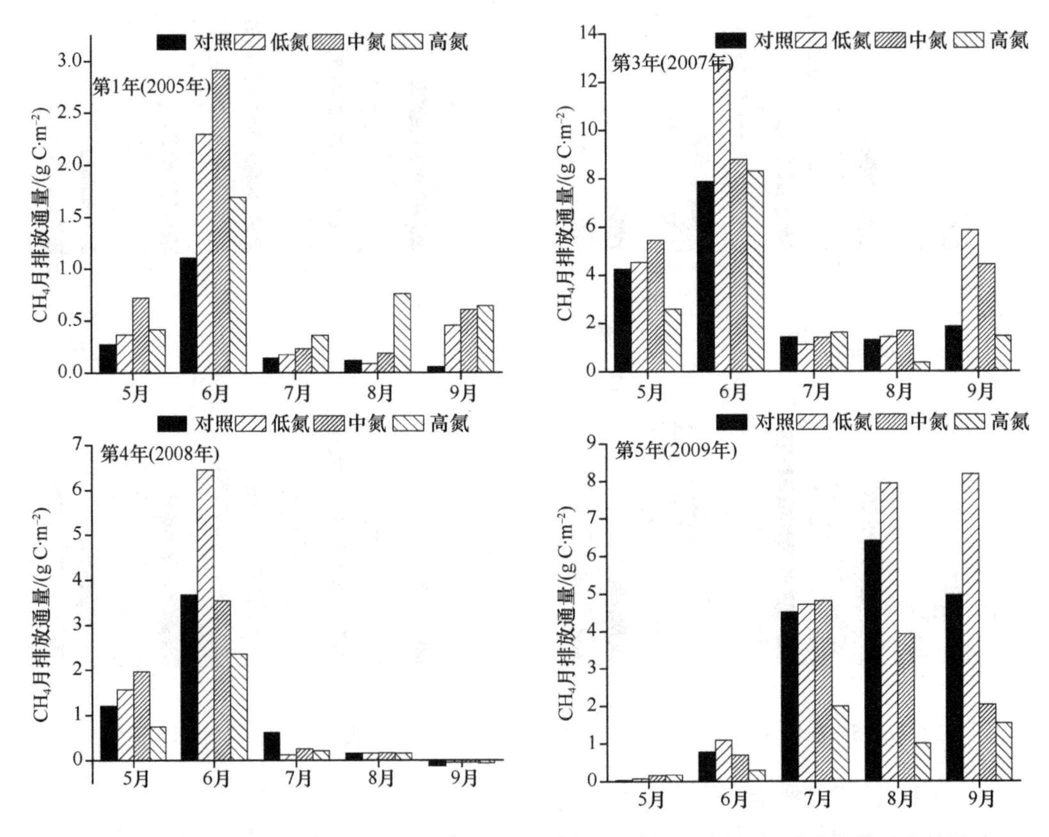

图 5-30　2005～2009 年氮输入对沼泽湿地生态系统 CH_4 排放通量逐年季节变化动态的影响

（3）N_2O 排放通量季节变化动态。

不同月份的均值情况均表现为氮输入明显增加了 N_2O 排放通量，但随氮输入量的增加 N_2O 排放通量呈现先升高后下降的特点。与对照及其他氮输入水平相比，高氮输入致

使 N_2O 排放通量的峰值期有所延迟（图 5-31）。不同年份 N_2O 排放通量的季节变化模式有所不同；同一年份不同氮输入水平下其季节变化趋势也不尽相同（图 5-32），这可能是由于 N_2O 排放通量对环境因子的变化比较敏感。

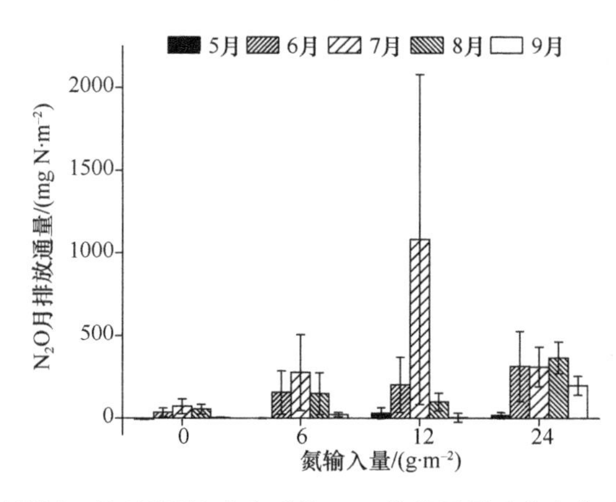

图 5-31　氮输入对沼泽湿地生态系统 N_2O 排放通量季节变化动态的影响

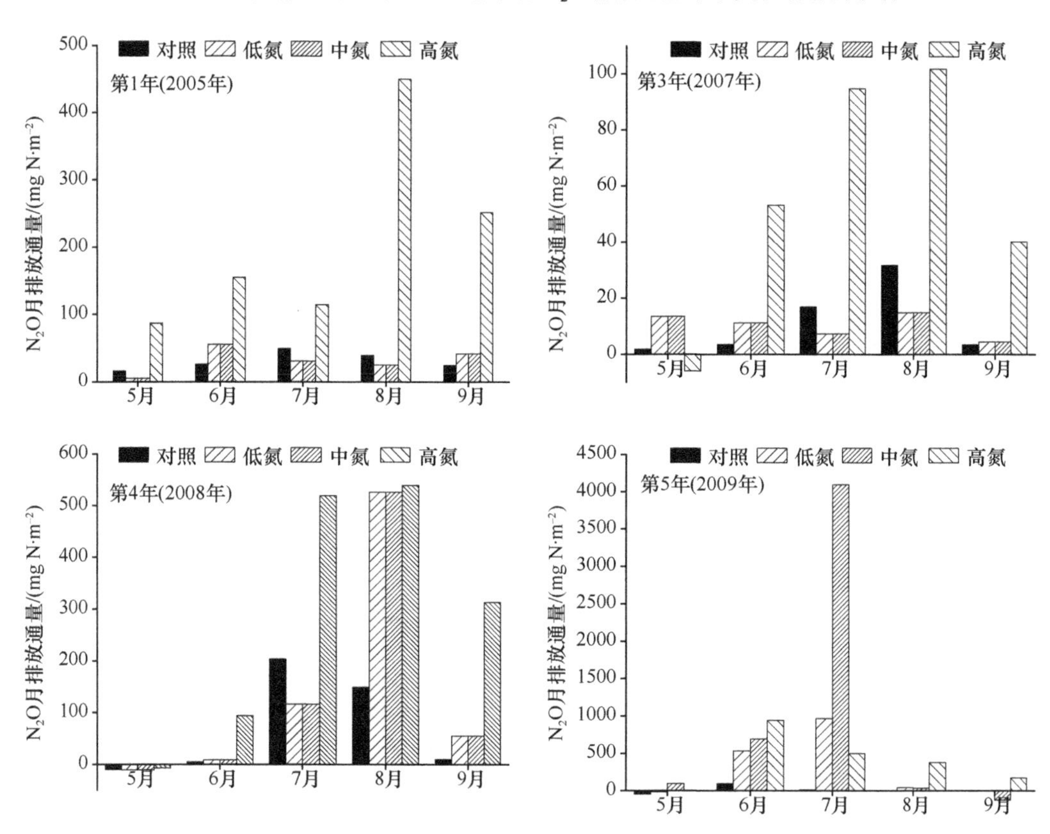

图 5-32　2005～2009 年氮输入对沼泽湿地生态系统 N_2O 排放通量逐年季节变化动态的影响

5.2.1.2　外源氮输入对温室气体排放通量的影响机制探讨

2005～2009 年温室气体排放通量的年际变化与气温及太阳辐射之间相关性不显著；

低氮输入和对照 CH_4 排放通量与降水之间显著相关，但中、高氮输入水平下相关性不显著，说明过多的氮输入改变了 CH_4 排放通量与降水的相关关系模式；低、中氮输入水平下 N_2O 排放通量与光合有效辐射之间相关关系达到显著性，但对照及高氮输入水平下二者相关关系不显著（表 5-8）。

表 5-8　温室气体排放通量的年际变化与气象因子之间的 Pearson 检验系数

气象因子	对照			低氮水平			中氮水平			高氮水平		
	CH_4/($g\ C{\cdot}m^{-2}$)	CO_2/($g\ C{\cdot}m^{-2}$)	N_2O/($g\ N{\cdot}m^{-2}$)	CH_4/($g\ C{\cdot}m^{-2}$)	CO_2/($g\ C{\cdot}m^{-2}$)	N_2O/($g\ N{\cdot}m^{-2}$)	CH_4/($g\ C{\cdot}m^{-2}$)	CO_2/($g\ C{\cdot}m^{-2}$)	N_2O/($g\ N{\cdot}m^{-2}$)	CH_4/($g\ C{\cdot}m^{-2}$)	CO_2/($g\ C{\cdot}m^{-2}$)	N_2O/($g\ N{\cdot}m^{-2}$)
空气温度	−0.180	0.903	−0.128	−0.051	0.299	−0.939	0.350	0.045	−0.934	0.589	0.262	−0.937
降水	0.993*	0.235	0.381	0.984*	−0.918	0.325	0.849	−0.904	0.532	0.669	−0.664	−0.045
光合有效辐射	−0.421	0.780	−0.046	−0.298	0.539	−0.974*	0.116	0.306	−0.989*	0.389	0.482	−0.876
太阳辐射	0.101	0.943	−0.137	0.224	−0.015	−0.789	0.564	−0.270	−0.789	0.738	−0.059	−0.893

注：*代表相关性达到 0.05 的显著水平

将所有观测数据看作整体与大气温度进行拟合，发现生态系统呼吸与大气温度之间存在显著的正相关关系（$p<0.05$），并呈指数关系（图 5-33）。不同氮输入梯度下，温度敏感性系数 Q_{10} 不尽相同，不同氮输入梯度下 Q_{10} 分别为 2.05、2.12、2.03、1.99，表现为随氮输入梯度增加先升高后降低的特点，低氮输入梯度下，温度敏感性系数最高，说明在全球变暖的背景下，适量的氮输入增加了沼泽湿地生态系统呼吸对温度变化的敏感性，但是过高的氮输入削弱了其温度敏感性，这可能是由于随氮输入的升高微生物等土壤条件发生改变，使得生态系统呼吸对温度的反应变弱。

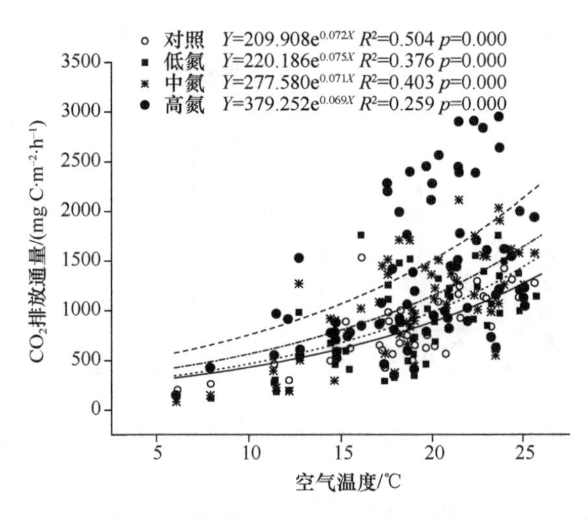

图 5-33　2005～2009 年三江平原外源氮输入下生态系统呼吸与大气温度的关系

5.2.2　不同土地利用方式下土壤呼吸特征

5.2.2.1　不同土地利用方式下土壤呼吸动态

1）不同土地利用方式下土壤呼吸的季节变化动态

不同土地利用方式下，土壤呼吸 CO_2 排放通量发生了显著的变化，但是季节变化模式并没有明显变化，均呈现倒“V”形的变化趋势（图 5-34）。自 5 月开始，随着气温升高，植物地上和地下生物量迅速增长，以及各种土壤微生物活动的增强，土壤呼吸均明显增大，到 7 月、8 月达到峰值，其中，大豆田在此期间的释放通量最大，之后随着温度的降低，各种微生物活动减弱，呼吸通量呈现降低的趋势。

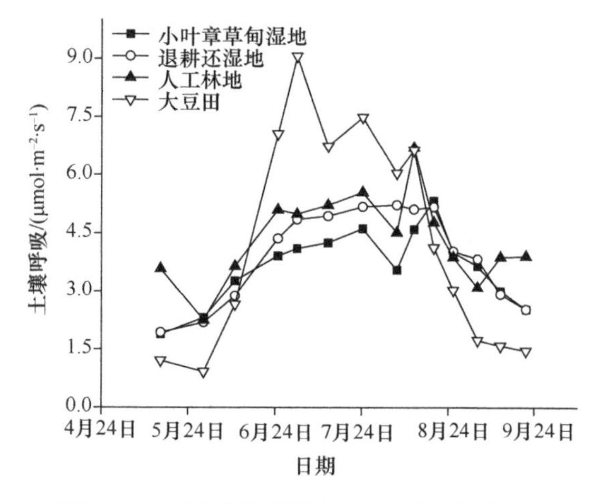

图 5-34　不同土地利用方式下土壤呼吸特征

整个生长季，土壤呼吸 CO_2 平均排放通量随着土地利用方式的变化而有所不同，各处理的 CO_2 平均排放通量分别为小叶章草甸湿地（3.64±0.26）$\mu mol\cdot m^{-2}\cdot s^{-1}$、退耕还湿地（3.94±0.30）$\mu mol\cdot m^{-2}\cdot s^{-1}$、人工林地（4.36±0.30）$\mu mol\cdot m^{-2}\cdot s^{-1}$、大豆田（4.27±0.75）$\mu mol\cdot m^{-2}\cdot s^{-1}$，表现为人工林地＞大豆田＞退耕还湿地＞沼泽湿地，说明湿地开垦增加了土壤呼吸碳排放通量，而退耕还湿后减少了土壤呼吸碳释放量。

2）影响因子分析

退耕还湿地土壤呼吸与生物量之间显著相关，而小叶章草甸湿地和大豆田与生物量的相关关系不显著（$p>0.05$）（表 5-9），这可能是由于土壤呼吸除受植物生长影响外，还受温度、降水等环境因子的交互影响。

表 5-9　土壤呼吸与生物量的相关关系

土地利用方式	样本数	Sig.	Pearson 系数
小叶章草甸湿地	13	0.10	0.39NS
退耕还湿地	11	0.03	0.59*
大豆田	9	0.33	0.18NS

注：NS 代表在 0.05 水平无显著相关；*代表相关性达到 0.05 显著水平

温度是影响土壤CO_2排放通量的重要因素之一。不同土地利用方式下土壤呼吸与气温、地温均达到了极显著相关，且与地温的相关关系更为显著（$p<0.01$）（表 5-10）。但不同土地利用方式下，土壤呼吸与不同深度的地温的相关关系有所差别，其中小叶章草甸湿地与 5 cm 地温相关关系最为显著，退耕还湿地和人工林地与 10 cm 地温相关关系最为显著，而大豆田与 15 cm 地温相关关系最为显著（$p<0.01$），这可能是各植被及土壤条件的差别所致。

表 5-10　不同土地利用方式下土壤呼吸与温度的关系

不同土地利用方式	样本数（*n*）	大气温度	5 cm 地温	10 cm 地温	15 cm 地温
小叶章草甸湿地	14	0.74**	0.86**	0.86**	0.84**
退耕还湿地	14	0.85**	0.91**	0.94**	0.93**
人工林地	14	0.81**	0.88**	0.91**	0.85**
大豆田	14	0.93**	0.73**	0.83**	0.95**

注：**代表相关性达到 0.01 的极显著水平

5.2.2.2　不同土地利用方式下凋落物对土壤呼吸的贡献及其与环境因子的关系

1）不同土地利用方式下凋落物碳释放情况及其对土壤呼吸的贡献

假设保留凋落物与去除凋落物土壤呼吸之差为凋落物对土壤呼吸的贡献（邓琦等，2007），则 4 种土地利用方式下凋落物对土壤呼吸的平均贡献量在–0.21～0.57 $\mu mol \cdot m^{-2} \cdot s^{-1}$，其贡献率分别为，沼泽湿地 14%、退耕还湿地–5%、人工林地 12%、大豆田 8%（表 5-11）。方差分析表明，沼泽湿地和人工林地凋落物对土壤呼吸的贡献量没有显著性差异，但两者均与退耕还湿地和大豆田达到了显著性差异（$p<0.05$），说明沼泽湿地利用方式发生变化后，凋落物对土壤呼吸的贡献也随之发生改变，但影响程度因开垦方式不同而有所差异。

表 5-11　不同土地利用方式下凋落物碳释放情况及其对土壤呼吸的贡献比较分析

不同土地利用方式	SR+L/（$\mu mol \cdot m^{-2} \cdot s^{-1}$）	SR/（$\mu mol \cdot m^{-2} \cdot s^{-1}$）	L/（$\mu mol \cdot m^{-2} \cdot s^{-1}$）	CV	贡献率
小叶章草甸湿地	4.22（±0.32）	3.64（±0.26）	0.57（±0.13）a	0.88	0.14（0.02）
退耕还湿地	3.73（±0.30）	3.94（±0.33）	–0.21（±0.08）b	1.39	–0.05（0.02）
人工林地	4.99（±0.40）	4.36（±0.30）	0.64（±11）a	0.65	0.12（0.02）
大豆田	4.53（±0.75）	4.27（±0.75）	0.25（±0.09）c	0.66	0.08（0.03）

注：SR+L. 保留地表凋落物；L. 凋落物；SR. 去除地表凋落物；CV. 变异系数

2）不同土地利用方式下凋落物对土壤呼吸贡献的季节变化动态

不同土地利用方式下凋落物对土壤呼吸的贡献存在季节差异（图 5-35）。小叶章草甸湿地和人工林地均呈现单峰的季节变化模式，5～8 月随着温度的升高凋落物分解速率增大，使其对土壤呼吸的贡献不断增大，至 8 月达到最高值后，9 月随着温度的下降而降低；大豆田从 8 月初开始有植株叶片凋零，此时由于枯枝落叶较少，其贡献量较低，至 9 月随着温度下降其贡献量反而有所升高，这可能是由于此时大豆植株叶片凋落物输入量不断增加，新鲜凋落物不断积累于土壤表面，使得存活的微生物有更多的可利用碳源，从而导致凋落物的分解活动略有回升；退耕还湿地除 5 月外，均表现为负值，即去除凋落物的土壤呼吸释放值高于对照处理，这可能是由于其特殊的水热条件使得凋落物层的移除在一定程度上破坏了沼泽湿地土壤原有的厌氧环境，导致好氧微生物异常活跃，同时厌氧微生物在好氧条件下的死亡为好氧微生物的呼吸活动提供了营养底质，从而使得去除凋落物的土壤呼吸值较高。

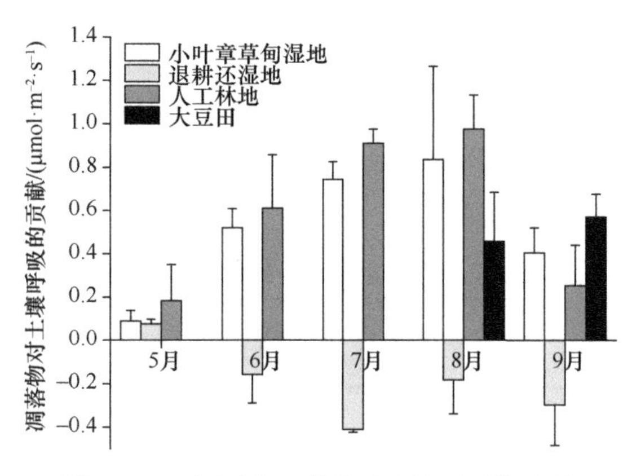

图 5-35　不同时期凋落物对土壤呼吸的贡献

3）不同土地利用方式下凋落物对土壤呼吸贡献的影响因子分析

（1）与凋落物输入的关系。

凋落物输入质量和数量不同会导致微生物分解的微环境有所差别，形成分解酶产生的种类和速度格局不同，进而影响底质被分解的速度，且分解较快的凋落物下微生物数量较高，对应的土壤 CO_2 排放量也高。整个生长季不同土地利用方式下凋落物输入量表现为沼泽湿地＞人工林地＞退耕还湿地＞大豆田（表 5-12），这与凋落物对土壤呼吸贡献的变化趋势基本一致。通过 Pearson 检验发现，除退耕还湿地外凋落物输入量与其对土壤呼吸的贡献之间呈负相关关系，即随着凋落物输入量的增加其贡献量并没有增大，这可能是因为凋落物除自身分解外，对土壤呼吸 CO_2 的释放还具有屏蔽作用（陈四清等，1999），而这种屏蔽作用随着凋落物量的增加而增大。除人工林地外，这种负相关关系并没有达到显著性（p＞0.05），这主要是由于凋落物输入的影响还受制于温度、降水等环境因子的影响。

表 5-12　三江平原凋落物对土壤呼吸的贡献与凋落物输入的相关系数

凋落物分解	凋落物输入量/（$g·m^{-2}$）	L/（$μmol·m^{-2}·s^{-1}$）	相关系数
L（小叶章草甸湿地）	920.96（63.68）	0.57（±0.13）	−0.34NS
L（退耕还湿地）	564.17（48.46）	−0.21（±0.08）	0.31NS
L（人工林地）	732.00（60.88）	0.64（±11）	−0.58*
L（大豆田）	146.97（30.02）	0.25（±0.09）	−0.05NS

注：L. 凋落物；NS 代表在 0.05 水平无显著相关；*代表相关性达到 0.05 显著水平

（2）环境因子的影响。

温度和降水条件直接决定着凋落物分解的微环境，影响土壤微生物活动和酶活性，从而影响着凋落物的分解情况。从表 5-13 可以看出，凋落物对土壤呼吸的贡献与温度之间存在较为显著的相关关系，且与地温的相关关系较气温更加显著，除大豆田外，均与 10 cm 地温达到了极显著相关关系（$p<0.01$）。土壤 CO_2 排放与 10 cm 地温具有良好的指数关系，符合 Arrhenius 方程（图 5-36）。由表 5-13 可以看出，小叶章草甸湿地和人工林地凋落物分解与降水量的关系更加显著，这与二者的凋落物输入量较退耕还湿地和大豆田多的现象相一致。这可能是由它们之间凋落物输入量的差别所致（表 5-13），而凋落物输入量的多少与降水的影响密切相关。随着雨水在土壤中的渗透作用把凋落物层中丰富的营养成分转移到土壤深层中去，从而刺激土壤微生物活性，提高凋落物对土壤呼吸的贡献率（陈全胜等，2003）。

表 5-13　三江平原凋落物对土壤呼吸的贡献与环境因子的相关系数

凋落物对土壤呼吸的贡献	大气温度	降水量	地温		
			5 cm	10 cm	15 cm
L（小叶章草甸湿地）	0.39NS	0.69**	0.61*	0.70**	0.73**
L（退耕还湿地）	–0.61*	0.38NS	–0.72**	–0.67**	–0.59*
L（人工林地）	0.76**	0.50*	0.76**	0.82**	0.82**
L（大豆田）	0.05NS	–0.01NS	0.03NS	0.15NS	0.26NS

注：L. 凋落物；NS 代表在 0.05 水平无显著相关；*代表相关性达到 0.05 的显著水平；**代表相关性达到 0.01 的极显著水平

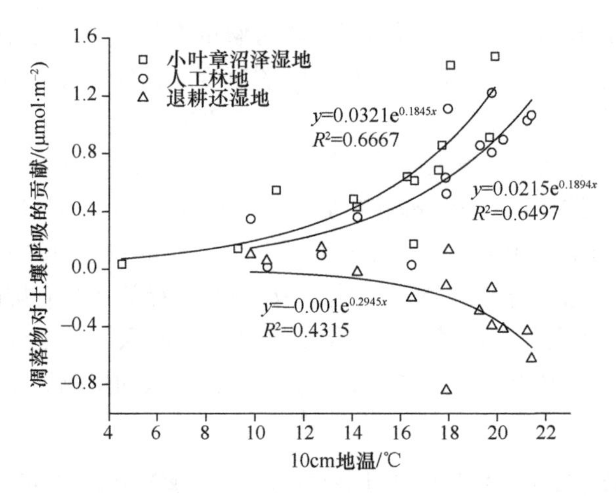

图 5-36　不同土地利用方式下凋落物对土壤呼吸的贡献与 10 cm 地温的关系

5.2.3　土地利用变化对生态系统地-气交换的影响

5.2.3.1　不同土地利用方式下地-气交换特征

1）生长季生态系统呼吸的季节变化特征及其对土地利用变化的响应

连续 4 年的野外观测表明，土地利用变化对生态系统 CO_2 排放通量产生了显著影响。

整个生长季，水田的排放通量小于旱田。如图 5-37 所示，湿地开垦前后，CO_2 排放通量的季节变化不显著，均表现为自 5 月开始，随着气温升高，植物地上和地下生物量迅速增长，以及各种土壤微生物活动的增强，整个生态系统呼吸通量迅速增大，并相继进入全年 CO_2 高释放期，之后随着气温的降低及植物的凋零衰落，生态系统 CO_2 排放通量逐渐降低。其中，7 月、8 月旱田生态系统呼吸明显高于两类自然湿地及水田，水田在 8 月晒田期的 CO_2 排放通量也明显高于两类自然湿地，这可能是温度达到一定条件后 CO_2 排放受水分条件影响较大，晒田后水分减少促进了好氧微生物的分解活动。在植物生长初期 5 月、6 月耕地 CO_2 排放通量明显低于两类自然湿地，但在生长旺季 7 月、8 月其排放通量增大显著且高于自然湿地，说明湿地开垦对生态系统呼吸通量的影响在植物生长的不同阶段有所差别。

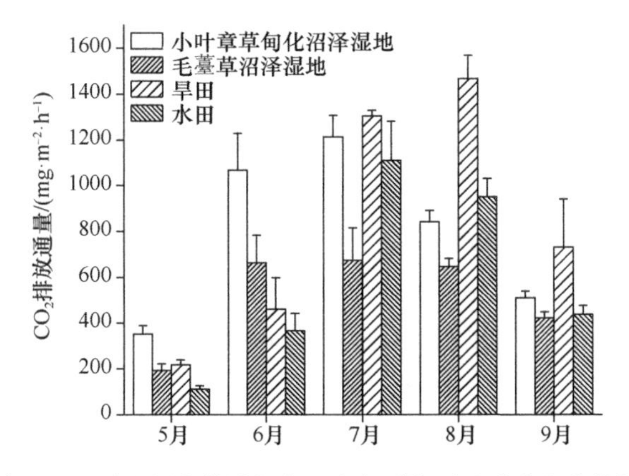

图 5-37 不同土地利用方式下生态系统呼吸季节变化特征

2）生长季 CH_4 排放通量的季节变化特征及其对土地利用变化的响应

自然湿地开垦为耕地明显抑制了 CH_4 的排放，表现为毛薹草沼泽湿地＞小叶章草甸化沼泽湿地＞水田＞旱田，整个生长季节不同土地利用方式下 CH_4 排放通量季节差别较大（图 5-38），峰值出现时间亦有所不同。其中，水田 CH_4 排放通量在生长旺季 7 月、

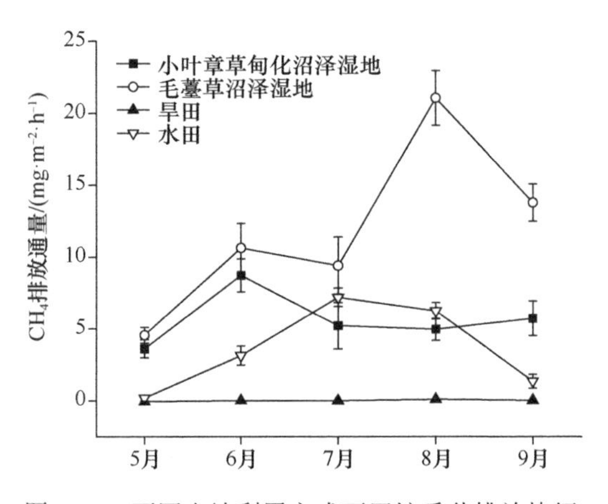

图 5-38 不同土地利用方式下甲烷季节排放特征

8 月达到峰值，并明显高于小叶章草甸化沼泽湿地，但在其他月份均明显低于两类自然湿地。小叶章草甸化和毛薹草沼泽湿地分别在 6 月及生长末期达到峰值，6 月是沼泽湿地植物的快速生长时期，植物对 CH_4 排放具有明显的促进作用，7 月是季节性积水期，小叶章草甸化沼泽湿地地表没有明显积水，CH_4 的排放通量较低，之后随着 8 月降水量的增加，土壤含水量及地表积水的增多，CH_4 的排放通量有所增大，达到 CH_4 排放的第 2 个峰值，但两类沼泽湿地出现峰值的时间不一样；由于植物逐渐衰老，加上气温的降低此时 CH_4 排放通量的增加幅度不大。旱田整个生长季的排放通量在–0.03～0.10 $mg·m^{-2}·h^{-1}$ 波动，明显抑制了 CH_4 的排放。

3）生长季 N_2O 排放通量的季节变化特征及其对土地利用变化的响应

不同土地利用方式下，N_2O 的排放通量没有表现出明显的季节变化规律，基本呈波动状变化（图 5-39），这可能是由于 N_2O 的释放通量受硝化和反硝化作用的共同影响，机制较为复杂，受植被、土壤及环境因子的影响较大，使得月排放通量的变异较大。整个生长季不同土地利用方式下 N_2O 的排放通量均较小，基本上在 0～0.2 $mg·m^{-2}·h^{-1}$ 波动，其中旱田的 N_2O 排放通量明显高于自然湿地及水田，这可能是由于旱田作物大豆根部固氮菌的存在，使得土壤中硝化和反硝化的活动较为活跃，促进了 N_2O 的大量排放。不同土地利用方式下 N_2O 排放通量峰值出现的时间不同，旱田和毛薹草沼泽湿地的峰值出现在 5 月，而水田及小叶章草甸化沼泽湿地均出现在生长旺季 7 月、8 月，这主要是由于土地利用方式不同导致土壤及植被条件有所差异，使得 N_2O 排放通量对环境因子的响应模式有所不同，进而导致其硝化及反硝化作用下 N_2O 的排放高峰期有所差异。

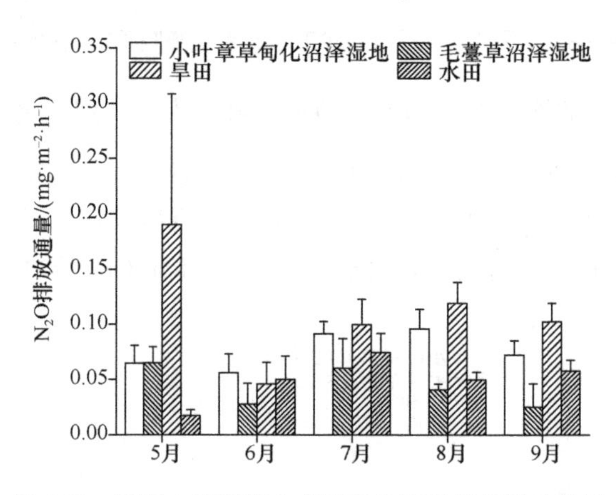

图 5-39 不同土地利用方式下氧化亚氮季节排放特征

5.2.3.2 土地利用变化对生态系统地-气交换释放的影响

不同土地利用方式下生态系统呼吸、CH_4 及 N_2O 的排放通量连续 4 年（2002～2005 年）的观测结果表明，自然湿地开垦为旱田增加了生态系统碳排放及 N_2O 排放通量，但明显抑制了 CH_4 的排放，表现为毛薹草沼泽湿地＞小叶章草甸化沼泽湿地＞水田＞旱田（表 5-14），这主要是因为 CH_4 排放主要受水分条件的制约，湿地开垦后往往导致土壤水分显著降低，进而导致 CH_4 氧化率有所升高，不利于 CH_4 的产出，但增加了生态系统呼吸排放通量。与小叶章草甸化沼泽湿地相比，开垦为水田降低了 3 种温室气体的排放通量，但与毛薹草沼泽湿地相比，增加了生态系统呼吸及 N_2O 净排放通量，但减少了 CH_4 净释放量。旱田生态系统 CO_2 及 N_2O 排放通量较高，但水田的 CH_4 排放通量要高于旱田。可见，湿地开垦对生态系统地-气交换特征的影响由开垦方式及湿地类型共同决定。

表 5-14　三江平原不同土地利用方式下 3 种温室气体连续 4 年观测的平均排放量

土地利用方式	CO_2/（$mg·m^{-2}·h^{-1}$）	CH_4/（$mg·m^{-2}·h^{-1}$）	N_2O/（$mg·m^{-2}·h^{-1}$）
小叶章草甸化沼泽湿地	800.33（163.11）	5.65（0.85）	0.08（0.01）
毛薹草沼泽湿地	521.42（94.00）	11.92（2.75）	0.04（0.01）
旱田	837.85（239.94）	0.01（0.02）	0.11（0.02）
水田	596.03（187.30）	3.63（1.35）	0.05（0.01）

各种温室气体引起的增温潜力不同，将各种温室气体相对于 CO_2 温室效应的贡献率称为全球变暖增温潜力（global warming potential，GWP），GWP 是各种温室气体相对的增温效应的简单度量（于贵瑞等，2003）。根据 Forster 等（2006）提供的数据，以 1 kg CO_2 的 GWP 为 1，20 年时间尺度上 CH_4 和 N_2O 的增温潜势分别是 72 和 289；100 年尺度上 CH_4 和 N_2O 的增温潜势分别是 25 和 310；500 年时间尺度上分别是 7.6 和 153。根据我们观测得到的不同土地利用方式下 CO_2、CH_4 和 N_2O 3 种温室气体排放通量计算得到整个生长季（5～9 月）3 种温室气体的排放通量（表 5-14）。若以 1 kg CO_2 的 GWP 为 1，可求得在 20 年时间尺度上不同土地利用方式下排放 CH_4 和 N_2O 的综合 GWP（$GWP=CH_4 \times 16/12 \times 72 + N_2O \times 44/28 \times 289$）。同理，计算 100 年（$GWP=CH_4 \times 16/12 \times 25 + N_2O \times 44/28 \times 310$）和 500 年（$GWP=CH_4 \times 16/12 \times 7.6 + N_2O \times 44/28 \times 153$）时间尺度不同土地利用方式下 CH_4 和 N_2O 的 GWP（表 5-15）。由表可以看出，与其他生态系统 CH_4 和 N_2O 的增温潜势由 20 年到 500 年时间尺度逐步降低的趋势不同，旱田则呈现先升高后降低的趋势，改变了温室气体 CH_4 和 N_2O 在时间尺度上的增温潜势格局。

表 5-15　三江平原不同土地利用方式下不同时间尺度上 CH_4 和 N_2O 综合温室效应

土地利用方式	全球增温潜势		
	20 年尺度	100 年尺度	500 年尺度
小叶章草甸化沼泽湿地	2.08	0.82	0.28
毛薹草沼泽湿地	4.18	1.50	0.47
旱田	0.18	0.19	0.10
水田	1.34	0.52	0.18

5.2.3.3　土地利用变化对三江平原生态系统碳排放的区域估算

毛薹草沼泽约占三江平原沼泽湿地总面积的 56.9%，小叶章草甸化沼泽湿地占 22.6%（赵魁义，1999；Liu et al.，2005），这两种湿地的总面积约占三江平原沼泽湿地总面积的 80%～90%（汲玉河等，2004）。根据二者比例，按毛薹草沼泽湿地面积占 71.57%、小叶章草甸化沼泽湿地面积占 28.43%计算，依据温室气体逐月累加计算得到生长季湿地的总排放量，冬季释放比率按 10%计算（Song et al.，2009），同时逐月计算旱田及水田单位面积的累积排放总量，结合三江平原（挠力河以北）4 期影像资料估算得到：1986～2005 年整个三江平原碳排放（CO_2 和 CH_4）由 2.95 Tg 增加至 3.85 Tg，其中，沼泽湿地碳排放由 0.90 Tg 降至 0.50 Tg（图 5-40），对整个三江平原温室气体排放的贡献由 30.35%降至 12.89%，而旱田总碳释放量由 2.01 Tg 增加至 2.60 Tg，贡献率由 67.99%降至 67.82%，水田由 0.049 Tg 增加至 0.74 Tg，贡献率由 1.66%增加至 19.29%（表 5-16）。总体上，三江平原生态系统碳排放呈现上升趋势，湿地生态系统碳排放贡献率有所下降，耕地贡献率呈持续上升趋势，其中旱田碳排放贡献率自 2000 年之后下降，而水田呈现持续增加的趋势，这与近年来三江平原湿地开垦过程中旱田与水田面积消长的现象相吻合。

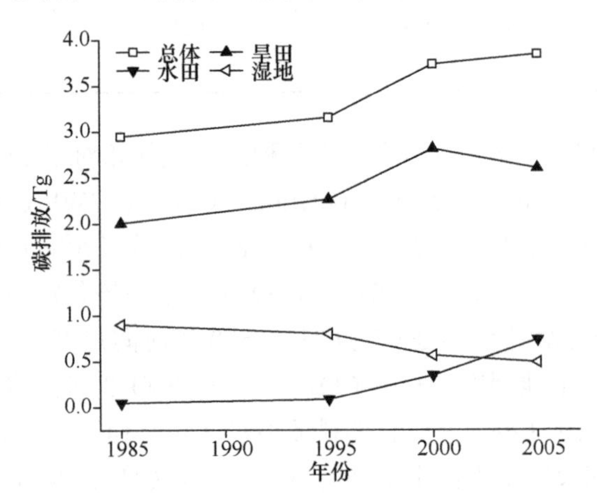

图 5-40　不同时段各生态系统碳排放情况

表 5-16　不同时段各生态系统对三江平原碳排放贡献率

年份	湿地	耕地	水田	旱田
2005	12.89%	87.11%	19.29%	67.82%
2000	15.31%	84.69%	9.35%	75.33%
1995	25.36%	74.64%	2.81%	71.82%
1986	30.35%	69.65%	1.66%	67.99%

5.3　土地利用方式对沼泽湿地溶解性碳输出的影响

5.3.1　理论、研究方法和研究动态

5.3.1.1　湿地 DOC 输出特征及其重要性

生态系统的碳流失除地-气交换外，流入地下水及河流中的碳是碳输出的另外一种重要形式，其中 DOC 是这部分流失碳的主要形式。湿地生态系统是陆地生态系统重要的碳库（Post et al.，1982；Mitra et al.，2005），作为陆地与海洋之间物质传输的重要组成，湿地是河流 DOC 的重要提供者（Dawson and Smith，2007；Baker et al.，2008）。大量研究结果表明河流中 DOC 含量与流域内湿地面积呈正相关（Ågren et al.，2007；Worrall and Burt，2007），是解释流域内河流碳输出年际与季节变化动态的重要指标（Creed et al.，

2008；Sarkkola et al.，2009）。随着人类活动的日益加强，湿地也是受人类开垦活动影响最为严重的生态系统之一，据估计，自 1990 年以来，地球上消失了将近一半面积的湿地（傅伯杰等，2002）。湿地垦殖后土壤温度的增高及氧化还原条件的改变，促进了土壤有机质的分解和土壤呼吸通量的增大（宋长春等，2004a；王丽丽等，2009a），导致土壤有机碳储量下降（Zhang et al.，2008；王丽丽等，2009b）、CO_2 和 N_2O 等温室气体排放通量增加（Inubushi et al.，2003）。但湿地开垦后的农田能否继续向河流输送大量的 DOC，以及湿地垦殖对毗邻河流 DOC 含量的影响程度、影响机制及其对全球变化的反馈机制，这些问题在国内外湿地研究中报道较少。同时，当前国际上有关融冻期湿地 DOC 输出特征的相关研究尚存在分歧：融冻期湿地冰水的大量融化对河流中 DOC 起到稀释作用（Laudon et al.，2004，2007），而 Ågren 等（2008）指出融冻期湿地仍是河流 DOC 的主要来源。DOC 作为土壤碳库的重要组成部分，代表了土壤中最易移动的碳库，是土壤碳周转和碳收支活跃的部分（Moore，1998；Wickland et al.，2007）。溶解性有机碳易被微生物利用，是微生物生长和分解过程的重要能量来源，并与土壤有机碳的矿化分解有着密切的联系（Tipping et al.，1999；Scaglia and Adani，2009），影响生态系统碳排放过程，进而影响大气 CO_2 含量（Bowen et al.，2009），对全球气候变暖产生直接或间接反馈作用。沼泽湿地由于其特殊的水热条件，厌氧条件导致大量有机质分解不彻底，是水体中溶解性有机碳的重要提供者，湿地开垦后水热条件、氧化还原状况等的变化必然会影响生态系统可溶性碳供应能力。

5.3.1.2 湿地垦殖及其对 DOC 的潜在影响

在中国，仅占国土面积 3.8%的天然湿地提供了 54.9%的生态系统服务功能，并承载了亚洲 54.0%的鸭鹅等濒危物种的分布（Costanza et al.，1997；An et al.，2007）。位于中国东北部的三江平原是黑龙江中游典型的沼泽湿地分布区，由黑龙江、乌苏里江及松花江冲积形成，是我国最大的淡水沼泽湿地集中分布区（Zhao，1999）。由于沼泽湿地富含大量的有机质，流域内的很多河流都是典型的沼泽性河流，是三江平原主要河流营养物质的重要供给源。但近 50 年来三江平原也是受人类活动影响最剧烈的湿地区，大量的湿地被开垦为耕地，湿地面积已由 1954 年的 $3.53\times10^6\ hm^2$ 减少至 2005 年的 $0.96\times10^6\ hm^2$（宋开山等，2008）。三江平原景观类型已由湿地、岛状林相间分布景观为主，成为现在的以农田景观为主，且湿地多呈“孤岛状”，湿地景观破碎化，周边为农田所包围，湿地与周边农田间存在密切的物质与能量交换，引起湿地结构和功能的变化及影响生态系统的稳定性，导致开垦过程所伴生的湿地退化成为三江平原湿地变化的一大特点。随着地表覆被的明显变化，在此过程中排干沟渠的大量修建及地下水灌溉等建立的排水系统改变了三江平原地区原有的水文格局和水循环模式，而排干沟渠直接将水田灌溉水输出至主要河流黑龙江或乌苏里江，对三江平原的水文情势产生了重要影响（栾兆擎等，2004；刘红玉等，2005）。尤其是近年来受经济发展的驱动，三江平原经历了旱田—水田的演替过程，随着水田面积的扩大，地下水开采量逐年增加（赵永清等，2003）。因此，三江平原沼泽湿地开垦过程中排干沟渠的大量修建，以及湿地退化空间上的交叉性，为探讨湿地垦殖及退化过程 DOC 输出的响应提供了良好的研究样地，可为国际上同类研究提供参考。

5.3.2 实证结果

本节主要选取三江平原小叶章沼泽化草甸湿地、毛薹草沼泽湿地及水田采集地表积水及其排水沟渠，自然河滨湿地及退化型河滨湿地采集地表积水，探讨不同类型沼泽湿地生态系统溶解性碳输出能力的差异，揭示湿地垦殖对不同生态系统水体碳输出能力的影响。

5.3.2.1 湿地开垦对沼泽湿地水体碳输出的影响

1）不同土地利用方式下湿地地表积水中溶解性碳季节变化动态

（1）湿地开垦对湿地地表积水中溶解性有机碳的影响。

由图 5-41、图 5-42 可以看出，3 种类型湿地地表积水中 DOC 含量呈现出不同的季节变化特征。小叶章沼泽化草甸湿地地表积水中 DOC 含量在春季融冻期 5～6 月较高，然后迅速下降，其后变化缓慢；毛薹草沼泽湿地地表积水中 DOC 含量呈现随气温升高先缓慢增加后下降的趋势，在 8 月达到最低值，这可能是由于其自身积水较多，对温度变化起到了瓶颈作用，因此 DOC 在融冻期的变化较小叶章沼泽化草甸湿地缓慢，而在 8 月雨季由于自身积水较多对 DOC 浓度形成了稀释效应，至生长季末积水量减少，新鲜枯枝落叶的输入为 DOC 的生成提供了碳源，因此又呈现出增加的趋势；水田地表积水中 DOC 含量由于受垦殖施肥活动的影响，在 5 月插秧期呈现出较高的浓度，之后缓慢下降，至 7 月随着温度升高微生物活动不断加强，DOC 浓度又有所回升，至生长季末波动较小，基本趋于稳定。

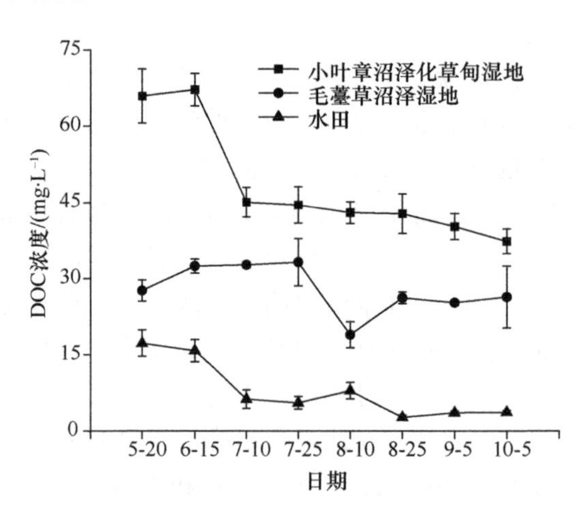

图 5-41 不同类型湿地地表积水中 DOC 浓度的季节变化

整个生长季节小叶章沼泽化草甸湿地、毛薹草湿地和水田表层水中 DOC 含量的波动范围分别为 37.30～67.34 $mg·L^{-1}$、22.54～33.08 $mg·L^{-1}$ 和 3.63～17.32 $mg·L^{-1}$，平均浓度分别为（49.88±5.44）$mg·L^{-1}$、（27.97±1.69）$mg·L^{-1}$ 和（8.63±2.54）$mg·L^{-1}$，其中小叶

章湿地表层水中 DOC 平均浓度比毛薹草湿地高 78.32%（p=0.001），说明不同的湿地类型对表层水 DOC 的输出贡献不尽相同；两类自然湿地地表积水中 DOC 浓度均显著高于水田（p=0.000；p=0.000），平均浓度分别较水田高出 4.78 倍和 2.24 倍。

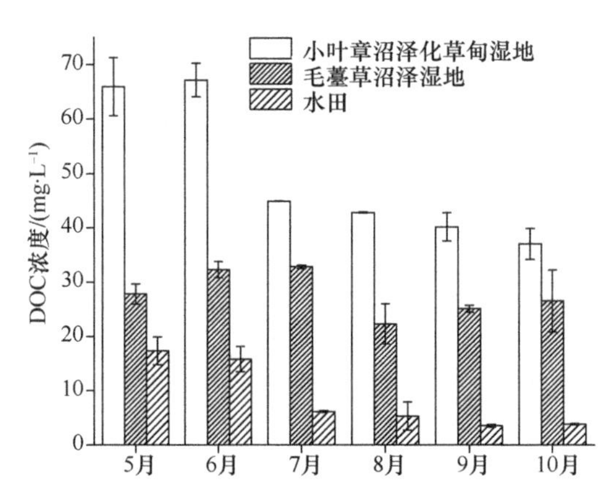

图 5-42　地表积水中 DOC 浓度在不同月份的分布情况

（2）湿地开垦对地表积水中 DOC-$SUVA_{254}$的影响。

DOC 在波长 254 nm 的化学光谱特性（$SUVA_{254}$）常用来反映芳香族化合物的多少，表征 DOC 的可利用性高低（Peichl et al.，2007）。如图 5-43 所示，两类自然沼泽湿地 $SUVA_{254}$ 季节波动模式较为接近，在湿地植被生长前期呈现出相对平稳的波动趋势，在生长季末表现为急速下降的特点，这可能是由于生长季末作为 DOC 碳源的新鲜枯枝落叶的归还分解，使得水体中 DOC-$SUVA_{254}$ 降低，可利用性有所升高；水田 $SUVA_{254}$ 呈倒“V”形波动，在生长季初期较低而后不断上升，这可能是由于水田灌浆期施入尿素等化肥使得 DOC 的可利用性较高，随着肥料的消耗及 DOC 易利用部分的分解，使得 $SUVA_{254}$ 不断升高，至 8 月随着新鲜枯枝落叶的归还 DOC 的可利用性又呈现升高的特点。整个生长季 $SUVA_{254}$ 的均值表现为 $SUVA_{254}$（小叶章沼泽化草甸湿地）＞$SUVA_{254}$（毛薹草沼泽湿地）＞$SUVA_{254}$（水田）（表 5-17），水田分别比小叶章沼泽化草甸湿地和

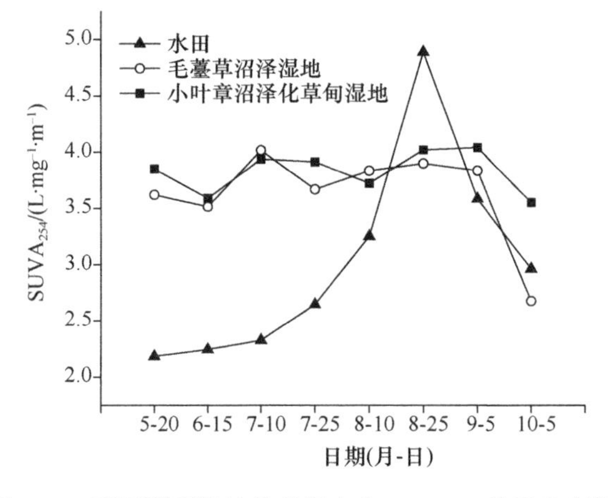

图 5-43　不同类型湿地地表积水中 $SUVA_{254}$的季节变化

表 5-17　不同类型湿地地表积水中 $SUVA_{254}$ 的分布特征　（单位：$L·mg^{-1}·m^{-1}$）

湿地类型	均值	标准差	标准误差	最小值	最大值	中位数	变异系数
小叶章沼泽化草甸湿地	3.80	0.19	0.08	3.55	4.05	3.86	0.05
毛薹草沼泽湿地	3.56	0.45	0.19	2.68	3.87	3.73	0.13
水田	3.08	0.76	0.31	2.19	4.08	3.19	0.25

毛薹草沼泽湿地降低 18.95%和 13.49%，说明湿地开垦明显降低了生态系统表层水体中 DOC 的质量，不利于 DOC 在水体中的累积。

（3）湿地开垦对湿地地表积水中溶解性无机碳的影响。

如图 5-44 所示，整个生长季水田地表积水中溶解性无机碳（dissolved inorganic carbon，DIC）含量的波动较为剧烈，这可能是频繁的灌溉及施肥活动使得水体中营养条件及氧化还原状况波动引起；两类自然湿地水体中 DIC 含量的变化较为平稳且规律相近，在植物生长初期表现为先降低后升高的特点，至 7 月达到峰值后有所下降，至生长季末趋于稳定。

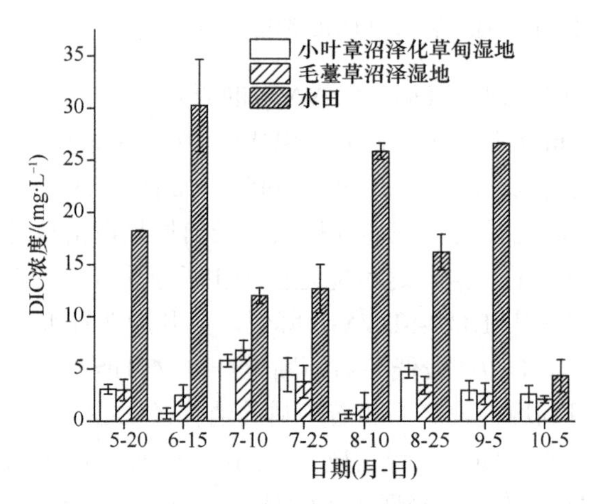

图 5-44　不同类型湿地地表积水中 DIC 浓度的季节变化

整个生长季节小叶章沼泽化草甸湿地、毛薹草沼泽湿地及水田表层水中 DIC 含量的波动范围分别为 0.88～5.29 $mg·L^{-1}$、2.23～5.42 $mg·L^{-1}$ 和 4.46～30.36 $mg·L^{-1}$，水田地表积水中 DIC 的浓度显著高于两类自然湿地（小叶章沼泽化草甸湿地和毛薹草沼泽湿地），分别高出 5.25 倍和 5.04 倍（$p<0.01$）。

2）湿地开垦对排水沟渠中溶解性碳输出的影响

如图 5-45 所示，自然湿地沟渠和水田排水沟渠中 DOC 和 DIC 浓度季节模式有所不同。自然湿地沟渠中 DOC 和 DIC 浓度在 7 月和 8 月丰水期波动较大，在其他月份变化较为平缓；水田排水沟渠中 DOC 和 DIC 浓度的季节波动较为剧烈，且与地表积水中变化模式较为接近，这主要是受人为控制排水灌溉活动的影响。整个生长季自然湿地沟渠、水田排水沟渠中 DOC 和 DIC 浓度的变异系数（CV）分别为 7.09%和 50.54%、39.03%和 39.94%，均表现为水田沟渠中溶解性碳的变异较高，表明水田中溶解性碳的季节波动较大。

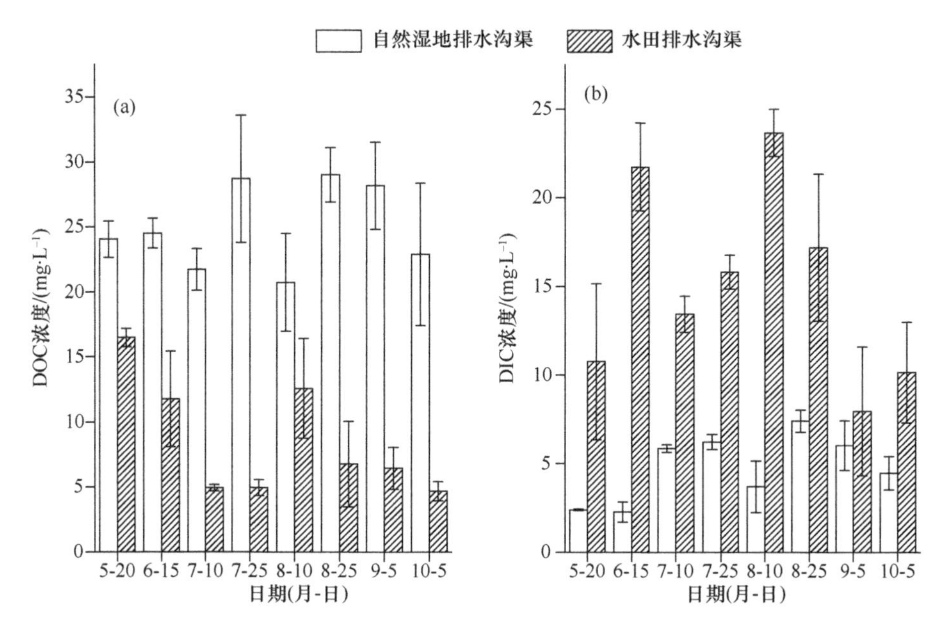

图 5-45 三江平原自然和水田沟渠中 DOC 与 DIC 季节变化动态

如表 5-18 所示，水田和自然湿地排水沟渠中溶解性碳含量及其化学光谱特性有显著性差异。自然沼泽湿地（小叶章沼泽化草甸湿地）沟渠中 DOC 浓度（21.81～29.06 mg·L^{-1}）较水田排水沟渠（2.73～13.72 mg·L^{-1}）高出 1.77 倍（p<0.01）；其 DOC 的 $SUVA_{254}$分别在 3.06～3.92 L·mg^{-1}·m^{-1}和 2.31～3.59 L·mg^{-1}·m^{-1}波动，均值为 3.63(±0.13）和 2.97（±0.21）L·mg^{-1}·m^{-1}，表现为 $SUVA_{254}$（自然湿地排水沟渠）>$SUVA_{254}$（水田排水沟渠），说明湿地排水沟渠输出的 DOC 芳香族化合物含量较多，结构更为复杂，可利用性较低，水田排水沟渠中 DOC 的可利用性较高，容易被分解利用，不利于向周边河流汇入；水田排水沟渠中 DIC 浓度显著增加（p=0.003），DIC/DOC 及 DIC 与溶解性总碳（DTC）的比率均显著高于自然湿地沟渠（p=0.000），表明 DOC 在自然湿地排水沟渠 DTC 中占有优势地位，而 DIC 是水田排水沟渠中 DTC 的主要组成部分。

表 5-18 不同类型湿地排水沟渠中 DOC 和 DIC 的分布特征

沟渠类型	DOC/（mg·L^{-1}）	$SUVA_{254}$/（L·mg^{-1}·m^{-1}）	DIC/（mg·L^{-1}）	DIC/DOC	DIC/DTC
自然湿地排水沟渠	25.02（±0.72）	3.63（±0.13）	4.48（±0.71）	0.18（±0.03）	14.75%（±0.02）
水田排水沟渠	9.02（±1.86）	2.97（±0.21）	14.30（±2.33）	1.84（±0.33）	61.82%（±0.05）
sig.（双尾检验）	0	0.013	0.003	0	0
n	8	8	8	8	8

注：表中数值为均值±标准误；sig.为不同变量之间的 Paired-test 显著性概率

3）讨论与分析

（1）湿地开垦对地表水中溶解性碳的影响。

作为水体中 DOC 的重要来源（Wallage et al.，2006），湿地是连接陆地与水域碳循环的重要枢纽，研究表明自陆地向海洋输入的 DOC 中大约 20%来自湿地（Lugo et al.，

1989），流域内 DOC 的输出量和湿地面积在空间上呈显著的正相关关系（Evans et al.，2005）。湿地开垦将会影响 DOC 的输出潜力，进而影响河流碳输入及其他元素组成的空间分布变化特征（Dawson and Smith，2007；Baker et al.，2008）。本研究表明，与两类自然湿地相比，水田地表积水中及其沟渠中溶解性有机碳含量均显著减少，降低了 DOC 向水域的输出潜力。这主要是由于沼泽湿地垦殖后，农作物的收获使得凋落物的输入量大量减少，土壤的水热条件及氧化还原条件也被改变，残留的地表枯落物、腐烂的根及土壤等淋溶出的溶解性有机碳会在很短时间内大量分解或淋失，而这正是溶解性有机碳重要的源（Kalbitz et al.，2003a）。湿地垦殖后 pH 往往有所升高（张金波，2006），这也是水体中 DOC 含量下降的原因之一，研究表明 DOC 的含量往往随着 pH 的升高而下降（Frey and Smith，2005）。

湿地垦殖后，小叶章沼泽化草甸湿地和毛薹草沼泽湿地地表积水中 DIC/DOC 分别为 6.08%和 11.21%，而水田为 219.53%；自然湿地排水沟渠中 DIC/DOC 也显著低于水田排水沟渠，说明自然湿地水体溶解性碳中 DOC 占主导地位，而湿地垦殖后 DIC 是其主要组成部分，改变了水体溶解性碳内部组分的分配格局。Baker 等（2008）也得出类似结论，研究发现城市土地利用面积的增加使河流中 DIC 的比率有所升高，指出强烈的耕作活动对碳酸盐岩的扰动是导致水体中 DIC 含量增加的主要原因。另有研究表明 DIC 是 DOC 分解过程的产物（Das et al.，2005），DIC 的增多源于 DOC 的分解，但本研究中 3 类湿地中 DOC 与 DIC 并没有达到显著性相关关系（$p>0.05$），这可能是土壤及植被条件的差异使得 DIC 的来源及 DOC 的分解过程较为复杂。施肥活动的激发效应及排水灌溉使得水体中营养条件及氧化还原状况的频繁波动也可能是导致水田水体中 DIC 急剧增加的原因，未来还需进一步深入研究其相关机理。

（2）与环境因子的相关关系。

温度和降水是影响生态系统碳循环的重要因子，如温度升高促进了微生物活性，有机碳矿化速率上升（Oelke and Zhang，2004），并可能改变生态系统的碳汇功能（Piao et al.，2008）。本研究中自然湿地及水田地表积水中 DOC 及 DIC 含量与气温之间均没有达到显著性相关关系（表 5-19），这可能是由于 DOC 及 DIC 的蓄积量受到温度的影响，气温升高可以通过促进微生物呼吸来促进 DOC 的产生，并可以通过提高光合作用促进植物生长及提升根系分泌物数量来增加 DOC 的碳源，但同时伴随温度的升高 DOC 的矿化量增加（Frey and Smith，2005）。毛薹草沼泽湿地地表水中 DOC 的化学光谱特性 $SUVA_{254}$ 与温度达到了显著正相关关系（$p<0.05$），表明随着温度升高毛薹草沼泽湿地地表积水中 DOC 有更多的芳香族化合物蓄积，但小叶章沼泽化草甸湿地及水田地表水中 DOC 的 $SUVA_{254}$ 与温度之间相关关系不显著（$p>0.05$）。

表 5-19　湿地水体中溶解性碳含量与气温的 Pearson 检验系数

湿地	DOC	DIC	$SUVA_{254}$
小叶章沼泽化草甸湿地	0.21NS	0.06NS	0.59NS
毛薹草沼泽湿地	0.02NS	0.13NS	0.78*
水田	0.20NS	0.54NS	–0.07NS

注：NS 代表无显著性相关；*代表相关性达到 0.05 的显著水平

降水可通过改变生态系统的氧化还原条件及对土壤的淋溶冲刷影响溶解性碳的产生与释放。本研究中毛薹草沼泽湿地地表积水的 DIC 含量与降水达到了显著正相关关系（$p<0.05$），说明随着降水量的增加 DIC 在水体中的蓄积量增加，但小叶章沼泽化草甸湿地及水田中 DIC 的含量与降水之间并没有达到显著的相关关系（表 5-20），这可能是由于降水对溶解性碳的影响还受到湿地生态系统土壤及植被等先决条件的制约。Fang 和 Moncrieff（2001）也有类似结论，认为水分条件对气态无机碳释放的制约作用只有在极端干旱和过湿的条件下才会有显著影响。由表 5-20 还可以看出，毛薹草沼泽湿地地表积水中 DOC 含量与降水之间呈负相关关系，表明降水增多致使地表积水中 DOC 含量下降，这可能是由于降水较多对 DOC 浓度形成了稀释效应，但这种负相关关系并没有达到显著性（$p>0.05$），可能是由于降水对 DOC 的影响还受到其他影响因素的制约。

表 5-20　湿地水体中溶解性碳含量与降水的 Pearson 检验系数

降水	DOC	DIC	$SUVA_{254}$
小叶章沼泽化草甸湿地	0.51NS	0.61NS	0.17NS
毛薹草沼泽湿地	–0.28NS	0.80*	0.15NS
水田	0.37NS	–0.411NS	–0.002NS

注：NS 代表无显著性相关；*代表相关性达到 0.05 的显著水平

5.3.2.2　沼泽湿地生态系统溶解性碳输出对湿地退化的响应

1）湿地退化对地表积水中溶解性碳含量的影响

如图 5-46 所示，整个研究阶段（6～10 月）不同类型河滨沼泽湿地 DOC 的季节变化特征不同，但浓度均在 6 月较高，此时气温较低，植物刚刚开始生长，立枯物及根系分泌物均较少，微生物活性也较低，很难用温度、降水、生物活性等影响因子的状况来解释，其较高的 DOC 含量很可能是冻融作用所致。研究表明，冬季死亡的微生物残体能释放出大量的易溶性物质（Schimel and Clein，1996），冻融作用能够促进有机碎屑物

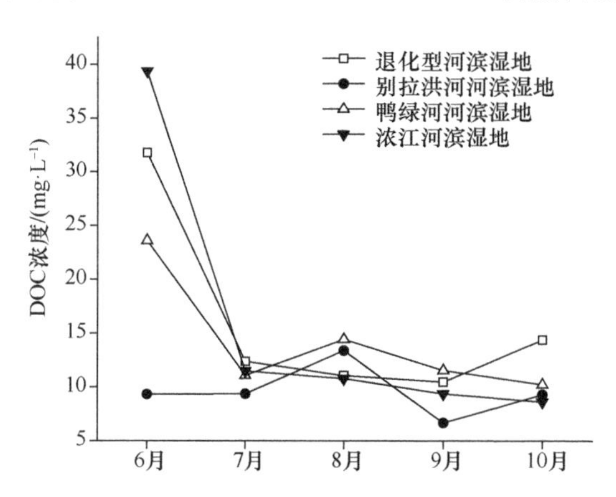

图 5-46　不同类型河滨型湿地地表积水中 DOC 浓度的季节变化

的瓦解和 C、N 的矿化（Prieme and Christensen，2001；Groffman et al.，2001），进而增加了 DOC 的释放量。7～8 月随着温度升高植物开始进入旺盛生长期，根系分泌物不断增加，自然河滨湿地地表积水中 DOC 含量升高，8～9 月降低，这可能是此时温度较低、微生物活性低所致；而退化型河滨湿地 7～9 月波动不大。10 月植物基本停止生长，但此时新鲜凋落物的输入为 DOC 的生成提供了碳源，因此不同类型河滨湿地地表水中 DOC 浓度均呈现出略微增加的趋势。

受土壤及植被条件差异的影响，不同类型河滨型湿地地表积水中 DOC 含量有所不同，但自然河滨型湿地地表积水中 DOC 浓度低于退化型河滨湿地，DOC 在波长 254 nm 的化学光谱特性表现为退化型河滨湿地低于自然河滨湿地（表 5-21），说明湿地退化增加了生态系统向水体中 DOC 的释放量，并改变了 DOC 的组成结构，使 DOC 的可利用性升高。

表 5-21　不同类型河滨型沼泽湿地中 DOC 及其 $SUVA_{254}$ 的比较

变量\采样点	退化型河岸湿地	别拉洪河河滨湿地	鸭绿河河滨湿地	浓江河滨湿地
DOC/（$mg \cdot L^{-1}$）	16.02（4.00）	9.61（1.07）	14.21（2.45）	15.96（5.88）
$SUVA_{254}$/（$L \cdot mg^{-1} \cdot m^{-1}$）	3.10（0.28）	3.20（0.30）	3.82（0.09）	3.61（0.12）

注：表中均值为 5 次采样的平均值，括号内为标准误

2）湿地退化对河滨湿地地表积水中 DIC 的影响

由图 5-47 可以看出，整个生长季节不同河滨湿地地表积水中 DIC 呈现出较为明显的季节差异，退化型河滨沼泽湿地在植物生长初期和末期波动较小，在 8 月出现了极低值，而自然河滨湿地地表积水中 DIC 含量在 8 月达到了峰值，在 10 月退化型河滨湿地、别拉洪河及浓江河滨湿地均略微升高，这可能是因为新鲜凋落物的输入为微生物活动提供了底质，促进了 CO_2 等无机态碳向水体的释放，而此时随着温度的降低近地面气压较高，减少了水体中 CO_2 等气态无机态碳的释放；但鸭绿河河滨湿地在 9 月和 10 月波动不大，这可能是其特殊的土壤及植被条件的差异所致。配对样本 T 检验结果表明，整个生长季退化型沼泽湿地地表积水中 DIC 的含量显著高于别拉洪河河滨湿地及浓江河滨

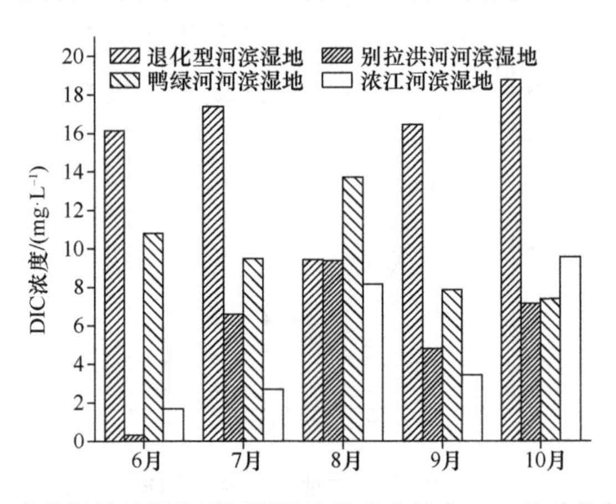

图 5-47　自然湿地及退化型河滨湿地地表水体中 DIC 的季节变化情况

湿地（p=0.019；p=0.014），平均浓度分别高出 1.76 倍和 2.05 倍，同时高于鸭绿河河滨湿地 0.59 倍，但没有达到显著性差异（p=0.097）。

3）湿地退化对河滨型湿地土壤及枯落物中 DOC 含量的影响

土壤和枯落物是水体中 DOC 的重要来源。由图 5-48 可以看出，表层土中 DOC 含量表现为退化型河滨湿地＞别拉洪河河滨湿地＞浓江河滨湿地＞鸭绿河河滨湿地，湿地退化显著增加了生态系统向表层土中 DOC 的释放量（$p<0.05$），分别高出 0.51 倍、0.86 倍及 2.33 倍，同时不同类型自然河滨湿地表层土中 DOC 的含量也有所差异，这可能是其土壤及植被条件的差异所致。如图 5-49 所示，湿地退化明显增加了枯落物中 DOC 的含量，但与鸭绿河河滨湿地和浓江河滨湿地相比没有显著性差异（p=0.139；p=0.396），与别拉洪河差异显著（p=0.014）。退化型河滨湿地枯落物中 DOC 占总碳的 1.59%，高于 3 类自然河滨湿地（1.23%、1.43%、0.96%），说明湿地退化增加了枯落物向土壤及水体中活性有机碳的归还。

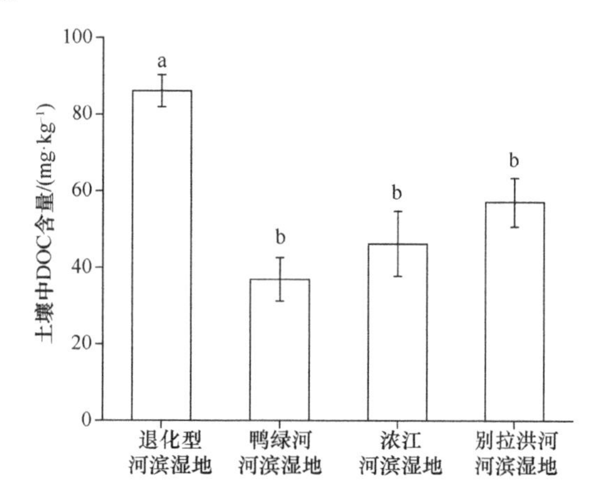

图 5-48 不同河滨湿地土壤中溶解性有机碳的分布情况

不同小写字母表示差异性显著（$p<0.05$）

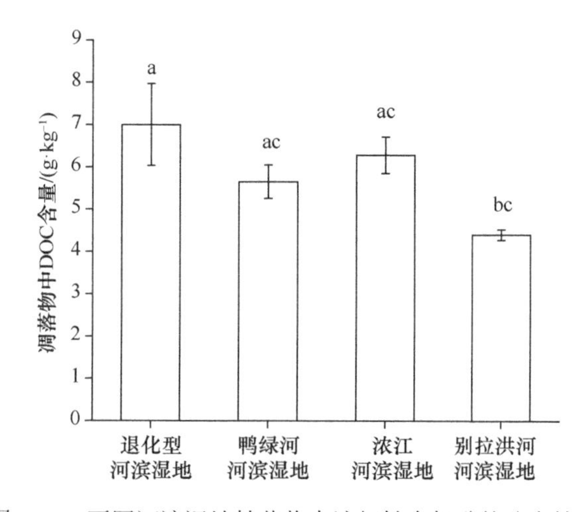

图 5-49 不同河滨湿地枯落物中溶解性有机碳的分布情况

不同小写字母表示差异性显著（$p<0.05$）

5.3.2.3 土地利用变化对河流碳输出的影响

1）湿地开垦对河流碳输出的影响

排水是湿地和农田系统中溶解性碳输出的一个重要途径，对水体生态系统的结构与功能会产生不同程度的影响。湿地开垦之后，排水干渠在地表水向外排泄的过程中扮演了重要角色，同时也输出一定数量的溶解性碳。沼泽性河流和排水干渠分别代表着湿地开垦前后三江平原地表水体中溶解性碳的输出途径，它们对黑龙江中碳通量的贡献尚不清楚。本研究结果表明，三江平原主要排水干渠中 DOC、DIC 及 DTC 的平均含量均高于黑龙江和乌苏里江干流（表 5-22），说明排干沟渠也是两大水系的碳源之一。通过对比发现，排干沟渠中 DOC、DIC 及 DTC 的平均含量低于沼泽性河流，由于排干沟渠流量也低于沼泽性河流，这意味着农田排水输出到干流中的溶解性碳的贡献要低于沼泽性河流。而退化型沼泽性河流 DOC、DIC 及 DTC 的平均含量均明显高于沼泽性河流，分别高 11.52%、61.05%和 36.59%，说明湿地退化增加了溶解性碳随径流途径的损失。

表 5-22 区域尺度上溶解性碳（DTC、DIC、DOC）的含量及其形态分布特征

类型	采样点	时间	DTC	DOC	$SUVA_{254}$	DIC	DIC/DTC
农田排水	勤得利排干	5～10 月	17.63（3.05）	8.99（1.11）	3.67（0.35）	8.64（2.69）	45.95%（0.07）
	二道河排干		12.14（1.57）	7.29（0.90）	3.64（0.46）	5.66（1.32）	42.75%（0.08）
	别拉红河排干		20.74（3.83）	8.21（2.44）	4.09（0.78）	12.52（1.61）	63.86%（0.05）
	均值		16.83（2.51）	8.16（0.49）	3.80（0.15）	8.94（1.99）	50.85%（0.07）
沼泽性河流	挠力河	5～10 月	21.22（4.32）	10.93（1.09）	2.27（0.40）	10.29（5.21）	43.07%（0.13）
	别拉红河		17.71（1.53）	9.28（0.89）	3.36（0.37）	8.43（1.30）	46.83%（0.04）
	鸭绿河		19.68（1.51）	9.44（1.53）	3.68（0.28）	10.24（1.71）	51.59%（0.07）
	浓江		13.99（0.99）	7.17（0.82）	3.63（0.21）	6.93（1.64）	47.08%（0.08）
	青龙河		20.62（3.09）	9.65（2.08）	3.77（0.60）	10.96（1.12）	56.67%（0.05）
	均值		18.64（1.31）	9.29（0.61）	3.34（0.28）	9.37（0.74）	49.05%（0.02）
退化型沼泽性河流	前锋农场	5～10 月	25.46（4.29）	10.36（1.99）	3.56（0.52）	15.09（2.43）	60.11%（0.02）
黑龙江	抚远	5～10 月	14.21（0.72）	6.92（0.82）	4.29（0.37）	7.29（0.98）	51.79%（0.04）
乌苏里江	海青	5～10 月	12.26（1.33）	5.84（0.59）	4.11（0.33）	6.42（0.98）	51.39%（0.03）

注：DOC、DIC 和 DTC 单位为 $mg \cdot L^{-1}$；$SUVA_{254}$ 单位为 $L \cdot mg^{-1} \cdot m^{-1}$，括号内为标准误差

对 DOC 的化学光谱特性的分析结果表明，农田排水、沼泽性河流及退化型沼泽性河流 $SUVA_{254}$ 平均值均小于两大干流黑龙江和乌苏里江，干流中 DOC 的化学结构更为复杂，可利用性较低，这可能是由于 DOC 在随径流传输的过程中矿化掉了部分可利用性较高的碳组分。Algesten 等（2004）对瑞士北部 80 000 条河流中碳的矿化进行了研究，结果表明 30%～80%的碳在由河流运移的过程中矿化掉，最终使干流水体中有更多的芳香族化学物积累。不同类型水体中 $SUVA_{254}$ 均值表现为农田排水（3.80 $L \cdot mg^{-1} \cdot m^{-1}$）＞退化型沼泽性河流（3.56 $L \cdot mg^{-1} \cdot m^{-1}$）＞沼泽性河流（3.34 $L \cdot mg^{-1} \cdot m^{-1}$），说明排水干渠及退化型沼泽性河流中 DOC 的化学结构更为复杂，芳香族化合物较多，可利用性低。

为便于分析水体中溶解性碳的形态分布，我们以 DIC/DTC 表示水体中 DIC 与 DOC

的相对含量，如果 DIC/DTC＞50%，则表明以 DIC 为主。由表 5-22 可见，三江平原水体中 DIC/DTC 为 42.75%～63.86%，表明 DIC 也是三江平原水体中溶解性碳的重要组成部分。其中农田排水干渠中 DIC/DTC 的平均值是 50.85%，说明区域尺度上农田排水中可溶性碳的存在形态以 DIC 为主，但同时也可以看出农田排水干渠中 DIC/DTC 略高于沼泽性河流(49.05%)，表明在区域尺度上湿地开垦降低了地表水体中 DOC 的相对含量，这主要是由于排水干渠中的水体主要源于上游分布的水田，受灌溉施肥的影响导致水体中无机碳含量较高。退化型沼泽性河流 DIC/DTC 均值为 60.11%，高于农田排水和沼泽性河流，可见湿地退化增加了地表水中 DIC 的相对含量，表明湿地退化过程中可溶性碳的增加较大程度上取决于 DIC 的增多。

2）农田排水期不同水体中可溶解性碳含量分布特征

5 月初水田内施加了大量的有机及无机肥料，开始进入泡田期，地下水通过灌溉进入水田后被排出或者通过侧渗进入排水渠。5 月底水田大量排水后监测排水干渠中可溶性碳的含量，并与沼泽性河流及主要干流进行对照，具有特殊的意义。对 DOC 化学光谱特性的分析结果表明，排水干渠中 DOC 的 $SUVA_{254}$（2.52 $L·mg^{-1}·m^{-1}$）高于退化型沼泽性河流（2.45 $L·mg^{-1}·m^{-1}$），但低于沼泽性河流（2.65 $L·mg^{-1}·m^{-1}$），表明不同类型水体输出的 DOC 结构不同，其中沼泽性河流中 DOC 芳香族化学物含量最高，而湿地退化导致水体中 DOC 的化学结构较为简单，可利用性较高。如图 5-50 所示，排水干渠、沼泽性河流及退化型沼泽性河流中 DOC、DIC 及 DTC 含量均明显高于黑龙江［(10.20±0.04) $mg·L^{-1}$、(6.54±0.01) $mg·L^{-1}$、(16.75±0.03) $mg·L^{-1}$］和乌苏里江［(3.92±0.15) $mg·L^{-1}$、(3.59±0.06) $mg·L^{-1}$、(7.51±0.20) $mg·L^{-1}$］，对两大水系表现出明显的碳源贡献作用。其中，排水干渠中 DTC 的平均含量［(26.07±8.19) $mg·L^{-1}$］要高于沼泽性河流［(20.28±2.09) $mg·L^{-1}$］，但仍低于退化型沼泽性河流（37.11$mg·L^{-1}$），可见农田排水期排干

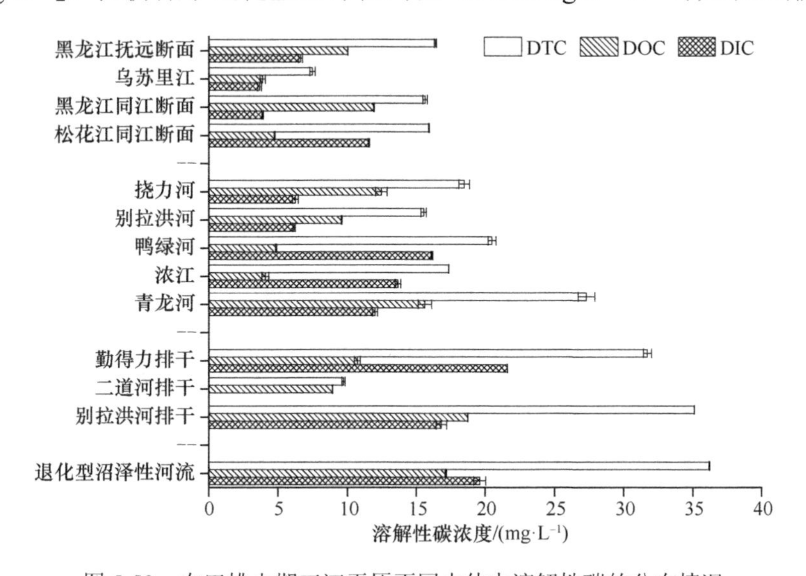

图 5-50 农田排水期三江平原不同水体中溶解性碳的分布情况

沟渠对河流碳输出的贡献要高于沼泽性河流，但明显低于退化型沼泽性河流，表明湿地退化可能是影响河流碳输出更为重要的方式。

3）不同级别排干沟渠中可溶性碳的分布情况

别拉洪河排干是三江平原最大的农田排水渠系，小的水系汇入别拉洪河排水沟渠，最终汇入乌苏里江。选择别拉洪河二级和三级排干沟渠，分别是洪河农场二三排干和连环炮排干，在5～10月进行了逐月6次采样。不同级别沟渠中DOC含量均表现出较为明显的季节变化趋势（图5-51），其中5月DOC含量普遍偏高，这主要是由于5月正值水稻田泡田期，地下水通过灌溉进入水田不久就被排出或者通过侧渗进入排水渠，而水田在插秧前施加了有机肥，水田地表积水中DOC的增多可能与有机肥中的腐殖酸发生分解有关，同时水田排水进入沟渠的过程中，径流对土壤的冲刷过程也可能是溶解性有机碳的主要来源。随着时间的推移，水田的灌溉频率逐渐降低，DOC的可迁移量逐渐减少，因此3类沟渠中DOC的含量在5～7月都呈现出下降的趋势；8～9月随着降雨的减少使得农田不易形成排水，导致此时排水沟渠中DOC含量较低；但在10月水稻收割后，沟渠中DOC含量均表现出增加的现象，这可能是水田收割后土壤翻耕导致了部分溶解性有机碳的释放，在雨水冲刷下进入沟渠所致。

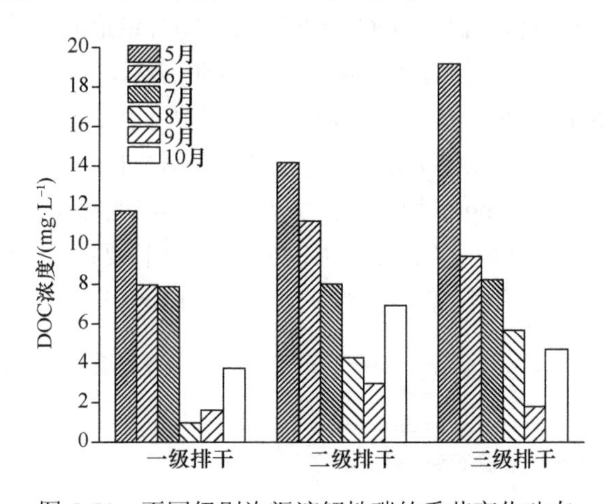

图5-51　不同级别沟渠溶解性碳的季节变化动态

从不同形态可溶性碳的分布来看，三级排干DIC与DTC的比率为48.23%～81.60%，平均值为66.12%（0.05）；二级排干DIC与DTC的比率为45.23%～73.86%，平均值为63.75%（0.04）；一级排干DIC与DTC的比率为46.75%～83.27%，平均值为63.86%（0.05），表明DIC是排干沟渠中可溶性碳的主要组成部分，但由二、三级排干至一级排干DIC及DTC平均含量并没有表现贡献作用，而DOC平均含量分别增加3.03%和44.53%（图5-52），这可能是由于与DOC相比，DIC更容易在随径流传输过程中损失所致；但在农田排水期由二、三级排干至一级排干，沟渠中DOC、DIC及DTC均呈现出增加的趋势（图5-53），由三级沟渠到一级沟渠DOC浓度分别升高了63.30%和34.58%，DIC了升高53.85%和43.05%，DTC升高了58.74%和38.41%，表明农田排水期是排水沟渠对水系碳源贡献的关键时期。

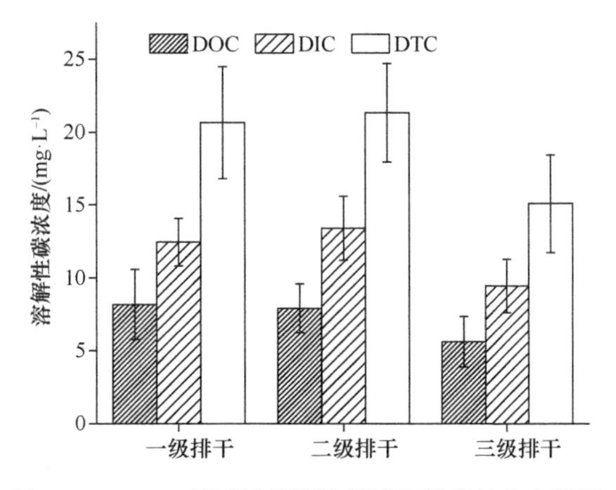

图 5-52　5～10 月不同级别沟渠溶解性碳的分布情况

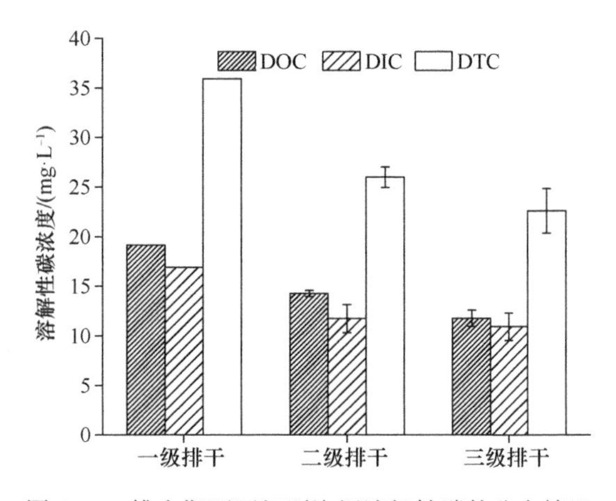

图 5-53　排水期不同级别沟渠溶解性碳的分布情况

5.4　结论与展望

5.4.1　主要结论

本章主要基于生态系统碳循环过程对湿地垦殖响应研究领域的热点问题，选择黑龙江省东北部湿地垦殖较为严重的三江平原作为研究对象，以水、土、气三大碳库为系统介质，通过田间调查、野外对比观测、模型估算等手段，研究了不同土地利用方式下土壤有机碳储量分布特征及整个三江平原湿地土壤有机碳储量随时间尺度的损失情况，揭示了湿地开垦过程中外源氮输入对沼泽湿地碳释放动态的影响，分析了不同土地利用方式下土壤呼吸特征及其生态系统地-气交换动态，同时评估了湿地垦殖对不同生态系统溶解性有机碳含量的影响，并初步调查了三江平原河流可溶性碳分布特征及其对排干沟渠修建的响应。研究得出如下主要结论。

（1）不同土地利用方式下，土壤有机碳含量与有机碳密度均呈自上而下降低的趋势，且随着深度的增加垂直差异变小。开垦降低了土壤有机碳含量和有机碳密度，并改变了其在表层的分布结构特征。开垦降低了土壤有机碳储量，且耕地的影响大于林地，而退耕还湿有利于土壤有机碳的固定。

（2）湿地开垦导致三江平原 1980～2001 年 1 m 剖面内土壤有机碳储量减少了 485.08 Tg C；不同年代土壤有机碳储量损失有较大差异，1980～1990 年土壤有机碳储量减少了 285.13 Tg C，1990～2000 年土壤有机碳储量减少了 210.68 Tg C。整体上，三江平原土壤有机碳储量的损失量呈现下降的趋势，这与湿地的开发历史密切相关。

（3）农业施肥过程中大量氮素随径流等过程进入湿地生态系统，研究表明，氮输入初期表现为随氮输入量的增大对 CO_2 和 N_2O 排放通量的促进作用呈现不断增大趋势，且以高氮输入的激发效应最强。高氮输入初期促进了沼泽湿地生态系统 CH_4 排放，但促进作用弱于低氮和中氮输入，且在氮输入第 3 年、第 4 年及第 5 年均表现为抑制 CH_4 排放，说明适度的氮输入促进了 CH_4 排放，但过多的氮输入抑制了 CH_4 排放，并随氮输入年限的延长抑制作用增强。

（4）不同土地利用方式下土壤呼吸释放量表现为人工林地＞大豆田＞退耕还湿地＞沼泽湿地，说明湿地开垦增加了土壤呼吸碳排放通量，而退耕还湿后减少了土壤呼吸碳释放量。湿地开垦降低了生态系统 CH_4 净释放量，对 CO_2 和 N_2O 的影响由开垦方式及湿地类型共同决定。与其他生态系统 CH_4 和 N_2O 的增温潜势由 20 年到 500 年时间尺度逐步降低的趋势不同，旱田则呈现先升高后降低的趋势，改变了温室气体 CH_4 和 N_2O 在时间尺度上的增温潜势格局。

（5）1986～2005 年，整个三江平原碳排放（CO_2 和 CH_4）由 2.95 Tg 增加至 3.85 Tg，其中沼泽湿地碳排放由 0.90 Tg 降至 0.50 Tg，对整个三江平原温室气体排放的贡献由 30.35%降至 12.89%，而旱田总碳释放量由 2.01 Tg 增加至 2.6 Tg，贡献率由 67.99%降至 67.82%，水田由 0.049 Tg 增加至 0.74 Tg，贡献率由 1.66%增加至 19.29%。

（6）自然湿地地表积水中 DOC 浓度均显著高于水田，平均浓度分别较人工湿地高 4.78 倍和 2.24 倍。整个生长季 $SUVA_{254}$ 表现为 $SUVA_{254}$（小叶章沼泽化草甸湿地）＞$SUVA_{254}$（毛薹草沼泽湿地）＞$SUVA_{254}$（水田），说明湿地开垦不仅显著降低了生态系统表层水体中的 DOC 含量，同时降低了 DOC 的稳定性，不利于 DOC 在水体中的累积。湿地开垦后，地表水体中 DIC 的浓度显著增加，水田地表积水中 DIC 含量分别较两类自然湿地（小叶章沼泽化草甸湿地和毛薹草沼泽湿地）高出 5.25 倍和 5.04 倍。

（7）伴随湿地开垦排水沟渠的修建已成为三江平原景观格局变化的特点之一，这极大地改变了三江平原原始的水文条件，研究结果表明农田排水干渠中 DTC、DIC 及 DOC 的平均含量均高于主要干流黑龙江及乌苏里江，是两大水系的重要碳源之一，但其平均含量均低于沼泽性河流，说明开垦降低了地表水对水系碳的贡献能力。开垦过程中所伴随的湿地景观格局破碎化及外源氮、磷等物质的输入导致三江平原湿地退化在不断加剧，研究表明退化型沼泽性河流中 DTC、DIC 及 DOC 的含量均明显高于沼泽性河流，改变了河流碳输出原有的模式。

5.4.2 存在的问题与展望

土地利用变化是一个全球性的问题，其对陆地生态系统碳循环的影响已成为诸多学科的研究热点，尤其是随着全球变暖的不断加剧，深入研究土地利用变化对陆地生态系统碳循环的影响机制，准确评估和预测土地利用变化对陆地生态系统碳储量的影响，为采取合理措施缓解温室气体的排放提供数据支撑。但是由于陆地生态系统碳循环过程本身的复杂性，以及定量化研究土地利用变化对碳循环过程影响的艰难性，使得对这一问题的研究还存在着诸多不确定性，主要表现在以下几个方面。

（1）对土地利用变化所导致的碳氮耦合关系的区域研究还比较少：碳氮循环是陆地生态系统重要的生物地球化学过程，其中，氮的供应直接影响碳的固定、分配与累积，但是定量化研究土地利用变化过程对氮的影响及人为管理所造成的氮素分布的复杂性，在区域及全球范围内研究碳氮耦合对土地利用变化响应的相关报道还不多见。

（2）试验观测数据的局限性：如观测的试验数据设计在特定环境中，加之植被类型和地域的不同，不能代表区域的普遍性；试验观测数据仅局限于碳循环的部分过程，对于生态系统作为一个整体的响应很难基于简单的试验完成；另外，缺乏长期的定位观测数据。

（3）土地利用方式变化研究的片面性：目前国内外学者大多数集中于对森林及草原生态系统的研究，对于在全球碳平衡中扮演着重要角色的湿地生态系统的研究还非常薄弱；相对于土地利用类型变化的多元性，所研究的土地利用类型变化结构也较为单一；另外，对于同种土地利用方式内部的渐变所造成的碳储量的变化研究也还非常少。

（4）模型模拟的不确定性：目前，在利用模型模拟土地利用变化对碳循环的影响时，大多数研究是通过对影响过程简单地设定参数来实现；对于土地利用变化前后植物的年龄结构和生长情况也往往看作是静态的，这都极大地影响了模型模拟的准确性。

（5）湿地生态系统研究还相对比较薄弱：目前关于湿地生态系统碳循环对土地利用变化响应及其反馈机制的研究大多是基于微观尺度开展，跨时间和空间尺度的报道尚不多见；湿地碳释放特征对土地利用变化的响应体现于 CO_2 与 CH_4 之间的平衡，虽然目前大多数研究认为开垦增加了 CO_2 释放量、降低了 CH_4 释放量，但对于碳源/汇的分析尚不明确。

针对以上问题，我们认为还需要在以下几个方面开展进一步的工作。

（1）注重生物地球化学过程对土地利用变化响应的研究，系统全面地研究其影响机制，开展碳循环与气候、水和氮等诸多过程的综合研究。

（2）加强多手段与多尺度研究，将地面观测、碳循环模型及遥感、地信技术相结合；加强站点及政府间合作，实现数据信息互通和共享，为正确评价区域及全球土地利用变化对陆地生态系统碳循环的影响提供可靠的数据支持。

（3）加强生态系统碳循环模型的发展：土地利用变化模型与湿地生态系统碳循环过程模型的结合与发展是未来全球变化研究中的主要方向之一。加强湿地过程模型的开发，开发基于过程的土地利用变化、植物生长和生物地球化学模式的耦合模型的研究，使模型能够更贴切地模拟多种土地利用类型之间的变化对碳循环过程的影响；将动态机理模型更好地运用于模拟土地利用变化对湿地碳循环的影响过程中，为保护湿地提供数据资料。

参 考 文 献

摆万奇, 赵士洞. 1997. 土地利用和土地覆盖变化研究模型综述. 自然资源学报, 12(2): 169-175.
曹明奎, 李克让. 2000. 陆地生态系统与气候相互作用的研究进展. 地球科学进展, 15(4): 446-452.
陈泮勤, 孙成权, 等. 1994. 国际全球变化研究核心计划(二). 北京: 气象出版社.
陈全胜, 李凌浩, 韩兴国, 等. 2003. 水分对土壤呼吸的影响及机理. 生态学报, 10(4): 972-978.
陈四清, 崔骁勇, 周广胜, 等. 1999. 内蒙古锡林河流域大针茅草原土壤呼吸和凋落物分解的 CO_2 排放速率研究. 植物学报, 41(6): 645-650.
程慎玉, 张宪洲. 2003. 土壤呼吸中根系与微生物呼吸的区分方法与应用. 地球科学进展, 18(4): 597-602.
邓琦, 刘世忠, 刘菊秀, 等. 2007. 南亚热带森林凋落物对土壤呼吸的贡献及其影响因素. 地球科学进展, 22(9): 976-986.
方精云, 唐艳鸿, 林俊达, 等. 2000. 全球生态学　气候变化与生态响应. 北京: 高等教育出版社: 118.
傅伯杰. 陈利顶. 马克明. 等. 2002. 景观生态学原理及应用. 北京: 科学出版社.
傅伯杰, 郭旭东, 陈利顶, 等. 2001. 土地利用变化与土壤养分的变化——以河北省遵化县为例. 生态学报, 21(6): 926-931.
高志强, 刘纪远, 曹明奎, 等. 2004a. 土地利用和气候变化对农牧过渡区生态系统生产力和碳循环的影响. 中国科学 D 辑: 地球科学, 34(10): 946-957.
高志强, 刘纪远, 曹明奎, 等. 2004b. 土地利用和气候变化对区域净初级生产力的影响. 地理学报, 59(4): 581-591.
汲玉河, 吕宪国, 杨青, 等. 2004. 三江平原湿地毛果苔草群落的演替特征. 湿地科学, (2): 139-144.
李瑾璞, 于秀波, 夏少霞, 等. 2020. 白洋淀湿地区土壤有机碳密度及储量的空间分布特征. 生态学报, 40(24): 8928-8935.
李文娟, 朱凯, 冉义国, 等. 2021. 土地利用与反季节水位波动影响下土壤活性有机碳的组分特征. 水土保持学报, 35(2): 178-183, 192.
李忠佩, 王效举. 1998. 红壤丘陵区土地利用方式变更后土壤有机碳动态变化的模拟. 应用生态学报, 9(4): 365-370.
梁文举, 闻大中, 李维光, 等. 2000. 开垦对农业生态系统土壤有机碳动态变化的影响. 农业系统科学与综合研究, 16(4): 241-244.
刘纪远, 王绍强, 陈镜明, 等. 2004. 1990—2000 年中国土壤碳氮蓄积量与土地利用变化. 地理学报, 59(4): 483-496.
刘景双, 杨继松, 于君宝, 等. 2003. 三江平原沼泽湿地土壤有机碳的垂直分布特征研究. 水土保持学报, 17 (3): 5-8.
刘红玉, 吕宪国, 张世奎, 等. 2005. 三江平原流域湿地景观破碎化过程研究. 应用生态学报, 16(2): 289-295.
刘启明, 朴河春, 郭景恒, 等. 2001. 应用 $\delta^{13}C$ 值探讨土壤中有机碳的迁移规律. 地质地球化学, 29(1), 32-35.
刘绍辉, 方精云. 1997. 土壤呼吸的影响因素及全球尺度下温度的影响. 生态学报, 17(5): 469-476.
黑龙江省土壤普查办公室. 1990. 黑龙江省第二次土壤普查数据册(上、下册). 哈尔滨: 黑龙江省土地勘测利用技术中心.
龙健, 黄昌勇, 腾应, 等. 2003. 矿区废弃地土壤微生物及其生化活性. 生态学报, 23(3): 496-503.
栾兆擎, 邓伟, 朱宝光. 2004. 洪河国家级自然保护区湿地生态环境需水初探. 干旱区资源与环境, 18(1): 59-63.
倪进治, 徐建民, 谢正苗. 2000. 土壤轻组有机质. 环境污染治理技术与设备, 1(2): 58-64.
倪进治, 徐建民, 谢正苗. 2003b. 有机肥料施用后潮土中活性有机质组分的动态变化. 农业环境科学学报, 22(4): 416-419.
倪进治, 徐建民, 谢正苗, 等. 2001. 不同有机肥料对土壤生物活性有机质组分的动态影响. 植物营养与肥料学报, 7(4): 374-378.
倪进治, 徐建民, 谢正苗, 等. 2003a. 不同施肥处理下土壤水溶性有机碳含量及其组成特征的研究. 土壤学报, 40(5): 724-730.
宋长春, 王毅勇, 阎百兴, 等. 2004a. 沼泽湿地开垦后土壤水热条件变化与碳、氮动态. 环境科学, 25(3): 150-154.
宋长春, 杨文艳, 徐小锋, 等. 2004b. 沼泽湿地生态系统土壤 CO_2 和 CH_4 排放动态及影响因素. 环境科学, 25(4): 1-6.
宋开山, 刘殿伟, 王宗明, 等. 2008. 1954 年以来三江平原土地利用变化及驱动力. 地理学报, (1): 93-104.
孙维侠, 史学正, 于东升. 2003. 土壤有机碳的剖面分布特征及其密度的估算方法研究——以我国东北地区为例. 土壤, 35(3): 236-241.
王葆芳, 王志刚, 江泽平, 等. 2003. 干旱区防护林营造方式对沙漠化土地恢复能力的影响研究. 中国沙漠, 23(3): 236-241.
王丽丽, 宋长春, 葛瑞娟, 等. 2009b. 三江平原不同土地利用方式下土壤有机碳储量研究. 中国环境科学, 29(6): 656-660.
王丽丽, 宋长春, 郭跃东, 等. 2009a. 三江平原不同土地利用方式下凋落物对土壤呼吸的贡献. 环境科学, 30(11): 3130-3135.
王绍强, 陈育峰. 1998. 陆地表层碳循环模型研究及其趋势. 地理科学进展, 17(4): 64-72.
王绍强, 刘纪远, 于贵瑞. 2003. 中国陆地土壤有机碳蓄积量估算误差分析. 应用生态学报, 15(5): 797-802.
王艳芬, 陈佐忠. 1998. 人类活动对锡林郭勒地区主要草原土壤有机碳分布的影响. 植物生态学, 22(6): 545-551.
王义祥, 翁伯琦, 黄毅斌. 2005. 土地利用和覆被变化对土壤碳库和碳循环的影响. 亚热带农业研究, 1(3): 44-51.
吴建国, 张小全, 徐德应. 2003. 六盘山林区几种土地利用方式土壤呼吸时间格局. 环境科学, 24(6): 23-32.
徐阳春, 沈其荣, 冉炜. 2002. 长期免耕与施用有机肥对土壤微生物生物量碳、氮、磷的影响. 土壤学报, 39(1): 83-90.
杨倩. 2005. 不同土地利用方式对土壤碳素平衡影响的研究. 中国农业大学硕士学位论文.
于贵瑞, 李海涛, 王绍强. 2003. 全球变化与陆地生态系统碳循环和碳蓄积. 北京: 气象出版社.
张成娥, 梁银丽, 贺秀斌. 2002. 地膜覆盖玉米对土壤微生物量的影响. 生态学报, 22(4): 508-512.
张甲珅, 陶澍, 曹军. 2001. 土壤水溶性有机物与富里酸分子量分布的空间结构特征. 地理研究, 20(1): 76-82.
张金波. 2006. 三江平原湿地垦殖和利用方式对土壤碳组分的影响. 中国科学院研究生院博士学位论文.
赵娣, 董峻宇, 季舒平, 等. 2019. 1978 年以来 5 个时期南四湖区土地利用格局及土壤有机碳储量. 湿地科学, 17(6): 637-644.
赵魁义. 1999. 中国沼泽志. 北京: 科学出版社.
赵永清, 姚景辉, 李丽娟, 等. 2003. 三江平原地下水位下降分析. 黑龙江水专学报, 30(3): 10-13.
周涛, 史培军. 2006. 土地利用变化对中国土壤碳储量变化的间接影响. 地球科学进展, 21(2): 138-143.
周涛, 史培军, 王绍强. 2003. 气候变化及人类活动对中国土壤有机碳储量的影响. 地理学报, 58(5): 727-734.
Chapin Ⅲ S F, Maston P A, Mooney H A, et al. 2005. 陆地生态系统生态学原理. 李博, 赵斌, 彭容豪,

等译. 北京: 高等教育出版社, 144-145.
Ågren A, Buffam I, Berggren M, et al. 2008. Dissolved organic carbon characteristics in boreal streams in a forest-wetland gradient during the transition between winter and summer. Journal of Geophysical Research Biogeosciences, 113: G03031.
Ågren A, Buffam I, Jansson M, et al. 2007. Importance of seasonality and small streams for the landscape regulation of dissolved organic carbon export. Journal of Geophysical Research-Biogeosciences, 112(G3): G03003.
Algesten G, Sobek S, Bergström A K, et al. 2004. Role of lakes for organic carbon cycling in the boreal zone. Global Change Biology, 10: 141-147.
Allen A S, Schlesinger W H. 2004. Nutrient limitations to soil microbial biomass and activity in loblolly pine forests. Soil Biology and Biochemistry, 36: 581-589.
Alm J, Schulman L, Walden J, et al. 1999. Carbon balance of a boreal bog during a year with an exceptionally dry summer. Ecology, 80(1): 161-174.
Alvarez C R, Alvarez R, Grigera M S, et al. 1998. Associations between organic matter fractions and the active soil microbial biomass. Soil Biology & Biochemistry, 30: 767-773.
Alvarez R, Alvarez C R. 2000. Soil organic matter pools and their associations with carbon mineralization kinetics. Soil Science Society of America Journal, 64: 184-189.
Amon R M W, Fitznar H P, Benner R. 2001. Linkages among the bioreactivity, chemical composition and diagenetic state of marine dissolved organic matter. Limnology and Oceanography, 46: 287-297.
An S, Li H, Guan B, et al. 2007. China's natural wetlands: past problems, current status, and future challenges. AMBIO, 36(4): 335-342.
Armentano T V, Menges E S. 1986. Patterns of change in the carbon balance of organic soil-wetlands of the temperate zone. Journal of Ecology, 74: 755-774.
Badia D V, Aleaniz J M. 1993. Basal and specific microbial respiration in semiarid agricultural Soils: organic amendment and irrigation management effects. Geomicrobiology Journal, 11(3): 261-274.
Baker A, Cumberland S, Hudson N. 2008. Dissolved and total organic and inorganic carbon in some British rivers. Area, 4(1): 117-127.
Baron J S, Reuth H M, Wolfe A M, et al. 2000. Ecosystem responses to nitrogen deposition in the Colorado front range. Ecosystems, 3: 352-368.
Barrios E, Buresh R J, Sprent J I. 1996. Organic matter in soil particle size and density fractions from maize and legume cropping systems. Soil Biology & Biochemistry, 28(2): 185-193.
Bowen S, Gregorich E, Hopkins D. 2009. Biochemical properties and biodegradation of dissolved organic matter from soils. Biology and Fertility of Soils 45(7): 733-742.
Calderón F J, Jackson L E, Scow K M, et al. 2000. Microbial responses to simulated tillage in cultivated and uncultivated soils. Soil Biology & Biochemistry, 32: 1547-1559.
Camberdella C A, Elliott E T. 1994. Carbon and nitrogen dynamics of soil organic matter fractions from cultivated grassland soils. Soil Science Society of America Journal, 58: 123-130.
Campbell C A, Biederbeck V O, Wen G, et al. 1999. Seasonal trends in selected soil biochemical attributes: effects of crop rotation in the semiarid prairie. Canadian Journal of Soil Science, 79: 73-84.
Carpenter-Boggs L, Stahl P D, Lindstrom M J, et al. 2003. Soil microbial properties under permanent grass, conventional tillage, and no-till management in South Dakota. Soil & Tillage Research, 71: 15-23.
Chagas C I, Santanatoglia O J, Castiglioni M G, et al. 1995. Tillage and cropping effects on selected properties of an Argiudoll in Argentina. Communications in Soil Science and Plant Analysis, 26(5-6): 643-655.
Chantigny M H, Angers D A, Beauchamp C J. 2000. Decomposition of de-inking paper sludge in agricultural soils as characterized by carbohydrate analysis. Soil Biology & Biochemistry, 32: 1561-1570.
Chantigny M H, Angers D A, Prévost D, et al. 1999. Dynamics of soluble organic C and C mineralization in cultivated soils with varying N fertilization. Soil Biology & Biochemistry, 31: 543-550.
Chantigny M H, Angers D A, Rochette P. 2002. Fate of carbon and nitrogen from animal manure and crop residues in wet and cold soils. Soil Biology & Biochemistry, 34: 509-517.

Chantigny M H. 2003. Dissolved and water-extractable organic matter in soils: a review on the influence of land use and management practices. Geoderma, 113: 357-380.

Chapin III F S, Matson P A, Mooney H A. 2002. Principles of Terrestrial Ecosystem Ecology. New York, NY, USA: Springer-Verlag.

Cheng W X, Zhang Q L, Coleman D C, et al. 1996. Is available carbon limiting microbial respiration in the rhizosphere? Soil Biology & Biochemistry, 28 (10-11): 1283-1288.

Chin Y P, Aiken G, Loughlin E O. 1994. Molecular weight, polydispersity, and spectroscopic properties of aquatic humic substances. Environmental Science & Technology, 28: 1853-1858.

Christensen B T. 2000. Organic matter in soil-structure, function and turnover. DIAS Report NO. 30 Plant Production, Tjele: 95.

Clay D E, Clay S A, Liu Z, et al. 1995. Leaching of dissolved organic carbon in soil following anhydrous ammonia application. Biology and Fertility of Soils, 19: 10-14.

Costanza R, d'Arge R, De Groot R, et al. 1997. The value of the world's ecosystem services and natural capital. Nature, 387(6630): 253-260.

Creed I, Beall F, Clair T, et al. 2008. Predicting export of dissolved organic carbon from forested catchments in glaciated landscapes with shallow soils. Global Biogeochemical Cycles, 22: GB4024.

Das A, Krishnaswami S, Bhattacharya S K. 2005. Carbon isotope ratio of the dissolved inorganic carbon (DIC) in rivers draining the Deccan Traps, India: sources of DIC and their magnitudes. Earth and Planetary Science Letters, 236: 419-429.

Davidson E A, Janssens I A. 2006. Temperature sensitivity of soil carbon decomposition and feedbacks to climate change. Nature, 440: 165-173.

Dawson J J C, Smith P. 2007. Carbon losses from soil and its consequences for land-use management. Science of the Total Environment, 382: 165-190.

de Campos C P, Muylaert M S, Rosa L P. 2005. Historical CO_2 emission and concentrations due to land use change of croplands and pastures by country. Science of the Total Environment, 346: 149-155.

DeFries R S, Field C B, Fung I, et al. 1999. Combining satellite data and biogeochemical models to estimate global effects of human-induced land cover change on carbon emissions and primary productivity. Global Biogeochemical Cycles, 13(3): 803-815.

Euliss N H, Gleason R A, Olness A, et al. 2006. North American prairie wetlands are important non-forested land-based carbon storage sites. Science of the Total Environment, 361: 179-188.

Evans C, Monteith D, Cooper D. 2005. Long-term increases in surface water dissolved organic carbon: observations, possible causes and environmental impacts. Environmental Pollution, 137(1): 55-71.

Fang C, Moncrieff J B. 2001. The dependence of soil CO_2 efflux on temperature. Soil Biology & Biochemistry, 33: 155-165.

Forster P M D, Shine K P, Stuber N. 2006. It is premature to include non-CO_2 effects of aviation in emission trading schemes. Atmospheric Environment, 40(6): 1117-1121.

Forster P, Ramaswamy V, Artaxo P, et al. 2007. Changes in atmospheric constituents and in radiative forcing//Solomon S, Qin D, Manning M, et al. Climate Change 2007: The Physical Science Basis. Contribution of Working Group I to the Fourth Assessment Report of the Intergovernmental Panel on Climate Change. Cambridge, UK/New York, NY, USA: Cambridge University Press.

Franchini J C, Gonzalez-Vila F J, Cabrera F, et al. 2001. Rapid transformations of plant water-soluble organic compounds in relation to cation mobilization in an acid oxisol. Plant and Soil, 231: 55-63.

Freibauer A, Rounsevell M D A, Smith P, et al. 2004. Carbon sequestration in the agricultural soils of Europe. Geoderma, 122: 1-23.

Freixo A A, de A Machado P L O, dos Santos H P, et al. 2002. Soil organic carbon and fractions of a Rhodic Ferralsol under the influence of tillage and crop rotation systems in southern Brazil. Soil & Tillage Research, 64: 221-230.

Frey K E, Smith L C. 2005. Amplified carbon release from vast West Siberian peatlands by 2100. Geophysical Research Letters, 32: L09401.

Galicia L, García-Oliva F. 2004. The effects of C, N and P additions on soil microbial activity under two

remnant tree species in a tropical seasonal pasture. Applied Soil Ecology, 26: 31-39.
Ghani A, Dexter M, Perrott K W. 2003. Hot-water extractable carbon in soils: a sensitive measurement for determining impacts of fertilisation, grazing and cultivation. Soil Biology & Biochemistry, 35: 1231-1243.
Glatzel S, Basiliko N, Moore T. 2004. Carbon dioxide and methane production potentials of peats from natural, harvested and restored sites, Eastern Québec, Canada. Wetlands, 24(2): 261-271.
Glatzel S, Kalbitz K, Dalva M, et al. 2003. Dissolved organic matter properties and their relationship to carbon dioxide efflux from restored peat bogs. Geoderma, 113: 397- 411.
Gorham E. 1991. Northern peatlands: role in the carbon cycle and probable responses to climatic warming. Ecological Applications, 1: 182-195.
Gregorich E G, Janzen H H. 1996. Storage of soil carbon in the light fraction and macroorganic matter//Carter M R, Srewark B A. Structure and Organic Matter Storage in Agricultural Soils. Boca Raton: CRC Press: 167-190.
Gregorich E G, Liang B C, Drury C F, et al. 2000. Elucidation of the source and turnover of water soluble and microbial biomass carbon in agricultural soils. Soil Biology & Biochemistry, 32: 581-587.
Groffman P M, Driscoll C T, Fahey T J, et al. 2001. Effects of mild winter freezing on soil nitrogen and carbon dynamics in a northern hardwood forest. Biogeochemistry, 56: 191-213.
Guggenberger G, Zech W. 1999. Soil organic matter composition under primary forest, pasture, and secondary forest succession, Región Huetar Norte, Costa Rica. Forest Ecology and Management, 124: 93-104.
Hartikainen H, Yli-Halla M. 1996. Solubility of soil phosphorus as influenced by urea. Z Pflanzenernahr Bodenkd, 159: 327-332.
Haynes R J. 2000. Labile organic matter as an indicator of organic matter quality in arable and pastoral soils in New Zealand. Soil Biology and Biochemistry, 32: 211-219.
Hofman J, Bezchlebová J, Dušek L, et al. 2003. Novel approach to monitoring of the soil biological quality. Environment International, 28 (8): 771-778.
Holden J. 2006. Sediment and particulate carbon removal by pipe erosion increase over time in blanket peatlands as a consequence of land drainage. Journal of Geophysical Research, 111: F02010.
Houghton R A, Ding Y, Griggs D J, et al. 2001. Climate Change: The Scientific Basis. Intergovernmental Panel On Climate Change. Cambridge : Cambridge University Press: 185-237.
Houghton R A. 1994. The worldwide extent of land-use change. Bioscience, 44(5): 305-313.
Houghton R A. 2003. Revised estimates of the annual net flux of carbon to the atmosphere from changes in land use and land management 1850-2000. Tellus Series B-Chemical & Physical Meteorology, 55: 378-390.
Insam H, Domsch K H. 1988. Relationship between soil organic carbon and microbial biomass on chronosequences of reclamation sites. Microbial Ecology, 15: 177-188.
Inubushi K, Furukawa Y, Hadi A, et al. 2003. Seasonal changes of CO_2, CH_4 and N_2O fluxes in relation to land-use change in tropical peatlands located in coastal area of South Kalimantan. Chemosphere, 52(3): 603-608.
IPCC. 2000. Land Use, Land Use Change, and Forestry: a Special Report of the IPCC (Watson R T, Noble I R, Bolin Beds). Cambridge: Cambridge University Press: 189-217.
IPCC/UNEP/OECD/IEA. 1997. Revised 1996. IPCC Guidelines for National Greenhouse Gas Inventories. Reporting Instructions (V. 1); Workbook (V. 2). International Panel on Climate Change. United Nations Environmental Programme Organization for Economic Co-operation and Development, international Energy Agencey, Paris.
Jackson L E, Calderon F J, Steenwerth K L, et al. 2003. Responses of soil microbial processes and community structure to tillage events and implications for soil quality. Geoderma, 114: 305-317.
Jastrow J D, Miller R M, Boutton T W. 1996. Carbon dynamics of aggregate- associated organic matter estimated by ^{13}C natural abundance. Soil Science Society of America Journal, 60: 801-807.
Jin X B, Wang S M, Zhou K Y. 2008. Dynamic of organic matter in the heavy fraction after abandonment of

cultivated wetlands. Biology & Fertility of Soils, 44: 997-1001.

Jobbágy E G, Jackson R B. 2000. The vertical distribution of soil organic carbon and its relation to climate and vegetation. Ecological Applications, 10(2): 423-436.

Joergensen R G, Scheu S. 1999. Response of soil microorganisms to the addition of carbon, nitrogen and phosphorus in a forest Rendzina. Soil Biology and Biochemistry, 31: 859-866.

Kalbitz K, Geyer S. 2002. Different effects of peat degradation on dissolved organic carbon and nitrogen. Organic Geochemistry, 33: 319-326.

Kalbitz K, Schemerwitz J, Schwesig D, et al. 2003a. Biodegradation of soil-derived dissolved organic matter as related to its properties. Geoderma, 113: 273-291.

Kalbitz K, Schwesig D, Schmerwitz J, et al. 2003b. Changes in properties of soil-derived dissolved organic matter induced by biodegradation. Soil Biology & Biochemistry, 35: 1129-1142.

Kalbitz K, Solinger S, Park J H, et al. 2000. Controls on the dynamics of dissolved organic matter in soils: a review. Soil Science, 165, 277-304.

Kalbitz K. 2001. Properties of organic matter in soil solution in a German fen area as dependent on land use and depth. Geoderma, 104: 203-214.

Lal R. 2002. Soil carbon dynamics in cropland and rangeland. Environmental Pollution, 116: 353-362.

Lambin E F, Turner B L II, Geist H J, et al. 2001. The causes of land-use and land-cover change: moving beyond the myths. Global Environmental Change, 11: 261-269.

Larney F J, Bremer E, Janzen H H. 1997. Changes in total, mineralizable and light fraction soil organic matter with cropping and tillage intensities in semiarid southern Alberta, Canada. Soil & Tillage Research, 42(4): 229-240.

Laudon H, Köhler S, Buffam I. 2004. Seasonal TOC export from seven boreal catchments in northern Sweden. Aquatic Sciences, 66: 223-230.

Laudon H, Sjöblom V, Buffam I, et al. 2007. The role of catchment scale and landscape characteristics for runoff generation of boreal streams. Journal of Hydrology, 344: 198-209.

Lee K H, Jose S. 2003. Soil respiration, fine root production, and microbial biomass cottonwood and loblolly pine plantations along a nitrogen fertilization gradient. Forest Ecology and Management, 185: 263-273.

Leinweber P, Schulten H R, Körschens M. 1995. Hot water extracted organic matter: chemical composition and temporal variations in a long-term field experiment. Biology and Fertilizer of Soils, 20: 17-23.

Lemly A D, Kingsford R T, Thompson J R. 2000. Irrigated agriculture and wildlife conservation: conflict on a global scale. Environmental Management, 25: 485-512.

Liang B C, MacKenzie A F, Schnitzer M, et al. 1998. Management-induced change in labile soil organic matter under continuous corn in eastern Canadian soil. Biology & Fertility of Soils, 26: 88-94.

Liu J, Tian H, Liu M, et al. 2005. China's changing landscape during the 1990s: large-scale land transformations estimated with satellite data. Geophysical Research Letters, 32: L02405.

Lugo A E, Brown S, Brinson M M. 1989. Concepts in wetland ecology//Lugo A E, Brown S, Brinson M M. Ecosystems of the World Forested Wetlands. Amsterdam: Elsevier: 53-85.

Marschner B, Kalbitz K. 2003. Controls of bioavailability and biodegradability of dissolved organic matter in soils. Geoderma, 113: 211-235.

McDonald A J, Webster C P, Poulton P R, et al. 2001. Losses of dissolved organic N (DON) from soils of contrasting organic matter content on the broadbalk continuous wheat experiment. 11th Nitrogen Workshop: 321-322.

McDowell W H, Currie W S, Aber J D, et al. 1998. Effects of chronic nitrogen amendment on production of dissolved organic carbon and nitrogen in forest soils. Water, Air and Soil Pollution, 105: 175-182.

McKnlght D M, Bencala K E, Zellweger G W, et al. 1992. Sorption of dissolved organic carbon by hydrous aluminium and iron oxides occurring at the confluence of Deer Creek with the Snake River, Summit County, Colorado. Environmental Science & Technology, 26: 1388-1396.

Mendham D S, Sankaran K V, O'Connell A M, et al. 2002. Eucalyptus globulus harvest residue management effects on soil carbon and microbial biomass at 1 and 5 years after plantation establishment. Soil Biology & Biochemistry, 34: 1903-1912.

Minkkinen K, Korhonen R, Savolainen I, et al. 2002. Carbon balance and radiative forcing of Finnish peatlands 1900-2100-the impact of forestry drainage. Global Change Biology, 8: 785-799.

Minkkinen K, Laine J. 1998. Long-term effect of forest drainage on the peat carbon stores of pine mires in Finland. Canadian Journal of Forest Research, 28: 1267-1275.

Minkkinen K. 1999. Effect of forestry drainage on the carbon balance and radiative forcing of peatlands in Finland. PhD Thesis. Department of Forest Ecology, University of Helsinki.

Mitra S, Wassmann R, Vlek P L G. 2005. An appraisal of global wetland area and its organic carbon stock. Current Science, 88(1): 25-35.

Moore T. 1998. Dissolved organic carbon: sources, sinks, and fluxes and role in the soil carbon cycle. Soil Processes and the Carbon Cycle: 281-292.

Oelke C, Zhang T J. 2004. A model study of circum-arctic soil temperatures. Permafrost and Periglacial Processes, 15(2): 103-121.

Peichl M, Moore T R, Arain M A, et al. 2007. Concentrations and fluxes of dissolved organic carbon in an age-sequence of white pine forests in Southern Ontario, Canada. Biogeochemistry, 86: 1-17.

Piao S, Ciais P, Friedlingstein P, et al. 2008. Net carbon dioxide losses of northern ecosystems in response to autumn warming. Nature, 451: 49-52.

Post W M, Emanuel W R, Zinke P J, et al. 1982. Soil carbon pools and world life zones. Nature, 298: 156-159.

Post W M, Izaurralde R C, Mann L K, et al. 1998. Monitoring and verifying soil organic Carbon sequestration//Rosenberg N, Izaurralde R C, Malone E L. Carbon Sequestration in Soils. Columbus: Battelle Press: 41-66.

Post W M, Kwon K C. 2000. Soil carbon sequestration and land-use change: processes and potential. Global Change Biology, 6: 317-327.

Powlson D S, Prookes P C, Christensen B T. 1987. Measurement of soil microbial biomass provides an early indication of changes in total soil organic matter due to straw incorporation. Soil Biology & Biochemistry, 19 (2): 159-164.

Prieme A, Christensen S. 2001. Natural perturbations, drying-wetting and freezing-thawing cycles, and the emission of nitrous oxide, carbon dioxide and methane from farmed organic soils. Soil Biology & Biochemistry, 33: 2083-2091.

Qualls R G, Haines B L, Swank W T. 1991. Fluxes of dissolved organic nutrients and humic substances in a deciduous forest. Ecology, 72: 254-266.

Qualls R G. 2000. Comparison of the behavior of soluble organic and inorganic nutrients in forest soils. Forest Ecology and Management, 138: 29-50.

Raich J W, Schlesinger W H. 1992. The global carbon dioxide flux in soil respiration and its relationship to vegetation and climate. Tellus Series B-Chemical and Physical Meteorology, 44: 81-89.

Raich J W, Tufekcioglu A. 2000. Vegetation and soil respiration: correlations and controls. Biogeochemistry, 48(1): 71-90.

Rochette P, Gregorich E G. 1998. Dynamics of soil microbial biomass C, soluble organic C and CO_2 evolution after three years of manure application. Canadian Journal of Soil Science, 78: 283-290.

Rodeghiero M, Cescatti A. 2008. Spatial variability and optimal sampling strategy of soil respiration. Forest Ecology and Management, 255(1): 106-112.

Roscoe R, Buurman P. 2003. Tillage effects on soil organic matter in density fractions of a Cerrado Oxisol. Soil & Tillage Research, 70: 107-119.

Roulet N T, Lafleur P M, Richard P J M, et al. 2007. Contemporary carbon balance and late Holocene carbon accumulation in a northern peatland. Global Change Biology, 13: 397-411.

Saggar S, Yeates G W, Shepherd T G. 2001. Cultivation effects on soil biological properties, microfauna and organic matter dynamics in Eutric Gleysol and Gleyic Luvisol soils in New Zealand. Soil & Tillage Research, 58: 55-68.

Sarkkola S, Koivusalo H, Laurén A, et al. 2009. Trends in hydrometeorological conditions and stream water organic carbon in boreal forested catchments. Science of the Total Environment, 408(1): 92-101.

Scaglia B, Adani F. 2009. Biodegradability of soil water soluble organic carbon extracted from seven different soils. Journal of Environmental Sciences, 21(5): 641-646.

Schimel J P, Clein J S. 1996. Microbial response to freeze-thaw cycles in tundra and taiga soils. Soil Biology & Biochemistry, 28: 1061-1066.

Schlesinger W H. 1982. Carbon storage in the caliche of arid soils: a case study from Arizona. Soil Science, 133: 247-255.

Schlesinger W H. 2001. Climate Change, Wetlands and the Global Carbon Cycle. Seventh International Symposium on the Biogeochemistry of Wetlands. Duke University Wetland Center. Durham, North Carolina USA. June 17-20.

Shepherd T G, Saggar S, Newman R H, et al. 2001. Tillage induced changes to soil structure and soil organic carbon fractions in New Zealand Soils. Australian Journal of Soil Research, 39(3): 465-489.

Six J, Elliott E T, Paustian K. 2000. Soil macroaggregate turnover and microaggregate formation: a mechanism for C sequestration under no–tillage agriculture. Soil Biology & Biochemistry, 32: 2099–2103.

Skjemstad J O, Dalal R C, Barron P F. 1986. Spectroscopic investigations of cultivation effects on organic matter of Vertisols. Soil Science Society of America Journal, 50: 354-359.

Song C C, Xu X F, Tian H Q, et al. 2009. Ecosystem-atmosphere exchange of CH_4 and N_2O and ecosystem respiration in wetlands in the Sanjiang Plain, Northeastern China. Global Change, Biology, 15: 692-705.

Sparling G P. 1992. Ratio of microbial biomass carbon to soil organic carbon as a sensitive indicator of changes in soil organic matter. Australian Journal of Soil Research, 30: 195-207.

Spedding T A, Hamel C, Mehuys G R, et al. 2004. Soil microbial dynamics in maize-growing soil under different tillage and residue management systems. Soil Biology & Biochemistry, 36: 499-512.

Swanston C W, Caldwell B A, Homann P S, et al. 2002. Carbon dynamics during a long-term incubation of separate and recombined density fractions from seven forest soils. Soil Biology & Biochemistry, 34: 1121-1130.

Tian H Q, Melillo J M, Kicklighter D W. 2003. Regional carbon dynamics in monsoon Asia and its implications for the global carbon cycle. Global and Planetary Change, 37: 201-217.

Tipping E, Woof C, Rigg E, et al. 1999. Climatic influences on the leaching of dissolved organic matter from upland UK moorland soils, investigated by a field manipulation experiment. Environment International, 25(1): 83-95.

Turner B L II, Skole D L, Sanderson S, et al. 1997. Land use and land-cover change. Earth Science Frontiers, 4: 26-33.

Vitousek P M, Mooney H A, Lubchenco J, et al. 1997. Human domination of earth's ecosystems. Science, 277: 494-499.

Waddington J M, Roulet N T. 2000. Carbon balance of a boreal patterned peatland. Global Change Biology, 6: 87-97.

Wallage Z E, Holden J, McDonald A T. 2006. Drain blocking: An effective treatment for reducing dissolved organic carbon loss and water discolouration in a drained peatland. Science of the Total Environment, 367: 811-821.

Wang F L, Bettany J R. 1993. Influence of freeze-thaw and flooding on the loss of soluble organic carbon and carbon dioxide from soil. Journal of Environmental Quality, 22: 709-714.

Wang S Q, Tian H Q, Liu J Y, et al. 2002. Characterization of changes in land cover and carbon storage in Northeastern China: an analysis based on Landsat TM data. Science in China, 45supp. : 40-47.

Wang S Q, Tian H Q, Liu J Y, et al. 2003. Pattern and change of soil organic carbon storage in China: 1960s—1980s. Tellus Series B-Chemical and Physical Meteorology, 55: 416-427.

Wang Y, Amundson R, Trumbore S. 1999. The impact of land use change on C turnover in soils. Global Biogeochemical Cycles, 13(1): 47-57.

Waston R T, Noble I R, Bolin B, et al. 2000. Land use, land use change, and forestry. Cambridge, UK: Cambridge Univ. Press.

Whalen J K, Bottomley P J, Myrold D D. 2000. Carbon and nitrogen mineralization from light- and heavy-fraction additions to soil. Soil Biology & Biochemistry, 32: 1345-1352.

Wickland K, Neff J, Aiken G. 2007. Dissolved organic carbon in Alaskan boreal forest: sources, chemical characteristics, and biodegradability. Ecosystems, 10(8): 1323-1340.

Worrall F, Burt T. 2007. Trends in DOC concentration in Great Britain. Journal of Hydrology, 346(3-4): 81-92.

Yano Y, McDowell W H, Aber J D. 2000. Biodegradable dissolved organic carbon in forest soil solution and effects of chronic nitrogen deposition. Soil Biology & Biochemistry, 32: 1743-1751.

Zhang J B, Song C C, Wang S M. 2007. Dynamics of soil organic carbon and its fractions after abandonment of cultivated wetlands in northeast China. Soil & Tillage Research, 96: 350-360.

Zhang J B, Song C C, Yang W Y. 2006. Land use effects on the distribution of labile organic carbon fractions through soil profiles. Soil Science Society of America Journal, 70: 660-667.

Zhang J, Song C C, Wang S W. 2008. Short-term dynamics of carbon and nitrogen after tillage in a freshwater marsh of northeast China. Soil & Tillage Research, 99(2): 149-157.

Zhao K. 1999. Chinese Mires. Beijing, China: Science Press.

6 沼泽湿地碳氮循环模拟及预测

湿地是陆地生态系统重要的碳库和氮库，气候变化显著影响了湿地中的植物和微生物，改变了湿地生态系统的碳氮循环过程。根据湿地地下生物过程、生物地球化学过程与气候变量之间的交互作用关系，预测湿地生态系统对全球气候变化响应的相关研究还不够深入（宋长春等，2018b）。因此，要揭示全球变化下湿地碳氮生物地球化学响应过程及其作用机制，需要综合研究湿地生态系统中的交互作用，生物地球化学过程模型是研究湿地生态系统交互作用的重要手段之一。本章介绍了生物地球化学过程模型的概念、类型和研究进展。

生物地球化学过程模型联系着不同空间尺度生态学研究，其发展与各个学科的发展密不可分，从最初的简单经验模型到基于过程的复杂机理性生物地球化学模型，已经成为研究陆地生态系统的有效工具之一（Melillo et al.，1993；Schimel et al.，2001）。生物地球化学过程模型不仅可以完成从点到面的尺度扩展而不损失生态系统的空间信息，而且可以进行时间上的外推，如对历史的重建和对未来的预测（Zhuang et al.，2004）。当前以生物地球化学过程模型来估算区域尺度的 CH_4 排放通量已经成为当前科学界进行大尺度温室气体估算及机制分析的主要手段之一。当前生物地球化学过程模型验证面临的问题之一是是否可获得足够数量和质量的观测数据，尤其是分辨率较高的、长期的野外观测数据。湿地生物地球化学模型的发展有助于更好地理解湿地碳氮循环的过程，为更好地估算和预测湿地生物地球化学过程提供可靠的依据。

6.1 沼泽湿地碳氮循环模型发展

6.1.1 湿地碳氮循环模型分类

生态系统模型是一种研究陆地生态系统生物地球化学循环的重要工具。探究各种环境因子对生态系统的潜在影响需要详细了解生态系统生物地球化学过程的影响，以及大规模探究这些过程的方法需要系统性的视野。但是野外和室内实验大多研究点尺度，每个点都有独有的属性。因此研究点尺度和系统之间的差距需要通过生态系统模型来弥合。生态系统模型整合从实证研究中获得的信息和各种数据，将这些数据和信息推演到其他地点和时间来探究不同时空尺度生态系统生物地球化学的各种过程。近几十年来，人们对生态系统建模进行了很多尝试（Jørgensen，1997；Xu et al.，2016），他们将数学与生态系统功能理论和生态系统中基本元的质量平衡相结合（Lin et al.，2000）。

湿地碳氮模型是生态系统模型用于湿地生态系统研究的一种类型，主要模拟水热和碳氮循环过程。碳氮模型模拟不仅为综合大量的观测数据、分析和预测大尺度的生态系统过程提供了有力工具，而且还为实验研究提供新的理解。模型模拟是湿地生态环境功能评价、湿地合理开发和管理的重要依据。湿地碳氮模型主要耦合水循环过程、热量的输入输出和在生态系统中的存储和流动。碳氮在生态系统中伴随水热过程和微生物分解过程，促进植物的生长和死亡。目前所有的湿地生态系统模型对这些主要的过程均有不同的考虑，模型之间的差异主要体现在对生态系统结构、主要过程及参数的考虑有所不同。因此模型的输入和输出也会有所不同，从而实现不同的功能模拟和预测。

湿地生态系统碳氮模型主要分为经验模型和过程模型（表 6-1）。经验模型主要是基于大量数据所获取的经验方程来进行预测，将观测到的 CO_2、CH_4、NO_2 等通量与地下水位、土壤温度、植物初级生产力等控制因素直接相关。按照最小误差原则归纳出研究过程各参数与研究变量间的数学关系，其方程的参数并不能作机理性的解释，而且缺乏弹性和灵活性，不能推广到其他条件不同的地点，局限性较大（张海清等，2005）。因为这些模型缺乏严密的生态理论作为依据，具有以点带面的缺点。此类模型有 Clymo's model、Ingram's model、SEMDEC 模型等。

过程模型则考虑了主要的生物地球化学过程并对其主要过程进行模拟以达到对整个生态系统的预测。过程模型是在弥补经验模型不足的基础上发展起来的（Xu et al.，2015）。这些模拟过程的主要对象为植物、土壤、大气之间碳氮循环过程的相互作用，属于生物地球化学模型。根据生态学原理及生物地球化学循环过程研究湿地生态系统的碳储量，光合作用是湿地生态系统固碳的第一驱动力，可根据生态系统类型（植物功能类型）及资源的重要性对光合作用、生物量分配及呼吸作用的影响作出评价。基于过程模型按照预设步长对整个生态系统状态进行动态模拟。综合考虑环境变量如温度、光合有效辐射、pH、水分等对生态过程的调控和反馈作用，力求反映湿地生态系统对气候变化的响应与反馈过程及碳动态变化速率。典型的生物地球化学模型有 CLM4.5、CLM-Microbe、DNDC、CENTURY、DLEM 等（Giltrap et al.，2010；Li，1996；Parton，1996；Xu et al.，2015；Xu et al.，2012）。

表 6-1　湿地碳氮模型发展

模型名称	模型类型	模型概述	时间步长	适用范围	引文
Clymo's model	经验模型	概念统计模型，应用非线性分解函数来表示泥炭层有机碳的分解过程	—	区域	Clymo，1978
Ingram's model	经验模型	高位沼泽模型，该模型用于泥炭沼泽的发育	—	区域	Ingram，1982
SEMDEC	经验模型	沼泽沉积物沉积、矿化和分解的机制和数值模式。该模型用于模拟美国科德角湾沼泽的沉积物矿化分解	年	站点	Morris and Bowden，1986
Kirkby's model	经验模型	预测泥炭核的形成和分布的模型，强调泥炭层的厚度在决定泥炭净积累中的重要性。该模型曾用于模拟英国湿地的泥炭形成和分布	—	—	Kirkby et al.，1995
Hilbert's model	经验模型	强调了地下水位与泥炭产生之间的相互作用。该模型由两个耦合的非线性微分方程组成，分别表示泥炭深度和地下水位的变化。该模型通过关注泥炭产生、分解和水文之间的非线性相互作用，提供了泥炭地在长时间尺度上如何发挥作用的综合视图。该模型用于模拟地下水位对泥炭地形成的影响	—	—	Hilbert et al.，2000

续表

模型名称	模型类型	模型概述	时间步长	适用范围	引文
Biome-BGC	过程模型	估算陆地生态系统植被及土壤碳、氮和水的通量和储量的生态系统过程模型。该模型曾用于模拟陆地生态系统碳氮循环过程	日-年	站点、区域-全球	Thornton et al.，2005
CENTURY	过程模型	CENTURY 模型是植物-土壤养分循环的通用模型，CENTURY 模型模拟了不同植物-土壤系统中碳（C）、氮（N）、磷（P）和硫（S）的动态变化	月-年	区域-全球	Parton，1996
DNDC	过程模型	DNDC 模型是一个描述农业生态系统中碳氮生物地球化学过程的模型	日	点位-区域	Deng et al.，2011；Giltrap et al.，2010；Li，1996；Wang et al.，2021
AVIM	过程模型	大气-植被相互作用模式，耦合了陆面物理过程和植被生理生态过程，其包含物理交换子模块、植物生长子模块和物理参数转换模块	月-年	区域-全球	Ji，1995；Zheng et al.，2012；何勇等，2005；李银鹏和季劲钧，2001
TECO	过程模型	陆地生态系统（TECO）模式是由其前身模式 TCS 演变而来的基于过程的生态系统模型，旨在研究植物和生态系统对 CO_2 升高、变暖和降水变化的交互响应的关键过程。TECO 有 4 个主要组成部分：冠层光合作用、土壤水分动态、植物生长（分配和物候）、土壤碳转移	小时-日	区域	Chen et al.，2019；Gerten et al.，2008；Weng and Luo，2008
PEATBOG	过程模型	PEATBOG 模型集成环境、植被、土壤有机质和溶解性有机碳氮 4 个子模型	日	区域	Wu and Blodau，2013
Peat Decomposition Model（PDM）	过程模型	考虑了不同分解速率的植被，而且考虑到了地下凋落物的不同输入速率	年	区域	Frolking et al.，2001a
DYPTOP	过程模型	DYPTOP 将淹没模型与泥炭地生长条件适宜性确定模型相结合，模拟泥炭地生长条件的空间分布和时间变化	日-年	区域-全球	Stocker et al.，2014
HIMMELI	过程模型	该模型模拟了一维泥炭柱中发生的微生物和运输过程，跟踪了 CH_4、O_2 和 CO_2 的浓度分布	日	站点	Raivonen et al.，2017
ORCHIDEE	过程模型	ORCHIDEE 陆面模型模拟了降雨截流、土壤水分输送、潜热通量和感热通量、土壤热扩散和光合作用的生物物理过程及碳循环过程（如碳分配、呼吸、死亡、凋落物和土壤碳动态）	30 min-日	站点-区域-全球	Bastrikov et al.，2018；Vuichard et al.，2019
ORCHIDEE-MICT	过程模型	在 ORCHIDEE 模型的基础上开发了土壤有机碳（SOC）浓度对土壤热和土壤水分动态的反馈效应	30 min-日	站点-区域-全球	Guimberteau et al.，2018
ORCHIDEE-PEAT	过程模型	专门用来动态模拟北部泥炭地范围和泥炭堆积	30 min-日	站点-区域	Qiu et al.，2019
ECOSYS	过程模型	模拟不同环境条件下，生态系统碳、氮、磷、钾、水分和能量在土壤-植物-大气中的传输和转换	时-日	站点-区域	Grant，1997，1998，1999；Grant and Heaney，1997；Roulet and Grant，2002
CLM	过程模型	该模型代表了包括地表异质性在内的陆地表面的几个方面，并由与陆地生物地球物理、水文循环、生物地球化学、人类活动和生态系统动力学相关的组件或子模型组成	小时-日	站点-区域-全球	Addor and Fischer，2015；Davin et al.，2016；Lawrence et al.，2019
CLM4Me	过程模型	利用 CLM4 预测的水文、土壤碳循环和土壤热物理，分别计算了每个格网中淹没区和非淹没区 CH_4 净通量，包括大气 CH_4 的吸收	小时-日	站点-区域-全球	Riley et al.，2011
CLM-Microbe	过程模型	在 CLM4.5 的基础上开发了新的甲烷产生和氧化模块，它结合了 DOC 发酵、氢源营养产甲烷、乙酰碎屑产甲烷、好氧产甲烷、厌氧产甲烷和产氢气的新机制	小时-日	站点-区域-全球	He et al.，2021a；Wang and Xu，2019；Xu et al.，2015

续表

模型名称	模型类型	模型概述	时间步长	适用范围	引文
CLM-CN	过程模型	CLM-CN 可以完全预测植被、凋落物和土壤有机质中的所有碳氮状态变量，并保留 CLM3.0 中的植被-雪-土柱中的所有水和能量的预测量	小时-日	站点-区域-全球	Thornton et al.，2007
LPJ-Bern	过程模型	在 LPJ 基础上发展而来，它结合了基于过程的陆地植被动态大尺度表征和土壤水文、人类引起的土地利用变化、永久冻土和泥炭地发展及生物地球化学温室气体排放	月	区域-全球	Spahni et al.，2011
LPJ-WhyMe（Lund-Potsdam-Jena-Wetland Hydrology and Methane）	过程模型	LPJ 是一种基于过程的模型，模拟植物生理学、碳分配、碳分解和水文通量。LPJ-WhyMe 模型是在 LPJ 模型的基础上将多年冻土和泥炭地引入模型中得到的，它考虑了气候变化和火干扰下冻土的变化特征（土壤温度、活动层深度和水位）、碳循环及植被氮含量，通过数值求解热扩散获得详细的土壤冻融过程	月	区域-全球	Wania et al.，2010
LPJ-DGVM	过程模型	LPJ-DGVM 是一个耦合的动态生物地理-生物地球化学模型，它将基于过程的陆地植被动态表征和陆地大气碳水交换结合在一个模块化框架中	月-年	区域-全球	Beer et al.，2007
Lovley	过程模型	基于产甲烷菌和硫酸还原菌的原位生理特征，建立了一个描述淡水沉积物中甲烷生成和硫酸盐还原分布的模型	—	站点	Lovley and Klug，1986
Wetland-DNDC	过程模型	在 DNDC 的基础上综合考虑湿地土壤、水文和植被对湿地碳循环的控制作用，特别是增加考虑了水位的变化、土壤特征的影响、水文条件对土壤温度的影响、草本和苔藓植物碳固定、有氧条件对分解的影响等生物地球化学过程，提出了主要模拟湿地甲烷排放的 Wetland-DNDC 模型	日	站点-区域	Zhang et al.，2002
CH_4MODwetland	过程模型	在 CH_4MOD 模型的基础上开发的湿地甲烷排放模型，包括甲烷的产生、氧化和传输	日	站点-区域	Li et al.，2010
DLEM（Dynamic Land Ecosystem Model）	过程模型	DLEM 是一个基于过程的模型，包括 5 个核心模块：生物物理模块、植物生理模块、土壤生物地球化学模块、植被动态模块、土地利用及管理模块	日-年	站点-区域-全球	Chen et al.，2006；Tian，2010；Tian et al.，2015；田汉勤等，2010
WETMETH	过程模型	湿地甲烷排放的生物地球化学模型，包含微生物产生和氧化甲烷，以及传输途径。已经嵌入在地球系统模型	日-年	站点-区域-全球	Nzotungicimpaye et al.，2021
McGill Wetland Model（MWM）	过程模型	北方沼泽泥炭碳通量模型，该模型能够模拟生态系统总呼吸量和总初级生产力及有机物的有氧和无氧分解量	小时-日-年	区域	St-Hilaire et al.，2010
PEATLAND	过程模型	自然湿地中甲烷释放变化模型，能够模拟土壤中甲烷的浓度和土壤-大气界面上的温室气体交换	日	站点	Walter and Heimann，1996
CoupModel	过程模型	整合了土壤-植被-大气系统详细过程的模型，该模型适用于多种土地类型和不同的生态系统，模型已经被应用于模拟 3 种主要的温室气体，即 CO_2、CH_4、N_2O	小时	站点	Jansson，2012
Wetland Ecosystem Model（WEM）	过程模型	模型旨在评价火灾对自然湿地生态系统植物生长和磷动态的影响。包括 4 个主要模块（火、水化学、土壤和植被）。已经用于模拟富磷湿地对规定火灾的生态系统响应	日	点-区域	Tian et al.，2010；Xu et al.，2011

6.1.2 湿地碳循环模型研究进展

在碳循环模型中，开发和强调潜在的物理、化学和生物机制的过程模型已成为一种强烈的趋势。相较于森林、草地和农田生态系统，湿地碳循环模型的研究相对滞后（仝川和曾从盛，2006）。20 世纪 70 年代后，国际上一些学者开始着手湿地碳循环模型的建立工作，特别是随着计算机的广泛使用，湿地碳循环模型有了长足的发展（Mitsch and Gosselink，2000）。湿地模拟的碳模型主要分为 3 类：长期泥炭累积模型、湿地甲烷排放的经验模型和湿地甲烷排放的过程模型（Zhang et al.，2002；胡启武等，2009）。长期泥炭累积模型主要是模拟泥炭地的长期发生、发展及环境因素对泥炭地形成的影响。早期 Clymo（1978）提出简单的泥炭累积定量模型，将复杂的生物化学过程简化为模型。随后，Ingram 在 1982 年建立了高位沼泽模型（Ingram，1982），Morris 在 1986 年建立了 SEMDEC 模型，Kirkby 等在 1995 年建立了泥炭核形成和分布模型（Kirkby et al.，1995），Chen 等在 1999 年建立了 NUMAN 模型（Chen and Twilley，1999），Hilbert 等（2000）2000 年建立了强调地下水位和泥炭产生的动态变化模型。Forlking 等在 2001 年建立了泥炭分解模型 PDM（peat decomposition model）（Frolking et al.，2001b）。PDM 不仅考虑了不同分解速率的植被，而且加入了地上地下凋落物的不同输入速率，以此来模拟计算泥炭地的长期累积。近年来，模型整合多元数据不断开发新的模型，如 PEATBOG（Wu and Blodau，2013）、DYPTOP（Stocker et al.，2014）、HIMMELI（Raivonen et al.，2017）、ORCHIDEE-PEAT（Qiu et al.，2018）等模型。

我们研究多个 CH_4 碳循环模型，它们是为各种目的而开发的。第一个 CH_4 模型由 Lovley 和 Klug 于 1986 年发布，用于模拟淡水沉积物中的产 CH_4 作用，此后开发了许多 CH_4 模型并在多个尺度上应用。例如，Cao 等（1995，1998）开发了 CH_4 排放模型（MEM）并将其应用于量化稻田中的全球 CH_4 源及全球 CH_4 预算对气候变化响应的敏感性。Grant（1998）开发了生态系统模型，该模型目前是生态系统机械模型，最能代表甲烷生成、氧化和排放的许多动力学过程和微生物机制（Roulet and G，2002）。Riley 等（2011）开发了 CLM4Me，这是一个用于通用陆面模型的甲烷模块，并被纳入通用地球系统模型。LPJ 系列模型（LPJ-Bern、LPJ-WHyMe、LPJ-WSL）是在 LPJ 框架下开发的，用于模拟 CH_4 循环过程，但具有不同的 CH_4 循环模块；例如，LPJ-Bern 和 LPJ-WHyMe 结合了 Walter CH_4 模块（Walter and Heimann，2000；Watter et al.，1996，2009），而 LPJ-WSL 结合了 Christensen 等（1996）的 CH_4 模块。自 1980 年以来 CH_4 模型的数量稳步增加：1980 年 1 个，20 世纪 90 年代 11 个，2000 年 14 个，2010～2015 年 14 个。模型开发的增加是由许多因素驱动的，包括了解 CH_4 循环过程对区域 CH_4 预算的贡献。例如，Lovley 模型旨在了解淡水沉积物中的 CH_4 生成和硫酸盐还原（Lovley and Klug，1986）；而 2010～2020 年发布的所有模型都适用于 CH_4 预算量化，尤其是在区域范围内。CH_4 模型开发的这种快速增长表明在跨空间尺度分析 CH_4 循环和量化 CH_4 预算方面的工作越来越多。同时，模型中代表的关键机制以较慢的速度增加。最重要的变化是土壤和区域模型模拟中垂直解析过程的表示。例如，新开发的具有垂直解析 CH_4 生物地球化学模型的百分比从 2000 年之前的 54%增加到 2010～2015

年的约 79%。具有区域模拟能力的模型的比例从 2020 年之前的约 50%增加到之后的近 100%。

这些模型中的大多数旨在模拟饱和生态系统（主要是天然湿地和稻田）中的地表交换（Huang et al.，1998；Li，2000；Walter et al.，1996）。并非所有模型都明确表示了 CH_4 生产和消费的机制过程及主要的碳生物地球化学过程（Ding and Wang，1996；Christensen et al.，1996）。陆地-大气 CH_4 交换是包括生产、氧化和运输在内的许多过程的净平衡，这些过程以具有不同复杂性的模型表示。有些模型相当复杂，而有些则相对简单。对湿地生态系统碳循环甲烷建模的关键是在管理复杂性的同时尽可能准确地表示机制（Evans et al.，2013），并确保额外复杂性存在的同时增强可预测性（Tang and Zhuang，2008）。

6.1.3 湿地氮循环模型研究进展

湿地生态系统中的氮主要以有机氮和无机氮两种形式存在（李红艳等，2018）。湿地中的氮反应通过硝化反硝化、氨挥发和植物吸收等作用对无机氮进行了有效处理。这些过程有助于维持水柱中的无机氮的低水平。在植物碎屑组织或土壤有机质的分解过程中，有相当一部分溶解性有机氮会返回水柱中，而且大部分溶解性有机氮具有抗分解性。在这些条件下，排出湿地的地表水可能含有较高水平的有机氮。这些反应的相对速率将取决于土壤和水柱中存在的最佳环境条件。

有机氮到无机氮的转化及湿地去除的整体循环是从有机氮矿化为 NH_4^+开始。在主要厌氧土壤中产生的氨将被保存，直到扩散到一个好氧水柱或土壤。硝化作用局限于这些好氧区，负责将 NH_4^+转化为 NO_3^-。然后硝酸盐被保存，直到扩散到土壤的厌氧区，在那里它转化成 N_2O 或 N_2 气体，导致从湿地系统去除。N 通过湿地的溶蚀时间较 N_2 在大气中的停留时间短。然而，N 通过各种生物有效（无机）形式从 N_2 转化为 N 对维持湿地生态系统的生产力至关重要。

根据建模方法，湿地氮循环模型可分为经验模型和机理模型。经验模型通常是根据测定或监测的氮通量与环境因子的数据关系建立拟合关系模拟生态系统氮循环。NTRM 就是利用回归方法建立氮循环不同过程的方程，对小时空尺度的氮循环过程进行定量研究（Shaffer and Pierce，1987）。由于经验模型不能反映生态系统长期的氮动态变化，所以逐步开始在原有基础上通过对经验模型的参数调整和理论推导，发展了机理模型。机理模型着手于氮循环过程机理，探究环境因子对氮循环过程的影响。NLEAP 在 NTRM 的基础上修正改进，与 GIS 结合模拟有机氮的长期变化（Shaffer et al.，1991）。Martin 和 Reddy（1997）建立了基于过程的湿地水土氮动态研究模型。该模型提供了氮在土壤-水剖面上的空间分布模拟。它包含 3 个独立的层或隔间：洪水、好氧土壤和厌氧土壤。N 在层间的转移是通过溶质的扩散和微粒的沉降来实现的。该模型描述的生物地球化学过程包括酶水解、矿化、硝化、反硝化、氨的吸附/解吸、氨挥发、营养吸收和分解（Martin and Reddy，1997）。氮循环过程大部分在微生物驱动下进行，而土壤有机碳又是微生物活动的能量来源，因此后面发展的大多模型以碳氮耦合模型为主，如 CENTURY 模型模拟生态系统碳氮和营养物质的长期动态变化（Parton，1996）。20 世纪 60 年代后，建立了大量的土壤氮循环模型，如 NTRM（Shaffer and Pierce，1987）、NCSOIL（Molina et al.，1983）、SOILN（Johnsson et al.，1987）、GLEAMS（Leonard et al.，1987）、NLEAP（Shaffer et al.，1991）、CERES（Hanks and Ritchie，1991）、EPIC（Williams，1995）、DNDC（Giltrap et al.，2010；Li，1996）、CENTURY（Parton，1996）、SUNDIAL（Smith et al.，1996）、CANDY（Franko et al.，1997）、RZWQM（Team et al.，1998）、DAISY（Hansen et al.，2012）、CLM4（Fang et al.，2015）、CLM-Microbe（Xu et al.，2015）、LPJmL（von Bloh et al.，2018）、MIMICS-CN（Kyker-Snowman et al.，2020）、CoupModel（He et al.，2021b）、JULES-CN（Wiltshire et al.，2021）等。

湿地是"过渡性"生态系统，具有陆地和水生生态系统的共同特征。因此，湿地具有许多独特的生物地球化学属性，尤其是在碳和氮循环方面。外部因素的组合，如地表形态、景观位置和广泛波动的水周期，强烈影响湿地土壤的生物地球化学功能。养分和电子受体的梯度是湿地土壤的一个重要特征，尤其是在湿地/高地界面附近。由养分和电子受体梯度产生的各种土壤微环境导致具有专门代谢功能的微生物种群的高度多样性。对氮循环特别重要的是好氧/厌氧界面的氧气梯度。这些界面的位置受到水文波动的强烈影响，尤其是干旱和潮汐循环。因此，湿地中有机碳和氮矿化的代谢途径和过程速率可能会随着时间的推移而发生很大变化。考虑到养分和电子受体的横向梯度带来的额外环境可变性，湿地土壤中的碳和氮循环变化很大，即使在相对较小的湿地内也是如此。因此，对碳和氮循环的物理、生物和化学调节剂的基本了解对于预测它们对有机物质和养分动态的相互作用及为这些高度复杂的系统开发有效的管理模型至关重要。

6.2 湿地生态系统碳氮模型过程模拟

6.2.1 湿地生态系统模型的主要碳过程

湿地碳循环过程包括植物光合作用对 CO_2 的固定作用、呼吸作用释放 CO_2、植物残体分解转化为颗粒有机物和溶解性有机碳、经微生物作用转化为 CO_2 和 CH_4（Petrescu et al.，2008）（图 6-1）。因此，理解和掌握湿地生态系统碳循环的研究，对于探究湿地生态系统碳总量估算、揭示湿地生态系统碳循环机理，深入认知全球性生态系统环境问题具有重要的意义。随着全球气候变暖问题的加剧，人们对湿地的关注度增加。现在不仅要了解湿地储存、积累和释放的碳量，而且还要了解和量化这些过程。因此，湿地碳动态模型作为一种既可以了解湿地碳循环特征机理，又可以量化湿地碳吸收和排放的方法，引起越来越多的关注。

植物的光合作用通过吸收空气中的二氧化碳转化为有机碳。大约有一半的碳被植物自身氧化获取植物活动所需的能量。碳以二氧化碳的方式从叶片和根部释放，叶片释放的 CO_2 重新返回到大气中，根系释放的 CO_2 以溶解性无机碳（DIC）的形式溶解在土壤

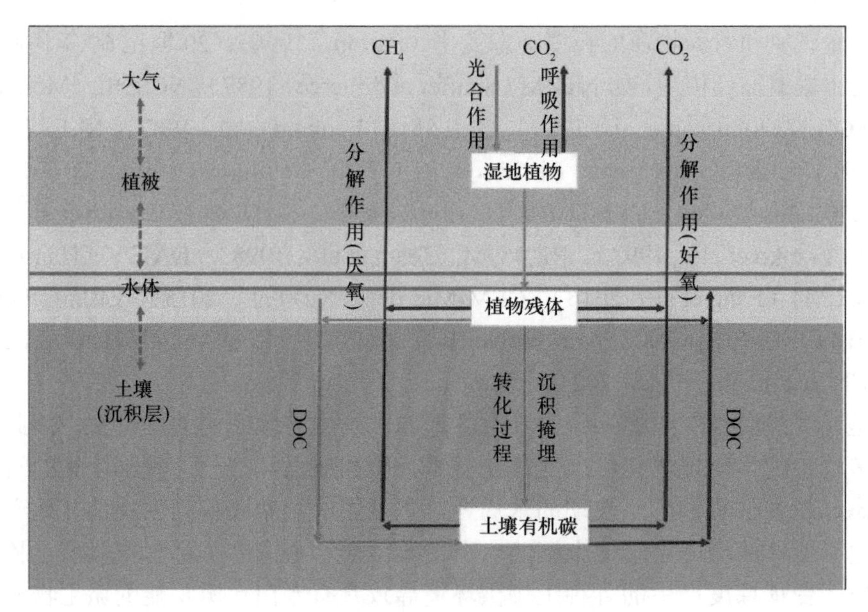

图 6-1　湿地碳循环关键过程

溶液中。植物的细胞、组织和器官中含有不用作为能量的碳。这种净初级生产（NPP）是地球上几乎所有其他生命的基础。其中一些固定碳随后可能通过根系释放到土壤溶液中，成为溶解性有机碳（DOC）。

湿地生态系统碳的储存取决于系统植被的净初级生产力（NPP）与碳分解和排放的差异。NPP是植物固定的有机碳减去植物自身呼吸消耗后的部分，是总初级生产力(GPP)与自养呼吸之差，直接反映自然状况植被的生产力。GPP是单位时间植物通过光合作用固定的有机物量。NPP是系统内部固定的有机物总量，是GPP与生态系统呼吸（ER）之差，也就是净生态系统生产力（NEP）与NPP的差值为异养呼吸量。

湿地生态系统由于水位和还原性强的原因，分解受到阻碍，初级生产力往往超过分解，导致土壤有机质的净积累。因此，在十年到千年的时间尺度上，许多湿地积累了大量的土壤有机质。泥炭堆积的速率是由沉积物上层和下层的氧化分解速率决定的。随着时间的推移，较老的有机物质层在新沉积的植物碎屑的重压下被掩埋和压实。由于含水饱和度和有机质的压实作用，溶质的运移和气体的扩散随着深度的增加而受到阻碍。一般来说，易降解的组分被分解为无机成分，而难以降解的部分则堆积成新的泥炭层。微生物生物量已被发现在湿地基质中弥补了相当数量的碳。释放的营养素也可用于植物吸收和生长。

湿地中碳输出的一个重要方式是CO_2排放，主要排放到大气中，也有部分溶解在土壤孔隙水中。湿地碳通过有氧呼吸释放碳的比例因湿地类型和当地气候条件的不同而有很大差异，但通常有一半以上的 NPP 在湿地中是有氧分解的。在泥炭地，它的范围通常在 70%～80%（Gorham，1995；Malmer，1992），而在平原湿地中，它可以低至 5%或高至 95%，这取决于诸如流经湿地的富氧水的数量，以及水位和持续时间等因素。

由于好氧分解压缩了新鲜物质，而持续的分解将下面的物质除去，剩下的植物物质就会饱和。尽管微粒和溶解的有机物仍然存在，但有氧呼吸所使用的氧气最终耗尽。在这一点上，通常是在地下水位或略低于地下水位，无氧呼吸开始起作用。

复杂颗粒和溶解性有机碳化合物厌氧还原为简单化合物的一个重要方法是发酵。湿地中的发酵是由广泛分布的真菌和微生物进行的。它们通过使用有机化合物中更多的氧化形式的碳来氧化同一化合物中更多的还原形式的碳，从而为新陈代谢提供动力。在湿地中，发酵反应可以在从临界有氧到强烈减少的广泛条件下进行。土壤颗粒有机碳（POC）也可以由反硝化细菌进行有氧或厌氧代谢。

通过发酵被分解成更简单的有机分子的碳可以被广泛的厌氧生物利用。组成这个群落的生物包括反硝化细菌、铁还原细菌、硫酸盐还原细菌和产甲烷古菌（除了细菌和真核生物古菌是生物的三个领域之一）。这些微生物通过将电子分别转移给硝酸盐离子（NO_3^-）、硫酸盐离子（SO_4^{2-}）、铁（III）氧化物和二氧化碳（CO_2）来获得能量，而不是氧气（O_2）。

在没有富矿物质水源的湿地，NO_3^-、Fe（III）和 SO_4^{2-}的浓度很低，厌氧 CH_4 氧化古菌生物量较小，通常以产 CH_4 过程为主。CH_4 作为重要的温室气体，是产 CH_4 过程的主要产物（图 6-2）。产 CH_4 古菌只能存在于有限数量的简单 DOC 底物上，如乙酸盐。

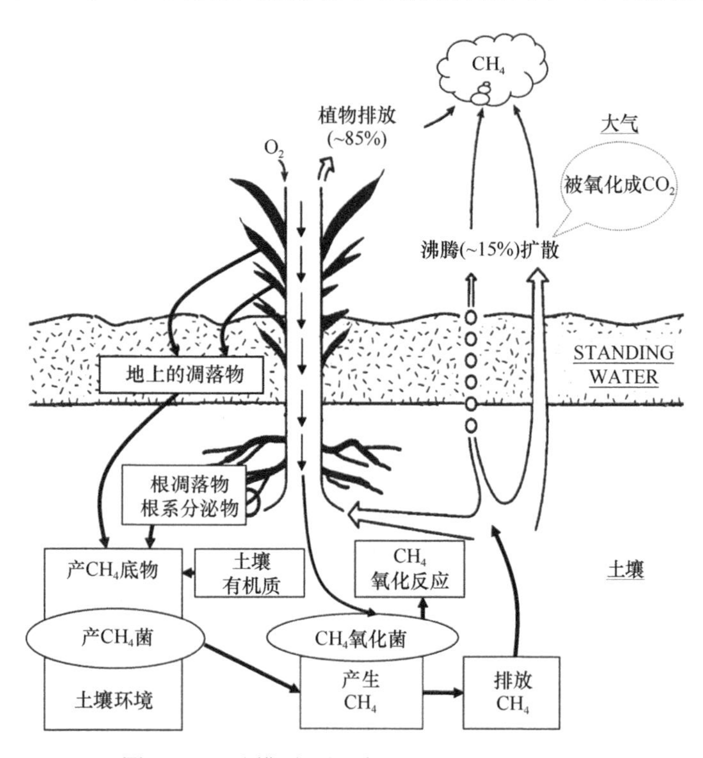

图 6-2 湿地模型甲烷循环（Li et al.，2010）

因为乙酸盐既是氧化剂又是还原剂，所以这是一种发酵反应。甲烷生成的另外一条主要途径是利用氢分子减少二氧化碳。还原二氧化碳的产甲烷古菌所使用的氢通常也是微生物代谢的副产品。

由于 CH_4 比空气轻且仅能少量溶于水，在厌氧沉积物中产生的 CH_4 向上扩散到表面。如果 CH_4 的产生速率高到足以使其浓度超过饱和浓度，在沉积物的间隙就会形成微小的气泡。这些气泡在沉积物中上升（这一过程被称为沸腾），聚集更多的气体，最终突破到表面。有时，大量的 CH_4 会在地表以下聚集，搅动浅层厌氧池塘、沼泽或充满 CH_4 的洼地的沉淀物，会导致地表似乎沸腾。这些气泡几乎是纯 CH_4 气体，如果收集起来用点燃的火柴碰一下，就会爆炸。

维管植物的茎和根也可以为 CH_4 绕过沉积物直接进入大气提供捷径。植物可能充当被动的气体管道，就像陷在泥里的吸管一样，也可能积极地运输生根区周围形成的气体，作为从大气中抽出来给根系通气的空气反向流动的一部分。在以莎草和芦苇等维管植物为主的湿地中，植物介导的运输通常是 CH_4 释放到地表的主要方式。厌氧区产生的二氧化碳也可以通过扩散、沸腾和植物运输来释放。

CH_4 本身是多种微生物的底物，统称为 CH_4 营养细菌（消耗 CH_4）。CH_4 营养细菌利用 CH_4 氧化成二氧化碳所释放的能量为新陈代谢提供动力。因为这个反应会释放相当多的能量，所以它可以在没有生物体干预的情况下发生。CH_4 营养细菌只有在氧气存在的情况下才能成长。

在湿地或湿地的某些区域，地下水位往往在地表以下，CH_4 营养细菌可以在好氧区定居，并氧化向上扩散的 CH_4。因为 CH_4 氧化的潜在速率至少比 CH_4 生成的潜在速率大一个数量级，这个有氧带不需要很深就可以清除大量的 CH_4。但即使在饱和的土壤中，也可能存在小的好氧袋，或者植物根系抽吸的空气在根际中可能存在一个稀薄的好氧区域，在那里可能发生大量的 CH_4 氧化。新的研究甚至表明，CH_4 可以通过生活在水下泥炭藓中的 CH_4 营养细菌氧化成 CO_2。这些细菌产生的二氧化碳可以被泥炭藓固定，为植物提供重要的碳源。然而，在高产的饱和湿地，如热带沼泽，产生的大部分 CH_4 可能会通过沸腾和植物运输，迅速逃逸到表面，避免氧化。总体而言，微生物氧化可以去除湿地产生的约 20%的 CH_4。尽管 CH_4 产生和清除的速率和机制不同，但苔原、北方泥炭地、亚热带沼泽和稻田等不同湿地的 CH_4 最终释放量显著一致，约为 NPP 的 25%。虽然这看起来并不多，但足以使湿地（包括稻田）成为世界大气 CH_4 的主要来源。

6.2.2 湿地生态系统模型的主要氮过程

模拟 N_2O 排放的过程模型一般都是一个土壤-作物的碳氮循环模型，通常为了模拟 N_2O 排放，需要模拟土壤的水热等环境营力条件，在这些因子驱动下模拟作物的生长过程、土壤有机质的分解过程（呼吸过程），然后模拟 N 的转化过程，其中一般包括产生 N_2O 的微生物硝化（nitrification）和反硝化过程（denitrification）、矿化过程（mineralization）、N 固定同化过程（immobilization）、NH_3 挥发过程（ammonia volatilization）、NO_3^-淋溶过程（nitrate leaching）、肥料分解过程、作物吸收 N 过程（uptake），有些模型还会包括生物固氮过程（NBF）、大气 N 沉降过程、NH_4^+的土壤矿物黏粒的吸附过程和解吸过程、ANAMOX（厌氧 NH_4^+氧化，anaerobic ammonium oxidation）、DNRA（NO_3^-异化还原 NH_4^+，dissimilatory nitrate reduction to ammonium）。

这些过程彼此联系、相互反馈和协同演进，最终形成一个复杂的系统（图 6-3）。DNDC 模型是当前国内外过程模型的典型代表，是反映农田生态系统土壤碳氮生物地球化学循环过程的一般性数值模型，现在已经被应用到湿地生态系统中（Wetland-DNDC）（Zhang et al.，2002）。

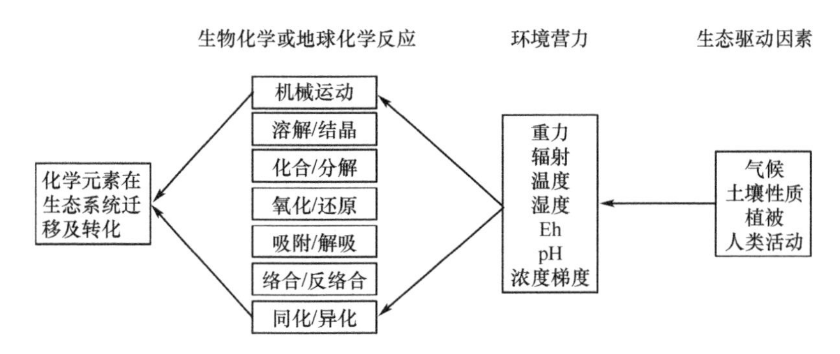

图 6-3 环境因子驱动化学元素在生态系统中的迁移转化

湿地中的氮反应通过硝化反硝化、氨挥发和植物吸收等作用对无机氮进行作用（图 6-4）。这些过程有助于维持湿地中无机氮处于较低水平。在植物碎屑组织或土壤有机质的分解过程中，有相当一部分溶解性有机氮会返回到湿地中，而且大部分溶解性有机氮具有抗分解性。

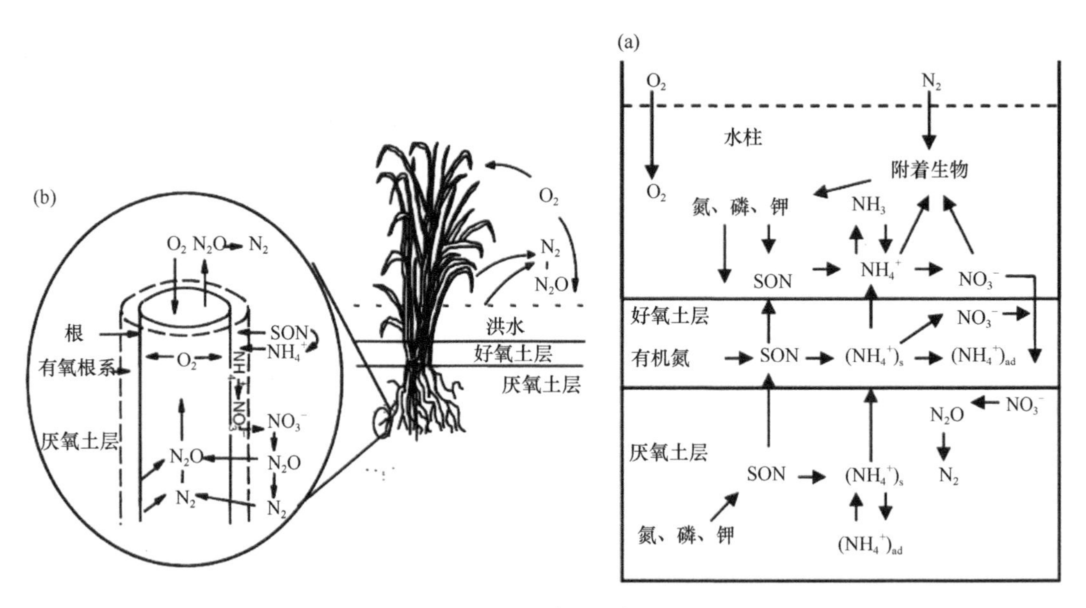

图 6-4 氮循环示意图

氨化作用是有机氮矿化的首要步骤，是有机氮转化为 NH_4^+的生物过程。与有机碳类似，复杂的有机氮化合物通过胞外酶的活性水解成简单的单体。这一过程导致氨基酸的最终分解并导致 NH_4^+的释放。氨化作用是由各种各样的通用异养微生物进行的，并在好氧和厌氧条件下发生。在厌氧条件下，由于厌氧微生物对 N 的需求较低，氨态氮浓度增加。这种增加也是由于缺氧，并阻止了硝化作用，即阻止了 NH_4^+转化为 NO_3^-。固定是指无机氮转化为有机形式。固定化和氨化之间的差异被称为“净 N 矿化”，在湿地中通常是正值，这也是由于厌氧微生物群落对 N 的要求较低。

土壤微生物生物量有助于调节土壤养分的转化和储存，湿地土壤微生物库的大小和活性与净氮矿化率显著相关。因此，微生物池的活性可以调节养分释放，从而影响湿地地表水的水质。湿地土壤氨化速率为 0.04～3.57 $mg·N·m^{-2}·d^{-1}$。通过矿化过程释放的氨态氮很容易被植物和微生物库获得。根据环境条件，NH_4^+可以通过挥发和/或氧化成硝酸盐氮。氨挥发是一个受土壤水 pH 控制的非生物过程。然而，有几个生物过程可以改变湿地土壤水的 pH，包括光合作用和反硝化作用，从而间接控制挥发率。pH 在 8.5～10，挥发率急剧增加，挥发造成的损失在 pH 小于 7.5 的情况下微不足道。

$$NH_4^+ + OH^- = NH_3(aq) + H_2O \quad (6\text{-}1)$$

湿地水体中 NH_4^+的来源包括：① 外部源添加的 NH_4^+；② 水体中有机氮矿化为 NH_4^+；③ NH_4^+从厌氧土层扩散到水体。大多数湿地中，NH_4^+通过挥发损失受水体中低浓度的控制，但这可能不是一个显著的过程。然而，在接受外部氮负荷的湿地中，这可能是一个重要的过程。

硝化作用是一种专性好氧过程，包括将 NH_4^+氧化成 NO_3^-。硝化作用是由自养细菌介导的，该细菌在利用无机碳（CO_2）合成所需细胞成分的同时，将 NH_4^+氧化与电子转运磷酸化结合起来。硝化过程分为两步，首先是亚硝基单胞菌将 NH_4^+氧化成 NO_2^-。其次是将 NO_2^-氧化为 NO_3^-，是由硝化杆菌属的细菌介导的。N 的氧化态从 NH_4^+的–3 增加到 NO_3^-的+5。硝化作用发生在湿地土壤-水剖面的三个区域：水柱、好氧土层和根际好氧区。在所有这些区域中，NH_4^+的供应和 O_2 的有效性是硝化作用的主要限制因素。在大多数湿地中，NH_4^+供给湿地需氧部分是通过厌氧土层的输送，这是由两层土壤浓度梯度导致的。据报道，在人工湿地硝化速率为 0.1～1.61 $mg·N·m^{-2}·d^{-1}$（Martin and Reddy，1997）。

$$NH_4^+ + 1.5O_2 = NO_2^- + 2H^+ + H_2O + \text{能量} \quad (6\text{-}2)$$

$$NO_2^- + 0.5O_2 = NO_3^- + \text{能量} \quad (6\text{-}3)$$

硝酸盐，通过外界输送到湿地或者湿地微生物通过硝化作用获取，并迅速扩散到厌氧土壤层中，被用作电子受体，并还原为气态最终产物 N_2O 和 N_2 或 NH_4-N。前者被称为反硝化，发生在较高的 Eh 水平（200～300 mV）；后者被称为异化 NO_3^-还原为 NH_4^+，发生在较低的 Eh 水平（<0 mV）。反硝化作用是指微生物介导的氧化氮还原为气态氮。众所周知，反硝化菌存在于几乎所有的土壤中，来自广泛的属，包括假单胞菌、碱性菌、黄杆菌、副球菌和芽孢杆菌（Firestone，1982；Tiedje and Stevens，1988）。兼性厌氧细菌能够以 NO_3^-或 NO_2^-作为末端电子受体，并在无氧条件下氧化有机碳。N 的价态从 NO_3^-的+5 降到 N_2 的 0。

湿地土壤有机碳含量较高，为异养微生物活动提供了充足的基质。由于湿地土壤 C 含量高，O_2 缺乏，NO_3^-的供应成为反硝化的限制因素。Schipper 等（1994）发现，高达 77%的河岸湿地原位反硝化速率的变化率可以用 NO_3^-浓度和土壤反硝化酶活性来解释。此外，有机土壤仅占流域土壤总量的 12%，但对 NO_3^-总消耗量的贡献为 56%～100%。湿地的面积反硝化速率为 0.03～10.2 $mg·N·m^{-2}·d^{-1}$。反硝化作用是湿地系统去除无机氮的主要机制，因此湿地具有显著的水质增强能力。

硝酸盐异化还原为铵（DNRA）发生在厌氧土壤中，涉及 NO_3^-还原为 NH_4^+而不是 N_2，如反硝化作用。负责 DNRA 的生物被认为是专性厌氧菌，而不是兼性反硝化厌氧菌（Tiedie and Stevens，1988）。研究发现介导 DNRA 的分离细菌属有梭状芽孢杆菌、无色杆菌和链球菌（Cole et al.，1990）。DNRA 过程需要消耗 8 个电子，而反硝化需要消耗 5 个电子。因此，土壤还原程度越高，DNRA 的发生条件越有利。同化性硝酸盐还原（ANR）有利于发生在 NH_4^+有效性低的环境中，然后 N 可以直接并入细胞成分。与湿地的脱氮损失相比，上述脱氮过程较小。

生物固定 N_2 是将大气中的惰性气体 N_2 转化为生物可用的有机和无机形式的唯一机制。N_2 固定的过程是由固氮酶驱动的，固氮酶仅由有限数量的原核生物产生，包括几个细菌属和卡文杆菌属（Vymaza，1995）。这些固氮生物可能出现在湿地的土壤和水体中，如浮游生物、丝状席、浮游植物或与植被共生。

有机氮到无机氮的转化及湿地去除的整体循环是从有机氮矿化为 NH_4^+开始。在主要厌氧土壤中产生的氨将被保存，直到扩散到一个好氧水柱或土壤体积。硝化作用局限于这些好氧区，负责将 NH_4^+转化为 NO_3^-。然后硝酸盐被保存，直到扩散到土壤的厌氧区，在那里它转化成 N_2O 或 N_2 气体，导致从湿地系统去除。N 通过湿地的溶蚀时间较 N_2 在大气中的停留时间短。然而，N 通过各种生物有效（无机）形式从 N_2 转化为 N 对维持湿地生态系统的生产力至关重要。

6.2.3 环境因素对碳氮循环的影响

6.2.3.1 环境因素对碳循环过程的影响

景观、土壤性质和气候条件不同，这可能是湿地碳通量变化的原因。之前有研究分析了全球变化因素对中国湿地 CH_4 排放的区域贡献（图 6-5）。尽管一系列环境因素影响着各种 CH_4 过程，但许多模型并没有明确模拟这些因素。这些因素包括土壤温度、土壤水分、基质、土壤 pH、土壤氧化还原电位和氧气可用性。许多其他因素没有纳入模型，可能间接影响 CH_4 循环。例如，氮肥通过刺激生态系统生产力来影响 CH_4 生成，进而影响 DOC、土壤水分和土壤温度。CLM4Me 模型模拟了多年冻土及其对 CH_4 动力学的影响，并与土壤 pH 对 CH_4 生成的影响有着简单的关系。Wania 等（2013）回顾了一些使用较多的 CH_4 模型，以确定它们的 CH_4 生产过程。我们特别关注温度、湿度和 pH，因为这些因素直接影响所有环境中的 CH_4 过程，而且它们已经在许多模型中明确模拟。

3 种类型的数据表达式被用来模拟温度对 CH_4 过程的影响：空气和土壤温度的线性函数、温度敏感系数（Q_{10}）和阿伦尼乌斯公式。在这 3 种温度表达方式中，Q_{10} 是最常见的一种数学表达。然而，这些经验函数的参数在不同的模型中存在很大的差异。实际的温度响应可能与模型在低温（接近水的冰点）和高温（接近酶变质的温度）时存在显著差异。

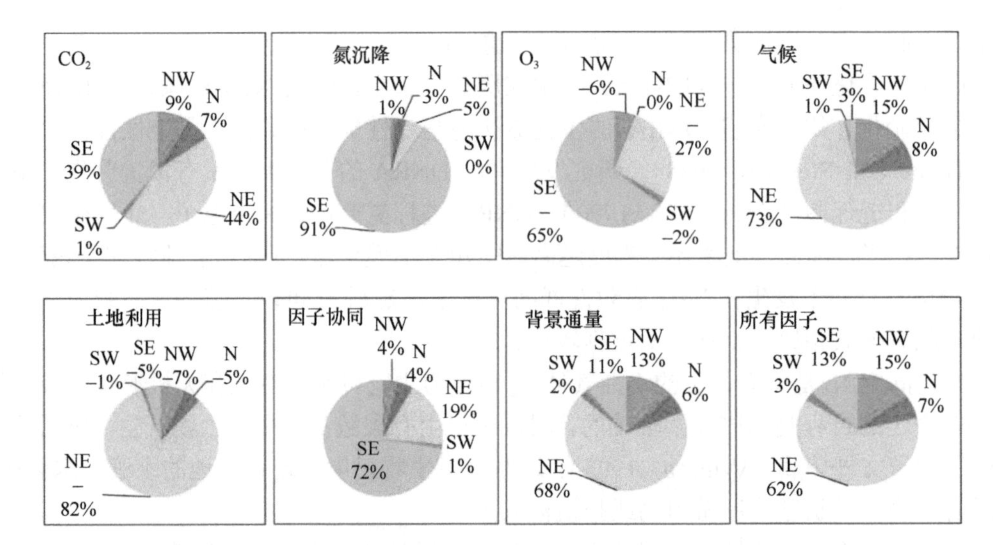

图 6-5 全球变化因素对区域 CH_4 排放的影响（Xu and Tian，2012）
NW：西北；N：北；NE：东北；SW：西南；SE：东南

土壤水分是控制湿地碳过程的重要因素之一，因为水分限制了氧气从空气中进入土壤扩散，而且微生物在低基质势下会受到压力。CH_4 通常是在低还原电位的条件下产生的，这通常与长期淹水条件有关。尽管 CH_4 产生仅仅在还原条件下发生，但是 CH_4 氧化发生在更为干燥的有氧条件下。低含水量还会限制冻土或高渗透压土壤中的微生物活动。因此，土壤水分对 CH_4 过程的影响是不同的。模型中水分对 CH_4 过程的影响通常采用 4 种模式来表达。

（1）产 CH_4 过程仅发生在饱和条件下，土壤水分的指数函数用于控制 CH_4 氧化（CLM4Me）。

（2）水分的线性函数（CLASS 模型使用线性函数计算水分对 CH_4 氧化的影响）。

（3）水分对产 CH_4 和 CH_4 氧化作用的响应曲线（如 DLEM）。

（4）产 CH_4 的钟形曲线（如 TEM）。

土壤 pH 应用在很多 CH_4 模型中。产 CH_4 菌和 CH_4 氧化菌依靠质子和钠离子的交换实现能量守恒，因此它们直接受 pH 的影响。尽管描述 pH 对碳循环影响的函数不同，但是 pH 对 CH_4 过程的影响被模拟为钟形曲线。而且，即使在不同的模型中使用相同的函数，由于它们所对应的参数值不兼容，表明响应函数略有不同。例如，MEM 模型设 pH_{min}（处于活动状态的 CH_4 过程的最小 pH）、pH_{opt}（处于最活跃状态的 CH_4 过程的最佳 pH）和 pH_{max}（处于活动状态的 CH_4 过程的最大 pH）分别为 5.5、7.5 和 9（Cao et al.，1995）。TEM 模型采用了这组参数值（Zhuang et al.，2004），而 DLEM 模型使用 4、7 和 10（Tian et al.，2010）。CLM4Me 模型使用不同的函数，同时将曲线保持在相同的形状，但其峰值的最佳 pH 为 6.2（Meng et al.，2012）。应该指出的是，虽然 pH 已被证实显著影响 CH_4 的产生（Xu et al.，2015），但由土壤中有机酸引起的 pH 动态模拟仍然是关键挑战。

对于其他环境因素，模型模拟还处在起步阶段。然而，一些模型认为氧的可用性可以作为CH_4氧化的电子受体（如Beckett model，Cartoon model，CLM4Me，ecosys，Kettunen model，MERES，Segers model，van Bodegom model，De Visscher model，Xu model）。此外，还有少数模型模拟了电子受体对CH_4过程的影响（van Bodegom model模拟铁元素的生物地球化学循环）；Lovley model、Marten model和van Bodegom model模拟了硫酸盐作为电子受体对产CH_4和CH_4氧化的作用。明确表达这些过程耦合到CH_4循环中对未来区域研究意义重大，如阿拉斯加北坡的铁还原。这些模型在准确模拟湿地碳的生物地球化学循环方面具有潜在优势，但是由于缺乏模型参数数据所以具有很大的不确定性。

6.2.3.2　环境因素对氮循环过程的影响

湿地生态系统中的氮循环过程包括生物、物理和化学过程，这些过程在一定程度上受到环境因素的影响，包括温度、水分、氧气浓度、微生物、pH和氧化还原电位（Eh）等。

温度是影响生物地球化学反应的重要因素之一，在模型中不同深度的土壤温度不同，一般根据土壤剖面的传热计算土壤温度（Li et al.，1992）。主要依据空气温度和土壤物理性质计算表层和深层土壤温度、各层的热容量和导热系数，以确定时间步长的土壤温度剖面。此外，温度敏感系数（Q_{10}）也是计算温度的一种常见方法。

温度也可以调节湿地系统中氮转化的速率。湿地土壤总硝化速率的变化与温度呈正相关（Corre et al.，2002）。高温已被证明对净氮矿化速率有促进作用。一般来说，温度升高10℃，矿化速率增加1倍（Reddy et al.，1984）；其他研究表明，当温度从15℃提高到40℃时，氨化速率增加了1倍（Cho and Ponnamperuma，1971）。温度从10℃提高到25℃，香蒲薹草的氮利用率从5%提高到38%（Reddy and Portier，1987）。在温带气候中，大部分氮同化发生在生长季节。在冬季，地上生物量死亡并积累为碎屑组织。同时，大量的氮转移到地下生物量中。腐殖质分解过程中氮的释放在夏季比冬季更为迅速。

水分在生物地球化学中起着双重作用。许多生物地球化学反应只发生在液相中，土壤水分是影响土壤氧化还原电位的重要因素。例如，DNDC通过计算地表和垂直水分运动来模拟每一层的土壤水分，包括地表径流、蒸腾、蒸发、入渗、水分再分配和排水（Deng et al.，2011）。影响土壤水分的主要因素包括天气条件（如温度、湿度和风速）、土壤特性（如质地、电导率和土壤水分有效性）、植被生长等。

分解、硝化和反硝化或CH_4生成分别产生CO_2、N_2O或CH_4的过程是典型的还原-氧化反应，通过底物之间的电子交换发生。氧化还原电位（Eh）是根据吉布斯自由能决定反应的发生。在好氧条件下，土壤Eh值在100～650 mV变化，有利于分解、硝化或CH_4氧化等氧化反应。当土壤因灌溉、洪水或降雨而饱和时，土壤中的氧气会被耗尽，导致厌氧条件发生（Eh –300～0 mV），在此条件下会发生反硝化或CH_4生成等还原反应。实际上，好氧微区和厌氧微区可以同时存在于同一土层中，但它们的体积比例会根据土壤的体积 Eh 而变化。淹水土壤中好氧区和厌氧区的存在，不同的氮形态以及氧化状态在氮转化中起着关键作用（D'Angelo and Reddy，1994）。例如，湿地土壤的还原潜力可以显著控制氨的产量。土壤氧化还原电位（Eh）从好氧条件（+600 mV）逐渐降低，到硝酸盐还原条件（+300 mV）、硫酸盐还原条件（–100 mV），最后到产 CH_4 条件（–250 mV）。有机湿地土壤中丙氨酸的矿化率在这 4 种降低的氧化还原状态下依次显著降低（McLatchey and Reddy，1998）。同样的结果也出现在通过 CO_2 测定的天然土壤有机质的分解、演化（Reddy and Graetz，1988）。有机氮矿化可受 C∶N、胞外酶（如蛋白质酶）、微生物生物量和土壤氧化还原条件的影响。例如，不同氧化还原条件下维持的湿地土壤中，氮矿化与微生物生物量氮高度相关（McLatchey and Reddy，1998）。

以 pH 为代表的环境酸度决定了质子（H^+）的转移能力，广泛地影响了土壤生物地球化学反应。例如，尿素的水解降低了土壤中 H^+的浓度，从而增加了土壤 pH。土壤 pH 的增加会通过改变 NH_4^+/NH_3 平衡，导致 NH_3 挥发增加。DNDC 通过计算每天生物地球化学反应中 H^+的产生或消耗来跟踪 pH 的变化。

模型模拟 N_2O 或 NH_3 的产生和/或消耗相关的生物地球化学反应，不仅基于热力学参数（温度、水分、pH 和 Eh），而且还基于决定生物地球化学过程反应动力学的底物浓度。对于微生物介导的过程，如分解、硝化、反硝化或发酵。DOC 是一种常见的能源，有的模型中计算土壤中 DOC 的浓度，将其作为异养细菌（如分解菌、硝化菌、反硝化菌、产 CH_4 菌和 CH_4 氧化菌）消耗 DOC 或淋滤之间的平衡。土壤氮生物地球化学中，氨态氮和硝态氮在硝化、反硝化和氨挥发等过程中起着积极的作用。通过跟踪土壤中 N 的迁移和转化，DNDC 计算出每日时间步长的 NH_4^+和 NO_3^-浓度。NH_4^+含量因分解和氨化作用而增加，因硝化作用、NH_3 挥发、吸附和植物吸收而降低。硝态氮含量因硝化作用而增加，因反硝化作用、植物吸收和淋滤作用而降低。利用模拟的 DOC、NH_4^+ 和 NO_3^-浓度可以计算上述相关生物地球化学过程的速率。

其他一些模型参数还在开发的初步阶段，影响硝化作用的环境因素有 NH_3 浓度、pH、风速、植物密度、水体光合作用和土壤阳离子交换能力，其中许多影响因素是相互关联的。影响挥发损失的物理控制因素包括风速和生长密度。在浓度梯度下，水体和空气中 NH_3 浓度的差异调节了水体中 NH_3 的跨地表水边界进入大气的运动。因此，在高地面风速和缺乏大型植物的情况下，这些因素可以联合起来增加挥发损失。在地面风速较低和植物密度较高的地方，这些因素可以反向作用，减少损失，从而阻碍空气运动。硝化作用主要局限于水和由于专性好氧需求而形成的非常薄的表层土壤。在淹水土壤中很少发生硝化作用，只在一些湿地植物的根际发生硝化作用，这些植物创造了一个需氧小环境（Reddy et al.，1989）。

土壤通气状况会对反硝化作用产生影响。一般来说，反硝化菌是兼性需氧菌，能够利用 O_2 和氮氧化物作为呼吸电子受体。在氧气存在条件下，NH_4^+被特定细菌作用氧化为 NO_3^-；在缺氧条件下，NO_3^-被很多细菌作为呼吸电子受体。此外，O_2 的存在对酶有抑制作用，实质上是在有氧环境中将它们抑制（Canfield et al.，2010；Martin and Fitzwater，1988；Rivett et al.，2008）。

植物的存在对氮循环具有重要作用：①将无机氮吸收到植物组织中，②为根区硝化、反硝化作用的发生提供环境。水生植被利用氮的效率（定义为单位质量有效植物氮的增加）是高度可变的，取决于湿地的类型（森林和草本）。水生植被的氮利用效率和凋落物 C∶N 值随养分负荷的增加而降低（Koch and Reddy，1992；Reddy and Portier，1987；Shaver and Melillo，1984）。植物的大部分氮来自土壤孔隙水，只有少量的被直接利用。洪水中的氮被生长在植物凋落物基质上的藻类和微生物群落迅速利用，或者通过氨挥发和硝化-反硝化反应流失（DeBusk and Reddy，1987；Reddy et al.，1984）。这些过程的程度也随着氮负荷的增加而增加。草本植物的氮同化作用通常是短期的，并且通常在系统内快速循环。

湿地碎屑的底物组成和缺氧条件对无机氮的释放有显著影响。例如，在排水土壤持续有氧条件下，C∶N 约为 25 的植物碎屑将导致氮的净固定。然而，在厌氧条件下，C∶N 大于 80 的植物碎屑将导致固定，而低于此阈值的植物组织将导致净氮释放（Damman et al.，1988；Humphrey and Pluth，1996；Williams and Sparling，1988）。因此，在充满水的条件下，大多数腐烂的有机物都是无机氮的来源。

在湿地中存在几个关于 N_2 固定的环境因素。积极影响包括输入的低氮磷比、高氧化还原电位、钼（Howarth and Cole，1985）、铁（Paerl et al.，1994）和溶解的有机质（Howarth et al.，1988）。提供负面或抑制作用的因子包括氧气、溶解的无机氮和硫酸盐浓度（Howarth et al.，1988）。

6.3　沼泽湿地碳氮模型的主要应用

湿地生态系统是一个多层次、多因子组成的，结构复杂、功能多样、具有多项反馈调节机制的复杂大系统或巨系统；是陆地生态系统重要的碳库和氮库，气候变化显著影响了湿地中的植物和土壤微生物，改变了湿地生态系统的碳氮循环过程，而且日趋增强的人类活动更加剧了这种变化（宋长春等，2018）。由于湿地对全球碳氮循环的巨大影响，特别是考虑到湿地温室气体排放对全球变暖的显著影响，量化湿地碳储存、周转、水文输出和碳交换是模型发展的目标。在实地研究不切实际或需要对未来预算进行预测的情况下，湿地模型为量化这些预算提供了强大的工具。利用模型了解和确定湿地生态系统的主要特征和机制，并对气候变化对湿地生态系统碳氮生物地球化学过程影响进行评估，再借助真实的观测数据验证模型的拟合度。湿地生物地球化学过程模型包括多个过程和机制，其复杂性也在过去的几十年中不断增加，主要表现在模型过程中的细节被不断地增加和完善。

过去几十年里，已经为湿地开发了各种碳氮循环模型。尽管这些模型在时空分布、复杂性和方法方面各不相同，但是都是针对相似的目标。这些目标主要集中于对碳库和氮库大小的估算，碳氮过程的估算和预测，全球变化下系统稳定性响应、管理措施的效用等。

6.3.1 湿地碳氮库

湿地碳以存活（植被、动物和微生物）和死亡（死亡的植物组织、凋落物、泥炭、SOM 和微生物残体）形式储存在湿地中。与其他生态系统相比，湿地中有机碳的死亡形式储存比例较大；这种储存为生态系统提供了一个巨大的能量储备，并且通过食物网逐渐释放出来。有机质以泥炭沉积物的形式长期储存是许多湿地类型的特征，这在很大程度上是水文和气候的作用。

湿地有机碳积累反映了净初级生产力（碳固定）和异养代谢（碳矿化）之间的质量平衡。植物凋落物、泥炭或土壤有机质（SOM）中的有机碳是驱动湿地碎屑食物链的能量来源。湿地产生的有机物大部分直接沉积在碎屑池中（Wetzel，1992）；因此，微生物在湿地碳循环和能量流动中起主要作用。有机质作为泥炭的埋藏为有机碳相关元素的长期储存提供了手段，如营养物质和重金属（Hayward and Clymo，1983）。外源化合物可以通过植物吸收和衰老而进入泥炭和土壤有机质中；通过物理/化学过程在土壤有机基质中固定；或通过微生物分解者的吸收，在活细胞或代谢副产品中存储。在更大的尺度上，湿地土壤中有机碳的储存是全球碳循环的重要组成部分，因此可能影响全球变暖和臭氧损耗等大尺度过程（Happell and Chanton，1993）。

氮在湿地土壤中以多种无机和有机形式存在，其中以有机形式存在最多。氮在生物体内的储存成分包括沉水和浮水的植被、动物和微生物生物量。氮在非生物物质中的储存包括枯立物和植物碎屑、泥炭和土壤有机质。有机氮在碎屑组织和土壤有机质中的储存构成了湿地系统中绝大多数的氮，主要由复杂蛋白质和腐殖质化合物组成，并含有微量的简单氨基酸和氨。储存在湿地土壤中的有机氮是最稳定的氮库，因此不容易被内部循环利用。与碳一样，较难降解的有机化合物会被埋在土壤中，并随着时间的推移慢慢累积。控制土壤有机氮积累稳定性的因素有很多，包括水深、水文波动、温度、电子受体供应和微生物活性。

早期的碳氮储量估算主要基于平均土壤深度、平均容重、平均碳密度（Gorham，1991），近年来随着“3S”技术的引入，湿地土壤碳氮储量主要按植被类型、土壤类型、生命带或模型的方法来统计估算（Wang and Wang，2003）。目前，最常用的土壤碳氮储量的估算是基于土壤类型估算和基于连续序列估算两种方法。

土壤类型估算是基于土壤类型或者生态系统类型分区，结合土壤分类数据进行碳氮库的估算（Wang and Wang，2003）。在区域和全球尺度上，土壤类型估算是一种主要的碳氮储量估算方法。有研究对加拿大西部泥炭地的估算采用 0.25°纬度和 0.5°经度的网格核算，用最大深度的碳含量密度乘以各湿地类型的面积，再按照盆地坡度的地形作调整。Page 等（2011）通过收集的调查数据，估算了全球热带泥炭地碳储量，并指出，除了东南亚地区特别是印度尼西亚有详细的泥炭资源调查数据外，大部分国家对泥炭资源只有单一的调查值。

连续序列估算是根据功能关系估算湿地碳储量，主要使用土壤密集采样数据和相关图件、景观属性做线性或非线性回归，有的以 DEM 为独立变量。Grigal 等（2011）以两种对比方法对美国明尼苏达州高地泥炭地碳储量进行估算发现，土壤类型估算的结果比连续序列估算的大 15%，其差异在于土壤碳的估算。土壤类型估算方法相对较简单、快捷，在大尺度使用更广泛，连续序列估算则需要更为密集的采样数据支撑，更适合小尺度碳储量估算。不管选择哪种统计方法，土壤碳库估算的方法均是以一定数量代表性土壤剖面（土柱）的有机碳含量及容重为基础（Page et al.，2011）。

模型模拟是通过数学模型估算湿地生态系统生产力和碳储量，是研究大尺度湿地生态系统碳循环的必要手段，也是预测土壤碳长期变化的重要手段。与湿地生态系统碳循环相关的模型很多，大多基于模拟湿地生态系统碳储量的变化和对气候变化的响应机制，与泥炭碳循环相关的模型最多，如探讨泥炭地发展和千年时间尺度上的碳动态的全新世泥炭模型（HPM）（Quillet et al.，2010），还有泥炭分解模型（PDM）（Frolking et al.，2001）、泥炭核形成和分布模型（Kirkby et al.，1995）、SEMIDEC 模型（Morris and Bowden，1986）、泥炭年龄序列模型 MILLENNIA（Heinemeyer et al.，2010）等。很多模型将水文要素与湿地固碳充分结合，研究湿地生态系统的碳储量变化，预测气候变化情景下湿地碳储量的变化，如 Cui 等（2005）的 Wetland-DNDC 模型、Tian 等（2010）的综合生态系统模型。模型模拟更多的是对碳储量变化趋势及其对气候变化的影响和响应的研究，模型与“3S”技术相结合是模拟大尺度碳储量变化未来发展的趋势，但是模型模拟主要适合于模拟理想条件下的碳储量，而实际生态系统存在很多不确定性；此外，一个理想的过程模型通常包括较多的参数，基础数据的缺乏将影响模型的推广应用。

6.3.2 湿地生态系统碳氮模型应用

湿地碳氮库是长时间缓慢变化的，野外长期观测实验是监测湿地碳氮库变化的理想手段，但是区域上各个试验站点的数目非常有限，而且在时间序列上和空间上实测资料都是离散的，对其规律进行研究也需要通过经验模型综合分析，进而得到外推结果。并且长期定位实验对于时间跨度较大（几十年至数百年）、空间范围广（区域乃至全球范围）的研究难度较大。模型方法最大的特点就是能够根据大量的实测数据和气候变化大的模拟数据预测和估算湿地碳氮库的大小及其时空变异性，给出不同情景下的湿地碳氮库动态变化趋势。

土壤有机碳储量的估测方法较多，最早使用的有生命地带类型法（Post et al.，1982）、森林类型法（Weaver and Birdsey，1990）、气候参数法（Burke et al.，1989）和土壤类型法（李克让等，2003）等，也可以通过建立土壤有机碳与各种环境因子、气候因子和土壤特性之间的相关关系，利用有限的土壤剖面计算土壤有机碳储量或者根据土壤有机碳与形成影响因素之间的空间关系进行估算（王绍强和刘纪远，2002）。此外就是利用模型来估算土壤有机碳的储量（李甜甜等，2007）。利用湿地土壤有机碳储量估算模型，考虑深度、各层有机碳密度、湿地面积，拟合方程，估算中国不同地区湿地有机碳储量（图 6-6）。

湿地生态系统类型多样，具有不同的碳分布格局（崔丽娟等，2012）。因此，湿地生态系统碳储量估算各有侧重（表 6-2）。张旭辉等（2008）研究表明，我国湿地土壤碳

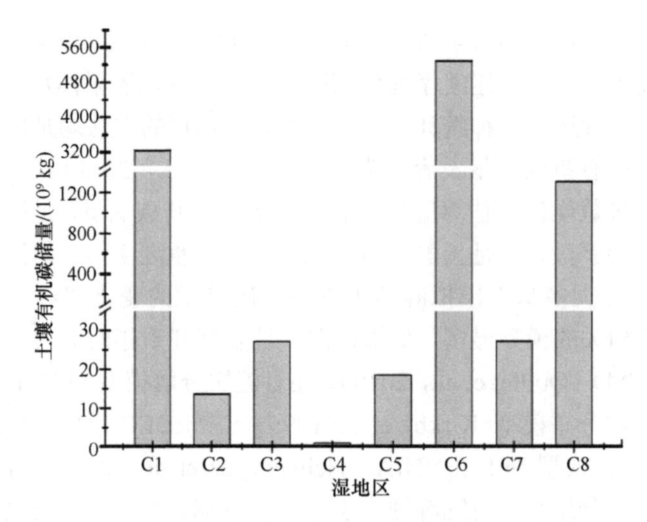

图 6-6　各地理区土壤有机碳估算储量

C1、C2、C3、C4、C5、C6、C7 和 C8 分别代表东北湿地区、西南湿地区、长江中下游湿地区、东南和南部湿地区、滨海湿地区、青藏高原湿地区、黄河中下游湿地区和西北干旱半干旱湿地区

表 6-2　全球湿地碳库

类型	碳库/pg	面积/×10^4 km^2	文献
全球湿地土壤 b)	550	—	a)
	225～377	530～570	Mitra et al.，2005
全球湿地 b)	280	280	Adams et al.，1990
	300	500	Sjörs，1980
	377	—	Bohn，1976
	225	350	WBGU，1998
	357	1745	Eswaran et al.，1993
	202	280	Post et al.，1982
	154	240	FAO，2001
	330	240	Batjes，1996
全球泥炭地 b)	455	269	Gorham，1991
	500±100	—	Yu，2012
全球泥炭地 c)	45	120	Buringh，1984
全球泥炭地 d)	120～260	—	Franzen，1992
	160～165	—	Bolin，1986
	450	—	Rouse et al.，2000
	243～253	400	Lappalainen，1996
全球湿地植被 e)	0.5×10^2～13.5×10^2	—	Aselmann and Crutzen，1989

注：a）www.wetland.org；b）厚度 1 m；c）厚度 0.33 m；d）厚度不详；e）单位：t C/km^2。资料来源于郑姚闽等，2013

储量为 8～10 Pg。Yu 等（2007）利用由中国科学院南京土壤研究所绘制的中国土壤数据库（1∶1 000 000），通过数字化、空间区域整合和汇编等方法，得出我国湿地土壤有机碳储量为 12.20 Pg。邢伟等（2019）通过收集东北地区沼泽湿地柱芯数据（134 个），并依据第二次全国湿地资源调查报告，估算出东北地区沼泽湿地碳储量约为 4.34 Gt。

经验模型简单，考虑的参数较少，模型将土壤有机碳、氮看成是一个单一的库，很多过程和机理被忽视，并只能在一定的范围内应用，使模型结果有较大的不确定性。为了弄清土壤有机碳的分解机制，就要对土壤有机碳库的内部组分进行分析研究，同时也要考虑影响土壤有机碳分解的众多影响因素，如气温、土壤质地、有机物质的输入、C∶N 等，最后建立模型。例如，Raich 和 Potter（1995）为研究陆地生态系统土壤碳排放、湿地在全球土壤碳排放中的作用、土地覆被变化对土壤碳排放的影响及碳排放与气候变化的时空变化的关系等而建立了全球碳排放模型。此外，通过逐步线性多元回归确定与土壤 CO_2 排放速率显著相关的自变量，从而用于预测模型。

土壤溶解性有机碳作为湿地生态系统主要的可利用性碳，在土壤碳循环中具有重要的作用。我们利用全球性数据库与经验模型相结合，估算全球不同生态系统的土壤 DOC 含量，在考虑土壤质地、温度、容重、水分和总有机碳等控制因素的基础上，建立估算 0～30 cm 土壤剖面 DOC 浓度的经验模型。该模型利用 2/3 的数据点进行多重线性回归分析，并根据最低的赤池信息准则值（AIC）选择最佳模型，计算不同深度 DOC 的全球分布（Guo et al.，2020）。

$$\log(\text{DOC}) = a_0 + a_1\times\text{ST} + a_2\times\text{SW} + a_3\times\text{Sand} + a_4\times\text{Clay} + a_5\times\text{NPP} + a_6\times\text{TC} + a_7\times\text{TN} + a_8\times\text{BD} + a_9\times\text{ST}\times\text{TC} + a_{10}\times\text{SW}\times\text{TC} + a_{11}\times\text{ST}\times\text{SW} + a_{12}\times\text{NPP}\times\text{TC} + a_{13}\times\text{ST}\times\text{NPP} + a_{14}\times\text{SW/NPP} + a_{15}\times\text{ST}\times\text{SW}\times\text{TC} + a_{16}\times\text{ST}\times\text{NPP}\times\text{TC} + a_{17}\times\text{SW}\times\text{NPP}\times\text{TC} + a_{18}\times\text{ST}\times\text{SW}\times\text{NPP} + a_{19}\times\text{ST}\times\text{SW}\times\text{NPP}\times\text{TC}$$

式中，a_1～a_7 为相应控制变量的系数，选取的变量为土壤温度（ST）、土壤水分（SW）、土壤沙粒含量（Sand）、土壤黏粒含量（Clay）、生态系统净初级生产力（NPP）、全碳含量（TC）、全氮含量（TN）、容重（BD）。其中 1/3 的数据用于模型验证。结果显示，DOC 浓度与预测的 DOC 浓度高度相关，证实了我们模拟 DOC 浓度的经验模型的准确性和合理性。

过程模型则考虑了主要的生物地球化学过程并对其主要过程进行模拟以达到对整个生态系统的预测。基于对人工湿地 CH_4 产生、氧化和传输过程的研究，黄耀等（2006）开发了人工湿地的 CH_4 排放模型 CH_4MOD，可以有效地模拟不同气候和土壤的 CH_4 排放，在中国进行了广泛的验证，具有广泛的适应性和良好的解释性。CH_4MOD 为点尺度模拟模型，模型运行的时间步长为日，动态驱动变量包括作物生长、逐日土壤温度和氧化还原电位。作物生长用 logistic 生长方程通过水稻单产进行模拟，逐日土壤温度通过气温计算，土壤氧化还原电位根据稻田水分管理方式等进行模拟。为估算中国稻田人工湿地 CH_4 排放，利用 GIS 技术将水稻种植区按一定的空间化方案划分成若干基本空间单元的组合（不规则单元或规则的栅格），各基本单元含有一组运行模型所需要的输入参数和变量，通过在各基本单元运行 CH_4MOD 获得该单元的 CH_4 排放量。

DLEM 可用于研究不同尺度下陆地生态系统对全球变化各个因子的响应及自然系统和人工管理系统的协同作用和反馈机制。该模型已经应用于模拟全球多个典型区域的陆地生态系统水、碳、氮通量和储量，模型性能良好。DLEM 模型甲烷模块主要模拟甲烷的产生、氧化及传输。考虑到 CH_4 最大传输速率、氧化最大速率等 8 个主要参数确定不同过程的速率，最终确定 CH_4 的净排放通量。模拟结果显示中国沼泽湿地的 CH_4 排放通量存在明显的空间差异，东部沼泽湿地的 CH_4 排放通量较高，而西部沼泽湿地的 CH_4 排放通量则相对较低，东南部沼泽湿地的 CH_4 通量高于东北部沼泽湿地的 CH_4 通量。

随着对湿地碳氮过程的理解，模型的发展也日趋完善，Xu 等（2015）开发的 CLM-Microbe 模型不仅考虑到 CH_4 循环的产生、氧化和传输途径，还分析了微生物对 CH_4 产生和氧化的影响，可以模拟全球范围的不同生态系统的碳氮过程（图 6-7）。

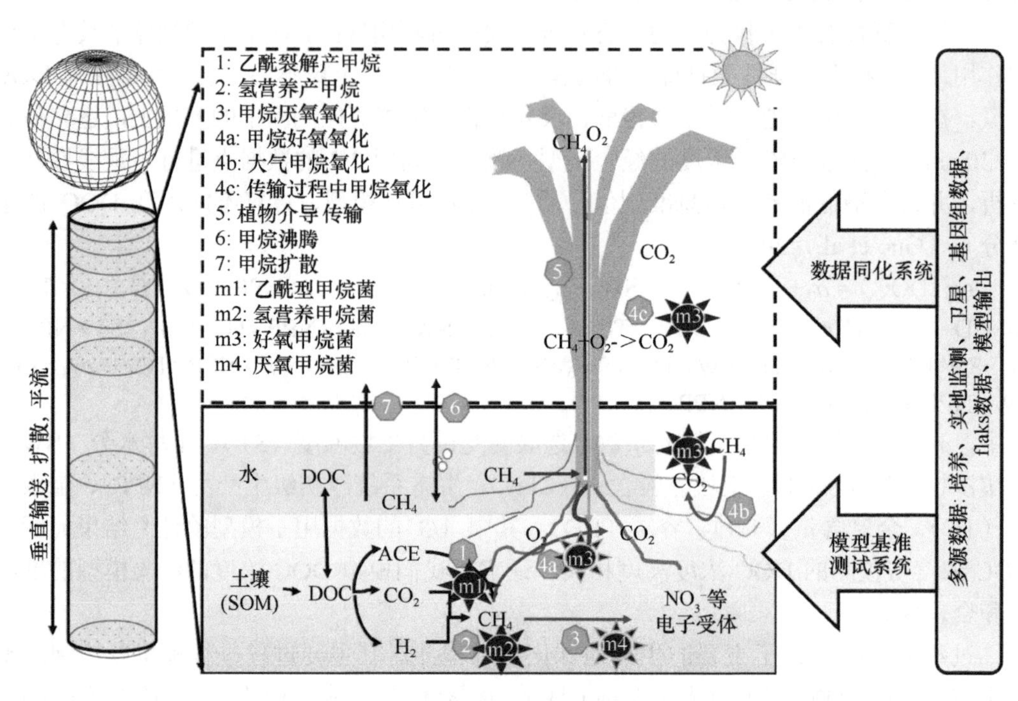

图 6-7　未来湿地生物地球化学模型的关键过程

无论是陆地还是湿地生态系统，绝大部分的微生物和生化过程基本一致，主要的区别在于湿地沉积物-水剖面变化较大的供氧量及控制分解转化的电子受体的供应（DeBusk and Reddy，2005）。因此，研究者在描述、模拟不同基质的分解过程时，采用的手段基本相似。湿地过程模型模拟也常常采用“黑箱”手段来描述其土壤或沉积物的生物化学过程。而且湿地有机质的生物地球化学模型一般是在陆地土壤碳循环的基础上进行改进的。过程模型能够考虑动力学的特点，结合湿地碳氮循环的各个过程与气候模式耦合探究湿地碳过程对全球变化的响应，研究湿地生态系统与大气之间的动态响应和相互作用，揭示其中的反馈机制，这一系列的研究建立了相对完善的有机碳、氮库过程模型。

模型在应用的过程中，为了尽量真实地模拟湿地碳氮库的动态变化，也在不断地进行改进，但使模型真实准确的一些参数是具体的、有针对性的，从而限制了模型的广泛应用。另外，众多的模型为精确模拟土壤有机质的动态变化，将土壤有机质分为若干室，但这些分室在实际情况中未必存在；此外，常数化土壤有机质的分解速率可以缩小模型在不同应用条件下的误差，增加其适用范围，但与客观事实的距离也因此增大。

湿地碳氮循环建模是一个动态的过程。就像过去几十年发展的趋势，当新的机制被确定时，模型构建需要生态机理机制的理解和模型数学式完整的表达（Conrad，1989；McCalley et al.，2014；Schütz et al.，1989；Xu et al.，2015）。然而，在完成生态系统碳氮循环过程完整建模框架之前，还需要填补知识的缺失。在碳氮循环模型中，一些最近研究得出的 CH_4 机制需要确认，这些结论在应用于模型之前需要完整的验证过程。例如，众所周知的仍在争论的植物组织内有需氧 CH_4 产生（Beerling et al.，2008；Keppler et al.，2006）。自 2006 年首次报道以来（Keppler et al.，2006），少数研究证实了该机制在多种植物中的存在（Wang et al.，2008）。虽然在自然界中的存在仍处于争论中（Dueck et al.，2007），但在推出可靠的证据之前，这种机制可能不会被纳入生态系统模型。此外，真菌产 CH_4 机制也需要更多的野外和实验室实验来研究这一机制及其对全球 CH_4 预算的贡献（Lenhart et al.，2012），或者是通过数据模型整合方法验证。甲基磷酸盐裂解的好氧产 CH_4 过程已经在海洋生态系统中得到证实（Karl et al.，2008），但是这一过程在陆地生态系统中的意义尚不清楚。河流和小池塘的大量 CH_4 排放过程仍然没有被完全地理解（Martinson et al.，2010；Holgerson and Raymond，2016）。这些都可能是未来模型需要改进的方向。

另外，在湿地碳氮模型中缺乏对 CH_4 通量时空变化的全面认知，在一些特定地点和时间观测到的 CH_4 通量仍然没有完全了解（Mastepanov et al.，2008；Song et al.，2012；Becker et al.，2014）。测量 CH_4 排放的静态箱方法可能会低估 CH_4 通量，因为采样不太可能监测到这些异常高排放的时间和地点。此外还需要更好的方法来测量北极和亚北极平季期间（介于旺季和淡季之间）的 CH_4 循环，此时的通量可能变化最大（Zona et al.，2016）。这些知识的缺乏是模型开发工作的主要障碍（Song et al.，2012）。因此，模型的开发非常需要这些机制的模型表达。

6.4 结论与展望

在最近的几十年里，气候变暖已经导致湿地植物组成、丰度和分布、生物量、蒸散发量和反射率等都发生较大变化，而且气候变化通过影响植物群落结构、生产力等改变有机物输入的质量和数量及土壤有机质的分解速率而直接影响碳氮循环，并通过改变地上和地下生物的活性，间接影响碳氮过程。但是，根据湿地地下生物过程、生物地球化学过程与气候变量之间的交互作用关系，预测湿地生态系统对全球气候变化响应的相关研究还不够深入（宋长春等，2018）。因此，要揭示全球变化下湿地碳氮生物地球化学响应过程及其作用机制，需要综合研究湿地生态系统中的交互作用。

湿地生态系统模型是一种研究湿地生态系统生物地球化学循环的重要工具，主要分为经验模型和过程模型。而湿地生态系统是一个多层次、多因子组成的，结构复杂、功能多样、具有多项反馈调节机制的复杂系统，探究各种环境因子对生态系统的潜在影响需要详细了解生态系统生物地球化学过程的影响，以及大规模探究这些过程的方法需要系统性的视野。湿地模型为量化这些预算提供了强大的工具。利用模型了解和确定湿地生态系统的主要特征和机制，并对气候变化对湿地生态系统碳氮生物地球化学过程的影响进行评估，再借助真实的观测数据验证模型的拟合度。目前开发了湿地各种碳氮循环模型，尽管这些模型在时空分布、复杂性和方法方面各不相同，但是都是针对相似的目标。这些目标主要集中于对碳库和氮库大小的估算、碳氮过程的估算和预测、全球变化下系统稳定性响应及管理措施的效用等。

为了更好地模拟湿地生态系统中的碳氮循环过程，需要改进模型结构来表达循环过程。第一，面临的挑战是模拟土壤生物地球化学过程的垂直剖面，并利用观测结果进行验证。尽管有些模型具有模拟碳氮垂直分布的能力（Koven et al.，2013；Mau et al.，2013；Tang and Riley，2013），但是这需要一个更好的框架来涵盖大部分的模型过程。生物地球化学对于模拟 CH_4 过程的垂直分布和 CH_4 到大气的土壤剖面传输是必要的。第二，湿地碳氮模型需要整合同位素示踪。同位素示踪已经被广泛地用于量化碳通量和各个 CH_4 过程之间的分配（Conrad，2005；Conrad and Claus，2005），但是对于生态系统模型，尽管它对于理解 CH_4 过程和整合现场观测数据非常重要，但是这种能力尚未体现。第三，微生物的功能群。微生物过程是由不同的微生物进行的（Lenhart et al.，2012；McCalley et al.，2014）。因此，与单个过程的模型比较需要代表特定微生物功能群的种群大小或生物量（Tveit et al.，2015）。这一目标比在模型中表示植物功能类型更加困难，因为并非所有微生物群都具有一致的功能（Philippot and Hallin，2011）。第四，模拟溶解和颗粒生物地球化学变量的侧向运移，这对于更好地模拟异质景观中的 CH_4 存储和运移是非常必要的（Weller et al.，1995）。第五，在空间尺度上模拟 CH_4 通量。虽然已经有一些研究证明了在样地尺度和涡度相关区域尺度下 CH_4 通量的估算方法，但是仍然缺乏一个在不同尺度下连接 CH_4 过程的机制框架（Zhang et al.，2012）。

观测数据仍是当前模型验证所面临的首要问题。为了有效地验证模型，需要一个完整的不同景观类型的野外观测数据集。虽然现在已经有一些数据集（Mosier et al.，1997；Liu and Greaver，2009；Aronson and Helliker，2010；Chen et al.，2013；Yvon-Durocher et al.，2014），但是一些景观类型仍未被完全覆盖。同时，还需要分辨率较高的野外观测数据，特别是一些研究较少的地区的长期观测数据；例如，北极苔原生态系统被认为是气候变化中全球 CH_4 预算的重要贡献者（IPCC，2021；Koven et al.，2011），但缺乏 CH_4 通量的长期数据集。众所周知，气候的年际变化可能使生态系统由源变汇（Nauta et al.，2015；Shoemaker et al.，2014）。因此，一个覆盖碳氮通量和相关生态系统信息的长期观测数据集将有助于我们理解湿地碳氮循环的过程，并有助于我们在湿地碳氮循环模型中表达这些变化（McCalley et al.，2014；Schimel and Gulledge，1998）。其次，微生物群落的转变及其在湿地碳氮循环中的作用也是重要的，尽管这一机制在模型中表达得还不完全。尽管许多研究报道了微生物群落结构及其与湿地碳氮过程变化的潜在关联（Wagner et al.，2005），这些进展都没有以适合于建模表示的数学方式记录下来。再次，在单个生态系统中所有主要 CH_4 过程的综合数据集对模型优化和验证意义重大。虽然存在一些数据集，但没有在同一地块长期调查所有主要的 CH_4 过程的研究。考虑到 CH_4 过程的空间异质性，过程表征的缺失可能会导致区域尺度上的 CH_4 模拟存在偏差。需要指出的是，地表净 CH_4 通量是一个可测量的生态系统级过程，而许多单独的 CH_4 过程难以精确测量。设计适合测量这些过程的现场或实验室实验是一项基本需求。例如，CH_4 的厌氧氧化已被确定为某些生态系统类型的关键过程，但没有关于它的全面数据集用于模型开发或改进。最后，高质量的空间数据作为驱动因素和 CH_4 模型的验证数据对模型开发也至关重要（Melton et al.，2013；Wania et al.，2013）。湿地的空间分布和面积变化可能是 CH_4 模型最重要的数据（Wania et al.，2013）。土壤温度、水分和质地的空间分布是 CH_4 过程的基本信息，因为它们对 CH_4 过程起着直接或间接的环境控制作用。最近发射的土壤湿度主动被动（SMAP）卫星可以作为驱动 CH_4 模型的土壤湿度的重要数据源（Entekhabi et al.，2010）。研究表明，土壤质地和 pH 对模拟 CH_4 过程非常重要（Xu et al.，2015）。此外，来自卫星的大气 CH_4 浓度数据可以作为模式验证的重要基准，如温室气体观测卫星（GOSAT）（Yokota et al.，2009）。

模型开发和数据收集是两个重要但历史上独立的科学方法；模型开发和数据收集之间的集成对于推进科学是非常强大的（Peng et al.，2011；Luo et al.，2012；De Kauwe et al.，2014）。虽然数据模型集成对于理解和预测 CH_4 过程非常重要，并取得了一定的进展，但实验和模型集成仍然面临着多重挑战，特别是：①在 CH_4 循环过程中，数据模型集成方法还不完善；②评估数据模型集成的指标在科学界不一致；③数据科学家和建模人员之间缺乏对 CH_4 过程各个方面及其模型表示的定期沟通。

最近创建了数据模型集成方法，如卡尔曼滤波器（Gao et al.，2011）、贝叶斯（Ogle and Barber，2008；Ricciuto et al.，2008）和马尔可夫链蒙特卡罗法（Robert and Casella，2011）。然而，还没有研究对这些将 CH_4 数据与模型集成的方法进行评估。此外，评估数据模型集成的度量仍然没有得到很好的开发。数据模型集成的一个非常有用的策略是在设计现场实验时及时征求建模者的意见。这方面的一个很好的例子是由美国能源部资助的“下一代生态系统实验-北极”项目（ngeearctic.ornl.gov），该项目是在野外科学家、数据科学家和建模人员的参与下进行规划的。另一个成功的例子是美国能源部资助的“气候和环境变化下的云杉和泥炭地响应”项目（Spruce and Peatland Responses Under climate and Environmental Change，Spruce）（mnspruce.ornl.gov），在该项目中，数据模型集成的实验设计者为实地科学家使用模型创造了机会。橡树岭国家实验室正在开发一个专注于模型参数化和验证能力的建模框架；将模型优化算法构建到 ESM 框架中，将使新开发的 CLM CH_4 模块在站点、区域和全球尺度得到更有效的参数化。

参考文献

崔丽娟, 马琼芳, 宋洪涛, 等. 2012. 湿地生态系统碳储量估算方法综述. 生态学杂志, 31(10): 2673-2680.

何勇, 董文杰, 季劲均, 等. 2005. 基于 AVIM 的中国陆地生态系统净初级生产力模拟. 地球科学进展, 20(3): 345-349.

胡启武, 吴琴, 刘影, 等. 2009. 湿地碳循环研究综述. 生态环境学报, 18(6): 2381-2386.

黄耀, 张稳, 郑循华, 等. 2006. 基于模型和 GIS 技术的中国稻田甲烷排放估计. 生态学报, 26(4): 980-988.

李红艳, 高瑞, 杨雅丽, 等. 2018. 湿地中碳氮磷的循环过程及其环境效应. 科技风, 13: 190-191.

李克让, 王绍强, 曹明奎. 2003. 中国植被和土壤碳贮量. 中国科学(D 辑: 地球科学), 33(1): 72-80.

李甜甜, 季宏兵, 孙媛媛, 等. 2007. 我国土壤有机碳储量及影响因素研究进展. 首都师范大学学报(自然科学版), 28(1): 93-97.

李银鹏, 季劲钧. 2001. 全球陆地生态系统与大气之间碳交换的模拟研究. 地理学报, 56(4): 379-389.

宋长春, 宋艳宇, 王宪伟, 等. 2018. 气候变化下湿地生态系统碳、氮循环研究进展. 湿地科学, 16(3): 424.

田汉勤, 刘明亮, 张弛, 等. 2010. 全球变化与陆地系统综合集成模拟——新一代陆地生态系统动态模型(DLEM). 地理学报, 65(9): 1027-1047.

仝川, 曾从盛. 2006. 湿地生态系统碳循环过程及碳动态模型. 亚热带资源与环境学报, 1(3): 84-92.

王绍强, 刘纪远. 2002. 土壤碳蓄积量变化的影响因素研究现状. 地球科学进展, 17(4): 528-534.

邢伟, 李裴培, 刘明华, 等. 2019. 我国东北地区沼泽湿地碳储量估算. 信阳师范学院学报(自然科学版), 32(4): 6.

张海清, 刘琪璟, 陆佩玲, 等. 2005. 陆地生态系统碳循环模型概述. 中国科技信息, (13): 25, 19.

张旭辉, 李典友, 潘根兴, 等. 2008. 中国湿地土壤碳库保护与气候变化问题. 气候变化研究进展, 4(4): 202-208.

郑姚闽, 牛振国, 宫鹏, 等. 2013. 湿地碳计量方法及中国湿地有机碳库初步估计. 科学通报, 58(2): 170-180.

Adams J M, Faure H, Faure-Denard L, et al. 1990. Increases in terrestrial carbon storage from the Last Glacial Maximum to the present. Nature, 348(6303): 711-714.

Addor N, Fischer E M. 2015. The influence of natural variability and interpolation errors on bias characterization in RCM simulations. Journal of Geophysical Research: Atmospheres, 120(19): 10180-10195.

Aronson E, Helliker B. 2010. Methane flux in non-wetland soils in response to nitrogen addition: a meta-analysis. Ecology, 91(11): 3242-3251.

Aselmann I, Crutzen P. 1989. Global distribution of natural freshwater wetlands and rice paddies, their net primary productivity, seasonality and possible methane emissions. Journal of Atmospheric Chemistry, 8(4): 307-358.

Bastrikov V, MacBean N, Bacour C, et al. 2018. Land surface model parameter optimisation using in situ flux data: comparison of gradient-based versus random search algorithms (a case study using ORCHIDEE v1.9.5.2). Geoscientific Model Development, 11(12): 4739-4754.

Batjes N H. 1996. Total carbon and nitrogen in the soils of the world. European Journal of Soil Science, 47(2): 151-163.

Becker P M, van Wikselaar P G, Franssen M C, et al. 2014. Evidence for a hydrogen-sink mechanism of (+) catechin-mediated emission reduction of the ruminant greenhouse gas methane. Metabolomics, 10(2): 179-189.

Beer C, Lucht W, Gerten D, et al. 2007. Effects of soil freezing and thawing on vegetation carbon density in Siberia: a modeling analysis with the Lund-Potsdam-Jena Dynamic Global Vegetation Model

(LPJ-DGVM). Global Biogeochemical Cycles, 21(1): 1-14. https://doi.org/10.1029/2006GB002760

Beerling D J, Gardiner T, Leggett G, et al. 2008. Missing methane emissions from leaves of terrestrial plants. Global Change Biology, 14(8): 1821-1826.

Bohn H L. 1976. Estimate of organic carbon in world soils. Soil Science Society of America Journal, 40(3): 468-470.

Bolin B. 1986. How much CO_2 will remain in the atmosphere? The greenhouse effect, climatic change, and ecosystems. 93-155.

Buringh P. 1984. Organic carbon in soils of the World//Woodwell G M. The Role of Terrestrial Vegetation in the Global Carbon Cycle: Measurement by Remote Sensing. Chichester: John Wiley & Sons Ltd: 91-109.

Burke I C, Yonker C M, Parton W J, et al. 1989. Texture, climate, and cultivation effects on soil organic matter content in US grassland soils. Soil Science Society of America Journal, 53(3): 800-805.

Canfield D E, Glazer A N, Falkowski P G. 2010. The evolution and future of Earth's nitrogen cycle. Science, 330(6001): 192-196.

Cao M, Dent J B, Heal O W. 1995. Modeling methane emissions from rice paddies. Global Biogeochemical Cycles, 9(2): 183-195.

Cao M, Gregson K, Marshall S. 1998. Global methane emission from wetlands and its sensitivity to climate change. Atmospheric Environment, 32(19): 3293-3299.

Chen H, Zhu Q, Peng C, et al. 2013. Methane emissions from rice paddies natural wetlands, lakes in China: synthesis new estimate. Global Change Biology, 19(1): 19-32.

Chen R, Twilley R R. 1999. A simulation model of organic matter and nutrient accumulation in mangrove wetland soils. Biogeochemistry, 44(1): 93-118.

Chen Y, Chen J, Luo Y. 2019. Data-driven ENZYme (DENZY) model represents soil organic carbon dynamics in forests impacted by nitrogen deposition. Soil Biology and Biochemistry, 138: 107575.

Cho D Y, Ponnamperuma F. 1971. Influence of soil temperature on the chemical kinetics of flooded soils and the growth of rice. Soil Science, 112(3): 184-194.

Christensen T R, Prentice I C, Kaplan J, et al. 1996. Methane flux from northern wetlands and tundra. Tellus B, 48(5): 652-661.

Clymo R. 1978. A model of peat bog growth//Ecological Studies. Berlin: Springer: 187-223.

Cole M B, Jones M V, Holyoak C. 1990. The effect of pH, salt concentration and temperature on the survival and growth of Listeria monocytogenes. Journal of Applied Bacteriology, 69(1): 63-72.

Conrad R, Claus P. 2005. Contribution of methanol to the production of methane and its ^{13}C-isotopic signature in anoxic rice field soil. Biogeochemistry, 73(2): 381-393.

Conrad R. 1989. Control of methane production in terrestrial ecosystems. Andreae M O, Schimel D S. Exchange of Trace Gases Between Terrestrial Ecosystems and the Atmosphere. New York: John Wiley, 39-58.

Conrad R. 2005. Quantification of methanogenic pathways using stable carbon isotopic signatures: a review and a proposal. Organic Geochemistry, 36(5): 739-752.

Corre M D, Schnabel R R, Stout W L. 2002. Spatial and seasonal variation of gross nitrogen transformations and microbial biomass in a Northeastern US grassland. Soil Biology and Biochemistry, 34(4): 445-457.

Cui J, Li C, Sun G, et al. 2005. Linkage of MIKE SHE to Wetland-DNDC for carbon budgeting and anaerobic biogeochemistry simulation. Biogeochemistry, 72(2): 147-167.

Damman A W. 1988. Regulation of nitrogen removal and retention in Sphagnum bogs and other peatlands. Oikos, 51: 291-305.

D'Angelo E, Reddy K. 1994. Diagenesis of organic matter in a wetland receiving hypereutrophic lake water: II. Role of inorganic electron acceptors in nutrient release. Journal of Environmental Quality, 23(5): 937-943.

Davin E L, Maisonnave E, Seneviratne S I. 2016. Is land surface processes representation a possible weak link in current Regional Climate Models? Environmental Research Letters, 11(7): 074027.

De Kauwe M G, Medlyn B E, Zaehle S, et al. 2014. Where does the carbon go? A model–data

intercomparison of vegetation carbon allocation and turnover processes at two temperate forest free-air CO_2 enrichment sites. New Phytologist, 203(3): 883-899.
DeBusk W F, Reddy K R. 2005. Litter decomposition and nutrient dynamics in a phosphorus enriched everglades marsh. Biogeochemistry, 75(2): 217-240.
DeBusk W, Reddy K. 1987. Removal of floodwater nitrogen in a cypress swamp receiving primary wastewater effluent. Hydrobiologia, 153(1): 79-86.
Deng J, Zhu B, Zhou Z, et al. 2011. Modeling nitrogen loadings from agricultural soils in southwest China with modified DNDC. Journal of Geophysical Research: Biogeosciences. 116(G2): G02020.
Ding A J, Wang M X. 1996. Model for methane emission from rice fields and its application in southern China. Advances in Atmospheric Sciences, 13(2): 159-168.
Dueck T A, De Visser R, Poorter H, et al. 2007. No evidence for substantial aerobic methane emission by terrestrial plants: a ^{13}C-labelling approach. New Phytologist, 175(1): 29-35.
Entekhabi D, Njoku E G, O'Neill P E, et al. 2010. The soil moisture active passive (SMAP) mission. Proceedings of the IEEE, 98(5): 704-716.
Eswaran H, Van Den Berg E, Reich P. 1993. Organic carbon in soils of the world. Soil Science Society of America Journal, 57(1): 192-194.
Evans M R, Grimm V, Johst K, et al. 2013. Do simple models lead to generality in ecology? Trends in Ecology & Evolution, 28(10): 578-583.
Fang Y, Liu C, Leung L R. 2015. Accelerating the spin-up of the coupled carbon and nitrogen cycle model in CLM4. Geoscientific Model Development, 8(3): 781-789.
FAO. 2001. Global Forest Resources Assessment 2000, Main Report, FAO Forestry Paper No. 124. Food and Agriculture Organization of the United Nations Rome.
Firestone M K. 1982. Biological denitrification. Nitrogen in Agricultural Soils, 22(c8): 289-326.
Franko U, Crocker G, Grace P, et al. 1997. Simulating trends in soil organic carbon in long-term experiments using the CANDY model. Geoderma, 81(1-2): 109-120.
Franzen L. 1992. Can Earth afford to lose the wetlands in the battle against the increasing greenhouse effect. International Peat Journal, Special Edition: 1-18.
Frolking S, Roulet N T, Moore T R, et al. 2001. Modeling northern peatland decomposition and peat accumulation. Ecosystems, 4(5): 479-498.
Gao C, Wang H, Weng E, et al. 2011. Assimilation of multiple data sets with the ensemble Kalman filter to improve forecasts of forest carbon dynamics. Ecological Applications, 21(5): 1461-1473.
Gerten D, Luo Y, Le Maire G, et al. 2008. Modelled effects of precipitation on ecosystem carbon and water dynamics in different climatic zones. Global Change Biology, 14(10): 2365-2379.
Giltrap D L, Li C, Saggar S. 2010. DNDC: a process-based model of greenhouse gas fluxes from agricultural soils. Agriculture, Ecosystems & Environment, 136(3-4): 292-300.
Gorham E. 1991. Northern peatlands: role in the carbon cycle and probable responses to climatic warming. Ecological Applications, 1(2): 182-195.
Gorham E. 1995. The biogeochemistry of northern peatlands and its possible responses to global warming. Biotic feedbacks in the global climatic system: will the warming feed the warming. Oxford University Press; 169-187.
Grant R F. 1997. Changes in soil organic matter under different tillage and rotation: mathematical modeling in ecosys. Soil Science Society of America Journal, 61(4): 1159-1175.
Grant R F. 1998. Simulation of methanogenesis in the mathematical model ecosys. Soil Biology and Biochemistry, 30(7): 883-896.
Grant R F. 1999. Simulation of methanotrophy in the mathematical model ecosys. Soil Biology & Biochemistry - Soil Biology Biochemistry, 31(2): 287-297.
Grant R F, Heaney D J. 1997. Inorganic phosphorus transformation and transport in soils: mathematical modeling in ecosys. Soil Science Society of America Journal, 61(3): 752-764.
Grant R F, Roulet N T. 2002. Methane efflux from boreal wetlands: theory and testing of the ecosystem model ecosys with chamber and tower flux measurements. Global Biogeochemical Cycles, 16(4): 2-1-2-16.

Grigal D F, Bates P C, Kolka R K. 2011. Ecosystem carbon storage and flux in upland/peatland watersheds in northern Minnesota//Kolka R, Sebestyen S, Verry E S, et al. Peatland Biogeochemistry and Watershed Hydrology at the Marcell Experimental Forest. Boca Raton (FL): CRC Press: 267-320.

Guimberteau M, Zhu D, Maignan F, et al. 2018. ORCHIDEE-MICT (v8.4.1), a land surface model for the high latitudes: model description and validation. Geoscientific Model Development, 11(1): 121-163.

Guo Z, Wang Y, Wan Z, et al. 2020. Soil dissolved organic carbon in terrestrial ecosystems: Global budget, spatial distribution and controls. Global Ecology and Biogeography, 29(12): 2159-2175.

Hanks J, Ritchie J. 1991. Modelling plant and soil Systems. Agronomy (A Series of Monographs).-Madison. Wisconsin USA: SSSAI Publishers: 1-544.

Hansen S, Abrahamsen P, Petersen C, et al. 2012. Daisy: model use, calibration, and validation. Transactions of the ASABE, 55(4): 1317-1335.

Happell J D, Chanton J P. 1993. Carbon remineralization in a north Florida swamp forest: effects of water level on the pathways and rates of soil organic matter decomposition. Global Biogeochemical Cycles, 7(3): 475-490.

Hayward P M, Clymo R S. 1983. The growth of Sphagnum: experiments on, and simulation of, some effects of light flux and water-table depth. The Journal of Ecology, 71(3): 845-863.

He H, Jansson P E, Gärdenäs A I. 2021a. CoupModel (v6.0): an ecosystem model for coupled phosphorus, nitrogen, and carbon dynamics – evaluated against empirical data from a climatic and fertility gradient in Sweden. Geoscientific Model Development, 14(2): 735-761.

He L, Lai C-T, Mayes M A, et al. 2021b. Microbial seasonality promotes soil respiratory carbon emission in natural ecosystems: a modeling study. Global Change Biology, 27(13): 3035-3051.

Heinemeyer A, Croft S, Garnett M H, et al. 2010. The MILLENNIA peat cohort model: predicting past, present and future soil carbon budgets and fluxes under changing climates in peatlands. Climate Research, 45: 207-226.

Hilbert D W, Roulet N, Moore T. 2000. Modelling and analysis of peatlands as dynamical systems. Journal of Ecology, 88(2): 230-242.

Holgerson M A, Raymond P A. 2016. Large contribution to inland water CO_2 and CH_4 emissions from very small ponds. Nature Geoscience, 9(3): 222-226.

Howarth R W, Cole J J. 1985. Molybdenum availability, nitrogen limitation, and phytoplankton growth in natural waters. Science, 229(4714): 653-655.

Howarth R W, Marino R, Lane J, et al. 1988. Nitrogen fixation in freshwater, estuarine, and marine ecosystems. 1. Rates and importance 1. Limnology and Oceanography, 33(4part2): 669-687.

Huang Y, Sass R L, Fisher J, et al. 1998. A semi-empirical model of methane emission from flooded rice paddy soils. Global Change Biology, 4(3): 247-268.

Humphrey W D, Pluth D J. 1996. Net nitrogen mineralization in natural and drained fen peatlands in Alberta, Canada. Soil Science Society of America Journal, 60(3): 932-940.

Ingram H. 1982. Size, shape in raised mire ecosystems: a geophysical model. Nature, 297(5864): 300-303.

IPCC. 2017. IPCC Fifth Assessment Report (AR5) Observed Climate Change Impacts Database, Version 2.01. NASA Socioeconomic Data and Applications Center (SEDAC), Palisades, NY.

IPCC. 2021. Climate Change 2021: The Physical Science Basis. Contribution of Working Group I to the Sixth Assessment Report of the Intergovernmental Panel on Climate Change. Cambridge, United Kingdom and New York, NY, USA: Cambridge University Press.

Jansson P-E. 2012. CoupModel: model use, calibration, and validation. Transactions of the ASABE, 55(4): 1337-1346.

Ji J. 1995. A climate-vegetation interaction model: simulating physical and biological processes at the surface. Journal of Biogeography, 22: 445-451.

Johnsson H, Bergstrom L, Jansson P-E, et al. 1987. Simulated nitrogen dynamics and losses in a layered agricultural soil. Agriculture, Ecosystems & Environment, 18(4): 333-356.

Jørgensen S E. 1997. Ecological modelling by 'ecological modelling'. Ecological Modelling, 100(1-3): 5-10.

Karl D M, Beversdorf L, Björkman K M, et al. 2008. Aerobic production of methane in the sea. Nature

Geoscience, 1(7): 473-478.
Keppler F, Hamilton J T, Braß M, et al. 2006. Methane emissions from terrestrial plants under aerobic conditions. Nature, 439(7073): 187-191.
Kirkby M, Kneale P, Lewis S, et al. 1995. Modelling the form and distribution of peat mires//Hughes J, Heathwaite L. Hydrology and Hydrochemistry of British Wetlands. Chichester, UK: Wiley: 83-93.
Koch M, Reddy K. 1992. Distribution of soil and plant nutrients along a trophic gradient in the Florida Everglades. Soil Science Society of America Journal, 56(5): 1492-1499.
Koven C D, Ringeval B, Friedlingstein P, et al. 2011. Permafrost carbon-climate feedbacks accelerate global warming. Proceedings of the National Academy of Sciences of the United States of America, 108(36): 14769-14774.
Koven C, Riley W, Subin Z, et al. 2013. The effect of vertically resolved soil biogeochemistry and alternate soil C and N models on C dynamics of CLM4. Biogeosciences, 10(11): 7109-7131.
Kyker-Snowman E, Wieder W R, Frey S D, et al. 2020. Stoichiometrically coupled carbon and nitrogen cycling in the MIcrobial-MIneral Carbon Stabilization model version 1.0 (MIMICS-CN v1.0). Geoscientific Model Development, 13(9): 4413-4434.
Lappalainen E. 1996. Global peat resources. International Peak Society, Jyskä, Findland: 268.
Lawrence D M, Fisher R A, Koven C D, et al. 2019. The Community Land Model version 5: Description of new features, benchmarking, and impact of forcing uncertainty. Journal of Advances in Modeling Earth Systems,11(12): 4245-4287.
Lenhart K, Bunge M, Ratering S, et al. 2012. Evidence for methane production by saprotrophic fungi. Nature Communications, 3(1): 1-8.
Leonard R, Knisel W and Still D. 1987. GLEAMS: groundwater loading effects of agricultural management systems. Transactions of the Asae, 30(5): 1403-1418.
Li C. 1996. The DNDC model//David S P, Pete S, Jo U S. Evaluation of Soil Organic Matter Models. Berlin, Heidelberg: Springer: 263-267.
Li C. 2000. Modeling trace gas emissions from agricultural ecosystems. Nutrient Cycling in Agroecosystems, 58: 259-276.
Li C, Frolking S, Frolking T A. 1992. A model of nitrous oxide evolution from soil driven by rainfall events: 1. Model structure and sensitivity. Journal of Geophysical Research: Atmospheres, 97(D9): 9759-9776.
Li T, Huang Y, Zhang W, et al. 2010. $CH_4MOD_{wetland}$: A biogeophysical model for simulating methane emissions from natural wetlands. Ecological Modelling, 221(4): 666-680.
Lin B-L, Sakoda A, Shibasaki R, et al. 2000. Modelling a global biogeochemical nitrogen cycle in terrestrial ecosystems. Ecological Modelling, 135(1): 89-110.
Liu L, Greaver T L. 2009. A review of nitrogen enrichment effects on three biogenic GHGs: the CO_2 sink may be largely offset by stimulated N_2O and CH_4 emission. Ecology Letters, 12(10): 1103-1117.
Lovley D R, Klug M J. 1986. Model for the distribution of sulfate reduction and methanogenesis in freshwater sediments. Geochimica et Cosmochimica Acta, 50(1): 11-18.
Luo Y, Randerson J T, Abramowitz G, et al. 2012. A framework for benchmarking land models. Biogeosciences, 9(10): 3857-3874.
Malmer N. 1992. Peat accumulation and the global carbon cycle. Catena, Supplement (Giessen), 22: 97-110.
Martin J F, Reddy K. 1997. Interaction and spatial distribution of wetland nitrogen processes. Ecological Modelling, 105(1): 1-21.
Martin J H, Fitzwater S E. 1988. Iron deficiency limits phytoplankton growth in the north-east Pacific subarctic. Nature, 331(6154): 341-343.
Martinson G O, Werner F A, Scherber C, et al. 2010. Methane emissions from tank bromeliads in neotropical forests. Nature Geoscience, 3(11): 766-769.
Mastepanov M, Sigsgaard C, Dlugokencky E J, et al. 2008. Large tundra methane burst during onset of freezing. Nature, 456(7222): 628-630.
Mau S, Blees J, Helmke E, et al. 2013. Vertical distribution of methane oxidation and methanotrophic

response to elevated methane concentrations in stratified waters of the Arctic fjord Storfjorden (Svalbard, Norway). Biogeosciences, 10(10): 6267-6278.
McCalley C K, Woodcroft B J, Hodgkins S B, et al. 2014. Methane dynamics regulated by microbial community response to permafrost thaw. Nature, 514(7523): 478-481.
McLatchey G P, Reddy K. 1998. Regulation of organic matter decomposition and nutrient release in a wetland soil. Journal of Environmental Quality, 27(5): 1268-1274.
Melillo J M, Mcguire A D, Kicklighter D W, et al. 1993. Global climate change and terrestrial net primary production. Nature, 363(6426): 234-240.
Melton J, Wania R, Hodson E, et al. 2013. Present state of global wetland extent and wetland methane modelling: conclusions from a model inter-comparison project (WETCHIMP). Biogeosciences, 10(2): 753-788.
Meng Q, Sun Q, Chen X, et al. 2012. Alternative cropping systems for sustainable water and nitrogen use in the North China Plain. Agriculture, Ecosystems & Environment, 146(1): 93-102.
Mitra S, Wassmann R, Vlek P L. 2005. An appraisal of global wetland area and its organic carbon stock. Current Science, 88(1): 25-35.
Mitsch W J, Gosselink J G. 2000. The value of wetlands: importance of scale and landscape setting. Ecological Economics, 35(1): 25-33.
Molina J, Clapp C, Shaffer M, et al. 1983. NCSOIL, a model of nitrogen and carbon transformations in soil: description, calibration, and behavior. Soil Science Society of America Journal, 47(1): 85-91.
Morris J T, Bowden W B. 1986. A mechanistic, numerical model of sedimentation, mineralization, and decomposition for marsh sediments. Soil Science Society of America Journal, 50(1): 96-105.
Mosier A, Parton W, Valentine D, et al. 1997. CH_4 and N_2O fluxes in the Colorado shortgrass steppe: 2. Long-term impact of land use change. Global Biogeochemical Cycles, 11(1): 29-42.
Nauta A L, Heijmans M M, Blok D, et al. 2015. Permafrost collapse after shrub removal shifts tundra ecosystem to a methane source. Nature Climate Change, 5(1): 67-70.
Nzotungicimpaye C M, MacDougall A H, Melton J R, et al. 2021. WETMETH 1.0: A new wetland methane model for implementation in Earth system models. Geoscientific Model Development, 14(10): 6215-6240.
Ogle K, Barber J J. 2008. Bayesian data—model integration in plant physiological and ecosystem ecology//Lüttge U, Beyschlag W, Murata J. Progress in Botany. Berlin, Heidelberg: 281-311.
Paerl H W, Prufert-Bebout L E, Guo C. 1994. Iron-stimulated N_2 fixation and growth in natural and cultured populations of the planktonic marine cyanobacteria *Trichodesmium* spp. Applied and Environmental Microbiology, 60(3): 1044-1047.
Page S E, Rieley J O, Banks C J. 2011. Global and regional importance of the tropical peatland carbon pool. Global Change Biology, 17(2): 798-818.
Parton W J , 1996. The CENTURY model//Powlson D S, Smith P, Smith J U. Evaluation of Soil Organic Matter Models. Berlin, Heidelberg: Springer: 283-291.
Peng C, Guiot J, Wu H, et al. 2011. Integrating models with data in ecology and palaeoecology: advances towards a model–data fusion approach. Ecology Letters, 14(5): 522-536.
Petrescu A M R, van Huissteden J, Jackowicz-Korczynski M, et al. 2008. Modelling CH_4 emissions from arctic wetlands: effects of hydrological parameterization. Biogeosciences, 5(1): 111-121.
Philippot L, Hallin S. 2011. Towards food, feed and energy crops mitigating climate change. Trends in Plant Science, 16(9): 476-480.
Post W M, Emanuel W R, Zinke P J, et al. 1982. Soil carbon pools and world life zones. Nature, 298(5870): 156-159.
Qiu C, Zhu D, Ciais P, et al. 2018. ORCHIDEE-PEAT (revision 4596), a model for northern peatland CO_2, water, and energy fluxes on daily to annual scales. Geoscientific Model Development, 11(2): 497-519.
Qiu C, Zhu D, Ciais P, et al. 2019. Modelling northern peatland area and carbon dynamics since the Holocene with the ORCHIDEE-PEAT land surface model (SVN r5488). Geoscientific Model Development, 12(7): 2961-2982.

Quillet A, Garneau M, Frolking S, et al. 2010. Exploring the limits of knowledge on boreal peatland development using a new model: the Holocene Peatland Model. EGU General Assembly Conference Abstracts: 10931.

Raich J W, Potter C S. 1995. Global patterns of carbon dioxide emissions from soils. Global Biogeochemical Cycles, 9(1): 23-36.

Raivonen M, Smolander S, Backman L, et al. 2017. HIMMELI v1.0: HelsinkI Model of MEthane buiLd-up and emIssion for peatlands. Geoscientific Model Development, 10(12): 4665-4691.

Reddy K, Graetz D. 1988. Carbon and nitrogen dynamics in wetland soils//Hook D D. The Ecology and Management of Wetlands. Portland, Ore: Timber Press: 307-318.

Reddy K, Patrick Jr W, Lindau C. 1989. Nitrification-denitrification at the plant root-sediment interface in wetlands. Limnology and Oceanography, 34(6): 1004-1013.

Reddy K, Patrick W, Broadbent F. 1984. Nitrogen transformations and loss in flooded soils and sediments. CRC Critical Reviews in Environmental Control, 13(4): 273-309.

Reddy K, Portier K. 1987. Nitrogen utilization by *Typha latifolia* L. as affected by temperature and rate of nitrogen application. Aquatic Botany, 27(2): 127-138.

Ricciuto D M, Davis K J, Keller K. 2008. A Bayesian calibration of a simple carbon cycle model: the role of observations in estimating, reducing uncertainty. Global Biogeochemical Cycles, 22(2).

Riley W J, Subin Z M, Lawrence D M, et al. 2011. Barriers to predicting changes in global terrestrial methane fluxes: analyses using CLM4Me, a methane biogeochemistry model integrated in CESM. Biogeosciences, 8(7): 1925-1953.

Rivett M O, Buss S R, Morgan P, et al. 2008. Nitrate attenuation in groundwater: a review of biogeochemical controlling processes. Water Research, 42(16): 4215-4232.

Robert C, Casella G. 2011. A short history of Markov chain Monte Carlo: subjective recollections from incomplete data. Statistical Science, 26(1): 102-115.

Rouse W R, Lafleur P M, Griffis T J. 2000. Controls on energy and carbon fluxes from select high-latitude terrestrial surfaces. Physical Geography, 21(4): 345-367.

Schimel D S, House J I, Hibbard K A, et al. 2001. Recent patterns and mechanisms of carbon exchange by terrestrial ecosystems. Nature, 414(6860): 169-172.

Schimel J P, Gulledge J. 1998. Microbial community structure and global trace gases. Global Change Biology, 4(7): 745-758.

Schipper L A, Harfoot C G, McFarlane P N, et al. 1994. Anaerobic decomposition and denitrification during plant decomposition in an organic soil. Journal of Environmental Quality, 23(5): 923-928.

Schütz H, Holzapfel-Pschorn A, Conrad R, et al. 1989. A 3-year continuous record on the influence of daytime, season, and fertilizer treatment on methane emission rates from an Italian rice paddy. Journal of Geophysical Research: Atmospheres, 94(D13): 16405-16416.

Shaffer M J, Pierce F J. 1987. A user's guide to NTRM, a soil-crop simulation model for nitrogen, tillage, and crop-residue management. Conservation research Report (USA).

Shaffer M, Halvorson A, Pierce F. 1991. Nitrate leaching and economic analysis package (NLEAP): model description and application//Follett R F, Keeney D R, Cruse R M. Managing Nitrogen for Groundwater Quality and Farm Profitability. Madison: Soil Science Society of American 13(1): 285-322.

Shaver G R, Melillo J M. 1984. Nutrient budgets of marsh plants: efficiency concepts and relation to availability. Ecology, 65(5): 1491-1510.

Shoemaker J K, Keenan T F, Hollinger D Y, et al. 2014. Forest ecosystem changes from annual methane source to sink depending on late summer water balance. Geophysical Research Letters, 41(2): 673-679.

Sjörs H. 1980. Peat on earth: multiple use or conservation? Ambio, 9(6): 303-308.

Smith J, Bradbury N, Addiscott T. 1996. SUNDIAL: a PC-based system for simulating nitrogen dynamics in arable land. Agronomy Journal, 88(1): 38-43.

Song C, Xu X, Sun X, et al. 2012. Large methane emission upon spring thaw from natural wetlands in the northern permafrost region. Environmental Research Letters, 7(3): 034009.

Spahni R, Wania R, Neef L, et al. 2011. Constraining global methane emissions and uptake by ecosystems.

Biogeosciences, 8(6): 1643-1665.
St-Hilaire F, Wu J, Roulet N T, et al. 2010. McGill wetland model: evaluation of a peatland carbon simulator developed for global assessments. Biogeosciences, 7(11): 3517-3530.
Stocker B, Spahni R, Joos F. 2014. DYPTOP: a cost-efficient TOPMODEL implementation to simulate sub-grid spatio-temporal dynamics of global wetlands and peatlands. Geoscientific Model Development, 7(6): 3089-3110.
Tang J, Riley W. 2013. A total quasi-steady-state formulation of substrate uptake kinetics in complex networks and an example application to microbial litter decomposition. Biogeosciences, 10(12): 8329-8351.
Tang J, Zhuang Q. 2008. Equifinality in parameterization of process-based biogeochemistry models: A significant uncertainty source to the estimation of regional carbon dynamics. Journal of Geophysical Research: Biogeosciences, 113(G4): 1-13.
Team R D, Hanson J, Ahuja L, et al. 1998. RZWQM: Simulating the effects of management on water quality and crop production. Agricultural Systems, 57(2): 161-195.
Thornton P E, Lamarque J-F, Rosenbloom N A, et al. 2007. Influence of carbon-nitrogen cycle coupling on land model response to CO_2 fertilization and climate variability. Global Biogeochemical Cycles, 21(4): 1-15.
Thornton P E, Running S W, Hunt E R. 2005. Biome-BGC: Terrestrial Ecosystem Process Model, Version 4.1.1. ORNL Distributed Active Archive Center.
Tian H, Xu X, Miao S, et al. 2010. Modeling ecosystem responses to prescribed fires in a phosphorus-enriched Everglades wetland: I. Phosphorus dynamics and cattail recovery. Ecological Modelling, 221(9): 1252-1266.
Tian H, Yang Q, Najjar R G, et al. 2015. Anthropogenic and climatic influences on carbon fluxes from eastern North America to the Atlantic Ocean: a process-based modeling study. Journal of Geophysical Research-Biogeosciences, 120(4): 757-772.
Tian H. 2010. Modeling coupled cycles of carbon, water and nutrients in the terrestrial biosphere: DLEM model and its applications. B23I-03.
Tiedje J M, Stevens T O. 1988. The ecology of an anaerobic dechlorinating consortium//Omenn G S. Environmental biotechnology: Reducing risks from Environmental Chemicals Through Biotechnology. Basic Life Sciences, 45(45): 3-14.
Tveit A T, Urich T, Frenzel P, et al. 2015. Metabolic and trophic interactions modulate methane production by Arctic peat microbiota in response to warming. Proceedings of the National Academy of Sciences of the United States of American, 112(19): E2507-E2516.
Umweltveränderungen W B D B G. 1998. Die Anrechnung biologischer Quellen und Senken im Kyoto-Protokoll: Fortschritt oder Rückschlag für den globalen Umweltschutz. Bremerhaven, Germany: Sondergutachten.
von Bloh W, Schaphoff S, Müller C, et al. 2018. Implementing the nitrogen cycle into the dynamic global vegetation, hydrology, and crop growth model LPJmL (version 5.0). Geoscientific Model Development, 11(7): 2789-2812.
Vuichard N, Messina P, Luyssaert S, et al. 2019. Accounting for carbon and nitrogen interactions in the global terrestrial ecosystem model ORCHIDEE (trunk version, rev 4999): multi-scale evaluation of gross primary production. Geoscientific Model Development, 12(11): 4751-4779.
Vymazal J. 1995. Algae and Element Cycling in Wetlands. Chelsea, Michigan: Lewis Publishers Inc.
Vymazal J, Richardson C J. 1995. Species composition, biomass, and nutrient content of periphyton in the Florida Everglades. Journal of Phycology, 31(3): 343-354.
Wagner D, Lipski A, Embacher A, et al. 2005. Methane fluxes in permafrost habitats of the Lena Delta: effects of microbial community structure and organic matter quality. Environmental Microbiology, 7(10): 1582-1592.
Walter B P, Heimann M, Shannon R D, et al. 1996. A process-based model to derive methane emissions from natural wetlands. Geophysical Research Letters, 23(25): 3731-3734.

Walter B P, Heimann M. 2000. A process-based, climate-sensitive model to derive methane emissions from natural wetlands: application to five wetland sites, sensitivity to model parameters, and climate. Global Biogeochemical Cycles, 14(3): 745-765.

Wang M, Wang Y. 2003. Using a modified DNDC model to estimate N_2O fluxes from semi-arid grassland in China. Soil Biology and Biochemistry, 35(4): 615-620.

Wang Y, Yuan F, Yuan F, et al. 2019. Mechanistic modeling of microtopographic impacts on CO_2 and CH_4 fluxes in an Alaskan Tundra ecosystem using the CLM-microbe model. Journal of Advances in Modeling Earth Systems, 11(12): 4288-4304.

Wang Z P, Han X G, Wang G G, et al. 2008. Aerobic methane emission from plants in the Inner Mongolia steppe. Environmental Science & Technology, 42(1): 62-68.

Wang Z, Zhang X, Liu L, et al. 2021. Estimates of methane emissions from Chinese rice fields using the DNDC model. Agricultural and Forest Meteorology, 303: 108368.

Wania R, Melton J, Hodson E L, et al. 2013. Present state of global wetland extent and wetland methane modelling: methodology of a model inter-comparison project (WETCHIMP). Geoscientific Model Development, 6(3): 617-641.

Wania R, Ross I, Prentice I C. 2009. Integrating peatlands and permafrost into a dynamic global vegetation model: 1. Evaluation and sensitivity of physical land surface processes. Global Biogeochemical Cycles, 23(3): 1-19.

Wania R, Ross I, Prentice I C. 2010. Implementation and evaluation of a new methane model within a dynamic global vegetation model: LPJ-WHyMe v1.3.1. Geoscientific Model Development, 3(2): 565-584.

Weaver P L, Birdsey R A. 1990. Growth of secondary forest in Puerto Rico between 1980 and 1985. Turrialba, Volumen 40.

Weller G, Chapin F, Everett K, et al. 1995. The arctic flux study: a regional view of trace gas release. Journal of Biogeography, 22(2-3): 365-374.

Weng E, Luo Y. 2008. Soil hydrological properties regulate grassland ecosystem responses to multifactor global change: a modeling analysis. Journal of Geophysical Research: Biogeosciences, 113(G3): 1-16.

Wetzel R G. 1992. Gradient-dominated ecosystems: sources and regulatory functions of dissolved organic matter in freshwater ecosystems. Hydrobiologia, 229(1): 181-198.

Williams B, Sparling G. 1988. Microbial biomass carbon and readily mineralized nitrogen in peat and forest humus. Soil Biology and Biochemistry, 20(4): 579-581.

Williams J R. 1995. The EPIC model. Computer Models of Watershed Hydrology: 909-1000.

Wiltshire A J, Burke E J, Chadburn S E, et al. 2021. JULES-CN: a coupled terrestrial carbon–nitrogen scheme (JULES vn5.1). Geoscientific Model Development, 14(4): 2161-2186.

Wissenschaftlicher Beirat der Bundesregierung Globale Umweltveränderungen (WBGU). 1998. Zentrale Forschungsempfehlungen zum Schwerpunktthema Süßwasser. Wege zu einem nachhaltigen Umgang mit Süßwasser: Jahresgutachten, 1997: 359-366.

Wu Y, Blodau C. 2013. PEATBOG: a biogeochemical model for analyzing coupled carbon and nitrogen dynamics in northern peatlands. Geoscientific Model Development, 6(4): 1173-1207.

Xu X F, Tian H Q, Chen G S, et al. 2012. Multifactor controls on terrestrial N_2O flux over North America from 1979 through 2010. Biogeosciences, 9(4): 1351-1366.

Xu X, Elias D A, Graham D E, et al. 2015. A microbial functional group-based module for simulating methane production and consumption: application to an incubated permafrost soil. Journal of Geophysical Research Biogeosciences, 120(7): 1315-1333.

Xu X, Tian H, Pan Z, et al. 2011. Modeling ecosystem responses to prescribed fires in a phosphorus-enriched Everglades wetland: II. Phosphorus dynamics and community shift in response to hydrological and seasonal scenarios. Ecological Modelling, 222(23): 3942-3956.

Xu X, Tian H. 2012. Methane exchange between marshland and the atmosphere over China during 1949–2008. Global Biogeochemical Cycles, 26(2).

Xu X, Yuan F, Hanson P, et al. 2016. Reviews and syntheses: Four Decades of Modeling Methane Cycling in

Terrestrial Ecosystems. Biogeosciences Discussions, 13(12): 1-56.

Yokota T, Yoshida Y, Eguchi N, et al. 2009. Global concentrations of CO_2 and CH_4 retrieved from GOSAT: first preliminary results. Sola, 5: 160-163.

Yu D S, Shi X Z, Wang H J, et al. 2007. Regional patterns of soil organic carbon stocks in China. Journal of Environmental Management, 85(3): 680-689.

Yu Z. 2012. Northern peatland carbon stocks and dynamics: a review. Biogeosciences, 9(10): 4071-4085.

Yvon-Durocher G, Allen A P, Bastviken D, et al. 2014. Methane fluxes show consistent temperature dependence across microbial to ecosystem scales. Nature, 507(7493): 488-491.

Zhang Y, Li C, Trettin C C, et al. 2002. An integrated model of soil, hydrology, and vegetation for carbon dynamics in wetland ecosystems. Global Biogeochemical Cycles, 16(4): 9-1-9-17.

Zhang Y, Sachs T, Li C, et al. 2012. Upscaling methane fluxes from closed chambers to eddy covariance based on a permafrost biogeochemistry integrated model. Global Change Biology, 18(4): 1428-1440.

Zheng Y, Zhao Z, Zhou J-J, et al. 2012. Evaluations of different leaf and canopy photosynthesis models: a case study with black locust (*Robinia pseudoacacia*) plantations on a loess plateau. Pakistan Journal of Botany, 44(2): 531-539.

Zhuang Q, Melillo J M, Kicklighter D W, et al. 2004. Methane fluxes between terrestrial ecosystems and the atmosphere at northern high latitudes during the past century: a retrospective analysis with a process-based biogeochemistry model. Global Biogeochemical Cycles, 18, GB3010, doi:10.1029/2004GB002239.

Zona D, Gioli B, Commane R, et al. 2016. Cold season emissions dominate the Arctic tundra methane budget. Proceedings of the National Academy of Sciences, 113(1): 40-45.

7　未来研究展望

沼泽湿地具有重要的碳汇功能，是气候变化敏感区和未来碳汇潜力区，本书聚焦于沼泽湿地碳氮生物地球化学过程，以过程变化—作用机理—模拟评估为主线，基于已经开展的野外连续观测、原位控制、室内模拟及模型分析，总结了气候变化和人类活动叠加影响下沼泽湿地温室气体交换、碳累积的时空变异规律及碳氮生物地球化学过程的相关研究成果。在我国“2030 年碳达峰和 2060 年碳中和”的目标指引下，未来亟须建设沼泽湿地“长期联网模拟控制实验-联网生态系统/景观尺度通量监测-区域尺度遥感/模型监测”相结合的立体化监测体系，在此基础上，开展沼泽湿地地上、地下碳氮循环过程的精细化观测，丰富和完善沼泽湿地碳氮循环理论，为精确测算和评估我国沼泽湿地碳源汇过程、强度及时空分布格局提供数据支撑，进而服务于国家碳收支评估和碳汇定量认证。

7.1　融合多时空尺度的碳氮循环监测手段

搭建我国沼泽湿地气候变化因子野外联网控制实验平台。围绕气候变化因子（温度、降水和氮沉降），建成涵盖不同沼泽湿地分布区的标准化统一的联网监测模拟控制实验平台，结合同位素技术、微生物测序及大数据分析等研究手段，系统揭示沼泽湿地地上、地下碳氮过程及其联动对气候变化的响应及反馈，旨在丰富和完善沼泽湿地碳氮过程相关理论，为湿地碳循环模型提供数据支持和参数优化方案。

完善我国沼泽湿地生态系统及景观尺度碳氮过程联网监测。在依托东北湿地网络原有碳氮通量和水土气生监测基础上，融合生态系统和景观尺度的多通量监测，以及无人机多光谱等监测技术反演湿地碳氮循环模型所需的参数；实现涵盖多种沼泽湿地类型及复合生态系统的监测。从生态系统和景观尺度量化温室气体排放的时空规律，为沼泽湿地碳氮循环模型参数优化提供长时间序列的验证数据。

基于优化的沼泽湿地碳氮循环模型实现区域模拟及预测，在原有的沼泽湿地碳氮循环模型框架基础上，融合沼泽湿地前沿碳氮循环理论，以微生物过程为介导，在运用同位素示踪等技术手段的基础上，发展和优化湿地碳氮模型的垂直分布能力，进而量化沼泽湿地碳氮循环过程；以此为基础，结合长期定位试验观测和景观尺度模型参数反演，精准预测和估算未来不同排放情境下湿地碳氮通量的时空动态变化，为准确预估碳氮排放提供科学依据。

7.2　融合前沿技术完善湿地碳氮循环理论

气候变化和人类活动能够显著影响沼泽湿地碳氮循环微生物过程，并影响沼泽湿地

CO_2、CH_4、N_2O 释放。然而，特殊的水分环境使得湿地微生物研究具有较高的难度，土壤微生物碳氮代谢途径及其响应机制研究还相对较少。气候变暖和人类活动导致的水热条件和营养环境变化对碳氮循环相关微生物群落组成、活性及代谢途径的影响机理，及其与温室气体排放的关系如何还需深入探讨。应结合核酸-同位素探针（DNA-SIP)、微生物测序及大数据分析等研究手段，系统开展湿地土壤微生物群落功能多样性、代谢途径等对环境变化的响应及其对碳氮循环的调节机制研究。以期为明确气候变化情境下沼泽湿地碳氮循环的过程和机制提供理论参考，为沼泽湿地碳氮循环模型的发展提供理论支持。

地下生态系统与地上生态系统之间紧密联系、相互依存，共同决定着沼泽湿地生态系统特征、过程和功能。环境变化可能会改变沼泽湿地植物-微生物耦合关系，进而影响沼泽湿地碳氮循环过程及湿地生态系统碳汇。未来研究除了在种群、个体及分子水平上明确湿地植物和土壤微生物响应环境压力变化的生态学特征外，还应关注地下土壤微生物与地上植物的互作关系及其联动响应机制，以深入揭示环境变化影响下沼泽湿地植物与土壤微生物的相互作用及其对湿地生态系统碳氮循环过程的影响，探明未来环境变化对湿地生态系统碳氮耦合循环过程的影响及其生物驱动机制，为湿地生态系统的管理和功能调控及应对全球变暖、氮沉降等重大全球性环境问题提供科学基础。